HZ BOOKS

华章图书

一本打开的书，一扇开启的门，
通向科学殿堂的阶梯，托起一流人才的基石。

www.hzbook.com

数据科学与工程技术丛书

BIG DATA ANALYSIS
PRINCIPLE AND PRACTICE

大数据分析
原理与实践

王宏志◎编著

（哈尔滨工业大学）

机械工业出版社
China Machine Press

图书在版编目（CIP）数据

大数据分析原理与实践 / 王宏志编著 . —北京：机械工业出版社，2017.6（2021.11 重印）
（数据科学与工程技术丛书）

ISBN 978-7-111-56943-5

I. 大…　II. 王…　III. 数据处理　IV. TP274

中国版本图书馆 CIP 数据核字（2017）第 119356 号

本书介绍大数据分析的多种模型、所涉及的算法和技术、实现大数据分析系统所需的工具以及大数据分析的具体应用。

本书共 16 章。第 1 章为绪论，阐释大数据、大数据分析等概念，并对本书内容进行概述；第 2～7 章介绍大数据分析模型的建立方法以及关联分析模型、分类分析模型、聚类分析模型、结构分析模型和文本分析模型；第 8～11 章介绍大数据分析所涉及的技术，包括数据预处理、降维、数据仓库、各种算法等；第 12～14 章介绍三种用于实现大数据分析算法的平台，即大数据计算平台、流式计算平台和大图计算平台；第 15 章和第 16 章介绍两类大数据分析的具体应用，分别讲述社交网络和推荐系统中的大数据分析。

本书可作为高等院校大数据分析相关课程的教材，也可以作为从事大数据相关工作的工程技术人员的参考用书。

出版发行：机械工业出版社（北京市西城区百万庄大街 22 号　邮政编码：100037）

责任编辑：迟振春　　　　　　　　　　　　　　　责任校对：殷　虹

印　　刷：三河市宏图印务有限公司　　　　　　版　　次：2021 年 11 月第 1 版第 5 次印刷

开　　本：185mm×260mm　1/16　　　　　　　印　　张：28.75

书　　号：ISBN 978-7-111-56943-5　　　　　　定　　价：79.00 元

序

当前，一场科技革命浪潮正席卷全球，这一次，IT 技术是主角之一。云计算、大数据、人工智能、物联网，这些新技术正加速走向应用。很快，它们将渗透至我们生产、生活中的每个角落，并将深刻改变我们的世界。

在这些新技术当中，云计算作为基础设施，将全面支撑各类新技术、新应用。我认为：云计算，特别是公共云，将成为这场科技革命的承载平台，全面支撑各类技术创新、应用创新和模式创新。

作为一种普惠的公共计算资源与服务，云计算与传统 IT 计算资源相比有以下几个方面的优势：一是硬件的集约化；二是人才的集约化；三是安全的集约化；四是服务的普惠化。

公共云计算的快速发展将带动云计算产业进入一个新的阶段，我们可以称之为"云计算 2.0 时代"，云计算对行业演进发展的支撑作用将更加凸显。

云计算是"数据在线"的主要承载。"在线"是我们这个时代最重要的本能，它让互联网变成了最具渗透力的基础设施，数据变成了最具共享性的生产资料，计算变成了随时随地的公共服务。云计算不仅承载数据本身，同时也承载数据应用所需的计算资源。

云计算是"智能"与"智慧"的重要支撑。智慧有两大支撑，即网络与大数据。包括互联网、移动互联网、物联网在内的各种网络，负责搜集和共享数据；大数据作为"原材料"，是各类智慧应用的基础。云计算是支撑网络和大数据的平台，所以，几乎所有智慧应用都离不开云计算。

云计算是企业享受平等 IT 应用与创新环境的有力保障。当前，企业创新，特别是小微企业和创业企业的创新面临 IT 技术和 IT 成本方面的壁垒。云计算的出现打破了这一壁垒，IT 成为唾手可得的基础性资源，企业无须把重点放在 IT 支撑与实现上，可以更加聚焦于擅长的领域进行创新，这对提升全行业的信息化水平以及激发创新创业热情将起到至关重要的作用。

除了发挥基础设施平台的支撑作用外，2.0 时代的云计算，特别是公共云计算对产业的影响将从量变到质变。我认为，公共云将全面重塑整个 ICT 生态，向下定义数据中心、IT 设备，甚至是 CPU 等核心器件，向上定义软件与应用，横向承载数据与安全，纵向支撑人工智能的技术演进与应用创新。

对我国来说，发展云计算产业的战略意义重大。我认为，云计算已不仅仅是"IT基础设施"，它将像电网、移动通信网、互联网、交通网络一样，成为"国家基础设施"，全面服务国家多项重大战略的实施与落地。

云计算是网络强国建设的重要基石。发展云计算产业，有利于我国实现IT全产业链的自主可控，提高信息安全保障水平，并推动大数据、人工智能的发展。

云计算是提升国家治理能力的重要工具。随着大数据、人工智能、物联网等技术应用到智慧城市、智慧政务建设中，国家及各城市的治理水平和服务能力大幅提升，这背后，云计算平台功不可没。

云计算将全面推动国家产业转型升级。云计算将支撑"中国制造2025""互联网+"战略，全面推动"两化"深度融合。同时，云计算也为创新创业提供了优质土壤，在"双创"领域，云计算已真正成为基础设施。

在DT时代，我认为计算及计算的能力是衡量一个国家科技实力和创新能力的重要标准。只有掌握计算能力，才具备全面支撑创新的基础，才有能力挖掘数据的价值，才能在重塑ICT生态过程中掌握主导权。

接下来的几年，云计算将成为全球科技和产业竞争的焦点。目前，我国的云计算产业具备和发达国家抗衡的能力，而我们对数据的认知、驾驭能力及对资源的利用开发和人力也是与发达国家等同的。因此，我们正处在一个"黄金窗口期"。

我一直认为，支撑技术进步和产业发展的最主要力量是人才，未来世界各国在云计算、大数据、AI等领域的竞争，在某种程度上会转变为人才之争。因此，加强专业人才培养将是推动云计算、大数据产业发展的重要抓手。

由于是新兴产业，我国云计算、大数据领域的人才相对短缺。作为中国最大的云计算服务企业，阿里云希望能在云计算、大数据领域的人才培养方面做出努力，将我们在云计算、大数据领域的实践经验贡献到高校的教育中，为高校的课程建设提供支持。

与传统IT基础技术理论相比，云计算和大数据更偏向应用，而这方面恰恰是阿里云的优势。因此，我们与高校合作，优势互补，将计算机科学的理论和阿里云的产业实践融合起来，让大家从实战的角度认识、掌握云计算和大数据。

我们希望通过这套教材，把阿里云一些经过检验的经验与成果分享给全社会，让众多计算机相关专业学生、技术开发者及所有对云计算、大数据感兴趣的企业和个人，可以与我们一起推动中国云计算、大数据产业的健康快速发展！

胡晓明

阿里云总裁

前　言

本书的缘起与成书过程

大数据经过分析能够产生高价值，这无疑已在大数据火爆的今天成为共识，从而使得大数据分析在"大数据＋"涉及的领域（如工业、医疗、农业、教育等）有了广泛的应用。大数据分析的相关知识不仅是大数据行业的从业人员应该必备的，也是和大数据相关的各行各业的从业者需要了解的。

然而，人们对大数据分析的解读有多个不同方面。从"分析"的角度解读，大数据分析可以看作统计分析的延伸；从"数据"的角度解读，大数据分析可以看作数据管理与挖掘的扩展；从"大"的角度解读，大数据分析可以看作数据密集高性能计算的具体化。

而大数据分析的有效实施也需要多个方面的知识。从分析的角度来讲，需要统计学、数据分析、机器学习等方面的知识；从数据处理的角度来讲，需要数据库、数据挖掘等方面的知识；从计算平台的角度来讲，需要并行系统和并行计算的知识。

上述多样化造成了目前大数据分析的教材和参考书的多样化：有些书重点介绍统计学或者机器学习知识，突出"分析"；有些书重点介绍实现平台和技术，突出"大"；有些书重点介绍数据挖掘知识及其应用，突出"数据"。笔者认为，这三类知识对大数据分析都是必不可少的，于是试图编写一本教材来融合这三类知识，给读者展示一个相对广阔的大数据分析图景。

也正是因为解读的角度和所需知识的多样化，本书的成书过程也比较曲折。在成书的过程中，笔者对大数据分析的认识也在不断加深，因而在编写过程中几次变换结构和体例。由于笔者主要从事数据相关工作，所以起初以大数据分析算法和相关技术为主，对数据分析模型方面的知识只是一笔带过。在和业内人士的交流中发现，对于很多读者来说，了解分析模型可能更重要，因为很多分析算法和大数据分析所需的技术都有平台实现，分析模型却需要了解业务的人来建立，于是笔者增加了较多数据分析模型方面的内容。而后通过和阿里云的合作，笔者又进一步了解了大数据分析的需求，于是增加了数据预处理等内容，并基于阿里云的技术和平台对书中的一些内容做了实现。这就是本书现在的版本。

本书的内容

本书力求系统地介绍大数据分析过程中的模型、技术、实现平台和应用。考虑到不同部分的侧重不同，故采取了不同的写作方法，尽可能使本书的内容适合更多的读者阅读。

模型部分主要突出了大数据分析模型的描述方法。通过这一部分的学习，读者可以在不考虑实现的情况下，针对应用需求建立大数据分析模型，即使不了解实现平台和具体技术，读者也可以独立学习这部分内容。在实践中，可以将分析模型表达为 R 语言，甚至像阿里云提供的可视化工具中那样分析流程，即使不掌握算法等方面的技术，同样可以进行大数据分析。

当然，如果对大数据分析相关技术有深入了解，会更加快速有效地进行分析，因而技术部分介绍了大数据分析所涉及的技术，重点在于解决大数据分析的效率和可扩展性问题。

"工欲善其事，必先利其器"，有了好的开发平台，就可以有效地实现相关的技术，因而实现平台部分介绍了多种开发大数据分析系统的实现平台。

最后两章针对"推荐系统"和"社交网络"这两个大数据分析的典型应用涉及的一些模型和技术进行了介绍，也是前面内容在应用中的具体体现。

"大数据"是一个比较宽泛的概念，本书围绕着分析过程进行讲解，突出大数据的特点，与大数据算法、大数据系统、大数据程序的编程实现、机器学习、统计学等书籍具有互补性，读者可以相互参考。

为方便读者的学习，笔者总结了一些大数据分析常用系统和工具的安装与配置方法，读者可登录华章网站（www.hzbook.com）在本书网页中下载文档。

本书没讲什么

由于大数据分析涉及的内容过于宽泛，尽管笔者试图从多个角度介绍大数据分析，但是限于本书的写作周期和篇幅，有一些读者关心的内容并没有包括在本书之中，比如：

- ❑ 数据流分析算法
- ❑ 神经网络 / 深度学习
- ❑ 大数据可视化
- ❑ 大图分析算法
- ❑ 大数据分析技术在医疗、社会安全、教育、工业等多个领域的应用

一方面，读者可以阅读相关的书籍了解这些领域的内容；另一方面，笔者也正在筹划，期望能够在本书的再版中列入上述内容。

致使用本书的教师

本书涉及多方面内容，对于教学而言，本书适用于多门课程的教学，除了直接用于"大数据分析"或者"数据科学"课程的教学之外，还可以作为"数理统计""数据挖掘""机器学习"等课程的补充教材。

针对不同专业的教学，教师可以选择不同的内容。针对计算机科学专业的本科生或者研究生，可以全面讲授本书的内容，但深度和侧重点上可以有所差别。针对培养数据科学家的"数据科学"专业的学生，如果培养方案中没有计算机系统和算法相关的课程，可以重点讲授第 1 ～ 7 章的内容，第 8 ～ 11 章可以着重讲解技术的选用而不是原理，第 15 ～ 16 章着重讲解背景和模型，其中的算法部分可以略去。针对培养工程师的技术类课程或者培训，可以重点讲授第 8 ～ 14 章，第 1 ～ 7 章中对模型的介绍可以略去，仅通过例子讲授模型的形式就可以。

致使用本书的学生

笔者希望为学生提供一个大数据分析的较为全面的图景，这使得本书的不同部分有着不同的讲述方式。请读者注意，碰到并不妨碍内容理解的公式和推导，可以跳过，应着重理解其背后的原理。

由于本书涉及的内容比较多，相关的背景知识也是必不可少的，因此本书的读者应有一些"线性代数"和"概率论"方面的数学知识，因为对一些模型和算法的描述不得不用到矩阵和概率。第 6 章和第 14 章用到了一些"图论"方面的基本概念。具备"数据库系统"的相关知识对理解本书的内容会很有帮助。第 12 ～ 14 章涉及一些"计算机系统"和"分布式系统"的基本知识。如果读者有"数理统计""机器学习"和"数据挖掘"的知识，那么在阅读本书时会轻松得多，但这三类知识并不是阅读本书所必备的。本书包含了部分"数理统计""机器学习"和"数据挖掘"的知识，主要分布在第 2 ～ 9 章中。

此外，在撰写本书的过程中，笔者注意和已经出版的《大数据算法》[⊖]一书在内容上做了明确的区分，因而对于《大数据算法》中介绍的内容，本书不再赘述。

致使用本书的专业技术人员

本书可以作为一本大数据分析的参考书，供专业技术人员阅读。各部分针对的人群有所不同，可以单独查阅涉及的主题。

如果读者是一名数据科学家，可以根据业务需求参考第 2 ～ 7 章中的模型，其中大部

⊖ 该书已由机械工业出版社出版，ISBN978-7-111-50849-6。——编辑注

分模型都可以找到实现的源代码，一些云计算平台（如阿里云）也支持其中大部分模型的实现。在涉及大规模数据的可扩展性时，读者可以参考第 8 ~ 11 章的内容，选择合适的特征、数据缩减方法、数据管理方法和算法。第 15 ~ 16 章中的内容可以作为一些大数据分析的案例，供实际数据分析时参考。

如果读者是一名大数据方面的算法研究或者开发人员，可以参考第 2 ~ 7 章中的数据分析模型方面的知识。第 8 ~ 10 章介绍了为算法进行数据准备和数据管理方面的背景知识，第 11 章介绍了部分大数据分析算法的知识，但相对简略，读者可以进一步阅读《大数据算法》一书。第 12 ~ 14 章介绍了分析算法实现的平台。

如果读者是一名大数据分析方面的系统工程师，可以参考第 2 ~ 11 章介绍的系统实现原理，第 12 ~ 14 章介绍了系统实现的平台并给出了一些例子，可以和相关的程序设计书籍对照阅读。本书中涉及的平台的安装和配置方法，读者可登录华章网站下载相关文档。

致谢

感谢哈尔滨工业大学的李建中教授、高宏教授以及国际大数据计算研究中心的诸位同事对本书的编写给出的指导和建议，以及在专业上对我的帮助。

在本书的撰写过程中，哈尔滨工业大学的李东升、袁芳怡、孙铭、韩姗姗、张浩然、王雅萱、黎竹平、苏钰、李佳红、马妍娇、孙芳媛等同学在资料翻译、搜集、整理、文本校对、制图等多个方面提供了帮助和支持，孟凡山、石乾坤、王鹤澎、李斯泽、窦隆绪等同学基于阿里云平台对本书中的部分模型和算法进行了实现，在此对他们表示感谢。

非常感谢我的爱人黎玲利副教授，感谢她一如既往地对我工作的支持，不但对书稿提出了许多有益的建议，还在本书的写作期间为我们的家添了可爱的宝宝——壮壮。感谢我的母亲和岳母，她们悉心帮助我们料理家务、照顾壮壮，使得我有时间专注于本书的写作。

本书的编写得到了阿里云公司的大力协助，入选"教育部－阿里云产学合作协同育人云计算大数据系列教材改革项目"（编号 2016 01001007）。感谢阿里云的李妹芳女士，她在本书成书的过程中提供了大量有益的建议，同时协助我和阿里云的工程师及时沟通，使得在实现过程中遇到的问题得以快速解决。感谢阿里云公司的张良模、宁尚兵、王勇、石立勇、李博、王晓斐等同仁在本书编写过程中给予的帮助和支持。

在本书的成书过程中，我和机械工业出版社保持着愉快的合作，感谢机械工业出版社朱劼编辑对我的帮助和支持。

还要感谢在哈尔滨工业大学选修"大数据管理与分析"课程的同学，你们所提出的意见和建议对本书的写作大有裨益。

最后，作者关于大数据管理和分析方面的研究以及本书的写作还得到了国家自然科学基金项目（编号：U1509216，61472099）、国家科技支撑计划项目（编号：2015BAH10F01）、哈尔滨工业大学研究生教育教学改革研究项目（编号：JGYJ-201527）、黑龙江省留学回国人员基金（编号：LC2016026）和微软－教育部语言语音重点实验室经费的资助，在此表示感谢。

本书涉及的内容比较多，且跨越了多个快速发展的领域，而有些领域并不是笔者的专长，尽管笔者尽力去学习，但由于水平有限，在内容安排、表述、推导等方面难免会有不当之处，敬请读者在阅读本书的过程中不吝提出宝贵的建议，以期改进本书。

从大数据产生开始，对其基本概念、分析方法、计算平台等方面的争论就一直没有停止过，本书并没有试图回避这些争论，而是在一些地方将争论的不同观点和笔者的观点都列出来，请读者做出自己的判断，也欢迎读者发表自己的观点。读者若有意见和建议，请与笔者联系：wangzh@hit.edu.cn。

王宏志
2017 年 2 月 7 日于哈尔滨

教 学 建 议

教学内容	学习要点及教学要求	课时安排		
		计算机（软件工程）专业本科生	计算机（软件工程）专业研究生	数据科学专业
第1章 绪论	了解大数据的基本概念、来源、大数据分析的概念、大数据分析过程中的关键技术与难点	2	2	2
第2章 大数据分析模型	掌握大数据分析模型的建立方法，了解大数据分析的基本统计量，掌握推断统计的方法及其实现方法	2		2
第3章 关联分析模型	了解回归分析的基本概念和评估方法，掌握回归分析的建模方法和实现方法，了解关联规则分析和相关分析的基本概念，掌握关联规则分析和相关分析的实现方法	2～4		6
第4章 分类分析模型	了解分类分析的定义，了解多种判别分析和机器学习分类的方法，掌握分类模型的建立和实现方法	2～4		6
第5章 聚类分析模型	了解聚类分析的定义、分类、评价方法、实现方法和应用，掌握聚类分析模型的建立和实现方法	2	6～10	2
第6章 结构分析模型	了解结构分析的定义以及最短路径、链接排名、结构计数、结构聚类和社团发现等结构分析模型的建立和实现方法	2		2
第7章 文本分析模型	了解文本分析的定义及分词、词频统计、TF-IDF、PLDA、Word2Vec等文本分析模型的建立和实现方法	2		2（选讲）
第8章 大数据分析的数据预处理	了解数据抽样和过滤、数据标准化与归一化、数据清洗等支持大数据分析的数据预处理过程	2～4	4	2
第9章 降维	了解特征工程的基本概念和方法，掌握主成分分析、因子分析和压缩感知等主要的降维方法，了解面向神经网络的降维、基于特征散列的维度缩减和基于Lasso算法的降维方法	2～4	4	2～4
第10章 面向大数据的数据仓库系统	了解数据仓库的基本概念、内涵、基本组成、体系结构和建立方法，了解面向大数据特征的数据仓库系统和内存数据仓库系统	2	4	2

（续）

教学内容	学习要点及教学要求	课时安排		
		计算机（软件工程）专业本科生	计算机（软件工程）专业研究生	数据科学专业
第 11 章 大数据分析算法	了解大数据分析算法的需求和类型，掌握基于 MapReduce 的回归算法、关联规则算法、分类算法和聚类算法等大数据分析算法	2	2	2（选讲）
第 12 章 大数据计算平台	了解 Spark、Hyracks、DPark、HaLoop、MaxCompute 等大数据计算平台的系统结构和其上分析算法的实现方法	2	2	
第 13 章 流式计算平台	了解流式计算平台的定义、应用和发展，了解 Storm、Samza、Cloud Dataflow 等平台的系统结构和其上分析算法的实现方法	2	2	
第 14 章 大图计算平台	了解大图计算的基本概念，了解 GraphLab、Giraph、Neo4j、Apache Hama、MaxCompute Graph 等平台的系统结构和其上分析算法的实现方法	2	2	
第 15 章 社交网络	了解社交网络的建模方法、社交网络的结构，了解社交网络中基于社交网络语义分析的利益冲突发现、社区发现、关联分析、影响力预测等关键技术	2	4	2
第 16 章 推荐系统	了解推荐系统的基本概念以及协同过滤、基于用户评价的推荐、基于"人"的推荐、基于标记的推荐和社交网络中的推荐等关键技术	2	4	2
	教学总学时建议	32 ～ 40	36 ～ 40	30 ～ 36

课堂教学建议：

1）本教材讲授大数据分析的概念、模型、方法、实现和应用，涉及内容较多，基于本教材的教学组织可以根据课程的需求选择重点内容，无须面面俱到。

2）限于篇幅，本教材对一些概念和技术介绍比较简略，笔者已经提供一些相关书籍和文献作为参考，教师在讲授的时候，可以根据需要拓展相关的内容，而不囿于本书中的内容。

3）本书第 12 ～ 14 章介绍了若干系统，可以选取其中一部分作为实验课程内容，每一章中系统的功能类似，可以选取 1 个重点讲授和进行实现方面的实验，也可以选取几个讲授并进行对比。

4）大数据分析领域发展很快，尽管本教材试图加入了一些比较前沿的内容，但是由于写作周期及知识的扩充发展，难以包含最新的内容，所以在本课程的学习过程中，教师可以选取每年大数据分析方面最新的文献加以介绍。

目　　录

第 1 章

绪 论

1.1 什么是大数据

1. 大数据的定义

"大数据"的概念起源于 2008 年 9 月《自然》（Nature）杂志刊登的名为"Big Data"的专题。2011 年《科学》（Science）杂志也推出专刊"Dealing with Data"对大数据的计算问题进行讨论。谷歌、雅虎、亚马逊等著名企业在此基础上，总结了他们利用积累的海量数据为用户提供更加人性化服务的方法，进一步完善了"大数据"的概念。

根据维基百科的定义，大数据是指无法在可承受的时间范围内用常规软件工具进行捕捉、管理和处理的数据集合。

在维克托·迈尔 – 舍恩伯格及肯尼斯·库克耶编写的《大数据时代》中，大数据指的是不用随机分析法（抽样调查）这样的捷径，而采用所有数据进行分析处理。

"大数据"研究机构 Gartner 将"大数据"定义为需要新处理模式才能具有更强的决策力、洞察发现力和流程优化能力的海量、高增长率和多样化的信息资产。

2. 大数据的背景

一般来说，大数据泛指巨量的数据集。当今社会，互联网尤其是移动互联网的发展，显著地加快了信息化向社会经济以及大众生活等各方面的渗透，促使了大数据时代的到来。近年来，人们能明显地感受到大数据来势迅猛。据有关资料显示，1998 年，全球网民平均每月使用流量是 1 MB，2003 年是 100 MB，而 2014 年是 10 GB；全网流量累计达到 1EB（即10 亿 GB）的时间在 2001 年是一年，在 2004 年是一个月，而在 2013 年仅需要一天，即一天产生的信息量可刻满 1.88 亿张 DVD 光盘。事实上，我国网民数居世界首位，产生的数据量也位于世界前列，这其中包括淘宝网站每天超数千万次的交易所产生的超 50 TB 的数据，包括百度搜索每天生成的几十 PB 的数据，也包括城市里大大小小的摄像头每月产生的几十 PB 的数据，甚至还包括医院里 CT 影像抑或门诊所记录的信息。总之，大到学校、医院、银行、企业的系统行业信息，小到个人的一次百度搜索、一次地铁刷卡，大数据存在于各行各业，存在于民众生活的边边角角。

另一方面，大数据因自身可挖掘的高价值而受到重视。国家的宽带化战略的实施，云计算服务的起步、物联网的广泛应用和移动互联网崛起的同时，数据处理能力也迅速发展，数据积累到一定程度，其资料属性将更加明晰，显示出开发的价值。同时，社会的节奏越来越快，要求快速反应和精细管理，急需借助对数据的分析和科学的决策，这样，我们便需要对上面所说的形形色色的海量数据进行开发。也就是说，大数据的时代来了。

有学者称，大数据将引发生活、工作和思维的革命；《华尔街日报》将大数据称为引领未来繁荣的三大技术变革之一；麦肯锡公司的报告指出，数据是一种生产资料，大数据将是下一个创新、竞争、生产力提高的前沿；世界经济论坛的报告认为大数据是新财富，价值堪比石油；等等。因此，大数据的开发利用将成为各个国家抢占的新的制高点。

3. 大数据的特点

大数据是相对于一般数据而言的，目前对大数据尚缺乏权威的严格定义，通常大家用"4V"来反映大数据的特征：

1）Volume（规模性）：大数据之"大"，体现在数据的存储和计算均需要耗费海量规模的资源上。规模大是大数据最重要的标志之一，事实上，数据只要有足够的规模就可以称为大数据。数据的规模越大，通常对数据挖掘所得到的事物演变规律越可信，数据的分析结果也越具有代表性。例如，美国宇航局收集和处理的气候观察、模拟数据达到 32 PB；而 FICO 的信用卡欺诈检测系统要监测全世界超过 18 亿个活跃信用卡账户。不过，现在也有学者认为，社会对大数据的关注，更多地应引导到对数据资源获得与利用的重视上来，因为对于某些中小数据的挖掘也有价值，目前报道的一些大数据挖掘的应用例子，不少只是 TB 级的规模。

2）Velocity（高速性）：大数据的另一特点在于数据增长速度快，急需及时处理。例如，大型强子对撞机实验设备中包含 15 亿个传感器，平均每秒钟收集超过 4 亿的实验数据；同样在一秒钟里，有超过 3 万次用户查询提交到谷歌，3 万微博被用户撰写。而人们对数据处理的速度的要求也日益严格，力图跟上社会的节奏，有报道称，美国中情局就要求利用大数据将分析搜集数据的时间由 63 天缩短为 27 分钟。

3）Variety（多样性）：在大数据背景下，数据在来源和形式上的多样性愈加突出。除以结构化形式存在的关系数据，网络上也存在大量的位置、图片、音频、视频等非结构化信息。其中，视频等非结构化数据占很大比例，有数据表明，到 2016 年，全部互联网流量中，视频数据将达到 55%，那么，有理由相信，大数据中 90% 都将是非结构化数据。并且，大数据不仅仅在形式上表现出多元化，其信息来源也表现出多样性，大致可将其分为网络数据、企事业单位数据、政府数据、媒体数据等几种。

4）Value（高价值性）：大数据价值总量大，但价值稀疏，即知识密度低。大数据以其高价值吸引了全世界的关注，据全球著名咨询公司麦肯锡报告："如果能够有效地利用大数据来提高效率和质量，预计美国医疗行业每年通过数据获得的潜在价值可超过 3000 亿美元，能够使得美国医疗卫生支出降低 8%。"然而，大数据的知识密度非常低，IBM 副总裁 CTO Dietrich 表示："可以利用 Twitter 数据获得用户对某个产品的评价，但是往往上百万条记录中只有很小的一部分真正讨论这款产品。"并且，虽然数据规模与数据挖掘得到的价值之间有相关性，但是两者难以用线性关系表达。这取决于数据的价值密度，同一事件的不同数据集即便有相同的规模（例如对同一观察对象收集的长时间稀疏数据和短时间密集数据），其价值也可以相差很多，因为数据集"含金量"不同，大数据中多数数据是重复的，忽略其中一些数据并不影响对其挖掘的结果。

注意，大数据之所以难处理不仅在于规模大，更大的挑战是其随时间的变化快和类型的多样性，随时间和类型的变化增加了大数据的复杂性，同时也丰富了大数据的内涵。对大数据仅仅冠以"大"这一形容词是不全面的,只不过在大数据"4V"中,规模相对于变化和类型这两个特征量来说容易定量。而且即便是单一类型的数据集,只要有足够的规模也能称得上是大数据。当然,数据的规模越大,通常对数据挖掘所得到的事物演变规律越可信,数据分析的结果也越有代表性。因此对大数据这一词汇突出"规模大"这一特征是可以理解的。

另外,大数据除了需要有足够规模的数据,还有可能涉及一定的时间或空间跨度,即要具有普遍性。例如,每分钟将一个人的身体数据记录下来以了解其身体状况,是有效的,如果将频率改为每秒钟,数据规模有所增加,但其价值并无提升。显然,数据样本密度与被观察对象有关,如风力发电机的很多传感器每毫秒就要检测一次,以检查叶片等的磨损程度。

1.2 哪里有大数据

大数据是无处不在的。

大数据包括那些数目极庞大的网络数据。有自媒体数据(比如社交网络),有日志数据(比如用户在搜索引擎上留下的大数据),还有流量最大的富媒体数据(比如视频、音频)等。例如,淘宝每天的数据量就超过 50 TB;新浪微博晚高峰时每秒要接受 100 万次以上的请求;美国 YouTube 网站一分钟有 100 小时的视频被上传。

大数据包括企事业单位数据和政府数据。一家医院一年能收集包括医疗影像、患者信息在内的 500 TB 数据,用于预测、预防、改善等;中国联通每秒记录用户上网条数近百万条,一个月大概是 300 TB;国家电网信息中心目前累计收集了 2 PB 的数据。

大数据包括我们身边的一些公用设施所记录的数据。就监控而言,很多城市的交通摄像头多达几十万个,一个月的数据就达到数十 PB,还有基本上所有的超市都覆盖着摄像头,这些都可以是大数据的基本来源并进行挖掘利用;在北京,每天用公交一卡通的乘客有4000 万刷卡记录,而每天地铁刷卡的乘客也有 1000 万,这些数据可以用来改善北京的交通状况,优化交通路线。

大数据还包括国家大型公用设备和科研设备等产生的数据。例如,波音 787 每飞一个来回可产生 TB 级的数据,美国每个月收集 360 万次飞行记录;风力发电机装有测量风速、螺距、油温等多种传感器,每隔几毫秒就要测量一次,数据汇集用于检测叶片、变速箱、变频器等的磨损程度;一个具有风机的风场一年会产生 2 PB 的数据,这些数据用于预防维护,可使风机寿命延长 3 年,极大地降低了风机的成本。

工业领域也产生了大量的数据,GE 能源监测和诊断(M&D)中心每天从客户处收集 10千兆字节的数据;长虹集团有限公司等离子显示板制造中生产流程数据涉及 75 条组装线,279 个主要生产设备,超过 10 000 个参数,每天 3000 万条记录,大约 10 GB;杭州西奥电梯有限公司的数字化车间监控超过 500 个参数,每天产生约 50 万条记录;浙江雅莹服装有限公司数字化生产线由 15 个子系统组成,超过 1000 个参数,每天产生约 80 万条记录,约1 GB。

大数据甚至还包括一些地理位置、基因图谱、天体运动轨迹的数据。总之,任何可以利用数据分析来达到目的的地方就会有大数据的存在。

1.3 什么是大数据分析

1. 大数据分析的定义

数据分析指的是用适当的统计分析方法对收集来的大量数据进行分析，提取有用信息和形成结论而对数据加以详细研究和概括总结的过程。

数据分析可以分为三个层次，即描述分析、预测分析和规范分析。

描述分析是探索历史数据并描述发生了什么，这一层次包括发现数据规律的聚类、相关规则挖掘、模式发现和描述数据规律的可视化分析。

预测分析用于预测未来的概率和趋势，例如基于逻辑回归的预测、基于分类器的预测等。

规范分析根据期望的结果、特定场景、资源以及对过去和当前事件的了解对未来的决策给出建议，例如基于模拟的复杂系统分析和基于给定约束的优化解生成。

顾名思义，大数据分析是指对规模巨大的数据进行分析。大数据分析是大数据到信息，再到知识的关键步骤。

2. 大数据分析的应用

大数据分析有着广泛的应用，成为大数据创造价值的最重要的方面。下面举一些各个领域大数据分析应用的实例。

在宏观经济领域方面，淘宝根据网上成交额比较高的 390 个类目的商品价格来得出 CPI，比国家统计局公布的 CPI 更早地预测到经济状况。国家统计局统计的 CPI 主要根据的是刚性物品，如食品，百姓都要买，差别不大；可是淘宝是利用化妆品、电子产品等购买量受经济影响较明显的商品进行预测，因此淘宝的 CPI 更能反映价格走势。美国印第安纳大学利用谷歌公司提供的心情分析工具，从近千万的短信和网民留言中归纳出 6 种心情，进而预测道琼斯工业指数，准确率高达 87%。

在制造业方面，华尔街对冲基金依据购物网站的顾客评论，分析企业的销售状况；一些企业利用大数据分析实现对采购和合理库存的管理，通过分析网上数据了解客户需求，掌握市场动向；美国通用电气公司通过对所生产的两万台喷气引擎的数据分析，开发的算法能够提前一个月预测和维护需求，准确率达 70%。

在农业领域，硅谷有个 Climate 公司，利用 30 年的气候和 60 年的农作物收成变化、14 TB 的土壤的历史数据、250 万个地点的气候预测数据和 1500 亿例土壤观察数据，生成 10 万亿个模拟气候据点，可以预测下一年的农产品产量以及天气、作物、病虫害和灾害、肥料、收获、市场价格等的变化。

在商业领域，沃尔玛将每月 4500 万的网络购物数据，与社交网络上产品的大众评分结合，开发出"北极星"搜索引擎，方便顾客购物，在线购物的人数增加 10% ～ 15%。再如，有的电商平台将消费者在其平台上的消费记录卖给其他商家，商家得到这个消费记录对应的顾客 IP 地址后，就会留意其上网踪迹和消费行为，并适时弹出本公司商品的广告，这样就很容易做成交易，最终的结果是顾客、电商平台、商家，甚至相关网站都各有收益。

在金融领域，阿里巴巴根据淘宝网上中小型公司的交易状况，筛选出财务健康、诚信优良的企业，为他们免担保提供贷款达上千亿元，坏账率仅有 0.3%；华尔街"德温特资本市场"公司通过分析 3.4 亿留言判断民众心情，以决定公司股票的买入和卖出，也获得了较好的收益。

在医疗卫生领域，一方面，相关部门可以根据搜索引擎上民众对相关关键词的搜索数据建立数学模型进行分析，得出相应的预测进行预防。例如，2009 年，谷歌公司在甲型 H1N1 爆发前几周，就预测出流感形式，与随后的官方数据相关性高达 97%；而百度公司得出的中国艾滋病感染人群的分布情况，与后期的卫生部公布结果基本一致。另一方面，医生可以借助社交网络平台与患者就诊疗效果和医疗经验进行交流，能够获得在医院得不到的临床效果数据。除此之外，基于对人体基因的大数据分析，可以实现对症下药的个性化诊疗，提高医疗质量。

在交通运输中，物流公司可以根据 GPS 上大量的数据分析优化运输路线节约燃料和时间，提高效率；相关部门也会通过对公交车上手机用户的位置数据的分析，为市民提供交通实时情况。大数据还可以改善机器翻译服务，谷歌翻译器就是利用已经索引过的海量资料库，从互联网上找出各种文章及对应译本，找出语言数据之间的语法和文字对应的规律来达到目的。大数据在影视、军事、社会治安、政治领域的应用也都有着很明显的效果。总之，大数据的用途是十分广泛的。

当然，大数据不仅仅是一种资源，作为一种思维方法，大数据也有着令人折服的影响。伴随大数据产生的数据密集型科学，有学者将它称为第四种科学模式，其研究特点在于：不在意数据的杂乱，但强调数据的规模；不要求数据的精准，但看重其代表性；不刻意追求因果关系，但重视规律总结。现如今，这一思维方式广泛应用于科学研究和各行各业，是从复杂现象中透视本质的重要工具。

1.4 大数据分析的过程、技术与难点

1. 大数据分析的过程

大数据分析的过程大致分为下面 6 个步骤：

（1）业务理解

最初的阶段集中在理解项目目标和从业务的角度理解需求，同时将业务知识转化为数据分析问题的定义和实现目标的初步计划上。

（2）数据理解

数据理解阶段从初始的数据收集开始，通过一些活动的处理，目的是熟悉数据，识别数据的质量问题，首次发现数据的内部属性，或是探测引起兴趣的子集去形成隐含信息的假设。

（3）数据准备

数据准备阶段包括从未处理数据中构造最终数据集的所有活动。这些数据将是模型工具的输入值。这个阶段的任务有的能执行多次，没有任何规定的顺序。任务包括表、记录和属性的选择，以及为模型工具转换和清洗数据。

（4）建模

在这个阶段，可以选择和应用不同的模型技术，模型参数被调整到最佳的数值。有些技术可以解决一类相同的数据分析问题；有些技术在数据形成上有特殊要求，因此需要经常跳回到数据准备阶段。

（5）评估

在这个阶段，已经从数据分析的角度建立了一个高质量显示的模型。在最后部署模型之

前，重要的事情是彻底地评估模型，检查构造模型的步骤，确保模型可以完成业务目标。这个阶段的关键目的是确定是否有重要业务问题没有被充分考虑。在这个阶段结束后，必须达成一个数据分析结果使用的决定。

（6）部署

通常，模型的创建不是项目的结束。模型的作用是从数据中找到知识，获得的知识需要以便于用户使用的方式重新组织和展现。根据需求，这个阶段可以产生简单的报告，或是实现一个比较复杂的、可重复的数据分析过程。在很多案例中，由客户而不是数据分析人员承担部署的工作。

2. 大数据分析涉及的技术

作为大数据的主要应用，大数据分析涉及的技术相当广泛，主要包括如下几类。

1）数据采集：大数据的采集是指利用多个数据库来接收发自客户端（Web、App 或者传感器形式等）的数据，并且用户可以通过这些数据库来进行简单的查询和处理工作。例如，电商会使用传统的关系型数据库 MySQL 和 Oracle 等来存储每一笔事务数据，除此之外，Redis 和 MongoDB 这样的 NoSQL 数据库也常用于数据的采集。阿里云的 DataHub 是一款数据采集产品，可为用户提供实时数据的发布和订阅功能，写入的数据可直接进行流式数据处理，也可参与后续的离线作业计算，并且 DataHub 同主流插件和客户端保持高度兼容。

在大数据的采集过程中，其主要特点和挑战是并发数高，因为同时有可能会有成千上万的用户来进行访问和操作，例如火车票售票网站和淘宝，它们并发的访问量在峰值时达到上百万，所以需要在采集端部署大量数据库才能支撑。并且，如何在这些数据库之间进行负载均衡和分片的确需要深入的思考和设计。ETL 工具负责将分布的、异构数据源中的数据如关系数据、平面数据文件等抽取到临时中间层后进行清洗、转换、集成，最后加载到数据仓库或数据集市中，成为联机分析处理、数据挖掘的基础。

2）数据管理：对大数据进行分析的基础是对大数据进行有效的管理，使大数据"存得下、查得出"，并且为大数据的高效分析提供基本数据操作（比如 Join 和聚集操作等），实现数据有效管理的关键是数据组织。面向大数据管理已经提出了一系列技术。随着大数据应用越来越广泛，应用场景的多样化和数据规模的不断增加，传统的关系数据库在很多情况下难以满足要求，学术界和产业界开发出了一系列新型数据库管理系统，例如适用于处理大量数据的高访问负载以及日志系统的键值数据库（如 Tokyo Cabinet/Tyrant、Redis、Voldemort、Oracle BDB）、适用于分布式大数据管理的列存储数据（如 Cassandra、HBase、Riak）、适用于 Web 应用的文档型数据库（如 CouchDB、MongoDB、SequoiaDB）、适用于社交网络和知识管理等的图形数据库（如 Neo4J、InfoGrid、Infinite Graph），这些数据库统称为 NoSQL。面对大数据的挑战，学术界和工业界拓展了传统的关系数据库，即 NewSQL，这是对各种新的可扩展 / 高性能数据库的简称，这类数据库不仅具有 NoSQL 对海量数据的存储管理能力，还保持了传统数据库支持 ACID 和 SQL 的特性。典型的 NewSQL 包括 VoltDB、ScaleBase、dbShards、Scalearc 等。例如，阿里云分析型数据库可实现对数据的实时多维分析，百亿量级多维查询只需 100 毫秒。

3）基础架构：从更底层来看，对大数据进行分析还需要高性能的计算架构和存储系统。例如用于分布式计算的 MapReduce 计算框架、Spark 计算框架，用于大规模数据协同工作的分布式文件存储 HDFS 等。

4）数据理解与提取：大数据的多样性体现在多个方面。在结构方面，对大数据分析很多情况下处理的数据并非传统的结构化数据，也包括多模态的半结构和非结构化数据；在语义方面，大数据的语义也有着多样性，同一含义有着多样的表达，同样的表达在不同的语境下也有着不同的含义。要对具有多样性的大数据进行有效分析，需要对数据进行深入的理解，并从结构多样、语义多样的数据中提取出可以直接进行分析的数据。这方面的技术包括自然语言处理、数据抽取等。自然语言处理是研究人与计算机交互的语言问题的一门学科。处理自然语言的关键是要让计算机"理解"自然语言，所以自然语言处理又叫作自然语言理解（Natural Language Understanding，NLU），也称为计算语言学，它是人工智能（Artificial Intelligence，AI）的核心课题之一。信息抽取（information extraction）是把非结构化数据中包含的信息进行结构化处理，变成统一的组织形式。

5）统计分析：统计分析是指运用统计方法及与分析对象有关的知识，从定量与定性的结合上进行的研究活动。它是继统计设计、统计调查、统计整理之后的一项十分重要的工作，是在前几个阶段工作的基础上通过分析达到对研究对象更为深刻的认识。它又是在一定的选题下，针对分析方案的设计、资料的搜集和整理而展开的研究活动。系统、完善的资料是统计分析的必要条件。统计分析技术包括假设检验、显著性检验、差异分析、相关分析、T检验、方差分析、卡方分析、偏相关分析、距离分析、回归分析、简单回归分析、多元回归分析、逐步回归、回归预测与残差分析、岭回归、逻辑回归分析、曲线估计、因子分析、聚类分析、主成分分析、因子分析、快速聚类法与聚类法、判别分析、对应分析、多元对应分析（最优尺度分析）、bootstrap技术等。

6）数据挖掘：数据挖掘指的是从大量数据中通过算法搜索隐藏于其中的信息的过程，包括分类（classification）、估计（estimation）、预测（prediction）、相关性分组或关联规则（affinity grouping or association rule）、聚类（clustering）、描述和可视化（cescription and visualization）、复杂数据类型挖掘（text、Web、图形图像、视频、音频等）。与前面统计和分析过程不同的是，数据挖掘一般没有什么预先设定好的主题，主要是在现有数据上进行基于各种算法的计算，从而起到预测的效果，实现一些高级别数据分析的需求。例如，阿里云的数加产品拥有一系列机器学习工具，可基于海量数据实现对用户行为、行业走势、天气、交通的预测，产品还集成了阿里巴巴核心算法库，包括特征工程、大规模机器学习、深度学习等。

7）数据可视化：数据可视化是关于数据视觉表现形式的科学技术研究。对于大数据而言，由于其规模、高速和多样性，用户通过直接浏览来了解数据，因而，将数据进行可视化，将其表示成为人能够直接读取的形式，显得非常重要。目前，针对数据可视化已经提出了许多方法，这些方法根据其可视化的原理可以划分为基于几何的技术、面向像素的技术、基于图标的技术、基于层次的技术、基于图像的技术和分布式技术等；根据数据类型可以分为文本可视化、网络（图）可视化、时空数据可视化、多维数据可视化等。

数据可视化应用包括报表类工具（如我们熟知的Excel）、BI分析工具以及专业的数据可视化工具等。阿里云2016年发布的BI报表产品，3分钟即可完成海量数据的分析报告，产品支持多种云数据源，提供近20种可视化效果。

3. 大数据分析技术的难点

大数据分析不是简单的数据分析的延伸。大数据规模大、更新速度快、来源多样等性质为大数据分析带来了一系列挑战。

1）可扩展性：由于大数据的特点之一是"规模大"，利用大规模数据可以发现诸多新知识，因而大数据分析需要考虑的首要任务之一就是使得分析算法能够支持大规模数据，在大规模数据上能够在应用所要求的时间约束内得到结果。

2）可用性：大数据分析的结果应用到实际中的前提是分析结果的可用，这里"可用"有两个方面的含义：一方面，需要结果具有高质量，如结果完整、符合现实的语义约束等；另一方面，需要结果的形式适用于实际的应用。对结果可用性的要求为大数据分析算法带来了挑战，所谓"垃圾进垃圾出"，高质量的分析结果需要高质量的数据；结果形式的高可用性需要高可用分析模型的设计。

3）领域知识的结合：大数据分析通常和具体领域密切结合，因而大数据分析的过程很自然地需要和领域知识相结合。这为大数据分析方法的设计带来了挑战：一方面，领域知识具有的多样性以及领域知识的结合导致相应大数据分析方法的多样性，需要与领域相适应的大数据分析方法；另一方面，对领域知识提出了新的要求，需要领域知识的内容和表示适用于大数据分析的过程。

4）结果的检验：有一些应用需要高可靠性的分析结果，否则会带来灾难性的后果。因而，大数据分析结果需要经过一定检验才可以真正应用。结果的检验需要对大数据分析结果需求的建模和检验的有效实现。

1.5 全书概览

本书将较为全面地描述大数据分析的模型、技术、实现与应用。其中第 2 ～ 7 章介绍大数据分析模型，包括关联分析模型、分类分析模型、聚类分析模型、结构分析模型和文本分析模型；第 8 ～ 11 章介绍大数据分析相关的技术，包括大数据预处理、特征选择和降维方法、面向大数据的数据仓库和大数据分析算法。第 12 ～ 14 章介绍三种用于实现大数据分析算法的平台，分别是大数据计算平台、流式计算平台和大图计算平台；第 15 ～ 16 章介绍两类大数据分析的具体应用，分别讲述社会网络和推荐系统。

第 2 章是大数据分析建模的基础，介绍了大数据模型建立方法、支持大数据分析的基本统计量以及推断统计和假设检验方法，为后面的大数据分析奠定理论基础。

第 3 ～ 5 章介绍了多维数据分析模型。

第 3 章介绍关联分析模型，用于分析变量之间的关联关系。根据变量的类型（离散或者连续）可以用回归或者关联规则来描述关联关系，因而这一章描述了这两方面的模型。

第 4 章介绍分类分析模型，用于对数据进行分类。根据分类的策略介绍了基于统计的判别分析方法和基于人类学习行为模拟的机器学习方法。

第 5 章介绍聚类分析模型，与分类分析模型的有监督分析不同的是，聚类模型是无监督分析，在没有训练样例的情况下进行分析。这一章中介绍了聚类分析的定义、类别、评价方法、计算方法概述以及应用。

第 6 章介绍半结构化数据（即图数据）的分析模型，包括了几类重要的图分析模型，即最短路径、链接排名、结构计数、结构聚类和社团发现。

第 7 章介绍非结构化数据（即文本）的分析模型，包括了几类常用的文本分析模型，即 TF-ID 模型、词频统计、PLDA、Word2Vec 和分词。

第 8 章和第 9 章从两个不同角度介绍为大数据分析进行数据准备的技术。如果把输入的数据看成一张表，第 8 章介绍从"行"的角度进行数据准备，即进行数据的抽样、过滤、标准化、归一化以及数据的清洗；第 9 章介绍从"列"的角度进行数据准备，即从大数据中选择恰当的属性进行分析。

第 10 章介绍面向大数据的数据仓库系统，概述数据仓库技术并介绍多种针对不同场景的数据仓库系统。

第 11 章介绍大数据分析算法。在概述大数据分析算法的同时，介绍基于 MapReduce 编程模型的回归算法、关联规则挖掘算法、分类算法和聚类算法，分别和第 3 ～ 5 章中的模型相对应。

第 12 章介绍 5 种大数据计算平台，这些计算平台用于计算通用的计算任务，针对大数据 Volume 特性提出，侧重于面向大数据的高可扩展计算和高效率计算。大数据分析任务可以用这些平台实现。

第 13 章介绍 4 种流式计算平台，用于处理流式计算这类大数据分析计算任务，针对大数据 Velocity 特性提出，侧重处理源源不断更新的大数据。增量大数据分析任务可以用这些平台实现。

第 14 章介绍 5 种大图计算平台，用于处理大图计算任务，面向大数据 Volume 特性在大图上实现高效计算，可用于实现大部分第 6 章中提出的大图分析模型。

第 15 章介绍社交网络分析技术，这是目前大数据分析领域的热点应用之一，除了介绍基本概念外，还介绍几种不同角度提出的社交网络分析技术。

第 16 章介绍推荐系统，这是目前大数据分析创造价值的重要途径，在介绍推荐系统基本概念的同时，介绍不同思路、不同对象的推荐系统，还结合第 15 章介绍社交网络中的推荐技术。

本书各章节的关系如图 1-1 所示。

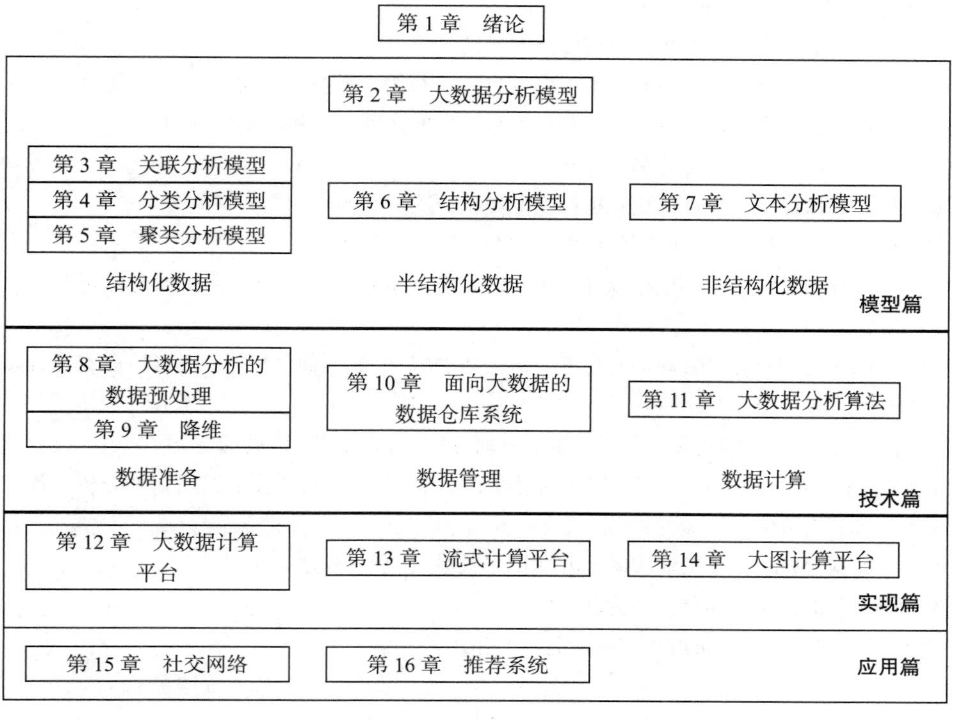

图 1-1　本书结构图

数据分析常用工具包括 R 语言、SPSS 等，一些传统数据分析的教材中介绍了这些工具，本书不再赘述。本书将以阿里云——一种针对"大"数据分析的工具为平台进行介绍，该平台提供了支持大数据分析中数据管理的分析型数据库、支持大数据分析中数据密集型计算的大数据计算服务以及一系列大数据分析所需的算法，例如特征选择算法、机器学习算法以及大数据可视化功能。

小结

本章概述了大数据和大数据分析的相关知识。首先在 1.1 节介绍了大数据的定义、应用背景和"4V"特征，让读者对于大数据概念有更为清晰的认识。接下来，1.2 节介绍了大数据的应用场景，从中可以看出大数据是无处不在的，并且对于政治、经济、工业生产、科学研究等有着巨大的影响。1.3 节介绍了大数据分析的定义和应用，大数据分析使得大数据体现出其特有的价值，也带来了新的思维方式。1.4 节讨论了大数据分析中的技术和难点，介绍了大数据分析的过程，包括业务理解、数据理解、数据准备、建模、评估和部署，紧接着介绍了大数据分析涉及的一系列技术，包括数据采集、数据管理、基础架构、数据理解和提取、统计分析、数据挖掘和数据可视化等。最后讨论了大数据分析中的难点，包括可扩展性、可用性、领域知识的结合和结果的检验。

习题

1. 在我们身边有哪些大数据？在这些大数据上有哪些分析任务？
2. 比较"分析""机器学习"和"数据挖掘"的异同。
3. 比较电子商务和工业生产中大数据分析任务的异同。
4. 在线电子商务网站（如淘宝、京东等）可以通过用户行为大数据进行分析以提高其销量，按照大数据分析的过程完成此大数据分析任务，其行为数据的模式可以从网站观察得到。
5. 试论述大数据分析对大数据管理提出的新要求。
6. 大数据分析对技术提出了何种挑战？根据你的经验论述这些挑战应当如何应对。
7. 大数据分析中的"分析"和下面哪句话中的"分析"含义最相近？
  （1）"又於帝前聚米为山谷，指画形埶，开示众军所从道径往来，分析曲折，昭然可晓。"（《后汉书·马援传》）
  （2）"御史司宪崔沂劾奏：'彦卿杀人阙下，请论如法。'帝命彦卿分析。"（《资治通鉴·后梁太祖开平四年》）
  （3）"于时内慢神器，外侮戎狄。君子横流，庶萌分析。"（《宋书·谢灵运传》）
  （4）"臣闻《诗》、《书》、《礼》、《乐》，定自孔子；发明章句，始於子夏。其后诸家分析，各有异说。"（《后汉书·徐防传》）
8. 有人说"大数据分析更注重关联关系而并非因果关系"，请辨析这句话。
9. 你认为"分析"的反义词是什么？为什么？
10. 试论述可视化在大数据分析过程中可能起到的作用。

第 2 章
大数据分析模型

大数据分析模型讨论的问题是从大数据中发现什么。尽管对大数据的分析方法林林总总，但面对一项具体应用，大数据分析非常依赖想象力。例如，对患者进行智能导诊，为患者选择合适的医院、合适的科室和合适的医生。可以通过患者对病症的描述建立模型而选择合适的科室；可以基于对患者位置、医院擅长病症的信息以及患者病症的紧急程度建立模型而确定位置合适的医院；还可以根据医院当前的队列信息建立模型进行推荐，如果队列较长则显示已挂号人数较少、等待时间较短的医生资料，如果队列较短则显示那些挂号费和治疗费较高但医术相对高明、经验相对丰富的医生资料。

这些分析离不开一系列基本的模型与方法。大数据分析模型用于描述数据之间的关系，我们经常听说的贝叶斯分类器、聚类、决策树都是大数据分析模型。

面向具体应用的大数据分析模型往往是这些分析方法的扩展或者叠加，例如我们可以结合支持向量机（SVM）和随机森林一起对心脏病病人的重新入院率做一个预测，对那些重新入院概率高的病人提供更加周到的住院期间的护理和出院后的跟踪护理。

大数据的分析模型有多种不同分类方法。例如，依据分析的数据类型，可以分类成面向结构化多维数据的多元分析、面向半结构化图数据的图分析以及面向非结构化文本数据的文本分析。根据分析过程中输出和输入的关系，又可以分类成回归分析、聚类分析、分类和关联规则分析等。根据输入的特征，可以分为监督学习、无监督学习和半监督学习等。

大数据分析是一个比较广的范畴，和统计分析、机器学习、数据挖掘、数据仓库等学科都存在关系，因而 Michael I. Jordan 建议用"数据科学"来覆盖整个领域。而大数据分析模型的建立是其中最基础也是最重要的步骤。

本章将对大数据分析模型进行概述，首先在 2.1 节介绍大数据分析模型建立方法，在接下来的两节中介绍两种从数据中发现规律的统计方法。一种是直接计算数据的统计量（见2.2 节），另一种是利用数据来推断数据所描述对象的总体特征，即统计推断（见 2.3 节）。

2.1 大数据分析模型建立方法

大数据分析模型可以基于传统数据分析方法中的建模方法建立，也可以采取面向大数据的独特方法来建立。为了区分这两种模型建立方法，我们分别简称其为传统建模方法和大数据建模方法。由于这两种模型建立方法存在一些交集（如业务调研、结果校验等），我们采取统一框架来进行介绍，在介绍时区分两种建模方法的不同之处。

传统数据分析建模方法与大数据分析建模方法

从大数据这个概念提出开始，就有"大数据分析方法与传统数据分析方法同与异"之辩。有的观点认为，传统分析是"因果分析"，而大数据分析是"关联分析"；有的观点认为，传统分析是"假设→验证"形式的分析，大数据分析是"探索→关联"形式的分析；也有观点认为，大数据分析并无新颖之处，只不过是传统分析扩展到了更大规模的数据上，需要的只是一些大规模数据处理技术而不是更新的建模方法。

笔者认为，"大数据分析"和传统的"数据分析"并不是一个割裂的或者说对立的概念，其分析模型建立方法可谓"运用之妙，存乎一心"，建立数据分析模型的目的是解决问题，可以根据分析的目标和所拥有的数据资源选择建模的方法论，而并不一定要区分是使用传统的数据分析建模方法还是大数据数据分析建模方法。

（1）业务调研

首先需要向业务部门进行调研，了解业务需要解决的问题，将业务问题映射成数据分析工作和任务。对业务的了解无疑是传统建模方法和大数据建模方法都需要的。

（2）准备数据

根据业务需求准备相应的数据。需要注意的是，传统建模方法通常有明确的建模目的，根据建模的目的准备数据，而大数据建模方法通常尽可能搜集全量数据，以便于从中发现此前没有发现的规律。

（3）浏览数据

这一步骤是大数据建模方法所特有的，在这一步骤中，数据科学家或者用户通过浏览数据发现数据中一些可能的新关联，这个步骤可以通过对大数据进行可视化来实现。

（4）变量选择

经过业务调研、准备数据和浏览数据，手中已有的数据和分析的目标已经清楚了，在这一步骤中，基于分析的目标选择模型中的自变量，并定义模型中的因变量。因变量根据数据来定义，自变量根据数据的模式以及和因变量之间的关系进行选择。需要注意的是，有的时候并不能够精准地选择自变量，在这种情况下可以选择一个较大的自变量范围，然后利用本书第 9 章提出的技术有效选择相应的变量。

（5）定义（发现）模型的模式

这一步骤根据上一步骤选择的自变量和因变量定义或者发现模型的模式。所谓模型的模式指的是模型的"样子"，例如，自变量 x_1，x_2，$\cdots$，x_n 和因变量 y 之间显式地表示成方程 $y=f(x_1, x_2, \cdots, x_n)$，或者自变量构成决策树，因变量 y 在叶子上，这些都是模型的模式。在这一步骤中，数据科学家的经验起着非常重要的作用，因为在有些情况下，模式有很多选择，哪一种能够有效地描述数据之间的关系是因问题而异、因数据而异的。在有些情况下甚至需要根据后面步骤对模型有效性进行评估的结果来迭代地修改模式。这个过程对大数据分析建模尤其重要，因为大数据分析建模中数据的模型可能更加不明显，需要迭代地修正模型的模式。

（6）计算模型参数

通常在模型中有一些参数，这些参数决定了模型的最终形式。有些参数需要根据需求或者数据的形式来定义，例如有些聚类模型中聚类的个数；而有些参数需要通过算法学习得出，例如线性回归中自变量的系数。有时候，模型中的参数需要根据分析模型的实际应用结果进行调整，即所谓的"调参"，这是一个重要的过程，因为参数直接决定了模型的有效性。

（7）分析模型的解释和评估

数据分析模型从业务中来，最终要应用到业务中去，因而当分析模型建立之后，需要由业务专家进行业务解释和结果评价。具体来说，可以将分析模型应用于业务中的数据，由业务专家根据经验解释从分析模型得到的结果，看此结果是否符合业务要求；也可以基于已知有效分析结果的数据对模型进行评估，自动验证模型得到的分析结果是否和有效的分析结果相符合。

上面谈到的 7 个步骤是广义的分析模型建立步骤，包括了从需求到模型验证的部分；如果是狭义的建模，即根据需求和数据建立模型，仅包含其中的（3）～（6）四个步骤。

我们用一个例子来说明大数据分析的过程。我们期望研究提升学生学习成绩的方法，经过老师的分析，希望研究"基于学生的行为数据预测学习成绩"这一数据分析任务。

对于这一任务，传统的建模方法可能由专家去分析一系列可能的因素，比如上课的出勤率、作业完成率等，然后到相关的数据库中获取相应的数据，并从数据库中得到学生的成绩。

大数据建模方法中，试图去获取所有可能的数据，包括学生的起床时间、学生体检记录、学生的籍贯等。继而通过可视化（比如做折线图）等方法分析这些因素是否可能和学生的学习成绩相关。

究竟选择哪些变量是要进行研究的。根据领域知识和浏览数据，实际上已经发现了一些可能影响学生成绩的因素，这些因素在数据库中体现为"属性"，对应着分析模型中的"变量"。在大数据分析建模方法中，可能得到了很多自变量（比如起床时间、吃早餐的时间、血压等也许相关也许不相关的变量），在这种情况下，可以使用一些特征工程的方法，选择和成绩相关性比较高的变量，并且排除不相关的自变量。比如起床时间和吃早餐的时间在统计上就有较强的相关性。

假设在这一步中，我们选择了上课的出勤率、作业完成率和血压作为自变量。接下来定义模型的模式，这与自变量和因变量数据的类型有关。在这个例子中，出勤率、作业完成率和血压都是数值型，而学生成绩也是数值型，则可以考虑多元线性回归。

比如我们选定了多元线性回归作为模式，下一步就是通过算法确定多元线性回归中的参数。当然在有些情况下，即使算法得到了最优参数，最后结果的误差仍然很大，在这种情况下，很有可能是模型模式选择的问题，也就是多元线性回归模型可能难以准确描述学习成绩和出勤率、作业完成率以及血压的关系，可能需要换其他模式，比如多项式回归等。

当确定了模型，则可以对其进行解释。一种方法是由专家来分析，比如"为什么血压的平方会对成绩有影响？"；另一种方法就是用更多的数据（出勤率、作业完成率、血压和学习成绩）来验证这个模型是否可以推广。

需要注意的是，这是一个为了解释上述过程的虚拟例子，并不代表实际情况。在现实中，一些数据会由于得不到（比如学生起床时间）或者侵犯隐私（比如学生的健康情况）而无法使用。现实中的建模通常要迁就可以有效使用的数据。

2.2　基本统计量

数据中的基本统计方法是基本统计量的计算，尽管简单，但是在一定程度上可以很好地反映出数据的特征和变化趋势。

2.2.1 全表统计量

根据反映出的数据特征类型可以将基本统计量分为两类：反映数据集中趋势的和反映数据波动大小的。

能够反映数据集中趋势的度量包括均值、中位数和众数。下面给出它们的定义。

均值的定义为：令 x_1，x_2，$\cdots$，x_n 为某数值属性 X 的 n 个观测值或者观测，该值集合的均值为

$$\bar{X} = \frac{\sum_{i=1}^{n} x_i}{n} = \frac{x_1 + x_2 + \cdots + x_n}{n} \tag{2-1}$$

有时，对于 $i=1$，$\cdots$，n，每个值 x_i 可以与一个权值 w_i 相关联。权值反映它们所依附的对应值的意义、重要性或出现的频率。在这种情况下，我们可以计算

$$\bar{X} = \frac{\sum_{i=1}^{n} w_i x_i}{\sum_{i=1}^{n} w_i} = \frac{w_1 x_1 + w_2 x_2 + \cdots + w_n x_n}{w_1 + w_2 + \cdots + w_n} \tag{2-2}$$

这称作加权算术均值或加权平均。

中位数的定义为：有序数据值的中间值，即把数据较高的一半与较低的一半分开的值。假设给定某属性 X 的 N 个值按递增排序。如果 N 是奇数，则中位数是该有序集的中间值；如果 N 是偶数，则中位数不唯一，它是最中间的两个值和它们之间的任意值。在数值属性的情况下，根据约定，中位数取作最中间两个值的平均值。

众数的定义为：数据集中出现最频繁的值。

三种统计量之间的比较见表 2-1。

表 2-1 常用集中趋势度量统计量的比较

数据特征类型	统计量	意义	不足
集中趋势	平均数	平均数是反映数据集中趋势最常用的统计量，它能充分利用数据所提供的信息	受极端值的影响较大
	中位数	中位数是一个位置代表值，表明一组数据中有一半的数据大于（或小于）中位数，计算简便，不受极端值的影响	不能充分利用所有数据信息
	众数	当一组数据有较多的重复数据时，人们往往关心众数，它反映了哪个（些）数据出现的次数最多，不受极端值的影响	当各个数据的重复次数大致相等时，众数往往没有特别的意义

能够反映数据散布情况的数据波动大小度量包括极差和方差（标准差）。

极差的定义为：设 x_1，x_2，$\cdots$，x_n 是某数值属性 X 上的观测的集合。该集合的极差是最大值与最小值之差。

方差的定义为：数值属性 X 的 n 个观测值 x_1，x_2，$\cdots$，x_n 的方差是

$$\sigma_X^2 = \frac{1}{n} \sum_{i=1}^{n} (x_i - \bar{X})^2 = \frac{1}{n} \sum_{i=1}^{n} x_i^2 - \bar{X}^2 \tag{2-3}$$

其中 $\bar{X}$ 是均值，由公式（2-1）定义。观测值的标准差 σ_X 是方差 σ_X^2 的平方根。低方差意味着数据观测趋向于非常靠近均值，而高方差表示数据散布在一个大的值域中。

两种统计量之间的比较见表 2-2。

表 2-2　常用数据波动大小度量统计量的比较

数据特征类型	统计量	意义	不足
波动大小	极差	反映一组数据的波动范围，计算简单	不能充分利用所有数据信息
	方差（标准差）	反映一组数据的波动大小，方差越大，数据的波动就越大，方差越小，数据的波动越小	计算烦琐，单位与原数据单位不一致

我们举个简单的例子来说明这几个概念。某个射击选手的成绩为 9、8、10、7、6（单位：环），所以可求 $\bar{X} = \dfrac{\sum_{i=1}^{n} x_i}{n} = 8$，中位数为 8，极差为 10-6=4，方差为 $\dfrac{1}{n}\sum_{i=1}^{n} x_i^2 - \bar{X}^2 = 2$。

2.2.2　皮尔森相关系数

上一节讨论的是针对单个属性的全表统计量，本节讨论衡量两个属性（在统计学中称为变量）之间关联关系的统计量。这个关联关系可以用相关系数来衡量。对于两个变量 X 和 Y，如果 X 和 Y 没有任何关联关系，它们的相关系数为 0；当 X 的值增大（减小）时，Y 值相应地增大（减小），则两个变量为正相关，通常令其相关系数在 0.00 与 1.00 之间；当 X 的值增大（减小）时，Y 值相应地减小（增大），则两个变量为负相关，通常令其相关系数在 -1.00 与 0.00 之间。

相关系数的绝对值越大，相关度越强。相关系数越接近于 1 或 -1，相关度越强；相关系数越接近于 0，相关度越弱。

相关系数可以用许多统计值来测量，最常用的是皮尔森相关系数，它是英国统计学家皮尔森于 20 世纪提出的一种计算直线相关的方法，也称为皮尔森相关或积差相关（或积矩相关），两个变量 X 和 Y 之间的皮尔森相关系数定义为两个变量之间的协方差和标准差的商。

$$\rho_{X,Y} = \frac{\text{cov}(X,Y)}{\sigma_X \sigma_Y} = \frac{E[(X - \mu_X)(Y - \mu_Y)]}{\sigma_X \sigma_Y}$$

上式定义了总体相关系数，常用希腊小写字母 ρ（rho）作为代表符号。估算样本的协方差和标准差，可得到样本相关系数（样本皮尔森系数），常用英文小写字母 r 代表

$$r = \frac{\sum_{i=1}^{n}(X_i - \bar{X})(Y_i - \bar{Y})}{\sqrt{\sum_{i=1}^{n}(X_i - \bar{X})^2}\sqrt{\sum_{i=1}^{n}(Y_i - \bar{Y})^2}}$$

r 亦可由 (X_i, Y_i) 样本点的标准分数均值估计，得到与上式等价的表达式

$$r = \frac{1}{n-1}\sum_{i=1}^{n}\left(\frac{X_i - \bar{X}}{\sigma_X}\right)\left(\frac{Y_i - \bar{Y}}{\sigma_Y}\right)$$

其中 $\dfrac{X_i - \bar{X}}{\sigma_X}$、$\bar{X}$ 及 σ_X 分别是样本 X_i 的标准分数、样本均值和样本标准差。

皮尔森相关系数的变化范围为 -1 ～ 1。如果系数的值为 1，就意味着 X 和 Y 可以理想地由直线方程来描述，所有的数据点都很好地落在一条直线上，且 Y 随着 X 的增加而增加；相反，系数的值为 -1 意味着所有的数据点都落在直线上，但 Y 随着 X 的增加而减少。此外，系数的值为 0 意味着两个变量之间没有线性关系。

更一般地说，当且仅当 X_i 和 Y_i 均落在它们各自的均值的同一侧，这时 $(X_i - \overline{X})(Y_i - \overline{Y})$ 的值为正。也就是说，如果 X_i 和 Y_i 同时趋向于大于或同时趋向于小于它们各自的均值，则相关系数为正。如果 X_i 和 Y_i 趋向于落在它们均值的相反一侧，则相关系数为负。

举一个例子说明。表 2-3 为绝缘材料的压缩量和压力。

表 2-3 绝缘材料的压缩量和压力

压力 x(10 lb/in²)	压缩量 y(0.1 in)
1	1
2	1
3	2
4	2
5	4

计算压力 x 和压缩量 y 之间的相关系数 r。

$$\overline{X} = \frac{1+2+3+4+5}{5} = 3 \ , \quad \overline{Y} = \frac{1+1+2+2+4}{5} = 2$$

所以，$\sum_{i=1}^{n}(X_i - \overline{X})(Y_i - \overline{Y}) = \sum_{i=1}^{5}(X_i - 3)(Y_i - 2) = 7$；$\sqrt{\sum_{i=1}^{n}(X_i - \overline{X})^2} = \sqrt{10}$，$\sqrt{\sum_{i=1}^{n}(Y_i - \overline{Y})^2} = \sqrt{6}$。

从而

$$r = \frac{\sum_{i=1}^{n}(X_i - \overline{X})(Y_i - \overline{Y})}{\sqrt{\sum_{i=1}^{n}(X_i - \overline{X})^2}\sqrt{\sum_{i=1}^{n}(Y_i - \overline{Y})^2}} = \frac{7}{\sqrt{10}\sqrt{6}} = 0.904$$

可以看出，压力和压缩量是高度相关的，而且是很强的正相关关系，不过需要注意的是，高度相关并不一定蕴含因果关系。

2.3 推断统计

推断统计是研究如何利用样本数据来推断总体特征的统计方法，其目的是利用问题的基本假定及包含在观测数据中的信息，做出尽量精确和可靠的结论。基本特征是其依据的条件中包含带随机性的观测数据。以随机现象为研究对象的概率论是统计推断的理论基础。它包含两个内容：参数估计，即利用样本信息推断总体特征，例如某一群人的视力构成一个总体，通常认为视力是服从正态分布的，但不知道这个总体的均值，随机抽部分人，测得视力的值，用这些数据来估计这群人的平均视力；假设检验，即利用样本信息判断对总体的假设是否成立。例如，若感兴趣的问题是"平均视力是否超过 4.8"，就需要通过样本检验此命题是否成立。

2.3.1 参数估计

实际问题中，所研究的总体分布类型往往是已知的，但是要依赖于一个或者几个未知的参数。这时，求总体分布的问题就归结成了求一个或者几个未知参数的问题，这就是所谓的参数估计。

例如，一款电灯的使用寿命 X 是一个随机变量，我们由实际的经验知道 X 服从正态分布 $N(\mu, \sigma^2)$。要想了解这款电灯的实际性能，我们就需要估计出 μ 和 σ^2 值。又如，一段时间内某个商场的客流量可以用泊松分布来刻画，那么若想知道一定的时间间隔内经过的人数为 k 的概率，就要估计参数 λ 的值。

因而，在总体分布已知的情况下进行参数估计是推断统计的重要内容。有些实际问题中人们不关心总体分布的形式，而只是想知道均值、方差等某些数字特征，对这些数字特征的估计问题，也是参数估计的一部分内容。

参数估计主要有点估计和区间估计两类，我们分别讨论。

1.点估计

设参数 θ 是总体 X 的未知参数，是可以用参数 X_1, X_2, $\cdots$, X_n 构成的统计量 $\hat{\theta}(X_1, X_2, \cdots, X_n)$ 来估计 θ，则 $\hat{\theta}(X_1, X_2, \cdots, X_n)$ 称为 θ 的估计量。对于具体的样本 X_1, X_2, $\cdots$, X_n，估计量 $\hat{\theta}(x_1, x_2, \cdots, x_n)$ 的值称为 θ 的估计值。在没有必要强调估计量或估计值时，常把两者统称为估计。点估计的目的就是寻求未知参数的估计量与估计值。

（1）点估计的两种方法

点估计主要有矩估计和极大似然估计两种。

1）先介绍**矩估计**。众所周知，随机变量的矩是非常简单的描述随机变量统计规律的方法，而且，随机变量的一些参数往往本身就是随机变量的矩或者某些矩的函数。于是，很自然的想法就是如果可以把未知参数 θ 用总体矩 $\mu_k=E(X^k)(k=1,2,\cdots,m)$ 的函数表示为 $\theta=h(\mu_1, \mu_2, \cdots, \mu_n)$，那么这种用样本矩的函数作为参数 θ 估计的方法，就是矩估计法。

矩估计法主要有两种：以样本的各阶原点矩作为总体的各阶原点矩得到估计量；以样本的各阶原点矩的连续函数作为总体的各阶原点矩的连续函数得到估计量。

下面举一个例子展示矩估计的实际应用，对某种成年植物取出多个样本，观测在一定温度内该植物花朵的直径，得出了样本的值为 10、15、15、14、16。把植物花朵的直径看作随机变量，则对样本的一阶矩估计用于计算 X 的数学期望，即 $E(X)=\dfrac{1}{5}$（10+15+15+14+16）=14，对样本的二阶矩用于计算该植物花朵直径的方差，即 $S_n^2=\dfrac{1}{5}$（（10−14）^{2}+（15−14）^{2}+（15−14）^{2}+（14−14）^{2}+（16−14）^{2}）=4.4。

2）下面讨论**极大似然估计**。设总体 X 具有分布率 $p(x;\theta)$（或概率密度 $f(x;\theta)$），其中 θ 为未知参数向量，其取值在 Θ 之中，设 X_1, X_2, $\cdots$, X_n 为来自 X 的样本，则（X_1, X_2, $\cdots$, X_n）的联合分布率（或联合概率密度）

$$L(x_1, x_2, \cdots, x_n; \theta) = \prod_{i=1}^{n} p(x_i; \theta) \ \left(\text{或} \prod_{i=1}^{n} f(x_i; \theta) \right)$$

称为样本的似然函数。

对样本的任何观测值（X_1, X_2, $\cdots$, X_n），若

$$L(x_1, x_2, \cdots, x_n; \hat{\theta}) = \sup_{\theta \in \Theta} L(x_1, x_2, \cdots, x_n; \theta)$$

则称 $\hat{\theta}(x_1, x_2, \cdots, x_n)$ 为参数 θ 的最大似然估计值，其中 $\hat{\theta}(X_1, X_2, \cdots, X_n)$ 为参数 θ 的最大似然估计量。

若 $p(x;\theta)$ 或 $f(x;\theta)$ 关于 θ 可微，则参数 θ 的最大似然估计 $\hat{\theta}$ 可以通过方程

$$\frac{\partial L(\theta)}{\partial \theta} = 0$$

得到。

又因为 $\ln x$ 为 x 的单调函数，因此参数 θ 的最大似然估计 $\hat{\theta}$ 亦可通过方程

$$\frac{\partial \ln L(\theta)}{\partial \theta} = 0$$

得到，后一方程的求解往往较前者方便得多。

最大似然估计法非常直观，通俗地说就是做出的估计要有利于实例的出现，举个简单的例子：

发现一组数据总体符合正态分布 $N(\mu, \sigma^2)$，这组数据来自于一种树木的高度。数据集共有 1000 个样本，每个样本对应一棵树的高度。现在需要我们根据这个数据集来估计参数 μ 和 σ^2。

这个实例是很有意义的，现实生活中有大量的数据都符合正态分布，我们可以很容易地将这个实例所得的结论迁移到这些场合。

首先构造似然函数

$$L(\mu, \sigma^2) = \prod_{i=1}^{n} \frac{1}{\sigma\sqrt{2\pi}} e^{-\frac{(x_i - \mu)^2}{2\sigma^2}}$$

再对 L 取对数，并且分别对 μ、σ^2 求偏导数，并使其都为 0，即

$$\frac{\partial \ln L}{\partial \mu} = 0, \quad \frac{\partial \ln L}{\partial \sigma^2} = 0$$

于是可得 μ 的预测值为

$$\frac{1}{n}\sum_{i=1}^{n} x_i = \overline{x}$$

σ^2 的预测值为

$$\frac{1}{n}\sum_{i=1}^{n}(x_i - \overline{x})^2$$

这正是我们十分熟悉的正态分布参数估计公式，只需要直接将样本数据代入公式即可求出 μ 和 σ。

（2）估计量的评价标准

参数的点估计要求相当宽松，对同一参数，可用不同的方法来估计，因而得到不同的估计量，故有必要建立一些评价估计量好坏的标准。

估计量好坏的评价标准一般有三条：无偏性、有效性、相合性（一致性）。

1）若估计量 $\hat{\theta}(X_1, X_2, \cdots, X_n)$ 的数学期望 $E(\hat{\theta})$ 存在，且对于任意 $\theta \in \Theta$，满足 $E(\hat{\theta}) = \theta$，则称 $\hat{\theta}$ 为参数 θ 的无偏估计量。

2）设 $\hat{\theta}_1 = \theta_1(X_1, X_2, \cdots X_n)$ 与 $\hat{\theta}_2 = \theta_2(X_1, X_2, \cdots X_n)$ 都是参数 θ 的无偏估计量，若对于任意 $\theta \in \Theta$，满足 $D(\hat{\theta}_1) < D(\hat{\theta}_2)$，则称 $\hat{\theta}_1$ 较 $\hat{\theta}_2$ 有效，其中 $D(\theta)$ 是 θ 的方差。

3）若 $\hat{\theta}(X_1, X_2, \cdots, X_n)$ 是参数 θ 的估计量，若对于任意 $\theta \in \Theta$，当 $n \to \infty$ 时，$\hat{\theta}(X_1, X_2, \cdots, X_n)$ 以概率收敛于 θ，即 $\forall \varepsilon > 0$，$\lim\limits_{n \to \infty} p\{|\hat{\theta} - \theta| < \varepsilon\} = 1$ 成立，则称 $\hat{\theta}$ 为参数 θ 的相合估计量。

2. 区间估计

区间估计是从点估计值和抽样标准误差（standard error）出发，按给定的概率值建立包含待估计参数的区间。其中这个给定的概率值称为置信度或置信水平，这个建立起来的包含

待估计参数的区间称为置信区间。置信度是指总体参数值落在样本统计值某一区间内的概率；而置信区间是指在某一置信水平下，样本统计值与总体参数值间的误差范围。置信区间越大，置信水平越高。划定置信区间的两个数值分别称为置信下限和置信上限。

区间估计的原理是样本分布理论。即在进行区间估计值的计算及估计正确概率的解释上，是依据该样本统计量时分布规律样本分布的标准误差。也就是说，只有知道了样本统计量的分布规律和样本统计量分布的标准误差，才能计算总体参数可能落入的区间长度，才能对区间估计的概率进行解释，可见标准误差及样本分布对于总体参数的区间估计是十分重要的。

样本分布可提供概率解释，而标准误差的大小决定区间估计的长度，标准误差越小置信区间的长度越短，而估计成功的概率仍可保持较高水平。一般情况下，加大样本容量可使标准误差变小。

如上所述，区间估计存在成功估计的概率大小及估计范围大小两个问题。人们在解决实际问题时，总希望估计值的范围小一点，成功的概率大一些。但在样本容量一定的情况下，二者不可兼得。如果使估计正确的概率加大些，势必要将置信区间加长，若使正确估计的概率为 1.00，即完全估计正确，则置信区间就会很长，也就等于没做估计了。这就像在百分制的测验中你估计一个人的得分可能为 0 ~ 100 分一样。反之，如果要使估计的区间变小，那就势必会使正确估计的概率降低。

统计分析中一般规定：正确估计的概率即置信水平为 0.95 或 0.99，那么显著性水平则为 0.05 或 0.01，这是依据 "0.05 或 0.01 属于小概率事件，而小概率事件在一次抽样中是不可能出现的" 原理规定的。

单个正态总体参数的区间估计有以下几种情况：

1）σ^2 已知，求 μ 的置信区间。

2）σ^2 未知，求 μ 的置信区间。

两个正态总体参数的区间估计有以下几种情况：

1）已知 $\sigma_1^2 = \sigma_2^2$，求 $\mu_1 - \mu_2$ 的置信区间。

2）求 $\dfrac{\sigma_1^2}{\sigma_2^2}$ 的置信区间。

以上的区间估计问题都有公式可以直接使用。

下面以 "单个正态总体 σ^2 已知，求 μ 的置信区间" 的问题为例，给出实际的应用过程。

在这种情况下，μ 的置信区间为 $\left(\overline{X} - u_{\frac{\alpha}{2}} \dfrac{\sigma}{\sqrt{n}}, \ \overline{X} + u_{\frac{\alpha}{2}} \dfrac{\sigma}{\sqrt{n}} \right)$。

为了说明上述区间估计，来看下面的例子。

在正常情况下，某个机床加工的零件的孔径 X（单位：cm）服从 $N(\mu, \sigma^2)$ 分布。资料显示，$\sigma = 0.048$，从加工的零件中，测得孔径平均值为 1.416，求 μ 的置信区间（置信度为 0.95）。

由于 $\overline{X} = 1.416$，$\sigma = 0.048$，$n = 10$，$\alpha = 0.05$，查数学表可知 $u_{\frac{\alpha}{2}} = u_{0.025} = 1.96$，所以置信区间为 $\overline{X} \pm u_{\frac{\alpha}{2}} \dfrac{\sigma}{\sqrt{n}} = 1.416 \pm 0.030$，计算得到（1.386，1.446），说明了该零件的孔径落在此区间的概率为 95%。

2.3.2 假设检验

假设检验是数理统计学中根据一定假设条件由样本推断总体的一种方法。具体分为三个步骤。第一步，根据问题的需要对所研究的总体做某种假设，记作 H_0；第二步，选取合适的统计量，这个统计量的选取要使得在假设 H_0 成立时，其分布为已知；第三步，由实测的样本计算出统计量的值，并根据预先给定的显著性水平进行检验，做出拒绝或接受假设 H_0 的判断。t 检验和 u 检验是两种最常用的假设检验方法，其适用条件见表 2-4。

表 2-4　t 检验和 u 检验适用条件

检验方法	t 检验	u 检验
适用条件	1. 单因素小样本（$n < 50$）数据 2. 样本来自正态分布 3. 总体标准差未知 4. 两样本均数比较时，要求两样本相应的总体方差相等	1. 大样本 2. 样本小，但总体标准差已知

本章主要阐述 t 检验，其中 t 检验分为三种形式：单样本 t 检验、两个独立样本均数 t 检验和配对样本均数 t 检验（非独立两样本均数 t 检验）。下面分别给出三种检验形式的介绍和实例。

1. 单样本 t 检验

单样本 t 检验应用的前提是只有一个总体，并且总体呈正态分布；其适用场合为检验总体均值是否与给定的值存在显著差异（不相等）。

在 $H_0 : \mu = \mu_0$ 的假定下，可以认为样本是从已知总体中抽取的，根据 t 分布的原理，单样本 t 检验的公式为：$t = \dfrac{\bar{X} - \mu_0}{S_{\bar{X}}} = \dfrac{\bar{X} - \mu_0}{S/\sqrt{n}}$，其中 S 为样本方差。需要计算 t 值，然后与 $t_{(\alpha/2), (n-1)}$（可通过查表得到）比较大小。如果 t 值较小，拒绝原本假设。

以一个具体的实例来说明。通过大规模调查已知某地新生儿出生体重 3.30 kg，从该地难产儿中随机抽取 35 名新生儿作为研究样本，平均出生体重为 3.42 kg，标准差为 0.40 kg，问该地难产儿出生体重是否与一般新生儿体重不同？

经过分析，已知总体均数 $\mu_0 = 3.30$ kg，尽管知道研究样本的标准差 $S = 0.40$ kg，但总体标准差 σ 未知，而且 $n = 35$ 为小样本，故选用单样本 t 检验。

检验的步骤如下：

1）建立检验假设，确定检验水准。

$H_0 : \mu = \mu_0$，该地难产儿与一般新生儿平均出生体重相同；

$H_1 : \mu \neq \mu_0$，该地难产儿与一般新生儿平均出生体重不同；

检验水准 $\alpha = 0.05$，双侧检验。

2）计算检验统计量。

在 $\mu = \mu_0$ 成立的前提条件下，计算统计量为：

$$t = \frac{\bar{X} - \mu_0}{S_{\bar{X}}} = \frac{\bar{X} - \mu_0}{S/\sqrt{n}} = \frac{3.42 - 3.30}{0.40/\sqrt{35}} = 1.77$$

3）确定概率 P 的值，做出推断结论。

通过查表得知 $t_{0.05/2, 34} = 2.032$，因为 $t < t_{0.05/2, 34}$，故 $P > 0.05 = \alpha$，则根据检验水准 $\alpha = 0.05$，不拒绝 H_0，该差别无统计学意义，根据现有样本信息，尚不能认为该地难产儿与

一般新生儿平均出生体重不同。

2. 两个独立样本均数 t 检验

两个独立样本均数 t 检验的前提是两个样本所代表的总体均服从正态分布，且两个总体方差相同，而两组样本数量可以不同。其目的是考察两个总体的均值是否存在显著差异。

H_0：$\mu_1 - \mu_2 = 0$，则不存在差异。t 检验的公式为

$$t = \frac{|(\bar{X}_1 - \bar{X}_2) - (\mu_1 - \mu_2)|}{S_{\bar{X}_1 - \bar{X}_2}} = \frac{|\bar{X}_1 - \bar{X}_2|}{S_{\bar{X}_1 - \bar{X}_2}}$$

其中，$S_{\bar{X}_1 - \bar{X}_2} = \sqrt{S_c^2 \left(\frac{1}{n_1} + \frac{1}{n_2} \right)}$，而 $S_c^2 = \dfrac{\sum X_1^2 - \dfrac{\left(\sum X_1\right)^2}{n_1} + \sum X_2^2 - \dfrac{\left(\sum X_2\right)^2}{n_2}}{n_1 + n_2 - 2}$。

检验过程中，需要具体计算 t 值，和 $t_{(\alpha/2),(n_1 + n_2 - 1)}$ 比较大小。如果计算的 t 值小，则拒绝原本假设。

这种方法可用于判断两个样本是否来自不同总体，即是否不同：该因素作用在另一组后，判断因素是否起作用（使其不再来自原来总体）。

以一个具体的实例来说明上述过程。

25 名糖尿病患者随机分成两组，甲组单纯用药物治疗，乙组采用药物治疗合并饮食疗法，两个月后测空腹血糖，见表 2-5，问两种疗法治疗后患者血糖值是否相同？

甲组：$n_1 = 12$，$\bar{X}_1 = 15.21$

乙组：$n_2 = 13$，$\bar{X}_2 = 10.85$

检验步骤如下：

1）建立检验假设，确定检验水准。

H_0：$\mu_1 = \mu_2$，两种疗法治疗后患者血糖值的总体均数相同；

H_1：$\mu_1 \neq \mu_2$，两种疗法治疗后患者血糖值的总体均数不同；

$\alpha = 0.05$。

2）计算检验统计量。

由原始数据算得

表 2-5　25 名糖尿病患者两种疗法治疗两个月后血糖值

（单位：mmol/L）

编号	甲组血糖值（X_1）	编号	乙组血糖值（X_2）
1	8.4	1	5.4
2	10.5	2	6.4
3	12.0	3	6.4
4	12.0	4	7.5
5	13.9	5	7.6
6	15.3	6	8.1
7	16.7	7	11.6
8	18.0	8	12.0
9	18.7	9	13.4
10	20.7	10	13.5
11	21.1	11	14.8
12	15.2	12	15.6
		13	18.7

$$n_1 = 12, \quad \sum X_1 = 182.5, \quad \sum X_1^2 = 2953.43$$

$$n_2 = 13, \quad \sum X_2 = 141.0, \quad \sum X_2^2 = 1743.16$$

$$\bar{X}_1 = \frac{\sum X_1}{n_1} = \frac{182.5}{12} = 15.21, \quad \bar{X}_2 = \frac{\sum X_2}{n_2} = \frac{141.0}{13} = 10.85$$

代入公式，得

$$S_c^2 = \frac{2953.43 - \frac{(182.5)^2}{12} + 1743.16 - \frac{(141.10)^2}{13}}{12 + 13 - 2} = 17.03$$

$$S_{\overline{X}_1 - \overline{X}_2} = \sqrt{17.03\left(\frac{1}{12} + \frac{1}{13}\right)} = 1.652$$

按公式计算，得

$$t = \frac{15.21 - 10.85}{1.652} = 2.639$$

3）确定 P 值，做出推断结论。

查表可知：$t_{0.05,(23)} = 2.069$

由于 $t > t_{0.05/2,(23)}$，$P < 0.05$，按 $\alpha = 0.05$ 的水准拒绝 H_0，接受 H_1，有统计学意义。故可认为该地两种疗法治疗糖尿病患者两个月后测得的空腹血糖值的均数不同。

3. 配对样本均数 t 检验

配对样本均数 t 检验应用的前提与单样本 t 检验类似，只是抽样不是独立的，而是两两配对相互关联的。

配对样本需要满足两个条件：两组样本数量相同，并且两组样本的观测值是一一对应的。H_0 表示两总体均值不存在差异，即 $\mu - \mu_0 = 0$。

在进行配对 t 检验时，首先应计算各对数据间的差值 d，将 d 作为变量计算均数，可以将该检验理解为差值样本均数与已知总体均数 μ_d（$\mu_d = 0$）比较的单样本 t 检验，公式为

$$t = \frac{\overline{d} - \mu_d}{S_{\overline{d}}} = \frac{\overline{d} - 0}{S_{\overline{d}}} = \frac{\overline{d}}{S_d / \sqrt{n}}$$

具体计算 t 值，和 $t_{(\alpha/2),(n-1)}$ 比较大小。如果 t 值较小，拒绝原本假设。

下面通过一个具体的实例来说明。

有 12 名接种卡介苗的儿童。8 周后用两批不同的结核菌素，一批是标准结核菌素，另一批是新制结核菌素，分别注射在儿童的前臂，两种结核菌素的皮肤侵润反应平均直径见表 2-6，问两种结核菌素的反应性有无差别。

表 2-6　12 名儿童分别用两种结核菌素的皮肤侵润反应结果　　　（单位：mm）

编号	标准品	新制品	差值 d	d^2
1	12.0	10.0	2.0	4.00
2	14.5	10.0	4.5	20.25
3	15.5	12.5	3.0	9.00
4	12.0	13.0	−1.0	1.00
5	13.0	10.0	3.0	9.00
6	12.0	5.5	6.5	42.25
7	10.5	8.5	2.0	4.00
8	7.5	6.5	1.0	1.00
9	9.0	5.5	3.5	12.25
10	15.0	8.0	7.0	49.00
11	13.0	6.5	6.5	42.25

（续）

编号	标准品	新制品	差值 d	d^2
12	10.5	9.5	1.0	1.00
合计			$39(\sum d)$	$195(\sum d^2)$

检验步骤如下：

1）建立检验假设，确定检验水准。

$H_0: \mu_d=0$，两种结核菌素的皮肤侵润反应总体平均直径差异为 0；

$H_1: \mu_d \neq 0$，两种结核菌素的皮肤侵润反应总体平均直径差异不为 0；

$\alpha=0.05$。

2）计算检验统计量。

先计算差值 d 及 d^2，如表 2-6 第 4、5 列所示，本例 $\sum d=39$，$\sum d^2=195$

计算差值的标准差 $S_d = \sqrt{\dfrac{\sum d^2 - \dfrac{\left(\sum d\right)^2}{n}}{n-1}} = \sqrt{\dfrac{195 - \dfrac{(39)^2}{12}}{12-1}} = 2.4909$

计算差值均值的标准差 $S_{\bar{d}} = \dfrac{S_d}{\sqrt{n}} = \dfrac{2.4909}{3.464} = 0.7191$

按公式计算，得 $t = \dfrac{\bar{d}}{S_{\bar{d}}} = \dfrac{3.25}{0.7191} = 4.5195$

3）确定 P 值，做出推断结论。

通过查表可知：$t_{0.05/2, (11)} = 2.201$，因为 $t > t_{0.05/2, (11)}$，$P < 0.05$，按照 $\alpha=0.05$ 的水准，拒绝 H_0，接受 H_1，差异有统计学意义，可认为两种方法皮肤侵润反应结果不同。

2.3.3　假设检验的阿里云实现

本节我们通过例子展示利用阿里云平台实现假设检验功能。

1. 单样本 t 检验

原始数据见表 2-7，对单样本 t 检验我们只使用 Data1 列的数据。

用阿里云进行单样本 t 检验。首先进入阿里云大数据开发平台中的机器学习平台，选择相应的工作组后进入算法平台。右击"实验"标签，新建一个空白实验，在打开的"新建实验"对话框的"名称"文本框中输入对应的名称，如图 2-1 所示。

在"组件"选项卡中选择相应的组件，拖动到右侧实验中，如图 2-2 所示。

先拖动数据源，再拖动组件，最终节点设计如图 2-3 所示。

单样本 t 检验设置如图 2-4 和图 2-5 所示。

单击"运行"，阿里云平台开始运行各实验节点。完成后，运行成功节点会出现绿色对钩标志。运行失败节点会显示红叉标志。在运行成功节点上右击，选择"查看分析报告"，如图 2-6 所示，能够查看运行结果数据。

表 2-7　原始数据

Data1	Data2	Data1	Data2
22	29	29	25
20	33	27	28
19	26	33	29
23	27	26	31
25	30	25	32

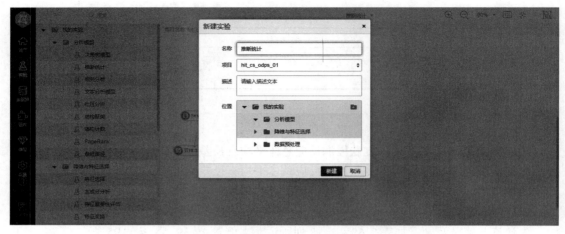

图 2-1　单样本 t 检验之新建实验

图 2-2　单样本 t 检验之选择组件

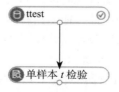

图 2-3　单样本 t 检验之最终节点设计

图 2-4 单样本 *t* 检验"字段设置"

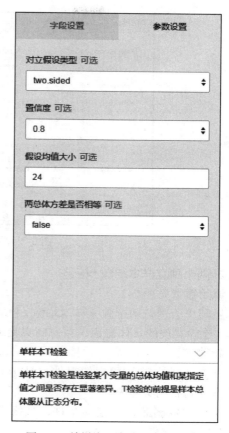

图 2-5 单样本 *t* 检验"参数设置"

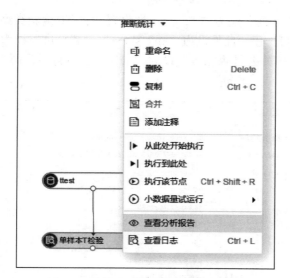

图 2-6 单样本 *t* 检验之查看分析报告

单样本 *t* 检验结果如图 2-7 所示。

T检验	
AlternativeHypthesis	mean not equals to 24
ConfidenceInterval	(23.06234968233888, 26.73765031766112)
ConfidenceLevel	0.8
alpha	0.2
df	9
mean	24.9
p	0.502
stdDeviation	4.201851443775186
t	0.6773323455706186

关闭

图 2-7　单样本 t 检验之结果

2. 两个独立样本均数 t 检验

原始数据见表 2-7。

用阿里云进行两个独立样本均数 t 检验。参考单样本 t 检验实现的具体流程，在左侧实验中右击，选择"新建空白实验"命令，接着设定对应的实验名称，并在组件中选择相应的组件"双样本 T 检验"，将其拖动到右侧实验中。

先拖动数据源，再拖动组件，最终节点设计如图 2-8 所示。

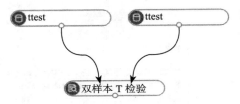

图 2-8　两个独立样本均数 t 检验之最终节点设计

双样本 t 检验实验的设置为："样本 1 所在列"设为" f1"，"样本 2 所在列"设为" f2"。参数设置为：" T 检验类型"设为"独立性 T 检验"，对立假设类型为可选项，此处设为" two.sided"，"置信度"设为" 0.8"，"假设均值大小"设为" 0"。"两总体方差是否相等"设为" false"。运行后，两个独立样本均数 t 检验的结果如图 2-9 所示。

T检验	
AlternativeHypthesis	difference in means is not equals to 0
ConfidenceInterval	(-6.191367736673781, -2.0086322263326221)
ConfidenceLevel	0.8
alpha	0.2
df	14.94858576716657
mean of x	24.9
mean of y	29
p	0.018000000000000002
t	-2.628949420796012

关闭

图 2-9　两个独立样本均数 t 检验的结果

3. 配对样本均数 *t* 检验

原始数据见表2-7。

用阿里云进行配对样本均数 *t* 检验。首先进入阿里云大数据开发平台机器学习平台,选择相应的工作组后进入算法平台。右击"实验"标签,新建一个空白实验,输入对应的实验名称"推断统计",在"组件"选项卡中选择相应的组件,拖动到右侧实验中。

先拖动数据源,再拖动组件,最终节点设计如图2-10所示。

两个配对样本均数 *t* 检验的参数设置为:"样本1所在列"设为"f1","样本2所在列"设为"f2"。"T检验类型"设为"配对性T检验","对立假设类型"设为"two.sided","置信度"设为"0.8","假设均值大小"设为"0"。配对样本均数 *t* 检验的结果如图2-11所示。

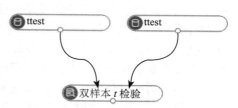

图 2-10 配对样本均数 *t* 检验之最终节点设计

T检验	
AlternativeHypthesis	difference in means not equals to 0
ConfidenceInterval	(-6.390664421079617, -1.809335578920386)
ConfidenceLevel	0.8
alpha	0.2
df	9
mean of the differences	-4.100000000000001
p	0.03400000000000003
t	-2.475395325399749

关闭

图 2-11 配对样本均数 *t* 检验的结果

接下来的几章我们将介绍多个分析模型,包括关联分析模型、分类分析模型、聚类分析模型、结构分析模型和文本分析模型。

需要注意的是,下面几章仅在大数据分析的数学模型和基本方法层面加以讨论,并不涉及其在大数据上的具体实现算法,并给出基于阿里云平台对其进行分析的方法,具体实现算法将在后面的章节中详细讨论。

下面几章实现大数据分析的阿里云工具构建于阿里云 MaxCompute、GPU 等计算集群之上,汇集了分布式机器学习算法、文本处理算法、图分析算法等,可高效地完成海量、亿级维度数据的复杂计算,并且提供了一套极易操作的可视化编辑页面,大大降低了大数据分析的建模门槛,提高了建模效率,最终帮用户快速得到需要的大数据模型而无须了解其具体实现算法。

需要说明的是,大数据分析模型内容非常丰富,其范畴涵盖了统计学、数据挖掘、图论以及诸多相关领域,很难在一本书中对其进行全面阐述,本书采取广度优先的方式进行介绍,尽可能多地覆盖分析模型,供读者参考。由于篇幅所限,对于模型的性质缺少深度的介绍,对于具体模型的深度讲解可以参考相应的教材和专著,例如《复杂数据统计方法》《多元统计分析导论》和《模式分类》等。

小结

本章介绍了大数据分析模型的基本概念。2.1 节让读者对于大数据分析模型有了更加清晰的认识，介绍了大数据分析模型的建立方法，以及影响大数据分析效果的众多因素。只有针对实际问题，把握住影响实际问题的关键因素，才能得到让人满意的模型。2.2 节介绍了基本统计量，包括全表统计量和皮尔森相关系数。在全表统计量中，根据反映出的数据特征类型可以将基本统计量分为两类：反映数据集中趋势的和反映数据波动大小的。能够反映数据集中趋势的度量包括均值、中位数和众数；能够反映数据散布情况的数据波动大小度量包括极差和方差。皮尔森相关系数是关联关系分析问题中常用的而且很重要的统计量。2.3 节讲述了推断统计的基本知识，包括参数估计和假设检验。在参数估计部分，首先介绍了点估计，主要有矩估计和极大似然估计两种；接着探讨了估计量的评价标准，包括 3 条：无偏性、有效性、相合性（一致性）。对于区间估计，本章给出了单个正态总体参数的区间估计和两个正态总体参数的区间估计。在假设检验部分，给出了假设检验的定义和操作步骤，并给出了 t 检验和 u 检验的区别。最后，针对 t 检验的三种形式（单样本 t 检验、两个独立样本均数 t 检验和配对样本均数 t 检验）做了详细的介绍。

习题

1. 某厂生产日光灯管，其抽取 11 只灯管进行检测，灯管的使用寿命如下（单位：月）：7，8，9，9，9，11，13，14，16，17，19。

(1) 写出其均值、众数、中位数。

(2) 求出其极差以及方差。

2. 某医院为调查年龄与肥胖的关系，随机选取 16 名患者记录（见表 2-8）。

表 2-8 题 2 用表

年龄	23	23	27	27	39	41	47	49
体脂率	9.5	26.5	7.8	11.8	21.4	15.9	17.4	17.2
年龄	49	52	54	56	58	60	61	63
体脂率	21.3	24.6	18.8	25.4	23.2	27.4	30.1	28.2

(1) 计算年龄与体脂率的均值、中位数与标准差。

(2) 计算皮尔森相关系数，这两个变量是正相关还是负相关？

3. 某名男大学生立定跳远，其 5 次成绩结果如下（单位：m）：2.781，2.836，2.807，2.763，2.858，已知测量结果服从 $N(\mu, \sigma^2)$，求参数 μ 和 σ^2 的矩估计。

4. 设总体 X 服从指数分布

$$f(x;\theta) = \begin{cases} e^{-(x-\theta)} & x \geq \theta \\ 0 & x < \theta \end{cases}$$

试利用样本 $x_1, x_2, \cdots, x_n$，求参数 θ 的最大似然估计。

5. 罐中有 N 个硬币，其中有 θ 个是普通的硬币（掷出正面与反面的概率各为 0.5），其余 $N-\theta$ 个硬币两面都是正面，从罐中随机取出一个硬币，把它连掷两次，记下结果，但不去查看它属于哪一种硬币，又把硬币放回罐中，如果重复 n 次，若掷出 0 次、1 次、2 次正面朝下的次数分别为 n_0、n_1、n_2，请分别用矩估计法和极大似然估计法估计参数 θ。

6. 设总体 X 服从区间 $[1, \theta]$ 上的均匀分布，$\theta > 1$ 未知，X_1，X_2，$\cdots$，X_n 是取自 X 的样本：

（1）求 θ 的矩估计和最大似然估计量。

（2）上述两个估计量是否为无偏估计量？若不是，请修正为无偏估计量；

（3）（2）中的两个无偏估计量哪一个更有效？

7. 从一批加工的零件中抽取 16 个，测量其长度为 2.14，2.10，2.13，2.15，2.13，2.12，2.13，2.10，2.15，2.14，2.10，2.13，2.11，2.14，2.11，2.12（cm）。设此零件的长度为正态分布，已知 $\sigma = 0.01$ cm，求总体期望 μ 的置信区间（置信度为 0.90）。若 σ 未知呢？

8. 对某农作物两个品种计算了 8 个地区的单位面积产量如下：

品种 A 86，87，56，93，84，93，75，79

品种 B 80，79，58，91，77，82，74，66

假定两个品种的单位面积产量分别服从正态分布，且方差相等，试求平均单位面积产量之差置信度为 0.95 的置信区间。

9. 两台机床加工同一种零件，分别抽取 6 个和 9 个零件，测零件长度计算得 $S_1^2 = 0.245$，$S_2^2 = 0.375$。假定各台机床零件长度服从正态分布，试求两个总体方差比 $\dfrac{\sigma_1^2}{\sigma_2^2}$ 的置信区间（置信度为 0.95）。

10. 某机器制造出的肥皂厚度为 5 cm，想要了解机器性能是否良好，随机抽取 10 块肥皂为样本，测得平均厚度为 5.3 cm，标准差为 0.3 cm，试以 0.05 的显著性水平检验机器性能良好的假设。

11. 已知某种元件的寿命服从正态分布，要求该元件的平均寿命不低于 1000 小时，现从这批元件中随机抽取 25 件，测得平均寿命为 980 小时，标准差为 65 小时，试在显著性水平 0.05 下，确定这批元件是否合格。

12. 下面给出了两个文学家马克·吐温（Mark Twain）的 8 篇小品文以及斯诺德格拉斯（Snodgrass）的 10 篇小品文中由 3 个字母组成的词的比例。

马克·吐温：0.225，0.262，0.217，0.240，0.230，0.229，0.235，0.217

斯诺德格拉斯：0.209，0.205，0.196，0.210，0.202，0.207，0.224，0.223，0.220，0.201

设两组数据分别服从正态分布，且两总体方差相等，两样本相互独立，问两个作家所写的小品文中包含由 3 个字母组成的词的比例是否有显著性的差异（0.05）？

第 3 章
关联分析模型

关联分析用于描述多个变量之间的关联。如果两个或多个变量之间存在一定的关联，那么其中一个变量的状态就能通过其他变量进行预测。关联分析的输入是数据集合，输出是数据集合中全部或者某些元素之间的关联关系。例如，房屋的位置和房价之间的关联关系或者气温和空调销量之间的关系。

关联分析主要包括如下分析内容：

（1）回归分析

回归分析是最灵活最常用的统计分析方法之一，它用于分析变量之间的数量变化规律，即一个因变量与一个或多个自变量之间的关系。特别适用于定量地描述和解释变量之间相互关系或者估测或预测因变量的值。例如，回归分析可以用于发现个人收入和性别、年龄、受教育程度、工作年限的关系，基于数据库中现有的个人收入、性别、年龄、受教育程度和工作年限构造回归模型，基于该模型可以根据输入的性别、年龄、受教育程度和工作年限预测个人收入。

（2）关联规则分析

关联规则分析用于发现存在于大量数据集中的关联性或相关性，从而描述了一个事物中某些属性同时出现的规律和模式。关联规则分析的一个典型例子是购物篮分析。该过程通过发现顾客放入其购物篮中的不同商品之间的联系，分析顾客的购买习惯。通过了解哪些商品频繁地被顾客同时购买，这种关联的发现可以帮助零售商制定营销策略。其他的应用还包括价目表设计、商品促销、商品的排放和基于购买模式的顾客划分。

（3）相关分析

相关分析是对总体中确实具有联系的指标进行分析。它是描述客观事物相互间关系的密切程度并用适当的统计指标表示出来的过程。例如，在经济学中，如果一段时期内出生率随经济水平上升而上升，这说明两指标间是正相关关系；而在另一时期，随着经济水平进一步发展，出现出生率下降的现象，两指标间就是负相关关系。

相关分析与回归分析在实际应用中有密切关系。然而在回归分析中，所关心的是一个随机变量 Y 对另一个（或一组）随机变量 X 的依赖关系的函数形式。而在相关分析中，所讨论的变量的地位一样，分析侧重于变量之间的种种相关特征。例如，以 X、Y 分别记为高中学生的数学与物理成绩，相关分析感兴趣的是二者的关系如何，而不在于由 X 去预测 Y。

3.1 回归分析

3.1.1 回归分析概述

1. 回归分析的定义

回归分析方法是在众多的相关变量中，根据实际问题考察其中**一个或多个变量（因变量）与其余变量（自变量）的依赖关系**。如果只需考察一个变量与其余多个变量之间的相互依赖关系，我们称为多元回归问题。若要同时考察多个因变量与多个自变量之间的相互依赖关系，我们称为多因变量的多元回归问题。本小节重点讨论多元回归。

2. 回归分析的数学模型

多元回归分析研究因变量 Y 与 m 个自变量 x_1, x_2, $\cdots$, x_m 的相关关系，而且总是假设因变量 Y 为随机变量，而 x_1, x_2, $\cdots$, x_m 为一般变量。

假定因变量 Y 与 $x_1, x_2, \cdots, x_m$ 线性相关。收集到的 n 组数据 $(y_t, x_{t1}, x_{t2}, \cdots, x_{tm})$, $t=$（1，2，$\cdots$，n）满足以下回归模型：

$$\begin{cases} y_t=\beta_0+\beta_1 x_{t1}+\cdots+\beta_m x_{tm}+\varepsilon_t \ (t=1,\ 2,\ \cdots,\ n) \\ E_{(\varepsilon_t)}=0,\ Var\ (\varepsilon_t)=\sigma^2 I \ (I\ 为单位向量：对角线为\ 1\ 其余为\ 0)，即 \\ Cov\ (\varepsilon_i,\ \varepsilon_j)=0\ (i\neq j)\ 或\ \varepsilon_i \sim N\ (0,\ \sigma^2)，相互独立\ (t=1,\ 2,\ \cdots,\ n) \end{cases}$$

$$C=\begin{pmatrix} 1 & x_{11} & \cdots & x_{1m} \\ \vdots & \vdots & \ddots & \vdots \\ 1 & x_{n1} & \cdots & x_{nm} \end{pmatrix}=(1_n \ \vdots \ X),$$

$$Y=\begin{pmatrix} y_1 \\ y_2 \\ \vdots \\ y_n \end{pmatrix},\ \boldsymbol{\beta}=\begin{pmatrix} \beta_0 \\ \beta_1 \\ \vdots \\ \beta_m \end{pmatrix},\ \boldsymbol{\varepsilon}=\begin{pmatrix} \varepsilon_1 \\ \varepsilon_2 \\ \vdots \\ \varepsilon_n \end{pmatrix}$$

则所建回归模型的矩阵形式为

$$\begin{cases} y=C\beta+\varepsilon \\ E_{(\varepsilon)}=0,\ Var_{(\varepsilon)}=\sigma^2 I_n \end{cases} 或 \begin{cases} y=C\beta+\varepsilon \\ \varepsilon \sim N_n(0,\ \sigma^2 I_n) \end{cases}$$

称它们为经典多元回归模型，其中 Y 是可观测的随机向量，ε 是代表不可观测的随机向量和测量误差的随机变量，C 是已知矩阵，β、σ^2 是未知参数，n 为观测记录个数，m 为模型中自变量个数，并设 $n>m$，C 应为满秩矩阵且满足 $m+1 \leqslant n$。

在经典回归分析中讨论模型中参数 $\beta=(\beta_0, \beta_1, \cdots, \beta_m)'$ 和 σ^2 的估计和检验问题。近代回归分析中讨论变量筛选、估计的改进，以及对模型中的一些假设进行诊断等问题。

3. 回归分析的基本计算方法

这里概述回归分析的基本计算方法，关于大数据的回归算法在 11.2 节中讨论。回归分析的主要目的是估算回归系数 β 的值。最常用的方法是最小二乘法（Ordinary Least Square，OLS）。

若 C 为满秩，$m+1 \leqslant n$，则 β 的 OLS 估计为：$\hat{\beta}=(C'C)^{-1}C'y$，其求值的计算过程为 $y \rightarrow C' \rightarrow C'C \rightarrow (C'C)^{-1} \rightarrow C'y$。

于是，拟合得到方程为 $\hat{y}=C\hat{\beta}=Hy$，$\hat{y}$ 为预测值（拟合值），H 是帽子矩阵，$H=C(C'C)^{-1}C'$，其残差为：$\hat{\varepsilon}=y-\hat{y}=(1-H)y$（性质：$C'\hat{\varepsilon}=0$, $\hat{y}'\varepsilon=0$）。

残差平方和：$\varepsilon'\varepsilon$。

如果 C 不为满秩，则用 $(C'C)^-$ 代替 $(C'C)^{-1}$，$(C'C)^-$ 为 $(C'C)^{-1}$ 广义逆。

4．回归分析的模型检验

回归分析的模型检验用于检验模型的可用性，模型检验的过程可以分为三个步骤，即分析模型拟合优度、分析模型是否能用于预测未知值和分析模型的解释变量成员显著性检验。

（1）拟合优度检验

拟合优度是回归模型整体的拟合度，表达因变量与所有自变量之间的总体关系。拟合优度检验是用于检验来自总体中一类数据的分布是否与某种理论分布相一致的统计方法。具体来说，对于观察值 y_1，y_2，$\cdots$，y_n，利用得到的回归模型估计出的 y_i 为 $\hat{y}_i$，$\overline{y} = \frac{1}{n}\sum_{i=1}^{n}y_i$，则拟合优度可以用如下参数进行计算。

SSR（回归平方和）：y 的估计值和均值的平方和，即 SSR$=\sum_{i=1}^{n}(\hat{y}_i - \overline{y})^2$。

SSE（剩余平方和）：y 残差（真值和估计值之差）的平方和，即 SSE$=\sum_{i=1}^{n}(y_i - \hat{y}_i)^2 = \sum_{j=1}^{n}\hat{\varepsilon}_j^2$。

SST 总离差平方和：SST$=\sum_{i=1}^{n}(y_i - \overline{y})^2 =$SSR+SSE。

根据上述参数计算决定系数来判断拟合优度，即解释变量在预测 y 中所做的贡献的比例

$$R^2 = 1 - \frac{SSE}{SST} = 1 - \frac{\sum_{j=1}^{n}\hat{\varepsilon}_j^2}{\sum_{j=1}^{n}(y_i - \overline{y})^2} = \frac{SSR}{SST}$$

R^2 于 [0，1] 之间，越接近 1，拟合越好；反之，拟合的优度越低。

为了做出更优的判断，可以进一步调整决定系数如下：

$$\overline{R}^2 = 1 - \frac{SSE/(n-m-1)}{SST/(n-1)}$$

n 为记录的个数，m 为自变量个数，其具体意义同 R^2。

（2）残差分析

残差指的是真实 Y 值和预测 Y 值之间的差。残差分析就是通过计算残差的特征来检验回归模型的质量。残差分析其基本出发点是，如果得到的回归模型能够较好地反映 Y 的特征和变化规律，那么残差项应该没有明显的趋势性和规律性，即残差序列独立且满足均值为 0，方差相同的正态分布。下面依次介绍残差性质的判定方法。

1）判断残差是否为总体服从均值为 0 的正态分布。

正态性可以通过画残差图来描述，其横轴为因变量，纵轴为残差值，若点在纵轴为 0 的横线上下随机散落，说明残差有正态性。

需要注意的是，若残差的协方差矩阵诸对角元的杠杆率有很大差别，诸残差就会有很大变化，一般会用**学生化残差**代替残差。我们预期学生化残差大致看上去像是从标准正态分布中抽取的独立样本。

学生化残差：$\hat{\varepsilon}_j^* = \dfrac{\hat{\varepsilon}_j}{\sqrt{s^2(1 - h_{jj})}}$

残差均方：$S^2 = \dfrac{\hat{\varepsilon}'\varepsilon}{n-(m+1)} = \dfrac{Y'[1-H]Y}{n-m-1}$ $(H=[1-C(C'C)^{-1}C'])$

其中，S^2 为残差均方，即 $S^2 = \dfrac{\hat{\varepsilon}'\varepsilon}{n-(m+1)}$；$h_{jj}$ 为杠杆率，即 $C(C'C)^{-1}C$ 的 (i,j) 对角元，$\hat{\varepsilon} = y - \hat{y}$。

杠杆率

由于离群值可能对拟合效果起着重要作用，因此要判断某个值对参数 C 的估计影响是否过大。**杠杆率**是判断第 j 个数据点到其他 $n-1$ 个数据点的距离的度量，若某杠杆率相对于其他的要大，则说明这个数据对相应的参数估计值有主要贡献，即去掉这个值后，参数估计矩阵变化很大，所以杠杆率大小差不多时，我们可以用拟合的回归方程做预测，并在某种程度上保证不会被误导。

2）判断残差独立性。

残差的独立性可以通过判断残差的自相关实现，也就是说，随着时间推移，残差呈现有规律变化，则说明残差不独立。残差独立性可以通过自相关系数来检验。自相关系数定义为

$$\hat{\rho} = \frac{\sum_{j=2}^{n}\hat{\varepsilon}_j\varepsilon_{j-1}}{\sqrt{\sum_{j=2}^{n}\hat{\varepsilon}_j^2}\sqrt{\sum_{j=2}^{n}\hat{\varepsilon}_{j-1}^2}}$$

ρ 取值范围为（-1，$+1$），它的值越接近 1，则说明正相关关系越强；越接近 -1，说明负相关关系越强；等于 0，则说明残差序列无自相关。

另一种方法是 DW（Durbin-Watson）检验，这是统计分析中经典的检验序列一阶自相关最常用的方法，检验值 r_1 取值范围是（0，4），定义为 $r_1 = \dfrac{\sum_{j-1}^{n}(\hat{\varepsilon}_j - \hat{\varepsilon}_{j-1})^2}{\sum_{j-1}^{n}\hat{\varepsilon}_j^2}$。

$r_1 = 0$ 时，残差序列存在完全正自相关；r_1 的值在区间（0，2）中时，残差序列存在正自相关；$r_1 = 2$ 时，残差序列无自相关；r_1 的值在区间（2，4）中时，残差序列存在负自相关；$r_1 = 4$ 时，残差序列存在完全负自相关。

若残差存在自相关，说明回归方程没能充分说明因变量的变化规律，也就是方程中遗漏了一些较为重要的自变量，或者变量存在滞后性（过去的性质，现在才体现），或者回归模型选择不合适，不应选线性模型等。

3）残差的方差相等判定。

这种方法的出发点是，无论自变量怎么取值，残差的方差不应有所改变，否则认为出现异方差。该性质可以通过如下两种方法判断：

❑ 残差图：判断随着自变量增加，残差的方差是否呈现增加或减少的趋势。

❑ Spearman 等级相关分析：检验统计量的概率值 P 是否小于给定的显著性水平，若小于，则拒绝原假设（自变量与残差存在显著相关），从而说明残差出现异方差。Spearman 等级相关可以用度量**定序**（可以非定距）变量间的相关关系，其计算系数 r 和 2.2.2 节中介绍的皮尔森系数类似，只是用两变量的秩 (U_i, V_i) 代替 (x_i, y_i) 求出 r，即

$$r = 1 - \frac{\sigma\sum_{i=1}^{n}D_i^2}{n(n^2-1)}, \quad \sum_{i=1}^{n}D_i^2 = \sum_{i=1}^{n}(U_i, V_i)^2$$

其假设检验步骤用标准正态分布 Z 检验，其步骤同第 2 章介绍的 t 检验类似，即给定 α 值，计算 z 值，然后判断显著性，即

$$z = r\sqrt{n-1}$$

若 $|z| < Z_{\alpha/2}$，说明此时 P 值小于 α（默认 0.05），说明线性显著，否则不显著。

请注意，所有跟检验相关的计算中，α 默认 0.05，也可自定义。这表明拒绝原假设的阈值，意味着 P 值小于 α，则拒绝原假设，相当于表明一种显著关系。

（3）变量相关性

可以用假设检验判断上述线性结果是否表现显著。

皮尔森用 t 检验统计量进行检验。r 服从 t（$n-2$）分布，$n-2$ 为分布的自由度。判断过程如下：

给定显著性水平 α（一般 $\alpha=0.05$），计算 t 值：

$$t = \frac{r\sqrt{n-2}}{\sqrt{1-r^2}}$$

若 $|t| < t_{\alpha/2}$（$n-2$），则其 P 值就会小于 0.05，说明存在显著线性相关；反之，说明线性相关不明显。

（4）判断模型中自变量对 Y 线性相关的显著性

该方法首先判断所有 X 对 Y 的影响的显著性，再依次判断每个自变量 X 对 Y 的影响的显著性。

可以利用 F 检验判断所有 X 对 Y 是否有显著的线性关系。原假设为：回归系数全为 0；备选假设为：回归系数不同时为 0。用如下公式计算 F 值：

$$F = \frac{\sum_{i=1}^{n}(\hat{y}_i - \overline{y})^2 / p}{\sum_{i=1}^{n}(\hat{y}_i - \overline{y})^2 /(n-p-1)}$$

其中 p 为自变量个数，n 为记录个数，若 $|F| < F_{(\alpha/2)}(p,\ n-p-1)$，则 P 值小于 α，于是拒绝原假设，这表明回归系数不同时为零显著，即回归方程显著成立。

利用 t 检验实现偏回归系数检验，即验证某个自变量是否能够很好地解释 Y，相当于验证 H0（某个自变量是否为零）。

首先计算 t 值：

$$\hat{\sigma}^2 = \frac{1}{n-p-1}\sum_{i=1}^{n}(y_i - \hat{y}_i)^2$$

$$t = \frac{\hat{\beta}}{\hat{\sigma}/\sqrt{\sum_{j=1}^{n}(X_{ji} - X_i^2)^2}}$$

若 $|t| < t_{(\alpha/2)}$（$n-p-1$），其中 p 为自变量个数，n 为记录个数，则 P 值小于 α，于是拒绝原假设，β_i 不为零，即 X_i 对因变量 Y 的线性相关显著。置信水平是指真实值在置信区间的可能性，一般默认为 95%。显著性等于 1 减去置信区间，一般默认 5%（当置信区间为 95%）。

5. 回归分析的实例

我们用一个例子说明回归分析的使用。

私立医院一年的营业额总和与股东投资额总和的大小有密切关系，研究发现两个变量之间存在线性关系。下面我们模拟了某市内所有私立医院2000—2013年的营业额与股东投资额数据，研究它们的数量规律性，探讨某市内私立医院的股东投资额与一年营业额的数量关系，原始数据见表3-1。

表 3-1 某市内私立医院一年营业额与股东投资额的数量关系

年份	营业额（亿元）	股东投资（亿元）	年份	营业额（亿元）	股东投资（亿元）
2000	242.8	29.04	2007	781.34	121.74
2001	271.39	33.96	2008	869.75	157.14
2002	317.79	39.22	2009	931.98	187.49
2003	372.24	42.89	2010	983.36	208.28
2004	451.66	58.19	2011	1 072.51	228.63
2005	553.35	62.62	2012	1 161.43	263.06
2006	714.18	101.42	2013	1 304.6	307.3

对其进行回归分析，具体输出表 3-2 所示的数据。

表 3-2 输出结果

	平方和	自由度	方差	F 检验值
回归	1 553 189.7	1	1 553 189.7	
残差	59 475.667	12	4 956.305 6	313.376 500 1
离差	1 612 665.4	13		

其相关系数：$R=0.981\,386\,594\,345\,333$

各个自变量的 t 检验值：17.702 443 34

t 检验的自由度：$N-P-1=12$

F 检验的自由度：

第一自由度 =1，第二自由度 =12

5 人各个自变量的偏回归平方和：1 553 189.7

各个自变量的偏相关系数：0.981 386 594

由输出结果，得到以下结论：

回归方程为

$$y=232.70+3.68x_1$$

其中，负相关系数为 $R^2 = 0.9814$，说明回归方程拟合优度较高。而回归系数的 $t=17.7024$，查 t 分布表 $t_{0.025}$（12）=2.1788，小于 t 值，因此回归系数显著。查 F 分布表，$F_{0.05}$（1，12）=4.75，由表 3-3 知，$F=313.3765 > 4.75$，因此回归方程也显著。

表 3-3 输出结果总结

	平方和	自由度	方差	F 检验值
回归	1 553 189.7	1	1 553 189.7	
残差	59 475.667	12	4 956.305 6	313.376 500 1
离差	1 612 665.4	13		

3.1.2 回归模型的拓展

上一小节主要讨论了线性回归模型，根据需求的不同，回归有不同的形式和方法。本小节简要介绍多种形式的回归。

1. 多项式回归

假设变量 y 与 x 的关系为 p 次多项式，且在 x_i 处对 y 的随机误差 ε_i（$i=1$，2，$\cdots$，n）服从正态分布 $N(0,\sigma)$，则

$$y_i=\beta_0+\beta_1 x_i+\beta_2 x_i^2+\cdots+\beta_p x_i^p+\varepsilon_i$$

令 $x_{i1}=x_i$，$x_{i2}=x_i^2$，$\cdots$，$x_{ip}=x_i^p$，则上述非线性的多项式模型就转化为多元线性模型，即

$$y_i=\beta_0+\beta_1 x_{i1}+\beta_2 x_{i2}+\cdots+\beta_p x_{ip}+\varepsilon_i$$

这样我们就可以用前面介绍的多元线性回归分析的方法来解决上述问题了。其系数矩阵、结构矩阵、常数项矩阵分别为

$$A=X'X=\begin{pmatrix} N & \sum x_i & \sum x_i^2 & \cdots & \sum x_i^p \\ \sum x_i^2 & \sum x_i^3 & \cdots & \sum x_i^p \\ & & \cdots & \vdots \\ & & & \sum x_i^{2p} \end{pmatrix}$$

$$X=\begin{pmatrix} 1 & x_1 & x_1^2 & \cdots & x_1^p \\ 1 & x_2 & x_2^2 & \cdots & x_2^p \\ \vdots & \vdots & \vdots & \cdots & \vdots \\ 1 & x_n & x_n^2 & \cdots & x_n^p \end{pmatrix}$$

$$B=X'Y=\begin{pmatrix} \sum y_i \\ \sum x_i y_i \\ \sum x_i^2 y_i \\ \vdots \\ \sum x_i^p y_i \end{pmatrix}$$

回归方程系数的最小二乘估计为

$$b=A^{-1}B=(X^{\mathrm{T}}X)^{-1}X'Y$$

需要说明的是，在多项式回归分析中，检验 b_j 是否显著，实质上就是判断 x 的 j 次项 x_j 对 y 是否有显著影响。

对于多元多项式回归问题，也可以化为多元线性回归问题来解决。例如，对于

$$y_i=\beta_0+\beta_1 Z_{i1}+\beta_2 Z_{i2}+\beta_3 Z_{i2}^2+\beta_4 Z_{i1}Z_{i2}+\beta_5 Z_{i2}^2+\cdots+\varepsilon_i$$

令 $x_{i1}=Z_{i1}$，$x_{i2}=Z_{i2}$，$x_{i3}=Z_{i12}$，$x_{i4}=Z_{i1}Z_{i2}$，$x_{i5}=Z_{i2}^2$，则转化为 $y_i=\beta_0+\beta_1 x_{i1}+\beta_2 x_{i2}+\cdots+\beta_p x_{ip}+\varepsilon_i$，转化后就可以按照多元线性回归分析的方法解决了。

2. GBDT回归

梯度提升决策树（GBDT）又叫多重累计回归树（MART），是一种迭代的决策树算法，该算法由多棵决策树组成，所有树的结论累加起来做最终答案。它在被提出之初就和SVM一起被认为是泛化能力较强的算法。近些年更因为被用于搜索排序的机器学习模型而引起大家关注。GBDT主要由三个概念组成，即回归树、梯度提升和收缩。下面依次介绍这三个概念。

（1）回归树

回归树是一类特殊的决策树，和用于分类的决策树不同，回归树用于预测实际数值，其核心在于累加所有树的结果作为最终结果。有关分类的决策树将会在 4.3.3 节介绍，这里重点介绍回归问题。

用一个例子来说明回归树。以对人的年龄预测为例来说明，每个实例都是一个已知年龄的人，而属性则包括这个人每天看书的时间、上网的时段、网购所花的金额等。回归树为了做预测，将特征空间划分成了若干个区域，在每个区域里进行预测。

作为对比，先简单介绍一下分类树，分类树在每次分支时，是以纯度度量，比如熵值来选择分类属性。满足一定的条件会被标记成叶子节点并给予标号（这在 4.3.3 节还会有更详细清晰的介绍）。

回归树总体流程也类似，不过在每个节点（不一定是叶子节点）都会得一个预测值，以年龄为例，该预测值等于属于这个节点的所有人年龄的平均值。分支时穷举每一个属性的每个阈值寻找最好的分割点，但衡量最好的标准不再是熵之类的纯度度量，而是最小化均方差。这很好理解，被预测出错的人数越多，错得越离谱，均方差就越大，通过最小化均方差能够找到最合适的分支依据。直到每个叶子节点上人的年龄都唯一或者达到预设的终止条件，才停止分支操作。若最终叶子节点上人的年龄不唯一，则以该节点上所有人的平均年龄作为该叶子节点的预测年龄。

（2）梯度提升

提升（boosting）是一种机器学习技术，用于回归和分类问题，产生一个预测模型的集合。梯度提升简单来说，就是通过迭代多棵树来共同决策，并可以进行任意可微损失函数的优化。

GBDT 是把所有树的结论累加起来做最终结论的，所以每棵树的结论并不是最终结果，而是一个累加量。其核心在于，每一棵树学的是之前所有树的结论和的残差，这个残差就是一个加上预测值后能得真实值的累加量。

例如，A 的真实年龄是 18 岁，但第一棵树的预测年龄是 10 岁，差了 8 岁，即残差为 8 岁。那么在第二棵树中我们把 A 的年龄设为 8 岁去学习，如果第二棵树真的能把 A 分到 8 岁的叶子节点，那累加两棵树的结论就是 A 的真实年龄；如果第二棵树的结论是 6 岁，则 A 仍然存在 2 岁的残差，第三棵树中 A 的年龄就变成 2 岁，继续学。这就是梯度提升在 GBDT 中的意义。

形式化地来说，回归树也相当于一个映射，即根据输入 x 来求得输出 y，表达式为

$$y = h(x) = \sum_{j=1}^{J} b_j I(x \in R_j)$$

其中，R_j 表示一个区域，如果 x 属于 R_j，那么它的预测值就是 b_j。$I(\cdot)$ 为指示函数，当括号内的式子成立时返回 1，否则返回 0。

第 m 棵回归树可以表示为如下数学形式

$$h_m(x) = \sum_{j=1}^{J} b_{jm} I(x \in R_{jm})$$

假设共有 M 棵回归树，那么最终的预测结果为

$$y = F_M(x) = \sum_{m=1}^{M} h_m(x)$$

表达成递归形式则为

$$y = F_{M-1}(x) + h_M(x)$$

就训练集而言，最完美的 GBDT 就是预测值 y 与目标值 t 相等，所以我们建立模型的目标就是 $y=t$，即

$$t = F_{M-1}(x) + h_M(x)$$

GBDT 是从第一棵回归树开始计算的。不管效果如何，先建第一棵回归树；继而，通过上面的递归表达式根据第一棵树建立第二棵树，直到第 M 棵树，那么我们先看一下第二棵树怎么建立。对上面的递归式做个变形，即

$$h_M(x) = t - F_{M-1}(x)$$

注意到 $h_M(x)$ 就是我们要建立的第 2（$M=2$）棵树，已有的是第一棵树，第一棵树一经建成就不变了，相当于一个已知的函数，那么 $t-F_{M-1}(x)$ 实际上就是我们在建第 M 棵树时想要得到的预测值。所以在建第二棵树时，我们将目标值 t 与第一棵树的预测值的差作为新的目标值。同样，在建第三棵树时，我们将目标值 t 与前两棵树的预测值的差作为新的目标值，直到第 M 棵树。$t-F_{M-1}(x)$ 就是所谓的残差，这就是从残差的角度来理解 GBDT。

注意到，GBDT 的建树过程不是并行的，而是串行的，所以速度较慢，但所有的树一旦建好，用它来预测时是并行的，最终的预测值就是所有树的预测值之和。

GBDT 还可以从损失函数的角度去理解，上述的两个部分分别对应着 DT（决策树）和GB（梯度提升），DT 意味着每个基本学习器是"树"的形式，而 GB 则是建树过程中依据的准则。DT 可以不变，而 GB 有多种形式，上述的残差只是其中的一种形式。注意到损失函数可以表示为

$$\varepsilon = \frac{1}{2}(t - F(x))^2$$

该损失函数关于 $F(x)$ 的导数（梯度）为

$$\frac{d\varepsilon}{dF(x)} = -(t - F(x))$$

该损失函数在 $F_{M-1}(x)$ 处的导数（梯度）为

$$\frac{d\varepsilon}{dF(x)\,|\,F_{M-1}(x)} = -(t - F_{M-1}(x))$$

所以在建立第 M 棵树时，新的目标值正好就是损失函数在 $F_{M-1}(x)$ 处的负梯度。众所周知，损失函数可以有多种形式，所以不同的损失函数就可以对应到不同的变种。

（3）收缩

每次走一小步从而逐渐逼近结果的效果，这要比每次迈一大步很快逼近结果的方式更容易避免过拟合。也就是说，不完全信任每一棵残差树，认为每棵树只学到了真理的一小部分，累加的时候只累加一小部分，通过多学几棵树弥补不足。

3. XGBOOST 回归

XGBOOST 回归是一个大规模、分布式的通用 GBDT 库，它在梯度提升框架下实现了GBDT 和一些广义的线性机器学习算法。

XGBOOST 算法比较复杂，针对传统 GBDT 算法做了很多细节改进，包括损失函数、

正则化、切分点查找算法优化、稀疏感知算法、并行化算法设计等。

例如，传统 GBDT 以 CART 作为基分类器，XGBOOST 还支持线性分类器，这个时候 XGBOOST 相当于带 L1 和 L2 正则化项的线性回归（回归问题）；传统 GBDT 在优化时只用到一阶导数信息，XGBOOST 则对代价函数进行了二阶泰勒展开，同时用到了一阶和二阶导数。对损失函数做了改进；XGBOOST 在代价函数里加入了正则项，用于控制模型的复杂度。正则项里包含了树的叶子节点个数、每个叶子节点上输出分数的 L2 模的平方和。从偏差－方差权衡角度来讲，正则项降低了模型方差，使学习出来的模型更加简单，防止过拟合，这也是 XGBOOST 优于传统 GBDT 的一个特性。正则化包括了两个部分，都是为了防止过拟合，剪枝是都有的，叶子节点输出 L2 平滑是新增的。

由于篇幅限制，不再详细描述 XGBOOST，读者可以参考有关的论文《 XGBOOST: A Scalable Tree Boasting System 》。

补充知识：回归大家族

由于非常常用，除了上文介绍的回归，还有很多回归模型，回归相关本身就可以用一本厚度超过本书的教材来介绍，限于篇幅，本文仅对其他模型进行简要介绍，感兴趣的读者可以参考专门的回归教材，例如《应用回归分析》《 Regression Analysis by Example 》等。

1. logistic 回归

logistic 回归是除了线性回归以外最重要的回归形式，用于分类，将在 4.3.2 节具体介绍。

2. 生存分析数据 cox 回归

cox 回归主要用于生存分析。生存分析是将终点事件出现与否与对应时间结合起来分析的一种统计方法。生存时间是从规定的观察起点到某一特定终点事件出现的时间，如某种癌症手术后 5 年存活率研究，癌症手术为观测起点，死亡为事件终点，两点之间的时间为生存时间。在生存分析中，研究的主要对象是寿命超过某一时间的概率。当然，生存分析还可以描述其他一些事情发生的概率，例如产品的失效、出狱犯人第一次犯罪、失业人员第一次找到工作等。

cox 回归的因变量必须同时有两个：一个代表状态，必须是分类变量；另一个代表时间，应该是连续变量。只有同时具有这两个变量，才能用 cox 回归分析。cox 回归模型可以用下述公式描述

$$S(t) = P(T > t) = 1 - P(T \le t) = \frac{生存时间\ T > t\ 的样本数}{观察样本总数}$$

其中，T 是表示寿命的随机变量，t 是特定时间，生存函数 $S(t)$ 表示生存时间长于时间 t 的概率。

3. weibull 回归

生存分析常用 cox 回归模型，但还有几个回归方法对生存分析也很重要，weibull 回归就是其中之一。

cox 回归受欢迎的原因是它简单，用的时候不用考虑条件（除了等比例条件之外），大多数生存数据都可以用。而 weibull 回归则有条件限制，用的时候数据必须符合

weibull 分布。

cox 回归可以看作是非参数回归，无论什么数据分布都适用，但正因为什么数据都适用，所以不可避免地有个缺点，对于每种分布的数据都不能做到恰到好处。weibull 回归就像是量体裁衣，把体形看作数据。

weibull 分布是一种连续性分布，它是指数分布的一种推广形式，不像指数分布假定危险率是常数，因而有更广的应用性。

weibull 分布的相关函数如下。

生存时间 T 的概率密度函数为

$$f(t)=\lambda\gamma(t-1)^{\gamma-1}\exp[-\lambda(t)^{\gamma}]$$

分布函数为

$$F(t)=1-\exp[-\lambda(t)^{\gamma}]$$

生存函数为

$$S(t)=\exp[-\lambda(t)^{\gamma}]$$

风险函数为

$$h(t)=\lambda\gamma(t)^{\gamma-1}$$

其中，λ 和 γ 为两个参数。λ 称为尺度参数，它决定分布的分散度；γ 为形状参数，它决定该分布的形态。$\gamma>1$ 时风险函数随时间单调递增；$\gamma<1$ 时风险函数随时间单调递减；显然，当 $\gamma=1$ 时，风险不随时间变化，weibull 分布简化为指数分布，所以指数分布是 weibull 分布在 $\gamma=1$ 时的特例。

如果资料服从 weibull 分布，则可用回归模型对危险因素进行分析。在 weibull 回归模型中，风险函数与影响因素间的关系也假设为指数关系，即

$$\log h(t)=a\log t+\beta_0+\beta_1 x_1+\beta_2 x_2+\cdots+\beta_p x_p$$

式中 β_i 的意义同指数回归模型，$\alpha=\dfrac{1}{\gamma}-1$

在 weibull 回归模型中，除了要估计 β_i 之外，还要估计形状参数 γ。

生存函数为

$$S(t)=\exp[-t^{\gamma}\exp(\beta_0+\beta_1 x_1+\beta_2 x_2+\cdots+\beta_p x_p)]$$

风险函数为

$$h(t)=\gamma t^{\gamma-1}\exp(\beta_0+\beta_1 x_1+\beta_2 x_2+\cdots+\beta_p x_p)$$

基准风险为

$$h_0(t)=\gamma t^{\gamma-1}e^{\alpha}$$

4. 泊松回归

实际上，在能用 logistic 回归的场合里，通常也可以使用泊松回归。泊松回归的因变量是个数，比如观察一段时间后，有多少人发病等。

泊松回归模型也是用来分析列联表和分类数据的一种方法，它实际上也是对数线性模型的一种，不同点是对数线性模型假定频数分布为多项式分布，而泊松回归模型假定频数分布为泊松分布。下面给出简单的说明。

设有一个自变量 x，可以写出如下回归模型

$$g(\mu)=\alpha+\beta_0+\beta_1 x$$

这个 g 就是连接函数，如果取其为对数函数，则为

$$\ln(\mu)=\alpha+\beta_0+\beta_1 x$$

这个模型的结构和回归模型非常相似，如果因变量 y 服从泊松分布，那么这个模型就称为泊松回归模型。

从而可以看出，泊松回归模型就是描述服从泊松分布的因变量 y 的均值 μ 与各自变量 x_1，$\cdots$，x_m 关系的回归模型。

5. probit 回归

probit 回归中，probit 一词通常翻译为概率单位。probit 模型是一种服从正态分布的广义的线性模型。probit 函数和 logistic 函数十分接近，二者分析结果也十分接近。但是由于 probit 回归的实际含义不如回归容易理解，由此导致其没有 logistic 回归常用，但是在社会学领域还是有其用武之地的。

probit 回归是基于正态分布的，而 logistic 回归是基于二项分布的，这是二者的区别。当自变量中连续变量较多且符合正态分布时，可以考虑使用 probit 回归，而自变量中分类变量较多时，可考虑使用 logistic 回归。

最简单的 probit 模型就是指因变量 Y 是一个 0，1 变量，事件发生的概率依赖于自变量，即 $P(Y=1)=f(X)$，也就是说，$Y=1$ 的概率是一个关于 X 的函数，其中 $f(.)$ 服从标准正态分布。若 $f(.)$ 是累积分布函数，则其为 logistic 模型。

6. 负二项回归

负二项指的是一种分布，跟泊松回归、logistic 回归有点类似，泊松回归用于服从泊松分布的数据，logistic 回归用于服从二项分布的数据，而负二项回归用于服从负二项分布的数据。

负二项分布也用来描述个数，只不过比泊松分布要求更苛刻，如果要分析的结果是个数，而且结果具有聚集性，那可能就要用负二项分布。

举个简单的例子，要调查流感的影响因素，结果当然是流感的例数。如果调查的人有的在同一个家庭里，由于流感具有传染性，那么患病者家里其他人可能也被传染，从而也得了流感，这就是所谓的具有聚集性，这样的数据尽管结果是个数，但由于具有聚集性，因此用泊松回归不一定合适，这时就可以考虑用负二项回归。

7. 主成分回归

主成分回归是一种合成的方法，相当于主成分分析与线性回归的合成。主要用于解决自变量之间存在高度相关的情况。这在现实中不算少见。例如，要分析的自变量中同时有血压值和血糖值，这两个指标可能有一定的相关性，如果同时放入模型，会影响模型的稳定，有时也会造成严重后果，例如结果跟实际严重不符。

为了合并数据中关联的维度，可以考虑用主成分回归，相当于把这几个变量所包含的信息用一个变量来表示，这个变量叫作主成分，所以这种回归方法叫作主成分回归。

例如对于一种疾病，如果 30 个指标能够 100% 确诊，而 3 个指标可以诊断 80%，为了提高系统的效率，会选择 3 个指标的模型。这就是主成分回归存在的基础，用几个简单的变量把多个指标的信息综合一下，这样几个简单的主成分可能就包含了原来很多自变量的大部分信息。这就是主成分回归的原理。

主成分法是通过线性变换，将原来的多个指标组合成相互独立的少数几个能充分反

映总体信息的指标,从而在不丢掉重要信息的前提下避开变量间共线性问题,便于进一步分析。

在主成分分析中提取出的每个主成分都是原来多个指标的线性组合。例如有两个原始变量 X_1 和 X_2,则一共可提取出两个主成分

$$\begin{cases} Z_1=b_{11}X_1+b_{21}X_2 \\ Z_2=b_{12}X_1+b_{22}X_2 \end{cases}$$

原则上如果有 n 个变量,则最多可以提取出 n 个主成分,但如果将它们全部提取出来就失去了该方法简化数据的意义。一般情况下提取出 2 ～ 3 个主成分(已包含了 85% 以上的信息),其他的可以忽略不计。

因此,可以将被解释变量关于这些主成分进行回归,再根据主成分与解释变量之间的对应关系,求得原回归模型的估计方程。

8. 岭回归

岭回归也是用于处理自变量之间高度相关的情形。只是跟主成分回归的具体估计方法不同。

线性回归的计算通常用最小二乘估计,当自变量之间高度相关时,最小二乘回归估计的参数估计值会不稳定,这时如果在公式里加点东西,让它变得稳定,那就解决了这一问题。

岭回归就采用了这个思想,在最小二乘估计里加个 k,改变它的估计值,使估计结果变稳定。k 的大小根据岭迹图来判断,这就是岭回归名称的由来。可以选非常多的 k 值,做出一个岭迹图,看看这个图在取哪个值的时候变稳定,从而确定 k 值,解决了整个参数估计不稳定的问题。

具体来说,岭回归是一种专用于供线性数据分析的有偏估计回归方法,实质上是一种改良的最小二乘估计法,通过放弃最小二乘法的无偏性,以损失部分信息、降低精度为代价获得回归系数更为符合实际、更可靠的回归方法,对病态数据的拟合要强于最小二乘法。

对于有些矩阵,矩阵中的某个元素的一个很小的变动,就会引起最后计算结果误差很大,这种矩阵被称为"病态矩阵"。有些时候,计算方法不当也会导致正常的矩阵在运算中表现出病态。对于高斯消去法来说,如果主元(对角线上的元素)上的元素很小,在计算中就会表现出病态的特征。

回归分析中最常使用的最小二乘法是一种无偏估计。对于一个适定问题,X 通常是列满秩。

$$X\theta=y$$

采用最小二乘法,定义损失函数为残差的平方,最小化损失函数

$$\|X\theta-y\|^2$$

上述优化问题可以采用梯度下降法进行求解,也可以采用如下公式直接进行求解

$$\theta=(X^{\mathrm{T}}X)^{-1}X^{\mathrm{T}}y$$

当 X 不是列满秩时,或者某些列之间线性相关性比较大时,$X^{\mathrm{T}}X$ 的行列式接近于 0,上述问题变成了一个不适定问题,此时 $(X^{\mathrm{T}}X)^{-1}$ 误差很大,传统的最小二乘法缺乏稳定性和可靠性。

为了解决上述问题，需要将不适定问题转化成适定问题，我们为上述损失函数加上一个正则化项，变为

$$\|X\theta-y\|^2+\|\Gamma\theta\|^2$$

其中，我们定义 $\Gamma=\alpha I$。

于是

$$\theta(\alpha)=(X^TX+\alpha I)^{-1}X^Ty$$

其中 I 表示单位矩阵。

随着 α 的增大，$\theta(\alpha)$ 各个元素 $\theta(\alpha)_i$ 的绝对值趋于不断变小，它们相对于正确值 θ_i 的偏差也会越来越大。α 趋向于无穷大时，$\theta(\alpha)$ 趋向于 0，其中，$\theta(\alpha)$ 随着 α 的改变而变化的轨迹，就叫作岭迹。实际应用时，可以选择很多的 α，做出一个岭迹图，看这个图在哪个值上稳定了，α 的值就随之确定。

9. 偏最小二乘回归

偏最小二乘回归也可以用于解决自变量之间高度相关的问题。但比主成分回归和岭回归更好的一个优点是，偏最小二乘回归可以用于例数很少的情形，甚至例数比自变量个数还少的情形。所以，如果自变量之间高度相关，例数又特别少，而自变量又很多，那么用偏最小二乘回归就可以了。

它的原理其实跟主成分回归有点像，也是提取自变量的部分信息，损失一定的精度，但保证模型更符合实际。因此这种方法不是直接用因变量和自变量分析，而是用反映因变量和自变量部分信息的新的综合变量来分析，所以它不需要例数一定比自变量多。

偏最小二乘回归还有一个很大的优点，那就是可以用于多个因变量的情形，普通的线性回归都是只有一个因变量，而偏最小二乘回归可用于多个因变量和多个自变量之间的分析。因为它的原理就是同时提取多个因变量和多个自变量的信息重新组成新的变量，重新分析，所以多个因变量对它来说无所谓。

3.1.3 回归的阿里云实现

本节将通过一个例子介绍利用阿里云平台建立回归模型的方法。

很多农民因为缺乏资金，在每年耕种前会向相关机构申请贷款来购买种地需要的物资，等丰收之后偿还。农业贷款发放问题是一个典型的数据分析问题。贷款发放人通过往年的数据，包括贷款人的年收入、种植的作物种类、历史借贷信息等特征来构建经验模型，通过这个模型来预测受贷人的还款能力。本例借助真实的农业贷款业务场景，利用回归算法解决贷款发放业务。通过农业贷款的历史发放情况，预测给预测集的用户发放他们需要金额的贷款。

原始数据前 10 条见表 3-4。

在阿里云平台上先进行数据预处理，然后再进行回归训练和预测。具体操作过程为：首先进入阿里云大数据开发平台中的机器学习平台，选择相应的工作组后进入算法平台。在左侧右击"实验"标签，新建一个空白实验，在"新建实验"对话框中输入对应的实验名称（regression），在组件中选择相应的组件，并将其拖动到右侧实验中。设计好流程，运行开始后，阿里云平台开始运行各实验节点。

表 3-4 农业贷款问题前 10 条

id	Name	Region	farmsize	rainfall	landquality	farmincome	maincrop	claimtype	claimvalue
"id601"	"name601"	"midlands"	1480	30	8	330729	"wheat"	"decommission_land"	74 703.1
"id602"	"name602"	"north"	1780	42	9	734118	"maize"	"arable_dev"	245 354
"id603"	"name603"	"midlands"	500	69	7	231965	"rapeseed"	"decommission_land"	84 213
"id604"	"name604"	"southwest"	1860	103	3	625251	"potatoes"	"decommission_land"	281 082
"id605"	"name605"	"north"	1700	46	8	621148	"wheat"	"decommission_land"	122 006
"id606"	"name606"	"southeast"	1580	42	7	445785	"maize"	"arable_dev"	122 135
"id607"	"name607"	"southeast"	1820	29	6	211605	"maize"	"arable_dev"	68 969.2
"id608"	"name608"	"southeast"	1640	108	7	1167040	"maize"	"arable_dev"	485 011
"id609"	"name609"	"southwest"	1600	101	5	756755	"wheat"	"decommission_land"	160 904
"id610"	"name610"	"southeast"	600	80	6	267928	"wheat"	"arable_dev"	90 350.6

在本例子中，首先进行数据的预处理，处理流程如图 3-1 所示。

图 3-1 数据预处理流程

利用 SQL 脚本将一些字符串人为对应映射为某些数值。
SQL 脚本的设置如图 3-2 所示。

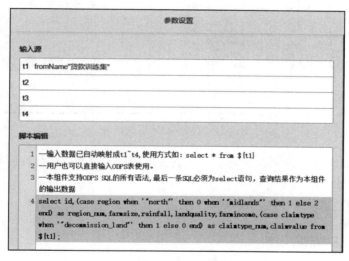

图 3-2 SQL 脚本设置

运用数据视图可以将所选中的数据列的类型转换为 double 型，数据视图设置如图 3-3 所示（注意：此后所有阿里云实验的字段选择部分均参考此处）。

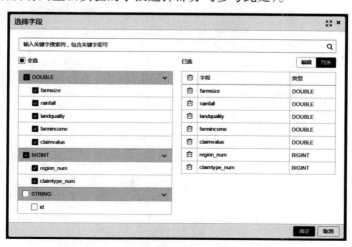

图 3-3 数据视图"选择字段"

在"字段设置"中选择全部的 7 个字段，在"参数设置"中将"连续特征离散区间数"设为"100"。数据预处理后的内容如图 3-4 所示。

id ▲	farmsize ▲	rainfall ▲	landquality ▲	farmincome ▲	claimvalue ▲	region_num ▲	claimtype_num ▲
"id...	1480	30	8	330729	74703.1	1	1
"id...	1780	42	9	734118	245354	0	0
"id...	500	69	7	231965	84213	1	1
"id...	1860	103	3	625251	281082	2	1
"id...	1700	46	8	621148	122006	0	1
"id...	1580	42	7	445785	122135	2	0
"id...	1820	29	6	211605	68969.2	2	0
"id...	1640	108	7	1167040	485011	2	0
"id...	1600	101	5	758755	160904	2	1
"id...	600	80	6	267928	90350.6	2	0
"id...	980	38	6	222703	63494	2	0
"id...	1760	83	7	1057380	389421	1	1
"id...	440	86	3	115544	30377	2	0
"id...	1260	90	8	900243	322365	2	0
"id...	920	86	6	442554	154952	1	1
"id...	1660	36	9	490617	129724	1	0
"id...	640	79	5	232857	89148.9	2	1

数据探查 - pai_temp_8820_178397_1 - (仅显示前一百条)

图 3-4　数据预处理后的内容

然后进行回归训练和预测，此处采用阿里云提供的三种算法（线性回归、GBDT 回归、XGBOOST 回归）分别实现。

下面分别给出三种算法的具体流程。

（1）线性回归

线性回归的流程如图 3-5 所示。

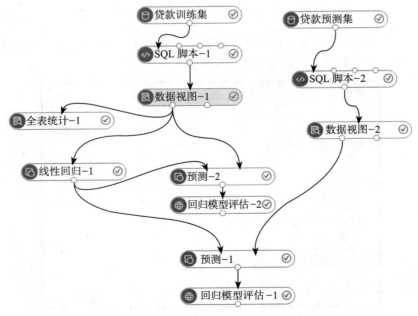

图 3-5　线性回归的流程

其中用训练集来预测得到的预测 −2 是为了和预测 −1 进行比对，用于调整训练参数，防止过度拟合与过度偏差，以使得到的回归模型尽可能最佳。原理是利用机器学习学习曲线（learning curve）的原理，由于阿里云本身没有提供对的训练过程的可视化的组件，所以只能使用此法来判断训练结果的差错是过度拟合还是过度偏差造成的。

全表统计组件用于审视数据预处理后的整体情况，不是必要组件。

线性回归组件的设置如下：添加 6 个字段，其中 double 类型的字段有 farmsize、rainfall、landquality 和 farmincome，bigint 类型的字段有 region_num 和 claimtype_num。"选择标签列"设为 "claimvalue"，"最大迭代轮数"设为 "100"，"最小似然误差"设为 "0.000001"，"正则化类型"设为 "None"，"正则系数"设为 "1"。

预测组件设置如下：选择 double 类型的字段 claimvalue。"输出结果名"设为 "prediction_result"，"输出分数列名"设为 "prediction_score"，"输出详细列名"设为 "prediction_detail"。

回归模型评估的参数设置如下："原回归值"设为 "claimvalue"，"预测回归值"设为 "prediction_score"。

训练后的预测结果如图 3-6 所示。

数据探查 - pai_temp_8820_178402_1 - (仅显示前一百条)

claimvalue ▲	prediction_result ▲	prediction_score ▲	prediction_detail ▲
172753	-	164424.3413395547	{"claimvalue": 164424.3413395547}
93415.4	-	146370.52166158534	{"claimvalue": 146370.5216615853}
46800.2	-	41879.9992711195346	{"claimvalue": 41879.99927119535}
131728	-	192648.19077439874	{"claimvalue": 192648.1907743987}
89040.8	-	76369.8134277192	{"claimvalue": 76369.8134277192}
135493	-	103695.67105783387	{"claimvalue": 103695.6710578339}
88906.8	-	136845.30246967232	{"claimvalue": 136845.3024696723}
147159	-	144156.81362150217	{"claimvalue": 144156.8136215022}
277397	-	466728.8170899566	{"claimvalue": 466728.8170899566}
67547.3	-	131340.40980772747	{"claimvalue": 131340.4098077275}
345394	-	402192.7992950041	{"claimvalue": 402192.7992950041}
247045	-	257172.49592521263	{"claimvalue": 257172.4959252126}
66630.5	-	105666.0861939332	{"claimvalue": 105666.0861939332}
99655.4	-	178950.3933333968	{"claimvalue": 178950.3933333968}
168201	-	137639.2895920565	{"claimvalue": 137639.2895920565}
81138.5	-	124850.07404313012	{"claimvalue": 124850.0740431301}
233183	-	271946.0853997722	{"claimvalue": 271946.0853997722}

图 3-6 训练后的预测结果

模型评估残差直方图如图 3-7 所示。回归评估指标数据结果如图 3-8 所示。

（2）GBDT 回归

GBDT 回归的流程如图 3-9 所示。

和前文中线性回归一样，用训练集来预测得到的预测 -2 是为了和预测 -1 进行比对，用于调整训练参数，防止过度拟合与过度偏差，以使得到的回归模型尽可能最佳。

全表统计组件用于审视数据预处理后的整体情况，不是必要组件。

GBDT 回归组件参数设置如下：选择 6 个字段，其中 double 类型的字段有 farmsize、rainfall 和 landquality，bigint 类型的字段有 region_num 和 claimtype_num。"标签列"设为 "claimvalue"。"一棵树的最大深度"设为 "10"，"叶子节点容纳的最少样本数"设为 "20"，

"样本采样比例"设为"0.8","训练中采集的特征比例"设为"0.8","测试样本数比例"设为"0.2","随机数产生器种子"设为"0","是否使用 newton 方法来学习"设为"使用","损失函数类型"设为"regression loss","gbrank 与 regression loss 中的指数底数"设为"1","metric 类型"设为"NDCG","树数量"设为"44","学习速率"设为"0.05","最大叶子数"设为"32"。

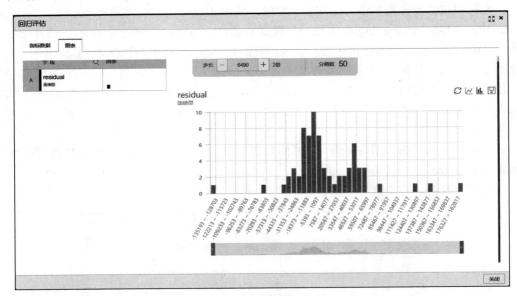

图 3-7　残差直方图

指标 ▲	值
MAE	31422.98467115941
MAPE	26.24167114102438
MSE	2291196757.382827
R	1.024413203397775
R2	1.049422411295691
RMSE	47866.4470937924
SAE	2231031.911652318
SSE	162674969774.1807
SSR	730509045509.1292
SST	696105817491.7295

图 3-8　回归评估指标数据结果

预测组件设置、输出结果的字段设置、模型评估的参数设置都与用线性回归实现的设置相同。训练后的预测结果如图 3-10 所示。

模型评估结果如图 3-11 和图 3-12 所示。

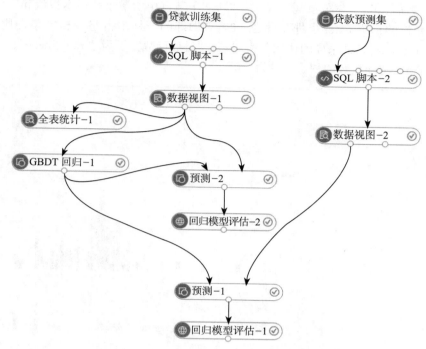

图 3-9 GBDT 回归的流程

数据探查 - pai_temp_8867_178974_1 - (仅显示前一百条)			
claimvalue ▲	prediction_result ▲	prediction_score ▲	prediction_detail ▲
172753	-	157384.35122680664	{"claimvalue": 157384.3512268066}
93415.4	-	163246.00243377686	{"claimvalue": 163246.0024337769}
46800.2	-	30793.38536451757	{"claimvalue": 30793.38536451757}
131728	-	214165.03924540547	{"claimvalue": 214165.0392456055}
89040.8	-	68392.50495910645	{"claimvalue": 68392.50495910645}
135493	-	83755.44285583496	{"claimvalue": 83755.44285583496}
88906.8	-	146917.68242573738	{"claimvalue": 146917.6824257374}
147159	-	139860.66555023193	{"claimvalue": 139860.6655502319}
277397	-	315532.8181152344	{"claimvalue": 315532.8181152344}
67547.3	-	113219.99822998047	{"claimvalue": 113219.9982299805}
345394	-	312709.09844970703	{"claimvalue": 312709.098449707}
247045	-	198095.74407958984	{"claimvalue": 198095.7440795898}
66630.5	-	93503.77240753174	{"claimvalue": 93503.77240753174}
99655.4	-	165486.20428466797	{"claimvalue": 165486.204284645}
168201	-	157541.58143615723	{"claimvalue": 157541.5814361572}
81138.5	-	117913.06527709961	{"claimvalue": 117913.0652770996}
233183	-	217444.13940429688	{"claimvalue": 217444.1394042969}

图 3-10 训练后的预测结果

（3）XGBOOST 回归

XGBOOST 回归的流程如图 3-13 所示。

XGBOOST 组件的字段选择和设置与线性回归实现完全相同，在"参数设置"中的设置如下："一棵树的最大深度"设为"3"，"更新过程中使用的收缩步长"设为"0.3"，"最小损失衰减"设为"0"，"树的棵树"设为"7"，"子节点中的最小的样本权值和"设为"1"，"每个树所允许的最大 delta 步进"设为"0"，"训练的子样本占整个样本集合比例"设为"1"，"在建立树时对特征采样的比例"为"1"，"目标函数"设为" reg_linear"，"初始预测值"设为"0.5"，"随机数的种子"设为"0"。

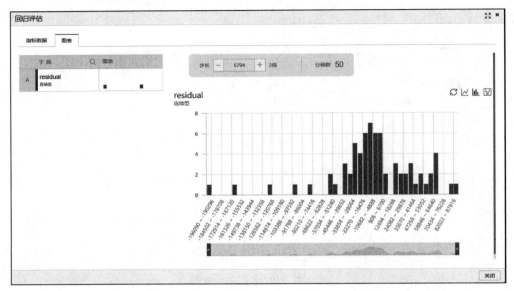

图 3-11　残差直方图

指标 ▲	值
MAE	34740.53828884959
MAPE	27.562250703759802
MSE	2515074637.288079
R	0.8039940215845353
R2	0.6464063867436741
RMSE	50150.51981074652
SAE	2466578.218508321
SSE	178570299247.4536
SSR	449967246276.0803
SST	696105817491.7295

图 3-12　回归评估的指标数据结果

预测组件设置、输出结果的字段设置、模型评估的参数设置都与用线性回归实现的设置相同。训练后的预测结果如图 3-14 所示。

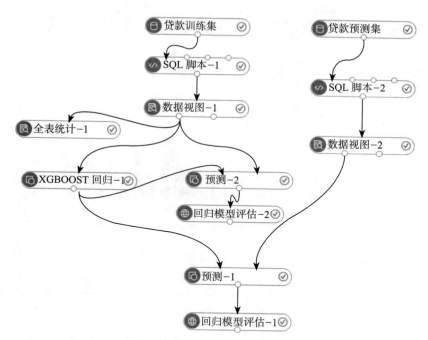

图 3-13　XGBOOST 回归的流程

数据探查 - pai_temp_8868_178995_1 - (仅显示前一百条)

claimvalue ▲	prediction_result ▲	prediction_score ▲	prediction_detail ▲
172753	-	186785.5625	{"claimvalue": 186785.5625}
93415.4	-	132704.515625	{"claimvalue": 132704.515625}
46800.2	-	28164.015625	{"claimvalue": 28164.015625}
131728	-	186785.5625	{"claimvalue": 186785.5625}
89040.8	-	74543.890625	{"claimvalue": 74543.890625}
135493	-	93754.890625	{"claimvalue": 93754.890625}
88906.8	-	123201.421875	{"claimvalue": 123201.421875}
147159	-	120128.1640625	{"claimvalue": 120128.1640625}
277397	-	485571.4375	{"claimvalue": 485571.4375}
67547.3	-	99447.03125	{"claimvalue": 99447.03125}
345394	-	302501.9375	{"claimvalue": 302501.9375}
247045	-	214405.1875	{"claimvalue": 214405.1875}
66630.5	-	93754.890625	{"claimvalue": 93754.890625}
99655.4	-	186785.5625	{"claimvalue": 186785.5625}
168201	-	117424.9296875	{"claimvalue": 117424.9296875}
81138.5	-	105223.5234375	{"claimvalue": 105223.5234375}
233183	-	271269.25	{"claimvalue": 271269.25}

图 3-14　训练后的预测结果

模型评估结果如图 3-15 和图 3-16 所示。

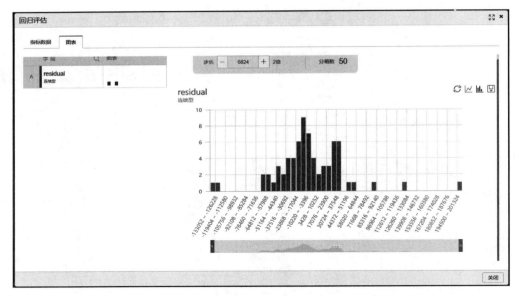

图 3-15 残差直方图

指标	值
MAE	31580.7653609155
MAPE	24.75266552595224
MSE	2228543231.485935
R	0.9549532114894687
R2	0.9119356361340498
RMSE	47207.44889830349
SAE	2242234.340625001
SSE	158226569435.5014
SSR	634803701490.9331
SST	696105817491.7295

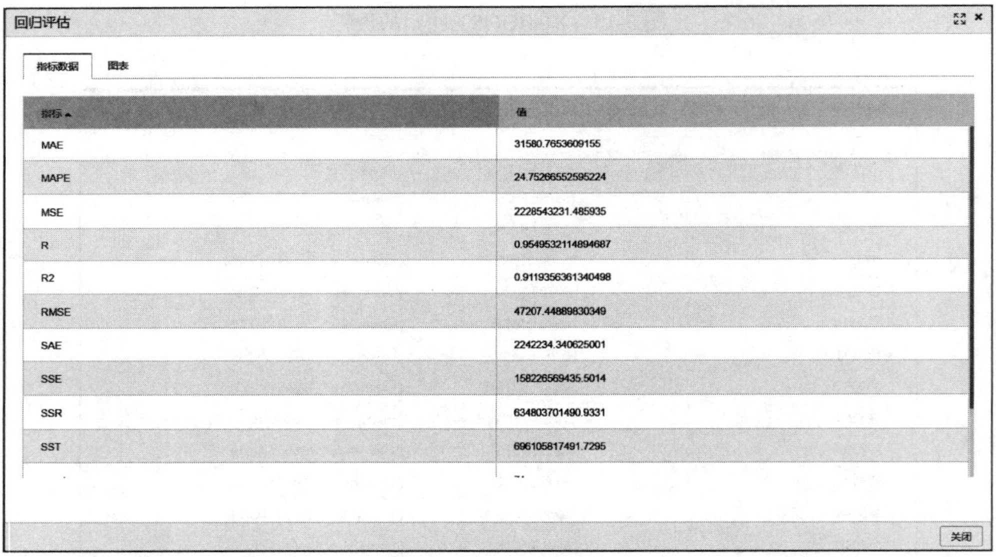

图 3-16 回归评估的指标数据结果

综合上述三种方法的模型评估结果看出：对于该例子中的数据，XGBOOST 回归的效果是最好的。

3.2 关联规则分析

关联规则分析又称关联挖掘，就是在交易数据、关系数据或其他信息载体中，查找存在于项目集合或对象集合之间的频繁模式、关联、相关性或因果结构。或者说，关联分析是发现交易数据库中不同商品（项）之间的联系。比较常用的算法是 Apriori 算法和 FPgrowth

算法。

关联可分为简单关联、时序关联、因果关联。关联规则分析的目的是找出数据库中隐藏的关联，并以规则的形式表达出来，这就是关联规则，其定义如下：

给定一个项集合 $I=\{I_1, I_2, \cdots, I_m\}$ 和一个交易数据库 D，其中每个事务 t 是 I 的非空子集，即每一个交易都与一个唯一的标识符 TID 对应。关联规则是形如 $X \rightarrow Y$ 的蕴涵式，其中，X 和 Y 是 I 的子集合，分别称为关联规则的前驱和后继。

关联规则的有效性通常用支持度和置信度来衡量。$X \rightarrow Y$ 在 D 中的支持度（support）是 D 中事务同时包含 X、Y 的百分比，即 $S(X \rightarrow Y) = P(X \cup Y)$；其置信度（confidence）是 D 中事务已经包含 X 的情况下，包含 Y 的百分比，即 $C(X \rightarrow Y) = P(X|Y)$。

如果满足最小支持度阈值和最小置信度阈值，则认为关联规则是有趣的。如果某个项集的支持度大于等于设定的最小支持度阈值，则称这个项集为"频繁项集"，所有"频繁 k- 项集"组成的集合通常记作 L_k。这些阈值通常根据数据分析的需要人为设定。

我们用一个例子来说明关联规则的相关概念。

例如，某胃肠医院对来院看病的病人提供了 5 种可做的检查，某天早上前 9 位病人做了这 5 项检查（见表 3-5）。

表 3-5　9 位病人 5 项检查结果表单

编号	腹部 B 超	胃镜	碳 14	便常规	便潜血	编号	腹部 B 超	胃镜	碳 14	便常规	便潜血
1	1	1	0	0	1	6	0	1	1	0	0
2	0	1	0	1	0	7	1	0	1	0	0
3	0	1	1	0	0	8	1	1	1	0	1
4	1	1	0	1	0	9	1	1	1	0	0
5	1	0	1	0	0						

在表 3-5 中，每一行表示一个事务，{腹部 B 超}、{胃镜} 都是 1- 项集，{腹部 B 超，胃镜} 是 2- 项集，{腹部 B 超，胃镜，碳 14} 是 3- 项集。

考虑规则 {腹部 B 超，胃镜} → {碳 14}，由于 {腹部 B 超，胃镜，碳 14} 的支持度计数为 2，而事务的总数是 9，所以规则的支持度为 $\frac{2}{9}$。规则的置信度是项集 {腹部 B 超，胃镜，碳 14} 的支持度计数与项集 {腹部 B 超，胃镜} 支持度计数的商。而项集 {腹部 B 超，胃镜} 支持度计数为 4，所以置信度为 $\frac{2}{4}$。

假定支持度计数大于 3（不包括 3）的项集都是频繁的，那么我们可以得出频繁 -1 项集有 {腹部 B 超}，{胃镜}，{碳 14}，计数分别为 6，7，6。而频繁 -2 项集有 {腹部 B 超，胃镜}，{腹部 B 超，碳 14}，{胃镜，碳 14}，计数分别为 4，4，4。还可以发现，不存在其他的频繁项集。

支持度 – 置信度框架是有局限性的，支持度的缺点在于许多潜在的有意义的模式会由于含有支持度计数较小的项而被删去。置信度的缺陷则在于忽略规则后件中项集的支持度。

为了解决置信度的这个缺陷，引入了提升度和兴趣因子的概念。

$$提升度\ \mathrm{lift}\ (X \rightarrow Y) = \frac{C(X \rightarrow Y)}{S(Y)}$$

对于二元变量，提升度等价于兴趣因子，其定义如下：

$$I(X \to Y) = \frac{S(A, B)}{S(A) \times S(B)}$$

该度量解释如下：

$$I(X \to Y) = \begin{cases} =1 & X, Y \text{ 独立} \\ >1 & X, Y \text{ 正相关} \\ <1 & X, Y \text{ 负相关} \end{cases}$$

例如，lift（腹部 B 超→胃镜）=I（腹部 B 超→胃镜）

$$= \frac{C（腹部 B 超 \to 胃镜）}{S（胃镜）} = \frac{S（腹部 B 超，胃镜）}{S（腹部 B 超）\times S（胃镜）} = \frac{4}{6 \times 7} = \frac{2}{21}$$

关联规则挖掘过程主要包含两个阶段：

❑ 先从数据集中找出所有的频繁项集，它们的支持度均大于等于最小支持度阈值。

❑ 由这些频繁项集产生关联规则，计算它们的置信度，然后保留那些置信度大于等于最小置信度阈值的关联规则。

关联规则挖掘的具体算法将在本书 11.3 节详细讨论。

3.3 相关分析

相关关系是一种非确定性的关系，例如，以 X 和 Y 分别表示一个人的身高和体重，或分别表示每公顷施肥量与每公顷小麦产量，则 X 与 Y 显然有关系，而又没有确切到可由其中的一个去精确地决定另一个的程度，这就是相关关系。在一些问题中，不仅经常需要考察两个变量之间的相关程度，而且还经常需要考察多个变量与多个变量之间即**两组变量之间的相关关系**。典型相关分析就是研究两组变量之间相关程度的一种多元统计分析方法。

典型相关分析是研究两组变量之间相关关系的一种统计分析方法。为了研究两组变量 $X_1, X_2, \cdots, X_p$ 和 $Y_1, Y_2, \cdots, Y_q$ 之间的相关关系，采用类似于**主成分分析**（将在 9.2 节中介绍）的方法，在两组变量中，分别选取若干有代表性的变量组成有代表性的综合指数，使用这两组综合指数之间的相关关系，来代替这两组变量之间的相关关系，这些综合指数称为典型变量。

其基本思想是，首先在每组变量中找到变量的线性组合，使得两组线性组合之间具有最大的相关系数。然后选取和最初挑选的这对线性组合不相关的线性组合，使其配对，并选取相关系数最大的一对，如此继续下去，直到两组变量之间的相关性被提取完毕为止。被选取的线性组合配对称为典型变量，它们的相关系数称为典型相关系数。典型相关系数度量了这两组变量之间联系的强度。

我们用一个例子说明相关分析。为了研究家庭特征与家庭消费之间的关系，调查了 70 个家庭的下面两组变量之间的关系，见表 3-6～表 3-10。

❑ x_1：每年去餐馆就餐的频率，x_2：每年外出看电影的频率。

❑ y_1：户主的年龄，y_2：家庭的年收入，y_3：户主受教育程度。

表 3-6 变量间的相关系数矩阵

	x_1	x_2	y_1	y_2	y_3
x_1	1.00	0.80	0.26	0.67	0.34
x_2	0.80	1.00	0.33	0.59	0.34
y_1	0.26	0.33	1.00	0.37	0.21
y_2	0.67	0.59	0.37	1.00	0.35
y_3	0.34	0.34	0.21	0.35	1.00

$$U_1=0.7689x_1+0.2721x_2 \quad V_1=0.0491y_1+0.8975y_2+0.1900y_3$$
$$U_2=-1.4787x_1+1.6443x_2 \quad V_2=1.0003y_1-0.5837y_2+0.2956y_3$$

两个反映消费的指标与第一对典型变量中 U_1 的相关系数分别为 0.9866 和 0.8872，可以看出 U_1 可以作为消费特性的指标，第一对典型变量中 V_1 与 y_2 之间的相关系数为 0.9822，可见典型变量 V_1 主要代表了家庭收入，U_1 和 V_1 的相关系数为 0.6879，这就说明家庭的消费与一个家庭的收入之间关系是很密切的；第二对典型变量中 U_2 和 x_2 的相关系数为 0.4614，可以看出 U_2 可以作为文化消费特性的指标，第二对典型变量中 V_2 与 y_1 和 y_3 之间的相关系数分别为 0.8464 和 0.3013，可见典型变量 V_2 主要代表了家庭成员的年龄特征和教育程度，U_2 和 V_2 的相关系数是 0.1869，说明文化程度与年龄和受教育程度之间的相关性。

表 3-7　X 组典型变量的系数

	U_1	U_2
x_1（就餐）	0.7689	-1.4787
x_2（电影）	0.2721	1.6443

表 3-8　Y 组典型变量的系数

	V_1	V_2
y_1（年龄）	0.0491	1.0003
y_2（收入）	0.8975	-0.5837
y_3（文化）	0.1900	0.2956

表 3-9　典型变量的结构（相关系数）

	U_1	U_2
x_1（就餐）	0.9866	-0.1632
x_2（电影）	0.8872	0.4614
	V_1	V_2
y_1（年龄）	0.4211	0.8464
y_2（收入）	0.9822	-0.1101
y_3（文化）	0.5145	0.3013

基于阿里云的相关分析

下面我们用一个例子来说明如何基于阿里云平台进行相关分析。

Center for World University Rankings 组织对全世界大部分大学进行了排名，其排名根据教育质量、教师质量、毕业生就业情况、出版刊物数量等一系列指标进行评分。我们获取该数据集并对其中的特征进行相关分析，从而了解每个特征之间的关系。前 10 条数据以及部分特征如表 3-10 所示。

表 3-10　全世界大部分大学排名前 10 条数据

world_rank	institution	country	national_rank	quality_of_education	alumni_employment
1	Harvard University	USA	1	7	9
2	Massachusetts Institute of Technology	USA	2	9	17
3	Stanford University	USA	3	17	11
4	University of Cambridge	United Kingdom	1	10	24
5	California Institute of Technology	USA	4	2	29
6	Princeton University	USA	5	8	14
7	University of Oxford	United Kingdom	2	13	28
8	Yale University	USA	6	14	31
9	Columbia University	USA	7	23	21
10	University of California Berkeley	USA	8	16	52

我们想要计算出数值型特征之间的相关关系，首先进行数据导入。新建项目，自定义表名 cwurdata，在"添加字段页面"添加相应的字段及字段类型（一旦表建成，字段名及字段类型不可变。此后的字段信息设置均参考此处），如图 3-17 所示。

建表成功后，在阿里云大数据开发平台"数据开发"层级下，单击"更多功能"按钮，选择"导入本地数据"（注意：本地数据中字段值内不能含有分隔符，阿里云平台无法智能识别）如图 3-18 所示。

图 3-17　添加字段及字段类型

图 3-18　本地数据导入

若本地数据文件中的字段与表中字段不匹配，需手动进行字段匹配，如图 3-19 所示。最后提示导入成功。

其分析组件布局如图 3-20 所示。其中，在相关系数矩阵组件中选择想要进行相关系数计算的列。设置完毕后，运行组件。运行成功后，在相关系数矩阵组件上右击，选择"查看数据"得到相关系数矩阵，如图 3-21 所示。

从结果数据可以看出，学校得分与教师质量最为相关，教育质量与教师质量最为相关，毕业生就业情况与教育质量最为相关，影响力与出版刊物数量最为相关。

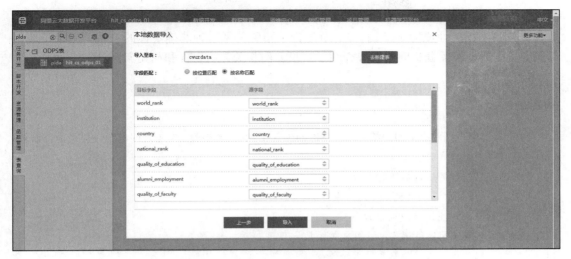

图 3-19 字段匹配

图 3-20 组件布局

数据探查 - pai_temp_9044_181475_1 - (仅显示前一百条)

columnsnames ▲	national_rank ▲	quality_of_education ▲	alumni_employment ▲	quality_of_faculty ▲	publications ▲	influence ▲	citations ▲	broad_im
national_rank	1	0.21197457609884918	0.13534243441824986	0.2228327628411628	0.32685710651...	0.16108648...	0.18679696...	0.173042
quality_of_educ...	0.211974576098...	1	0.6064205855834658	0.7861806204068581	0.62465681992...	0.64564058...	0.63045529...	0.521615
alumni_employ...	0.135342434418...	0.6064205855834658	1	0.5586183185543001	0.57209600656...	0.52738226...	0.55920023...	0.423619
quality_of_faculty	0.222832762841...	0.7861806204068581	0.5586183185543001	1	0.63442285124...	0.65640582...	0.65218639...	0.549345
publications	0.326857106518...	0.6246568199232518	0.5720960065691427	0.6344228512472246	1	0.87495164...	0.82991169...	0.917877
influence	0.161086482223...	0.6456405883891073	0.5273822653133782	0.6564058264715121	0.87495164592...	1	0.84520680...	0.916040
citations	0.186796964122...	0.6304552923232934	0.5592002332628255	0.6521863988377997	0.82991169717...	0.84520680...	1	0.852638
broad_impact	0.173042596169...	0.521615428357912	0.4236192758149756	0.549345497631563	0.91787784593...	0.91604026...	0.85263802...	1
patents	0.159439680718...	0.5281200319723784	0.5282193484291977	0.555107359442195	0.67155805690...	0.61181143...	0.59872785...	0.562861
score	-0.19975602913...	-0.6005406287207868	-0.5103735958571914	-0.6935399201507485	-0.5221113225...	-0.5228372...	-0.5224383...	-0.531590
year	0.102951016284...	0.4277316603495285	0.42771018756541	0.48478776091948406	0.31824496397...	0.31829845...	0.32877138...	-0.000123

图 3-21 相关系数矩阵

小结

关联分析模型用于描述多个变量之间的关联,这是大数据分析的一种重要模型,本章主要探讨了回归分析、关联规则分析和相关分析这三类关联分析。3.1 节介绍了回归分析模型,即描述一个或多个变量与其余变量的依赖关系,包括其基本定义和数学模型,并介绍了回归分析的基本计算方法和模型检验,紧接着介绍了回归模型的拓展,包括多项式回归、GBDT回归和 XGBOOST 回归,并且简要介绍了"回归大家族",让读者对于整个回归问题有了全面的了解。3.2节讲述了关联规则分析模型，即查找存在于项目集合或对象集合之间的频繁模式、关联、相关性或因果结构。3.3节讨论了相关关系这种非确定性的关系，介绍了应用典型变量的典型相关分析问题，并介绍了阿里云的相关分析组件和相关实例。

习题

1. 从 20 个样本中得到的有关回归结果是：SSR=60，SSE=40。要检验 x 与 y 之间的线性关系是否显著，即检验假设 $H_0：\beta_1= 0$。

 （1）线性关系检验的统计量 F 值是多少？

 （2）给定显著性水平 $a=0.05$，Fa 是多少？

 （3）是拒绝原假设还是不拒绝原假设？

 （4）假定 x 与 y 之间是负相关，计算相关系数 r。

 （5）检验 x 与 y 之间的线性关系是否显著？

2. 研究某一化学反应过程中温度 x（℃）对产品成品率 y（%）的影响，现测得若干数据（见表 3-11）：

表 3-11　题 2 用表

x（℃）	100	110	120	130	140	150	160	170	180	190
y（%）	45	51	54	61	66	70	74	78	85	89

设对于给定的 x、y 为正态变量，且方差与 x 无关。

 （1）试求线性回归方程 $\hat{y} = ax + \hat{b}$；

 （2）检验线性回归的合理性（取 $\alpha = 0.05$）；

 （3）若回归效果显著，试求 $x=135$ 处 y 的置信度为 0.95 的预测区间。

3. 某种水泥凝固时释放的热量 y（cal/g）与 3 种化学成分 x_1、x_2、x_3（%）有关。现将观测的 13 组数据列于表 3-12：

表 3-12　题 3 用表

x_1	7	1	11	11	7	11	3	1	2	21	1	11	10
x_2	26	29	56	31	52	55	71	31	54	47	40	66	68
x_3	60	52	60	47	33	22	6	44	22	26	34	12	12
y	78.5	74.3	104.3	87.6	95.9	109.2	102.7	72.5	93.1	115.9	83.8	113.3	109.4

试求 y 对 x_1、x_2、x_3 的线性回归方程并作出检验（取 $\alpha=0.05$）。

4. 一种合金在某种添加剂的不同浓度 x（%）下其延伸系数 y 会有变化，为了研究这种关系，现进行 16 次试验，测得数据如下（见表 3-13）：

表 3-13　题 4 用表

X	34	36	37	38	39	39	40	40
Y	1.30	1.00	0.73	0.90	0.81	0.70	0.60	0.50
X	40	41	42	43	43	45	47	48
y	0.44	0.56	0.30	0.42	0.35	0.40	0.41	0.61

 （1）作出散点图。

 （2）以 $\hat{y}=a_0+a_1x+a_2x^2$ 为回归方程，确定其系数 a_0、a_1、a_2。

5. 随机干扰项与残差项是否为一回事？若不是，写出二者的区别与联系。

6. 为什么用 R^2 评价拟合优度，而不用残差平方和作为评价的标准？

7. （实现）从 UCI 数据集（https://archive.ics.uci.edu/ml/）中选取数据集，简单实现 GDBT 算法。

8. 图 3-22 为购物篮事务：

（1）计算 { 饼干 }，{ 啤酒，尿布 }，{ 啤酒，尿布，饼干 } 的支持度。

（2）使用 1）的计算结果，计算关联规则 { 啤酒，尿布 }-> { 饼干 }，{ 饼干 }->{ 啤酒，尿布 } 的置信度。置信度是对称的度量吗？

（3）找出一对项 a 和 b，使得规则 {a}->{b} 与 {b}->{a} 具有相同的置信度。

事务 ID	购买项
1	{ 牛奶，啤酒，尿布 }
2	{ 面包，黄油，牛奶 }
3	{ 牛奶，尿布，面包，黄油 }
4	{ 啤酒，尿布 }
5	{ 牛奶，尿布，面包，黄油 }
6	{ 牛奶，尿布，饼干 }
7	{ 啤酒，饼干 }
8	{ 啤酒，饼干，尿布 }
9	{ 面包，黄油，尿布 }
10	{ 饼干，啤酒，尿布 }

图 3-22 题 8 用图

9. 表 3-14 汇总了超市的事务数据。其中，cola 表示包含可乐的事务，$\overline{cola}$ 表示不包含可乐的事务，hamburgers 表示包含汉堡包的事务，$\overline{hamburgers}$ 表示不包含汉堡包的事务。

表 3-14 题 9 用表

	cola	$\overline{cola}$	Σ
hamburgers	2000	500	2500
$\overline{hamburgers}$	1000	1500	2500
Σ	3000	2000	5000

（1）假设挖掘出来关联规则 {hamburger}->{cola}。给定最小支持度阈值是 25%，最小置信度阈值为 50%，该关联规则是强规则吗？

（2）根据给定的数据，买 cola 独立于买 hamburger 吗？如果不是，二者之间存在何种相关关系？

10. 检查 5 位同学的学习时间与学习分数（见表 3-15）：

表 3-15 题 10 用表

每周学习时数	4	6	7	10	13
学习成绩	40	60	50	70	90

学习时间与学习分数是否相关？若相关，求出其相关系数。

11. 对 140 名学生进行了阅读速度 x_1、阅读能力 x_2、运算速度 y_1 和运算能力 y_2 的 4 种测验，所得成绩的相关系数矩阵为

$$R = \begin{pmatrix} 1 & 0.03 & 0.24 & 0.59 \\ 0.03 & 1 & 0.06 & 0.07 \\ 0.24 & 0.06 & 1 & 0.24 \\ 0.59 & 0.07 & 0.24 & 1 \end{pmatrix}$$

试对阅读本领与运算本领之间进行典型相关分析。

第 4 章
分类分析模型

4.1 分类分析的定义

分类分析可以在已知研究对象已经分为若干类的情况下，确定新的对象属于哪一类。根据判别中的组数，可以分为二分类和多分类。按照分类的策略，可以分为判别分析和机器学习分类。

1. 判别分析

判别分析是多元统计分析中用于判别样品所属类型的一种统计分析方法，是一种在已知研究对象用某种方法已经分成若干类的情况下，确定新的样品属于哪一类的多元统计分析方法。根据判别中的组数，可以分为两组判别分析和多组判别分析；根据判别函数的形式，可以分为线性判别和非线性判别；根据判别式处理变量的方法不同，可以分为逐步判别、序贯判别等；根据判别标准不同，可以分为距离判别、Fisher 判别、贝叶斯判别等。

判别分析通常都要设法建立一个判别函数，然后利用此函数来进行判别。最常用的判别函数是线性判别函数。

线性判别函数，顾名思义，将判别函数表示成为线性的形式。对于两类分类（即将样本分为 A 类和 B 类）而言，判别函数可以表示为

$$f(x) = w^{\mathrm{T}}x + w_0$$

其中 w、x 和 w_0 都是向量，x 是自变量或预测变量，即反映研究对象特征的变量；w 和 w_0 是各变量系数，也称判别系数。对于给定的阈值 ε，若 $f(x) \leqslant \varepsilon$，则 x 所描述的样本属于 A 类，否则 x 所描述的样本属于 B 类。阈值 ε 有时候也称为判别指标。

多分类判别可以通过一组二分类判别函数得到，对于 C 类的分类，主要有以下三种策略：

1）构造 C 个两类分类器，第 k 个分类器把第 k 类样本和其他 $C-1$ 类分开。

2）构造 $C(C-1)$ 个两类分类器，每个分类器在两类之间做判别，依次使用每个分类器，采用多数投票规则对样本进行分类。

3）为 C 个类定义 C 个线性判别函数 $g_1(x)$，$g_2(x)$，$\cdots$，$g_C(x)$，如果

$$g_i(x) = \max g_j(x)$$

则样本 x 属于第 i 类。

当线性函数无法对样本进行准确分类时，样本是线性不可分的，此时，可以通过核函数等方法来对线性判别函数进行扩展以实现判别分析，也可以采用机器学习分类模型。

2. 机器学习分类模型

机器学习专门研究计算机怎样模拟或实现人类的学习行为，以获取新的知识或技能，重新组织已有的知识结构使之不断改善自身的性能。

机器学习中的分类通常依据利用训练样例训练模型，依据此模型可以对类别未知数据的分类进行判断。分类是机器学习中的重要任务之一，主要的方法包括决策树、SVM、神经网络、逻辑回归等。机器学习训练得到的模型可能并非是一个可以明确表示的判别函数，而是具有复杂结构的判别方法，如树结构（如决策树）或者图结构（如神经网络）等。

需要注意的是，判别分析和机器学习分类方法并非泾渭分明的，例如，基于机器学习的分类方法可以根据样例学习（如 SVM）得到线性判别函数用于判别分析。

4.2 判别分析的原理和方法

判别方法处理问题时，通常要给出用来衡量新样品与各已知组别的接近程度的指数，即判别函数，同时也指定一种判别准则，借以判别新样品的归属。所谓判别准则是用于衡量新样品与各已知组别接近程度的理论依据和方法准则。常用的有距离准则、Fisher 准则、贝叶斯准则等。下面介绍多种判别分析方法。

4.2.1 距离判别法

1. 距离判别法的原理

距离判别的基本思想是，样品和哪个总体距离最近，就判断它属于哪个总体。距离判别也称直观判别。其条件是，变量均为数值型并服从正态分布。

给定 k 组分类，第 i 组中 n 条样本记录 $x_i(x_{i1}, x_{i2}, \cdots, x_{ip})$，其中 $i = 1, 2\cdots$，每条样本记录有 p 个属性，样本中心为各个属性的均值 $\bar{x}(\bar{x}_1, \bar{x}_2, \cdots, \bar{x}_p)$，计算新的点到各分组的样本中心的距离，并把它归到距离最小的那一组。

下面针对两种不同距离定义方法讨论判别方法。

（1）马氏距离

若 μ^i、Σ^i 为总体（类别）在第 i 组 G_i 的均值向量和协方差矩阵，则 X 到组 G_i 的马氏距离为

$$D^2\left(x, G_i\right) = \left(x - \mu^i\right)'\left(\Sigma^i\right)^{-1}\left(x - \mu^i\right) \quad (i = 1, 2, \cdots)$$

协方差调整的欧氏距离能更好地反应类别中样本的似然，虽然样本到类别中心的欧氏距离不同，但是概率密度有可能相同。例如，正态分布中概率密度相同的点分布在同一椭圆上，虽然欧氏距离不同，但马氏距离有相同的"距离"。

考虑仅有两类的分类问题。其判别函数为 $W(X) = D^2(x, G_2) - D^2(x, G_1)$。根据判别函数，其判别方法是：若 $W(X) > 0$，则 $X \in G_1$；否则，$X \in G_2$。如果结果是零，则待定。

注意，若两总体协方差矩阵相等，则

$$\Sigma = \frac{1}{n_1 + n_2 - 2}\left(S_1 + S_2\right)$$

其中 $S_i = \sum_{j=1}^{n_i}\left(x_j^{(i)} - \bar{x}^{(i)}\right)'\left(x_j^{(i)} - \bar{x}^{(i)}\right)$, $i = 1, 2$。

因此

$$W(x) = (x - \bar{x})'\Sigma^{-1}\left(\bar{x}^{(1)} - \bar{x}^{(2)}\right)$$

其中 $\bar{x} = \dfrac{1}{2}\left(\bar{x}^{(1)} + \bar{x}^{(2)}\right)$。

协方差矩阵不等式为

$$w(x) = \left(x - \bar{x}^{(2)}\right)'\left(\boldsymbol{\Sigma}^{(2)}\right)^{-1}\left(x - \bar{x}^{(2)}\right) - \left(x - \bar{x}^{(1)}\right)'\left(\boldsymbol{\Sigma}^{(1)}\right)^{-1}\left(x - \bar{x}^{(1)}\right)$$

举一个简单的例子来帮助理解马氏距离。

已知有两个类 G_1 和 G_2，G_1 是设备 A 生产的产品，G_2 是设备 B 生产的产品。设备 A 的产品质量高，其平均耐磨度 $\mu_1 = 80$，设备精度的方差 $\sigma_1 = 0.25$；设备 B 的产品质量稍差，其平均耐磨度 $\mu_2 = 75$，反映设备精度的方差 $\sigma_2 = 4$。现在有一产品 x，测得耐磨度为 78，试判断该产品是哪一台设备生产的？

直观地看，x 与 μ_1 的绝对距离近些，按距离最近的原则，产品 x 将被认为是 A 生产的。但是考虑到方差，这种判断则是不合理的。

现在考虑用马氏距离来解决这个问题。根据定义有

$$D^2(x, G_1) = \frac{(x - \mu_1)^2}{\sigma_1^2} = \frac{(78 - 80)^2}{0.25} = 16$$

$$D^2(x, G_2) = \frac{(x - \mu_2)^2}{\sigma_2^2} = \frac{(78 - 75)^2}{24} = 2.25$$

明显后者小于前者，所以可以判定 x 为 B 生产。可以这样理解这个例子：设备 B 生产的质量较分散，出现 x 的可能性较大。从而可以看出马氏距离是一种相对分散的距离。

（2）相对距离

一般来说，我们假设总体 G_1 的分布为 $N(\mu^{(1)}, \sigma_1^2)$，总体 G_2 的分布为 $N(\mu^{(2)}, \sigma_2^2)$，则根据相对距离的定义，可以找出分界点 μ^* 和 μ_*（不妨设 $\mu^{(2)} < \mu^{(1)}$，$\sigma^{(2)} < \sigma^{(1)}$），令

$$\frac{\left(x - \mu^{(1)}\right)^2}{\sigma_1^2} = \frac{\left(x - \mu^{(2)}\right)^2}{\sigma_2^2} \Rightarrow x = \frac{\mu^{(1)}\sigma_2 + \mu^{(2)}\sigma_1}{\sigma_1 + \sigma_2} \stackrel{\text{def}}{=} \mu^*, \quad x = \frac{\mu^{(1)}\sigma_2 - \mu^{(2)}\sigma_1}{\sigma_1 - \sigma_2} \stackrel{\text{def}}{=} \mu_*$$

按距离最近法则的判别法如下：

$$\begin{cases} X \in G_1, & \text{当 } \dfrac{\left(x - \mu^{(1)}\right)^2}{\sigma_1^2} < \dfrac{\left(x - \mu^{(2)}\right)^2}{\sigma_2^2} \text{（即 } \mu^* < x < \mu_* \text{）} \\[4mm] X \in G_2, & \text{当 } \dfrac{\left(x - \mu^{(1)}\right)^2}{\sigma_1^2} \geqslant \dfrac{\left(x - \mu^{(2)}\right)^2}{\sigma_2^2} \text{（即 } x \leqslant \mu^* \text{ 或 } x \geqslant \mu_* \text{）} \end{cases}$$

以一个实例来说明相对距离的应用。

假设直线上有两个放射源能放射高能粒子，这可以抽象为一维空间上的样本点分别由两个独立的分布 G_1 和 G_2 生成的简单情形，建立 x 坐标轴，每个点的位置可用一个 x 轴坐标表示。假设其中 $G_1(1, 4)$，$G_2(-1, 9)$，在某个瞬间检测到有一个样本点 $x = 0.5$，需要我们判定 x 是由哪个放射源产生的。

根据上述公式，可得：

$$\mu^* = \frac{\mu^{(1)}\sigma_2 + \mu^{(2)}\sigma_1}{\sigma_1 + \sigma_2} = \frac{1 \times 3 - 1 \times 2}{2 + 3} = 0.2$$

$$\mu_x = \frac{\mu^{(1)}\sigma_2 - \mu^{(2)}\sigma_1}{\sigma_1 - \sigma_2} = \frac{1 \times 3 + 1 \times 2}{2 - 3} = -5$$

因为 $x = 0.5 > \mu_*$，所以判定 x 是由 G_2 产生的。

2. 距离判别法的实例

我们用一个完整的例子说明距离判别法的过程。为了区分小麦品种的两种不同的分蘖类型，用 3 个指标 x_1、x_2、x_3 求其判别函数。经验样品中，第一类（主茎型）取 11 个样品，第二类（分蘖型）取 12 个样品，数据见表 4-1。

表 4-1 区分小麦品种的两种不同的分蘖类型

		x_1	x_2	x_3	判别归类			x_1	x_2	x_3	判别归类
主茎型	1	0.71	3.80	12.00	1	分蘖型	1	1.00	4.25	15.16	2
	2	0.78	3.86	12.17	1		2	1.00	3.43	16.25	2
	3	1.00	2.10	5.70	1		3	1.00	3.70	11.40	2
	4	0.70	1.70	5.90	1		4	1.00	3.80	12.40	2
	5	0.30	1.80	6.10	1		5	1.00	4.00	13.60	2
	6	0.60	3.40	10.20	1		6	1.00	4.00	12.80	2
	7	1.00	3.60	10.20	1		7	1.00	4.20	13.40	2
	8	0.50	3.50	10.50	1		8	1.00	4.30	14.00	2
	9	0.50	5.00	11.50	1		9	1.00	5.70	15.80	2
	10	0.71	4.00	11.25	1		10	1.00	4.70	20.40	2
	11	1.00	4.50	12.00	2		11	1.00	4.60	14.00	2
							12	1.00	4.56	14.60	2
$\bar{x}_i^{(1)}$		0.709 1	3.387 3	9.774 6		$\bar{x}_i^{(2)}$		0.98	4.27	14.484 2	

由表计算得：

$$\bar{X}^{(1)} - \bar{X}^{(2)} = (-0.2742, -0.882, -4.7096)^{\mathrm{T}}$$

$$\bar{X} = \frac{\bar{X}^{(1)} + \bar{X}^{(2)}}{2} = (0.8462, 3.8287, 12.1293)$$

$$L_{xx} = L_{xx}^{(1)} + L_{xx}^{(2)} = \begin{pmatrix} 0.5624 & 0.1821 & 0.8355 \\ 0.2821 & 15.5160 & 32.3014 \\ 0.8355 & 32.3014 & 126.2374 \end{pmatrix}$$

$$S^{-1} = 21 L_{xx}^{-1} = 21 \begin{pmatrix} 1.7978 & -0.0169 & -0.0076 \\ -0.0169 & 0.1381 & -0.0352 \\ -0.0076 & -0.0352 & 0.0170 \end{pmatrix}$$

$$\omega(x) = \frac{1}{2}\left(\bar{X}^{(1)} - \bar{X}^{(2)}\right)^{\mathrm{T}} S^{-1}\left(X - \bar{X}\right) = \frac{21}{2}(-0.4425, 0.0486, -0.0468)\begin{pmatrix} x_1 - 0.8462 \\ x_2 - 3.8286 \\ x_3 - 12.1295 \end{pmatrix}$$

用 $\omega(x)$ 对经验样本的 23 个样品进行判别有如下结果：第一类的 11 个样本中有 10 个判别为第一类，1 个判别为第二类；第二类的 12 个样品全部判别为第二类，符合率为 22/23=96%。例如，第一类第一个样品 $\bar{X}_1^{(1)} = (0.71, 3.80, 12.00)^{\mathrm{T}}$，则 $\omega\bar{X}_1^{(1)} = 0.681\ 9 > 0$，则 $X_1^{(1)} \in G_1$（第一类）。又如，第一类的第 11 个样品 $X_{11}^{(1)} = (1.00, 4.50, 12.00)^{\mathrm{T}}$，$\omega(X_{11}^{(1)}) = -0.308\ 3 < 0$，故 $X_{11}^{(1)} \in G_2$（第二类）。

将 $\omega(x)$ 投入使用，可判别小麦品种的分蘖类型，如测得某小麦品种 $x_1 = 1$，$x_2 = 3.43$，$x_3 = 16.25$，则由 $\omega(x) = -2.9128 < 0$ 判别该品种为分蘖型。

4.2.2 Fisher 判别法

1. Fisher 判别法的基本原理

Fisher 判别法即典型判别，这种方法在模式识别领域应用非常广泛。其基本思想是变换坐标系统，从 X 空间投影到 Y 空间，Y 空间的系统坐标方向尽量选择能使不同类别的样本尽可能分开的方向，然后再在 Y 空间使用马氏距离判别法。

用图 4-1 来形象地说明 Fisher 判别法。假设有两个样本集，中心分别为 μ_1 和 μ_2，那么 Fisher 准则的目的是找到一个最合适的投影轴，使两类样本在该轴上的投影之间的距离尽可能远，而每一类样本的投影尽可能紧凑，从而使分类效果为最佳。可以看到，投影后的数据可以保证两类区分度最大，每一类数据也更加密集。

也就是说，Fisher 判别的思想是投影，将 k 组 p 维数据投影到某一个方向上，使得它们的投影组与组之间尽可能分开。衡量组与组之间尽可能分开的标准借用了一元方差分析的思想。

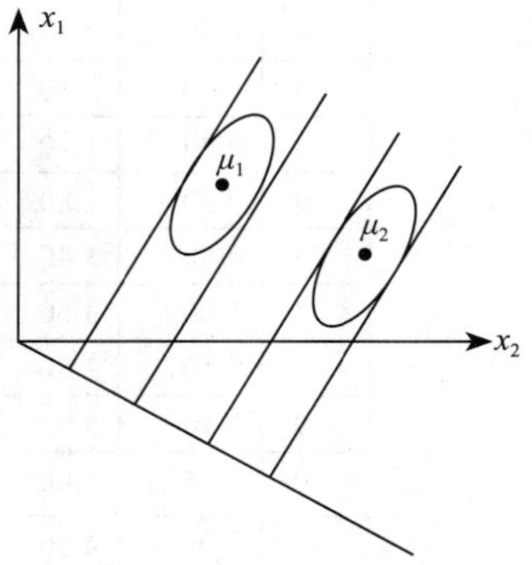

图 4-1　Fisher 判别法

2. Fisher 判别法的计算方法

设从 k 个总体分别取得 k 组 p 维观测值如下：

$$G_1: x_1^{(1)}, \cdots, x_{n_1}^{(1)}$$
$$\cdots\cdots$$
$$G_k: x_1^{(k)}, \cdots, x_{n_k}^{(k)}$$

其中，$n = n_1 + \cdots + n_k$。

令 α 为 R^p 中的任一向量，$u(x) = \alpha' x$ 为 x 向量以 α 为法线方向的投影，这时，上述数据的投影为

$$G_1: \alpha' x_1^{(1)}, \cdots, \alpha' x_{n_1}^{(1)}$$
$$\cdots\cdots$$
$$G_k: \alpha' x_1^{(k)}, \cdots, \alpha' x_{n_k}^{(k)}$$

它正好组成了一元方差分析的数据，其组间平方和为

$$\mathrm{SSG} = \sum_{i=1}^{k} n_i \left(\alpha' \overline{x}^{(i)} - \alpha' \overline{x} \right)^2$$
$$= \alpha' \left(\sum_{i=1}^{k} n_i \left(\overline{x}^{(i)} - \overline{x} \right) \left(\overline{x}^{(i)} - \overline{x} \right)' \right) \alpha = \alpha' B \alpha$$

式中，$B = \sum_{i=1}^{k} n_i \left(\overline{x}^{(i)} - \overline{x} \right)' \left(\overline{x}^{(i)} - \overline{x} \right)$；$\overline{x}^{(i)}$ 为第 i 组均值，$\overline{x}$ 为总均值向量。

组内平方和为

$$SSE = \sum_{i=1}^{k} \sum_{j=1}^{n_i} \left(\alpha' x_j^{(i)} - \alpha' \overline{x}^{(i)} \right)^2$$
$$= \alpha' \left(\sum_{i=1}^{k} \sum_{j=1}^{n_i} \left(x_j^{(i)} - \overline{x}^{(i)} \right) \left(x_j^{(i)} - \overline{x}^{(i)} \right)' \right) \alpha = \alpha' E \alpha$$

式中，$E = \sum_{i=1}^{k} \sum_{j=1}^{n_i} \left(x_j^{(i)} - \overline{x}^{(i)} \right) \left(x_j^{(i)} - \overline{x}^{(i)} \right)'$ 。

显然，实现理想的判别，最好的情况是 k 组均值有显著差异，而 k 组中每个组内的值差异较小，也就是 SSG 尽可能大，而 SSE 尽可能小，用统一的公式表示，则是 $\dfrac{SSG}{SSE} = \dfrac{\alpha'B\alpha}{\alpha'E\alpha}$ 应该尽可能大，即最大化 $\Delta(\alpha) = \dfrac{\alpha'B\alpha}{\alpha'E\alpha}$ 。从而问题转化为可以求 α，使得 $\Delta(\alpha)$ 最大。

显然 α 不唯一，因为如果 α 使得 $\Delta(\alpha)$ 达到极大，则对于任意不为 0 的实数 c，$c\alpha$ 也可以使得 $\Delta(\alpha)$ 达到极大。由矩阵知识，我们知道 $\Delta(\alpha)$ 的极大值 λ_1，是 $|B - \lambda E| = 0$ 的最大特征根，$l_1, l_2, \cdots, l_r$ 为相应的特征向量，当 $\alpha = l_1$ 时，$\Delta(\alpha)$ 达到最大。由于 $\Delta(\alpha)$ 的大小可以衡量判别函数 $u(x) = \alpha'x$ 的效果，所以称 $\Delta(\alpha)$ 为判别效率。

综上所述，Fisher 准则下的线性判别函数 $u(x) = \alpha'x$ 的解 α 为方程 $|B - \lambda E| = 0$ 的最大特征根 λ_1 所对应的特征向量 l_1，且相应的判别效率为 $\Delta(l_1) = \lambda_1$。

得到线性判别函数 $u(x)$ 之后，还需计算判别临界值 y_0。

以总体个数为 2 为例，假设新建的判别式为 $y = c_1 x_1 + c_2 x_2 + \cdots + c_p x_p$，将属于不同总体的样本观测值代入判别式得到：

$$y_i^{(1)} = c_1 x_{i_1}^{(1)} + c_2 x_{i_2}^{(1)} + \cdots + c_p x_{ip}^{(1)} \qquad i = 1, \cdots, n_1$$

由 $\overline{y^{(1)}} = \dfrac{1}{n_1} \sum_{i=1}^{n_1} y_i^{(1)} = \dfrac{1}{n_1} \sum_{i=1}^{n_1} \sum_{k=1}^{p} c_k x_{i_k}^{(1)} = \sum_{k=1}^{p} c_k \cdot \left(\dfrac{1}{n_1} \sum_{i=1}^{n_1} x_{ik}^{(1)} \right) = \sum_{k=1}^{p} c_k \overline{x_k^{(1)}}$，同理可求 $\overline{y^{(2)}}$，即

$$\overline{y^{(1)}} = \sum_{k=1}^{p} c_k \overline{x_k^{(1)}}$$

$$\overline{y^{(2)}} = \sum_{k=1}^{p} c_k \overline{x_k^{(2)}}$$

一般取 y_0 为 $\overline{y^{(1)}}$ 和 $\overline{y^{(2)}}$ 的加权平均值（假设两总体先验概率相同），即

$$y_0 = \dfrac{n_1 \overline{y^{(1)}} + n_2 \overline{y^{(2)}}}{n_1 + n_2}$$

从而对一个新样本 $x = (x_1, x_2, \cdots, x_p)$，代入判别函数的值记为 y，判别规则如下：

- 如果 $\overline{y^{(1)}} > \overline{y^{(2)}}$，若 $y > y_0$，$x \in G_1$；若 $y < y_0$，$x \in G_2$。
- 如果 $\overline{y^{(1)}} < \overline{y^{(2)}}$，若 $y > y_0$，$x \in G_2$；若 $y < y_0$，$x \in G_1$。

下面给出一个 Fisher 判别法的实例。

例 4-1 人文发展指数是联合国开发计划在 1990 年 5 月发表的第一份《人类发展报告》中公布的。该报告建议，对当时人文发展的衡量包括三大要素，分别为预期寿命、成人识字率和实际人均 GDP，将以上三个指标综合起来，就合成了一个复合指数，即人文发展指数。（UNDP《人类发展报告》，1995 年）。

现在，我们从 1995 年世界各国人文发展指数的排序中，选取高发展水平、中等发展水平的国家各 5 个作为两组样本，然后另取 4 个国家作为待判样本。数据见表 4-2。（数据选自

《世界经济统计研究》1996 年第 1 期。）

表 4-2　样本数据

类别	序号	国家名称	出生时的预期寿命（岁） 1992 x_1	成人识字率（%） 1992 x_2	调整后人均 GDP 1992 x_3
第一类 （高发展水平国家）	1	美国	76	99	5 374
	2	日本	79.5	99	5 359
	3	瑞士	78	99	5 372
	4	阿根廷	72.1	95.9	5 242
	5	阿联酋	73.8	77.7	5 370
第二类 （中等发展水平国家）	6	保加利亚	71.2	93	4 250
	7	古巴	75.3	94.9	3 412
	8	巴拉圭	70	91.2	3 390
	9	格鲁吉亚	72.8	99	2 300
	10	南非	62.9	80.6	3 799
待判样本	11	中国	68.5	79.3	1 950
	12	罗马尼亚	69.9	96.9	2 840
	13	希腊	77.6	93.8	5 233
	14	哥伦比亚	69.3	90.3	5 158

本例中变量个数 $p = 3$，两类总体各有 5 个样本，即 $n_1 = n_2 = 5$，有 4 个待判样本，假定两总体协方差阵相等。

1）计算两类样本均值。

$$\overline{X}^{(1)} = \begin{pmatrix} 75.88 \\ 94.08 \\ 5343.4 \end{pmatrix}, \ \overline{X}^{(2)} = \begin{pmatrix} 70.44 \\ 91.74 \\ 3430.2 \end{pmatrix}$$

2）计算 B，由于 $k=2$，$n_1=n_2=5$，且

$$B = \sum_{i=1}^{k} n_i \left(\overline{x}^{(i)} - \overline{x} \right) \left(\overline{x}^{(i)} - \overline{x} \right)' = n_1 \left(\overline{x}^{(1)} - \overline{x} \right) \left(\overline{x}^{(1)} - \overline{x} \right)' + n_2 \left(\overline{x}^{(2)} - \overline{x} \right) \left(\overline{x}^{(2)} - \overline{x} \right)'$$

$$= \begin{pmatrix} 173.981 & 31.824 & 26\,019.52 \\ 31.824 & 13.689 & 11\,192.22 \\ 26\,019.52 & 11\,192.22 & 9\,150\,835.6 \end{pmatrix}$$

计算 E，同理有

$$E = \sum_{i=1}^{k} \sum_{j=1}^{n_i} \left(x_j^{(i)} - \overline{x^{(i)}} \right) \left(x_j^{(i)} - \overline{x^{(i)}} \right)'$$

$$= \sum_{i=1}^{2} \sum_{j=1}^{5} \left(x_j^{(i)} - \overline{x^{(i)}} \right) \left(x_j^{(i)} - \overline{x^{(i)}} \right)'$$

$$= \begin{pmatrix} 123.04 & 173.704 & -444\,7 \\ 173.704 & 523.9 & -11\,568.78 \\ -444\,7 & -11\,568.78 & 2\,100\,372 \end{pmatrix}$$

3）建立判别函数。

求解 Fisher 判别函数的系数 c_1、c_2、c_3，计算 $|B-\lambda E|=0$ 最大特征根 λ_1 及对应特征向量

L_1，从而得出判别函数 $u(x)$：

$$\begin{pmatrix} c_1 \\ c_2 \\ c_3 \end{pmatrix} = \begin{pmatrix} 0.0\ 815\ 375 \\ 0.001\ 525 \\ 0.00\ 109\ 125 \end{pmatrix}$$

所以判别函数为

$$y = 0.081\ 375x_1 + 0.001\ 512x_2 + 0.00\ 109\ 125x_3$$

4）计算判别临界值 y_0。

由于 $\overline{y}^{(1)} = \sum_{k=1}^{3} c_k \overline{x}_k^{(1)} = 12.1615$，同理，$\overline{y}^{(2)} = \sum_{k=1}^{3} c_k \overline{x}_k^{(2)} = 9.6266$，所以 $y_0 = \dfrac{n_1\overline{y}^{(1)} + n_2\overline{y}^{(2)}}{n_1 + n_2} =$

10.8941。

5）判别准则。

$$\begin{cases} 当\ y > y_0, X \in G_1 \\ 当\ y < y_0, X \in G_2 \\ 当\ y = y_0, 待判 \end{cases}$$

6）归类结果见表4-3。

表 4-3　归类结果

序号	国家名称	判别的 y 值	判定类号	序号	国家名称	判别的 y 值	判定类号
1	美国	12.212 2	1	8	巴拉圭	9.546 0	2
2	日本	12.481 2	1	9	格鲁吉亚	8.596 8	2
3	瑞士	12.373 1	1	10	南非	9.397 3	2
4	阿根廷	11.745 0	1	11	中国	7.834 2	2
5	阿联酋	11.996 0	1	12	罗马尼亚	8.946 4	2
6	保加利亚	10.585 1	2	13	希腊	12.180 9	1
7	古巴	10.007 8	2	14	哥伦比亚	11.416 9	1

可以看出，判定的结果完全正确。

4.2.3 贝叶斯判别法

1. 贝叶斯判别法的基本思想

之前说过的最小距离分类法只考虑了待分类样本到各个类别中心的距离，而没有考虑已知样本的分布，所以它的分类速度快，但精度不高。而贝叶斯判别法（也叫最大似然分类法）在分类的时候，不仅考虑了待分类样本到已知类别中心的距离，而且还考虑了已知类别的分布特征，所以其分类精度比最小距离分类法要高，因而它也是分类里面用得很多的一种分类方法。

我们在2.3节也探讨过最大似然估计用于估计参数的情形，这种方法非常直观，通俗地说，就是做出的估计要有利于实例的出现，可以将这种思想应用到分类上。

举一个通俗的例子来说明，现在我们有甲和乙两个盒子，甲里面装了100个球，乙里面装了50个球，其中甲中装了5个红球，95个黑球，乙中装了40个红球，10个黑球，现在从某个盒子里面取出了一个球，然后请你猜测这个球是从哪个盒子里面取出来的。如果不知道球的颜色，那么球来自于甲的可能性更大，概率是 2/3，如果我们看到了这个球是红球，那么猜乙的可能性更大。

这个例子形象地体现了将贝叶斯统计的思想应用于判别分析的方法。贝叶斯统计思想是，假定我们对于一个研究对象已经有了一定的认识（通常用先验概率分布来描述这种认识），我们取出一个样本，用该样本来修正已有的认识，从而得到后验概率分布，各种统计推断就都可以通过后验概率分布来进行。将贝叶斯思想应用于判别分析，即根据先验概率计算某一个样本（比如上述例子中的球）属于各类（甲盒子还是乙盒子）的概率，选择概率最大的类作为分类。在上述例子中，根据贝叶斯公式，红球属于甲盒子的概率是 P（球来自于甲盒子 | 红球）$=P$（球是红球 | 球来自甲盒子）P（球来自甲盒子）$/P$（一个球是红球）$= 0.111$，同理可以计算，红球属于乙盒子的概率是 0.88。故红球被判断为属于乙盒子。

在一些场景下，还可以考虑误判的惩罚，例如，球应当属于甲盒子而误判为乙盒子则罚 10 000 元，而球应当属于乙盒子而误判为甲盒子罚款 1 元，则可以计算得到：

将这个红球归类入甲盒子的风险 $=1 \times P$（球来自乙盒子 | 红球）$= 0.88$

将这个红球归类入乙盒子的风险 $=10 000 \times P$（球来自甲盒子 | 红球）$=1 111.11$

可见，应当将这个球归类甲盒子，因为其风险更小。

这种考虑惩罚的情况有着明确的现实应用。例如，对癌症患者的判定，如果没有得癌症而误诊为癌症，则最多浪费一些进一步检查的费用，而如果得了癌症而误诊为没有得癌症，则可能会延误治疗而付出生命的代价。

2. 贝叶斯判别法的原理

基于上述思想，贝叶斯判别法的基本原理如下。

设有 k 个总体 $G_1, G_2, \cdots, G_k$，分布密度函数分别为 $f_1(x), f_2(x), \cdots, f_k(x)$，并且互不相同。并已知出现这 k 个总体的先验分布为 $q_1, q_2, \cdots, q_k$，这些概率就是先验概率。显然有 $\sum_{i=1}^{k} q_i = 1$。

并且假设若将本属于 G_i 总体的样本误判为属于总体 G_j 时，对应造成的损失为 $c(j|i)$，比如 $c(2|1)$ 表示把本属于总体 G_1 的样本误判为总体 G_2 所造成的损失。其中规定

$$c(j|i) \geqslant 0, i, j = 1, \cdots, k$$
$$c(i|i)=0, i = 1, \cdots, k$$

在以上假设下，就可以对误判概率和整体的平均损失做一下分析。

由于一个判别规则就是对样本空间 R^p 作一个划分，用 $D_1, D_2, \cdots, D_k$ 表示 R^p 的一个划分，即 $D_1, D_2, \cdots, D_k$ 互不相交，且 $D_1 \cup D_2 \cdots \cup D_k = R^p$。若样本落入 D_i 中，则判定该样本属于总体 G_i。所以，简记为判别规则是 $D=(D_1, D_2, \cdots, D_k)$，按照这一规则可能造成误判，这时误判的概率可以使用积分来表示，比如本来属于 G_i 的样本误判为 G_j 的误判概率为

$$\int_{D_j} f_i(x) \mathrm{d}x$$

也可以说，分布密度为 $f_i(x)$ 的样本，如果落在了 D_j 中，就会误判认为属于 G_j，记为

$$p(j \mid i) = \int_{D_j} f_i(x) \mathrm{d}x, i, j = 1, \cdots, k, i \neq j$$

如果这种误判造成的损失是 $c(j|i)$，那么在判别规则 $D=(D_1, D_2, \cdots, D_k)$ 下，对总体 G_i 而言所造成的损失，应该是 $G_1, \cdots, G_{i-1}, G_{i+1}, \cdots, G_k$ 的全部损失之和，再按照各种误判出现

的概率进行加权，则规则 D 把来自总体 G_i 的样本误判为其他总体的平均损失为

$$r(i,D) = \sum_{j=1}^{k} c(j\,|\,i) \cdot p(j\,|\,i,D) \qquad (4\text{-}1)$$

其中 $c\,(i|i) = 0$。

所以使用判别规则 D 进行判别的总平均损失为

$$g(D) = \sum_{i=1}^{k} q_i \cdot r(i,D)$$

$$= \sum_{i=1}^{k} q_i \sum_{j=1}^{k} c(i,D) \cdot p(j\,|\,i,D) \qquad (4\text{-}2)$$

由式（4-2）可以知道总平均损失 $g\,(D)$ 是划分 D 的函数。若在样本空间 R^p 中有一个划分 $D^* = (D_1^*, \cdots, \quad)$，使得 $g\,(D)$ 最小，即

$$g\left(D^*\right) = \min_D g(D)$$

则称 D^* 为贝叶斯判别规则，若样本 $X \in D_i^*$，则判断 X 来自总体 G_i。

下面的问题就演变为如何求解 D^*。先从两个总体的情形讨论。

3. 两个样本总体的判别

设有两个总体 G_1、G_2，分布密度函数分别为 $f_1\,(x)$、$f_2\,(x)$，先验概率为 q_1、q_2。对于 R^p 的任意划分 $D = (D_1, D_2)$，有

$$p(2\,|\,1,D) = \int_{D_2} f_1(x)\mathrm{d}x$$

$$p(1\,|\,2,D) = \int_{D_1} f_2(x)\mathrm{d}x$$

相应的误判损失记为 $c\,(2|1)$ 和 $c\,(1|2)$，由式（4-1）有

$$r(1, D) = c(2|1) \cdot p(2|1, D)$$

$$r(2, D) = c(1|2) \cdot p(1|2, D)$$

由式（4-2）知，误判造成的总平均损失为

$$g(D) = q_1 \cdot c(2|1) \cdot p(2|1, D) + q_2 \cdot c(1|2) \cdot p(1|2, D)$$

$$= q_1 \cdot c(2|1) \int_{D_2} f_1(x)\mathrm{d}x + q_2 \cdot c(1|2) \cdot \int_{D_1} f_2(x)\mathrm{d}x$$

$$= \int_{D_2} q_1 \cdot c(2|1) \cdot f_1(x)\mathrm{d}x + \int_{D_1} q_2 \cdot c(1|2) \cdot f_2(x)\mathrm{d}x$$

$$= \int_{D_2} q_1 \cdot c(2|1) \cdot f_1(x)\mathrm{d}x - \int_{D_2} q_2 \cdot c(1|2) \cdot f_2(x)\mathrm{d}x + \int_{D_2} q_2 \cdot c(1|2) \cdot f_2(x)\mathrm{d}x + \int_{D_1} q_2 \cdot c(1|2) \cdot f_2(x)\mathrm{d}x$$

$$= \int_{D_2} \left[q_1 \cdot c(2|1) \cdot f_1(x) - q_2 \cdot c(1|2) \cdot f_2(x) \right] \mathrm{d}x + \int_{R^p} q_2 \cdot c(1|2) \cdot f_2(x)\mathrm{d}x \qquad (4\text{-}3)$$

而式（4-3）中，$\int_{R^p} q_2 \cdot c(1|2) \cdot f_2(x)\mathrm{d}x$ 是个常数，从而只需 $\int_{D_2} \left[q_1 \cdot c(2|1) \cdot f_1(x) - q_2 \cdot c(1|2) \cdot f_2(x) \right]$ $\mathrm{d}x$ 最小。为此，取

$$\begin{cases} D_2^* = \left\{ X : q_1 \cdot c(2|1) \cdot f_1(x) - q_2 \cdot c(1|2) \cdot f_2(x) < 0 \right\} \\ D_1^* = \left\{ X : q_1 \cdot c(2|1) \cdot f_1(x) - q_2 \cdot c(1|2) \cdot f_2(x) \geqslant 0 \right\} \end{cases} \qquad (4\text{-}4)$$

则 $D^* = \left(D_1^*, D_2^*\right)$ 就是要找的贝叶斯判别规则。由式（4-3）可以看出，若 D_2^* 中包含了使得被积

函数 $q_1 \cdot c(2|1) \cdot f_1(x) - q_2 \cdot c(1|2) \cdot f_2(x) > 0$ 的点，那么整个积分值会变大；若 D_2^* 中不包含全部满足 $q_1 \cdot c(2|1) \cdot f_1(x) - q_2 \cdot c(1|2) \cdot f_2(x) < 0$ 的点，积分值也会变大。

总之，我们得到贝叶斯判别规则为：

$$\begin{cases} D_2^* = \left\{ X : q_1 \cdot c(2|1) \cdot f_1(x) < q_2 \cdot c(1|2) \cdot f_2(x) \right\} \\ D_1^* = \left\{ X : q_1 \cdot c(2|1) \cdot f_1(x) \geq q_2 \cdot c(1|2) \cdot f_2(x) \right\} \end{cases} \quad (4\text{-}5)$$

在实际判别时，只需由样本 X 计算 $q_1 \cdot c(2|1) \cdot f_1(x)$ 和 $q_2 \cdot c(1|2) \cdot f_2(x)$，并带入式（4-4），若式（4-5）中上式成立，就可以判断该样本来自总体 G_2；否则，来自总体 G_1。

当两个总体 G_1、G_2 为正态总体时，贝叶斯判别规则还有更简单的形式。设 2 个总体 G_1、G_2 分别服从于正态分布 $N(\mu_1, V)$ 和 $N(\mu_2, V)$，其中 μ_1、μ_2 和 V 都已知，因此 G_1、G_2 的概率密度函数分别为

$$f_i(x) = (2\pi)^{-\frac{p}{2}} |V|^{-\frac{1}{2}} \cdot \exp\left\{ -\frac{1}{2}(X - \mu_i)' V^{-1}(X - \mu_i) \right\} \quad (i = 1, 2)$$

从而贝叶斯规则转化为

$$\begin{cases} D_2^* = \left\{ X : W(X) < d \right\} \\ D_1^* = \left\{ X : W(X) \geq d \right\} \end{cases}$$

其中

$$W(X) = (X - \mu_i)' V^{-1}(X - \mu_i) \quad (i = 1, 2) \quad (4\text{-}6)$$

$$\bar{\mu} = \frac{1}{2}(\mu_1 + \mu_2)$$

$$d = \ln K, \ K = \frac{q_2 \cdot c(1|2)}{q_1 \cdot c(2|1)}$$

4. 贝叶斯判别法的计算过程

例 4-2 某种行业的投资的适应性资料是进行了两个指标的测验得到的，设"适合投资"为总体 G_1，"不适合投资"为总体 G_2。且 G_1、G_2 分别服从正态分布 $N(\mu_1, V)$ 和 $N(\mu_2, V)$。由历史资料估算出 μ_1 的预测值为 $\begin{pmatrix} 2 \\ 6 \end{pmatrix}$，$\mu_2$ 的预测值为 $\begin{pmatrix} 4 \\ 2 \end{pmatrix}$，$V$ 的预测值为 $\begin{pmatrix} 1 & 1 \\ 1 & 4 \end{pmatrix}$。

现在有一个项目，我们想知道该项目是否应当投资，测试的成绩 $X = (x_1, x_2)'$，而且 $q_1 = q_2 = \frac{1}{2}$，$c(1|2) = c(2|1)$。现在 $X = (3, 5)'$，问是否应当投资？

$$\mu \text{ 的预测值} = \frac{1}{2}(\mu_1 + \mu_2) = \begin{pmatrix} 3 \\ 4 \end{pmatrix}$$

可以由式（4-6）求出 $W(X) = (x_1 - 3, x_2 - 4) \cdot \frac{1}{3} \cdot \begin{pmatrix} 4 & -1 \\ -1 & 1 \end{pmatrix} \cdot \begin{pmatrix} -2 \\ 4 \end{pmatrix} = -4x_1 + 2x_2 + 4$，而

$$d = \ln K = \ln \frac{q_2 \cdot c(1|2)}{q_1 \cdot c(2|1)} = 0$$

所以判别规则为：

$$\begin{cases} 若 -4x_1 + 2x_2 + 4 \geqslant 0, x \in G_1 \\ 若 -4x_1 + 2x_2 + 4 < 0, x \in G_2 \end{cases}$$

当 $X = (3, 5)'$，$-4x_1 + 2x_2 + 4 = 2 > 0$，所以可以判定"适合投资"。

例 4-3　我们仍以例 4-1 的背景为例，其中组数 $k = 2$，指标数 $p = 3$，$n_1 = n_2 = 5$，$q_1 = q_2 = \dfrac{5}{10} = 0.5$。

$$\ln q_1 = \ln q_2 = -0.693\ 147$$
$$\overline{x}^{(1)} = (75.88, 94.08, 5\ 343.3)'$$
$$\overline{x}^{(2)} = (70.44, 91.74, 3\ 430.2)'$$

$$\Sigma^{-1} = \begin{bmatrix} 0.120\ 896 & -0.038\ 45 & 0.000\ 044\ 2 \\ -0.038\ 45 & 0.029\ 278 & 0.000\ 079\ 9 \\ 0.000\ 044\ 2 & 0.000\ 079\ 9 & 0.000\ 004\ 34 \end{bmatrix}$$

代入判别函数。采用与例 4-2 同样的方法可以求得两组判别函数为：

$$f_1 = -323.171\ 94 + 5.792\ 39x_1 + 0.263\ 83x_2 + 0.034\ 06x_3$$
$$f_2 = -236.020\ 67 + 5.140\ 13x_1 + 0.251\ 26x_2 + 0.025\ 33x_3$$

通过这个判别函数对待判样本进行分类，见表 4-4。

表 4-4　样本分类结果

样本序号	国家	判别函数 f_1 值	判别函数 f_2 值	后验概率	判属类别
11	中国	160.945 5	185.425 2	1.000	2
12	罗马尼亚	202.273 9	219.593 9	1.000	2
13	希腊	329.300 8	319.007 3	0.999 97	1
14	哥伦比亚	277.746 0	273.563 8	0.985 0	1

可以看出，判断样本分类完全正确。

5. 多个总体的判别

类似二类的判别可以得到多个总体类的判断方法，设有 k 个总体 G_1, G_2, $\cdots$, G_k，分布密度函数分别为 $f_1(x)$，$f_2(x)$，$\cdots$，$f_k(x)$，并且互不相同。并已知出现这 k 个总体的先验分布为 $q_1, q_2, \cdots, q_k$。在判别规则 D 下，总平均损失为 $g(D) = \sum_{i=1}^{k} q_i \sum_{j=1}^{k} C(i, D) \cdot p(j \,|\, i, D)$。

使用下面介绍的方法就可以找到划分 D^*。

设误判损失为 $c(j|i)$，$i, j = 1, \cdots, k$，那么使得 $g(D)$ 达到最小的划分为

$$D_l^* = \left\{ X : h_l(X) = \min_{1 \leqslant j \leqslant k} h_j(X), l = 1, \cdots, k \right\}$$

其中，$h_j(X) = \sum_{i=1}^{k} q_i \cdot C(j\,|\,i) \cdot f_i(x)$，$j = 1, \cdots, k$。

只需要计算出 k 个 $h_i(X)$，然后选出最小的那个即可。

4.3　基于机器学习分类的模型

分类是机器学习中的一个重要部分，本节介绍几种主流的机器学习分类模型和原理，面向大数据的实现算法将在第 11 章详细讨论。

4.3.1 支持向量机

支持向量机（Support Vector Machine，SVM）是一个有监督的学习模型，它是一种对线性和非线性数据进行分类的方法，是所有知名的数据挖掘算法中最健壮、最准确的方法之一。它使用一种非线性映射，把原训练数据映射到较高的维度上，在新的维度上，它搜索最佳分离超平面，即将一个类的元组与其他类分离的决策边界。其基本模型定义为特征空间上的间隔最大的线性分类器，其学习策略是使间隔最大化，最终转化为一个凸二次规划问题的求解。

SVM 使用支持向量（基本训练元组）和边缘（由支持向量定义）发现该超平面。

分离超平面可记为

$$W \cdot X + b = 0$$

其中，W 为权值向量，$W = \{w_1, w_2, \cdots, w_n\}$；$n$ 为属性数；b 为标量，即偏移量。

调整权值使定义边缘两侧的超平面记为

$$H1: W \cdot X + b = 1$$
$$H2: W \cdot X + b = -1$$

然后使用如下方法求最大边缘。

由分离超平面 $W \cdot X + b = 0$ 到 H1 上任意点的距离为 $\dfrac{1}{\|W\|}$，$W = \{w_1, w_2, \cdots, w_n\}$，$\|W\|$ 是欧几里得范数，$\|W\| = \sqrt{W \cdot W} = \sqrt{w_1^2 + w_2^2 + \cdots + w_n^2}$，因此最大边缘为 $\rho = \dfrac{2}{\|W\|}$。

有数据点 (x_i, y_i) 使得

$$Wx_i + b \geqslant 1, \quad \text{当 } y_i = 1$$
$$Wx_i + b \leqslant 1, \quad \text{当 } y_i = -1$$

中的等式成立，它们就是距离最优超平面最近的数据点，即支持向量。SVM 的思想如图 4-2 所示。

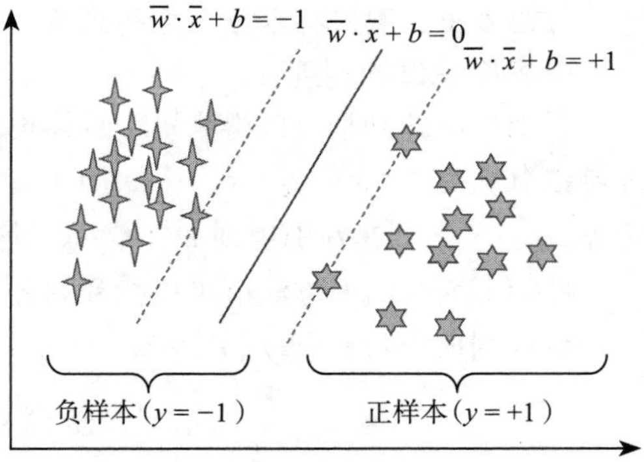

为了找到最大间隔的超平面，要用 W 和 b 最大化 ρ。

$$\max_{W, b} \frac{2}{\|W\|}$$
$$\text{s.t.} \quad y_i(Wx_i + b) \geqslant 1, i = 1, 2, \cdots, n$$

这等价于

$$\min_{W, b} \frac{1}{2} \|W\|^2$$
$$\text{s.t.} \quad y_i(Wx_i + b) \geqslant 1, i = 1, 2, \cdots, n$$

求偏导，得出

图 4-2　SVM 图解

$$W = \sum_{i=1}^{n} \alpha_i y_i x_i$$

$$\sum_{i=1}^{n} \alpha_i y_i = 0$$

其中 α 为拉格朗日系数。

带入拉格朗日函数式，得到相应的对偶问题

$$\max_{\alpha} W(\alpha) = \sum_{i=1}^{n} \alpha_i - \frac{1}{2} \sum_{i=1}^{n} \sum_{j=1}^{n} \alpha_i \alpha_j y_i y_j x_i^{\mathrm{T}} x_j$$

$$\text{s.t.} \quad \sum_{i=1}^{n} \alpha_i y_i = 0, \ \alpha_i \geqslant 0, \ i = 1, 2, \cdots, n$$

当且仅当支持向量对应的 α 非 0，其他的 α 都为 0。确定最优拉格朗日乘子 α_i 后，计算最优权值向量 $W^* = \sum_{i=1}^{n} \alpha_i^* y_i x_i$，然后用一个正的支持向量 x_s，即可算出最优偏置

$$b^* = 1 - W^{*\mathrm{T}} x_s, \quad \text{当} \ y_s = +1$$

即得最优超平面 $W \cdot X + b = 0$。

当数据非线性可分时，进行如下处理：

1）用非线性映射把原输入数据变换到高维空间。

2）在新的空间搜索分离超平面。

可以使用核技术来度量原属性集在变换后的新空间的相似度，从而很好地解决 SVM 学习非线性二分模型。

SVM 的下述优点使其得到了广泛应用：

1）泛化能力优秀，对复杂的非线性边界有较强的建模能力，结构化风险小，准确度高，可以用于数值预测和分类。

2）在小样本训练集上能得到比其他算法好很多的结果。

3）算法最终将转化成为一个二次最优问题，理论上得到的是全局最优点。

4）将实际问题通过非线性变换转换到高维空间，在高维空间中构造线性判别函数来实现原空间中的非线性判别函数，巧妙地解决了维数问题，且算法复杂度与样本维数无关。

我们用一个例子来说明 SVM。

给出一个二维数据集，包含 8 个训练实例。这个数据集表示两种植物细胞的相关信息，x_1 表示归一化后的植物细胞的最大直径，x_2 表示归一化后的植物细胞的细胞壁厚度，y 表示具体的植物细胞类型。

使用二次规划方法，可以得到每个训练实例的拉格朗日乘子，见表 4-5 的最后一列。

可以看出，只有前两个实例才具有非 0 的拉格朗日乘子，这些实例就对应着数据集的支持向量。

下面计算求解参数 w 和 b。

令 $w = (w_1, w_2)$，从而有

表 4-5 二维数据集

x_1	x_2	y	拉格朗日乘子
0.3858	0.4687	1	65.5261
0.4871	0.611	−1	65.5261
0.9218	0.4103	−1	0
0.7382	0.8936	−1	0
0.1763	0.0579	1	0
0.4057	0.3529	1	0
0.9355	0.8132	−1	0
0.2146	0.0099	1	0

$$w_1 = \Sigma_i \alpha_i y_i x_{i1} = 65.5261 \times 1 \times 0.3858 + 65.5261 \times (-1) \times 0.4871 = -6.64$$

$$w_2 = \Sigma_i \alpha_i y_i x_{i2} = 65.5261 \times 1 \times 0.4671 + 65.5261 \times (-1) \times 0.611 = -9.32$$

偏移项 b 对每个支持向量进行计算：

$$b^{(1)} = 1 - w \cdot x_1 = 1 - (6.64) \times (0.3858) - (-9.32) \times (0.4687) = 7.9300$$

$$b^{(2)} = 1 - w \cdot x_2 = 1 - (-6.64) \times (0.4687) - (-9.32) \times (0.611) = 7.9289$$

取平均值得到 $b = 7.93$。从而得到的决策边界为 $-6.64x_1 - 9.32x_2 + 7.93 = 0$。

4.3.2 逻辑回归

利用逻辑（logistic）回归可以实现二分类，logistic 回归与多重线性回归实际上有很多相同之处，最大的区别就在于它们的因变量不同，其他的基本都差不多。正是因为如此，这两种回归可以归于同一个家族，即广义线性模型（generalized linear model）。如果是连续的，就是多重线性回归；如果是二项分布，就是 logistic 回归；如果是 Poisson 分布，就是 Poisson 回归；如果是负二项分布，就是负二项回归。

logistic 回归的因变量可以是二分类的，也可以是多分类的，但是二分类的更为常用，也更加容易解释。所以实际中最常用的就是二分类的 logistic 回归。

logistic 回归的主要用途包括寻找危险因素（寻找某一疾病的危险因素等）、预测（根据模型，预测在不同的自变量情况下，发生某病或某种情况的概率有多大）、判别（实际上跟预测有些类似，也是根据模型，判断某人属于某病或属于某种情况的概率有多大，也就是看一下这个人有多大的可能性是属于某病）。

logistic 回归应用广泛，在流行病学中应用较多，比较常用的情形是探索某疾病的危险因素，根据危险因素预测某疾病发生的概率。例如，想探讨胃癌发生的危险因素，可以选择两组人群，一组是胃癌组，一组是非胃癌组，两组人群肯定有不同的体征和生活方式等。这里的因变量就是是否胃癌，即"是"或"否"，自变量就可以包括很多了，例如年龄、性别、饮食习惯、幽门螺杆菌感染情况等。自变量既可以是连续的，也可以是分类的。

logistic 回归虽然名字里带"回归"，但是它实际上是一种分类方法，主要用于两分类问题（即输出只有两种，分别代表两个类别），所以利用了 logistic 函数（或称为 sigmoid 函数），函数形式为

$$g(z) = \frac{1}{1 + e^{-z}}$$

sigmoid 函数有个很漂亮的 S 形，如图 4-3 所示（引自维基百科）。

对于线性边界的情况，边界形式为

$$\theta_0 + \theta_1 x_1 +, \cdots, + \theta_n x_n = \sum_{i=1}^{n} \theta_i x_i = \theta^{\mathrm{T}} x$$

构造预测函数为

$$h_\theta(x) = g(\theta^{\mathrm{T}} x) = \frac{1}{1 + e^{-\theta^T x}}$$

函数 $h_\theta(x)$ 的值有特殊的含义，它表示结果取 1 的概率，因此对于输入 x 分类结果为类别 1 和类别 0 的概率分别为

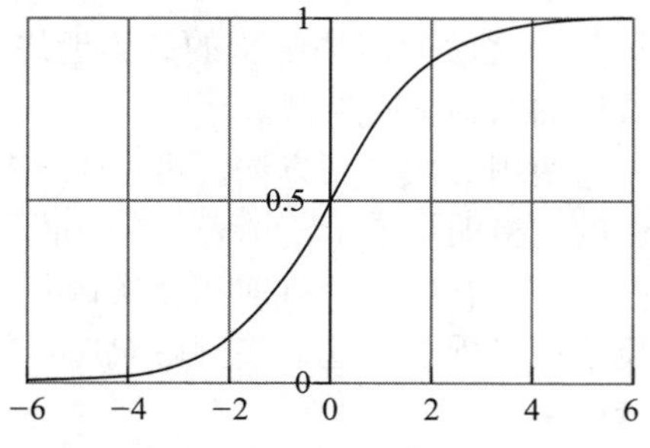

图 4-3 sigmoid 函数图形

$$P(y = 1 | x; \theta) = h_\theta(x)$$
$$P(y = 0 | x; \theta) = 1 - h_\theta(x)$$

在此，举一个简单的例子帮助读者了解如何使用 logistic 回归进行分类。

在二分类问题中，我们计算出 $P(y = 1 | x; \theta) = 0.8$，这说明有 80% 的可能结果是正例（$y = 1$），有 20% 的可能结果是负例（$y = 0$）。

再如，考虑图 4-4 所示的情景。

二维平面上有两种类别的样本点（这个问题的背景很广泛，比如区分两种肿瘤等）需要我们用一个决策边界来分开它们。

假设我们的预测模型为 $h_\theta(x) = g(\theta_0 + \theta_1 x_1 + \theta_2 x_2)$，并且求出了参数 θ 为向量 [-2, 1, 1]，那么我们的决策边界方程为 $x_1 + x_2 - 2$，如图 4-5 所示。

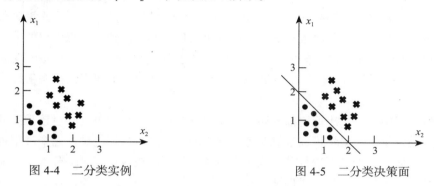

图 4-4　二分类实例　　　　　　　　图 4-5　二分类决策面

所以当 $x_1 + x_2 - 2 > 0$ 时，预测为一类；反之，预测为另一类。

当预测模型固定下来后，即确定了 $h_\theta(x) = g(\theta^T x) = g(x_1 + x_2 - 2)$，这时给出一个新的样本点 $(2, 1.5)$，需要我们判断其类别。代入预测函数有 $h_\theta(x) = g(2 + 1.5 - 2) = \dfrac{1}{1 + e^{-1.5}} \approx 0.81$，所以有 81% 的概率保证这个新样本属于黑色叉号代表的类。

以上只是线性情况下的应用，关于 logistic 回归问题，我们将在 11.4 节给出更加复杂的公式和应用。

4.3.3　决策树与回归树

1. 决策树

决策树（decision tree）是一种简单但是使用广泛的分类器。通过训练数据构建决策树，可以高效地对未知的数据进行分类。决策树有两大优点：①决策树模型可读性好，具有描述性，有助于人工分析；②效率高，决策树只需要一次构建，反复使用，每一次预测的最大计算次数不超过决策树的深度。

决策树是在已知各种情况发生概率的基础上，通过构成决策树来求取净现值的期望值大于等于零的概率，评价项目风险，判断其可行性的决策分析方法，是直观运用概率分析的一种图解法。由于这种决策分支画成图形很像一棵树的枝干，故称决策树。在机器学习中，决策树是一个预测模型，它代表的是对象属性与对象值之间的一种映射关系。熵代表系统的凌乱程度，使用算法 ID3、C4.5 和 C5.0 生成树算法使用熵。这一度量是基于信息学理论中熵的概念。

决策树是一种树形结构，其中每个内部节点表示一个属性上的测试，每个分支代表一个测试输出，每个叶节点代表一种类别。

决策树是一个预测模型，它代表的是对象属性与对象值之间的一种映射关系。树中每个节点表示某个对象，而每个分叉路径则代表的某个可能的属性值，而每个叶节点则对应从根节点到该叶节点所经历的路径所表示的对象的值。决策树仅有单一输出，若欲有复数输出，可以建立独立的决策树以处理不同输出。

从数据产生决策树的机器学习技术叫作决策树学习。

一个决策树包含三种类型的节点:

1)决策节点。是对几种可能方案的选择,即最后选择的最佳方案。如果决策属于多级决策,则决策树的中间可以有多个决策点,以决策树根部的决策点为最终决策方案。

2)机会节点(状态节点)。代表备选方案的经济效果(期望值),通过各状态节点的经济效果的对比,按照一定的决策标准就可以选出最佳方案。由状态节点引出的分支称为概率枝,概率枝的数目表示可能出现的自然状态数目,每个分支上要注明该状态出现的概率。

3)终节点(结果节点)。用来将每个方案在各种自然状态下取得的损益值标注于结果节点的右端。

决策树学习中的每个决策树都表述了一种树形结构,由它的分支来对该类型的对象依靠属性进行分类。每个决策树可以依靠对源数据库的分割进行数据测试。这个过程可以递归式地对树进行修剪。当不能再进行分割或一个单独的类可以被应用于某一分支时,递归过程就完成了。另外,随机森林分类器将许多决策树结合起来以提升分类的正确率。

2. 回归树

我们在 3.1.2 节介绍 GBDT 回归时,已经介绍了回归树的概念。在本小节讨论如何逐步生成回归树。即给定(输入、响应)组成的 N 个观测,如何自动确定分裂变量、分裂点以及树的结构。具体步骤如下:

1)搜索分裂变量和分裂点。假设将空间划分为 M 个区域 R_1, R_2, $\cdots$, R_M,每个区域用 C_m 对响应建模。在二叉划分中,假设搜索分裂变量 j 和分裂点 s,定义一对半平面

$$R_1(j, s) = \{X | X_j \leqslant s\} \text{ 且 } R_2(j, s) = \{X | X_j > s\}$$

搜索分裂变量 j 和分裂点 s 的目标函数为

$$\min_j \left(\min c_1 \sum_{x_i \in R_1(j,s)} (y_i - c_1)^2 + \min c_2 \sum_{x_i \in R_2(j,s)} (y_i - c_2)^2 \right)$$

内部极小化可以用下式求解:

$$\widehat{C_1} = \text{ave}(y_i | x_i \in R_1(j, s))$$
$$\widehat{C_2} = \text{ave}(y_i | x_i \in R_2(j, s))$$

其中,ave 表示平均函数。

2)树结构的控制。这涉及两个方面,一个是何时停止分裂,另一个是对树进行剪枝。

确定何时停止分裂有两种方法:一种方法是当节点中元素的方差之和低于某个阈值时,停止分裂;另一种方法是仅当元素中的节点个数达到设定的最小规模节点时停止分裂。

对树进行剪枝的思路是定义树的一些子树,从它们中找到在"对数据拟合程度 + 树模型的复杂度"准则下最优的一个,如下式:

$$C_\alpha(T) = \sum_{m=1}^{|T|} N_m Q_m(T) + \alpha |T|$$

其中:

$$N_m = |\{x_i \in R_m\}|$$

$$\widehat{C_m} = \frac{1}{N_m} \sum_{x_i \in R_m} y_i$$

$$Q_m(T) = \frac{1}{N_m} \sum_{x_i \in R_m} (y_i - \widehat{C_m})^2$$

参数 α 用于控制树的大小和对数据拟合程度之间的折中,对它的估计用 5 或 10 折交叉验证实现。

3. 分类树和回归树中的属性选择问题

对于决策树而言,选择何种属性进行分裂是至关重要的,这决定了决策树的有效性。我们以分类回归树(Classification and Regression Tree,CART)为例,讲解决策树中的属性选择问题。CART 是决策树的一种,主要由特征选择、树的生成和剪枝三部分组成,它可以用来处理分类和回归问题。

分类回归树是一棵二叉树,且每个非叶子节点都有两个孩子,所以对于第一棵子树其叶子节点数比非叶子节点数多 1。CART 中用于选择变量的不纯性度量是 Gini 指数;如果目标变量是标称的(结果只在有限目标集中取值,如真和假),并且是具有两个以上的类别,则 CART 可能考虑将目标类别合并成两个超类别(双化);如果目标变量是连续的,则 CART 算法找出一组基于树的回归方程来预测目标变量。

构建决策树时通常采用自上而下的方法,在每一步选择一个最好的属性来分裂。"最好"的定义是使得子节点中的训练集纯度尽量高,这里使用 Gini 指数作为选择变量"不纯性"的度量。在决策树节点 t 上的 Gini 指数公式为

$$\text{Gini}(t) = 1 - \sum_0^{c-1} p(i|t)^2$$

其中,$p(i|t)$ 表示在节点 t 上属于类别 i 的记录所占的比例,c 是类别的个数。

下面举一个例子帮助读者理解如何选择最佳分裂属性。例如,我们获得了一组客户是否购买某品牌手机的数据,见表 4-6。其中 + 表示购买,− 表示没有购买。

由于序号不具有统计意义,所以不能作为分裂属性。

表 4-6　客户是否购买某品牌手机的数据

序号	是男性	在上学	购买
1	T	T	+
2	T	T	+
3	T	F	−
4	F	F	+
5	F	T	−
6	F	T	−
7	F	F	−
8	T	T	+
9	F	T	−

对于属性"是男性",基尼指数是 $\frac{4}{9}\left[1-\left(\frac{3}{4}\right)^2-\left(\frac{1}{4}\right)^2\right]+\frac{5}{9}\left[1-\left(\frac{1}{5}\right)^2-\left(\frac{4}{5}\right)^2\right]=0.3444$,其中,$\frac{4}{9}$ 和 $\frac{5}{9}$ 是节点的权值,因为我们按照该属性划分时,满足"是男性"=T 的有 4 例,满足"是男性"=F 的有 5 例,从而分裂成了两个节点,我们需要计算这两个节点的加权基尼指数作为最后总的基尼指数。

同理,按照属性"在上学",基尼指数为 $\frac{5}{9}\left[1-\left(\frac{2}{5}\right)^2-\left(\frac{3}{5}\right)^2\right]+\frac{5}{9}\left[1-\left(\frac{2}{4}\right)^2-\left(\frac{2}{4}\right)^2\right]=0.4889$。

由于基尼指数越大,代表数据越混乱,所以我们选择属性"是男性"作为分类属性。按照这

种方式，我们可以依次选出最佳属性，显然，这是一种贪心的方法。

4.3.4 *k* 近邻

邻近算法，或者说 *k* 近邻（*k*-NearestNeighbor，*k*NN）分类算法是分类技术中最简单的方法之一。所谓 *k* 近邻，就是 *k* 个最近的邻居的意思，说的是每个样本都可以用它最接近的 *k* 个邻居来代表。

*k*NN 算法的核心思想是，如果一个样本在特征空间中的 *k* 个最相邻的样本中的大多数属于某一个类别，则该样本也属于这个类别，并具有这个类别上样本的特性。该方法在确定分类决策上只依据最邻近的一个或者几个样本的类别来决定待分样本所属的类别。*k*NN 方法在类别决策时，只与极少量的相邻样本有关。由于 *k*NN 方法主要靠周围有限的邻近的样本，而不是靠判别类域的方法来确定所属类别的，因此对于类域的交叉或重叠较多的待分样本集来说，*k*NN 方法较其他方法更为适合。

如图 4-6 所示，我们要判断平面中黑色叉号代表的样本的类别。分别选取了 1 近邻、2 近邻、3 近邻。

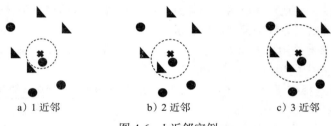

a）1 近邻   b）2 近邻   c）3 近邻

图 4-6 *k* 近邻实例

例如，在 1 最近邻时，我们判定为黑色圆圈代表的类别，但是在 3 最近邻时，却判定为黑色三角代表的类别。

显然，*k* 是一个重要的参数，当 *k* 取不同值时，结果也会显著不同；采用不同的距离度量，也会导致分类结果的不同。我们还可能采取基于权值等多种策略改变投票机制。

4.3.5 随机森林

随机森林是一类专门为决策树分类器设计的组合方法。它组合了多棵决策树对样本进行训练和预测。对于每棵树来说，使用的训练集是从总的训练集中有放回采样得到的，也就是说，总的训练集中的有些样本可能多次出现在一棵树的训练集中，也可能从未出现在一棵树的训练集中。在训练每棵树的节点时，使用的特征是从所有特征中按照一定比例随机无放回地抽取而得到的。

宏观来说，随机森林的构建步骤如下：首先，对原始训练数据进行随机化，创建随机向量；然后，使用这些随机向量来建立多棵决策树。再将这些决策树组合，就构成了随机森林。

可以看出，随机森林是 Bagging（参见补充知识）的一个拓展变体。它在决策树的训练过程中引入了随机属性选择。具体地说，决策树在划分属性时会选择当前节点属性集合中的最优属性，而随机森林则会从当前节点的属性集合中随机选择含有 *k* 个属性的子集，然后从这个子集中选择最优属性进行划分。

随机森林方法虽然简单，但在许多实现中表现惊人，而且，随机森林的训练效率经常优于 Bagging，因为在个体决策树的构建中，Bagging 使用的是"确定型"决策树，而随机森林使用"随机性"只考察一个属性的子集。

总结一下，随机森林的随机性来自于以下几个方面：

1）抽样带来的样本随机性。

2）随机选择部分属性作为决策树的分裂判别属性，而不是利用全部的属性。

3）生成决策树时，在每个判断节点，从最好的几个划分中随机选择一个。

我们通过一个例子介绍随机森林的产生和运用方法。

我们有一组大小为 200 的训练样本，记录着被调查者是否会购买一种健身器械，类别当然为"是"和"否"。其余的属性如下：

年龄＞30	是否结婚	性别	是否有贷款	学历＞本科	收入＞1万/月

我们构建 4 棵决策树来组成随机森林，并且使用了剪枝的手段保证每棵决策树尽可能简单（这样就有更好的泛化能力）。

对每棵决策树采用如下方法进行构建：

1）从 200 个样本中有放回抽样 200 次，从而得到了大小为 200 的样本，显然，这个样本中，可能存在着重复的数据。

2）随机地选择 3 个属性作为决策树的分裂属性。

3）使用 4.3.3 节讲过的方法构建决策树，并剪枝。

假设最终我们得到了如图 4-7 所示的 4 棵决策树。

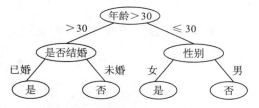

决策树 1 随机属性为：年龄、结婚、性别

决策树 2 随机属性为：贷款、结婚、性别

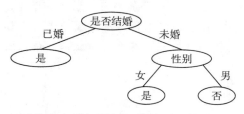

决策树 3 随机属性为：结婚、性别、学历

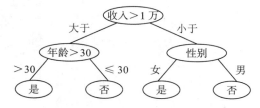

决策树 4 随机属性为：收入、年龄、性别

图 4-7 4 棵决策树组成的随机森林

可以看出，性别和婚姻状况对于是否购买该产品起到十分重要的作用，此外，对于第 3 棵决策树，"学历"属性并没有作为决策树的划分属性，这说明学历和是否购买此产品关系很小。

每棵树从不同的侧面体现出了蕴含在样本后的规律知识。当新样本到达时，我们只需对 4 棵树的结果进行汇总，这里采用投票的方式进行汇总。

例如，新样本为（年龄24岁，未婚，女，有贷款，本科学历，收入 <1 万/月）。第一棵树将预测为购买；第二棵树将预测为不购买，第三棵树预测为购买，第四棵树预测为购买。所以最后的投票结果为：购买3票，不购买1票。从而随机森林预测此记录为"购买"。

Bagging 和 Boosting

1. Bagging（装袋）

装袋又称为自助聚集，是一种有放回抽样，而且采用均匀概率分布，也就是说，每个样本被抽到的概率相同，并且每个样本和原始数据集一样大。因为抽样是有放回的，所以一个样本可能在同一个训练数据集中出现多次，而其他的一些则可能被忽略。

一般来说，自助样本大约含有63%的原始训练数据，原因如下：假设样本大小为 N，从而一个样本不被抽到的概率为 $\left(1-\dfrac{1}{N}\right)^N$，抽到的概率就为 $1-\left(1-\dfrac{1}{N}\right)^N$。当 N 足够大时，有 $\lim\limits_{N\to\infty}1-\left(1-\dfrac{1}{N}\right)^N=1-\dfrac{1}{e}\approx 0.632$。

装袋算法的具体形式如下：

```
1：设自助样本集数目为 k
2：for i=1 to k do
       生成大小为 N 的自助样本集
       在生成的自助样本集上训练一个基分类器
       end for
3：汇总结果（采取投票等方式）
```

可以看出，每个样本被选中的概率是相同的，不随基分类器的不同而发生变化。这与接下来的提升方法是不同的。

2. Boosting（提升）

提升是一个迭代的过程，能够自适应地改变训练样本的分布，也就是说，抽样不是等概率的，使得基分类器能够更加关注那些难以分类的样本。

这个思想很朴素，例如学生在做大量习题时，往往可以做对的题目少做（不那么关注），做错的题目多做几遍（更加关注）。具体来说，提升给每个训练样本赋予了一个权值，在每一轮提升结束时调整这些权值。调整的规则为：增加误分类的样本的权值，减小正确分类的样本的权值。

举个例子来帮助理解这种方法。

表4-7给出了实际操作时每轮提升选择的样本。

表 4-7　8 个样本

第一轮	2	3	1	2	3	4	5	6
第二轮	4	7	5	4	2	7	4	8

数据集中共有 1~8 共 8 个样本，初始时，每个样本的权值相同，由于抽样是有放回的，所以某些样本可能被选中多次，也有些样本没被选到，例如样本 7 和 8。假设样本 4 是难分类的，那么在第二轮中样本 4 的权值会增加，相应地被抽中的概率就大，同时，第一轮没抽中的样本 7 和 8 也有更大的被抽中的机会（第一轮对于 7、8 的预测很有

可能是错误的)。

下面给出一种可行的提升算法。

```
1：设自助样本集数目为 k，初始化每个样本的权值都为 1/N
2：for i=1 to k do
        按照样本的权值，生成大小为 N 的自助样本集
        在生成的自助样本集上训练一个基分类器
        改变样本的权值，即增加误分类的样本的权值，减小正确分类的样本的权值
        end for
3：汇总结果（采取投票等方式）
```

现在有许多提升算法和具体实现，这些算法的差别在于：

1）每轮提升结束时如何更新样本权值。

2）如何组合每个分类器的预测。

4.3.6 朴素贝叶斯

在 4.2.3 节我们讲述过贝叶斯判别法，宏观来说，贝叶斯判别法是在概率框架下实施决策的基本判别方法。对于分类问题来说，在所有相关概率都已知的情形下，贝叶斯判别法考虑如何基于这些概率和误判损失来选择最优的类别标记。而朴素贝叶斯判别法则是基于贝叶斯定理和特征条件独立假设的分类方法，是贝叶斯判别法中的一个有特定假设和限制的具体的方法。对于给定的训练数据集，首先基于特征条件独立假设学习输入和输出的联合分布概率；然后基于此模型，对给定的输入 x，再利用贝叶斯定理求出其后验概率最大的输出 y。

朴素贝叶斯分类算法的基本思想是：对于给定元组 X，求解在 X 出现的前提下各个类别出现的概率，哪个最大，就认为 X 属于哪个类别。在没有其他可用信息下，我们会选择后验概率最大的类别，这就是朴素贝叶斯的思想基础。朴素贝叶斯方法的重要假设就是属性之间相互独立。现实应用中，属性之间很难保证全部都相互独立，这时可以考虑使用贝叶斯网络等方法。

朴素贝叶斯的工作流程如下：

1）设元组 $X = \{x_1, x_2, \cdots, x_n\}$ 为一个待分类项，描述由 n 个属性 $A_1, A_2, \cdots, A_n$ 对元组的 n 个测量。

2）假定有 m 个类 $C_1, C_2, \cdots, C_m$。朴素贝叶斯分类法预测 X 属于类 C_i，当且仅当 $P(C_i|X) \geq P(C_j|X)$ $1 \leq j \leq m$，$i \neq j$。

3）由于 $P(C_i|X) = \dfrac{P(C_i|X)P(C_i)}{P(X)}$，而 $P(X)$ 为常数，只需 $P(X|C_i)P(C_i)$ 最大即可。同时 $P(C_i)$ 可求，即 $P(C_i) = \dfrac{S_i}{S}$，其中，S_i 为样本中属于类 C_i 的个数，而 S 为样本总数。又因为各特征属性是条件独立的，所以有 $P(X|C_i) = \prod_{k=1}^{n} P(X_k|C_i)$。

4）找出使 $P(X|C_i)P(C_i)$ 最大的 C_i，则 X 属于类 C_i。

下面举一个简单的例子。给出如表 4-8 所示的训练样本，目的是判定一个人是否会购买电脑。这个人的属性为 $X = $（年龄 <=30，收入 = 中等，学生 = 是，信用率 = 一般）。

设类别 C_1：购买电脑 = '是'，类别 C_2：购买电脑 = '否'，所以可求

$P(C_1) = P$（购买电脑 = "是"）= 9/14 = 0.643

$$P(C_2)=P(购买电脑 = "否") = 5/14 = 0.357$$

计算每个类别的 $P(X|C_i)$：

$P(年龄 = "<30" | 购买电脑 = "是") = 2/9 = 0.222$

$P(年龄 = "<30" | 购买电脑 = "否") = 3/5 = 0.6$

$P(收入 = "中等" | 购买电脑 = "是") = 4/9 = 0.444$

$P(收入 = "中等" | 购买电脑 = "否") = 2/5 = 0.4$

$P(学生 = "是" | 购买电脑 = "是") = 6/9 = 0.667$

$P(学生 = "是" | 购买电脑 = "否") = 1/5 = 0.2$

$P(信用率 = "一般" | 购买电脑 = "是") = 6/9 = 0.667$

$P(信用率 = "一般" | 购买电脑 = "否") = 2/5 = 0.4$

从而有：

$P(X| 购买电脑 = "是") = 0.222 \times 0.444 \times 0.667 \times 0.667 = 0.044$

$P(X| 购买电脑 = "否") = 0.6 \times 0.4 \times 0.2 \times 0.4 = 0.019$

所以：

$P(X| 购买电脑 = "是") \times P(购买电脑 = "是") = 0.028$

$P(X| 购买电脑 = "否") \times P(购买电脑 = "否") = 0.007$

所以我们会判定 X 处于类别 $C1$ 中，此人会购买电脑。

表 4-8　判定一个人是否会购买电脑的训练样本

年龄	收入	是学生	信用率
<= 30	高	否	一般
<= 30	高	否	良好
30...40	高	否	一般
>40	中	否	一般
>40	低	是	一般
>40	低	是	良好
31...40	低	是	良好
<= 30	中	否	一般
<= 30	低	是	一般
>40	中	是	一般
<= 30	中	是	良好
31...40	中	否	良好
31...40	高	是	一般
>40	中	否	良好

4.4　分类分析实例

本节我们用两个例子来说明如何实现二分类和多分类功能。

4.4.1　二分类实例

银行信用卡由于使用方便、规则简单，也导致容易被非法用于欺诈等行为。这里有收集到的关于信用卡应用的数据，数据集中的所有属性出于保密原因，属性名字和数据内容都被替换为一些无意义的符号，所有的记录被类别属性分为正负两类。

数据各个属性类型描述和取值范围如下：

a1：{b, a}.　　　　　　（string）

a2：continuous.　　　　（double）

a3：continuous.　　　　（double）

a4：{u, y, l, t}.　　　　（string）

a5：{g, p, gg}.　　　　（string）

a6：{c, d, cc, i, j, k, m, r, q, w, x, e, aa, ff}.　　（string）

a7：{v, h, bb, j, n, z, dd, ff, o}.　　（string）

a8：continuous.　　　　（double）

a9：{t, f}.　　　　　　（string）

a10：{t, f}.　　　　　　（string）

a11：continuous.　　　　（integer）

a12：{t, f}.　　　　　　（string）

a13：{g, p, s}.　　　　　（string）

a14: continuous.　　　　（integer）

a15: continuous.　　　　（integer）

y: {1, −1}　　　　　　　（integer）　　　　　（class attribute）

原始数据前 10 条见表 4-9。（源数据来源：UCI，http://archive.ics.uci.edu/ml/datasets/Credit+Approval。）

表 4-9　银行信用卡欺诈问题的数据集

a1	a2	a3	a4	a5	a6	a7	a8	a9	a10	a11	a12	a13	a14	a15	y
a	58.67	4.46	u	g	q	h	3.04	t	t	6	f	g	43	560	1
a	24.5	0.5	u	g	q	h	1.5	t	f	0	f	g	280	824	1
b	27.83	1.54	u	g	w	v	3.75	t	t	5	t	g	100	3	1
b	20.17	5.625	u	g	w	v	1.71	t	f	0	f	s	120	0	1
b	32.08	4	u	g	m	v	2.5	t	f	0	t	g	360	0	1
b	33.17	1.04	u	g	r	h	6.5	t	f	0	t	g	164	31 285	1
a	22.92	11.585	u	g	cc	v	0.04	t	f	0	f	g	80	1 349	1
b	54.42	0.5	y	p	k	h	3.96	t	f	0	f	g	180	314	1
b	42.5	4.915	y	p	w	v	3.165	t	f	0	t	g	52	1 442	1
b	22.08	0.83	u	g	c	h	2.165	t	f	0	t	g	128	0	1

下面利用阿里云来实现针对该数据集的二分类监督性学习。主要步骤为：先进行数据预处理和特征化，然后再进行分类器训练和预测。

首先，预处理和特征化流程如图 4-8 所示。

利用数据视图组件可将数据中所有非数值型字符串转换为数值型属性，以便于后面进行训练。使用归一化组件将各个属性的取值散列在相同的 0 ～ 1 范围内，给每个属性相对平衡的权值，利于后面模型的训练。拆分组件将整个数据集分箱按比例自动拆开成为训练集和测试集。

数据视图组件的设置为：选择字段均为 string 类型，包括 a1、a4、a5、a6、a7、a9、a10、a12 和 a13。在"参数设置"中，将"连续特征离散区间数"设为"100"。归一化组件中选择 15 个字段，其中 bigint 类型的字段有 a11、a14 和 a15，string 类型的字段有 a1、a4、a5、a6、a7、a9、a10、a12 和 a13。将"切分比例"设为"0.7"。处理完毕的数据集如图 4-9 所示。

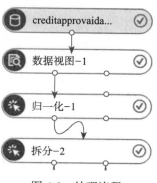

图 4-8　处理流程

然后利用二分类组件进行分类器训练和预测以及评估，此处采用三种算法（线性支持向量机、逻辑回归二分类、GBDT 二分类）分别进行实验。

实验流程如图 4-10 所示。

1. 线性支持向量机

线性支持向量机的设置为：共选择 15 个字段，其中 double 类型的字段有 a2、a3 和 a8，string 类型的字段有 a9、a10、a12、a1、a4 和 a5，bigint 类型的字段有 a11、a14 和 a15。在"字段设置"中，"标签列"设为"y"。在"参数设置"中，"正样本的标签值"设为"1"，

“正例惩罚因子”设为“1.0”，“负例惩罚因子”设为“1.0”，“收敛系数”设为“0.00001”。

数据探查 - pai_temp_8542_179558_1 - (仅显示前一百条)

a2	a3	a8	a11	a14	a15	y	a1	a4	a5	a6	a7	a9	a10	a12	a13
0.7130158...	0.15928571...	0.1066666...	0.08955223...	0.0215	0.0056	1	0	0.5	0	0.7692307...	0.375	1	1	0	0
0.1706349...	0.01785714...	0.0526315...	0	0.14	0.00824	1	0	0.5	0	0.7692307...	0.375	1	0	0	0
0.2234920...	0.055	0.1315789...	0.07462686...	0.05	0.00003	1	1	0.5	0	0.9230769...	0.875	1	1	1	0
0.1019047...	0.20089285...	0.06	0	0.06	0	1	1	0.5	0	0.9230769...	0.875	1	0	0	1
0.3082539...	0.03714285...	0.2280701...	0	0.082	0.31285	1	1	0.5	0	0.8461538...	0.375	1	0	1	0
0.6455555...	0.01785714...	0.1389473...	0	0.09	0.00314	1	1	1	1	0.6153846...	0.375	1	0	0	0
0.1322222...	0.02964285...	0.0759649...	0	0.064	0	1	1	0.5	0	0.0769230...	0.375	0	0	1	0
0.3888888...	0.21428571...	0.0350877...	0	0	0	1	0	0.5	0	0.6153846...	0.875	1	0	1	0
0.5449206...	0.21571428...	0.0014035...	0	0	0.0269	1	1	0.5	0	0.6153846...	0.875	0	0	0	0
0.5092063...	0.375	0.1754385...	0.10447761...	0	0	1	0	0.5	0	0.7692307...	0.875	1	1	1	0
0.3638095...	0.15767857...	0.0087719...	0.14925373...	0.16	0	1	1	1	1	0.6153846...	0.875	1	1	1	0
0.2301587...	0.03125	0.0336842...	0.04477611...	0.198	0	1	1	0.5	0	0.6923076...	0.875	1	1	1	0
0.1507936...	0.20982142...	0.1112280...	0.14925373...	0.06	0.00245	1	0	0.5	0	0.7692307...	0.875	1	1	0	0
0.1282539...	0.00892857...	0.0233333...	0	0	0	1	1	0.5	0	0.2307692...	0.375	1	0	1	0
0.1785714...	0.40178571...	0.0877192...	0.25373134...	0.1	0.01208	1	1	0.5	0	0.0769230...	0.875	1	1	0	0
0.5396825...	0.28571428...	0.2763157...	0.08955223...	0	0.0126	1	0	0.5	0	0.0769230...	0.875	1	1	1	0
0.2169841...	0.51785714...	0.1082456...	0.01492537...	0.06	0.00011	1	0	0.5	0	1	0.375	1	1	0	0

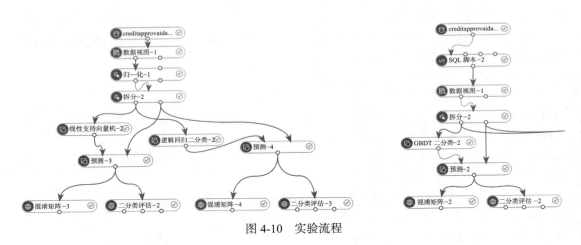

图 4-9 处理完毕的数据集

图 4-10 实验流程

在“字段设置”中，选择上面提到的 15 个字段，将“输出结果列名”设为“prediction_result”，“输出分数列名”设为“ prediction_score”，将“输出详细列名”设为“ prediction_detail”。输出时，选择字段“y”。

在混淆矩阵的“字段设置”中，“原数据标签列列名”设为“ y”，“预测结果的标签列列名”设为“ prediction_result”。在二分类评估的“字段设置”中，“原始标签列列名”设为“ y”，“分数列列名”设为“ prediction_score”，“正样本的标签值”设为“1”，“计算 KS，PR 等指标时按等频分成多少个桶”设为“1000”。

运行实验后，得到的预测结果如图 4-11 所示。

评估结果如图 4-12 ～图 4-14 所示。

二分类评估如图 4-15 所示。

数据探查 - pai_temp_8542_179560_1 - (仅显示前一百条)

y ▲	prediction_result ▲	prediction_score ▲	prediction_detail ▲
1	1	0.7587504173219193	{ "-1": -0.7587504173219193, "1": 0.7587504173219193}
1	1	0.2081260083633406	{ "-1": -0.2081260083633341, "1": 0.2081260083633341}
1	1	0.836117271834666	{ "-1": -0.836117271834666, "1": 0.836117271834666}
1	1	0.17106086270888277	{ "-1": -0.1710608627088828, "1": 0.1710608627088828}
1	1	0.6585213473862481	{ "-1": -0.6585213473862481, "1": 0.6585213473862481}
1	1	0.5470937307730448	{ "-1": -0.5470937307730448, "1": 0.5470937307730448}
1	1	0.7677833636300078	{ "-1": -0.7677833636300078, "1": 0.7677833636300078}
1	1	0.9264860892145296	{ "-1": -0.9264860892145296, "1": 0.9264860892145296}
1	1	0.7269334110198884	{ "-1": -0.7269334110198884, "1": 0.7269334110198884}
-1	-1	-0.9619299726772442	{ "-1": 0.9619299726772442, "1": -0.9619299726772442}
-1	-1	-0.9077870834070861	{ "-1": 0.9077870834070861, "1": -0.9077870834070861}
-1	-1	-1.0751602208767068	{ "-1": 1.075160220876707, "1": -1.075160220876707}
-1	-1	-0.9963362288767093	{ "-1": 0.9963362288767093, "1": -0.9963362288767093}
-1	-1	-1.1589816223501246	{ "-1": 1.158981622350125, "1": -1.158981622350125}
1	-1	-0.8900947025381545	{ "-1": 0.8900947025381545, "1": -0.8900947025381545}
-1	-1	-1.0711358491363463	{ "-1": 1.071135849136346, "1": -1.071135849136346}
-1	-1	-1.1885392756838047	{ "-1": 1.188539275683805, "1": -1.188539275683805}

图 4-11　预测结果

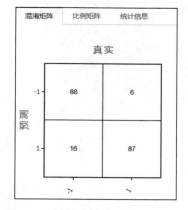

图 4-12　线性支持向量机混淆矩阵

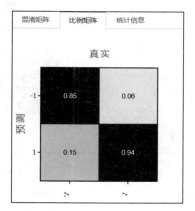

图 4-13　线性支持向量机比例矩阵

混淆矩阵

模型 ▲	正确数 ▲	错误数 ▲	总计 ▲	混淆率 ▲	准确率 ▲	召回率 ▲	F1指标 ▲
-1	88	6	94	88.832%	93.617%	84.615%	88.889%
1	87	16	103	88.832%	84.466%	93.548%	88.776%

图 4-14　统计信息

　　生成的一系列报告为：图 4-16 为 ROC 曲线，图 4-17 为 K-S 曲线，图 4-18 为 Lift（提升度）曲线，图 4-19 为 Gain（增益）曲线，图 4-20 为 Precision Recall（精度召回）曲线。

2. 逻辑回归二分类

　　逻辑回归二分类中的设置中选择的字段与线性支持向量机的字段相同。在"字段设置"中，"目标列"设为"y"，"正类值"设为"1"。在"参数设置"中，"正则项"设为"None"，

"最大迭代次数"设为"100","正则系数"设为"1","最小收敛误差"设为"0.000001"。"执行调优"中的各项设置采取默认方式。

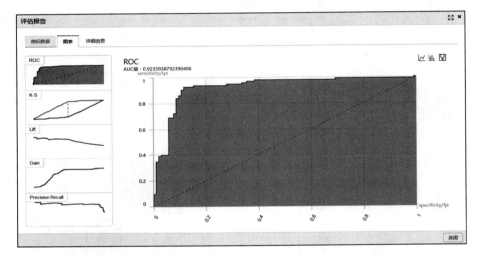

图 4-15　二分类评估报告

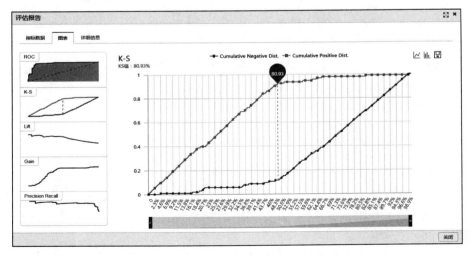

图 4-16　ROC 曲线

图 4-17　K-S 曲线

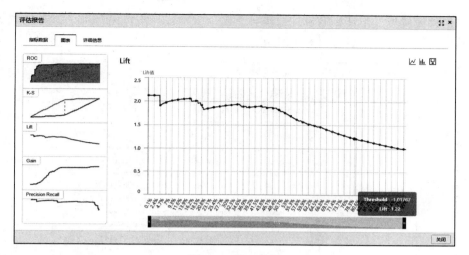

图 4-18　Lift 曲线

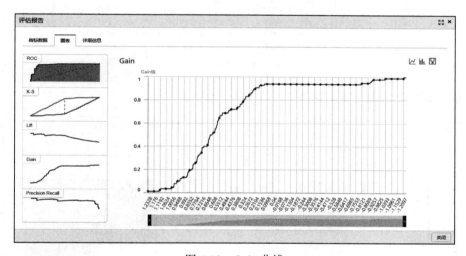

图 4-19　Gain 曲线

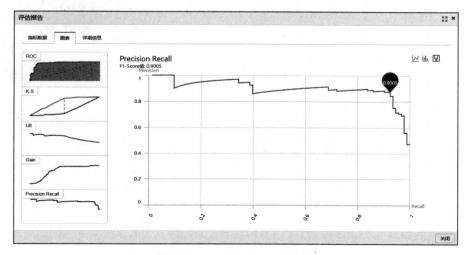

图 4-20　Precision Recall 曲线

　　预测组件设置以及混淆矩阵和二分类评估的设置与线性支持向量机中的设置完全相同。运行实验后，得到的预测结果如图 4-21 所示。

y ▲	prediction_result ▲	prediction_score ▲	prediction_detail ▲
1	1	0.9697895553633346	{"-1": 0.03021044463666545, "1": 0.9697895553633346}
1	-1	0.5077416925369765	{"-1": 0.5077416925369765, "1": 0.4922583074630235}
1	1	0.9204883322026558	{"-1": 0.0795116677973442, "1": 0.9204883322026558}
1	-1	0.5033717490192264	{"-1": 0.5033717490192264, "1": 0.4966282509807736}
1	1	0.8531495425362984	{"-1": 0.1468504574637016, "1": 0.8531495425362984}
1	1	0.9999764054905234	{"-1": 2.359450947664321e-05, "1": 0.9999764054905234}
1	1	0.9267258358935184	{"-1": 0.07327416410648158, "1": 0.9267258358935184}
1	1	0.9898662470780589	{"-1": 0.01013375292194107, "1": 0.9898662470780589}
1	1	0.828327376364015	{"-1": 0.171672623635985, "1": 0.828327376364015}
-1	-1	0.967500441689311	{"-1": 0.967500441689311, "1": 0.03249955831068898}
-1	-1	0.938016336837105	{"-1": 0.9380163368371049, "1": 0.06196836316289509}
-1	-1	0.982791422445104	{"-1": 0.982791422445104, "1": 0.01720857755489604}
-1	-1	0.9768283612983624	{"-1": 0.9768283612983624, "1": 0.02317163870163761}
-1	-1	0.9854837656800041	{"-1": 0.9854837656800041, "1": 0.01451623431999592}
1	1	0.9607617494750511	{"-1": 0.9607617494750511, "1": 0.0392382505249489}
-1	-1	0.9809885639164947	{"-1": 0.9809885639164947, "1": 0.0190114360835053}
-1	-1	0.9863842346860998	{"-1": 0.9863842346860998, "1": 0.01361576531390019}

图 4-21　预测结果

评估结果如图 4-22 ～图 4-24 所示。

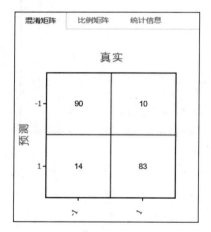

图 4-22　逻辑回归二分类混淆矩阵

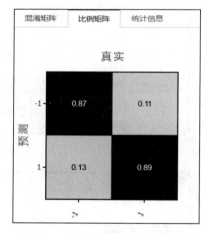

图 4-23　逻辑回归二分类比例矩阵

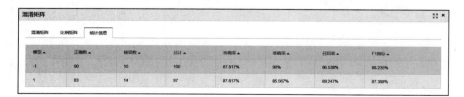

图 4-24　逻辑回归二分类统计信息

　　二分类评估如图 4-25 所示；相应的各项指标曲线如图 4-26 ～图 4-30 所示。

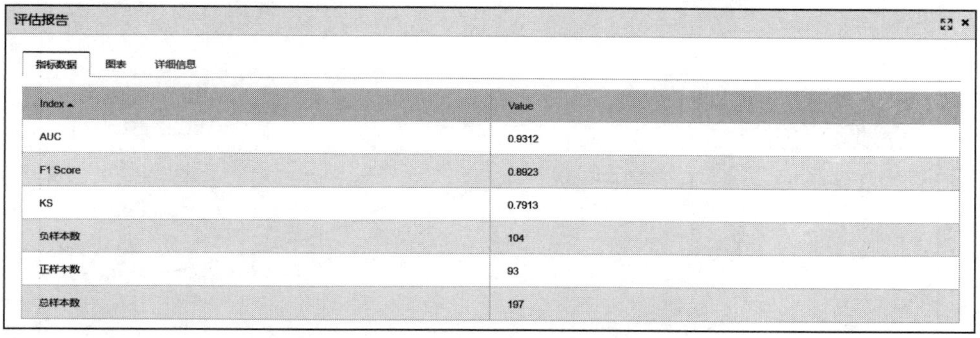

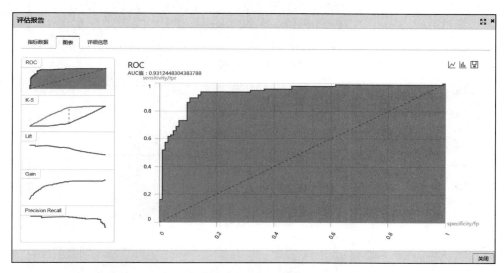

图 4-25 二分类评估指标数据

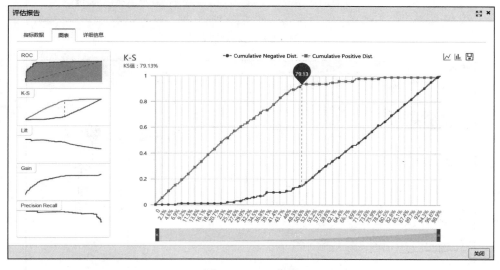

图 4-26 ROC 曲线

图 4-27 K-S 曲线

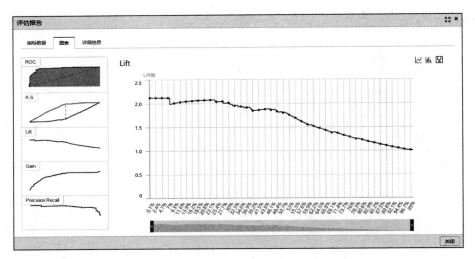

图 4-28　Lift 曲线

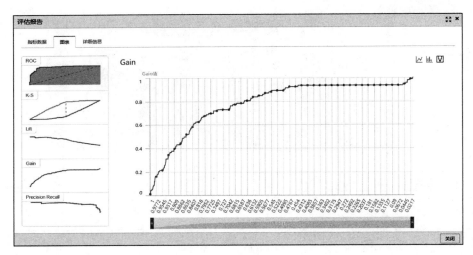

图 4-29　Gain 曲线

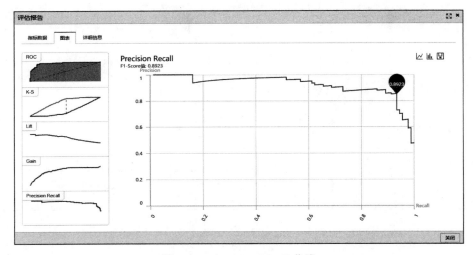

图 4-30　Precision Recall 曲线

3. GBDT 二分类

GBDT 二分类组件字段设置与线性支持向量机设置相同。在"参数设置"中，将"metric 类型"设为"NDCG"，"树的数目"设为"20"，"学习速率"设为"0.05"，"训练采集样本比例"设为"0.8"，"训练采集特征比例"设为"0.8"，"最大叶子数"设为"32"，"测试数据比例"设为"0.2"，"树最大深度"设为"11"，"叶节点最少样本数"设为"100"，"随机数产生器种子"设为"0"，"一个特征分裂的最大数量"设为"100"。

预测组件设置以及混淆矩阵和二分类评估的设置与线性支持向量机中的设置完全相同。运行实验结果如图 4-31 所示。

y ▲	prediction_result ▲	prediction_score ▲	prediction_detail ▲
1	1	0.5407849068845155	{ "0": 0.4592150931154845, "1": 0.5407849068845155}
1	1	0.5407849068845155	{ "0": 0.4592150931154845, "1": 0.5407849068845155}
1	0	0.5844008850425266	{ "0": 0.5844008850425266, "1": 0.4155991149574734}
1	1	0.5556510242311234	{ "0": 0.4443489757688766, "1": 0.5556510242311234}
1	1	0.5477301637083457	{ "0": 0.4522698362916543, "1": 0.5477301637083457}
1	1	0.5556510242311234	{ "0": 0.4443489757688766, "1": 0.5556510242311234}
1	1	0.5511526011860972	{ "0": 0.4488473988139028, "1": 0.5511526011860972}
1	1	0.5556510242311234	{ "0": 0.4443489757688766, "1": 0.5556510242311234}
0	0	0.5844008850425266	{ "0": 0.5844008850425266, "1": 0.4155991149574734}
0	0	0.5911851630767309	{ "0": 0.5911851630767309, "1": 0.4088148369232691}
1	1	0.5407849068845155	{ "0": 0.4592150931154845, "1": 0.5407849068845155}
0	0	0.5844008850425266	{ "0": 0.5844008850425266, "1": 0.4155991149574734}
0	0	0.5911851630767309	{ "0": 0.5911851630767309, "1": 0.4088148369232691}
0	0	0.5844008850425266	{ "0": 0.5844008850425266, "1": 0.4155991149574734}
0	0	0.5911851630767309	{ "0": 0.5911851630767309, "1": 0.4088148369232691}
0	0	0.5911851630767309	{ "0": 0.5911851630767309, "1": 0.4088148369232691}

图 4-31　预测结果

混淆矩阵如图 4-32 所示，比例矩阵如图 4-33 所示，统计信息如图 4-34 所示。

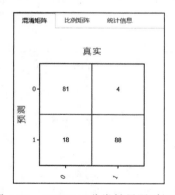

图 4-32　GBDT 二分类结果混淆矩阵

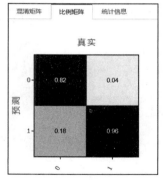

图 4-33　GBDT 二分类结果比例矩阵

图 4-34　GBDT 二分类结果统计信息

GBDT 二分类评估报告指标数据如图 4-35 所示，各指标曲线如图 4-36 ～图 4-40 所示。

评估报告

指标数据 图表 详细信息

Index ▲	Value
AUC	0.9374
F1 Score	0.8889
KS	0.7747
负样本数	99
正样本数	92
总样本数	191

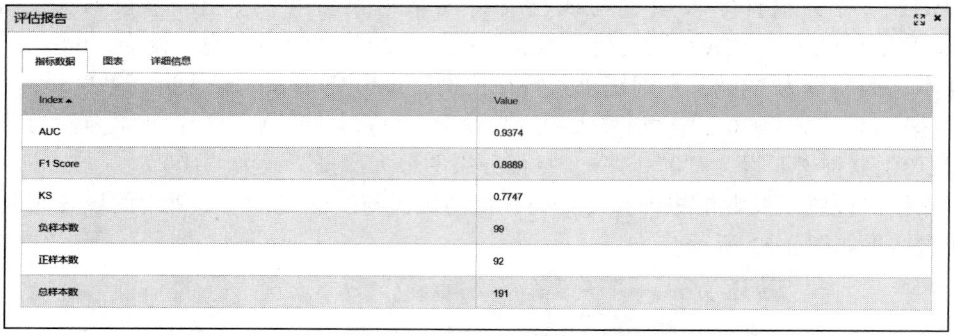

图 4-35 GBDT 二分类评估报告指标数据

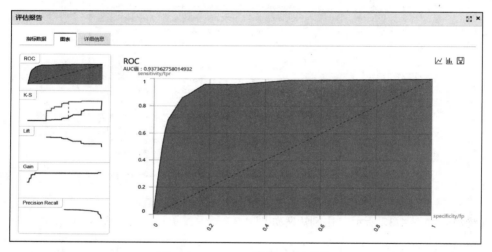

图 4-36 GBDT 二分类 ROC 曲线

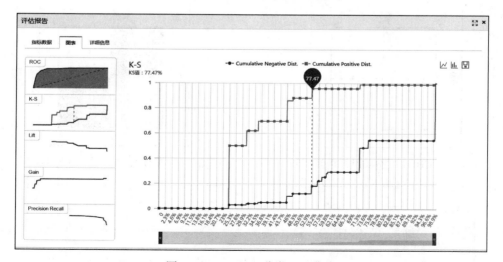

图 4-37 GBDT 二分类 K-S 曲线

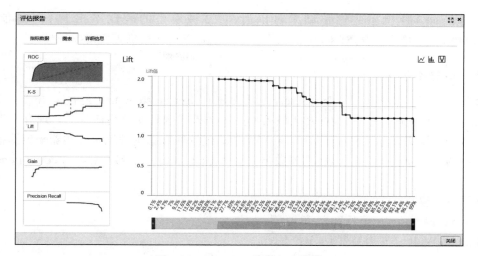

图 4-38　GBDT 二分类 Lift 曲线

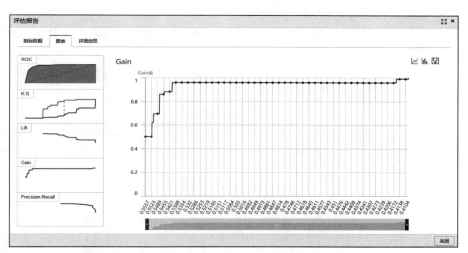

图 4-39　GBDT 二分类 Gain 曲线

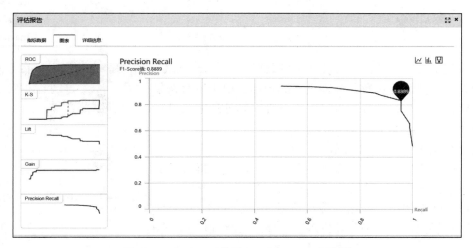

图 4-40　GBDT 二分类 Precision Recall 曲线

综合上面3种模型的评估结果可以看出，3种模型的表现不相上下，都能达到80%～90%的准确率，从F1 score的指标上看，线性支持向量机表现稍好一些。

4.4.2 多分类实例

鸢尾属植物有三个类：Iris Setosa（山鸢尾）、Iris Versicolour（杂色鸢尾）以及Iris Virginica（维吉尼亚鸢尾）。这些鸢尾属植物的种类差异表现在植物性状上。现有关于这些植物性状的数据集（每种50条记录），希望能够通过这些数据集训练出分类器来根据新采集到的植物的性状将其分类。（该样例的数据来源是UCI，http://archive.ics.uci.edu/ml/datasets/Iris。）

数据集里包括的属性有：

❑ Sepal.Length（花萼长度），单位是cm;
❑ Sepal.Width（花萼宽度），单位是cm;
❑ Petal.Length（花瓣长度），单位是cm;
❑ Petal.Width（花瓣宽度），单位是cm;
❑ Species（种类）：Iris Setosa（山鸢尾）、Iris Versicolour（杂色鸢尾）以及Iris Virginica（维吉尼亚鸢尾）。

除了种类属性是string类型，其他属性都是double类型。

原始数据前10条见表4-10。

表4-10　鸢尾数据集

id	Sepal.Lengthc (cm)	Sepal.Width (cm)	Petal.Length (cm)	Petal.Width (cm)	Species
1	5.1	3.5	1.4	0.2	Iris-setosa
2	4.9	3	1.4	0.2	Iris-setosa
3	4.7	3.2	1.3	0.2	Iris-setosa
4	4.6	3.1	1.5	0.2	Iris-setosa
5	5	3.6	1.4	0.2	Iris-setosa
6	5.4	3.9	1.7	0.4	Iris-setosa
7	4.6	3.4	1.4	0.3	Iris-setosa
8	5	3.4	1.5	0.2	Iris-setosa
9	4.4	2.9	1.4	0.2	Iris-setosa
10	4.9	3.1	1.5	0.1	Iris-setosa

可以利用阿里云平台来实现针对该数据集的多分类监督性学习。在阿里云平台上先进行数据预处理，然后再进行分类器训练和预测。由于该数据集本身比较完美，所以就没有进行过多处理，预处理中只进行了7 : 3拆分数据集成训练集和测试集。

预处理流程如图4-41所示。

在拆分组件中，将"切分比例"设为"0.7"。拆分后的鸢尾数据集如图4-42所示。

拆分完数据集后即开始训练和预测。此处采用4种算法（k近邻、逻辑回归多分类、随机森林、朴素贝叶斯）分别进行。

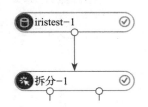

图4-41　鸢尾数据集预处理流程

数据探查 - pai_temp_8736_177605_1 - (仅显示前一百条)

id ▲	sepallengthcm ▲	sepalwidthcm ▲	petallengthcm ▲	petalwidthcm ▲	species ▲
40	5.1	3.4	1.5	0.2	Iris-setosa
41	5	3.5	1.3	0.3	Iris-setosa
42	4.5	2.3	1.3	0.3	Iris-setosa
43	4.4	3.2	1.3	0.2	Iris-setosa
45	5.1	3.8	1.9	0.4	Iris-setosa
48	4.6	3.2	1.4	0.2	Iris-setosa
49	5.3	3.7	1.5	0.2	Iris-setosa
50	5	3.3	1.4	0.2	Iris-setosa
51	7	3.2	4.7	1.4	Iris-versicolor
53	6.9	3.1	4.9	1.5	Iris-versicolor
55	6.5	2.8	4.6	1.5	Iris-versicolor
56	5.7	2.8	4.5	1.3	Iris-versicolor
58	4.9	2.4	3.3	1	Iris-versicolor
59	6.6	2.9	4.6	1.3	Iris-versicolor
62	5.9	3	4.2	1.5	Iris-versicolor
64	6.1	2.9	4.7	1.4	Iris-versicolor
69	6.2	2.2	4.5	1.5	Iris-versicolor

图 4-42　拆分后的鸢尾数据集

1. k 近邻

处理流程如图 4-43 所示。

在 k 近邻组件的"字段设置"中，选择 4 个字段，它们均为 double 类型，即 sepallengthcm、sepalwidthcm、petallengthcm 和 petalwidthcm。将"选择训练表的标签列"设为"species"，并将分类字段设为"species"。在"参数设置"中，将"近邻个数"设为"36"，"输出表声明周期"设为"7"。在多分类评估组件的"字段设置"中，将"源分类结果列"设为"species"，"预测分类结果列"设为"prediction_result"。

运行实验后，得到的预测结果如图 4-44 所示。

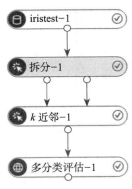

图 4-43　处理流程

数据探查 - pai_temp_8736_177604_1 - (仅显示前一百条)

species ▲	prediction_result ▲	prediction_score ▲	prediction_detail ▲
Iris-setosa	Iris-setosa	0.9714285714285714	{ "Iris-setosa": 0.9714285714285714, "Iris-versicolor": 0.02857142857142857}
Iris-setosa	Iris-setosa	0.9714285714285714	{ "Iris-setosa": 0.9714285714285714, "Iris-versicolor": 0.02857142857142857}
Iris-setosa	Iris-setosa	0.9714285714285714	{ "Iris-setosa": 0.9714285714285714, "Iris-versicolor": 0.02857142857142857}
Iris-setosa	Iris-setosa	0.9714285714285714	{ "Iris-setosa": 0.9714285714285714, "Iris-versicolor": 0.02857142857142857}
Iris-setosa	Iris-setosa	0.9714285714285714	{ "Iris-setosa": 0.9714285714285714, "Iris-versicolor": 0.02857142857142857}
Iris-setosa	Iris-setosa	0.9714285714285714	{ "Iris-setosa": 0.9714285714285714, "Iris-versicolor": 0.02857142857142857}
Iris-setosa	Iris-setosa	0.9714285714285714	{ "Iris-setosa": 0.9714285714285714, "Iris-versicolor": 0.02857142857142857}
Iris-setosa	Iris-setosa	0.9714285714285714	{ "Iris-setosa": 0.9714285714285714, "Iris-versicolor": 0.02857142857142857}
Iris-setosa	Iris-setosa	0.9714285714285714	{ "Iris-setosa": 0.9714285714285714, "Iris-versicolor": 0.02857142857142857}
Iris-setosa	Iris-setosa	0.9714285714285714	{ "Iris-setosa": 0.9714285714285714, "Iris-versicolor": 0.02857142857142857}
Iris-versicolor	Iris-versicolor	0.6857142857142857	{ "Iris-versicolor": 0.6857142857142857, "Iris-virginica": 0.3142857142857143}
Iris-versicolor	Iris-versicolor	0.7714285714285715	{ "Iris-versicolor": 0.7714285714285715, "Iris-virginica": 0.2285714285714286}
Iris-versicolor	Iris-versicolor	0.5428571428571428	{ "Iris-versicolor": 0.5428571428571428, "Iris-virginica": 0.4571428571428571}
Iris-versicolor	Iris-versicolor	0.7714285714285715	{ "Iris-versicolor": 0.7714285714285715, "Iris-virginica": 0.2285714285714286}
Iris-versicolor	Iris-versicolor	0.8	{ "Iris-versicolor": 0.8, "Iris-virginica": 0.2}
Iris-versicolor	Iris-versicolor	0.8	{ "Iris-versicolor": 0.8, "Iris-virginica": 0.2}
Iris-versicolor	Iris-versicolor	0.8285714285714286	{ "Iris-versicolor": 0.8285714285714286, "Iris-virginica": 0.17142857142857}

图 4-44　预测结果

多分类评估结果如图 4-45 ～图 4-48 所示。

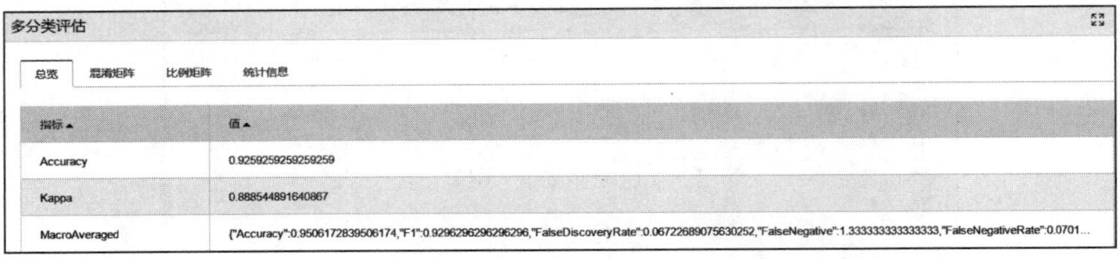

图 4-45　k 近邻的评估总览

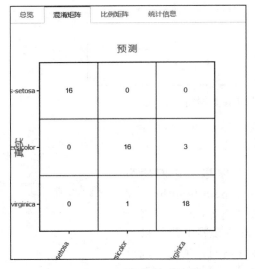

图 4-46　k 近邻的混淆矩阵

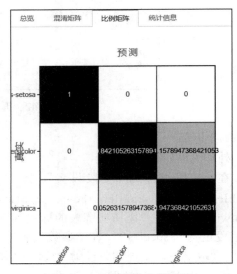

图 4-47　k 近邻的比例矩阵

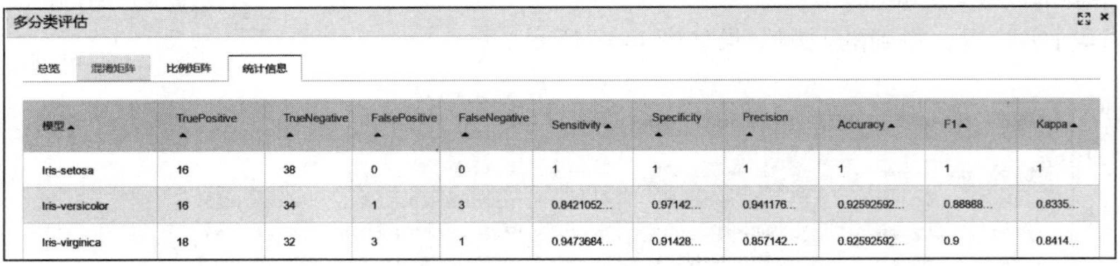

图 4-48　k 近邻的统计信息

2. 逻辑回归多分类

逻辑回归多分类的流程如图 4-49 所示。

逻辑回归多分类组件的设置与 k 近邻的设置相同。在"参数设置"中，将"正则项类型"设为" None "，"最大迭代次数"设为"100"，"正则项系数"设为"1"，"最小收敛误差"设为"0.000001"。

预测组件设置选择的字段及其设置与 k 近邻相同，即将"输出分数列名"设为" prediction_score "，"输出详细列名"设为" prediction_detail "。在多分类评估组件的"字段设置"中，将"预测结果列"设为" prediction_result "。

运行实验后，得到的预测结果如图 4-50 所示。

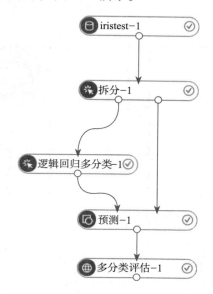

图4-49 逻辑回归多分类的流程

species ▲	prediction_result ▲	prediction_score ▲	prediction_detail ▲
Iris-setosa	Iris-setosa	0.9999999993852899	{ "Iris-setosa": 0.9999999993852899, "Iris-versicolor": 0.3030751803451595, "Iris-virginica": 0}
Iris-setosa	Iris-setosa	0.9999999998023967	{ "Iris-setosa": 0.9999999998023967, "Iris-versicolor": 0.1978354226379293, "Iris-virginica": 0}
Iris-setosa	Iris-setosa	0.999999999969819	{ "Iris-setosa": 0.999999999969819, "Iris-versicolor": 0.2361442809933368, "Iris-virginica": 0}
Iris-setosa	Iris-setosa	0.9999999999988045	{ "Iris-setosa": 0.9999999999988045, "Iris-versicolor": 0.1074399362485144, "Iris-virginica": 0}
Iris-setosa	Iris-setosa	0.9999999999963927	{ "Iris-setosa": 0.9999999999963927, "Iris-versicolor": 0.1476394974824144, "Iris-virginica": 0}
Iris-setosa	Iris-setosa	0.9999999999260956	{ "Iris-setosa": 0.9999999999260956, "Iris-versicolor": 0.0330572098104313, "Iris-virginica": 0}
Iris-setosa	Iris-setosa	0.9999999999344289	{ "Iris-setosa": 0.9999999999344289, "Iris-versicolor": 0.0343587134224578, "Iris-virginica": 0}
Iris-setosa	Iris-setosa	0.9999999999053351	{ "Iris-setosa": 0.9999999999053351, "Iris-versicolor": 0.2071802580766899, "Iris-virginica": 0}
Iris-versicolor	Iris-versicolor	0.1832908837962311	{ "Iris-setosa": 4.710777035881237e-14, "Iris-versicolor": 0.1832908837962311, "Iris-virginica": 0}
Iris-versicolor	Iris-versicolor	0.5597492566182837	{ "Iris-setosa": 3.300584319977571e-16, "Iris-versicolor": 0.5597492566182837, "Iris-virginica": 1.002604933110182e-287}
Iris-versicolor	Iris-versicolor	0.140649430317976	{ "Iris-setosa": 1.581305475112564e-15, "Iris-versicolor": 0.140649430317976, "Iris-virginica": 0}
Iris-versicolor	Iris-versicolor	0.3882442034153967	{ "Iris-setosa": 2.143759762723743e-13, "Iris-versicolor": 0.3882442034153997, "Iris-virginica": 0}
Iris-versicolor	Iris-versicolor	0.2209416652690341	{ "Iris-setosa": 1.594780875177764e-13, "Iris-versicolor": 0.2209416652690341, "Iris-virginica": 0}
Iris-versicolor	Iris-versicolor	0.8982576964816523	{ "Iris-setosa": 6.826878825307697e-14, "Iris-versicolor": 0.8982576964816523, "Iris-virginica": 0}
Iris-versicolor	Iris-versicolor	0.2564000543795519	{ "Iris-setosa": 5.138741221631606e-13, "Iris-versicolor": 0.2564000543795519, "Iris-virginica": 0}
Iris-versicolor	Iris-versicolor	0.8038244751666337	{ "Iris-setosa": 5.941023371899337e-19, "Iris-versicolor": 0.8038244751666337, "Iris-virginica": 2.945827642031019e-116}
Iris-versicolor	Iris-versicolor	0.4203265835189783	{ "Iris-setosa": 2.67907292478922e-13, "Iris-versicolor": 0.4203265835189783, "Iris-virginica": 0}

数据探查 - pai_temp_8747_177610_1 - (仅显示前一百条)

关闭

图 4-50 逻辑回归多分类预测结果

多分类评估结果如图 4-51 ～图 4-54 所示。

多分类评估

总览　混淆矩阵　比例矩阵　统计信息

指标 ▲	值 ▲
Accuracy	0.98
Kappa	0.97000599680024
MacroAveraged	{"Accuracy":0.9866666666666667,"F1":0.9797979797979798,"FalseDiscoveryRate":0.0196078431372549,"FalseNegative":0.3333333333333333,"FalseNegativeRate":0.0196...

图 4-51 逻辑回归多分类评估结果总览

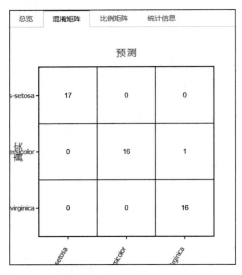

图 4-52 逻辑回归多分类评估结果的混淆矩阵

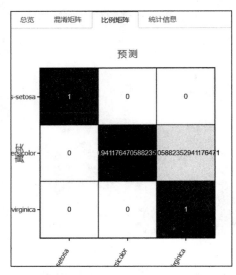

图 4-53 逻辑回归多分类评估结果的比例矩阵

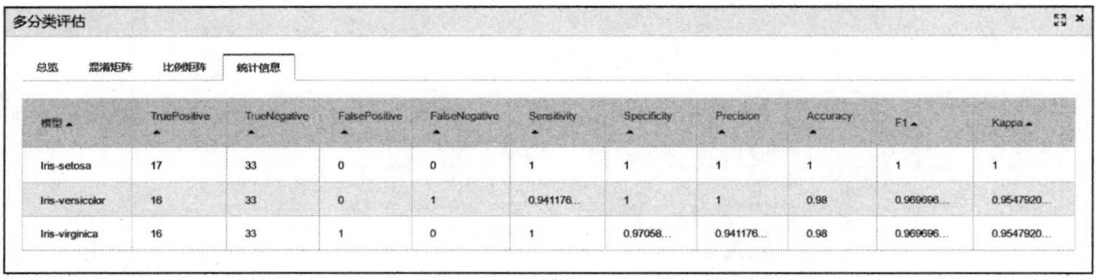

模型 ▲	TruePositive ▲	TrueNegative ▲	FalsePositive ▲	FalseNegative ▲	Sensitivity ▲	Specificity ▲	Precision ▲	Accuracy ▲	F1 ▲	Kappa ▲
Iris-setosa	17	33	0	0	1	1	1	1	1	1
Iris-versicolor	16	33	0	1	0.941176...	1	1	0.98	0.969696...	0.9547920...
Iris-virginica	16	33	1	0	1	0.97058...	0.941176...	0.98	0.969696...	0.9547920...

图 4-54 逻辑回归多分类评估结果的统计信息

3. 随机森林

随机森林处理流程如图 4-55 所示。

随机森林组件的字段设置与逻辑回归多分类中的设置相同。在"参数设置"中,将"森林中树的个数"设为"100","叶节点数据的最小个数"设为"2","叶节点数据的最小个数"设为"2","叶节点数据个数占父节点的最小比例"设为"0"。"单棵树输入的随机数据个数"设为"100000"。预测组件的设置与逻辑回归多分类中的设置相同。运行实验后,得到的预测结果如图 4-56 所示。

多分类评估结果如图 4-57 ～图 4-60 所示。

4. 朴素贝叶斯

朴素贝叶斯的流程如图 4-61 所示。

朴素贝叶斯组件的设置和多分类评估组件设置与逻辑回归多分类中的设置相同。

运行实验后,得到的预测结果如图 4-62 所示。

多分类评估结果如图 4-63 ～图 4-66 所示。

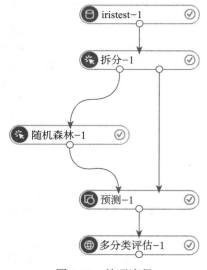

图 4-55 处理流程

数据探查 - pai_temp_8750_177786_1 - (仅显示前一百条)				
species ▲	prediction_result ▲	prediction_score ▲	prediction_detail ▲	
Iris-setosa	Iris-setosa	1	{"Iris-setosa": 1}	
Iris-setosa	Iris-setosa	1	{"Iris-setosa": 1}	
Iris-setosa	Iris-setosa	1	{"Iris-setosa": 1}	
Iris-setosa	Iris-setosa	1	{"Iris-setosa": 1}	
Iris-versicolor	Iris-versicolor	1	{"Iris-versicolor": 1}	
Iris-versicolor	Iris-versicolor	1	{"Iris-versicolor": 1}	
Iris-versicolor	Iris-versicolor	1	{"Iris-versicolor": 1}	
Iris-versicolor	Iris-versicolor	1	{"Iris-versicolor": 1}	
Iris-versicolor	Iris-versicolor	0.92	{ "Iris-versicolor": 0.92, "Iris-virginica": 0.08}	
Iris-versicolor	Iris-versicolor	1	{"Iris-versicolor": 1}	
Iris-versicolor	Iris-versicolor	1	{"Iris-versicolor": 1}	
Iris-versicolor	Iris-versicolor	1	{"Iris-versicolor": 1}	
Iris-versicolor	Iris-versicolor	1	{"Iris-versicolor": 1}	
Iris-versicolor	Iris-versicolor	1	{"Iris-versicolor": 1}	
Iris-virginica	Iris-virginica	1	{"Iris-virginica": 1}	
Iris-virginica	Iris-virginica	0.97	{ "Iris-versicolor": 0.03, "Iris-virginica": 0.97}	

关闭

图 4-56　随机森林的预测结果

多分类评估		
总览　混淆矩阵　比例矩阵　统计信息		
指标 ▲	值 ▲	
Accuracy	0.9523809523809523	
Kappa	0.9278350515463917	
MacroAveraged	{"Accuracy":0.9682539682539683,"F1":0.9526143790849672,"FalseDiscoveryRate":0.05128205128205129,"FalseNegative":0.6666666666666666,"FalseNegativeRate":0.037...	

图 4-57　随机森林的评估结果总览

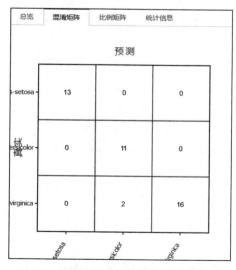

图 4-58　随机森林评估结果的混淆矩阵

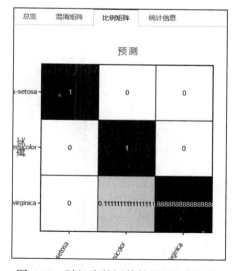

图 4-59　随机森林评估结果的比例矩阵

多分类评估

模型 ▲	TruePositive ▲	TrueNegative ▲	FalsePositive ▲	FalseNegative ▲	Sensitivity ▲	Specificity ▲	Precision ▲	Accuracy ▲	F1 ▲	Kappa ▲
Iris-setosa	13	29	0	1	1	1	1	1	1	1
Iris-versicolor	11	29	2	0	1	0.93548...	0.84615384...	0.95238095...	0.916666...	0.8836585096...
Iris-virginica	16	24	0	2	0.8888...	1	1	0.95238095...	0.941176...	0.9014084507...

图 4-60 随机森林评估结果的统计信息

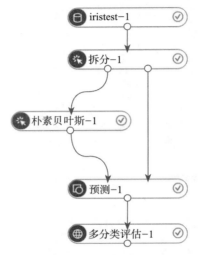

图 4-61 朴素贝叶斯的流程

数据探查 - pai_temp_8768_177826_1 - (仅显示前一百条)

species ▲	prediction_result ▲	prediction_score ▲	prediction_detail ▲
Iris-setosa	Iris-setosa	0.2254610879296785	{"Iris-setosa": 0.2254610879296786, "Iris-versicolor": -36.9945315121111, "Iris-virginica": -51.80775742458829}
Iris-setosa	Iris-setosa	-8.505232848501711	{"Iris-setosa": -8.505232848501711, "Iris-versicolor": -25.76061521182081, "Iris-virginica": -40.52594429605445}
Iris-setosa	Iris-setosa	0.43000789137552387	{"Iris-setosa": 0.43000789137555239, "Iris-versicolor": -36.60757156521979, "Iris-virginica": -50.47476194278619}
Iris-versicolor	Iris-versicolor	-4.471941951297989	{"Iris-setosa": -272.9817928653832, "Iris-versicolor": -4.471941951297989, "Iris-virginica": -5.599017762580914}
Iris-versicolor	Iris-virginica	-4.180712867410657	{"Iris-setosa": -308.8728239490399, "Iris-versicolor": -4.399157373496832, "Iris-virginica": -4.180712867410657}
Iris-versicolor	Iris-versicolor	-2.5563910997867403	{"Iris-setosa": -239.1289650336593, "Iris-versicolor": -2.5563910997867.4, "Iris-virginica": -6.149916119776219}
Iris-versicolor	Iris-versicolor	-2.060920913017.2674	{"Iris-setosa": -152.2167104535837, "Iris-versicolor": -2.060920913017267, "Iris-virginica": -12.53830808470984}
Iris-versicolor	Iris-versicolor	-1.3852802850151935	{"Iris-setosa": -233.28806816785, "Iris-versicolor": -1.385280285015194, "Iris-virginica": -7.524731282473283}
Iris-versicolor	Iris-versicolor	-3.2990419175083994	{"Iris-setosa": -107.8532366806638, "Iris-versicolor": -3.299041917508399, "Iris-virginica": -15.98762303944791}
Iris-versicolor	Iris-versicolor	-2.0212387261555518	{"Iris-setosa": -222.5681924140916, "Iris-versicolor": -2.0212387261555.8, "Iris-virginica": -9.309977001734072}
Iris-versicolor	Iris-versicolor	-1.3380454678200997	{"Iris-setosa": -180.4259347614022, "Iris-versicolor": -1.3380454678201, "Iris-virginica": -10.81726135165598}
Iris-versicolor	Iris-versicolor	-1.3046819106616725	{"Iris-setosa": -200.7360704865621, "Iris-versicolor": -1.3046819106616.3, "Iris-virginica": -9.881773932578895}
Iris-versicolor	Iris-versicolor	-1.275633150661.3185	{"Iris-setosa": -251.2925649503385, "Iris-versicolor": -1.2756331506613.9, "Iris-virginica": -5.708130585752568}
Iris-versicolor	Iris-versicolor	-1.1819170889639858	{"Iris-setosa": -182.379585293372, "Iris-versicolor": -1.181917088983986, "Iris-virginica": -9.474880593511624}
Iris-virginica	Iris-virginica	-3.0052714193085257	{"Iris-setosa": -398.3160026544414, "Iris-versicolor": -5.864610852085089, "Iris-virginica": -3.005271419308526}
Iris-virginica	Iris-virginica	-3.0852370683850414	{"Iris-setosa": -475.6888696787076, "Iris-versicolor": -9.802821614175088, "Iris-virginica": -3.085237068385041}
Iris-virginica	Iris-virginica	-5.524658561692936	{"Iris-setosa": -703.7837010912185, "Iris-versicolor": -30.5659641028009, "Iris-virginica": -5.524658561692936}

关闭

图 4-62 预测结果

多分类评估

指标 ▲	值 ▲
Accuracy	0.9512195121951219
Kappa	0.9261261261261261
MacroAveraged	{"Accuracy":0.9674796747967479,"F1":0.9474747474747476,"FalseDiscoveryRate":0.05252525252525253,"FalseNegative":0.6666666666666666,"FalseNegativeRate":0.052...

图 4-63 朴素贝叶斯评估结果总览

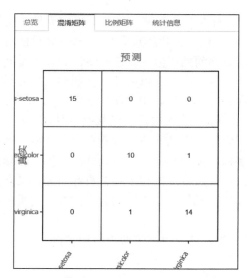

图 4-64　朴素贝叶斯评估结果的混淆矩阵

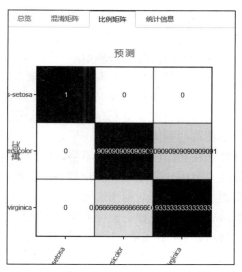

图 4-65　朴素贝叶斯评估结果的比例矩阵

模型 ▲	TruePositive	TrueNegative	FalsePositive	FalseNegative	Sensitivity ▲	Specificity ▲	Precision ▲	Accuracy ▲	F1 ▲	Kappa ▲
Iris-setosa	15	26	0	0	1	1	1	1	1	1
Iris-versicolor	10	29	1	1	0.9090909...	0.9666666...	0.9090909...	0.9512195...	0.909090...	0.8757575...
Iris-virginica	14	25	1	1	0.9333333...	0.9615384...	0.9333333...	0.9512195...	0.933333...	0.8948717...

图 4-66　朴素贝叶斯评估结果的统计信息

上述 4 种学习算法最终的分类准确度都很高，均超过 90%，其中后 3 种方法的准确度都达到了 95% 以上，综合上述 4 种方法的评估结果来看，逻辑回归多分类在该问题上表现得最好，其准确度和 F1 值都达到了最好。

小结

本章讨论了应用极其广泛的一大问题，也是数据挖掘、机器学习领域深入研究的重要内容，即分类问题，并按照分类的策略分别讨论了判别分析和基于机器学习的分类模型。

4.2 节介绍了判别分析模型，这种模型中通常要给出判别函数，用来衡量新样品与各已知组别的接近程度的指数，从而判别新样品的归属。所谓判别准则是用于衡量新样品与各已知组别接近程度的理论依据和方法准则。常用的有距离准则、Fisher 准则和贝叶斯准则。距离准则中，针对不同的距离定义，介绍了马氏距离和相对距离。Fisher 准则的目的是找到一个最合适的投影轴，使两类样本在该轴上的投影之间的距离尽可能远，而每一类样本的投影尽可能紧凑，从而使分类效果为最佳，在数学推导中利用了这一思想，通过使用组间平方和与组内平方和，实现理想的判别效果。贝叶斯判别法的出发点不再是基于距离的度量，它考虑了概率因素和损失因素。判断一个样本属于某一个类别时，既要考虑每个总体各自出现概率的大小，还要考虑误判造成的损失，最后综合这些因素，决定样本的归属。

4.3 节介绍了机器学习分类模型，机器学习领域有众多分类算法，本章集中介绍了支持向量机、逻辑回归、决策树与回归树、k 近邻算法、随机森林和朴素贝叶斯。SVM 算法应用十分广泛，使用核技术来度量原属性集在变换后的新空间的相似度，在非线性和高维空间的相关问题上表现卓越。逻辑回归是回归大家族中的一员，应用逻辑函数，它能够给出分类的"概率"，而非简单的"是与不是"。使用决策树和分类树也是解决分类问题的一大思路，决策树表示形式直观，更利于人们对于知识的发现和理解，从而被广泛的接受和使用。k 近邻算法是典型的懒惰学习方法，思想也很朴素，通过邻居的类别来权衡判断自己的类型。随机森林算法在实际应用时表现不俗，因为它组合了多棵决策树对样本进行训练和预测，在随机森林这一节中，还介绍了装袋和提升的概念与算法。最后本章讲述了朴素贝叶斯的定义和简单实例。朴素贝叶斯判别法则是基于贝叶斯定理和特征条件独立假设的分类方法，是贝叶斯判别法中的一个有特定假设和限制的具体的方法。

最后，4.4 节利用了阿里云平台提供的丰富的分类功能，讲解了两个应用实例。

习题

1. 某超市经销 10 种品牌的饮料，其中有 4 种畅销、3 种滞销及 3 种平销。表 4-11 是这 10 种品牌饮料的销售价格（元）和顾客对各种饮料的口味评分、信任度评分的平均数。

表 4-11 题 1 用表

销售情况	产品序号	销售价格	口味评分	信任度评分
畅销	1	2.2	5	8
	2	2.5	6	7
	3	3.0	3	9
	4	3.2	8	6
平销	5	2.8	7	6
	6	3.5	8	7
	7	4.8	9	8
滞销	8	1.7	3	4
	9	2.2	4	2
	10	2.7	4	3

（1）根据数据建立贝叶斯判别函数，并根据此判别函数对原样本进行回判。

（2）现有一新品牌的饮料在该超市试销，其销售价格为 3.0，顾客对其口味的评分平均为 8，信任评分平均为 5，试预测该饮料的销售情况。

2. 银行的货款部分需要区别每个客户的信用好坏（是否未履行还贷责任），以决定是否给予贷款。可以根据贷款申请人的年龄（X_1）、受教育程度（X_2）、现在所从事工作的年数、未变更住址的年数（X_3）、收入（X_4）、负债收入比例（X_5）、信用卡债务（X_6）、其他债务（X_7）等来判断其信用情况。表 4-12 是从某银行的客户资料中抽取的部分数据。

表 4-12 题 2 用表

信用好坏	客户序号	X_1	X_2	X_3	X_4	X_5	X_6	X_7	X_8
已履行还贷责任	1	23	1	7	2	31	6.6	0.34	1.71

（续）

信用好坏	客户序号	X_1	X_2	X_3	X_4	X_5	X_6	X_7	X_8
已履行还贷责任	2	34	1	17	3	59	8	1.81	2.91
	3	42	2	7	23	41	4.6	0.94	0.94
	4	39	1	19	5	48	13.1	1.93	4.36
	5	35	1	9	1	34	5	0.4	1.3
未履行还贷责任	6	37	1	1	3	24	15.1	1.8	1.82
	7	29	1	13	1	42	7.4	1.46	1.65
	8	32	2	11	6	75	23.3	7.76	9.72
	9	28	2	2	3	23	6.4	0.19	1.29
	10	26	1	4	3	27	10.5	2.47	0.36

（1）根据样本资料分别用距离判别法、Fisher 判别法、贝叶斯判别法建立判别函数和判别规则。

（2）某客户的如上情况资料为（53，1，9，18，50，11.20，2.02，3.58），对其进行信用好坏的判别。

3. 现有一个点能被正确分类且远离决策边界。如果将该点加入训练集，SVM 和 logistic 回归确定的决策边界会有什么变化？为什么？

4. 请查阅资料并讨论，SVM 处理大规模数据有什么好处？

5. 想探讨肺病发生的危险因素，选取了年龄与是否吸烟两个自变量，选取的人群见表 4-13。

判断一位不抽烟的 79 岁的人，通过 Logistic 回归方法预测其是否有肺病，概率为多少？

表 4-13　题 5 用表

序号	年龄	是否吸烟	是否有肺病
1	55	否	否
2	28	否	否
3	65	是	否
4	46	否	是
5	86	是	是
6	56	是	是
7	85	否	否
8	33	否	否
9	21	是	否
10	42	是	是

6. 表 4-14 由雇员数据库的训练数据组成。数据已泛化。例如，age "31…35" 表示年龄在 31～35 之间。对于给定的行，count 表示 department、status、age 和 salary 在该行上具有给定值的元组数。

表 4-14　题 6 用表

department	status	age	salary	count
sales	Senior	31…35	46K…50K	30
sales	Junior	31…35	26K…30K	40
sales	Junior	31…35	31K…35K	40
systems	Junior	21…25	46K…50K	20
systems	Senior	31…35	66K…70K	5
systems	Junior	26…30	46K…50K	3
systems	Senior	41…45	66K…70K	3
marketing	Senior	36…40	46K…50K	10
marketing	Junior	31…35	41K…45K	4
secretary	Senior	46…50	36K…40K	4
secretary	Junior	26…30	26K…30K	6

设 status 是类标号属性。

（1）如何修改基本决策树算法，以便考虑每个广义数据元组（即每个行）的 count？

（2）使用修改过的算法，构造给定数据的决策树。

（3）给定一个数据元组，它的属性 department、age 和 salary 的值分别为"systems""26…30"和"46K…50K"。该元组 status 的朴素贝叶斯分类是什么？

7. 给定下列的一维数据集（见表 4-15）。

表 4-15 题 7 用表

x	5.5	8.0	9.5	9.6	9.9	10.2	10.3	10.5	12.0
y	−	−	+	+	+	−	−	+	−

根据 1-NN、2-NN、3-NN、5-NN 及 9-NN，对数据点 $x = 10.0$ 分类（使用多数表决）。

8. 考虑下列数据集（见表 4-16）中的天气情况是否适宜爬山。

表 4-16 题 8 用表

序号 ID	天气 X_1	温度 X_2	湿润度 X_3	风力 X_4	是否爬山 Y
1	晴朗	高温	湿度大	弱	否
2	晴朗	高温	湿度大	强	否
3	多云	高温	湿度大	弱	是
4	下雨	中等	湿度大	弱	是
5	下雨	凉爽	正常	弱	是
6	下雨	凉爽	正常	强	是
7	多云	凉爽	正常	强	是
8	晴朗	中等	湿度大	弱	否
9	晴朗	凉爽	正常	弱	是
10	下雨	中等	正常	弱	是
11	晴朗	中等	正常	强	是
12	多云	中等	湿度大	强	是
13	多云	高温	正常	弱	是
14	下雨	中等	湿度大	强	否

（1）试分别求 $P(X_1 = 晴朗 | Y = 是)$、$P(X_2 = 高温 | Y = 是)$、$P(X_3 = 正常 | Y = 是)$、$P(X_4 = 强 | Y = 是)$ 的概率。

（2）根据（1）中的条件概率，利用朴素贝叶斯方法推断，天气晴朗，温度凉爽，湿度正常，风力强的情况下是否适合爬山？

（3）试比较 $P(X_3 = 正常 | Y = 是)$、$P(X_4 = 强 | Y = 是)$ 与 $P(X_3 = 正常，X_4 = 强 | Y = 是)$ 的概率，说明湿润度与风力是否条件独立？

9. 试比较随机森林与 GBDT 的异同点。

10. 数据集如图 4-67 所示：

（1）解释朴素贝叶斯分类器在图 4-67 数据集上的工作过程。

（2）如果每个类进一步分割，得到 4 个类（A_1，A_2，B_1，B_2），朴素贝叶斯会工作得更好吗？

（3）决策树在该数据集上怎样工作（两类问题）？ 4 个类呢？

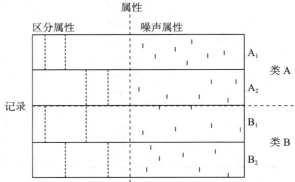

图 4-67 题 10 用图

11.（实现）从 UCI 数据集（https://archive.ics.uci.edu/ml/）上找到数据，利用阿里云选择合适的分类方法进行分类。

第 5 章
聚类分析模型

5.1 聚类分析的定义

聚类分析是将样品或变量按照它们在性质上的亲疏程度进行分类的数据分析方法。聚类分析是典型的无监督分析方法，也就是没有关于样品或变量的分类标签，分类需要依据样品或者变量的亲疏程度进行。因而本节首先讨论亲疏程度的定义。

用来描述样品或变量的亲疏程度通常有两个途径。一是个体间的差异度：把每个样品或变量看成是多维空间上的一个点，在多维坐标中，定义点与点、类和类之间的距离，用点与点间距离来描述样品或变量之间的亲疏程度。二是测度个体间的相似度：计算样品或变量的简单相关系数或者等级相关系数，用相似系数来描述样品或变量之间的亲疏程度。

5.1.1 基于距离的亲疏关系度量

差异性（个体间亲疏关系）可以用距离度量，对于两个多元属性描述的个体 $X(x_i, \cdots, x_k)$ 与个体 $Y(y_i, \cdots, y_k)$，距离 $d(X, Y)$ 需要满足如下条件：

1）自反性：$d(X, X) = 0$；

2）非负性：$d(X, Y) \geqslant 0$；

3）对称性，$d(X, Y) = d(Y, X)$；

4）三角形法则：$d(X, Z) + d(Z, Y) \geqslant d(X, Y)$。

下面介绍几种常用的距离。

1. 连续型变量距离

（1）欧氏距离

欧氏距离是最易于理解的一种距离计算方法，源自欧氏空间中两点间的距离公式。相当于高维空间内向量所表示的点到点之间的距离。

1）二维平面上两点 $a(x_1, y_1)$ 与 $b(x_2, y_2)$ 间的欧氏距离为

$$d_{12} = \sqrt{(x_1 - x_2)^2 + (y_1 - y_2)^2}$$

2）三维空间两点 $a(x_1, y_1, z_1)$ 与 $b(x_2, y_2, z_2)$ 间的欧氏距离为

$$d_{12} = \sqrt{(x_1 - x_2)^2 + (y_1 - y_2)^2 + (z_1 - z_2)^2}$$

3）两个 n 维向量 $\boldsymbol{a}$ $(x_{11}, x_{12}, \cdots, x_{1n})$ 与 $\boldsymbol{b}$ $(x_{21}, x_{22}, \cdots, x_{2n})$ 间的欧氏距离为

$$d_{12} = \sqrt{\sum_{k=1}^{n} \left(x_{1k} - x_{2k}\right)^2}$$

也可以用表示成向量运算的形式

$$d_{12} = \sqrt{\left(\boldsymbol{a} - \boldsymbol{b}\right)\left(\boldsymbol{a} - \boldsymbol{b}\right)^{\mathrm{T}}}$$

欧氏距离的优点是方法直观，计算简单，应用广泛，其缺点是没有考虑分量之间的相关性，体现单一特征的多个分量会干扰结果。

（2）曼哈顿距离

曼哈顿距离也称为城市街区距离，来源于从一个十字路口到另一个十字路口沿公路穿越曼哈顿街区的实际驾驶距离，其有如下定义方式。

1）二维平面两点 a (x_1, y_1) 与 b (x_2, y_2) 间的曼哈顿距离为

$$d_{12} = |x_1 - x_2| + |y_1 - y_2|$$

2）两个 n 维向量 $\boldsymbol{a}$ $(x_{11}, x_{12}, \cdots, x_{1n})$ 与 $\boldsymbol{b}$ $(x_{21}, x_{22}, \cdots, x_{2n})$ 间的曼哈顿距离为

$$d_{12} = \sum_{k=1}^{n} |x_{1k} - x_{2k}|$$

（3）切比雪夫距离

切比雪夫距离类似在国际象棋中国王从格子 (x_1, y_1) 走到格子 (x_2, y_2) 最少需要的步数。有如下定义：

1）二维平面两点 a (x_1, y_1) 与 b (x_2, y_2) 间的切比雪夫距离为

$$d_{12} = \max \left(|x_1 - x_2|, |y_1 - y_2|\right)$$

2）两个 n 维向量 $\boldsymbol{a}$ $(x_{11}, x_{12}, \cdots, x_{1n})$ 与 $\boldsymbol{b}$ $(x_{21}, x_{22}, \cdots, x_{2n})$ 间的切比雪夫距离为

$$d_{12} = \max_k \left(|x_{1k} - x_{2k}|\right)$$

这个公式的另一种等价形式是

$$d_{12} = \lim_{k \to \infty} \left(\sum_{k=1}^{n} |x_{1k} - x_{2k}|^k\right)^{1/k}$$

（4）闵可夫斯基距离（Minkowski Distance）

闵氏距离是一组距离的定义。两个 n 维变量 $\boldsymbol{a}$ $(x_{11}, x_{12}, \cdots, x_{1n})$ 与 $\boldsymbol{b}$ $(x_{21}, x_{22}, \cdots, x_{2n})$ 间的闵可夫斯基距离定义为

$$d_{12} = \sqrt[p]{\sum_{k=1}^{n} |x_{1k} - x_{2k}|^p}$$

其中 p 是可变参数。根据可变参数的不同，闵氏距离可以表示一类的距离。当 $p=1$ 时，就是曼哈顿距离；当 $p=2$ 时，就是欧氏距离；当 $p \to \infty$ 时，就是切比雪夫距离。

闵氏距离的缺点主要有两个：一个是将各个分量的量纲当作相同的看待了，而实际并非相同；另一个没有考虑各个分量的分布（期望、方差等）可能是不同的。

例如，二维样本（身高，体重），其中身高范围是 150 ~ 190cm，体重范围是 50 ~ 60kg，有三个样本：a（180,50），b（190,50），c（180,60）。那么 a 与 b 之间的闵氏距离（无论是曼哈顿距离、欧氏距离或切比雪夫距离）等于 a 与 c 之间的闵氏距离，例如，a 与 b 的

欧氏距离为：$\sqrt{(180-190)^2+(50-50)^2}$，而 a 与 c 的欧氏距离为 $\sqrt{(180-180)^2+(50-60)^2}$。显然两者结果相同，但是 a、b 身高之差 10cm（190－180）真的等价于 ac 体重之差 10kg（60－50）吗？因此用闵氏距离来衡量这些样本间的相似度存在很大问题。

（5）标准化欧氏距离

标准化欧氏距离是针对简单欧氏距离的缺点而作的一种改进方案。标准欧氏距离的思路是将各个分量都"标准化"到均值、方差相等（标准化的具体细节将在 8.1 节中详细介绍），而且标准化变量的数学期望为 0，方差为 1。因此样本集的标准化过程用公式描述就是

$$X^* = \frac{X-m}{s}$$

即标准化后的值＝（标准化前的值－分量的均值）/ 分量的标准差。

经过简单的推导就可以得到两个 n 维向量 a（x_{11}，x_{12}，…，x_{1n}）与 b（x_{21}，x_{22}，…，x_{2n}）间的标准化欧氏距离的公式：

$$d_{12} = \sqrt{\sum_{k=1}^{n}\left(\frac{x_{1k}-x_{2k}}{s_k}\right)^2}$$

其中 s_k 是分量的标准差。如果将方差的倒数看作一个权值，这个公式可以看作一种加权欧氏距离。

（6）马氏距离

我们在 4.2.1 节已经讲述过马氏距离。马氏距离主要适用于两方面的场景。一个是用来度量两个服从同一分布并且其协方差矩阵为 C 的随机变量 X 与 Y 的差异程度。另一个用于度量 X 与某一类的均值向量的差异程度，判别样本的归属。此时，Y 为类均值向量。

马氏距离的优点在于量纲无关，排除变量之间的相关性的干扰。缺点则体现在不同的特征不能差别对待，可能夸大弱特征。

2. 离散型变量距离

（1）卡方距离

每两个个体间各个属性的差异性：值较大说明个体与变量取值有显著关系，个体间变量取值差异较大，也就是说，个体 X（x_i，…，x_k）与个体 Y（y_i，…，y_k）的距离可以计算如下：

$$CHISQ(x,y) = \sqrt{\sum_{i=1}^{k}\frac{(x_i-E(x_i))^2}{E(x_i)}+\sum_{i=1}^{k}\frac{(y_i-E(y_i))^2}{E(y_i)}}$$

（2）Phi 距离

Phi 距离定义为卡方距离除以 $\sqrt{k}$。

（3）二值变量距离

二值变量距离是 k 个属性变量均只是 0 和 1 的情况下定义的距离。简单匹配系数二值变量距离建立在两两个体间构成的 01 频数表上，看哪个值最小，差异就最小（0 和 1 地位相同，而不会因为编码方案变化而变化）。

对于表 5-1 中的数据，个体 X 与个体 Y 的距离可以计算为

表 5-1　个体数据

	个体 Y_0	个体 Y_1
个体 X_0	a 个	b 个
个体 X_1	c 个	d 个

$$S(x, y) = \frac{b+c}{a+b+c+d}$$

其中，$b+c$ 体现差异性，$a+d$ 体现相似性。

（4）Jaccard 系数

分母排除了同时为 0 的频数（因为同时为 0 的意义不大），因为 0 和 1 地位不同，会因编码方案变化而变化。即 $J = \frac{d}{b+c+d}$，后文还有更具体的介绍。

基于上述距离的聚类通常称为 Q 型聚类。

5.1.2　基于相似系数的相似性度量

还有一种策略是通过计算相似系数来衡量相似性，常用的相似系数如下。

1. 余弦相似度

就是两个向量之间的夹角的余弦值。余弦相似度用向量空间中两个向量夹角的余弦值作为衡量两个个体间差异的大小。相比距离度量，余弦相似度更加注重两个向量在方向上的差异，而非距离或长度上的差异。此外，也有调整的余弦相似度。这种方法的优点是不受坐标轴旋转、放大、缩小的影响。

1）在二维空间中向量 $A(x_1, y_1)$ 与向量 $B(x_2, y_2)$ 的夹角余弦公式

$$\cos\theta = \frac{x_1 x_2 + y_1 y_2}{\sqrt{x_1^2 + y_1^2}\sqrt{x_2^2 + y_2^2}}$$

2）类似的，对于两个 n 维样本点 $a(x_{11}, x_{12}, \cdots, x_{1n})$ 和 $b(x_{21}, x_{22}, \cdots, x_{2n})$，可以使用类似于夹角余弦的概念来衡量它们间的相似程度。

$$\cos \quad \frac{a \cdot b}{|a||b|}$$

即

$$\cos \quad \frac{\sum_{k\ 1} x_{1k} x_{2k}}{\sqrt{\sum_{k=1}^{n} x_{1k}^2}\sqrt{\sum_{k=1}^{n} x_{2k}^2}}$$

夹角余弦取值范围为 $[-1, 1]$。夹角余弦越大表示两个向量的夹角越小，夹角余弦越小表示两个向量的夹角越大。当两个向量的方向重合时夹角余弦取最大值 1，当两个向量的方向完全相反时，夹角余弦取最小值 -1。

余弦相似性常用于比较文档之间的相似性。例如，有两个文档向量 x、y，其中

$$x = (3, 2, 0, 5, 0, 0, 0, 2, 0, 0)$$
$$y = (1, 0, 0, 0, 0, 0, 0, 1, 0, 2)$$

所以 $x \cdot y = 5$，而 $\|x\| = 6.48$，$\|y\| = 2.45$，从而有 $\cos(x, y) = 0.31$。

2. 汉明距离

汉明距离的定义为：在信息论中，两个等长字符串之间的汉明距离是两个字符串对应位置的不同字符的个数。换句话说，它就是将一个字符串变换成另外一个字符串所需要替换的字符个数。例如，字符串"1111"与"1001"之间的汉明距离为 2。

具体应用为信息编码，为了增强容错性，在编码过程中应使得编码间的最小汉明距离尽

可能大。

3. Jaccard 相似系数

Jaccard 系数主要用于计算符号度量或布尔值度量的个体间的相似度，因为个体的特征属性都是由符号度量或者布尔值标识，因此无法衡量差异具体值的大小，只能获得"是否相同"这个结果，所以 Jaccard 系数只关心个体间共同具有的特征是否一致这个问题。

（1）Jaccard 相似系数

两个集合 A 和 B 的交集元素在 A、B 的并集中所占的比例，称为两个集合的 Jaccard 相似系数，用符号 $J(A，B)$ 表示。公式如下：

$$J(A，B)=\frac{|A\cap B|}{|A\cup B|}$$

Jaccard 相似系数是衡量两个集合的相似度一种指标。

（2）杰卡德距离

与 Jaccard 相似系数相反的概念是 Jaccard 距离（Jaccard distance）。Jaccard 距离可用如下公式表示：

$$J_\delta(A，B)=1-J(A，B)=\frac{|A\cup B|-|A\cap B|}{|A\cup B|}$$

Jaccard 距离用两个集合中不同元素占所有元素的比例来衡量两个集合的区分度。

（3）Jaccard 相似系数与 Jaccard 距离的应用

可将 Jaccard 相似系数用在衡量样本的相似度上。

我们还以文档相似度为例，文档 A 与文档 B 是两个 n 维向量，而且所有维度的取值都是 0 或 1。每一维代表字典中的一个词是否出现。1 表示出现，那么 0 表示没有出现。

例如，A（0111）和 B（1011）。4 个维分别表示词汇"聚类""分析""模型""相似"是否出现。可以看出，在文档 A 中"聚类"这个词没有出现，而文档 B 中没有出现"分析"这个词。

我们将样本看作一个集合，1 表示集合包含该元素，0 表示集合不包含该元素。

p：样本 A 与 B 都是 1 的维度的个数。

q：样本 A 是 1，样本 B 是 0 的维度的个数。

r：样本 A 是 0，样本 B 是 1 的维度的个数。

s：样本 A 与 B 都是 0 的维度的个数。

那么样本 A 与 B 的 Jaccard 相似系数可以表示为

$$J=\frac{p}{p+q+r}=\frac{2}{2+1+1}=0.5$$

这里 $p+q+r$ 可理解为 A 与 B 的并集的元素个数，而 p 是 A 与 B 的交集的元素个数。

4. 皮尔森相关系数

利用类似 2.2.2 节的相关系数也可以定义相似性，即相关分析中的相关系数 r，分别对 X 和 Y 基于自身总体标准化后计算空间向量的余弦夹角。计算公式为

$$r(X，Y)=\frac{n\sum xy-\sum x\sum y}{\sqrt{n\sum x^2-\left(\sum x\right)^2}\cdot\sqrt{n\sum y^2-\left(\sum y\right)^2}}$$

相关系数是衡量随机变量 X 与 Y 相关程度的一种方法，相关系数的取值范围是 [-1，1]。相关系数的绝对值越大，则表明 X 与 Y 相关度越高。当 X 与 Y 线性相关时，相关系数取值为 1（正线性相关）或 -1（负线性相关）。

5.1.3 个体与类以及类间的亲疏关系度量

在聚类过程中，还有一类重要的度量是度量个体与某一类之间的亲疏关系或两类之间的亲疏关系。本小节讨论类度量的计算方法，其中个体间的距离度量见 5.1.1 节和 5.1.2 节。

两类之间的距离主要有如下几类：

1）最远（最近）距离：使用两个类之间个体距离的最小值来描述它们之间的距离。同理可以定义最远距离。最近距离如图 5-1a 所示，最远距离如图 5-1b 所示。

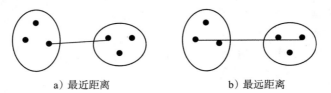

a）最近距离 b）最远距离

图 5-1 最远（最近）距离

2）组间平均链锁距离：定义两小类的距离为所有样本对间的平均距离，它能够克服最近（远）距离的受极值影响的缺陷。组间平均链锁距离如图 5-2 所示。

3）组内平均链锁距离：对所有样本对的距离求平均值，包括组间的样本对和组内的样本对，也就是所有距离的平均值，比组间距离进一步考虑了组内相似性的变化。组内平均链锁距离如图 5-3 所示。

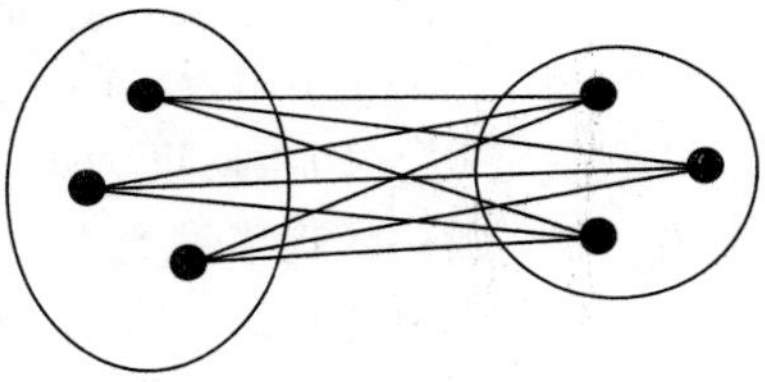

4）重心距离：求类重心，也就是求所有样本在各个变量上的均值，用类重心之间的距离衡量类之间的距离（黑色叉号为簇的重心）。重心距离如图 5-4 所示。

图 5-2 组间平均链锁距离

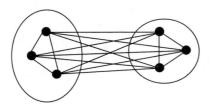

图 5-3 组内平均链锁距离

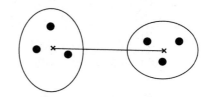

图 5-4 重心距离

5）离差平方和距离（Ward 方法）：聚类过程中，每个小类之间计算合并后的离差平方和，并将值最小的凝聚成一类。离差平方和距离如图 5-5 所示。

需要注意的是，离差平方和是各项与平均项之差的平方的总和。

为了每次都选择离差平方和最小的组合，首先会将点 1 和点 2 合并，然后再并入点 3，最后再将点 4 并入。

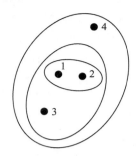

图 5-5　离差平方和距离（Ward 方法）

5.1.4　变量的选择与处理

聚类分析的对象是变量，变量的选择和处理对聚类结果显得至关重要。首先，选取的变量应该与类别相关；其次，数据的数量级对聚类影响较大，应先标准化，从而消除量纲对距离的影响，变量标准化将在 8.2 节中详细介绍；最后，变量之间如果存在较强线性关系，即可以相互替代，则同类变量会相互替代，权值加强从而使得结果偏向该类变量。

5.2　聚类分析的分类

本小节讨论聚类分析策略的分类方法。

1. 基于分类对象的分类

根据分类对象的不同，聚类分析可以分为 Q 型聚类和 R 型聚类。Q 型聚类就是对样品个体进行聚类，R 型聚类则是对指标变量进行聚类。

❑ **Q 型聚类**：当聚类把所有的观测记录进行分类时，将性质相似的观测分在同一个类，性质差异较大的观测分在不同的类。

　　Q 型聚类分析的目的主要是对样品进行分类。分类的结果是直观的，且比传统的分类方法更细致、全面、合理。当然，使用不同的分类方法通常有不同的分类结果。对任何观测数据都没有唯一"正确"的分类方法。实际应用中，常采用不同的分类方法对数据进行分析计算，以便对分类提供具体意见，并由实际工作者决定所需要的分类数及分类情况。Q 型聚类主要采取 5.1.1 节中基于相似性的度量。

❑ **R 型聚类**：把变量作为分类对象进行聚类。这种聚类适用于变量数目比较多且相关性比较强的情形，目的是将性质相近的变量聚类为同一个类，并从中找出代表变量，从而减少变量个数以达到降维的效果。R 型聚类主要采取 5.1.2 节中基于相似系数相似性度量。

R 型聚类分析的目的有以下几方面：

1）可以了解变量间及变量组合间的亲疏关系。

2）对变量进行分类。

3）根据分类结果及它们之间的关系，在每一类中选择有代表性的变量作为重要变量，利用少数几个重要变量进一步作分析计算，如进行回归分析或 Q 型聚类分析等以达到减少变量个数、变量降维的目的。

2. 基于聚类结构的分类

根据聚类结构，聚类分析可以分为两种方法，即凝聚方式、分解方式。

在凝聚方式中，每个个体自成一体，将最亲密的凝聚成一类，再重新计算各个个体间的距离，最相近的凝聚成一类，以此类推。随着凝聚过程的进行，每个类内的亲密程度逐渐下降。

在分解方式中，所有个体看成一个大类，类内计算距离，将彼此间距离最远的个体分离出去，直到每个个体自成一类。分解过程中，每个类内的亲密程度逐渐增强。

5.3 聚类有效性的评价

聚类有效性的评价标准有两种：一是外部标准，通过测量聚类结果和参考标准的一致性来评价聚类结果的优良；另一种是内部指标，用于评价同一聚类算法在不同聚类数条件下聚类结果的优良程度，通常用来确定数据集的最佳聚类数。

内部指标用于根据数据集本身和聚类结果的统计特征对聚类结果进行评估，并根据聚类结果的优劣选取最佳聚类数，这些指标有 Calinski-Harabasz（CH）指标、Davies-Bouldin（DB）指标、Weighted inter-intra（Wint）指标、Krzanowski-Lai（KL）指标、Hartigan（Hart）指标、In-Group Proportion（IGP）指标等。这里主要介绍 Calinski-Harabasz（CH）指标和 Davies-Bouldin（DB）指标。

（1）CH 指标

CH 指标通过类内离差矩阵描述紧密度，类间离差矩阵描述分离度，指标定义为

$$CH(k) = \frac{trB(k)/(k-1)}{trW(k)/(n-k)}$$

其中，n 表示聚类的数目，k 表示当前的类，trB（k）表示类间离差矩阵的迹，trW（k）表示类内离差矩阵的迹。CH 越大代表着类自身越紧密，类与类之间越分散，即更优的聚类结果。

（2）DB 指标

DB 指标通过描述样本的类内散度与各聚类中心的间距，定义为

$$DB(k) = \frac{1}{k} \sum_i \max_{i \neq j} \frac{W_i + W_j}{C_{ij}}$$

其中，k 是聚类数目，W_i 表示类 C_i 中的所有样本到其聚类中心的平均距离，W_j 表示类 C_i 中的所有样本到类 C_j 中心的平均距离，C_{ij} 表示类 C_i 和 C_j 中心之间的距离。可以看出，DB 越小表示类与类之间的相似度越低，从而对应越佳的聚类结果。

最佳聚类数的确定过程：首先给定 k 的范围 [k_{min}, k_{max}]；然后对数据集使用不同的聚类数 k 运行同一聚类算法，得到一系列聚类结果，对每个结果计算其有效性指标的值；最后，比较各个指标值得到最佳指标值，其对应的聚类数即为最佳聚类数。

5.4 聚类分析方法概述

聚类分析是多元统计分析的一个重要的分支，聚类分析的功能是建立一种分类方法，它将一批样品或变量按照它们在性质上的亲疏、相似程度进行分类。

聚类分析的内容十分丰富，按其聚类的方法可分为以下几种：

1）k 均值聚类法：指定聚类数目 K 确定 K 个数据中心，每个点分到距离最近的类中，重新计算 K 个类的中心，然后要么结束，要么重算所有点到新中心的距离聚类。其结束准

则包括迭代次数超过指定或者新的中心点距离上一次中心点的偏移量小于指定值。

2）系统聚类法：开始每个对象自成一类，然后每次将最相似的两类合并，合并后重新计算新类与其他类的距离或相近性测度。这一过程可用一张谱系聚类图描述。

3）调优法（动态聚类法）：首先对 n 个对象初步分类，然后根据分类的损失函数尽可能小的原则对其进行调整，直到分类合理为止。

4）最优分割法（有序样品聚类法）：开始将所有样品看作一类，然后根据某种最优准则将它们分割为二类、三类，一直分割到所需的 K 类为止。这种方法适用于有序样品的分类问题，也称为有序样品的聚类法。

5）模糊聚类法：利用模糊集理论来处理分类问题，它对经济领域中具有模糊特征的两态数据或多态数据具有明显的分类效果。

6）图论聚类法：利用图论中最小生成树、内聚子图、顶点随机游走等方法来处理图类问题。

在第 11 章中，将着重介绍 k 均值和 CLARANS 聚类方法。

5.5 聚类分析的应用

聚类分析有着广泛的应用。在商业方面，聚类分析被用来将用户根据其性质分类，从而发现不同的客户群，并且通过购买模式刻画不同的客户群的特征；在计算生物学领域，聚类分析被用来对动植物和对基因进行分类，从而获得更加准确的生物分类；在保险领域，聚类分析根据住宅类型、价值、地理位置来鉴定一个城市的房产分组；在电子商务中，通过聚类分析可以发现具有相似浏览行为的客户，并分析客户的共同特征，可以更好地帮助电子商务的用户了解自己的客户，向客户提供更合适的服务。

我们用一个例子具体说明聚类分析的应用，有 5 个房子数据，每个只测量了房间是数目，分别是 1，2，6，8，11。我们用最短距离法将它们聚类。

1）计算 5 个样品两两间的距离，得初始类间的距离矩阵 $D_{(0)}$。

	G_1	G_2	G_3	G_4	G_5
G_1	0				
G_2	1	0			
G_3	5	4	0		
G_4	7	6	2	0	
G_5	10	9	5	3	0

2）由 $D_{(0)}$ 知，类间最小距离为 1，于是将 G_1 和 G_2 合并成 G_6，并计算 G_6 和其他类之间的距离，得新的距离阵 $D_{(1)}$。

	G_6	G_3	G_4	G_5
G_6	0			
G_3	4	0		
G_4	6	2	0	
G_5	9	5	3	0

3）由 $D_{(1)}$ 知，类间最小距离为 2，合并 G_3 和 G_4 为 G_7，计算 G_7 与其他类间的距离，

得矩阵 $D_{(2)}$。

	G_6	G_7	G_5
G_6	0		
G_7	4	0	
G_5	9	3	0

4）由 $D_{(2)}$ 知，类间的最小距离为 3，将 G_5 和 G_7 合并为 G_8，得新的距离矩阵 $D_{(3)}$。

	G_5	G_8
G_6	0	
G_8	4	0

5）最后将 G_6 和 G_8 合并为 G_9，这时 5 个样品聚为一类。

5.6 聚类分析的阿里云实现

本节将使用 k 均值方法以一个实例说明在阿里云平台上实现聚类分析的过程。我们使用的数据源是 UCI 开源数据集 Adult（http://archive.ics.uci.edu/ml/datasets/Adult），该数据集合针对美国某区域的一次人口普查结果，共 32 561 条数据。具体字段含义见表 5-2。

表 5-2　具体字段含义

字段名	含义	类型	字段名	含义	类型
age	年龄	double	race	种族	string
workclass	工作类型	string	sex	性别	string
fnlwgt	序号	string	capital_gain	资本收益	string
education	教育程度	string	capital_loss	资本损失	string
education_num	受教育时间	double	hours_per_week	每周工作小时数	double
maritial_status	婚姻状况	string	native_country	原籍	string
occupation	职业	string	income	收入	string
relationship	关系	string			

数据集前 10 条记录见表 5-3。

我们可以利用这些数据来研究各个属性之间的关系。是否可以根据某些属性将大众分类，挖掘出它们的共同特点？这时候就需要聚类算法来实现这一目的。

导入数据创建实验的方法和之前一致。采用的聚类算法是 K 均值聚类算法，算法流程如图 5-6 所示。

数据视图组件将普通字符串自动对应为数值，以方便聚类计算。选定字段均为 string 类型，包括 workclass、fnlwgt、education、martial-status、occupation、relationship、race、sex、capital-gain、capital_loss、native-country 和 income。可在其输出口 2 上查看修改后各个数值和之前属性的各个字符串之间的对应关系，如图 5-7 所示。

流程中 k 均值聚类 -1 是针对所有特征进行聚类。选择所有的 15 个字段，增加了 3 个 double 类型的参数，包括 age、education_num 和 hours-per-week。评估组件也选择全部的字段。

表 5-3 人口普查数据前 10 条

age	workclass	fnlwgt	education	education_num	marital_status	occupation	relationship	race	sex	capital_gain	capital_loss	hours_per_week	native_country	income
39	State-gov	77 516	Bachelors	13	Never-married	Adm-clerical	Not-in-family	White	Male	2174	0	40	United-States	≤50K
50	Self-emp-not-inc	83 311	Bachelors	13	Married-civ-spouse	Exec-managerial	Husband	White	Male	0	0	13	United-States	≤50K
38	Private	215 646	HS-grad	9	Divorced	Handlers-cleaners	Not-in-family	White	Male	0	0	40	United-States	≤50K
53	Private	234 721	11th	7	Married-civ-spouse	Handlers-cleaners	Husband	Black	Male	0	0	40	United-States	≤50K
28	Private	338 409	Bachelors	13	Married-civ-spouse	Prof-specialty	Wife	Black	Female	0	0	40	Cuba	≤50K
37	Private	284 582	Masters	14	Married-civ-spouse	Exec-managerial	Wife	White	Female	0	0	40	United-States	≤50K
49	Private	160 187	9th	5	Married-spouse-absent	Other-service	Not-in-family	Black	Female	0	0	16	Jamaica	≤50K
52	Self-emp-not-inc	209 642	HS-grad	9	Married-civ-spouse	Exec-managerial	Husband	White	Male	0	0	45	United-States	>50K
31	Private	45 781	Masters	14	Never-married	Prof-specialty	Not-in-family	White	Female	14 084	0	50	United-States	>50K
42	Private	159 449	Bachelors	13	Married-civ-spouse	Exec-managerial	Husband	White	Male	5178	0	40	United-States	>50K

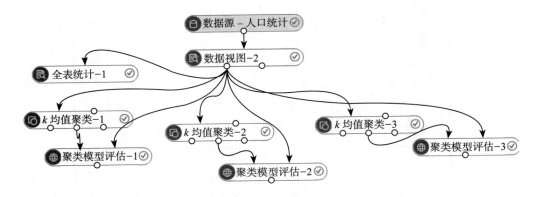

图 5-6　*K*-means 聚类算法流程

数据探查 - pai_temp_8814_178334_2 - (仅显示前一百条)

feature_name ▲	feature_value ▲	map_id ▲
education	1st-4th	4
education	5th-6th	5
education	7th-8th	6
education	9th	7
education	Assoc-acdm	8
education	Assoc-voc	9
education	Bachelors	10
education	Doctorate	11
education	HS-grad	12
education	Masters	13
education	Preschool	14
education	Prof-school	15
education	Some-college	16
marital_status	Divorced	1
marital_status	Married-AF-spouse	2
marital_status	Married-civ-spouse	3
marital_status	Married-spouse-a...	4

图 5-7　查看数值和属性的对应关系

　　运行后得到结果的聚类情况如图 5-8 和图 5-9 所示。

　　此处聚类虽然能够达到稳定，但是由于聚类特征过多，导致同类别的样本的各个属性相似度不是很高，一方面也是聚类中心过少的原因，所以通过此次聚类无法得到太多有价值的结论。

　　在 *k* 均值聚类 -2 中，我们选定了受教育时长、教育程度、每周工作时长和职业 4 个特征进行聚类。希望能从中挖掘出一定关联。*k* 均值聚类 -2 组件设置中选择 4 个字段，其中两个 double 类型字段（education_num 和 hours_per_week），两个 string 类型字段（education 和 occupation）。

　　运行实验得到聚类结果如图 5-10 所示。

数据探查 - pai_temp_8814_178332_1 - (仅显示前一百条)

age	education_num	hours_per_week	workclass	fnlwgt	education	marital_status	occupation	relationship	race	sex	capital_g
46	3	40	5	216666	5	3	8	1	5	2	0
34	4	45	5	245487	6	3	15	1	1	2	0
32	4	40	1	293936	6	4	1	2	5	2	0
31	4	40	3	125927	6	3	6	1	5	2	0
49	5	16	5	160187	7	4	9	2	3	1	0
35	5	40	2	76845	7	3	6	1	3	2	0
31	5	43	5	507875	7	3	8	1	5	2	0
30	5	40	5	54334	7	5	13	2	5	2	0
67	6	2	1	212759	1	3	1	1	5	2	0
53	7	40	5	234721	2	3	7	1	3	2	0
38	7	50	5	28887	2	3	13	1	5	2	0
43	7	40	5	117037	2	3	15	1	5	2	0
48	7	40	5	242406	2	5	8	5	5	2	0
18	7	22	5	309634	2	5	9	4	5	1	0
38	9	40	5	215646	12	1	7	2	5	2	0
52	9	45	7	209642	12	3	5	1	5	2	0
25	9	35	7	176756	12	5	6	4	5	2	0

关闭

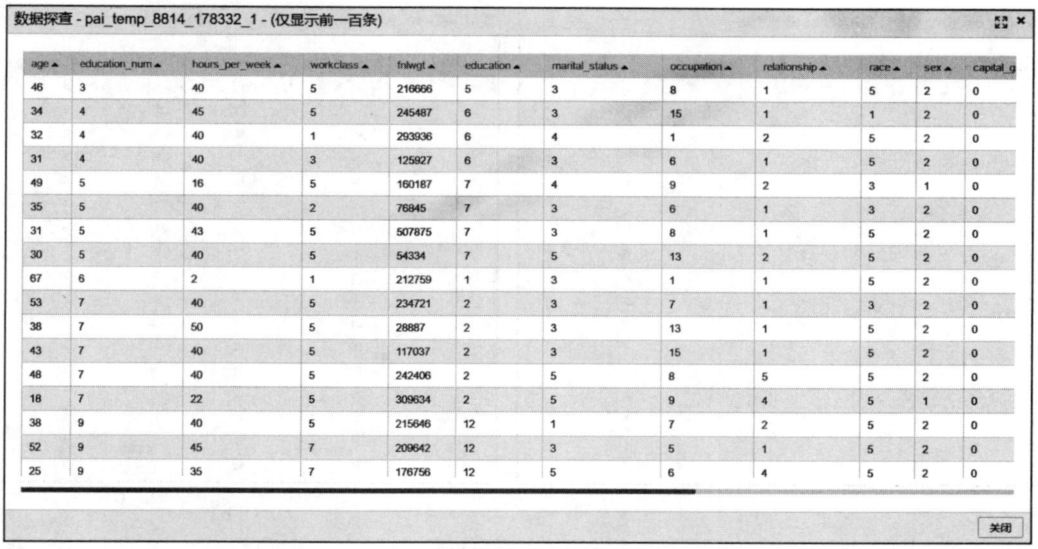

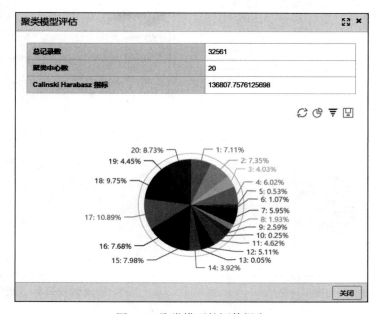

图 5-8　*k* 均值聚类 -1 结果

图 5-9　聚类模型的评估报告

显然受教育程度和受教育时间是有关联的，并且可以根据其将人群进行分类。虽然受教育程度与工作时长、职业三者两两之间没有很明显的关系，但是可以看出当工作时长达到一定程度时，受教育程度的取值范围有一定的偏向，说明其中有一定影响。

聚类模型评估结果如图 5-11 所示。

k 均值聚类 -3 中，我们对于另外 4 个特征（收入、人种、原国籍、职业）进行聚类。在 *k* 均值聚类 -3 组件设置中，选择 4 个 string 类型的字段（income、native_country、race 和 occupation）。

数据探查 - pai_temp_8814_182017_1 - (仅显示前一百条)

education_num ▲	hours_per_week ▲	education ▲	occupation ▲	cluster_index ▲
3	40	5	8	6
4	40	6	1	6
4	40	6	6	6
4	45	6	15	6
5	16	7	9	8
5	40	7	6	6
5	40	7	13	6
5	43	7	8	6
6	40	1	1	6
7	22	2	9	8
7	40	2	7	6
7	40	2	15	6
7	40	2	8	6
7	50	2	13	4
9	20	12	9	7
9	25	12	2	7
9	30	12	9	7

a)

数据探查 - pai_temp_8814_182017_1 - (仅显示前一百条)

education_num ▲	hours_per_week ▲	education ▲	occupation ▲	cluster_index ▲
6	2	1	1	8
13	13	10	5	8
10	15	16	9	8
5	16	7	9	8
9	20	12	9	8
10	20	16	11	8
7	22	2	9	8
9	25	12	2	7
10	25	16	2	7
9	30	12	9	7
9	30	12	13	7
13	30	10	2	7
10	32	16	11	7
9	35	12	6	2
9	35	12	7	2
9	35	12	13	1
9	35	12	13	1

b)

图 5-10　聚类结果

运行实验得到聚类结果如图 5-12 所示。

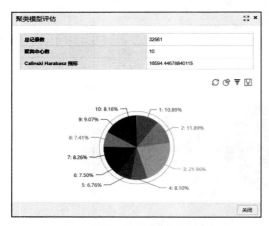

图 5-11　聚类模型评估结果

数据探查 - pai_temp_8814_182035_1 - (仅显示前一百条)

race ▲	occupation ▲	native_country ▲	income ▲	cluster_index ▲
5	13	40	1	5
5	11	40	1	8
5	13	40	1	5
5	11	40	1	8
5	4	40	1	4
5	8	40	1	4
2	13	1	1	7
5	7	40	1	9
5	5	10	1	7
3	9	40	1	4
5	5	40	2	1
5	11	40	2	8
5	5	40	2	1
3	5	40	2	1
2	11	20	2	3
2	4	1	2	7
5	5	40	2	1

图 5-12　k 均值聚类 -3 聚类结果

通过点击 income 属性上的小箭头将输入进行排序，如图 5-13 所示。可以清楚地看到当收入达到 > 50k（属性值 2）时，人种值只剩下了 5（白人）。而只有当收入 ≤ 50k 时，才综合了各个人种。归类时可以按照人种和收入进行分类，挖掘其中的其他共同特点。

当按原国籍进行排序时发现，国籍对于职业的影响比较大。亦可根据原国籍和职业来对其进行分类，挖掘出有共同特点的人群。

该聚类模型评估结果如图 5-14 所示，其中 Calinski-Harabasz 指标描述了该聚类的效果。

数据探查 - pai_temp_8814_182035_1 - (仅显示前一百条)

race ▲	occupation ▲	native_country ▲	income ▲	cluster_index ▲
2	11	20	2	3
3	9	24	1	3
5	8	27	1	3
5	9	27	1	3
5	15	27	1	3
5	8	34	1	9
5	9	34	1	8
2	1	36	2	0
5	1	40	1	0
5	1	40	1	0
5	2	40	1	0
5	2	40	1	0
5	2	40	1	0
5	2	40	1	0
5	2	40	1	0
5	2	40	1	0
5	2	40	1	0

图 5-13　按原国籍排序

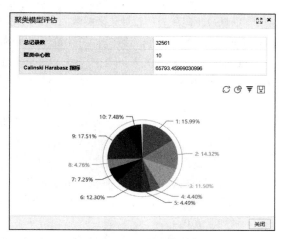

图 5-14　聚类模型评估结果

小结

聚类问题是非监督学习问题的重要内容，在实际生活中也有十分重要的作用。

用来描述样品或变量的亲疏程度通常有两个途径：一是个体间的差异度；二是测度个体间的相似度。基于距离，分为连续型距离和离散型距离。连续型距离包括欧氏距离、曼哈顿距离、切比雪夫距离、闵可夫斯基距离和马氏距离等。离散型距离包括卡方距离、Phi 距离和 Jaccard 系数等。

相似性系数度量问题中，余弦相似性用向量空间中两个向量夹角的余弦值作为衡量两个个体间差异的大小，常用于文本相似性问题；汉明距离，在常见的信息编码问题中被使用；Jaccard 系数主要用于计算符号度量或布尔值度量的个体间的相似度；皮尔森相关系数除了用于描述相关性，同时也可以定义相似性。

聚类问题中，除了要计算物体和物体之间的相似性，还要度量两个类之间的相似性。常用的度量有最远（最近）距离、组间平均链锁距离、组内平均链锁距离、重心距离和离差平方和距离（Ward 方法）。此外，变量的选择和处理也是不容忽视的重要环节。

5.2 节讨论了聚类分析的分类问题。根据分类对象的不同，聚类分析可以分为 Q 型聚类和 R 型聚类；根据聚类结构，聚类分析可以分为凝聚方式、分解方式两种。5.3 节则探讨了聚类有效性评价的度量，包括内部指标和外部标准两种。5.4 节讨论了聚类分析方法的种类，可以看出聚类分析内容十分丰富和广泛。

5.5 节简单介绍了聚类方法的应用场合和实例。5.6 节在阿里云环境中，使用 k 均值算法分析了一个很有趣的聚类问题。

习题

1. 试叙述 k 均值法与系统聚类法的异同。

2. 设有 5 个样品，每个样品只测量一个指标，分别为 1, 2, 5, 7, 9, 10。

（1）试用最短距离法、最长距离法、重心法和离差平方和法进行聚类分析。

（2）以最短距离法为例，最佳聚类数为多少？（以 DB 指标进行衡量。）

3. 对于下面的向量 x 和 y，计算指定的相似性或距离度量。

（1）$x = (1, 1, 1, 1)$，$y = (2, 2, 2, 2)$ 求余弦相似度、相关系数、欧几里得距离。

（2）$x = (0, 1, 0, 1)$，$y = (1, 0, 1, 0)$ 求余弦相似度、相关系数、欧几里得距离、Jaccard 系数。

（3）$x = (2, -1, 0, 2, 0, -3)$，$y = (-1, 1, -1, 0, 0, -1)$ 求余弦相似度、相关系数。

4.（1）对于二元数据，计算如下两个二元向量之间的汉明距离和 Jaccard 相似度：

$$X = 0101010001, \quad y = 0100011000$$

（2）假设你正在根据包含共同基因的个数比较两个不同物种的有机体的相似性，你认为哪种度量更适合用来比较构成两个有机体的遗传基因，是汉明距离还是 Jaccard 相似性？解释你的结论。（假定每种动物用一个二元向量表示，其中如果一个基因出现在有机体中，则对应的属性取值 1，否则取值 0。）

（3）如果你想比较构成相同物种的两个有机体的遗传基因（例如，两个人），你会使用汉明距离，Jaccard 系数，还是一种不同的相似性或距离度量？解释原因。（注意，两个人的相同基因超过 99.9%。）

5. 表 5-4 包含了属性 name、gender、trait-1、trait-2、trait-3 及 trait-4，这里的 name 是对象的 id，gender 是一个对称的属性，剩余的 trait 属性是不对称的，描述了希望找到的笔友的个人特点。假设有一个服务是试图发现合适的笔友。

表 5-4　题 5 用表

name	gender	trait-1	triat-2	triat-3
Karen	M	P	P	N
Caroline	F	P	P	N
Erik	M	N	N	P

对不对称的属性的值，值 P 被设为 1，值 N 被设为 0。

假设对象（潜在的笔友）间的距离是基于不对称变量来计算的。

（1）计算对象间的 Jaccard 系数。

（2）你认为哪两个人将成为最佳笔友？哪两个会是最不能相容的？

（3）假设将对称变量 gender 包含在我们的分析中。基于 Jaccard 系数，哪两个人将是最和谐的一对？为什么？

6. 传统的聚类方法是僵硬的，因为它们要求每个对象排他性地只属于一个簇。解释为什么这是模糊聚类的特例（可以 k 均值为例）。

7. AllElectronics 销售 1000 种产品 $P_1, \cdots, P_{1000}$。考虑顾客 Ada、Bob 和 Cathy，Ada 和 Bob 购买 3 种同样的产品 P_1、P_2、P_3。对于其他 997 种产品，Ada 和 Bob 独立地随机购买其中 7 件。Cathy 购买 10 件产品，随机地从 1000 种产品中选择。使用欧氏距离，dist（Ada, Bob）> dist（Ada, Cathy）的概率是多少？如果使用 Jaccard 相似度呢？从这个例子中你学到了什么？

8. 20 种啤酒的成分和价格数据见表 5-5。

表 5-5　题 8 用表

beername	calorie	sodium	alcohol	cost	beername	calorie	sodium	alcohol	cost
Budweiser	144.00	19.00	4.70	.43	Coors	140.00	16.00	4.60	.44
Schlitz	181.00	19.00	4.90	.43	Coorslicht	102.00	15.00	4.10	.46
Ionenbrau	157.00	15.00	4.90	.48	Michelos-lich	135.00	11.00	4.20	.50
Kronensourc	170.00	7.00	5.20	.73	Seers	150.00	19.00	4.70	.76
Heineken	152.00	11.00	5.00	.77	Kkirin	149.00	6.00	5.00	.79
Old-milnaukee	145.00	23.00	4.60	.26	Pabst-extra-1	68.00	15.00	2.30	.36
Aucsberger	175.00	24.00	5.50	.40	Hamms	136.00	19.00	4.40	.43
Strchs-bohemi	149.00	27.00	4.70	.42	Heilemans-old	144.00	24.00	4.90	.43
Miller-lite	99.00	10.00	4.30	.43	Olympia-gold	72.00	6.00	2.90	.46
Sudeiser-lich	113.00	6.00	3.70	.44	Schlite-light	97.00	7.00	4.20	.47

试将这些啤酒分类：

（1）选择哪些变量进行聚类？采用哪种聚类分析方法？

（2）以上 20 种啤酒分为几类？采用哪种聚类分析方法？

第 6 章
结构分析模型

结构分析是对数据中结构的发现。其输入是数据，输出是数据中某种有规律性的结构。结构分析是在统计分组的基础上，将部分与整体的关系作为分析对象，以发现在整体的变化过程中各关键的影响因素及其作用的程度和方向的分析过程。

例如，在医学中，通常情况下某一类药物都具有相似分子结构或相同的子结构，它们针对某一种疾病的治疗具有很好的效果，如抗生素中的大环内酯类，几乎家喻户晓的红霉素就是其中的一种。这种特性给我们提供了一个很好的设想：如果科学家新发现了某种物质，经探寻，它的分子结构中某一子结构与某一类具有相同治疗效果药物的子结构相同，我们虽不可以断定这种物质对治疗这种疾病有积极作用（由于药物的复杂性，同一种分子的左右手性都使得药效大相径庭），但是这至少提供了一个实验的方向，对相关研究起到了积极作用。甚至我们可以通过改变具有类似结构的物质的分子结构来获得这种物质，如果在成本上优于之前制药方法的成本，那么在医学史上将是一大壮举。结构分析范畴很广，本书仅讨论几种有代表性的结构分析方法。

本章中，要进行结构分析的对象是图 $G=(V, E)$，其中 V 是 G 中的节点集合，E 是 G 中的边集合。

6.1 最短路径

图 G 中最短路径发现的常见模型有三个，即两点间最短路径、单源最短路径和任意两点最短路径，其定义如下：

在最短路径问题中，给出的是一个带权有向图 $G=(V, E)$，加权函数 $\omega: E \to R$ 为从边到实型权值的映射。路径 $p = <v_0, v_1, \cdots, v_k>$ 的权是指其组成边的所有权值之和，即

$$\omega(p) = \sum_{i=1}^{k} \omega(v_{i-1}, v_i)$$

定义从 u 到 v 间的最短路径的权为 $\delta(u, v)$，若存在一条从 u 到 v 的路径，则 $\delta(u, v) = \min\{\omega(p): u$ 经过路径 p 到 $v\}$，否则，若不存在 u 到 v 的路径，则 $\delta(u, v) = \infty$。

从顶点 u 到顶点 v 间的最短路径定义为权 $\omega(p) = \delta(u, v)$ 的任何路径。

单源最短路径：从顶点 u 到 G 中其余各个顶点的最短路径长度，其中将 u 称为源。

任意两点最短路径：对于每对顶点 u 和 v，找到从顶点 u 到顶点 v 间的最短路径。

我们用阿里云的例子来说明最短路径的应用。

首先是数据导入环节。

处理数据首先需要进行建表以及数据导入。建表步骤为：在建表页面选择相应的项目名（需要先在平台中创建项目），输入自定义表名 dijkstra。字段信息设置中，添加两个 string 类型字段（src 和 dst）及一个 double 类型字段（dis）。建表成功后，导入本地数据，最后提示导入成功。

下面介绍具体的应用。单源最短路径采用 Dijkstra 算法来计算有向图中起始点到其所有点的最短距离，我们只需要知道起始点以及该有向图中的所有边即可。现假设我们有一个有向图，如图 6-1 所示。

我们将图 6-1 所示的有向图数据构造成表数据（见表 6-1），其中第一列 src 为每条边的起点，第二列 dst 为每条边的终点，第三列 dis 为每条边的距离。

我们想要计算出起点 1 到其他各点的距离。现在我们利用阿里云平台组件来实现该算法，组件布局如图 6-2 所示。

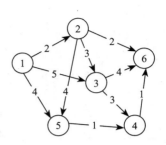

图 6-1 Dijkstra 有向图示例

表 6-1 图 6-1 的有向图构造的表数据

src	dst	dis
1	2	2
1	3	5
1	5	4
2	6	2
2	3	3
2	5	4
3	6	4
3	4	3
4	6	1
5	4	1

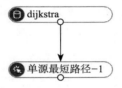

图 6-2 组件布局

具体设置如下：将"选择源顶点列"设为"src"，将"选择目标顶点列"设为"dst"，将"选择边权值列"设为"dis"，并将"起始节点 ID"设为"1"。

算法执行结果如图 6-3 所示，start_node 为起点，dest_node 为终点，distance 为起点到终点的最短距离。

数据探查 - pai_temp_8909_179567_1 - (仅显示前一百条)

start_node ▲	dest_node ▲	distance ▲	distance_cnt ▲
1	1	0	0
1	2	2	1
1	3	5	2
1	4	5	1
1	5	4	1
1	6	4	1

图 6-3 算法执行结果

6.2 链接排名

链接排名指的是基于图中节点的链接关系，对图中的节点按照其重要性进行排名。输入有向权值图 $G=(V, E, W_V, W_E)$，其中 W_V 为 V 中每个点的权值，W_E 为 E 中每条边的权值，输出 W 基于 G 中的链接关系给每个点一个新的权值，使得这个新的权值体现节点在整个图中的重要性。这一分析模型在搜索引擎中得到了广泛的应用，成为 Google 等知名搜索引擎的核心。

比较经典的链接排名算法包括 PageRank 和 HITS 等，这里以 PageRank 为例，基于阿里云对网络中节点的重要性进行排名。

单击"新建表"按钮，输入自定义表名。在进行字段信息设置时，添加两个 string 类型的字段（src 和 dst）和一个 double 类型的字段（dis）。导入本地数据，成功后会出现相应提示。

接下来使用阿里云给出 PageRank 的一个实例。

PageRank 用于网页的搜索排序，Google 利用网页的链接结构计算每个网页的等级排名，其基本思路是：如果一个网页被其他多个网页指向，这说明该网页比较重要或者质量较高。除考虑网页的链接数量，还考虑网页本身的权值级别，以及该网页有多少条出链到其他网页。对于用户构成的人际网络，除了用户本身的影响力之外，边的权值也是重要因素之一。例如，新浪微博的某个用户，会更容易影响粉丝中关系比较亲密的家人、同学、同事等，而对陌生的弱关系粉丝影响较小。在人际网络中，边的权值等价为用户 – 用户的关系强弱指数。带连接权值的 PageRank 公式为

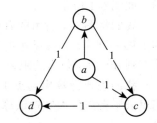

图 6-4　PageRank 有向图示例

$$W(A) = (1-d) + d * \left(\sum_i W(i) * C(A, i) \right)$$

其中，$W(i)$ 为节点 i 的权值，$C(A, i)$ 为链接权值，d 为阻尼系数，算法迭代稳定后的节点权值 W 即为每个用户的影响力指数。

现假设我们有如图 6-4 所示的有向图。

我们将图 6-4 所示的有向图数据构造成表数据（见表 6-2），其中第一列 src 为每条边的起点，第二列 dst 为每条边的终点，第三列 dis 为每条边的距离。

我们想要计算出图中每个点的权值。现在我们利用阿里云平台组件来实现该算法，组件布局如图 6-5 所示。

具体设置如下：将"选择源顶点列"设为"src"，将"选择目标顶点列"设为"dst"，将"选择边权值列"设为"dis"，将"最大迭代次数"设为"30"，将"阻尼系数"设为"0.85"。

设置完后我们开始运行组件，运行成功后在 PageRank 组件上右击，选择"查看数据"命令，得到如图 6-6 所示的结果，node 列为图中的每个点，weight 列为对应点计算后的权值。

表 6-2　图 6-4 的有向图构造的表数据

src	dst	dis
a	b	1
a	c	1
b	c	1
b	d	1
c	d	1

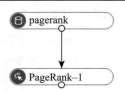

图 6-5　链接排名组件布局

node ▲	weight ▲
a	0.0375
b	0.0534375
c	0.07614844
d	0.12493711

数据探查 - pai_temp_9002_181067_1 - (仅显示前一百条)

图 6-6　链接排名运行结果

从结果表中可以得知，d 点权值最高，a 点权值最低。

6.3　结构计数

结构计数指的是对图中具有某种特定结构的结构进行计数，比较经典的结构计数是三角形计数，即输入图 G，输出其中的三角形。我们基于阿里云构造实例说明三角形计数。

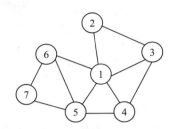

图 6-7　结构计数无向图示例

在建表页面选择相应的项目名（需要先在平台中创建项目），输入自定义表名。添加两个 string 类型的字段：vertex1 和 vertex2。导入本地数据，导入成功后出现相应提示信息。

下面以三角形计数为例进行讲解，三角形计数是找出所有存在于无向图中的三角形。我们只需要知道图中所有无向边的顶点即可。现假设我们有一个如图 6-7 所示的无向图。

我们将图 6-7 所示的无向图数据构造成表数据（见表 6-3），vertex1 和 vertex2 为每条边的两个顶点。

我们想要计算出该无向图中有多少个三角形。现在利用阿里云平台组件来实现该算法，组件布局如图 6-8 所示。

计数三角形参数设置中，起始节点和终止节点为边的顶点（顺序可换），其他参数由于该数据集数据不多，因此默认即可（起始节点为 vertex1，终止节点为 vertex2）。

得到如图 6-9 所示的结果，每条数据为一个三角形，node1、node2 和 node3 为该三角形的三个顶点。

基于结构计数，进而发现图中的频繁结构，输入标签图 G，输出其中的频繁子图。

下面以一个简单的实例进行说明。

现假设有一个图的集族，并且假定顶点标签来自集合 $\{A, B, C, D, \cdots\}$，而边的标签来自集合 $\{a, b, c, d, \cdots\}$。

基于结构计数，我们得到了图 6-10a 所示的频繁三角形结构，使用类 Apriori 算法通过顶点增长产生候选的方式，得到图 6-10b 和图 6-10c 等多个候选子图。

使用候选剪枝对图 6-10b 和图 6-10c 进行检验，发现图 6-10b 和图 6-10c 是频繁 4- 子图。

表 6-3　图 6-7 的无向图构造的表数据

vertex1	vertex2
1	2
1	3
1	4
1	5
1	6
2	3
3	4
4	5
5	6
5	7
6	7

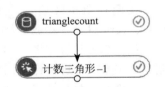

图 6-8　结构计数组件布局

数据探查 - pai_temp_9003_181073_1 - (仅显示前一百条)

node1	node2	node3
1	2	3
1	3	4
1	4	5
1	5	6
5	6	7

图 6-9　结构计数运行结果

同理，将图 6-10b 和图 6-10c 进行合并，得到图 6-10d，假设 CD 边连通，标签为 c。使用剪枝策略发现图 6-10d 是非频繁的。

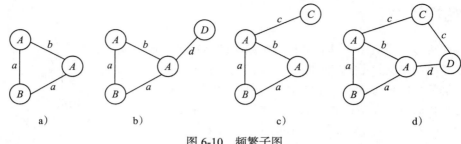

图 6-10 频繁子图

通过上述方式，可以逐步得到包含更多顶点和边数的频繁子图，进而我们可以获得图集族中所有的频繁子图。

6.4 结构聚类

图中的结构聚类指的是对图中的节点和边进行聚类。对于节点聚类，输入图 G，输出其节点的分类，使得每个分类在结构上关联密切。

我们用阿里云来说明结构聚类的定义和实现。阿里云提供两种结构聚类计算方式，分别为点聚类系数和边聚类系数。点聚类系数是在无向图 G 中计算每一个节点周围的稠密度。星状网络稠密度为 0，全连通网络稠密度为 1。边聚类系数是在无向图 G 中计算每一条边周围的稠密度。

先以点聚类系数为例，点聚类系数计算数据我们采用 6.3 节所使用的无向图，再次给出该无向图，如图 6-11 所示。

我们将图 6-11 所示的无向图数据构造成表数据（见表 6-4），vertex1 和 vertex2 为每条边的两个顶点。

我们想要计算出图 6-11 中每个节点的稠密度，现在利用阿里云平台组件进行计算，组件布局如图 6-12 所示。

点聚类系数参数设置如下：起始节点为 vertex1，终止节点为 vertex2。起始节点与终止节点为图中边的两个顶点（顺序可换），其他参数由于该图数据不大，因此采用默认设置。

得到如图 6-13 所示的结果，每条数据为图中的一个点，node 为点的 ID 号，node_cnt 为与该点相邻的点个数，edge_cnt 为该点相连的边数减 1，density 为该点的稠密度，log_density 为稠密度的对数值。从数据中可以得出，log_density 值越大，代表与该点相邻的点越稠密，反之越稀疏。

从结果中能够得到所有点的稠密度信息。

再以边聚类系数为例。在建表页面选择相应的项目名（需要先在平台中创建项目），输入自定义表名 edgeCluster，仍然添加字段 vertex1 和 vertex2。导入本地数据，导入成功后，出现相应提示信息。

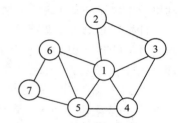

图 6-11 点聚类系数无向图示例

表 6-4 图 6-11 的无向图构造的表数据

vertex1	vertex2
1	2
1	3
1	4
1	5
1	6
2	3
3	4
4	5
5	6
5	7
6	7

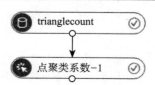

图 6-12 点聚类系数组件布局

数据探查 - pai_temp_9011_181178_1 - (仅显示前一百条)

node ▲	node_cnt ▲	edge_cnt ▲	density ▲	log_density ▲
1	5	4	0.4	1.45657
2	2	1	1	1.24696
3	3	2	0.66667	1.35204
4	3	2	0.66667	1.35204
5	4	3	0.5	1.41189
6	3	2	0.66667	1.35204
7	2	1	1	1.24696

图 6-13　点聚类系数结果

边聚类系数用于计算无向图中每条边周围的稠密度。现假设我们有如图 6-14 所示的无向图。

我们将图 6-14 所示的无向图数据构造成表数据，前 10 条数据见表 6-5，vertex1 和 vertex2 为每条边的两个顶点。

我们想要计算出该无向图的每条边周围的稠密度。现在利用阿里云平台组件来实现该算法，组件布局如图 6-15 所示。

边聚类系数组件参数设置仍为 vertex1 和 vertex2，起始节点和终止节点为边的顶点（顺序可换），由于该数据集数据不多，因此其他参数默认即可。

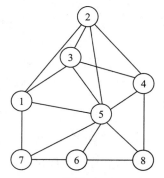

图 6-14　边聚类系数无向图示例

表 6-5　图 6-14 的无向图构造的表数据的前 10 条

vertex1	1	1	1	1	2	2	2	3	3	4
vertex2	2	3	5	7	5	4	3	5	4	5

得到如图 6-16 所示的结果，每条数据为图中的一条边，node1、node2 该边的两个顶点，node1_edge_cnt 为顶点 node1 相连边的个数，node2_edge_cnt 为顶点 node2 相连边的个数，triangle_cnt 为以该边为其中一边的三角形个数，density 为该边的稠密度。

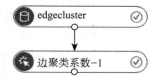

图 6-15　边聚类系数组件布局

数据探查 - pai_temp_9011_181185_1 - (仅显示前一百条)

node1 ▲	node2 ▲	node1_edge_cnt ▲	node2_edge_cnt ▲	triangle_cnt ▲	density ▲
3	1	4	4	2	0.5
5	1	7	4	3	0.75
7	1	3	4	1	0.33333
1	2	4	4	2	0.5
4	2	4	4	2	0.5
2	3	4	4	3	0.75
5	3	7	4	3	0.75
3	4	4	4	2	0.5
8	4	3	4	1	0.33333
2	5	4	7	3	0.75
4	5	4	7	3	0.75
7	5	3	7	2	0.66667
5	6	7	3	2	0.66667
8	6	3	3	1	0.33333
6	7	3	3	1	0.33333
5	8	7	3	2	0.66667

图 6-16　边聚类系数结果

顶点和边的信息都可以用数据准确地表现出来。

6.5　社团发现

6.5.1　社团的定义

Wikipedia 给出的定义为：社团是一个或一组网站，是虚拟的社团。虚拟的社团是指有着共同爱好和目标的人通过媒体相互影响的社交网络平台，在这个平台上，潜在地跨越了地理和政治的边界。

也有基于主题的定义，在这种定义下，社团由一群有着共同兴趣的个人和备受他们欢迎的网页组成。也有人给出的定义为：社团是在图中共享相同属性的顶点的集群，这些顶点在图中扮演着十分相似的角色。例如，处理相关话题的一组网页可以视为一个社团。

社团还可以基于主题及结构来定义，社团定义为图中所有顶点构成的全集的一个子集，它满足子集内部顶点之间连接紧密，而子集内部顶点与子集外部的其他顶点连接不够紧密的要求。

6.5.2　社团的分类

社团的分类主要包括按主题分类和按照社团形成的机制分类。

按主题分类可以分为明显的（explicit）社团和隐含的（implicit）社团。顾名思义，明显的社团是与某些经典的、流行的、大众的主题相关的一组网页。例如，大家熟知的 Facebook、IMDB、YouTube、Amazon、Flickr 等，它们的特点是易定义、易发现、易评价。而隐含的社团则是与某些潜在的、特殊的、小众的主题相关的一组网页，例如讨论算法、数据库的网页集合，它们的特点是难定义、难发现、难评价。

按社团形成机制分类可以分成预定义社团和自组织社团。预定义社团指预先定义好的社团，例如 LinkedIn、Google Group、Facebook 等。相反，自组织社团指自组织形成的社团，例如，与围棋爱好者相关的一组网页。

6.5.3　社团的用途

社团的用途十分广泛，它能帮助搜索引擎提供更好的搜索服务，如基于特定主题的搜索服务，以及为用户提供针对性的相关网页等。它也在主题爬虫（focused crawling）的应用中发挥了重要作用，还能够用于研究社团与知识的演变过程。

社团具有在内容上围绕同一主题和在结构上网页间的链接稠密的特征。

6.5.4　社团的数学定义

基于主题的社团定义难以用数学方法严格刻画，因此不是本节介绍的重点，我们重点介绍基于结构的社团定义方法，可以分为两种。

1）（绝对定义）社团是图中的稠密顶点子集。

2）（相对定义）社团是图中的一组顶点，这组顶点之间的连接密度高于与其他顶点的连接密度。

我们以图 6-17 为例介绍一些社团的绝对定义方法。

❑ 团（clique）：一组顶点，其中任意两个顶点之间有一条边相连。例如，{1, 2, 3} 和 {2, 3, 4} 是团。

❑ **准团（quasi-clique）**：以图中近似团的子图定义社团，其定义分为 t- 准团和 p- 准团两种。在 t- 准团顶定义下，对于一个顶点集合 S，用 |S| 表示顶点集合 S 中顶点的个数。若其导出子图的密度（= 导出子图边数 / ($|S|(|S|-1)/2$)）大于等于 t，则其构成 t- 准团。对于图 6-17，在 t- 准团定义下，{1, 2, 3, 4} 是一个 0.8- 准团。若 S 中的每个顶点与 S 中至少 $p(|S|-1)$ 个其他顶点相邻，则称其构成 p- 准团。对于图 6-17，在 p- 准团定义下，{1, 2, 3, 4} 是一个 0.6- 准团。

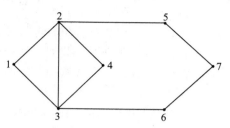

图 6-17 社团的绝对定义方法

❑ **k- 核（core）**：一组顶点 S，其中每个顶点与 S 中至少 k 个其他顶点相邻。例如，{1, 2, 3, 4, 5, 6, 7} 是一个 2- 核。

❑ **k-plex**：一组顶点 S，其中每个顶点与 S 中至少 $|S|-k$ 个其他顶点相邻。例如，{1, 2, 3, 4} 是一个 2-plex。

❑ **kd- 团**：一组顶点 S，其中任意两个顶点之间的最短路径（不能经过 S 以外的顶点）长度小于等于 k。例如，{1, 2, 3, 4, 5} 是一个 2d- 团。

❑ **k-club**：一组顶点 S，其中任意两个顶点之间的最短路径（可经过 S 以外的顶点）长度小于等于 k。例如，{1, 2, 3, 4, 5, 6} 是一个 2-club。

❑ **(s, t) -biclique**：一组顶点 $S \cup T$，S 中任意顶点与 T 中任意顶点都有边相连，S 中顶点之间互不相邻，T 中顶点之间也互不相邻，$|S| = s$，$|T| = t$。例如，图 6-18 是一个（3, 3）-biclique。

以上共给出了 8 个社团的绝对定义，下面介绍社团的相对定义，包括强定义形式、弱定义形式以及中间定义形式三种。三种形式都定义社团是图中的一个顶点子集 S，但是对于 S 的限制各不相同。

强定义形式要求 S 中任意顶点 v 与 S 中其他顶点之间的边数大于 v 与 S 以外顶点之间的边数。如图 6-19 所示，根据定义，深色的节点不属于任何社团。

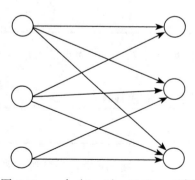

图 6-18 一个（3, 3）-biclique 示例

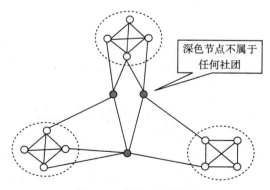

图 6-19 强定义示例图

弱定义形式要求 S 中顶点之间的边数大于等于 S 中顶点与 S 以外顶点之间的边数。如图 6-20 所示，深色节点属于虚线框内的社团，尽管它们的出度大于入度。

中间定义形式要求 S 中任意顶点 v 与 S 中其他顶点之间的边数大于等于 v 与任意其他社团内顶点之间的边数。

6.5.5 基于阿里云的社团发现

阿里云平台所提供的社团发现算法分两种：一种是标签传播聚类，用于对图中的近似点进行聚类；另一种是标签传播分类，用于对图中的点进行 group 分类。

先以标签传播聚类为例。标签传播聚类需要两张表，接下来我们分别构建两张数据表。在建表页面选择相应的项目名（需要先在平台中创建项目），输入自定义表名 LabelPropagationClusteringNode。添加 string 类型字段 node，添加 double 类型字段 weight，然后导入本地数据。

图聚类是根据图的拓扑结构进行子图的划分，使得子图内部节点的连接较多，子图之间的连接较少。标签传播算法（Label Propagation Algorithm，LPA）是基于图的半监督学习方法，其基本思路是节点的标签依赖其邻居节点的标签信息，影响程度由节点相似度决定，并通过传播迭代更新达到稳定。现假设我们有如图 6-21 所示的无向图。

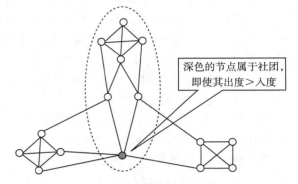

深色的节点属于社团，即使其出度>入度

图 6-20　弱定义示例图

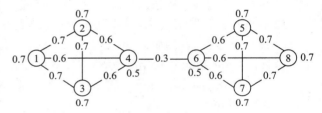

图 6-21　标签传播聚类算法无向图示例

我们将图 6-21 所示的无向图数据构造成表数据，分别按照边信息和点信息进行建表，边信息前 10 条数据见表 6-6，src 和 dst 字段为边的两个顶点，weight 为边的权值。

表 6-6　图 6-21 的无向图的边信息构造的表数据的前 10 条

src	1	1	1	2	2	3	4	5	5	5
dst	2	3	4	3	4	4	6	6	7	8
weight	0.7	0.7	0.6	0.7	0.6	0.6	0.3	0.6	0.7	0.7

利用该无向图的点信息建表，得到的点信息数据见表 6-7，node 为点的 ID，weight 为该点的权值。

表 6-7　图 6-21 的无向图的点信息构造的表数据

node	1	2	3	4	5	6	7	8
weight	0.7	0.7	0.7	0.5	0.7	0.5	0.7	0.7

我们想要对该无向图根据点信息和边信息进行聚类。现在利用阿里云平台组件来实现该算法，组件布局如图 6-22 所示。

标签传播聚类组件参数设置如下：顶点表中顶点列为 node，权值列为 weight；边表中的源顶点列和目标顶点列为 src 和 dst（顺序可换），权值列为 weight，由于该数据集数据不多，因此

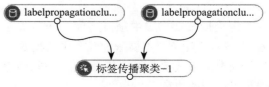

图 6-22　社团发现组件布局

其他参数默认即可。

得到如图 6-23 所示的结果，每条数据为图中的一个点，node 为该点的 ID，group_id 表明该点属于哪个 group 组。从结果可以看出该无向图分为两个 group，正如图中所示，点 {1，2，3，4} 为一组，{5，6，7，8} 为另一组。

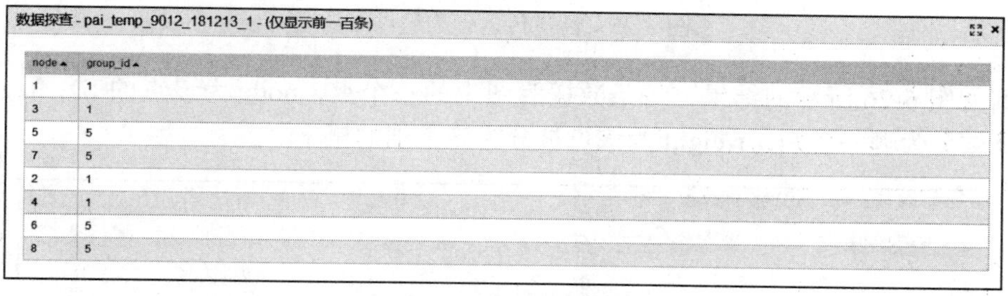

node ▲	group_id ▲
1	1
3	1
5	5
7	5
2	1
4	1
6	5
8	5

数据探查 - pai_temp_9012_181213_1 - (仅显示前一百条)

图 6-23　标签传播聚类结果

再以标签传播分类为例。标签传播分类同样需要两张表。在建表页面选择相应的项目名（需要先在平台中创建项目），输入自定义表名 labelPropagationClassificatioNode，添加两个 string 类型字段（node 和 label）和一个 double 类型字段（weight），导入本地数据成功后，接着导入另一个数据表。

该算法为半监督的分类算法，原理为用已标记节点的标签信息去预测未标记节点的标签信息。在算法执行过程中，每个节点的标签按相似度传播给相邻节点，在节点传播的每一步，每个节点根据相邻节点的标签来更新自己的标签，与该节点相似度越大，其相邻节点对其标注的影响权值越大，相似节点的标签越趋于一致，其标签就越容易传播。在标签传播过程中，保持已标记数据的标签不变，使其像一个源头把标签传向未标记数据。最终，当迭代过程结束时，相似节点的概率分布也趋于相似，可以划分到同一个类别中，从而完成标签传播过程。现假设我们有如图 6-24 所示的有向图。

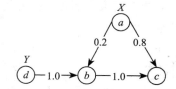

图 6-24　标签传播分类算法有向图示例

我们将图 6-24 所示的有向图数据构造成表数据，分别按照边信息和点信息进行建表，边信息数据见表 6-8，src 字段为边的起点，dst 字段为边的终点，weight 为边的权值。

表 6-8　图 6-24 的有向图的边信息构造的表数据

src	dst	weight
a	b	0.2
a	c	0.8
b	c	1
d	b	1

利用该有向图的点信息建表，得到的表数据见表 6-9，node 为点的 ID，label 为该点所属类别，weight 为该点的权值。

表 6-9　图 6-24 的有向图的点信息构造的表数据

node	label	weight
a	X	1
d	Y	1

我们想要根据点信息和边信息对该有向图中的点进行分类。现在利用阿里云平台组件来实现该算法，组件布局如图 6-25 所示。

标签传播分类组件参数设置为：顶点表中顶点列为 node，标签列为 label，权值列为 weight；边表中的源顶点列和目标顶点列为 src 和 dst，权值列为 weight，由于该数据集数据不多，因此其他参数默认即可。

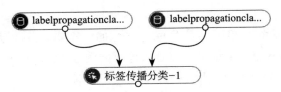

图 6-25 标签传播分类组件布局

得到如图 6-26 所示的结果，每条数据为图中的一个点，node 为该点的 ID，tag 为该点根据计算被分为哪一类别，weight 为该点被分为该类别的概率。

node ▲	tag ▲	weight ▲
a	X	1
c	X	0.5370370831165304
c	Y	0.462962916888346947
b	X	0.16666666666666666
b	Y	0.833333333333333
d	Y	1

数据探查 - pai_temp_9012_181216_1 - (仅显示前一百条)

图 6-26 标签传播分类结果

从结果可以看出，点 b 被分为 X 的概率为 0.17，被分为 Y 的概率为 0.83，因此点 b 为 Y 的可能性更大。而点 c 被分为 X 的概率为 0.54，被分为 Y 的概率为 0.46，因此点 c 为 X 的可能性更大。

小结

结构分析是对数据中结构的发现，其分析的对象是图或者网络。本章介绍了结构分析中的最短路径、链接排名、结构计数、结构聚类和社团发现这 5 个问题。

最短路径问题是对图中顶点之间最短路径结构的发现。6.1 节介绍了阿里云求解最短路径的具体过程。

链接排名则是对图中节点的链接关系进行发现，从而对图中的节点按照其重要性进行排名。链接排名在搜索引擎中得到了广泛的应用，是许多搜索引擎的核心。6.2 节以 PageRank 为例，基于阿里云对网络中节点的重要性进行排名。

结构计数则是对图中特殊结构的个数进行统计。6.3 节基于阿里云构造实例说明三角形计数。

6.4 节介绍了结构聚类，是在对图中结构发现与分析的基础上对结构进行聚类。具体来说，结构聚类指的是对图中的节点和边进行聚类。例如对节点聚类时，要求输出图中各个节点的分类，使得每个分类在结构上关联密切。本节还通过实例介绍了阿里云提供的两种结构聚类计算方式，分别为点聚类系数和边聚类系数。

6.5 节介绍了社团发现问题，即对复杂的关系图进行分析，从而发现其中蕴含的社团。阿里云平台所提供的社团发现算法分两种：一种是标签传播聚类，用于对图中的近似点进行聚类；另一种是标签传播分类，用于对图中的点进行 group 分类。

习题

1. 某运输公司经常向多地运送货物，示意地图如图 6-27 所示（单位：km）。

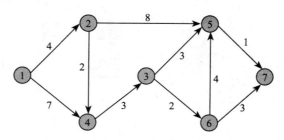

图 6-27　题 1 用图

（1）（实现）试用阿里云求出 1 地到各地的最短路径。

（2）司机从 1 地出发，问怎样以最小代价将货物送到各地？

2. 求图 6-28 所示的任意两个城市之间的最短路径（单位：km）。

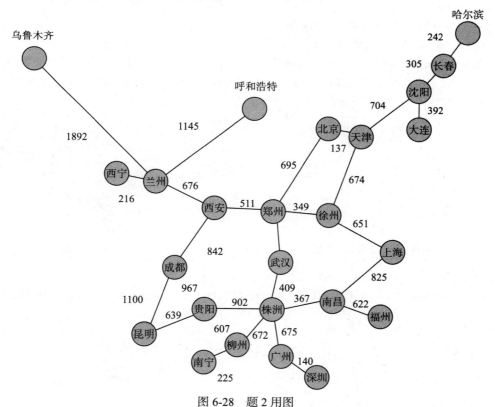

图 6-28　题 2 用图

（1）判断两个城市之间是否有通路。

（2）（实现）若有通路，找到最短路径。

3.（实现）利用阿里云对如图 6-29 所示的网页进行链接排名，使用 PageRank 方法，阻尼系数为 0.85。

4.（实现）"蓝瘦香菇"在 2016 年爆红于网络，小明不解其意，便在网络上搜索这 4 个字。设 HITS 算法得到的网页扩展集如图 6-30 所示。

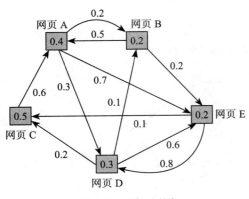

图 6-29 题 3 用图

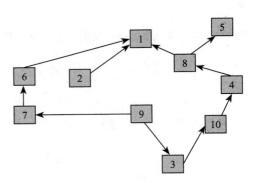

图 6-30 题 4 用图

利用阿里云，选取答案最佳的 3 个页面。

5.（实现）（1）利用阿里云对图 6-31 进行边聚类。

（2）利用阿里云平台进行结构计数，问图 6-31 中有几个三角形？

6. 如图 6-31 所示：

（1）图 6-31 中 {1，2，3} 所构成的图是团吗？{1，2，3，5} 呢？

（2）{1，3，5，6} 是 $k-$ 核图，k 是多少？

（3）图 6-31 中是否有满足 $(s，t)$-biclique 形式的子图？若有，s、t 值最大是多少？

7. 时下朋友圈、微博等社交平台流行，人们用此种社交软件交流，关注最近动态。而人们的关注点有所不同。以微博为例，将用户抽象为图 6-32 中的点，相互关注表示为边。

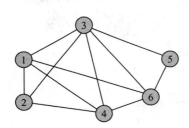

图 6-31 题 5 和题 6 用图

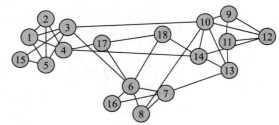

图 6-32 题 7 用图

试分别采用强定义、中间定义、弱定义方法进行社团划分。

8. 某项目投入开发测试，在测试期内有少许用户有过报错行为，将网络图抽象至图 6-33 所示的样式。

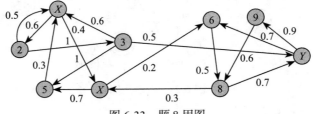

图 6-33 题 8 用图

X、Y 分别代表不同的错误，问：

（1）如何将报错行为的人群扩散出去？要采用何种方法？

（2）（实现）在阿里云上该如何实现？

（3）请查阅资料并思考，此种方法会有什么缺陷？

## 第 7 章

文本分析模型

7.1　文本分析模型概述

文本分析是指对文本的表示及其特征项的选取。文本分析是非结构大数据分析的一个基本问题，它把从文本中抽取出的特征词进行量化来表示文本信息。

将它们从一个无结构的原始文本转化为结构化的计算机可以识别处理的信息，即对文本进行科学的抽象，建立它的数学模型，用以描述和代替文本。使计算机能够通过对这种模型的计算和操作来实现对文本的识别。由于文本是非结构化的数据，要想从大量的文本中挖掘有用的信息就必须首先将文本转化为可处理的结构化形式。

目前，人们通常采用向量空间模型来描述文本向量，但是如果直接用分词算法和词频统计方法得到的特征项来表示文本向量中的各个维，那么这个向量的维度将是非常大的。这种未经处理的文本矢量不仅给后续工作带来巨大的计算开销，使整个处理过程的效率非常低下，而且会损害分类、聚类算法的精确性，从而使所得到的结果很难令人满意。因此，必须对文本向量做进一步净化处理，在保证原文含义的基础上，找出对文本特征类别最具代表性的文本特征。为了解决这个问题，最有效的办法就是通过特征选择来降维。

目前有关文本表示的研究主要集中于文本表示模型的选择和特征词选择算法的选取上。用于表示文本的基本单位通常称为文本的特征或特征项。特征项必须具备一定的特性：

1）特征项要能够确实标识文本内容。

2）特征项具有将目标文本与其他文本相区分的能力。

3）特征项的个数不能太多。

4）特征项分离要比较容易实现。

在中文文本中可以采用字、词或短语作为表示文本的特征项。相比较而言，词比字具有更强的表达能力，而词和短语相比，词的切分难度比短语的切分难度小得多。因此，目前大多数中文文本分类系统都采用词作为特征项，称作特征词。这些特征词作为文档的中间表示形式，用来实现文档与文档、文档与用户目标之间的相似度计算。如果把所有的词都作为特征项，那么特征向量的维数将过于巨大，从而导致计算量太大，在这样的情况下，要完成文本分类几乎是不可能的。

特征抽取的主要功能是在不损伤文本核心信息的情况下尽量减少要处理的单词数，以此来降低向量空间维数，从而简化计算，提高文本处理的速度和效率。文本特征选择对文本内容的过滤和分类、聚类处理、自动摘要以及用户兴趣模式发现、知识发现等有关方面的研究都有非常重要的影响。通常根据某个特征评估函数计算各个特征的评分值，然后按评分值对这些特征进行排序，选取若干个评分值最高的作为特征词，这就是特征抽取。

文本分析涉及的范畴很广，例如分词、文档向量化、主题抽取等，下面我们介绍几个主要文本分析基本模型的原理及其实现案例。

7.2　文本分析方法概述

本章主要介绍 5 个常用的文本分析模型 SplitWord、词频统计、TF_IDF、PLDA 以及 Word2Vec，并通过阿里云介绍实现这 5 个模型的案例。

7.2.1　SplitWord

统计语言模型是建立在词的基础上，因为词是表达语义的最小单位。所以，首先要对句子进行分词，才能做进一步的自然语言处理。下面结合阿里云平台介绍分词。

在建表页面选择相应的项目名（需要先在平台中创建项目），输入自定义表名 SplitWord，添加 string 类型字段（id 和 text），在"是否设置分区"处选择"否"。导入本地数据，导入成功会出现相应提示。

基于 AliWS（Alibaba Word Segmenter 的简称）词法分析系统，对指定列对应的文章内容进行分词，分词后的各个词语间以空格作为分隔符，若用户指定了词性标注或语义标注相关参数，则会将分词结果、词性标注结果和语义标注结果一同输出，其中词性标注分隔符为"/"，语义标注分隔符为"|"。目前仅支持中文淘宝分词和互联网分词。

我们随意在网络上找一些文本，对其进行分割。数据前两条见表 7-1。

表 7-1　文本分割前两条示例

id	text
1	威尔逊和普彼奇在声明中表示，"今天，我们宣布，我们将关闭 NYT Now 应用，因为我们已经成功地将此应用的诸多创新功能整合到公司旗下的主要新闻产品之中。"
2	《纽约时报》通过该公司创新与战略副总裁金西·威尔逊（Kinsey Wilson）和产品负责人大卫·普彼奇（David Perpich）的声明而宣布了拟关闭 NYT Now 应用的决定

接下来我们利用阿里云平台将这几条数据进行分词处理，组件布局如图 7-1 所示。

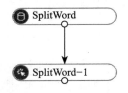

图 7-1　分词处理组件布局

我们希望通过网络字典对其进行分词，因而未添加 SplitWord 组件的第二输入。SplitWord 组件参数设置为：选择想要对其分词的 text 列，然后 Recognized Options 参数全选（希望对 text 列识别出其中的人名、机构名、电话号码、日期、数字字母、日期以及简单的实体），Merge Options 参数选择"合并阿拉伯数字"（用于合并数据中的阿拉伯数字），Tokenizer 参数选择"INTERNET_CHN"（互联网分词）。

分词结果如图 7-2 所示。

数据探查 - pai_temp_9016_181220_1 - (仅显示前一百条)

id ▲	text ▲
1	威尔逊和普俊奇在声明中表示，"今天，我们宣布，我们将关闭 NYT Now 应用，因为我们已经成功地将此应用的诸多创新功能整合到公司旗下的主要新闻产品之中。"
2	《纽约时报》通过该公司创新与战略副总裁金西·威尔逊（Kinsey Wilson）和产品负责人大卫·普俊奇（David Perpich）的声明而宣布了拟关闭 NYT Now 应用的决定。
3	据路透社报道，包括谷歌（微博）母公司 Alphabel、苹果、AT&T、Verizon 和 Comcast 在内的 30 多家科技公司和电信运营商周五表示，它们将联手 美国政府 打击机器人 骚扰电
4	该联盟希望通过实施 来电显示 验证 标准来阻止伪造号码来电，并制定一个重点防止诈骗者伪造的政府、银行及其他机构电话号码列表。
5	惠勒说："这种骚扰必须停止。现在，坏人用科技打败了好人。这种骚扰能一直持续，主要归因于业界的不作为。打击骚扰电话需要大家一起采取行动，而不是依靠各家
6	美国 FCC 不要求移动运营商拦截或者过滤骚扰电话，但鼓励它们免费为用户提供这样的服务。
7	央视网消息：如今，社交软件几乎成了我们日常不可缺少的通讯工具，但它也被一些别有用心的人盯上，用来做一些违法犯罪的事。近日，江苏警方连续破获两起利用

图 7-2 分词结果

鼠标悬浮在 text 列上便可查看具体结果，如图 7-3 所示。

数据探查 - pai_temp_9016_181220_1 - (仅显示前一百条)

id ▲	text ▲
1	威尔逊和普俊奇在声明中表示，"今天，我们宣布，我们将关闭 NYT Now 应用，因为我们已经成功地将此应用的诸多创新功能整合到公司旗下的主要新闻产品之中。"
2	《纽约时报》通过该公司创新与战略副总裁金西·威尔逊（Kinsey Wilson）和产品负责人大卫·普俊奇（David Perpich）的声明而宣布了拟关闭 NYT Now 应用的决定。
3	据路透社报道，包括谷歌（微博）母公司 Alphabet、苹果、AT&T、Verizon 和 Comcast 在内的 30 多家科技公司和电信运营商周五表示，它们将联手 美国政府 打击机器人 骚扰电
	据 路透社 报道 ， 包括 谷歌（微博） 母公司 Alphabet 、 苹果 、 AT&T 、 Verizon 和 Comcast 在内 的 30 多 家 科技 公司 和 电信 运营商 周五 表示 ， 它们 将 联手 美国
	政府 打击 机器人 骚扰 电话 " Robocall " （预先 录制 、 自动 拨打 的 电话 ） 。

图 7-3 具体结果

从结果可以看到，每一个 text 文本都被准确地划分成了词语。

7.2.2 词频统计

词频（Term Frequency，TF）指的是某一个给定的词语在该文件中出现的次数。传统语言学运用统计数据对语言现象作定量描述；计算语言学也运用统计数据支持语言的自动分析。因为语言现象（事件）的概率无法直接观察到，需要根据频率来估计，所以需要在分词的基础上再做词频分析。

阿里云在对文章进行 SplitWord 的基础上，按行保序输出对应文章 ID 列（docId）对应文章的词，统计指定文章 ID 列（docId）对应文章内容（docContent）的词频。该算法的输入数据是我们利用 SplitWord 组件分词后的结果。组件布局如图 7-4 所示。

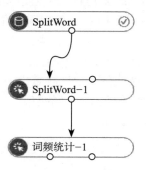

图 7-4 组件布局

SplitWord 参数如 7.2.1 节所示。我们需要指定数据的 ID 列以及文本列，具体设置为：将"字段设置"中的"选择文档 ID 列"设为"id"，将"选择文档内容列"设为"text"。

得到如图 7-5 所示的运行结果，每条数据为一个词语，id 为该词语所在的源数据 id，word 为词语，count 为该词语在该 id 文本中出现的次数。

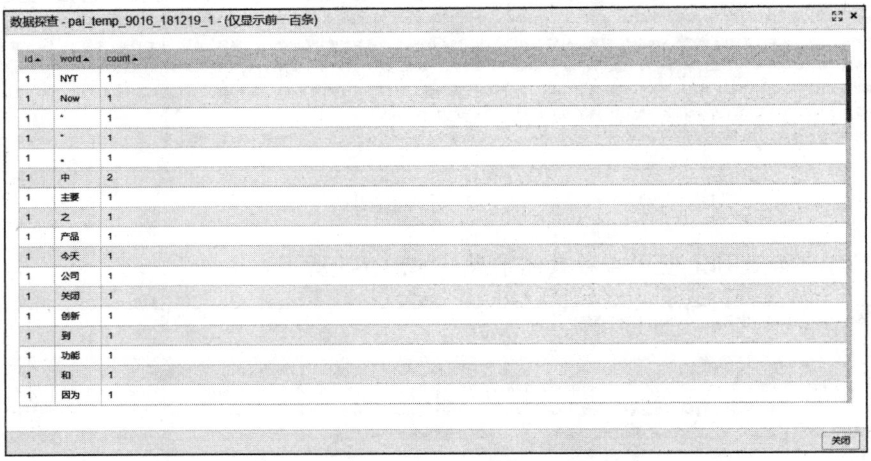

id	word	count
1	NYT	1
1	Now	1
1	“	1
1	”	1
1	。	1
1	中	2
1	主要	1
1	之	1
1	产品	1
1	今天	1
1	公司	1
1	关闭	1
1	创新	1
1	到	1
1	功能	1
1	和	1
1	因为	1

图 7-5　运行结果

通过结果数据我们可以看到，“中”字在 id 为 1 的文本中出现了两次。

7.2.3　TF-IDF

TF-IDF（Term Frequency-Inverse Document Frequency）是一种用于信息检索与文本挖掘的常用加权技术。TF-IDF 是一种统计方法，用以评估某个词对于一个文件集或一个语料库中的其中一份文件的重要程度。

字词的重要性随着它在文件中出现的次数成正比增加，但同时会随着它在语料库中出现的频率成反比下降。TF-IDF 加权的各种形式常被搜索引擎应用，作为文件与用户查询之间相关程度的度量或评级。

在一份给定的文件中，词频通常会被归一化（分子一般小于分母，区别于 IDF），以防止它偏向长的文件。同一个在长文件中可能会比在短文件中有更高的词频，而不管该词重要与否。

IDF 的出发点是，如果包含词 t 的文档越少，也就是 n 越小，IDF 越大，则说明词 t 具有很好的类别区分能力。如果某一类文档 C 中包含词 t 的文档数为 m，而其他类包含 t 的文档总数为 k，显然所有包含 t 的文档数 $n=m+k$，当 m 大的时候，n 也大，按照 IDF 公式得到的 IDF 的值会小，就说明该词 t 类别区分能力不强。

但是实际上，如果一个词在一个类的文档中频繁出现，则说明该词能够很好地代表这个类的文本的特征，这样的词应该给它们赋予较高的权值，并选来作为该类文本的特征词以区别于其他类文档。这就是 IDF 的不足之处。

形式化地来说，对于在某一特定文件中的词语 t_i 来说，它的重要性可表示为

$$\mathrm{tf}_{i,j}=\frac{n_{i,j}}{\sum_k n_{k,j}}$$

其中，$n_{i,j}$ 是该词在文件 d_j 中的出现次数，而分母则是在文件 d_j 中所有词的出现次数之和。

某一特定词的 IDF 可以由总文件数目除以包含该词的文件的数目，再将得到的商取对

数得到，即

$$idf_i = log \frac{|D|}{|\{j : t_i \in d_j\}|}$$

其中，$|D|$ 是语料库中的文件总数，$|\{j : t_i \in d_j\}|$ 是包含词 t_i 的文件数目（即 $n_{i,j} \neq 0$ 的文件数目），如果该词不在语料库中，就会导致被除数为零，因此一般情况下使用 $1+|\{j : t_i \in d_j\}|$ 作为分母。

　　TF-IDF 的主要思想是，如果某个词或短语在一篇文章中出现的频率 TF 高，并且在其他文章中很少出现，则认为此词或者短语具有很好的类别区分能力，适合用来分类。TF-IDF 实际上是：TF * IDF，F 表示词条在文档 d 中出现的频率，即

$$tfidf_{i,j} = tf_{i,j} \times idf_i$$

　　某一特定文件内的高词频，以及该词在整个文件集合中的低文件频率，可以产生出高权值的 TF-IDF。因此，TF-IDF 倾向于过滤掉常见的词，保留重要的词。

　　阿里云以词频统计组件实例中的输出表作为 TF-IDF 组件的输入表，组件布局如图 7-6 所示。

　　TF-IDF 对应的参数设置为：将"选择文档 ID 列"设为" id"，"选择单词列"设为"word"，将"选择单词计数列"设为"count"。

　　得到如图 7-7 所示的结果，id 列为词 id，word 列为词，count 列为该词语在该 id 中出现的次数，total_word_count 列为该 id 中文本的总词数，doc_count 列为该词语在所有 id 文本中出现的次数，total_doc_count 列为总 id 文本数，tf 列为 $\frac{count}{total\_word\_count}$，idf 列为 $log\frac{total\_doc\_count}{包含该词的总文本数}$，tfidf 列为 $tf \times idf$。

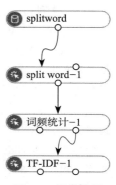

图 7-6　组件布局

图 7-7　运行结果

　　从结果中我们可以看到，除去一些"中""之"等停用词外，"功能"以及"今天"等词语比较重要。

7.2.4 PLDA

在自然语言处理中，存在一词多义和一义多词的问题。例如，"笔记本"这个词可能有不同的含义，可能是纸做的笔记本，也可能是笔记本计算机；而"电脑"和"计算机"虽然是两个完全不同的词，表达的却是相同的含义。

为了解决这个问题，需要将词中的主题提取出来，建立一个词和主题的关联关系，这样一个文档就能表示成为主题的向量。

这样文本的处理就得以大大的简化。例如，在信息检索中，输入一段检索词之后，就可以先将检索词转换为主题，再通过主题去匹配文档；在文本分类中可以把文档的主题用在文本分类器中做特征，从而显著提升分类器的精度。

本节介绍用于提取主题的文本分析方法，首先从基本的 LSA 和 PLSA 模型谈起，再引入 LDA 模型和 PLDA 模型，最后基于阿里云介绍 PLDA 的实现案例。

1. LSA

LSA 是隐含语义分析（Latent Semantic Analysis）的缩写，其使用了 SVD 分解的数学手段。我们可以将文档和词之间的关系表示成为矩阵 X，其中的每个元素 $X[i][j]$ 代表词 i 出现在文档 j 中，通过 SVD 分解可以将 X 分解为

$$X = T \times S \times D$$

其中 S 为对角矩阵，对角上的每个元素对应一个主题，其值表示对应主题的有效程度；T 为正交矩阵，行向量表示词，列向量表示主题；D 为正交矩阵，行向量表示主题，列向量表示文档。可以在 S 中去掉有效程度低的主题，只保留最重要的主题，使得文档中主题更少，从而得到文档的一种更优表达形式。

LSA 的优点是可以把原文本特征空间降维到一个低维语义空间，减轻一词多义和一义多词问题。其缺点是，在 SVD 分解时，特别耗时，一般而言一个文本特征矩阵维数都会特别庞大，SVD 此时就更加耗时。

SVD 分解

SVD 分解即矩阵的奇异值分解，这是线性代数中一种重要的矩阵分解。将大小为 $m \times n$ 且秩为 2 的矩阵 A 分解为如下的形式

$$A_{[m \times n]} = U_{[m \times r]} \Sigma_{[r \times r]} \left(V_{[n \times r]} \right)^{\mathrm{T}}$$

其中 U 是左奇异向量单位正交矩阵，Σ 是奇异值对角阵，V 是右奇异向量单位正交矩阵。例如，对秩为 2 的矩阵 A 得到分解结果如下

$$\begin{pmatrix} 1&1&1&0&0 \\ 3&3&3&0&0 \\ 4&4&4&0&0 \\ 5&5&5&0&0 \\ 0&0&0&4&4 \\ 0&0&0&5&5 \\ 0&0&0&2&2 \end{pmatrix} = \begin{pmatrix} .14&0 \\ .42&0 \\ .56&0 \\ .70&0 \\ 0&.60 \\ 0&.75 \\ 0&.30 \end{pmatrix} \begin{pmatrix} 12.4&0 \\ 0&9.5 \end{pmatrix} \begin{pmatrix} .58&.58&.58&0&0 \\ 0&0&0&.71&.71 \end{pmatrix}$$

$$M \qquad\qquad U \qquad\qquad \Sigma \qquad\qquad V^{\mathrm{T}}$$

2. PLSA 模型

通过将词归纳为主题，上文介绍的 LSA 模型可以将多个词义相同的词映射到相同主题上，从而解决了多词一义的问题，但是这种方法并不能解决一词多义的问题。为了解决这个问题，可以将概率模型应用于 LSA 模型，得到 PLSA（Probabilistic LSA）模型。

可以从文档生成的角度理解 PLSA 模型。PLSA 模型中总共定义了 K 个主题和 V 个词。任何一篇文章是由 K 个主题中的多个混合而成。换句话说，每篇文章都可以看作主题集合 topic 上的一个概率分布 $doc(topic)$，也就是每篇文章以某个概率匹配某一个主题。每个主题都是词集合上的一个概率分布 $topic_k(word)$，下标 k 表示为第 k 个主题，这意味着文章中的每个词都看成是由某一个的主题以某种概率随机生成的。

举一个通俗的例子帮助读者理解。有 4 个主题，其概率分布是 { 教育：0.5，经济：0.3，文学：0.1，政治：0.1}，这是一个先验概率，可以由某个特定主题的文档在总文档集合中出现的频率确定，我们把主题 z 在文档 d 中出现的概率分布称为主题分布，且是一个多项式分布，并且每个主题对应着许多词语。假设"文学"这一主题对应三个词 {"文化"，"艺术"，"信仰"}，其概率分布为 { 文化：0.5，艺术：0.3，信仰：0.2}，这也是一个先验的概率，可以根据这三个词在已有以"文学"为主题的文档中出现的概率计算出来。我们把各个词语 w 在主题 z 下出现的概率分布称为词分布，这个词分布也是一个多项式分布。

从这个角度来看，生成一篇文档可以看作选主题和选词两个随机的过程，先从主题分布 { 教育：0.5，经济：0.3，文学：0.1，政治：0.1 } 中抽取出主题"文学"，然后从该主题对应的词分布 {"文化"，"艺术"，"信仰"} 中抽取出词"文化"。

根据上述描述，PLSA 模型对应的"文档 – 词项"的生成模型可形式化描述如下：

1）按照概率 $P(d_i)$ 选择一篇文档 d_i 用于生成词。

2）选定文档 d_i 后，从主题分布中按照概率 $P(z_k|d_i)$ 选择一个隐含的主题类别 z_k。

3）选定 z_k 后，从词分布中按照概率 $P(w_j|z_k)$ 选择一个词 w_j。

其中 $P(d_i)$ 表示文档集合中某篇文档被选中的概率；$P(z_k|d_i)$ 表示具体某个主题 z_k 在给定文档 d_i 下出现的概率；$P(w_j|z_k)$ 表示具体某个词 w_j 在给定主题 z_k 下出现的概率。显然，与主题关系越密切的词，其条件概率 $P(w_j|z_k)$ 越大。因而，对于某个文档 d_j 来说，其包含某个词 w_j 的概率为

$$P(w_j|d_i) = \sum_{k=1}^{K} P(w_j|z_k) P(z_k|d_i)$$

我们已经知道了使用 PLSA 如何生成不同的文档，当然，这是一个模拟的过程，这个过程的逆过程是根据已经产生好的文档反推其主题（分布），这个过程在实际中就很有用途了，下面我们对这个过程加以介绍。

在现实中，文档 d 和单词 w 是可被观察到的，但主题 z 却是隐藏的。因而，需要根据大量已知的文档 – 词项概率 $P(w_j|d_i)$，训练出文档 – 主题概率 $P(z_k|d_i)$ 和主题 – 词概率 $P(w_j|z_k)$，我们已经知道

$$P(w_j|d_i) = \sum_{k=1}^{K} P(w_j|z_k) P(z_k|d_i)$$

进而得到文档 i 中包含第 j 个词的概率为

$$P(d_i, w_j) = P(d_i) P(w_j|d_i) = P(d_i) \sum_{k=1}^{K} P(w_j|z_k) P(z_k|d_i)$$

考虑每一个可能的文档 – 单词对，根据加权词频函数（如上文介绍的 TF-IDF 等），整个

文档集合包含单词的可能性可以表示为如下形式的似然函数：

$$L = \sum_{i=1}^{N} \sum_{j=1}^{M} n(d_i, w_j) \log P(d_i, w_j)$$

其中，$n(d_i, w_j)$ 表示这个词频矩阵 (i, j) 的元素值，且对于 $P(d_i)$ 这一部分，求和后为常数，可以将其省去，不影响求最大值，则似然函数表示如下：

$$L = \sum_{i=1}^{N} \sum_{j=1}^{M} n(d_i, w_j) \log \sum_{k=1}^{K} P(w_j / z_k) P(z_k / d_i)$$

其中，$P(w_j | z_k)$ 和 $P(z_k | d_i)$ 未知，所以 $\theta = P(w_j | z_k)$，$P(z_k | d_i)$ 就是我们要估计的参数，即需要通过训练得到合适的 θ 以最大化 L。

由于其中含有隐变量 z，故可以用 EM 算法来求解决该问题，在此我们不再赘述。

这种方法之所以能解决一词多义问题，是因为基于这种模型，一个词可以对应主题，进而表示了一个词对应某个主题的概率。

3. LDA 模型简述

给 PLSA 加上贝叶斯框架，便是 LDA（Latent Dirichlet Allocation）模型。PLSA 中样本随机，参数虽然未知但固定，属于频率派思想；而 LDA 样本固定，参数未知但不固定，参数是个随机变量，服从一定的分布，LDA 属于贝叶斯派思想。

LDA 也是一种常用的主题模型，和 PLSA 类似，它可以将文档集中每篇文档的主题按照概率分布的形式给出。同时它是一种无监督学习算法，即在训练时不需要手工标注的训练集，其输入是文档集以及指定主题的数量 k。

LDA 也称为三层贝叶斯概率模型，包含词、主题和文档三层结构。其结构也和 PLSA 类似，可以用生成模型解释，也就是说，我们认为一篇文章的每个词都是通过"以一定概率选择了某个主题，并从这个主题中以一定概率选择某个词语"这样一个过程得到。文档到主题服从多项式分布，主题到词服从多项式分布。和 PLSA 不同的是，LDA 中的主题向量 θ 的 $P(\theta)$ 分布服从 Dirichlet 分布，LDA 就由此得名。

Dirichlet 分布

Dirichlet 分布是一组连续多变量概率分布，是多变量普遍化的 B 分布。为了纪念德国数学家约翰·彼得·古斯塔夫·勒热纳·狄利克雷（Peter Gustav Lejeune Dirichlet）而命名。狄利克雷分布常作为贝叶斯统计的先验概率。

维度 $K \geqslant 2$ 的 Dirichlet 分布在参数 $\alpha_1, \cdots, \alpha_K > 0$ 上，基于欧几里得空间 R_{K-1} 中的勒贝格测度下，其概率密度函数定义为

$$f(x_1, \cdots, x_{K-1}; \alpha_1, \cdots, \alpha_K) = \frac{1}{B(\alpha)} \prod_{i=1}^{K} x_x^{\alpha_{k-1}}$$

$x_1, \cdots, x_{K-1} > 0$ 并且 $x_1 + \cdots + x_{K-1} < 1$，$x_K = 1 - x_1 - \cdots - x_{K-1}$。在（$K-1$）维的单纯型开集上密度为 0。

归一化衡量 $B(\alpha)$ 是多项 B 函数，可以用 Γ 函数（gamma function）表示：

$$B(\alpha) = \frac{\prod_{i=1}^{K} \Gamma(\alpha_i)}{\Gamma\left(\sum_{i=1}^{K} \alpha_i\right)}, \quad \alpha = (\alpha_1, \cdots, \alpha_K)$$

直观来看，Dirichlet 分布是关于分布的分布，我们通过一个例子来说明。假设我们

有一个 6 面的骰子，其 6 面分别为 {1，2，3，4，5，6}。现在我们做了 10 000 次投掷实验，在得到的实验结果中是 6 个面分别出现了 {2000，2000，2000，2000，1000，1000} 次，如果用每一面出现的次数与实验总数的比值估计这个面出现的概率，则 6 个面出现的概率分别为 {0.2，0.2，0.2，0.2，0.1，0.1}，这是一个分布。我们可能觉得这个结果太特殊，因为再做 1000 次实验，统计得到的概率还可能是 {0.1，0.1，0.2，0.2，0.2，0.2}。要想知道 {0.2，0.2，0.2，0.2，0.1，0.1} 是不是一个有意义的分布，我们可以做 10 000 次实验，每次实验中都投掷骰子 10 000 次，通过这个实验来计算"骰子 6 面出现概率为 {0.2，0.2，0.2，0.2，0.1，0.1} 的概率是多少"。这样我们就在研究骰子 6 面出现概率分布这样的分布之上的分布。而这样一个分布就是 Dirichlet 分布。

具体来说，可以看成这种方法首先选定一个主题向量 θ，确定每个主题被选择的概率。然后在生成每个单词的时候，从主题分布向量 θ 中选择一个主题 z，按主题 z 的单词概率分布生成一个单词，则可以写出 LDA 的联合概率为

$$P(\theta，z，w\,|\,\alpha，\beta)=P(\theta\,|\,\alpha)\prod_{n=1}^{N}P(z_n\,|\,\theta)P(w_n\,|\,z_n，\beta)$$

其中 z_n 是某个主题，w_n 是某一个单词，α 是 Dirichlet 分布的参数，用于生成一个主题向量 θ；β 是各个主题对应的单词概率分布矩阵 $P(w\,|\,z)$。把 w 当作观察变量，θ 和 z 当作隐藏变量，则可以通过 EM 算法学习出 α 和 β。

4. PLDA

下面来介绍 PLDA，即 LDA 算法的并行化版本，该方法适用于两种著名的分布式编程模型 MPI 和 MapReduce。

在 P 个处理器之间分发 D 个训练文档，那么每个处理器 r 就会分配 $D_r = D/P$ 个文档。算法就会将文档 $W=\{w_d\}_{d=1}^{D}$ 划分成 $\{W_{|1}，\cdots，W_{|P}\}$，并且将主题 $Z=\{Z_d\}_{d=1}^{D}$ 划分成 $\{Z_{|1}，\cdots，Z_{|P}\}\}$，其中 $W_{|r}$ 和 $Z_{|r}$ 只存在于处理器 r 上。对特定文档的计数（即 C^{doc}）也相似地分布到 P 个处理器上。然而，每个处理器维持它自己对于词 – 主题计数的拷贝。将特定处理器计数记为 $C_r^{|doc}$。$C_r^{|word}$ 被用来暂时存储在每个处理器上积累的局部文档主题的单词 – 主题计数。

在每个 Gibbs 采样迭代中，每个处理器 r 通过从近似后验分布中对每个 $z_{d,\ i|r} \in Z_{|r}$ 进行采样来更新 $Z_{|r}$，其中近似后验分布为

$$P\left(z_{d,i|r}=k\,|\,z_{-(d,i)}，w_{d,i|r}=v，w_{-(d,i)}\propto\left(C_{d,k|r}^{|doc}+\alpha\right)\frac{C_{v,k}^{word}+\beta}{\sum_{v'}C_{v',k}^{'word}+V\beta}\right) \tag{7-1}$$

其中，$w_{-(d,i)}$ 表示训练语料库中除去 $w_{d,i}$ 的部分，$z_{-(d,i)}$ 表示 $w_{-(d,i)}$ 所对应的主题。

并且根据新的主题分布来更新 C_r^{doc} 和 C^{word}。在每次迭代之后，每个处理器会对其局部文档 C_r^{word} 重新计算单词 – 主题计数，并且使用 AllReduce 操作来累加这些计数的变化，即更新每个词 v 所对应的计数 $C_v^{word}=C_v^{word}+\sum_{r=1}^{p}\Delta C_{v|r}^{word}$。其中 $\Delta C_{v|p}^{word}$ 是在处理器 r 上单词 v 的变化，完成计算后向所有的处理器广播新的 C^{word}。

以一个实例帮助大家理解。我们使用一个具有 2 个类别和 9 个文档的例子。表 7-2 显示了 9 个文档被分成了 2 个类别，其中符号 h 代表"人机交互"，并且 m 代表"图理论"。在 h 类别中有 5 个文档，记为 $h1\sim h5$，同理 m 类别中有 4 个文档，记为 $m1\sim m4$。

假设我们使用两台机器 $p1$ 和 $p2$，并且目标是找到两个潜在的主题 $t1$ 和 $t2$。9 个文档

（见表 7-2）被分配成 $p1$ 或者 $p2$。PLDA 按照均匀分布 $U(1, K=2)$ 初始化每个单词的主题。表 7-3 展示了机器 $p1$ 和机器 $p2$ 上的文档–主题矩阵，相应地记为 $C_{|p1}^{doc}$、$C_{|p2}^{doc}$。第一行展示了机器 $p1$ 上的文档 $h1$ 接收了在单词 human 和 interface 上的主题分配 $t1$，并且在单词 computer 上接收了主题分配 $t2$。PLDA 在机器 $p1$ 和 $p2$ 上执行全部文档的计数进程。注意，$C_{|p1}^{doc}$ 和 $C_{|p2}^{doc}$ 存在于局部机器中，并且机器内部之间没有交流。

另一个重要的数据结构是表 7-4 显示的单词–主题矩阵。例如，机器 $p1$ 下的第一列，$C_{w, t1|p1}^{word}$ 记录了在机器 $p1$ 上主题 $t1$ 被分配到每个单词上的次数。同理，$C_{w, t2|p2}^{word}$ 记录了在机器 $p2$ 上主题 $t2$ 被分配到每个单词上的次数。每个机器也复制了矩阵 C^{word} 上的全局主题，在 AllReduce 操作的每次迭代的末尾阶段被更新，这就是机器内部通信发生的地方。接下来，PLDA 执行了多轮 Gibbs 采样迭代。Gibbs 采样根据式（7-1）执行主题分配，而不是在初始化阶段随机地执行主题分配。每次迭代之后，表 7-3 和表 7-4 都被更新。最终，主机器输出新的 C^{word}，其中可以找到每个单词的主题分布。

表 7-2　9 个文档实例

d	p	文档标题
$h1$	$p1$	Human machine interface for ABC computer applications
$h2$	$p2$	A survey of user opinion of computer system response time
$h3$	$p1$	The EPS user interface management system
$h4$	$p2$	System and human system engineering testing of EPS
$h5$	$p1$	Relation of user perceived response time to error measurement
$m1$	$p2$	The generation of random, binary, ordered trees
$m2$	$p1$	The intersection graph of paths in trees
$m3$	$p2$	Graph minors IV: Widths of trees and well-quasi-ordering
$m4$	$p1$	Graph minors: A survey

表 7-3　机器 $p1$ 和 $p2$ 上的 C^{doc} 矩阵

r	d	$C_{d, t1}^{doc}$, $C_{d, t2}^{doc}$	主题分布
$p1$	$h1$	2 1	human=$t1$, interface=$t1$, computer=$t2$
	$h3$	2 2	interface=$t1$, user=$t2$, system=$t1$, EPS=$t2$
	$h5$	2 1	user=$t1$, response=$t2$, time=$t1$
	$m2$	2 0	trees=$t1$, graph=$t1$
	$m4$	1 2	trees=$t1$, graph=$t1$
$p2$	$h2$	4 2	computer=$t1$, user=$t1$, system=$t2$
			response=$t1$, time=$t2$, survey=$t1$
	$h4$	2 2	human=$t2$, system=$t1$, system=$t2$, EPS=$t1$
	$m1$	1 0	trees=$t1$
	$m3$	2 1	trees=$t1$, graph=$t2$, minors=$t1$

表 7-4　更新的 C^{word} 矩阵

w	机器 $p1$				机器 $p2$			
	$C_{w, t1|p1}^{word}$	$C_{w, t2|p2}^{word}$	$C_{w, t1}^{word}$	$C_{w, t2}^{word}$	$C_{w, t1|p1}^{word}$	$C_{w, t2|p2}^{word}$	$C_{w, t1}^{word}$	$C_{w, t2}^{word}$
EPS	0	1	1	1	1	0	1	1
computer	0	1	1	1	1	0	1	1
graph	2	0	2	1	0	1	2	1
human	1	0	1	1	0	1	1	1
interface	2	0	2	0	0	0	2	0

（续）

w	机器 p1				机器 p2			
	$C_{w,t1|p1}^{word}$	$C_{w,t2|p2}^{word}$	$C_{w,t1}^{word}$	$C_{w,t2}^{word}$	$C_{w,t1|p1}^{word}$	$C_{w,t2|p2}^{word}$	$C_{w,t1}^{word}$	$C_{w,t2}^{word}$
minors	0	1	1	1	1	0	1	1
response	0	1	1	1	1	0	1	1
survey	0	1	1	1	1	0	1	1
system	1	0	2	2	1	2	2	2
time	1	0	1	1	0	1	1	1
trees	1	0	3	0	2	0	3	0
user	1	1	2	1	1	0	2	1

5. 基于 PLDA 的实现案例

阿里云的 PLDA 组件用于返回文档对应的主题，接下来我们利用阿里云组件进行 PLDA 计算。

在建表页面选择相应的项目名（需要先在平台中创建项目），输入自定义表名"PLDA"，添加 string 类型字段 id 和 feature。导入本地数据，导入成功后会出现相应提示。

PLDA 组件需要 libsvm 格式的输入，因此，我们将分词后的文本进行 libsvm 格式转换（利用 MATLAB）。转换后的数据见表 7-5，id 为数据文本 id，text 为文本数据转换后的数据（单词及词频的 key：value 数据）。

表 7-5　将分词后的文本进行 libsvm 格式转换后的数据

id	text
1	38:3.0, 39:1.0, 40:3.0, 41:1.0, 42:1.0, 43:2.0, 44:1.0, 45:1.0, 46:1.0, 47:1.0, 48:1.0, 49:2.0, 50:1.0, 51:1.0, 52:1.0, 53:1.0, 54:1.0, 55:1.0, 56:1.0, 57:1.0, 58:1.0, 59:1.0, 60:1.0, 61:1.0, 62:1.0, 63:1.0, 64:1.0, 65:1.0, 66:1.0, 67:1.0, 68:1.0, 69:1.0, 70:1.0, 71:1.0, 72:1.0, 73:1.0, 74:1.0, 75:1.0, 76:1.0, 77:2.0
2	0:1.0, 1:2.0, 2:1.0, 3:1.0, 4:1.0, 5:1.0, 6:1.0, 7:1.0, 8:1.0, 9:1.0, 10:1.0, 11:1.0, 12:1.0, 13:1.0, 14:2.0, 15:1.0, 16:1.0, 17:1.0, 18:1.0, 19:1.0, 20:1.0, 21:1.0, 22:1.0, 23:1.0, 24:1.0, 25:1.0, 26:1.0, 27:1.0, 28:1.0, 29:1.0, 30:1.0, 31:1.0, 32:1.0, 33:1.0, 34:1.0, 35:1.0, 36:2.0, 39:2.0, 77:3.0

利用阿里云平台，进行 PLDA 模型计算，布局如图 7-8 所示。

在 PLDA 组件参数设置中，该文本含有两个主题，其他参数设置为默认值（Alpha：$P(z/d)$ 的先验狄利克雷分布的参数，Beta：$P(w/z)$ 的先验狄利克雷分布的参数，Burn in 迭代次数：必须小于总迭代次数，总迭代次数：正整数即可，其中 z 是主题，w 是词，d 是文档）。

将"主题个数"设为"2"，"Alpha"设为"0.1"，"Beta"设为"0.001"，"迭代次数"设为"100"，"自迭代次数"设为"150"。

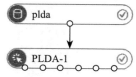

图 7-8　PLDA 模型布局

PLDA 具有 6 个输出，依次为 topic-word 频率贡献表、单词 | 主题输出表、主题 | 单词输出表、文档 | 主题输出表、主题 | 文档输出表和主题输出表。运行样例数据，6 个表结果依次如下。

topic-word 频率贡献表如图 7-9 所示，其中 wordid 为词标号，topic_x 为该单词在 x 主题中出现的频率。

单词 | 主题输出表如图 7-10 所示，wordid 为词标号，topic_x 为在该主题模型下该单词的出现概率。

数据探查 - pai_temp_9016_181249_1 - (仅显示前一百条)

wordid	topic_0	topic_1
0	0	1
1	0	2
2	0	0
3	0	1
4	0	1
5	0	1
6	0	1
7	0	1
8	0	1
9	0	1
10	0	1
11	0	1
12	0	1
13	0	1
14	0	2
15	0	1
16	0	1

关闭

图 7-9　topic-word 频率贡献表

数据探查 - pai_temp_9016_181249_2 - (仅显示前一百条)

wordid	topic_0	topic_1
0	0.000025...	0.019221168247628553
1	0.000025...	0.038423134528975764
2	0.000025...	0.000019201966281347208
3	0.000025...	0.019221168247628553
4	0.000025...	0.019221168247628553
5	0.000025...	0.019221168247628553
6	0.000025...	0.019221168247628553
7	0.000025...	0.019221168247628553
8	0.000025...	0.019221168247628553
9	0.000025...	0.019221168247628553
10	0.000025...	0.019221168247628553
11	0.000025...	0.019221168247628553
12	0.000025...	0.019221168247628553
13	0.000025...	0.019221168247628553
14	0.000025...	0.038423134528975764
15	0.000025...	0.019221168247628553
16	0.000025...	0.019221168247628553

关闭

图 7-10　单词 | 主题输出表

主题 | 单词输出表如图 7-11 所示，wordid 为词标号，topic_x 为该单词出现时为主题 x 的概率。

数据探查 - pai_temp_9016_181249_3 - (仅显示前一百条)

wordid	topic_0	topic_1
0	0.000997...	0.999002465447241
1	0.000332...	0.6661120628978301
2	0.000332...	0.00033266817244854497
3	0.000249...	0.24975063751771312
4	0.000199...	0.19980051339911528
5	0.000166...	0.16650042031049672
6	0.000142...	0.14271464137505918
7	0.000124...	0.12487530818090513
8	0.000110...	0.11100027184911067
9	0.000099...	0.09990024315978005
10	0.000090...	0.0908184017535376
11	0.000083...	0.08325020075262567
12	0.000076...	0.07684633848862808
13	0.000071...	0.0713573137794806
14	0.000062...	0.12482849780847276
15	0.000058...	0.05877174751684026
16	0.000055...	0.05550628801090851

关闭

图 7-11　主题 | 单词输出表

文档|主题输出表如图 7-12 所示，docid 为文本 id，topic_x 为该主题模型下是该文档的概率。

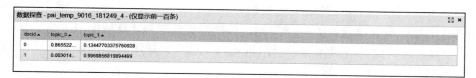

图 7-12　文档|主题输出表

主题|文档输出表如图 7-13 所示，docid 为文本 id，topic_x 为该文档是主题 x 的概率。

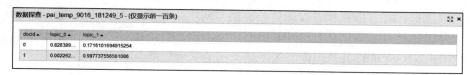

图 7-13　主题|文档输出表

主题输出表如图 7-14 所示，pz 为每个主题占总文本的概率。

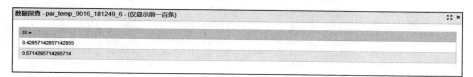

图 7-14　主题输出表

7.2.5　Word2Vec

Word2Vec 是 Google 在 2013 年开源的一款将词表示为实数值向量的高效工具，其利用深度学习的思想，可以通过训练，把对文本内容的处理简化为 K 维向量空间中的向量运算，而向量空间上的相似度可以用来表示文本语义上的相似度。Word2Vec 输出的词向量可以被用来做很多 NLP 相关的工作，例如聚类、找同义词、词性分析等。如果换个思路，把词当作特征，那么 Word2Vec 就可以把特征映射到 K 维向量空间，可以为文本数据寻求更加深层次的特征表示。

Word2Vec 使用的是分布表示的词向量表示方式。其基本思想是，通过训练将每个词映射成 K 维实数向量（K 一般为模型中的参数），通过词之间的距离（例如 cosine 相似度、欧氏距离等）来判断它们之间的语义相似度。其采用一个三层的神经网络，输入层 – 隐层 – 输出层。有个核心的技术是根据词频用 Huffman 编码，使得所有词频相似的词隐藏层激活的内容基本一致，出现频率越高的词语，它们激活的隐藏层数目越少，这样有效地降低了计算的复杂度。而 Word2Vec 大受欢迎的一个原因正是其高效性。

这个三层神经网络本身是对语言模型进行建模，但也同时获得一种单词在向量空间上的表示，而这个才是 Word2Vec 的真正目标。

与潜在语义索引（Latent Semantic Index，LSI）、潜在狄利克雷分配（Latent Dirichlet Allocation，LDA）的经典过程相比，Word2Vec 利用了词的上下文，语义信息更加丰富。Google Word2Vec 的工具包相关链接：https://code.google.com/p/word2vec/。

在下面的实例中，数据利用词频统计后得到的分词列表进行计算。接下来我们利用阿里云平台进行 Word2Vec 文本数据处理，组件布局如图 7-15 所示，Word2Vec 输入为词频统计第二个输出表数据。

Word2Vec 组件参数设置如图 7-15 所示，单词特征维度为计算后生成的特征个数，语言模型有 skip-gram 与 cbow 两个选项，截断最小词频为过滤掉出现次数小于该值的单词。

具体设置为：将"单词特征维度"设为"10"，将"语言模型"设为"skip-gram"，将"单词窗口大小"设为"5"，勾选"使用随机窗口"复选框，将"截断最小词频"设为"2"，勾选"采用 hierarchical softmax"复选框，将"负采样"设为"0"，将"向下采样阈值"设为"0"，并将"起始学习速率"设为"0"。

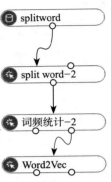

图 7-15　组件布局

得到如图 7-16 所示的结果，每条数据对应一个单词，f0 ～ f9 为生成的特征向量值。

word	f0	f1	f2	f3	f4	f5	f6	f7	f8	f9
运营商	-0.0362768...	0.0431835...	0.048475164...	-0.03196277...	0.021926...	-0.021182059...	-0.0175193008...	0.02210057899...	-0.0242531094...	0.011895...
软件	0.03041767...	0.0430809...	0.043500401...	-0.03368685...	-0.038671...	-0.017035791...	0.0431895330...	-0.0450837537...	0.02782573178...	0.020030...
该	-0.0343320...	0.0220952...	0.018444502...	-0.01083097...	-0.002851...	-0.031024901...	0.0408484637...	-0.0050894888...	0.01259641069...	0.006783...
表示	-0.0099055...	-0.0215706...	-0.01168116...	0.04130286...	0.009253...	0.0484363213...	0.0122095467...	0.04864671081...	0.03361037373...	-0.04988...
行动	-0.0371137...	0.0236551...	0.025046452...	0.03181554...	0.044575...	-0.049723979...	0.0337824821...	0.02075139805...	-0.0192996785...	-0.04950...
而	-0.0392969...	0.0139244...	-0.01303449...	-0.01404504...	-0.004845...	0.0326922088...	0.0318406969...	-0.0288830064...	-0.0280454922...	-0.01956...
美国	0.05006367...	-0.0146808...	-0.02038722...	0.00511186...	-0.016135...	-0.016978243...	-0.0004615205...	-0.0027310259...	-0.0304421093...	-0.02367...
科技	-0.0281743...	0.0187861...	-0.02677384...	0.00794299...	0.034768...	-0.0165028311...	0.03651811927...	0.01124420203...	0.015536...
社交	0.00129324...	-0.0334025...	0.008448851...	-0.00474241...	-0.006548...	-0.006350299...	-0.0105672832...	-0.0406080484...	-0.0390267297...	0.035755...
犯罪	0.03391122...	-0.0059895...	-0.02555872...	0.01873874...	-0.049676...	0.0458636954...	0.0158831179...	-0.0400440692...	0.01746052503...	-0.03188...
普敦奇	0.01126398...	0.0380075...	-0.03476101...	-0.04003599...	-0.015505...	0.0418930426...	0.0108882840...	-0.0117104053...	0.02822622656...	-0.01586...
政府	-0.0199472...	0.0326884...	0.023637831...	0.00322617...	0.010129...	0.0263962205...	-0.0243285465...	-0.0198537707...	0.02166154421...	0.016961...
抗议	0.01377277...	-0.0169842...	-0.03717879...	0.02583910...	0.033561...	0.0198325812...	-0.0350103490...	0.01555588748...	-0.0302530657...	0.037807...
打击	0.00284162...	-0.0271327...	0.029878763...	-0.01954444...	-0.026351...	-0.037722092...	-0.0429061204...	0.03080740757...	-0.0100067034...	0.015838...
或者	-0.0010088...	0.0392856...	-0.03314015...	0.04923819...	0.017873...	0.0183230265...	-0.0389826484...	-0.0366682000...	-0.0187135040...	-0.01885...
宣布	0.04727750...	-0.0149639...	0.024507140...	0.00769711...	-0.001704...	-0.011616805...	0.0147207379...	-0.0448491722...	-0.0065991431...	0.038501...
它们	-0.0205670...	0.0185692...	-0.04232524...	0.03791298...	-0.001727...	0.0275476239...	-0.0137900700...	-0.0445929840...	-0.0268538668...	-0.03116...

图 7-16　Word2Vec 数据探查结果

小结

文本分析是非结构大数据分析的一个基本问题，它将从文本中抽取出的特征词量化来表示文本信息。结合阿里云在文本分析问题中提供的具体组件，本章分别讨论了 5 个重要的文本分析模型。

分词是自然语言处理的起始和基础，通过阿里云实现分词也十分简单方便。词频统计指的是统计某一个给定的词语在该文件中出现的次数。TF-IDF 是一种用于信息检索与文本挖掘的常用加权技术。TF-IDF 也是一种统计方法，用以评估某个词在一个文件集或一个语料库中的对于某一份文件的重要程度。为了讲述 PLDA 这一用于提取主题的文本分析方法，首先从基本的 LSA 和 PLSA 模型谈起，再引入 LDA 模型，最后讲述了 PLDA 模型，并基于阿里云介绍 PLDA 的实现案例。Word2Vec 使用的是基于分布表示的词向量表示方式，并采用三层的神经网络和 Huffman 编码，实现了很高的性能。

习题

1. （实现）随机找一篇长文本（比如《红楼梦》），若想知道文章的关键词，利用阿里云，需要进行哪些操作？如何操作？

2. 考虑 Doc1、Doc2、Doc3 三篇文章，其中 car、auto、insurance、best 这 4 个词的 tf 与 idf 情况见表 7-6：

表 7-6　题 2 用表

词项	tf			idf
	Doc1	Doc2	Doc3	
car	27	4	24	1.65
auto	3	33	0	2.08
insurance	0	33	29	1.62
best	14	0	17	1.5

计算所有词项的 tf-idf 值。

3. 词项的 tf-idf 值能否超过 1？为什么？

4. 某一词项的 idf 值是通过求对数取得，对于给定查询来说，对数的底是否会对文档的排序造成影响？

5. 怎样确定 LDA 的 topic 个数？

6. 有人说"从并行的角度看，PLSA 相比于 LDA 更优"，你是否认同这种观点？能否举例说明？

7. 为了避免重复下载相同功能的 App，想将相似的 App 聚合在一起。如何计算 App 之间的相似度？可以应用什么方法？此方法还可以有什么应用？

第8章
大数据分析的数据预处理

对大数据进行有效分析,很重要的一个步骤就是对数据进行预处理,使数据的内容和形式得以支持有效分析。本章介绍数据预处理的三个重要步骤。

1)数据抽样和过滤,用于挑选出对于分析有用的数据;

2)数据标准化与归一化,将形式不同、内容不同的数据整理为形式和语义一致的数据;

3)数据清洗,即发现并修复数据中的错误,从而最小化数据中的错误对大数据分析结果的负面影响。

8.1 数据抽样和过滤

直观来看,处理大数据的一个方法就是减少要处理的数据量,从而使处理的数据量能够达到当前的处理能力能够处理的程度。可以使用的方法主要包括抽样和过滤。两者的区别是,抽样主要依赖随机化技术,从数据中随机选出一部分样本,而过滤依据限制条件仅选择符合要求的数据参与下一步骤的计算。

8.1.1 数据抽样

一般来说,设一个总体含有 N 个个体,从中逐个不放回地抽取 n 个个体作为样本($n \leqslant N$),如果每次抽取使总体内的各个个体被抽到的机会都相等,就把这种抽样方法叫作简单随机抽样。从抽样的随机性上来看,抽样可以分为随机抽样、系统抽样、分层抽样、加权抽样和整群抽样,下面依次对这些方法进行介绍。

大数据与抽样

在《大数据时代》一书中提到,大数据的方法被定义为"采用全量数据而不用抽样的方法",因而有人认为大数据和抽样是矛盾的,抽样技术不能应用到大数据分析上。然而,在数据量大到一定规模的时候,不用抽样而采用全部数据的方法将无法使用。例如,某个公司要对客户进行分类。如果采用客服回访的方式来进行分类,要求全量回访,一个月有几百万的用户,根本不可能做完。但如果是抽样,加上相关指标去训练模型,就能快速高效的解决。而且,由于大数据价值密度低,很多场景下,仅选择一小部分数据就能够窥到数据全貌。特别是在采用一些随机化算法设计与分析技术的情况下,

---

可以证明，即使采用抽样的方法，甚至在样本个数与数据量无关的时候，计算结果的精度同样是有所保证的。相关的算法设计与分析技术请参考笔者拙作《大数据算法》的第2章和第3章。

1．随机抽样

随机抽样（也称为抽签法、随机数表法）常常用于总体个数较少时，它的主要特征是从总体中逐个抽取。其优点是操作简便易行，缺点是在样本总体过大时不易实行。

主要方法包括：

（1）抽签法

一般地，抽签法就是把总体中的 N 个个体编号写在号签上，将号签放在一个容器中，搅拌均匀后，每次从中抽取一个号签，连续抽取 n 次，就得到一个容量为 n 的样本。

例如，某高中要调查高一学生平均每天学习英语的时间信息，假设一个年级有 1000 人，从中抽取 100 名进行调查，整个过程可以看成，我们将 1000 人从 1 到 1000 进行编号，并给予相应的号签。然后将 1000 个号签搅拌均匀，并随机从中取出 100 个号签，再对号码一致的学生进行调查。

这种方法简单易行，适用于总体中的个体数不多时。当总体中的个体数较多时，将总体"搅拌均匀"就比较困难，用抽签法产生的样本代表性差的可能性很大。

（2）随机数法

随机抽样中，另一个经常被采用的方法是随机数法，即利用随机数表、随机数骰子或计算机产生的随机数进行抽样。

例如，C 语言中提供的 rand() 函数可以用来产生随机数，但这不是真正意义上的随机数，是一个伪随机数，是根据一个数（我们可以称它为种子）为基准以某个递推公式推算出来的一系列数，当这系列数很大的时候，就符合正态分布，从而相当于产生了随机数，但这不是真正的随机数。例如，写一条 C++ 语句" cout<<rand()%6 ；"，那么就会输出一个范围为 0 ～ 5 的随机的整数。

（3）水库抽样

现在需要在有限的存储空间里解决无限的数据（含有海量数据的数据流）等概率抽样的问题。在参考文献 [7] 中也有水库抽样的详细介绍和严格证明，在此我们以更通俗的方式来解释说明。

首先从最简单的例子出发：要求我们在任意时刻只能存储一个数据，但要保证等概率的抽样。

假设数据流只有一个数据。我们接收数据，在需要抽样数据时，直接返回该数据，该数据返回的概率为 1。

再假设数据流中有两个数据，我们读到了第一个数据，这次不能直接返回该数据，因为数据流没有结束。继续读取第二个数据，发现数据流结束了。因此只要保证以相同的概率返回第一个或者第二个数据就可以满足要求。因此生成一个 0 ～ 1 的随机数 R，如果 R 小于 0.5 就返回第一个数据，如果 R 大于 0.5 返回第二个数据。

接着我们继续分析有三个数据的数据流的情况。为了方便，按顺序给流中的数据命名为 1、2、3。我们陆续收到了数据 1、2，和前面的例子一样，只能保存一个数据，所以必须淘汰 1 和 2 中的一个。应该如何淘汰呢？不妨和上面例子一样，按照二分之一的概率淘汰一个，例如淘汰了 2。继续读取流中的数据 3，发现数据流结束了，我们知道在长度为 3 的数据流中，如果返回数据 3 的概率为 1/3，那么才有可能保证选择的正确性。也就是说，目前我们手里有 1，3 两个数据，通过一次随机选择，以 1/3 的概率留下数据 3，以 2/3 的概率留下数据 1。那么数据 1 被最终留下的概率是多少呢？经过分析有：

数据 1 被留下的概率：$(1/2) \times (2/3) = 1/3$

数据 2 被留下的概率：$(1/2) \times (2/3) = 1/3$

数据 3 被留下的概率：$1/3$

我们做一下推论：假设当前正要读取第 n 个数据，则我们以 $1/n$ 的概率留下该数据，否则留下前 $n-1$ 个数据中的一个。以这种方法选择，所有数据流中数据被选择的概率一样。

下面给出简单的证明：

假设 $n-1$ 时成立，即前 $n-1$ 个数据被返回的概率都是 $1/(n-1)$，当前正在读取第 n 个数据，以 $1/n$ 的概率返回它。那么前 $n-1$ 个数据中数据被返回的概率为：$(1/(n-1)) \times ((n-1)/n) = 1/n$，假设成立。

2. 系统抽样

当总体中的个体数较多时，采用简单随机抽样效率低下。这时，可将总体分成均衡的几个部分，然后按照预先定出的规则，从每一部分抽取一个个体，得到所需要的样本，这种抽样叫作系统抽样。假设要从容量为 N 的总体中抽取容量为 n 的样本，可以按下列步骤进行系统抽样：

1）先将总体的 N 个个体编号。有时可直接利用个体自身所带的号码进行编号，如学号、准考证号、门牌号等。

2）确定分段间隔 k，对编号进行分段。当 N/n（n 是样本容量）是整数时，取 $k = N/n$。

3）在第一段用简单随机抽样确定第一个个体编号 l（$l \leqslant k$）。

4）按照一定的规则抽取样本。通常是将 l 加上间隔 k 得到第 2 个个体编号（$l+k$），再加 k 得到第 3 个个体编号（$l+2k$），依次进行下去，直到获取整个样本。

例如，为了解某大学一年级新生英语学习的情况，拟从 503 名大学一年级学生中抽取 50 名作为样本，目的是采用系统抽样方法完成这一抽样。

由于总样本的个数为 503，抽样样本的容量为 50，不能整除，可采用随机抽样的方法从总体中剔除 3 个个体，使剩下的个体数 500 能被样本容量 50 整除，然后再采用系统抽样方法。具体步骤如下：

1）将 503 名学生用随机方式编号为 1，2，3，…，503。

2）用抽签法或随机数表法，剔除 3 个个体，这样剩下 500 名学生，对剩下的 500 名学生重新编号，或采用补齐号码的方式。

3）确定分段间隔 k，将总体分为 50 个部分，每一部分包括 10 个个体，这时，第 1 部分的个体编号为 1，2，…，10；第 2 部分的个体编号为 11，12，…，20；依此类推，第 50 部分的个体编号为 491，492，…，500。

4）在第 1 部分用简单随机抽样确定起始的个体编号，例如 5。

5）依次在第 2 部分，第 3 部分，…，第 50 部分，取出号码为 15，25，…，495，这样得到一个容量为 50 的样本。

3. 分层抽样

分层抽样的主要特征是分层按比例抽样，主要使用于总体中的个体有明显差异的情况。其和随机抽样的共同点是，每个个体被抽到的概率都相等，为 N/M。

一般地，在抽样时，将总体分成互不交叉的层，然后按照一定的比例，从各层独立地抽取一定数量的个体，将各层取出的个体合在一起作为样本，则这种抽样方法是一种分层抽样。我们用一个例子来展示分层抽样。

例如，一个公司的职工有 500 人，其中不到 30 岁的有 125 人，30 ～ 40 岁的有 280 人，40 岁以上的有 95 人。为了了解这个单位职工与身体状况有关的某项指标（如血压），要从中抽取一个容量为 100 的样本，由于职工年龄与这项指标有关，故采用分层抽样方法进行抽取。因为样本容量与总体的个数的比为 1 ∶ 5，所以在各年龄段抽取的个数依次为 125/5、280/5、95/5，即 25、56、19。

4. 加权抽样

首先来解释加权。加权是通过对总体中的各个样本设置不同的数值系数（即权值），使样本呈现希望的相对重要性程度。

那么在抽样时为什么要加权呢？例如，在城市和农村各调查 300 样本，城市人口与农村人口比例"城市 ∶ 农村 = 1 ∶ 2"（假设），在分析时我们希望将城市和农村看作一个整体，这时候我们就可以赋予农村样本一个 2 倍于城市样本的权值。

可以看出，加权抽样能够深刻地影响数据分析。我们在第 4 章介绍的 boosting 方法可以视为一个基于加权抽样的模型，该方法给予每个样本权值，并且每次提高分类预测错误的样本的权值，从而在下一次迭代中，有利于进行难分类样本的专门训练，进而提高正确率。

加权方法主要有以下两个：

1）**因子加权**：对满足特定变量或指标的所有样本赋予一个权值，通常用于提高样本中具有某种特性的被访者的重要性，例如，研究一种啤酒的口味是否需要改变，那么不同程度购买者的观点也应该有不同的权值：如经常购买该啤酒的客户的权值为 3，偶尔购买该啤酒的客户的权值为 1，从不购买的客户的权值为 0.1。

2）**目标加权**：对某一特定样本组赋权，以达到预期的特定目标。例如，我们想要品牌 A 的 20% 使用者 = 品牌 B 的 80% 使用者；或者品牌 A 的 80% 使用者 = 品牌 B 的 20% 非使用者。

5. 整群抽样

整群抽样又称聚类抽样，是将总体中各单位归并成若干个互不交叉、互不重复的集合，称为群，然后以群为抽样单位抽取样本的一种抽样方式。应用整群抽样时，要求各群有较好的代表性，即群内各单位的差异要大，群间差异要小。

整群抽样的优点是实施方便、节省经费；整群抽样的缺点是由于不同群之间的差异较大，由此而引起的抽样误差往往大于简单随机抽样。

整群抽样先将总体分为 i 个群，然后从 i 个群中随机抽取若干个群，对这些群内所有个体或单元均进行调查。抽样过程可分为以下几个步骤：

1）确定分群的标注。

2）将总体（N）分成若干个互不重叠的部分，每个部分为一个群。

3）根据各群样本量，确定应该抽取的群数。

4）用简单随机抽样或系统抽样方法，从 i 群中抽取确定的群数。

例如，调查中学生患近视眼的情况，抽某一个班做统计，进行产品检验，每隔 8 个小时抽 1 个小时生产的全部产品进行检验。

整群抽样与分层抽样在形式上有相似之处，但实际上差别很大。分层抽样要求各层之间的差异很大，层内个体或单元差异小，而整群抽样要求群与群之间的差异比较小，群内个体或单元差异大；分层抽样的样本是从每个层内抽取若干单元或个体构成，而整群抽样则是要么整群抽取，要么整群不被抽取。

8.1.2 数据过滤

在大数据处理之前，除了采用抽样的方法减小数据量外，有时候还需要选择满足某种条件的数据，从而使得分析集中在具有某种条件的数据上。

例如，在电子商城图书的销售表中对"小说"类别的图书的销量进行分析，就可以在整个销售表中选择出类别为"小说"的图书。

在大数据处理过程中，数据过滤可以采用数据库的基本操作来实现，将过滤条件转换为选择操作来实现。例如，在 SQL 语言中，我们可以使用 select from where 语句很容易地实现过滤。

8.1.3 基于阿里云的抽样和过滤实现

我们通过下面这个例子，利用阿里云平台来说明抽样和过滤的使用方法。

《权力的游戏》是一部中世纪史诗奇幻题材的美国电视连续剧。我们收集了一些关于战斗场景的数据，并希望按照特定的条件对数据进行过滤，然后按一定的数据比例对原始数据进行抽样。原始数据前 10 条见表 8-1。

表 8-1　关于战斗场景的原始数据的前 10 条

battle_number	name	year	attacker_outcome	attacker_size	defender_size
1	Battle of the Golden Tooth	298	win	15 000	4000
2	Battle at the Mummer's Ford	298	win		120
3	Battle of Riverrun	298	win	15 000	10 000
4	Battle of the Green Fork	298	loss	18 000	20 000
5	Battle of the Whispering Wood	298	win	1875	6000
6	Battle of the Camps	298	win	6000	12 625
7	Sack of Darry	298	win		
8	Battle of Moat Cailin	299	win		
9	Battle of Deepwood Motte	299	win	1000	
10	Battle of the Stony Shore	299	win	264	

用阿里云先进行过滤，然后再分别进行加权抽样、分层抽样和随机抽样。首先进入阿里云大数据开发平台中的机器学习平台，选择相应的工作组后进入算法平台。右击"实验"标签，新建一个空白实验，在"新建实验"对话框中输入对应的实验名称。

先对数据进行过滤，然后进行抽样，最终节点设计如图 8-1 所示。

过滤参数中，映射规则全选，过滤条件设置为：attacker_outcome = 'win'。参数设置为：输入字段中 STRING 类型的有 attacker_outcome，name；BIGINT 类型的有 accacker_size， battle_number，defender_size；DOUBLE 类型的有 year。

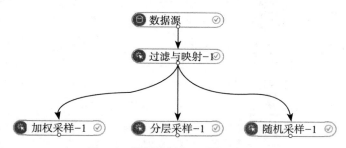

图 8-1　数据抽样和过滤节点设计

加权采样参数设置分别为：将"采样比例"设为"0.5"，勾选"放回采样"复选框，将"权值列"设为"battle_number"，将"随机数种子"设为"2016"。

分层采样字段的设置是将"分组列"设为"year"。分层采样的参数设置为：将"采样比例"设为"0.5"，勾选"放回采样"复选框，将"随机种子值"设为"2016"。

过滤结果如图 8-2 所示。

数据探查 - pai_temp_8537_175194_1 - (仅显示前一百条)					
attacker_size ▲	attacker_outcome ▲	name ▲	year ▲	battle_number ▲	defender_size ▲
15000	win	Battl...	298	1	4000
-	win	Battl...	298	2	120
15000	win	Battl...	298	3	10000
1875	win	Battl...	298	5	6000
6000	win	Battl...	298	6	12625
-	win	Sack...	298	7	-
-	win	Battl...	299	8	
1000	win	Battl...	299	9	
264	win	Battl...	299	10	-
244	win	Battl...	299	11	900
20	win	Battl...	299	12	-
-	win	Sack...	299	13	-
618	win	Sack...	299	14	2000
6000	win	Battl...	299	15	10000
5000	win	Sieg...	299	16	20000
100	win	Sack...	299	18	100

图 8-2　过滤结果

加权抽样结果如图 8-3 所示。

分层抽样结果如图 8-4 所示。

随机抽样结果如图 8-5 所示。

从抽样结果看出，加权抽样按照权值列中的权值大小进行抽样；分层抽样根据分组列，先对数据进行分组，然后在每个组中进行抽样；随机抽样就是按照抽样比例，对数据进行抽样。三种抽样方式最后得到的结果数据是几乎完全不同的。

图 8-3　加权抽样结果

图 8-4　分层抽样结果

图 8-5　随机抽样结果

8.2 数据标准化与归一化

归一化是把数变为（0，1）之间的小数，主要是为了数据处理方便提出来的，把数据映射到 0～1 范围之内处理，更加便捷快速。这样可以把有量纲表达式变为无量纲表达式，成为纯量。

数据的标准化是将数据按比例缩放，使之落入一个小的特定区间。由于指标体系的各个指标度量单位是不同的，使得所有指标能够参与计算，需要对指标进行规范化处理，通过函数变换将其数值映射到某个数值区间。

可以看出归一化是为了消除不同数据之间的量纲，方便数据比较和共同处理，例如在神经网络中，归一化可以加快训练网络的收敛性；而标准化是为了方便数据的下一步处理而进行的数据缩放等变换，并不是为了方便与其他数据一同处理或比较，例如数据经过零 – 均值标准化后，更利于使用标准正态分布的性质，从而进行相应的处理。

标准化和归一化通常采用下述方法：

（1）0-1 标准化

0-1 标准化也叫离差标准化，是对原始数据的线性变换，使结果落到 [0, 1] 区间，一种常用的转换函数是 $x^* = \dfrac{x - \min}{\max - \min}$，其中 max 为样本数据的最大值，min 为样本数据的最小值。这种方法有一个缺陷就是当有新数据加入时，可能导致 max 和 min 的变化，需要重新进行计算。

在讲述 k 均值算法时，我们讨论过不同属性范围不同而引发的问题，例如一组样本中有 2 个属性：体重和身高。这些样本的体重在 50～70 kg 之间，身高在 160～185 cm 之间。如果直接使用欧氏距离进行计算，会出现一定的偏差。此时，我们使用 0-1 标准化，将所有样本的每个属性都转化成 0～1 间的小数，就可以正常地使用欧氏距离来计算。例如一个样本的体重为 60 kg，身高为 175 cm，那么 60 转化成 $\dfrac{60 - 50}{70 - 50} = 0.5$，175 转化成 $\dfrac{175 - 160}{185 - 160} = 0.6$。

（2）Z-score 标准化

这种方法基于原始数据的均值和标准差进行数据的标准化。经过处理的数据符合标准正态分布，即均值为 0，标准差为 1，其转化函数为：$x^* = \dfrac{x - \mu}{\sigma}$，其中 μ 为所有样本数据的均值，σ 为所有样本数据的标准差。

例如，我们想获取一组电灯的使用寿命信息，已知均值为 15 000h，方差为 100，就可以通过这个变换，使用标准正态分布来方便我们进行后续的计算。假设一个电灯的寿命为 15 050h，就可以将其转化为 $\dfrac{15\,050 - 15\,000}{10} = 5$。

数据的标准化和归一化还有其他方法，比如 log 函数转换，通过以 10 为底的 log 函数转换的方法同样可以实现归一化，具体公式为

$$x^* = \frac{\log_{10}(x)}{\log_{10}(\max)}$$

一些书中介绍的是 $x^* = \log_{10}(x)$，这样做仅对数据进行了标准化但是未进行归一化，因为这个结果并非一定落到 [0, 1] 区间上，如果要进行归一化，应该还要除以 $\log_{10}(\max)$，max 为样本数据最大值，并且所有数据都要大于等于 1。

例如，工厂有一批器材，需要将直径信息归一化，已知所有直径都大于 1 m，最大的直

径为 2.0 m，现在需要将数据 1.41 m 进行归一化处理，则有

$$x* = \frac{\log_{10}(1.41)}{\log_{10}(2.0)} \approx 0.5$$

另外一种方法是 atan 函数（反正切函数）实现数据的归一化，即

$$x^* = \text{atan}(x) *2/\pi$$

使用这个方法需要注意的是，如果想将数据映射到的区间为 [0，1]，则数据都应该大于等于 0，小于 0 的数据将被映射到 [-1，0] 区间上，并非所有数据标准化的结果都映射到 [0，1] 区间上。

在刚才的例子中，我们有数据 1.732，需要使用 atan 函数转换，有

$$x^* = \text{atan}(1.732) *2/\pi \approx 0.667$$

阿里云中提供了数据标准化与归一化的工具。我们仍然用《权利的游戏》为例说明数据标准化与归一化的功能。

针对表 8-1，我们希望对数据的某个数值型特征值进行标准化与归一化处理。

利用阿里云对 attacker_size 特征与 defender_size 特征分别进行标准化与归一化处理，节点设置如图 8-6 所示。

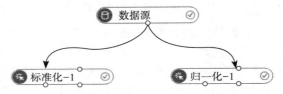

图 8-6　标准化与归一化处理流程

标准化特征选择两个 BIGINT 字段：attacker_size 和 defender_size。

归一化特征也选择 attack_size 和 defender_size 这两个 BIGINT 字段。

运行后，标准化结果如图 8-7 所示。

battle_number	name	year	attacker_outcome	attacker_size	defender_size	stdized_attacker_size	stdized_defender_size
1	Battle...	298	win	15000	4000	0.24934355753071305	-0.3900541146323089
2	Battle...	298	win	-	120	-	-1.013329054064276
3	Battle...	298	win	15000	10000	0.24934355753071305	0.5737731112934136
4	Battle...	298	loss	18000	20000	0.39725000050858683	2.1801518211696176
5	Battle...	298	win	1875	6000	-0.3977471304974846	-0.06877873265706807
6	Battle...	298	win	6000	12625	-0.19437577140290818	0.9954475226359172
7	Sack...	298	win	-	-	-	-
8	Battle...	299	win	-	-	-	-
9	Battle...	299	win	1000		-0.44008650969936444	
10	Battle...	299	win	264		-0.4771728903766028	
11	Battle...	299	win	244	900	-0.478158933329788865	-0.8880315146939322
12	Battle...	299	win	20		-0.48920261440546986	
13	Sack...	299	win	-		-	
14	Sack...	299	win	618	2000	-0.4597199301052137	-0.7113298566075498
15	Battle...	299	win	6000	10000	-0.19437577140290818	0.5737731112934136
16	Siege...	299	win	5000	20000	-0.24367791906219943	2.1801518211696176
17	Battle...	299	loss	20000	10000	0.49585429582716933	0.5737731112934136

图 8-7　标准化结果

运行后，归一化结果如图 8-8 所示。

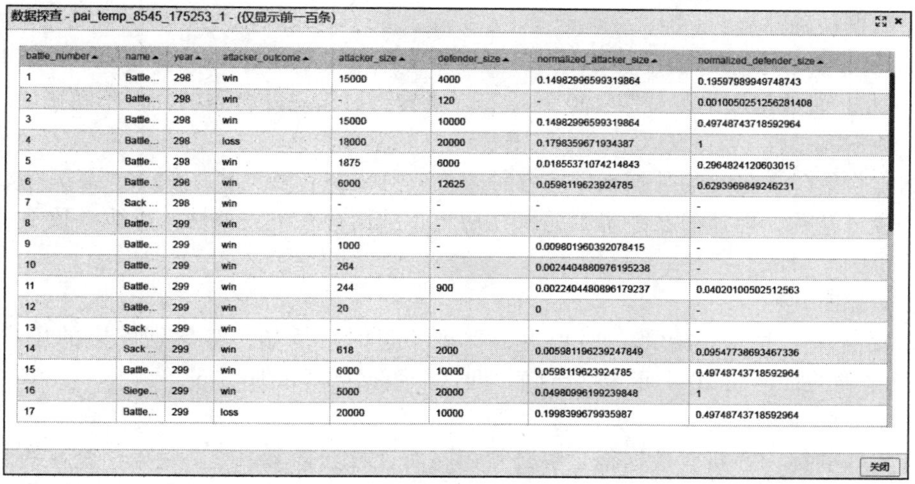

图 8-8 归一化结果

在该平台中标准化根据公式对数据进行变换，其中 x 为原始数据，μ 为均值，σ 为标准差。归一化根据公式对数据进行变换，其中 x 为原始数据，min 为最小值，max 为最大值。通过对数据进行不同的公式处理，得到了不同的结果。可以从结果中看出，标准化将数据按比例缩放，而归一化将数据映射到 $[0,1]$ 范围内。

8.3 数据清洗

8.3.1 数据质量概述

数据质量管理是指对数据从计划、获取、存储、共享、维护、应用、消亡生命周期的每个阶段可能引发的各类数据质量问题，进行识别、度量、监控、预警等一系列管理活动，并通过改善和提高组织的管理水平使得数据质量获得进一步提高。

数据质量问题及其所导致的知识和决策错误已经在全球范围内造成了恶劣的后果，严重困扰着信息社会。例如，在医疗方面，美国由于数据错误引发的医疗事故每年导致的患者死亡人数高达 98 000 名以上；在工业方面，错误和陈旧的数据每年给美国的工业企业造成约 6 110 亿美元的损失；在商业方面，美国的零售业中，每年仅错误标价这一种数据质量问题的诱因，就导致了 25 亿美元的损失；在金融方面，仅在 2006 年，在美国的银行业中，由于数据不一致而导致的信用卡欺诈失察就造成 48 亿美元的损失；在数据仓库开发过程中，30% ～ 80% 的开发时间和开发预算花费在清理数据错误方面；数据质量问题给每个企业增加的平均成本是产值的 10% ～ 20%。因而，大数据的广泛应用对数据质量的保障提出了迫切需求。

数据质量通常包括如下维度：

（1）数据一致性

数据集合中，每个信息都不包含语义错误或相互矛盾的数据。例如，数据（公司 = "先导"，国码 = "86"，区号 = "10"，城市 = "上海"）含有一致性错误，因为 10 是北京区号而非上海区号。

（2）数据精确性

数据集合中，每个数据都能准确表述现实世界中的实体。例如，某城市人口数量为4 130 465人，而数据库中记载为400万。宏观来看，该信息是合理的，但不精确。

（3）数据完整性

数据集合中包含足够的数据来回答各种查询，并支持各种计算。例如，某医疗数据库中的数据一致且精确，但遗失某些患者的既往病史，从而存在不完整性，可能导致不正确的诊断甚至严重医疗事故。

（4）数据时效性

信息集合中，每个信息都与时俱进，保证不过时。例如，某数据库中的用户地址在2010年是正确的，但在2011年未必正确，即这个数据已经过时。

（5）实体同一性

同一实体的标识在所有数据集合中必须相同而且数据必须一致。例如，企业的市场、销售和服务部门可能维护各自的数据库，如果这些数据库中的同一个实体没有相同的标识或数据不一致，将存在大量具有差异的重复数据，导致实体表达混乱。

由于其重要性，数据质量已经得到的了数据使用机构的认可，数据质量管理已经成为一个学科，数据质量管理可以通过制度手段和技术手段解决。制度手段包括制定数据质量度量标准、数据质量监管体系和数据质量管理制度等，技术手段包括缺失值填充、实体识别、真值发现等，涉及的理论知识也比较多，本节仅概述相关的知识，关于数据质量更深一步的了解请参考教材《Foundations of Data Quality Management》，对于其前沿知识可以参考近期发表的综述《大数据可用性的研究进展》。

8.3.2 缺失值填充

1. 缺失值填充方法介绍

针对不完整数据，主要的方法是缺失值填充。缺失值填充有很多种方法，主要包括如下常用类别的方法。

（1）删除

最简单的方法是删除，删除属性或者删除样本。如果大部分样本该属性都缺失，这个属性能提供的信息有限，可以选择放弃使用该属性；如果一个样本大部分属性缺失，可以选择放弃该样本。虽然这种方法简单，但只适用于数据集中缺失较少的情况。

（2）统计填充

对于缺失值的属性，尤其是数值类型的属性，根据所有样本关于这维属性的统计值对其进行填充，如使用平均数、中位数、众数、最大值、最小值等，具体选择哪种统计值需要具体问题具体分析。另外，如果有可用类别信息，还可以进行类内统计，例如身高，男性和女性的统计填充应该是不同的。

（3）统一填充

对于含缺失值的属性，把所有缺失值统一填充为自定义值，如何选择自定义值也需要具体问题具体分析。当然，如果有可用类别信息，也可以为不同类别分别进行统一填充。常用的统一填充值有"空""0""正无穷""负无穷"等。

（4）预测填充

我们可以通过预测模型利用不存在缺失值的属性来预测缺失值，也就是先用预测模型把数据填充后再做进一步的工作，如统计、机器学习等。虽然这种方法比较复杂，但是最后得到的结果比较好。

预测填充的方法的选择主要依赖于数据类型和数据分布。对于类别属性（如学校、地址等），可以采取分类方法进行填充，例如朴素贝叶斯方法、SVM等。具体来说，可以基于完整的元组训练分类器，此分类器以存在缺失值的属性作为类别，对于存在缺失值的属性，通过分类器进行分类获得填充值。对于数值属性，如电压、收入等，可以采用回归的方法进行填充。基于完整的元组训练回归方程，该方程以存在待填充值的属性作为因变量，对于存在缺失值的属性，将完整的自变量代入回归方程计算出待填充值。在一些情况下，属性之间的关联关系比较复杂，可以用贝叶斯网络表示此复杂的关系，从而实现缺失属性的填充。

因为属性缺失有时并不意味着数据缺失，缺失本身是包含信息的，所以需要根据不同应用场景下缺失值可能包含的信息进行合理填充。

2. 缺失值填充方法例析

下面通过一些例子来说明如何具体问题具体分析。

"年收入"：商品推荐场景下填充平均值，借贷额度场景下填充最小值；"行为时间点"：填充众数；"价格"：商品推荐场景下填充最小值，商品匹配场景下填充平均值；"人体寿命"：保险费用估计场景下填充最大值，人口估计场景下填充平均值；"驾龄"：没有填写这一项的用户可能是没有车，为它填充为 0 较为合理；"本科毕业时间"：没有填写这一项的用户可能是没有上大学，为它填充正无穷比较合理；"婚姻状态"：没有填写这一项的用户可能对自己的隐私比较敏感，应单独设为一个分类，如已婚 1、未婚 0、未填 −1。

以上是比较简单的例子，下面举两个复杂的例子来帮助理解。

某个公司有一份数据记录了客户是否最终购买了他们的产品，其中属性包括年收入、性别、年龄、是否结婚，最后的类别为是否购买该产品。但是这份数据在是否结婚的属性上存在着缺失。但是我们仍然想利用决策树模型来进行分类预测。此时，一种思路是，我们可以将是否结婚作为分类结果，而是否购买该产品作为一个已知的属性来构建一棵决策树，从而对是否结婚属性上缺失的属性值进行预测填充，这比我们随机地填上未婚、已婚，或者填上默认的 −1 效果要好。现在将这个例子改动一下，假如属性中只在年收入上有缺失值，那么就可以使用回归来进行连续型属性值的填充。

再例如，我们要预测某个人患有某种疾病的概率。我们已经有了一大批数据，其中测量的属性包括是否经常锻炼，是否有健康的饮食，是否有心脏病，是否有心口痛，是否有高血压，是否有胸痛等。但在是否有心脏病属性上存在着缺失。可以看出，这些属性存在着相关性，不能直接使用朴素贝叶斯方法，于是我们可以考虑使用贝叶斯网络来进行填充。首先构建一个包括上述属性的贝叶斯网络，然后根据其他属性来判断患有心脏病的概率。当概率大于设定的阈值时，我们就认为缺失值是患有心脏病。

3. 缺失值填充实现案例

我们仍然以《权力的游戏》为例来说明缺失值填充的方法。

针对表 8-1，利用阿里云对 attacker_size 特征与 defender_size 特征进行缺失值填充，节点设置如图 8-9 所示。

选择对应的填充字段（BIGINT 类型的两个字段：attacker_size 和 defender_size），然后选择对应的填充值（min、max 或者 mean），对数据进行填充。填充的方式是：原值选择 NULL（数值和 STRING）；替

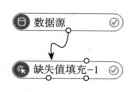

图 8-9　节点设置

换为 Mean（数据型）。

运行后，填充结果如图 8-10 所示。

数据探查 - pai_temp_8546_175257_1 - (仅显示前一百条)

battle_number	name	year	attacker_outcome	attacker_size	defender_size
1	Battle...	298	win	15000	4000
2	Battle...	298	win	9943	120
3	Battle...	298	win	15000	10000
4	Battle...	298	loss	18000	20000
5	Battle...	298	win	1875	6000
6	Battle...	298	win	6000	12625
7	Sack ...	298	win	9943	6428
8	Battle...	299	win	9943	6428
9	Battle...	299	win	1000	6428
10	Battle...	299	win	264	6428
11	Battle...	299	win	244	900
12	Battle...	299	win	20	6428
13	Sack ...	299	win	9943	6428
14	Sack ...	299	win	618	2000
15	Battle...	299	win	6000	10000
16	Siege...	299	win	5000	20000
17	Battle...	299	loss	20000	10000

关闭

图 8-10 填充结果

根据实际应用场景，我们可以对数据进行 min、max、mean 等值填充。阿里云也提供自定义填充，以达到特征值替换的效果。

8.3.3 实体识别与真值发现

1. 实体识别

在日常生活中，人们每天都要从网络上的不同数据中检索所需要的信息，如 DBLP、Yahoo shopping、AllMusic 等。在检索过程中会遇到的一个主要问题就是不同的对象也许会具有相同的名字，或者相同的对象具有不同的名字。例如，在 DBLP 中检索“Wei Wang”的文章，会检索到由 14 个“Wei Wang”发表的 197 篇文章。在 AllMusic 中存在 72 首歌曲以及 3 张专辑的名字为“Forgotten”。相同的实体可能出现在截然不同的文本中，而出现时往往会伴有大量的限制干扰信息，因此在上述情况下，人们往往不能快速地获取他们想要的答案。

实体识别是数据质量管理中一项重要的技术，实体识别的结果可以在数据质量管理的各个阶段得到广泛的应用，如真值发现、不一致数据的发现、去除冗余数据等。

实体识别是指，在给定的实体对象（包括实体名和各项属性）集合中，正确发现不同的实体对象，并将其聚类，使得每个经过实体识别后得到的对象簇在现实世界中指代的是同一个实体。实体识别要解决的问题主要包括以下两类冲突：

1）冗余问题：同一类实体可能由不同的名字指代，例如名字王伟，用英文表示可能是“Wang Wei”，也可能是“Wei Wang”。

2）重名问题：不同类的实体可能由相同的名字指代，例如在 DBLP 中检索“Wei Wang”，会检索到 14 个不同的作者。

针对不同类型冲突的处理，实体识别中主要有两类技术：

1）冗余发现：用于处理冗余问题，主要是构造对象名称的相似性函数，并与阈值进行比较，从而判定对象是否属于同一实体簇。

2）重名检测：用于处理重名问题，主要是利用基于聚类的技术，通过考察实体属性间的关联程度判定相同名称的对象是否属于同一实体簇。

下面着重介绍一种基于规则的实体识别方法。

我们已经知道，实体识别的目标就是要识别数据集中指代同一真实实体的元组。传统的实体识别方法通过比较元组对的相似性来识别实体，它们假设指代相同实体的元组对的相似度比不指代相同实体的元组对的相似度更高。然而，当这种假设在实际应用中并不成立时，相似性比较函数则不能被有效地用于实体识别。考虑下面的例子。

例 8-1 表 8-2 中有 7 条元组，它们是 7 个名叫"wei wang"的论文作者。通过访问作者的个人主页，我们手动地将这 7 条元组分成三类。id 为 o11、o12 和 o13 的元组指代一个 UNC 大学的作者实体，记为 e1，id 为 o21 和 o22 的元组指代 UNSW 大学的一个作者实体，记为 e2，id 为 o31 和 o32 的元组指代复旦大学的一个作者实体，记为 e3。

表 8-2 论文作者元组

id	name	coauthors	title	class
o11	wei wang	Zhang	inferring...	e1
o12	wei wang	duncan, kum, pei	social...	e1
o13	wei wang	cheng, li, kum	measuring...	e1
o21	wei wang	lin, pei	threshold...	e2
o22	wei wang	lin, hua, pei	ranking...	e2
o31	wei wang	shi, zhang	picturebook...	e3
o32	wei wang	pei, shi, xu	utility...	e3

在该例子中，实体识别的任务就是要利用表中的信息来识别实体 e1、e2 和 e3。由于这些元组的名字都相同，因此不能用名字来区分不同实体；它们的论文标题彼此都不相似，因此也不能用论文标题来识别指代相同实体的元组。唯有论文的作者信息可以用于识别实体。因此，对于任意两个元组 X 和 Y，我们用 X 和 Y 在属性 coauthors 上的相似度作为 X 和 Y 的相似度，记为 $Sim(X, Y)$。由于 Jaccard 相似性测度常常被用来测量集合的相似度，因此我们定义两个元组 X 和 Y 的相似度为：

$$Sim(X, Y) = \frac{|coauthor(X) \cap coauthor(Y)|}{|coauthor(X) \cup coauthor(Y)|}$$

故有以下的结果：

由于 $Sim(o11, o12) = 0$ 且 $Sim(o11, o31) = 12$，所以 $Sim(o11, o12) < Sim(o11, o31)$；

由于 $Sim(o12, o13) = 15$ 且 $Sim(o12, o21) = 14$，所以 $Sim(o12, o13) < Sim(o12, o21)$。

我们可以看出，尽管 o11 和 o12 指代的是同一实体，而 o11 和 o31 指代的不同实体，但 o11 和 o12 之间的相似度却比 o11 和 o31 之间的相似度要小。显然，在这个例子中，如果根据这些元组之间的相似性比较，我们不能得到正确的实体识别结果。和 Jaccard 测度类似，其他相似性函数，例如 cosine 相似度和 TF-IDF 测度，也都有同样的问题。

基于上面的例子，我们可以得到一些观察结果。

观察 1 某些属性值对的存在对识别元组很有用。

以论文作者元组作为例子。属性值对（coauthors，"lin"）只出现在指代实体 e2 的元组中。因此，（coauthors，"lin"）的存在能够被用于识别指代 e2 的元组。相似的，（coauthors，"kum"）和（coauthors，"shi"）的存在分别能够被用于识别指代 e1 和 e3 的元组。

观察 2 某些属性值的不存在也能帮助识别元组。

我们仍以表 8-2 为例，元组 o11 的属性 coauthors 只包括"zhang"。由于"zhang"既出现在 o11 中，也出现在 o31 中，（coauthors，"zhang"）的存在可以被用于区分指代 e1 或 e3 的元组和指代其他实体的元组，但是（coauthors，"zhang"）的存在并不能用于区分指代 e1 的元组和指代 e3 的元组。由于所有指代 e3 的元组都包含有（coauthors，"shi"），因此（coauthors，"shi"）的不存在就可以被用于排除 o11 指代 e3 的可能性。因此（coauthors，"zhang"）的存在和（coauthors，"shi"）的不存在可以一起被用于识别指代 e1 的元组。

基于以上的观察，我们用下面的规则来识别表中的元组。

❏ R1：∀oi，如果 oi[name] 是"wei wang"且 oi[coauthors] 包含"kum"，那么 oi 指代实体 e1；

❏ R2：∀oi，如果 oi[name] 是"wei wang"且 oi[coauthors] 包含"lin"，那么 oi 指代实体 e2；

❏ R3：∀oi，如果 oi[name] 是"wei wang"且 oi[coauthors] 包含"shi"，那么 oi 指代实体 e3；

❏ R4：∀oi，如果 oi[name] 是"wei wang"且 oi[coauthors] 包含"zhang"且不包含"shi"，那么 oi 指代实体 e1。

这个例子表明了传统实体识别方法的不足可以通过利用基于实体信息所生成的规则来克服。

（1）实体识别规则

我们能够看出，刚才的例子中，规则由两个子句构成：

1）"**如果**"子句：包含对元组属性上的约束，例如"如果 [*coauthors*] 包含 *kum*"。

2）"**那么**"子句：说明满足规则"**如果**"子句的元组所应指代的实体，例如"那么 o 指代实体 e1"。

因此，我们用 $A \Rightarrow B$ 来表示实体识别规则"∀o，如果 o 满足约束 A，那么 o 指代实体 B"。为了方便，在下面的定义中，我们令 o 表示一个元组，S 表示一个数据集，r 表示一个 ER 规则，R 表示一个 ER 规则集合，LHS（r）和 RHS（r）分别表示规则 r 的左部和右部。

（2）实体识别规则的语法

定义（实体识别规则的语法）

一个 ER 规则的形式为：$T1 \wedge \cdots Tm \Rightarrow e$，其中 Ti（$1 \leq i \leq m$）是一个形式为（Ai op$i$ vi）、（vi op$i$ Ai）、¬（Ai op$i$ vi）或者 ¬（vi op$i$ Ai）的子句，e 是一个已知实体的标识符，其中 Ai 是一个属性，vi 是 Ai 值域里的一个常数，op$i$ 可以是由用户定义的与值域相关的操作符，例如对于字符串，op$i$ 可以是完全匹配符 =，或近似匹配符 ≈；对于数值，op$i$ 可以是 ≤；对于集合，op$i$ 可以是 ∈。形式为（Ai op$i$ vi）或（vi op$i$ Ai）的子句被称为"正子句"，而形式为 ¬（Ai op$i$ vi）或 ¬（vi op$i$ Ai）的子句被称为"负子句"。

每个 ER 规则 r，可以用一个值域为 [0，1] 的权值 w（r）来反映 r 是一个正确规则的置信度。直观地说，越多的元组被 r 正确地识别，则 r 越可能是正确的。因此，给定一个数据集 S，我们定义每个 ER 规则 r 的权值为

$$w(r) = \frac{|S(r)|}{|S(\text{RHS}(r))|}$$

其中 $S(r)$ 代表 S 中被 r 正确识别的元组集合，$S(\text{RHS}(r))$ 代表 S 中指代实体 $\text{RHS}(r)$ 的元组集合。我们假设每个属性 A_i 的操作符 op_i 已经给定。为了方便讨论，我们可以将一个正子句 $(A_i\ op_i\ v_i)$ 简化表示成一个属性 – 值 (A_i, v_i)。

相应地，一个负子句 $\neg(A_i\ op\ v_i)$ 可以被简化成 $\neg(A_i, v_i)$。

例 8-2 例 8-1 中的规则可以被表达成如下的 ER 规则。

为了简化，我们将属性 $coauthors$ 写成属性 coa。

$r1$：$(name = \text{“wei wang”}) \wedge (\text{“kum”} \in coa) \Rightarrow e1$，

$r2$：$(name = \text{“wei wang”}) \wedge (\text{“lin”} \in coa) \Rightarrow e2$，

$r3$：$(name = \text{“wei wang”}) \wedge (\text{“shi”} \in coa) \Rightarrow e3$，

$r4$：$(name = \text{“wei wang”}) \wedge (\text{“zhang”} \in coa) \wedge \neg(\text{“shi”} \in coa) \Rightarrow e1$。

其中 $x \in Y$ 代表属性 Y 包含值 x。

对于规则 $r4$，$(name = \text{“wei wang”})$ 是正子句；$\neg(\text{“shi”} \in coa)$ 是负子句；$name$，coa 是属性；$=$、$\in$ 是操作符；“wei wang”、“zhang”、“shi”是值。规则 $r4$ 也可以被简化为 $(name, \text{“wei wang”}) \wedge (coa, \text{“zhang”}) \wedge \neg(coa, \text{“shi”}) \Rightarrow e1$。

（3）实体识别规则的语义

在介绍规则语义之前，我们先定义规则的左部匹配条件和规则的右部匹配条件。

定义（规则左部的匹配）

o 匹配规则 r 的左部如果 o 满足 $\text{LHS}(r)$ 的所有子句。我们称 o 满足正子句 $(A_i\ op_i\ v_i)$（或 $(v_i\ op_i\ A_i)$），如果 o 在属性 A_i 上的值，记为 $o[A_i]$，满足 $o[A_i]\ op_i\ v_i$（或 $v_i\ op_i\ o[A_i]$）为真；我们称 o 满足负子句 $\neg(A_i\ op_i\ v_i)$（或 $\neg(v_i\ op_i\ A_i)$），如果 $o[A_i]\ op_i\ v_i$（或 $v_i\ op_i\ o[A_i]$ 为假）。

定义（规则右部的匹配）

o 匹配规则 r 的右部如果 o 指代实体 $\text{RHS}(r)$。直观地，ER 规则的语义为：如果一个元组 o 匹配一个 ER 规则 r 的左部 $\text{LHS}(r)$，则 o 匹配规则 r 的右部 $\text{RHS}(r)$。

定义（ER 规则的语义）

o 满足规则 r，记为 $o \vdash r$，如果 o 不匹配 $\text{LHS}(r)$ 或者 o 匹配 $\text{RHS}(r)$。换句话说，元组 o 不满足 ER 规则 r 当且仅当 o 匹配 $\text{LHS}(r)$ 且不匹配 $\text{RHS}(r)$。这个定义是基于一阶逻辑系统中“如果 A，那么 B”等价于“$\neg A \vee B$”。

例 8-3 考虑表中的元组和例 8-2 中的 ER 规则 $r1$。$o12$ 匹配 $\text{LHS}(r1)$ 因为 $o12[name] =$ “wei wang”且“kum”$\in o12[coa]$。$o12$ 匹配 $\text{RHS}(r1)$，因为 $o12$ 指代 $e1$。对于 $o12$ 和 $o13$，它们满足 $r1$ 因为它们都匹配 $\text{LHS}(r1)$ 和 $\text{RHS}(r1)$。对于表中的其他元组，它们也满足 $r1$ 因为它们中没有一个匹配 $\text{LHS}(r1)$。因此，表中的所有元组都满足 $r1$。此外，定义（ER 规则的语义）可以进行如下扩展。

❑ $S \vdash r$ 如果对于 $\forall o \in S$，满足 $o \vdash r$。

❑ $o \vdash R$ 如果对于 $\forall r \in R$，满足 $o \vdash r$。

（4）基于规则的实体识别

有了有效的规则，基于规则的实体识别就变得非常直接，也就是通过匹配规则的左部即可以实现有效实体识别。算法伪代码如下：

输入： 数据集 U，规则集阈值 R_E，阈值 θ_c

输出： U 的划分 $\mathbf{U}$

```
1    for E 中的每一个实体 e_j do
2        U_j ← ∅;
3    for U 中的每一个 o_j do
4        R(o_i) ← FindRules(o_i);
5        for E 中的每一个实体 e_j do
6            R(e_j) ← {r|RHS(r)=e_j};
7            C(o_i, e_j) ← CompConf(R(o_i) ∩ R(e_j));
8        SelEntity(o_i, θ_c);
9    return u ← {U_1, U_2, ⋯, U_m};
```

其中第 4 行找到所有 o_i 满足前件的规则，可以通过 B+ 和倒排索引等树实现，第 7 行计算 o_i 指代实体 e_j 的置信度，第 8 行选择置信度最大的实体。

例 8-4 还以例 8-1 中的问题为背景来解释该算法。

让我们考虑表 8-2 中的元组 o1 和例 8-2 中的规则。规则的倒排索引见表 8-3。由于 o1 名字为 "wei wang" 并有一个合作者 "zhang"，我们首先找到（name，"wei wang"）的相关规则集合，即 {r1, r2, r3, r4}；然后我们找到（coa，"zhang"）的相关规则集合，即 {r4}；由于这两个规则集合的交集是 {r4}，o1 只需要和一个规则 r4 比较。

表 8-3　ER 规则的索引

属性 - 值	ER 规则
(*name*, "wei wang")	{r1, r2, r3, r4}
(*coa*, "kum")	{r1}
(*coa*, "lin")	{r2}
(*coa*, "shi")	{r3}
(*coa*, "zhang")	{r4}

令 $R(o)$ 表示被 o 所满足的规则集合，$R(e)$ 表示 e 的规则集合。直观地，$R(o) \cap R(e)$ 中的规则越多，$R(o) \cap R(e)$ 中的规则的权值越大，则 o 指代 e 的置信度越高。因此 o 指代实体 e 的置信度，记为 $C(o, e)$。

考虑元组 o12，例 8-2 中的规则集合和另一个规则 r5：（name，"wei wang"）$\wedge$（coa，"duncan"）$\Rightarrow e1$。设每个规则的权值为 1。通过在 o12 上运行 FindRules，我们得到 $R(o12) = \{r1, r5\}$。由于 $R(e) = \{r1, r4, r5\}$，o12 指代各个实体的置信度结果为 $C(o12, e1) = w(r1) + w(r5) = 2$；$C(o12, e2) = C(o12, e3) = 0$。令阈值 $\theta_c = 0$。由于置信度 $C(o12, e1) = 2$ 最大且 $C(o12, e1) > \theta_c$，则 o12 被认为指代实体 e1 并被放入 U1 中。

这些规则可以由人手工撰写，也可以由程序从数据中自动学习得到，细节见论文《Rule-Based Method for Enting Resolution》。

2. 真值发现

在经过实体识别之后，描述同一个现实世界实体的不同元组被聚到了一起，这些对象的相同属性可能包含冲突值。在很多情况下，冲突值来源于信息集成中的不同的数据源。在描述同一实体同一属性冲突值中发现真实的值的操作是真值发现。本小节重点讨论来自于多个数据源的冲突数据上的真值发现。

形式化地说，真值发现问题定义如下：

我们考虑一组数据源 v 和一组对象 O。一个对象代表了一个现实世界的实体的某个特定的方面，如电影的导演；关系数据库中，一个对象对应于一个表中的一个单元格。对于每个对象 $o \in O$，数据源 $V \in v$，可以（但不一定）提供真值。提供的这些值被称为 "事实"。在为一个对象提供的不同的事实中，其中一个正确地描述了真实世界，所以它是真实的，其余的是假的。给定一组数据源 v，我们要为每个满足 $o \in O$ 的对象 o 判断其真相。需要注意的是，数据源提供的可以是原子事实的真相，或原子值的集合或列表（例如，一个论文作者名单）。如果提供的是原子值的集合或列表，如果这些原子值都是正确的，并且提供的集合或列表是完整的（且列表的顺序正确），我们同样认为值为真的。每个数据源可以为不同的对象提供不同数量的事实，但只能为每一个对象提供至多一个事实。

基于真值发现问题的输入数据源，我们正式给出以下定义：

定义（对事实的置信度） 一个事实 F（用 $C(F)$ 表示）的置信度是 F 是正确的概率。

定义（数据源的可信性） 数据源 V（记为 $T(V)$）的可信性是由 V 所提供的事实的预期的置信度。

相同的对象的不同的事实可能是相互冲突的，当然也可能相互支持。例如，一个数据源声称，成人的平均身高是"175 cm"，而另一个声称为"176 cm"。如果其中一个是真的，另一个也可能是真的。因此，我们有以下的事实之间的含义的定义。

定义（事实之间的内涵） 从事实 $f1$（$f2$）到 $f2$（$f1$），$imp(f1 \rightarrow f2)$ 是 $f1$ 在 $f2$ 置信度上的影响力。

定义（数据来源之间的关系） 如果两个数据源 $v1$ 和 $v2$ 直接或间接地从同一来源得到了相同的部分。我们说两个数据源 $v1$ 和 $v2$ 之间存在着依赖性。相应的，有两种类型的数据源：独立源和它们的拷贝。

一个独立源提供独立的值。显然，它可能提供错误的值。良好的独立来源更有可能为每个对象提供真正的值，而不是任何特定的虚假的值。相比于坏的独立来源，拷贝源拷贝的一部分（或全部）来自其他来源的数据（独立源或拷贝源）。

当在真值发现问题中只考虑数据源之间的直接拷贝时，我们就可以说如果 $v1$ 直接由 $v2$ 复制而来，那么 $v1$ 就依赖于 $v2$。

谈完了基本概念和定义，接下来介绍两种真值发现的方法。

（1）投票方法

如前所述，我们可以期望一个真值是由更多的源提供，而不是任何特定的错误的源，所以我们可以应用一个平凡的方法，称为"投票"，并采取由这些源中提供的最主要的那个值作为真值。

形式化地说，O 是一个具体的对象，v 是一组独立的数据源。在由 v 提供的不同的 O 的值之间，出现次数最大的那个 O 值应当被认为是真的。

尽管这个方法很简单，但是它是许多复杂方法的基石。

（2）考虑数据源精度的迭代方法

下面介绍一种比较复杂的概率的方法，它基于这样的假设：数据源集合 v 只拥有独立的数据源，它只考虑事实的置信度和数据源的可信度，以及事实间的含义。从而基于以下几个基本的启发式观点来构建一个称为真相发现者（truthfinder）的可计算模型。

启发式规则 1： 通常对于一个对象来说，只有一个真相（真值）。

启发式规则 2： 真相在不同的数据源中总是相同或者是相似的。

启发式规则 3： 不同数据源之间的虚假事实就不怎么相同，也不怎么相似。

启发式规则 4： 在特定的领域，一个数据源为许多对象提供真相，那么也更倾向于会对其他的对象提供真相。

基于上述的启发式规则，我们知道，如果一个对象的值是由许多值得信赖的数据源提供的，那么它很有可能是真的。相反，如果一个对象的值与许多值得信赖的数据源提供的事实相冲突，它就不可能是真的。另一方面，如果数据源提供了高置信度的事实，这个数据源就是值得信赖的。所以数据可信度和事实上的置信度是相互确定的，那么就可以使用迭代的方法来计算它们。

刚才我们讲过，数据源的可信度正好是它提供的预期的事实的置信度。对于数据源 V，它的可信度 $t(V)$ 可以通过计算由 V 提供的事实的平均置信度得到，即

$$t(V) = \frac{\sum_{f \in F(V)} c(f)}{|F(V)|}$$

其中 $F(V)$ 是由 V 提供的一组事实。

假定这里没有相互关联的事实，并且 f 只是关于对象 O 的唯一的事实。所有提供 f 的数据源是独立的，因此，我们可以计算出 f 的置信度为

$$c(f) = 1 - \prod_{v \in W(f)} (1 - t(V))$$

其中 $W(f)$ 是一组提供 f 的数据源。

为了加速计算和真值发现，定义一个数据源的可信度得分为

$$\tau(V) = -\ln(1 - t(V))$$

相似的，一个事实的置信度得分被定义为

$$\sigma(V) = -\ln(1 - c(V))$$

一个非常有用的属性就是，事实 f 的置信度得分就是提供 f 的数据源的可信度的加和，即

$$\sigma(f) = \sum_{v \in W(f)} \tau(V)$$

上述置信度的计算过程的一个实例如图 8-11 所示。

然而，关于一个对象总是有许多不同的事实，这些事实也会互相影响。所以当计算 f 的置信度得分时，我们应该调整它的置信度得分，这需要通过将能够提供跟 f 相同的对象的事实的 f' 的置信度得分加和得到。所以，事实 f 的调整的置信度得分为

$$\sigma^*(f) = \sigma(f) + p \sum_{o(f'=o(f))} \sigma(f') imp(f' \to f)$$

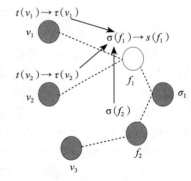

图 8-11　计算一个事实的置信度

ρ 是 $0 \sim 1$ 的参数，控制着相关事实的影响，$O(f)$ 是和 f 相关的对象。显然，$\sigma^*(f)$ 是 f 的置信度得分的总和，并且是每一个相关事实 f' 的置信度得分乘上蕴含 $f' \to f$ 的一部分。

同理，一个事实 f 的被调整置信度可以从它的置信度得分来计算，即

$$c^*(f) = 1 - e^{-\sigma^*(f)}$$

以上模型存在的问题是，如果事实 f 和一些提供可信数据源的事实相互冲突，使得 $\sigma^*(f) < 0$ 并且 $c^*(f) < 0$，这会导致 f 的置信度很容易变成负值。

显然，这是不合理的，因为即使是负的证据，f 也有可能是正确的，所以其置信度应当仍然是正的。通过使用逻辑函数，最后事实置信度的定义为

$$c(f) = \frac{1}{1 + e^{-\gamma \sigma^*(f)}}$$

如上述模型所描述，如果我们知道事实的置信度，就可以推断出数据源的可信性，反之

亦然。采用迭代法计算数据源的可信性和事实的可信度。最初，数据源和事实的信息很少。在每次迭代中，TruthFinder 试图提高关于可信度和置信度的知识。并且当计算达到一个稳定的状态时，它就停止了。开始时的初始状态中，所有的数据源有一个统一的可信度。在每一次迭代中，TruthFinder 首先使用数据源的可信度计算事实的置信度，然后从数据源的置信度重新计算数据源的可信度。该过程不断重复进行，直到达到稳定状态时。稳定性可以由全部数据可信度的变化进行测量。如果可信度在一次迭代后只发生一个小的变化（例如测量新旧可信度向量的余弦相似性），那么 TruthFinder 将停止。

实体识别和真值发现是很重要也很复杂的问题，感兴趣的读者可以参考专著《 Innovative Techniques and Applications of Entity Resolution 》。

8.3.4 错误发现与修复

除了填充缺失值和解决描述同一实体数据的冲突的策略，数据中还有可能存在各种错误，本小节简述一些错误的发现与修复策略。

1. 格式内容清洗

如果数据是由系统日志而来，那么通常在格式和内容方面，会与元数据的描述一致。而如果数据是由人工收集或用户填写而来，则有很大可能性在格式和内容上存在一些问题，简单来说，格式内容问题有以下几类：

（1）显示格式不一致

这种问题通常与输入端有关，在整合多来源数据时也有可能遇到。例如，时间、日期、数值、全半角等表示的不一致等。这种情况下的数据错误检测通常需要根据数据类型预定义数据显示格式，根据显示格式将不符合显示格式的数据处理成一致格式。这种方法表面看起来很直接，其难点在于识别不一致的属性值中对应的部分。有时候数据格式要求比较复杂，需要用正则表达式描述，这种情况下，检测与修复则需要更复杂的算法，感兴趣的读者可以参考论文《 Repairing Data through Regular Expressions 》中介绍的方法。

（2）内容中有非法的字符

某些属性值只允许包括一部分字符，例如身份证号是数字 + 字母 x，中国人姓名是汉字（通常登记时不允许名字有其他字符）。最典型的就是头、尾、中间的空格，也可能出现姓名中存在数字符号、身份证号中出现汉字等问题。这种情况下，可以通过在元数据中规定属性值包含的字符集合，并去除非法的字符来实现。

（3）内容与该字段应有内容不符

在一些情况下，用户误将本来属于一个属性的数据填写到了另一个属性中，例如，姓名写了性别，身份证号写了手机号等，均属这种问题，出现这类问题的数据并不能以简单的删除来处理，因为其仍包含了有用的信息，可以通过识别数据的格式，并基于格式辨识其应当隶属的属性来将属性值放到正确的位置。

格式内容问题看起来仅仅是细节问题，但造成了很多分析的失败，例如非法字符导致跨表信息关联的识别（认为"王宏志"和"王 宏志"不是一个人）、统计值不全（掺杂了字母的数字无法参加求和）、分析输出失败或效果不好（把日期和年龄弄混导致数据分析结果语义不正确）。因此，这部分清洗工作需要引起重视，特别是在数据来源不可靠的时候或者数据库对于数据的语法缺乏必要约束的情况下。

2. 逻辑错误清洗

逻辑错误清洗的工作是去掉一些通过逻辑推理就可以发现问题的数据，防止分析结果的偏差。这部分主要包含如下几个步骤：

（1）去重

顾名思义，去重就是去掉数据中的重复信息，由于数据存在的同名（即不同的事物具有相同的名字）和异名（即相同的事物具有不同的名字），去重通常要通过上文介绍的实体识别技术来实现，这类数据中出现的冲突值可以通过上文介绍的真值发现技术来进行消解。而且由于格式问题直接导致异名问题，建议将去重的步骤放到格式清洗之后进行。

（2）去除不合理值

有时候，用户会填入一些不合理的值，例如年龄 2000 岁，月收入 100 000 万，需要有效地检测和修复这种不合理的值。这类不合理值的检测主要依靠属性值上的约束。例如，人的年龄取值在 [1，150] 之间，月收入在 [0 万，100 万] 之间。由于这类不合理值提供的有用信息非常少，因而其修复需要按照缺失值处理。

（3）修正矛盾内容

有些字段是可以互相验证的，例如，如果某个用户电话的区号是 "010"，但是城市是"上海"，我们就可以知道区号和城市两个属性中有某一个是错误的。或者两个记录中邮编相同但是城市不相同，从中可以发现两条记录中 "邮编" 和 "城市" 中某一个是错误的。这种错误的检测可以通过规则来实现，经常用到的规则包括函数依赖和条件函数依赖。

条件函数依赖是函数依赖在语义上的扩充，经常被用于数据清洗工作，在数据库一致性修复上应用十分广泛。一个关联规则可以看作等价于一个条件函数依赖，发现关联规则就相当于发现条件函数依赖。

首先给出函数依赖的定义：$R（U）$ 是一个属性集 U 上的关系模式，X 和 Y 是 U 的子集。若对于 $R（U）$ 的任意两个可能的关系 $r1$、$r2$，若 $r1[x]=r2[x]$，则 $r1[y]=r2[y]$，或者若 $r1[y]$ 不等于 $r2[y]$，则 $r1[x]$ 不等于 $r2[x]$，称 X 决定 Y，或者 Y 依赖 X。例如，在设计学籍信息表时，我们知道了某位同学的学号，那么一定能知道其姓名，这就是姓名依赖于学号的例子。

条件函数依赖的定义为：设存在一个关系模式 R，attr（R）表示定义在其上的属性集，对每个属性 A，有 $A \subseteq$ attr（R），定义在 R 上的一个条件函数依赖 φ 可以表示成 $\varphi:（R:X \rightarrow Y，Tp）$。其中：

1）X 和 Y 是定义在 attr（R）属性集。

2）$\{R:X \rightarrow Y\}$ 是一个标准函数依赖。

3）Tp 是与 X 和 Y 相关的模式元组，定义了相关属性在取值上的约束条件。

例如李建中老师在研究生中开的课只用英语进行教学（其他老师开的课或者李建中老师给本科生开的课其授课语言不一定是英语）：φ：[教师 =' 李建中 '，授课对象 =' 研究生 '] $\rightarrow$ [授课语言 =' 英语 ']。

3. 非需求数据清洗

针对分析过程中不需要且有错误的数据，可以考虑直接删除。这种处理方法表面上看起来简单，但是实际操作起来需要考虑许多问题。例如，在一些情况下，可能删除看上去不需要但实际上对业务很重要的字段；有时候觉得某个字段有用，但又没想好怎么用，无法确定是否该删；在处理时删错字段等。考虑到这些情况，可以考虑在出现错误的数据上增加错误标记，这样在数据分析的过程中会忽略这些错误值或者针对存在的错误值设计劣质容忍的数据分析算法最小化错误对分析结果的影响。

小结

数据预处理是大数据分析的首要环节，预处理的效果直接影响着大数据分析后续环节的开展和最终成果的质量。本章就数据预处理的三大步骤：数据抽样和过滤、数据标准化和归一化以及数据清洗分别进行探讨。

数据抽样和过滤是减少数据量的有效途径，通过减小实验数据量的规模，从而加快后续步骤的处理。数据抽样的关键在于如何让抽样得到的样本能够更好地体现和反映原始数据的全部特征，常见的数据抽样方法包括：随机抽样、系统抽样、分层抽样、加权抽样和整群抽样。数据过滤则是考虑实际问题，选择满足某种条件的数据，从而使得分析集中在具有某种条件的数据上，从而既满足了业务需求，又客观地减小了数据量。在 8.1 节介绍了阿里云提供的多种抽样和过滤的方法。

归一化是把数值变为 0 和 1 之间的小数，数据的标准化是将数据按比例缩放，使之落入一个小的特定区间。归一化和标准化方法是实现数据规范的有效途径，在 k 均值度量距离等问题中显得特别重要。常用的归一化和标准化方法有 0-1 标准化、Z-Score 标准化等。阿里云中也提供了数据标准化与归一化的工具。

数据清洗的内容十分丰富，涉及了数据质量的相关概念，缺失值的处理，实体识别与真值发现，错误的主动发现和修复等问题。

数据质量的高低严重影响了工业、经济等社会的方方面面，而数据清洗是数据质量管理的重要问题。数据质量要求数据满足一致性、精确性、完整性、时效性和实体同一性。

缺失值问题是数据质量管理中的重要问题。缺失值的处理方法有很多，例如忽略和删除含有缺失值记录、分析时忽略含缺失值的属性、填补缺失值等。其中，最值得关注的就是如何填补缺失值，常用的填充方法有统计填充、统一填充和预测填充。

实体识别和真值发现也是数据质量管理中重要的技术。数据识别要解决的问题包括冗余问题和重名问题。实体识别中主要用到的两类技术为冗余发现和重名检测，本章还详细介绍了一种基于规则的实体识别方法。本章给出了真值发现的定义，并介绍了两种真值发现的方法：投票方法和考虑数据源精度的迭代方法。

错误发现与修复问题的研究可以帮助构建更加健壮的系统。格式内容清洗致力于解决显示格式不一致、内容中有非法字符、内容与该字段应有内容不符的问题。逻辑错误清洗的主要步骤包括去重、去除不合理值、修正矛盾内容。

习题

1. 为了调查开发的某种软件的受众人群分布情况，可采取哪些抽样方法？哪种方法较好？请分析其原因。
2. 某医院调查不同年龄的人们的身体肥胖情况，进行了一系列记录，属性 age 包括如下值（以递增排序）:13，15，16，16，19，20，20，21，22，22，25，25，25，25，30，33，33，35，35，35，35，36，40，45，46，52，70。
   （1）使用最小 – 最大规范化将 age 值 33 变换到 [0.0，1.0] 区间。
   （2）使用 Z-Score 规范化变换 age 值 35，其中 age 的标准差为 12.94 岁。

（3）使用 log 函数转换（以 10 为底），将年龄进行归一化。

（4）使用反正切 atan 函数转换，将年龄进行归一化。

（5）对于给定的数据，你愿意用哪种方法？陈述你的理由。

3. 数据库系统中鲁棒的数据加载提出了一个挑战，因为输入数据常常是脏的。在许多情况下，数据记录可能缺少值，某些记录可能被污染（即某些数据值不在期望的值域内或具有不同的类型）。设计一种自动数据清理和加载算法，使得有错误的数据被标记，被污染的数据在数据加载时不会错误地插入数据库中。

4. 讨论使用抽样减少需要显示的数据对象个数的优缺点。简单随机抽样（无放回）是一种好的抽样方法吗？为什么是？为什么不是？

5. 给定 m 个对象的集合，这些对象划分成 K 组，其中第 i 组的大小为 m_i。如果目标是得到容量为 $n < m$ 的样本，下面两种抽样方案有什么区别？（假定使用有放回抽样。）

（1）从每组随机地选择 $n \times m_i / m$ 个元素。

（2）从数据集中随机地选择 n 个元素，而不管对象属于哪个组。

6. 考虑一个文档 – 词矩阵，其中 tf_{ij} 是第 i 个词（术语）出现在第 j 个文档中的频率，而 m 是文档数。考虑由下式定义的变量变换

$$tf_{ij}' = tf_{ij} \cdot \log \frac{m}{df_i}$$

其中，df_i 是出现第 i 个词的文档数，称作词的文档频率（document frequency）。该变换 j 称作逆文档频率（inverse document frequency）变换。

（1）如果词出现在一个文档中，该变换的结果是什么？如果术语出现在每个文档中呢？

（2）该变换的目的可能是什么？

7. （实现）从 UCI 数据集（https://archive.ics.uci.edu/ml/）上选取有一个缺失值的数据，利用阿里云试选择适当的方法进行填充。

8. 有时两个元组指代的是同一实体，其相似度却低于指向不同实体的元组？这是为什么？请举例说明。

9. AbeBooks.com 上查询 ISBN 为 1555582184 的书《Digital Visual Fortran Programmer's Guide》的作者，返回 12 个卖这本书的网上书店，其中 7 个认为 Michael Etzel 是书的作者，4 个认为 Michael Etzel 和 Karen Dickinson 两个人是书的作者，1 个认为 Karen Dickinson 是书的作者：

（1）利用简单投票的方式，会得出怎样的回答？

（2）书的作者是 Michael Etzel 和 Karen Dickinson 两个人，请查阅资料，如何更好地从大量的冲突数据中找出真值？

10. 表 8-4 为公司统计的培训表信息：

表 8-4　题 10 用表

姓名	出生日期	联系电话	培训日期	培训内容
Y 元芳	1995.08.29	132×××× 0569	2017.1.5	Hadoop
李连	1994-04-26	133×××× 2241	2016.12.27	Spark
周妍	1995.02.16	158×××× 07468	Hadoop	2017.1.5
李升	1996.2.29	177×××× 3152	2016.12.27	Spark
赵忠	1993.11.11		2017.1.13	HDFS

（1）表 8-4 中的数据有哪些错误？该如何修复？

（2）2017 年 1 月 13 日的培训内容是 HDFS，将其用函数依赖 Φ 表示。

## 第 9 章

降　维

针对大数据规模大的特征，要对大数据进行有效分析，需要对数据进行有效的缩减。进行数据缩减，一方面是让数据的条目数减少，通过抽样技术可以做到这一点；另一方面，可以通过减少描述数据的属性来达到目的，这就是本章要讨论的降维技术。本章首先讨论两种基本的降维技术——主成分分析和因子分析，继而讨论近年来热点之一的压缩感知技术，最后讨论两种面向具体方法的降维技术。

9.1　特征工程

9.1.1　特征工程概述

特征是大数据分析的原材料，对最终模型有着决定性的影响。数据特征会直接影响使用的预测模型和实现的预测结果。准备和选择的特征越好，则分析的结果越好。影响分析结果好坏的因素包括模型的选择、可用的数据、特征的提取。优质的特征往往描述了数据的固有结构。大多数模型都可以通过数据中良好的结构很好地学习，即使不是最优的模型，优质的特征也可以得到不错的效果。优质特征的灵活性可以使用简单的模型运算得更快，更容易理解，更容易维护。

优质的特征还可以在使用不是最优的模型参数的情况下得到不错的分析结果，这样用户就不必费力去选择最适合的模型和最优的参数了。

特征工程的目的就是获取优质特征以有效支持大数据分析，其定义是将原始数据转化为特征，更好地表示模型处理的实际问题，提升对于未知数据的准确性。它使用目标问题所在的特定领域知识或者自动化的方法来生成、提取、删减或者组合变化得到特征。

特征工程包含如下 6 个子问题。

1. 大数据分析中的特征

在大数据分析中，特征是在观测现象中的一种独立、可测量的属性。选择信息量大的、有差别性的、独立的特征是分类和回归等问题的关键一步。

最初的原始特征数据集可能太大，或者信息冗余，因此在大数据分析的应用中，初始步骤就是选择特征的子集，或构建一套新的特征集，减少功能来促进算法的学习，提高泛化能力和可解释性。

在结构化高维数据中，观测数据或实例（对应表格的一行）由不同的变量或者属性（表格的一列）构成，这里属性其实就是特征。但是与属性不同的是，特征是对于分析和解决问题有用、有意义的属性。

对于非结构数据，在多媒体图像分析中，一幅图像是一个观测，但是特征可能是图中的一条线；在自然语言处理中，一个文本是一个观测，但是其中的段落或者词频可能才是一种特征；在语音识别中，一段语音是一个观测，但是一个词或者音素才是一种特征。

2. 特征的重要性

判别特征的重要性是对特征进行选择的重要指标，特征根据重要性被分配分数，然后根据分数不同进行排序，其中高分的特征被选择出来放入训练数据集。

如果与因变量（预测的事物）高度相关，则这个特征可能很重要，其中相关系数和独立变量方法是常用的方法。

在构建模型的过程中，一些复杂的预测模型会在算法内部进行特征重要性的评价和选择，如多元自适应回归样条法、随机森林、梯度提升机。这些模型在模型准备阶段会进行变量重要性的确定。

3. 特征提取

一些观测数据如果直接建模，其原始状态的数据太多。像图像、音频和文本数据，如果将其看作表格数据，那么其中包含了数以千计的属性。特征提取是自动地对原始观测降维，使其特征集合小到可以进行建模的过程。

对于结构化高维数据，可以使用主成分分析、聚类等映射方法；对于非结构的图像数据，可以进行线或边缘的提取；根据相应的领域，图像、视频和音频数据可以有很多数字信号处理的方法对其进行处理。

4. 特征选择

不同的特征对模型的准确度的影响不同，有些特征与要解决的问题不相关，有些特征是冗余信息，这些特征都应该被移除掉。

特征选择是自动地选择出对于问题最重要的那些特征子集的过程。

特征选择算法可以使用评分的方法来进行排序；还有些方法通过反复试验来搜索出特征子集，自动地创建并评估模型以得到客观的、预测效果最好的特征子集；还有一些方法，将特征选择作为模型的附加功能，像逐步回归法就是一个在模型构建过程中自动进行特征选择的算法。

5. 特征构建

特征重要性和特征选择是告诉使用者特征的客观特性，但这些工作之后，需要人工进行特征的构建。

特征构建需要花费大量的时间对实际样本数据进行处理，思考数据的结构和如何将特征数据输入给预测算法。

对于表格数据，特征构建意味着将特征进行混合或组合以得到新的特征，或通过对特征进行分解或切分来构造新的特征；对于文本数据，特征构建意味着设计出针对特定问题的文本指标；对于图像数据，这意味着自动过滤，得到相关的结构。

6. 特征学习

特征学习是在原始数据中自动识别和使用特征。现代深度学习方法在特征学习领域有很多成功案例，比如自编码器和受限玻尔兹曼机。它们以无监督或半监督的方式实现自动的学习抽象的特征表示（压缩形式），其结果用于支撑像大数据分析、语音识别、图像分类、物体识别和其他领域的先进成果。

　　抽象的特征表达可以自动得到，但是用户无法理解和利用这些学习得到的结果，只有黑盒的方式才可以使用这些特征。用户不可能轻易懂得如何创造和那些效果很好的特征相似或相异的特征。这个技能是很难的，但同时它也是很有魅力的、很重要的。

9.1.2　特征变换

　　特征变换是希望通过变换消除原始特征之间的相关关系或减少冗余，得到新的特征，更加便于数据的分析。

　　特征变换从信号处理的观点来看，是在变换域中进行处理并提取信号的性质，通常具有明确的物理意义。从这个角度来看，特征变换操作包括傅里叶变换、小波变换和 Gabor 变换等。

　　从统计的观点来看，特征变换就是减少变量之间的相关性，用少数新的变量来尽可能反映样本的信息。从这个角度来看，特征变换包括主成分分析（Principle Component Analysis，PCA）、因子分析（Factor Analysis，FA）和独立成分分析（Independent Component Analysis，ICA）。从几何的观点来看，特征变换通过变换到新的表达空间，使得数据可分性更好。从这个角度来看，特征分析包括线性判别分析和核方法等。

　　下面我们以阿里云为例介绍几种典型特征变换的过程。

　　不同的食物含有不同的营养元素，我们收集了多种食物的营养元素信息，来对其进行相关分析。由于有些数据波动太大，因此分析之前需要对数据进行特征变换来使数据变得平滑。平滑后的数据会使模型效果更好，收敛更快。原始数据前 10 条、前 6 个字段见表 9-1。

表 9-1　多种食物的营养元素信息的前 10 条、前 6 个字段

code	energy_100g	energy_from_fat_100g	fat_100g	saturated_fat_100g	butyric_acid_100g
27533024	1284		7	3.6	
27533048	1284		7	3.6	
30053014					
40608754	177		0	0	
758	144		0.9		
84154071	320		3.5		
87177756	177		0	0	
1373					
2929					
3100					

　　由于字段过多，我们只针对其中 energy_100g 字段进行特征变换。首先过滤出 energy_100g 字段非空的数据，然后对其进行各种特征变换。特征变换整体组件布局如图 9-1 所示。

　　对过滤结果进行统计，可以看出非空的 energy_100g 的数据方差非常大，因此，我们对其进行数据特征变换。过滤后的统计结果如图 9-2 所示。

　　阿里云平台提供特征规范、特征尺度变换、特征离散以及特征异常平滑操作。我们分别利用这些操作，对 energy_100g 数据进行特征变换。

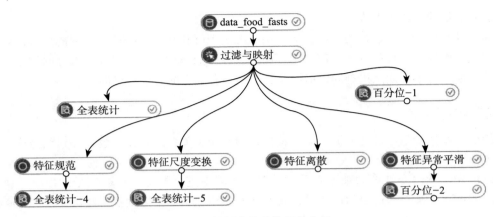

图 9-1　特征变换整体组件布局

数据探查 - pai_temp_8575_176024_1 - (仅显示前一百条)

lcount	count	missingcount	nancount	positiveinfinitycount	negativeinfinitycount	min	max	mean	variance	standarddeviation
73	36373	0	0	0	0	0	4134	1075...	618429.57...	786.4029330546516

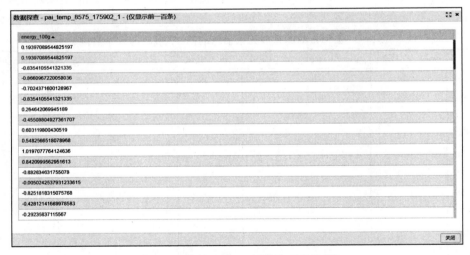

图 9-2　过滤后的统计结果

特征规范有两种选项：标准化与归一化，与阿里云平台提供的标准化和归一化组件效果一致。我们对数据进行 Z-score 标准化后的结果如图 9-3 所示。

数据探查 - pai_temp_8575_175902_1 - (仅显示前一百条)

energy_100g
0.19397089544825197
0.19397089544825197
-0.8354105541321335
-0.8660967220058036
-0.7024371600128967
-0.8354105541321335
0.264642069945189
-0.45508804927361707
0.603119800430519
0.5482566518078968
1.0197077764124636
0.8420999562951613
-0.882834631755078
-0.0050242537931233615
-0.8251818315075768
-0.42812141689978583
-0.29235837115567

关闭

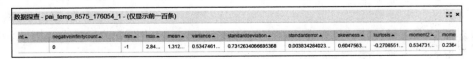

图 9-3　进行 Z-score 标准化后的结果

对该数据再次进行统计，得到如图 9-4 所示的结果。

数据探查 - pai_temp_8575_176054_1 - (仅显示前一百条)

int	negatveinfinitycount	min	max	mean	variance	standarddeviation	standarderror	skewness	kurtosis	moment2	mome
	0	-1	2.84...	1.312...	0.5347461...	0.7312634066685368	0.003834284023...	0.6047563...	-0.2708551...	0.534731...	0.2364

图 9-4　再次进行统计后的结果

特征尺度变换有 5 种选项：log2、log10、ln、abs 以及 sqrt，我们使用 ln 方法进行举例。

该方法主要是将数据利用公式进行变换：$\log_e x$（其中 x 为原始数据）。变换后的数据结果如图 9-5 所示。

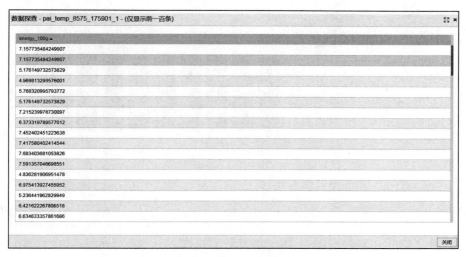

图 9-5　变换后的数据结果

对该数据再次进行统计，得到如图 9-6 所示的结果。

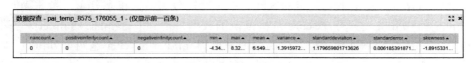

图 9-6　数据再次进行统计后的结果

特征离散主要是将数据进行等距离散和等频离散。等距离散就是根据离散区间个数等距离地离散数据。等频离散就是根据离散区间将数据均匀地分布开，映射成离散值。10 区间的等频离散结果如图 9-7 所示。

图 9-7　10 区间的等频离散结果

数据分析报告如图 9-8 所示。

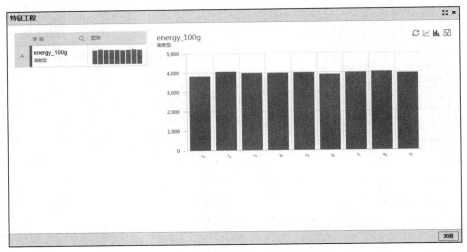

图 9-8　数据分析报告

从结果中可以看到，等频离散将数据离散化，根据每个区间相等的频率来进行数据分区。

特征异常平滑有三种选项：ZScore 平滑、百分位平滑以及阈值平滑。特征异常平滑主要是将特征中的异常数据平滑到一定的区间。如果特征分布遵循正态分布，考虑噪声一般集中在 −3alpha 和 3alpha 之外，ZScore 是将该范围数据平滑到 [−3alpha，3alpha]。百分位平滑将分布在 [minPer，maxPer] 分位之外的数据平滑到 minPer/maxPer 这两个分位点。阈值平滑：将数据分布在 [minThresh，maxThresh] 之外的数据平滑到 minThresh 和 maxThresh 这两个数据点。

这里以百分位平滑为例，百分位平滑是将数据平滑到一定的百分区间。例如，我们将百分区间设置为 0 ～ 0.5，然后对 energy_100g 字段进行平滑处理，通过对比平滑前后的百分位值，能够直观地发现平滑效果。平滑前后的百分位值如图 9-9 和图 9-10 所示。

Max	Median	Min	Q1	Q3
4134	977	0	367	1629

图 9-9　平滑前的百分位值

Max	Median	Min	Q1	Q3
2067	977	0	367	1629

图 9-10　平滑后的百分位值

从对比图中发现，将百分区间设置为 0 ～ 0.5，数据的最大值缩放至原来的 50%。其他两种异常平滑方法效果和其一致。我们可以根据这种方法，对异常数据进行有效的平滑处理。

9.1.3　特征选择

在特征工程中，特征选择和特征提取同等重要，可以说数据和特征决定了大数据分析的上限，而模型和算法只是逼近这个上限而已。由此可见，特征选择在大数据分析中占有相当重要的地位。

1. 特征选择的方法

通常而言，特征选择是指选择获得相应模型和算法最好性能的特征集，工程上常用的方法有以下几种。

（1）计算每一个特征与响应变量的相关性

工程上常用的手段有计算 Pearson 系数和互信息系数。其中 Pearson 系数（见 2.2.2 节）只能衡量线性相关性，而互信息系数能够很好地度量各种相关性，但是计算相对复杂一些，好在很多工具箱里都包含了这个工具（如 sklearn 的 MINE），得到相关性之后就可以根据相关性对特征进行排序了。经典互信息公式为

$$I(X, Y) = \sum_{y \in Y} \sum_{x \in X} p(x, y) \log\left(\frac{p(x, y)}{p(x)p(y)}\right)$$

显然，如果 x、y（其中 $x \in X$，$y \in Y$）独立，那么 $\dfrac{p(x, y)}{p(x)p(y)} = 1$，$\log\left(\dfrac{p(x, y)}{p(x)p(y)}\right) = 0$，此时不会使得 $I(X, Y)$ 增大，也就是说，这种情况下 x、y 互信息为 0，因为二者独立。想把互信息直接用于特征选择其实不是太方便，主要原因如下：

1）它不属于度量方式，也没有办法归一化，在不同数据集上的结果无法做比较。

2）对于连续变量的计算不是很方便（X 和 Y 都是集合，x、y 都是离散的取值），通常变量需要先离散化，而互信息的结果对离散化的方式很敏感。

最大信息系数克服了这两个问题。它首先寻找一种最优的离散化方式，然后把互信息取值转换成一种度量方式，取值区间在 [0，1]，也有很多工具支持这一方法。

（2）单个特征模型排序

构建单个特征的模型，通过模型计算准确性为特征排序，借此来选择特征，当选择到了目标特征之后，再用来训练最终的模型。

这种方法的思路是直接使用特定的机器学习算法，针对每个单独的特征和响应变量建立预测模型。如果某个特征和响应变量之间的关系是线性的，可以使用 Pearson 相关系数，其实 Pearson 相关系数等价于线性回归中的标准化回归系数。假如某个特征和响应变量之间的关系是非线性的，可以用基于树的方法（决策树、随机森林）或者扩展的线性模型等。基于树的方法比较易于使用，因为它们对非线性关系的建模比较好，并且不需要太多的调试。但要注意过拟合问题，因此树的深度最好不要太大；此外也可以考虑运用交叉验证方法。

（3）使用正则化方法选择属性

正则化就是把额外的约束或者惩罚项加到已有模型（损失函数）上，以防过拟合并提高泛化能力。损失函数由原来的 $E(X, Y)$ 变为 $E(X, Y) + \alpha\|w\|$，w 是模型系数组成的向量，$\|\cdot\|$ 一般是 L1 或者 L2 范数，α 是一个可调的参数，控制着正则化的强度。当应用在线性模型上时，L1 正则化和 L2 正则化也称为 Lasso 和 Ridge。

L1 正则化将系数 w 的 L1 范数作为惩罚项加到损失函数上，由于正则项非零，这就迫使那些弱的特征所对应的系数变成 0。因此 L1 正则化往往会使学到的模型很稀疏（系数 w 经常为 0），这个特性使得 L1 正则化成为一种很好的特征选择方法。然而，L1 正则化像非正则化线性模型一样也是不稳定的，如果特征集合中具有相关联的特征，当数据发生细微变化时也有可能导致很大的模型差异。

L2 正则化将系数向量的 L2 范数添加到了损失函数中。由于 L2 惩罚项中系数是二次方的，这使得 L2 和 L1 有着诸多差异，最明显的一点就是，L2 正则化会让系数的取值变得平均。对于关联特征，这意味着他们能够获得更相近的对应系数。以 $Y=X1+X2$ 为例，假设 $X1$ 和 $X2$ 具有很强的关联，如果用 L1 正则化，不论学到的模型是 $Y=X1+X2$ 还是 $Y=2X1$，惩罚都是一样的，都是 2α。但是对于 L2 来说，第一个模型的惩罚项是 2α，但第二个模型的是 4α。可以看出，系数之和为常数时，各系数相等时惩罚是最小的，所以才有了 L2 会让各个系数趋于相同的特点。而且 L2 正则化对于特征选择来说是一种稳定的模型，不像 L1 正则化那样，系数会因为细微的数据变化而波动。所以 L2 正则化和 L1 正则化提供的价值是不同的，L2 正则化对于特征理解来说更加有用：表示能力强的特征对应的系数是非零。

一种常见的做法是首先通过 L1 正则项来选择特征，但是要注意，L1 没有选到的特征不代表不重要，原因是两个具有高相关性的特征可能只保留了一个，如果要确定哪个特征重要应再通过 L2 正则方法交叉检验。

（4）应用随机森林选择属性

随机森林提供了两种特征选择的方法：平均不纯度减少和平均精确率减少。下面逐一介绍。

1）平均不纯度减少。随机森林由多个决策树构成，决策树中的每一个节点都是关于某个特征的条件，从而将数据集按照不同的响应变量一分为二。利用不纯度度量可以确定节点，对于分类问题，通常采用基尼不纯度或者信息增益，对于回归问题，通常采用的是方差或者最小二乘拟合。当训练决策树的时候，可以计算出每个特征降低了森林中多少棵树的不纯度。对于一个决策树森林来说，可以算出每个特征平均减少了多少不纯度，并把它平均减少的不纯度作为特征选择的值。

2）平均精确率减少。另一种常用的特征选择方法就是直接度量每个特征对模型精确率的影响。主要思路是打乱每个特征的特征值顺序，并且度量顺序变动对模型的精确率的影响。很明显，对于不重要的变量来说，打乱顺序对模型的精确率影响不会太大，但是对于重要的变量来说，打乱顺序就会降低模型的精确率。

（5）训练能够对特征打分的预选模型

随机森林（见 4.3.5 节）和逻辑回归（见 4.3.2 节）等都能对模型的特征打分，通过打分获得相关性后再训练最终模型。它们都是建立在基于模型的特征选择方法基础之上的，例如回归和 SVM，在不同的子集上建立模型，然后汇总最终确定特征得分。主要有稳定性选择和递归特征消除两种方法。

1）稳定性选择。稳定性选择是一种基于二次抽样和选择算法相结合的方法，选择算法可以是回归、SVM 或其他类似的方法。它的主要思想是在不同的数据子集和特征子集上运行特征选择算法，不断重复，最终汇总特征选择结果，比如可以统计某个特征被认为是重要特征的频率（被选为重要特征的次数除以它所在的子集被测试的次数）。理想情况下，重要特征的得分会接近 100%。稍微弱一点的特征得分会是非 0 的数，而最无用的特征得分将会接近于 0。

2）递归特征消除。递归特征消除的主要思想是反复地构建模型（如 SVM 或者回归模型），然后选出最好的（或者最差的）特征（可以根据系数来选），把选出来的特征放到一边，然后在剩余的特征上重复这个过程，直到所有特征都遍历了。这个过程中特征被消除的次序就是特征的排序。因此，这是一种寻找最优特征子集的贪心算法。

（6）通过特征组合后再来选择特征

如对用户 id 和用户特征组合来获得较大的特征集再来选择特征，这种做法在推荐系统和广告系统中比较常见，这也是所谓亿级甚至十亿级特征的主要来源，原因是用户数据比较稀疏，组合特征能够同时兼顾全局模型和个性化模型。

（7）基于深度学习的特征选择

目前这种方法正在随着深度学习的流行而成为一种手段，尤其是在计算机视觉领域，原因是深度学习具有自动学习特征的能力，这也是深度学习又叫无监督特征学习的原因。从深度学习模型中选择某一神经层的特征后就可以用来进行最终目标模型的训练了。

2. 特征选择的实现案例

整体上来说，特征选择是一个既有学术价值又有工程价值的问题。下面基于阿里云平台说明特征选择的实现案例。

阿里云平台提供两种特征选择方法：一种是偏好计算，另一种是过滤式特征选择。偏好计算是通过数据 id 字段，查看某特征字段出现的频率。过滤式特征选择是通过基尼增益以及信息增益等方法对数据特征进行计算，从而得到 TopK 个影响性最强的特征。

（1）偏好计算

我们拥有一个病房里 10 名病人的数据，包括特征 id，病症特征 f1 和 f2，以及是否能够出院特征 f3。数据见表 9-2。

接下来我们将数据导入阿里云平台。

在建表页面选择相应的项目名（需要先在平台中创建项目），输入自定义表 feature-choose。

添加 BIGINT 字段 id，添加 STRING 类型字段 f1、f2、f3，导入数据并提示导入成功。

接下来，我们需要对数据进行偏好计算。由于偏好计算是计算 a 特征某类别下另一特征 b 的类别分布情况，因此 a 特征应该是类别变量。所以我们选取 f2 作为 a 特征，f1 作为 b 特征进行数据偏好计算，即求 x 与 y 类别下 a、b 和 c 的数据分布情况。组件布局如图 9-11 所示。

在参数设置中，由于数据量比较小，一次 Map 并发数与 Reduce 并发数分别设置为 1；选择 ID 列，填写为 f2。

运行后的结果如图 9-12 所示，分别计算出了 x 类别中的 a、b、c 数据分布情况以及 y 类别中 a、b、c 数据分布情况。

表 9-2　病房里 10 名病人的数据

id	f1	f2	f3
1	a	y	1
2	b	y	1
3	a	x	1
4	a	y	0
5	b	x	0
6	c	x	0
7	c	y	0
8	b	x	0
9	b	y	0
10	a	y	1

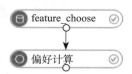

图 9-11　组件布局

数据探查 - pai_temp_8870_179189_1 - (仅显示前一百条)

f2 ▲	f1 ▲
x	b:0.0424813,a:0.0212406,c:0.0212406
y	a:0.0629073,b:0.0419382,c:0.0209691

图 9-12　运行后结果

（2）过滤式特征选择

同样的数据集，我们利用阿里云平台的过滤式特征选择来选择 TopK 个最为重要的特征。组件布局如图 9-13 所示。

该组件对特征是数值型还是类别型没有特殊要求，因此，我们可以在原数据集上直接做特征选择。在过滤式特征选择组件参数设置中，"选择目标"列为"f3"。在参数设置中，"特征选择方法"设为"信息增益"，"挑选 TopN特征"设为"1"，"连续特征离散区间数"设为"100"。

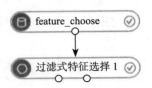

图 9-13　过滤式特征选择组件布局

不同的特征选择方法可能会产生不同的结果。如图 9-23 ～图 9-26 所示是从特征 f1和 f2 中选出更为重要的一个特征，依次为 IV、Gini 增益、信息增益和 Lasso 的结果，如图 9-14 ～图 9-17 所示。

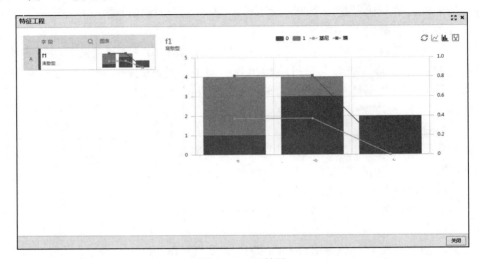

图 9-14　IV 结果

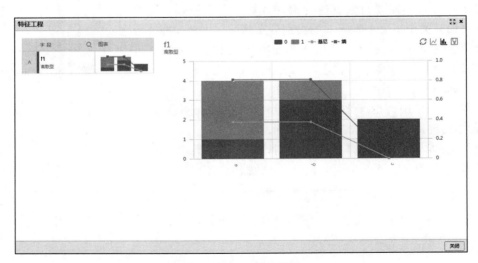

图 9-15　Gini 增益结果

可以看到，除了 Lasso 外，其他三个结果相同。IV、Gini 增益以及信息增益多用于单个特征的重要性评估，而 Lasso 多用于多特征的降维筛选（L1 正则化特性）。

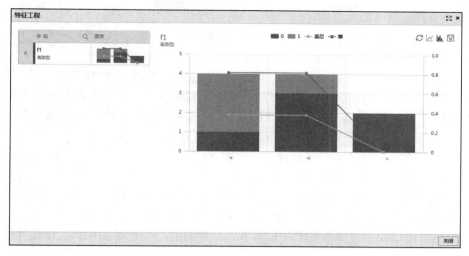

图 9-16　信息增益结果

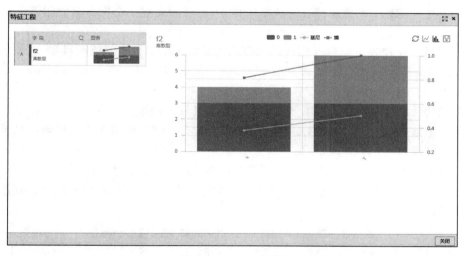

图 9-17　Lasso 结果

9.1.4　特征重要性评估

特征提取的一种重要方法就是对特征的重要性进行评估，从而基于其重要性选择恰当的特征。特征选择方法中，有一种方法是利用随机森林进行特征的重要性度量，选择重要性较高的特征。下面对如何计算重要性进行说明。

计算某个特征 X 的重要性时，具体步骤如下：

1）对每一棵决策树，选择相应的袋外数据（Out of Bag，OOB）计算袋外数据误差，记为 errOOB1。所谓袋外数据是指，每次建立决策树时，通过重复抽样得到一个数据用于训练决策树，这时还有大约 1/3 的数据没有被利用，没有参与决策树的建立。这部分数据可以用于对决策树的性能进行评估，计算模型的预测错误率，称为袋外数据误差。

这已经证明是无偏估计的，所以在随机森林算法中不需要再进行交叉验证或者单独的测试集来获取测试集误差的无偏估计。

2）随机对袋外数据 OOB 所有样本的特征 X 加入噪声干扰（可以随机改变样本在特征 X 处的值），再次计算袋外数据误差，记为 errOOB2。

3）假设森林中有 N 棵树，则特征 X 的重要性 = ∑（errOOB2−errOOB1）/ N。这个数值之所以能够说明特征的重要性，是因为如果加入随机噪声后，袋外数据准确率大幅度下降（即 errOOB2 上升），说明这个特征对于样本的预测结果有很大影响，进而说明重要程度比较高。

在特征重要性的基础上，特征选择的步骤如下：

1）计算每个特征的重要性，并按降序排序。

2）确定要剔除的比例，依据特征重要性剔除相应比例的特征，得到一个新的特征集。

3）用新的特征集重复上述过程，直到剩下 m 个特征（m 为提前设定的值）。

4）根据上述过程中得到的各个特征集和特征集对应的袋外误差率，选择袋外误差率最低的特征集。

阿里云中提供了完整的特征重要性评估工具，其中提供了基于 GBDT 和随机森林的重要性评估方法（GBDT 的概念已在第 4 章中讨论）。我们通过一个例子来说明该工具的使用方法。

新建项目，在建表页面选择相应的项目名（需要先在平台中创建项目），输入自定义表名。Credit_Approval_Data_Set，添加 string 字段（包括 a1，a4，a5，a6，a7，a9）和 double 字段（包括 a2，a3，a8）。

建表成功后，在阿里云大数据开发平台"数据开发"层级下，选择"更多功能"按钮下的"导入本地数据"（小于 10MB），由于数据集中含有"？"，阿里云不支持该符号导入，因此将该符号替换为""。

最后提示导入成功，接下来我们利用该数据集进行特征重要性评估。

Credit Approval 数据集中包含了 15 个匿名数据以及一个二分类标签列。前 10 条数据以及前 5 个特征见表 9-3。

表 9-3　Credit Approval 数据集的前 10、前 5 个特征

F1	F2	F3	F4	F5	F1	F2	F3	F4	F5
b	30.83	0	u	g	b	32.08	4	u	g
a	58.67	4.46	u	g	b	33.17	1.04	u	g
a	24.5	0.5	u	g	a	22.92	11.585	u	g
b	27.83	1.54	u	g	b	54.42	0.5	y	p
b	20.17	5.625	u	g	b	42.5	4.915	y	p

首先对数据集进行预处理，由于导入时，部分为"？"的特征缺失，因此我们先对其进行填充。为了简化该过程，我们直接用平均值和基尼指数最大的类别，分别对连续变量和类别变量进行填充。阿里云平台数据预处理组件布局如图 9-18 所示。

首先利用全表统计，分析哪些特征具有缺失值，该特征为哪种变量（连续型变量或者类别变量）。结果如图 9-19 所示。

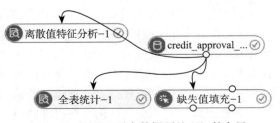

图 9-18　阿里云平台数据预处理组件布局

数据探查 - pai_temp_8617_176282_1 - (仅显示前一百条)

colname	datatype	totalcount	count	missingcount	nancount	positiveinfinitycount	negativeinfinitycount	min	max	mean	v
a1	string	690	678	12	0	0	0	-	-	-	-
a10	string	690	690	0	0	0	0	-	-	-	-
a11	double	690	690	0	0	0	0	0	67	2.4	2
a12	string	690	690	0	0	0	0	-	-	-	-
a13	string	690	690	0	0	0	0	-	-	-	-
a14	double	690	677	13	0	0	0	0	2000	184.0...	3
a15	double	690	690	0	0	0	0	0	1000...	1017...	2
a16	string	690	690	0	0	0	0	-	-	-	-
a2	double	690	678	12	0	0	0	13.75	80.25	31.56...	1
a3	double	690	690	0	0	0	0	0	28	4.758...	2
a4	string	690	684	6	0	0	0	-	-	-	-
a5	string	690	684	6	0	0	0	-	-	-	-
a6	string	690	681	9	0	0	0	-	-	-	-
a7	string	690	681	9	0	0	0	-	-	-	-
a8	double	690	690	0	0	0	0	0	28.5	2.223...	1
a9	string	690	690	0	0	0	0	-	-	-	-

图 9-19　分析哪些特征具有缺失值的结果

　　然后对类别变量进行离散值特征分析，即统计每个类别特征的 entropy 和 gini 指数，对 a1、a4、a5、a6 和 a7 分析结果如图 9-20 所示。

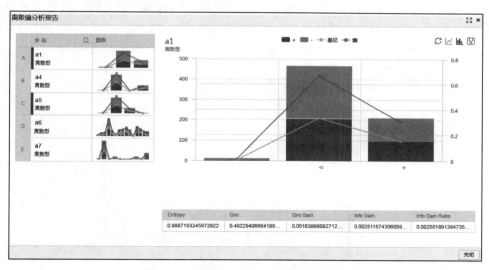

图 9-20　类别变量进行离散值特征分析

　　因此，根据 gini 指数将空缺值进行相应的填充，填充后开始进行特征重要性评估。选择两个 DoUBLE 类型的字段：a2 和 a14。填充方法的设置为："原值"设为" Null（数值和 string）"，"替换为"设为"Mean（数值型）"，勾选"高级选项"复选框，并在"configs"中输入"a1，null，b；a4，null，u；a5，null，g：a6，null，c：a7"。

　　特征重要性是每个特征对目标特征影响强度的大小。评估方法主要有：随机森林特征重要性评估、GBDT 特征重要性评估以及线性模型特征重要性评估。

1. 随机森林特征重要性评估

　　随机森林特征重要性评估主要对特征加入噪声后的袋外误差减去加入噪声前的袋外误差值进行排序，从而得到特征重要性。随机森林特征重要性评估组件布局如图 9-21 所示。

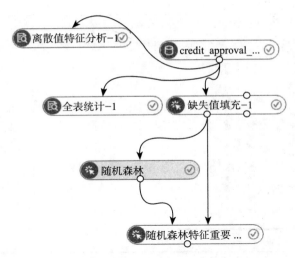

图 9-21　随机森林特征重要性评估组件布局

随机森林与随机森林特征重要性评估组件选取 a1 ～ a15 的特征，并将 a16 作为标签列。随机森林参数中的"森林中树的个数"设为"50"，"叶节点数据的最小个数"设为"2"，"叶节点数据个数占父节点的最小比例"设为"0"，"单棵树输入的随机个数"设为"10 000"。

设置完成后，运行得到的特征重要性评估结果，如图 9-22 所示。

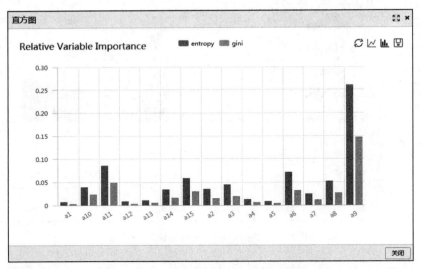

图 9-22　特征重要性评估结果

从结果可以看出，15 个特征中 a9 对标签列的影响最大，a1 对标签列影响最小。

2. GBDT 特征重要性评估

GBDT 特征重要性评估主要是根据 GBDT 森林中特征被选为分割点的次数，以及所处树中的层数距根节点的距离，从而能得到该特征的重要度，然后对重要度进行排序。利用阿里云进行 GBDT 特征重要性评估，组件布局如图 9-23 所示。

数据处理流程为：填充→数据视图→数据规范→列合并。首先，我们像在随机森林中处理数据一样对数据进行填充。首先利用全表统计，分析哪些特征具有缺失值，该特征为哪种变量（连续型变量或者类别变量）。结果如图 9-24 所示。

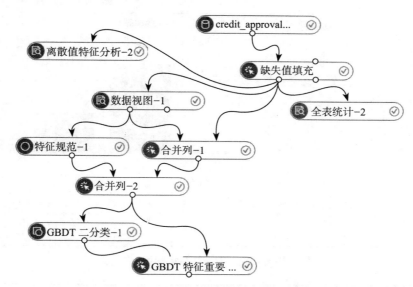

图 9-23　GBDT 特征重要性评估组件布局

colname ▲	datatype ▲	totalcount ▲	count ▲	missingcount ▲	nancount ▲	positiveinfinitycount ▲	negativeinfinitycount ▲	min ▲	max ▲	mean ▲	v
a1	string	690	678	12	0	0	0	-	-	-	-
a10	string	690	690	0	0	0	0	-	-	-	-
a11	double	690	690	0	0	0	0	0	67	2.4	2.
a12	string	690	690	0	0	0	0	-	-	-	-
a13	string	690	690	0	0	0	0	-	-	-	-
a14	double	690	677	13	0	0	0	0	2000	184.0...	3
a15	double	690	690	0	0	0	0	0	1000...	1017...	2'
a16	string	690	690	0	0	0	0	-	-	-	-
a2	double	690	678	12	0	0	0	13.75	80.25	31.56...	1.
a3	double	690	690	0	0	0	0	0	28	4.758...	
a4	string	690	684	6	0	0	0	-	-	-	-
a5	string	690	684	6	0	0	0	-	-	-	-
a6	string	690	681	9	0	0	0	-	-	-	-
a7	string	690	681	9	0	0	0	-	-	-	-
a8	double	690	690	0	0	0	0	0	28.5	2.223...	1'
a9	string	690	690	0	0	0	0	-	-	-	-

图 9-24　分析哪些特征具有缺失值的结果

　　然后对类别变量进行离散值特征分析，即统计每个类别特征的 entropy 和 gini 指数，对 a1、a4、a5、a6 和 a7 分析结果如图 9-25 所示。

　　因此，根据 gini 指数将空缺值进行相应的填充，填充后开始进行特征重要性评估。选择两个 DOUBLE 类型的字段：a2 和 a14。

　　由于 GBDT 中每棵树都是一棵残差树，因此我们需要将特征中为 STRING 类型的数据进行 LabelEncoder 编码，使其转化成 BIGINT 型数据。利用阿里云数据视图组件，参数设置为：在"选择特征列中"选择需要转换的特征列，即 STRING 类型特征，选择字段 a1、a4、a5、a6、a7、a9、a10、a12、a13、a16。

　　其中由于 a16 特征是"+/-"表示，因此在特殊枚举列中将 a16 选中。转换完后的数据如图 9-26 所示。

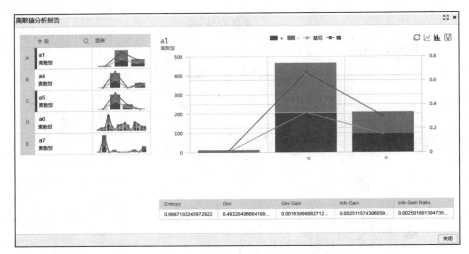

图 9-25　离散值分析结果

数据探查 - pai_temp_8617_176637_1 - (仅显示前一百条)

a2	a3	a8	a11	a14	a15	a1	a4	a5	a6	a7	a9	a10	a12	a13	a16
30.83	0	1.25	1	202	0	2	2	1	13	8	2	2	1	1	1
58.67	4.46	3.04	6	43	560	1	2	1	11	4	2	2	1	1	1
24.5	0.5	1.5	0	280	824	1	2	1	11	4	2	1	1	1	1
27.83	1.54	3.75	5	100	3	2	2	1	13	8	2	2	2	1	1
20.17	5.6...	1.71	0	120	0	2	2	1	13	8	2	1	1	3	1
32.08	4	2.5	0	360	0	2	2	1	10	8	2	1	2	1	1
33.17	1.04	6.5	0	164	31285	2	2	1	12	4	2	1	2	1	1
22.92	11....	0.04	0	80	1349	1	2	1	3	8	2	1	1	1	1
54.42	0.5	3.96	0	180	314	2	3	3	9	4	2	1	1	1	1
42.5	4.9...	3.1...	0	52	1442	2	3	3	13	8	2	1	2	1	1
22.08	0.83	2.1...	0	128	0	2	2	1	2	4	1	1	2	1	1
29.92	1.8...	4.3...	0	260	200	2	2	1	2	4	2	1	1	1	1
38.25	6	1	0	0	0	1	2	1	9	8	2	1	2	1	1
48.08	6.04	0.04	0	0	2690	2	2	1	9	8	1	1	1	1	1
45.83	10.5	5	7	0	0	1	2	1	11	8	2	2	2	1	1
36.67	4.4...	0.25	10	320	0	2	3	3	9	8	2	2	2	1	1
28.25	0.8...	0.96	3	396	0	2	2	1	10	8	2	2	2	1	1

关闭

图 9-26　转换完后的数据

由于目标列 a16 特征转换后，由“+/−”变为 1 和 2，而 GBDT 二分类模型目标列需要用 0/1 来表示，因此我们需要在特征 a16 上进一步变化，使其由“1/2”变为“0/1”。因此，我们可以利用归一化公式对其进行变换，在阿里云平台中，选择数据规范组件，选择 a16 特征以及规范方法 Min-Max。参数设置为“规范化方法”设为“Min-Max”，“规范特征数”设为“10”。

此时，所有数据已经转换完成，接下来我们将原始的 DOUBLE 特征、转换后的 STRING 特征以及目标列 a16 进行列合并，使其合并为一个表内数据，利用阿里云合并列组件，选好左右两边想要合并的列。

我们选择 GBDT 二分类模型对数据进行拟合。参数设置如下：“metric 类型”选择“NDCG”，“树的数目”设为“20”，“学习速率”设为“0.05”，“训练采集样本比例”设为“0.6”，“训练采集特征比例”设为“0.6”，“最大叶子数”设为“5”，“树最大深度”设为

"5"，"测试数据比例"设为"0"，"随机数产生器种子"设为"0"，"一个特征分裂的最大数量"设为"10"。

由于我们的数据集只含有 600 多条数据，因此树的数目、树的最大深度、最大叶子数以及叶节点最少样本数不宜设置太大。上述设置参数并非最优参数，最优参数需要通过 grid search、TPE 等方法找出来。

对于 GBDT 特征重要性评估组件，我们选择 a1 ～ a15 特征作为训练特征，特征 a16 作为目标列，进行特征重要性评估，结果如图 9-27 所示。

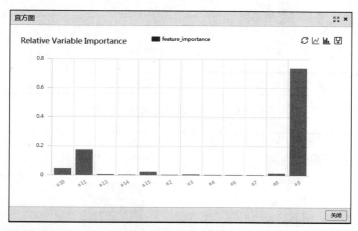

图 9-27 GBDT 特征重要性评估结果

由于阿里云平台对 GBDT 特征重要性评估组件显示规则为 GBDT 树中最后残差不为 0 的特征不予显示，因此该图中只显示了 12 个特征。从图中我们可以看到，a9 最为重要，a2 对目标列的影响最小。结果同随机森林特征重要性评估结果一致。

3. 线性模型特征重要性评估

线性模型特征重要性评估主要利用线性模型的系数作为其特征的重要度来进行评估。针对本章数据集，我们利用二分类逻辑回归进行分类。利用阿里云进行线性模型特征重要性评估，组件布局如图 9-28 所示。

由于线性模型同 GBDT 一样，特征应为数值型数据，因此数据处理流程为：填充→数据视图→数据规范→列合并。首先，由于数据有部分缺失，因此我们需要对数据进行填充。首先利用全表统计，分析哪些特征具有缺失值，该特征为哪种变量（连续型变量或者类别变量）。结果如图 9-28 所示。

然后对类别变量进行离散值特征分析，即统计每个类别特征的 entropy 和 gini 指数，对 a1、a4、a5、a6 和 a7 分析结果如图 9-29 所示。

因此，根据 gini 指数将空缺值进行相应的填充，填充后开始进行特征重要性评估。选择两个 double 类型的字段：a2 和 a14。

接下来，我们需要将类别型数据转换成数值型数据。利用阿里云数据视图组件可达到该效果，选择的字段有 a1、a4、a5、a6、a7、a9、a10、a12、a13 和 a16。

在选择特征列中，选择需要转换的特征列，即 string 类型特征，如图 9-30 所示。其中由于 a16 特征是"+/-"表示，因此在特殊枚举列中将 a16 选中。转换完后的数据如图 9-30 所示。

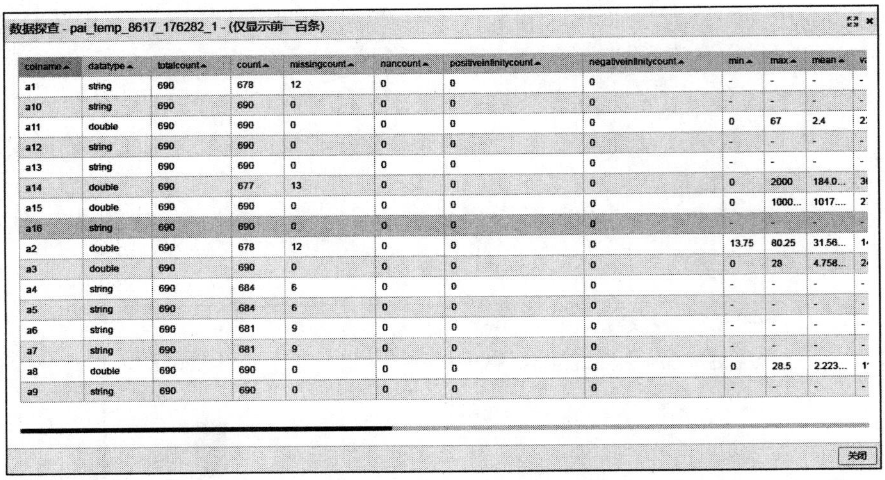

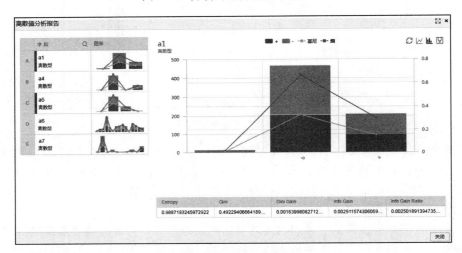

图 9-28　分析哪些特征具有缺失值

图 9-29　离散值分析结果

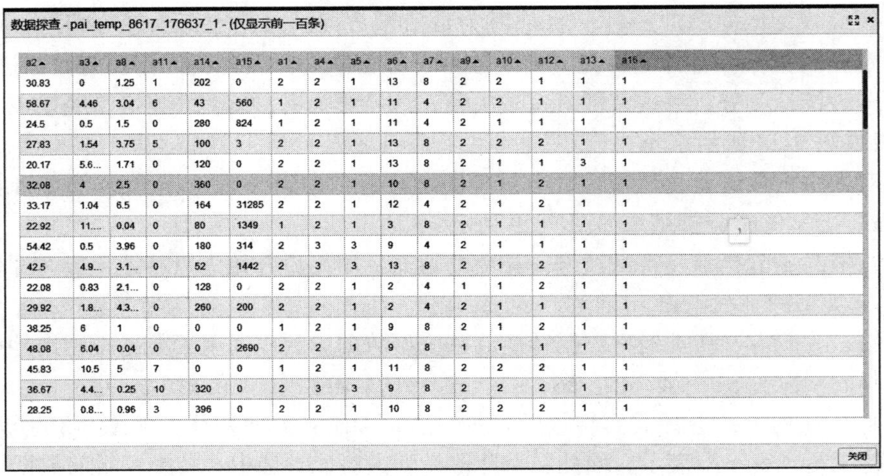

图 9-30　转换完后的数据

由于目标列 a16 特征转换后，由 "+/−" 变为 1 和 2，而 GBDT 二分类模型目标列需要用 0/1 来表示，因此我们需要在特征 a16 上进一步变化，使其由 "1/2" 变为 "0/1"。因此，我们可以利用归一化公式对其进行变换，在阿里云平台中，选择数据规范组件，选择 a16 特征以及规范方法 Min-Max，设置 "规范特征数" 为 "10"。

此时，所有数据已经转换完成，接下来我们将原始的 double 特征、转换后的 string 特征以及目标列 a16 进行列合并，使其合并为一个表内数据，利用阿里云合并列组件，选好左右两边想要合并的列。

接下来选取逻辑回归二分类组件对数据进行拟合。训练特征列选择 a1 ～ a15 字段，目标列选择 a16 字段，正类值为 0。正则化能够优化系数值，因此我们用 L2 正则化并设置正则系数为 0.3，设置 "最大迭代次数" 为 "100"，设置 "最小迭代" 误差为 "0.000001"。

然后利用线性模型特征重要性评估组件，选择 a1 ～ a15 特征列作为评估列，a16 作为目标列。运行结果如图 9-31 所示。

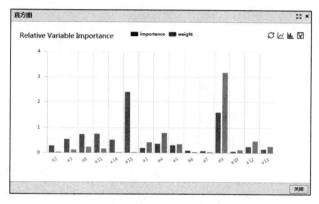

图 9-31　运行结果

从图 9-31 中可以看到，特征 a15 最为重要，然后是特征 a9，其中 a10 影响度最低。我们可以看到线性模型结果和合成模型（随机森林和 GBDT）结果略有不同，其中参数未经优化是一部分原因，另一部分原因是由于模型建立的原理不同。

9.2　主成分分析

9.2.1　什么是主成分分析

主成分分析（PCA）是采取一种数学降维的方法，找出几个综合变量来代替原来众多的变量，使这些综合变量尽可能地代表原来变量的信息，而且彼此之间互不相关。这种把多个变量化为少数几个互相无关的综合变量的统计分析方法就叫作主成分分析或主分量分析。

主成分分析所要做的就是，设法将原来众多具有一定相关性的变量重新组合为一组新的相互无关的综合变量，来代替原来的变量。通常，数学上的处理方法就是将原来的变量做线性组合，作为新的综合变量，但是这种组合如果不加以限制，则可以有很多，应该如何选择呢？如果将选取的第一个线性组合即第一个综合变量记为 F_1，希望它尽可能多地反映原来变量信息，这里信息用方差来测量，希望 $Var(F_1)$ 越大，表示 F_1 包含信息越多，即最大方差原则。因此在所有线性组合中所选取的 F_1 应该是方差最大的，故称 F_1 为第一主成分。

如果第一主成分不足以代表原来 p 个变量的信息，再考虑选取 F_2，即第二个线性组合，为了有效地反映原来信息，F_1 已有的信息就不需要再出现在 F_2 中，用数学语言表达就是要求 $Cov(F_1, F_2) = 0$，称 F_2 为第二主成分，以此类推可以构造出第 3、第 4、…、第 p 个主成分。

9.2.2 主成分分析的计算过程

PCA 的思想是将 n 维特征映射到 k 维上（$k < n$），这 k 维是全新的正交特征。得到的 k 维特征称为主元，它们是重新构造出来的 k 维特征，而不是简单地从 n 维特征中去除其余 $n-k$ 维特征。

具体计算过程如下：

输入 n 个 p 维样本，用矩阵元素表示每个样本的各个属性，例如 x_{ij}（$1 \leqslant i \leqslant n$，$1 \leqslant j \leqslant p$）代表第 i 个样本的第 j 个属性。S_{ij} 表示第 i 个样本和第 j 个样本的方差，$\overline{x}_i$ 表示第 i 个样本的属性均值。

首先建立观测值矩阵，如下：

$$z = \begin{pmatrix} \dfrac{x_{11} - \overline{x}_1}{\sqrt{S_{11}}} & \dfrac{x_{12} - \overline{x}_1}{\sqrt{S_{22}}} \cdots \dfrac{x_{1p} - \overline{x}_1}{\sqrt{S_{pp}}} \\[2mm] \dfrac{x_{21} - \overline{x}_2}{\sqrt{S_{11}}} & \dfrac{x_{22} - \overline{x}_2}{\sqrt{S_{22}}} \cdots \dfrac{x_{2p} - \overline{x}_1}{\sqrt{S_{pp}}} \\[2mm] \vdots & \vdots \quad \vdots \quad \vdots \\[2mm] \dfrac{x_{n1} - \overline{x}_n}{\sqrt{S_{11}}} & \dfrac{x_{n2} - \overline{x}_n}{\sqrt{S_{22}}} \cdots \dfrac{x_{np} - \overline{x}_n}{\sqrt{S_{pp}}} \end{pmatrix}$$

其样本协方差为

$$s_z = \frac{1}{n-1} z'z = \mathbf{R} \text{（相关系数矩阵）}$$

此时第 i 个主成分是

$$\hat{y}_i = \hat{e}_i' z = e_{i1} z_1 + e_{i2} z_2 + \cdots + e_{ip} z_p$$

其中 $e_i = (e_{i1}, e_{i2}, \cdots, e_{ip})^{\mathrm{T}}$ 是 z 的第 i 个特征值对应的正交单位化特征向量。

例 9-1 主成分分析的应用。

假设我们从某医院的 9 个科室的工作情况主要指标体系中选取了两个指标，其中行代表了样例（9 个科室），x 代表某科室的治愈率，y 代表某科室的死亡率：

$$Data = \begin{array}{c|c} x & y \\ \hline 18.8 & 5.3 \\ 65.8 & 4.7 \\ 3.6 & 2.0 \\ 14.5 & 5.1 \\ 52.5 & 4.8 \\ 41.2 & 8.8 \\ 77.9 & 6.8 \\ 11.7 & 3.4 \\ 2.0 & 27.5 \end{array}$$

第一步，分别求 x 和 y 的平均值，然后对于所有的样例，都减去对应的均值。这里，各个科室治愈率（即 x）的平均值为32.0，死亡率（即 y）的平均值为7.6，每个样例减去均值后得到：

$$DataAdjust = \begin{array}{c|c} x & y \\ \hline -13.2 & -2.3 \\ -33.8 & -2.9 \\ -28.4 & -5.6 \\ 17.5 & -2.5 \\ 20.5 & -2.8 \\ 9.2 & 1.2 \\ 45.9 & -0.8 \\ -20.3 & -4.2 \\ -30 & 19.9 \end{array}$$

第二步，求特征协方差矩阵，如果数据是3维，那么协方差矩阵是

$$C = \begin{pmatrix} cov(x,x) & cov(x,y) & cov(x,z) \\ cov(y,x) & cov(y,y) & cov(y,z) \\ cov(z,x) & cov(z,y) & cov(z,z) \end{pmatrix}$$

这里只有 x 和 y，利用 MATLAB 求解得

$$cov = \begin{pmatrix} 777.1461 & -68.3987 \\ -68.3987 & 59.3600 \end{pmatrix}$$

对角线上分别是 x 和 y 的方差，非对角线上是协方差。协方差大于0表示 x 和 y 若有一个增，另一个也增；小于0表示一个增，一个减；协方差为0时，两者独立。协方差绝对值越大，两者对彼此的影响越大，反之越小。

第三步，求协方差的特征值和特征向量，得到

$$eigenvalues = \begin{pmatrix} 52.9003 \\ 783.6058 \end{pmatrix}$$

$$eigenvectors = \begin{pmatrix} -0.0940 & -0.9956 \\ -0.9956 & 0.9040 \end{pmatrix}$$

上面是两个特征值，下面是对应的特征向量，特征值52.9003对应特征向量为 $(-0.0940, -0.9956)^T$，这里的特征向量都归一化为单位向量。

第四步，将特征值按照从大到小的顺序排序，选择其中最大的 k 个，然后将其对应的 k 个特征向量分别作为列向量组成特征向量矩阵。

这里特征值只有两个，我们选择其中最大的那个，这里是783.6058，对应的特征向量是 $(-0.9956, 0.9040)^T$。

第五步，将样本点投影到选取的特征向量上（最后一步的矩阵乘法就是将原始样本点分别往特征向量对应的轴上做投影）。假设样例数为 m，特征数为 n，减去均值后的样本矩阵为 $DataAdjust(m*n)$，协方差矩阵是 $m*n$，选取的 k 个特征向量组成的矩阵为 $EigenVectors(n*k)$。那么投影后的数据 $FinalData$ 为

$$FinalData\,(m*k) = DataAdjust\,(m*n) \times EigenVectors\,(n*k)$$

我们通过

$$FinalData\,(10*1) = DataAdjust\,(10*2) \times EigenVectors\,(-0.9956,\ 0.9040)^{\mathrm{T}}$$

得到的结果是

$$Transformed\ Data\,(\mathrm{Single\ eigenvector})$$

x
11.0627
−36.2729
23.2126
−19.6830
−22.9410
−8.0747
−46.4212
16.4139
47.8576

这样，就将原始样例的 2 维特征变成了 1 维，这 1 维就是原始特征在 1 维上的投影。

上面的数据可以认为是科室的治愈率（cure rate）和死亡率（death rate）特征融合为一个新的特征，叫作 CDR 特征，该特征基本上代表了这两个特征。

9.2.3　基于阿里云的主成分分析

我们通过一个例子基于阿里云平台介绍主成分分析的实现方法。

Credit Approval 数据集中包含了 15 个匿名数据以及一个二分类标签列。由于特征过多，因此在模型拟合过程中会花费大量时间，通常我们会对数据进行降维来达到减少特征数量的效果。前 10 条数据以及前 5 个特征见表 9-4。

表 9-4　Credit Approval 数据集前 10 条、前 5 个特征

F1	F2	F3	F4	F5	F1	F2	F3	F4	F5
b	30.83	0	u	g	b	32.08	4	u	g
a	58.67	4.46	u	g	b	33.17	1.04	u	g
a	24.5	0.5	u	g	a	22.92	11.585	u	g
b	27.83	1.54	u	g	b	54.42	0.5	y	p
b	20.17	5.625	u	g	b	42.5	4.915	y	p

接下来，我们利用阿里云平台对数据进行 PCA 降维处理。阿里云平台组件布局如图 9-32 所示。

设置主成分分析组件参数并选择 15 个特征列（"信息量比例"设为"0.9"，"特征分解方式"设为"CORR"，"数据转换方式"设为"Simple"）。

信息量比例占原来的 90%，使数据信息高度保留，特征分解方式利用相关系数矩阵计算，数据转换方式选择 Simple，即不做任何多余处理（归一化，正规化）直接输出。PCA 降维后的结果如图 9-33 所示。

PCA 降维后，我们无法对产生的特征做合理的描述。因此生成的 12 个特征我们无法说它们代表什么意思，只能说这些特征是原始数据在某个超平面上的投影结果，最大限度地保留了原始数据的信息，又降低了特征维数。

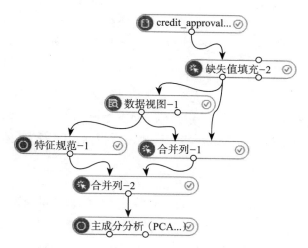

图 9-32　PCA 降维处理阿里云平台组件布局

prin0 ▲	prin1 ▲	prin2 ▲	prin3 ▲	prin4 ▲	prin5 ▲	prin6 ▲	prin7 ▲	prin8 ▲	prin9 ▲	prin10 ▲	prin11 ▲
-1.824...	-4.596...	3.7315...	-4.393...	4.1637...	1.6096...	-1.759...	-1.715...	-0.027...	0.8980...	1.53484...	0.983632498639454
-3.598...	-5.533...	3.5215...	-2.335...	2.0306...	1.5846...	-1.738...	-1.423...	1.1370...	1.4869...	1.84519...	0.0880059889261571
-0.993...	-4.283...	3.5976...	-3.440...	1.8268...	1.0096...	-1.736...	-1.178...	1.0182...	0.8017...	0.82000...	1.6739085149075326
-2.612...	-5.092...	4.4245...	-4.706...	4.3390...	1.8631...	-1.910...	-0.214...	0.3646...	-0.142...	1.70752...	0.3693359037108094
-0.662...	-3.852...	4.9783...	-2.785...	5.1303...	1.2428...	-3.422...	-2.394...	2.1508...	-0.695...	0.53964...	1.3503317846930902
-1.273...	-4.553...	5.4662...	-4.022...	3.9676...	1.2373...	-1.806...	0.3301...	0.1459...	0.8064...	0.51866...	1.251702728728143
-2.445...	-4.859...	6.3083...	-3.894...	2.7978...	-3.784...	-2.839...	-0.270...	-0.229...	0.0326...	3.43571...	0.9059424177390492
-1.368...	-4.546...	2.2637...	-2.092...	3.6754...	0.1748...	0.3651...	1.3660...	0.7004...	-0.1956..	1.735807202940781	
-0.376...	-7.911...	5.2227...	-2.239...	3.0006...	1.2199...	-1.460...	-1.650...	0.1380...	1.6348...	1.86367...	1.2618923285073467
-0.487...	-7.824...	5.1855...	-3.455...	4.0105...	1.3464...	-3.186...	0.1849...	0.2858...	0.7415...	1.78653...	0.8749691946282492
-0.148...	-4.422...	4.6258...	-2.437...	3.4587...	0.8177...	-0.172...	0.7547...	0.0903...	-0.780...	1.03356...	0.11019587780573345
-1.201...	-4.803...	4.5486...	-2.135...	3.5909...	0.6247...	-0.045...	-0.886...	0.1987...	0.5445...	0.65929...	1.9570829397577962
-1.710...	-4.698...	3.7553...	-2.761...	3.0488...	1.4408...	-2.757...	1.2402...	1.3302...	0.7429...	1.42582...	1.015973434362519
-0.889...	-4.501...	3.8523...	-1.597...	4.1687...	0.7754...	-2.412...	-0.635...	-0.599...	1.2509...	1.46611...	-0.4703093749421916
-3.985...	-5.687...	3.7353...	-3.187...	3.3270...	1.6638...	-2.715...	0.7074...	1.5816...	0.8189...	1.01769...	-0.17258939494167028
-1.374...	-8.035...	4.4908...	-5.158...	4.3814...	1.1649...	-1.048...	-0.443...	1.0627...	0.5856...	0.79829...	-0.18261842193222702
-1.869...	-4.630...	4.8104...	-5.323...	4.0837...	1.3859...	-0.932...	-0.240...	0.4614...	0.5106...	0.88769...	0.6570162432865844

数据探查 - pai_temp_8618_179024_1 - (仅显示前一百条)　　　关闭

图 9-33　PCA 降维后的结果

9.2.4　主成分的表现度量

我们通常用总体方差度量主成分分析的结果。

对于 n 个个体，每个个体有 p 个指标：y_{i1}，y_{i2}，$\cdots$，y_{ip}，$i=1$，2，3，$\cdots$，P，把这 p 个指标标准化得

$$y^{(i)*}=\left[\,y_{i1}^{*},\ \cdots,\ y_{ip}^{*}\,\right]',\ i=1,2,\cdots,n \tag{9-1}$$

计算得到它们的相关矩阵 $\boldsymbol{R}$，求得 $\boldsymbol{R}$ 的 p 个特征根，设为

$$\lambda_1\geqslant\lambda_2\geqslant\cdots\geqslant\lambda_p\geqslant0 \tag{9-2}$$

对应的正交化特征向量为

$$e_j=[l_{1j},\ \cdots,\ l_{pj}]',\ j=1,2,\cdots,m\leqslant p \tag{9-3}$$

求出前 m 个主成分

$$z_j = e_j' y^* = l_{1j} y_1^* + l_{2j} y_2^* + \cdots + l_{pj} y_p^*, \; j = 1, 2, \cdots, m \leqslant p \tag{9-4}$$

它们彼此不相关，而且分别以方差贡献率

$$T_j = \lambda_j / \sum_{k=1}^{p} \lambda_k \tag{9-5}$$

解释了 p 个指标，当累计贡献率达到一定数值（如 $\geqslant 85\%$）时，这 m 个主成分就以比 p 少的指标个数综合体现了 p 个指标。为进一步综合成一个指标，以 T_j 为权值对 Z_j 求和得综合评价函数为

$$D_j = \sum_{k=1}^{p} T_j Z_j \tag{9-6}$$

以第 i 个个体的指标 $y^{(i)*}$ 代入式（9-4），进而计算式（9-6），就得到第 i 个个体的综合得分，用来对这些个体排序。

9.3 因子分析

9.3.1 因子分析概述

因子分析是主成分分析的推广和发展，它是从研究原始数据相关矩阵的内部依赖关系出发，把一些具有错综复杂关系的多个变量（或样品）综合为少数几个因子，并给出原始变量与综合因子之间相关关系的一种多元统计分析方法。它也属于多元分析中数据降维（消减解释变量个数）的一种统计方法。

该算法通过变量（或样品）的相关系数矩阵内部结构的研究，找出存在于所有变量中具有的共性因素，并综合为少数几个新变量，把原始变量表示成少数几个综合变量的线性组合，以再现原始变量与综合变量之间的相关关系。其中，这里的少数几个综合变量一般是不可观测指标，通常称为公共因子。

因子分析常用的有两种类型：一种是 R 型因子分析，即对变量进行因子分析；另一种叫作 Q 型因子分析，即对样品进行的因子分析。

因子分析需要以最小丢失信息为前提，令因子个数小于原来变量个数，选择的因子代表绝大部分信息，因子线性相关关系不显著，从而解决多重共线性问题，并且命名具有解释性。

因子分析的数学模型为

$$x_i = a_{i1} f_1 + a_{i2} f_2 + \cdots + a_{ik} f_k + \varepsilon_i$$

x_i 为标准化的原始变量；f_i 为因子变量；a_{ij} 为因子载荷；$k < p$。

也可以矩阵表示为

$$X = AF + \varepsilon$$

F 为因子变量；A 为因子载荷矩阵；ε 为特殊因子。

9.3.2 因子分析的主要分析指标

因子分析的主要分析指标包括因子载荷 A、变量共同度和因子的方差贡献。

因子载荷：为变量 x_i 与每个因子的相关系数，反映了每个因子对变量 x_i 的重要性，绝对值小于 1，越接近 1，相关性越强、越重要。

变量共同度：也称公共方差，反映了全部因子对变量 x_i 的方差的说明比例，比例越高说明因子解释的信息越多，丢失的信息越少，变量共同度是信息丢失的重要指标，从而是因子分析效果的重要指标。

变量共同度是因子载荷矩阵 A 中第 i 行元素的平方和 $h_i^2 = \sum_{j=1}^{k} a_{ij}^2$。

变量 x_i 的总方差 $= h_i^2 + \varepsilon_i$，ε_i 特殊因子代表丢失方差，即丢失的信息量，计算不出来。

因子的方差贡献：表明第 j 个公共因子对原有变量总方差的解释能力。

因子的方差贡献是因子载荷矩阵第 j 列元素的平方和，即 $s_j = \sum_{i=1}^{p} a_{ij}^2$。

9.3.3　因子分析的计算方法

在本节中，我们均采取某医院的 11 个指标来进行举例分析。为了清除不同量纲对评价的影响，对原始数据进行同度量处理，使得数据的度量相同，将其中低优指标（即取值越低越好的指标）V6（平均住院日）、V7（病死率）和 V9（院内感染率）正向化处理成 ZV6、ZV7 和 ZV9，以保证分析数据的一致可比性。其数据表格见表 9-5。

表 9-5　临床科室医疗质量指标　　　　　　　（单位：%）

年度	工作效率指标						工作质量指标							
	日均诊次	出院人数	日均入院人数	病床使用率	周转次数	平均住院日	病死率	危重病人抢救成功率	院内感染率	入出院诊断符合率	无菌切口甲级愈合率			
	V1	V2	V3	V4	V5	V6	V7	V8	V9	V10	V11	ZV6	ZV7	ZV9
2000	3 545	13 674	37.44	90.99	16.86	19.04	3.15	86.88	3.73	99.49	99.46	0.05	0.32	0.27
2001	3 884	13 404	36.70	89.28	16.43	19.32	3.35	89.24	4.55	99.5	98.78	0.05	0.3	0.22
2002	4 194	13 506	36.30	88.75	16.39	19.58	3.55	87.66	4.07	99.51	99.52	0.05	0.28	0.25
2003	1 849	9 438	26.00	64.4	11.08	21.37	4.4	86.8	4.49	99.61	98.72	0.05	0.23	0.22
2004	2 463	10 192	27.61	73.43	13.7	19.36	4.63	88.72	3.66	99.83	99.22	0.05	0.61	0.27
2005	2 072	11 351	31.10	73.05	14.78	17.69	4.13	85.31	3.2	99.67	99.08	0.06	0.24	0.31
2006	2 472	13 156	36.20	76.75	17.15	16.49	3.85	87.85	2.9	99.68	99.17	0.06	0.26	0.34
2007	2 772	15 093	41.50	81.26	19.6	16.26	3.72	92.67	4.1	99.82	99.11	0.06	0.27	0.24

因子分析的计算包括 4 个步骤：①前提条件检验；②提取因子（求载荷矩阵）；③使因子命名具有解释性，即因子旋转；④计算因子得分。下面依次介绍这 4 个步骤。

1. 前提条件检验

进行因子分析的前提条件是：变量间具有较强的相关关系（否则无法提取综合，因为不存在信息重叠）。本节介绍了以下几种检验方法。

检验方法一：相关系数矩阵的直观检验

相关系数矩阵的直观检验是直接根据相关系数矩阵中所反映出的原始变量之间的线性相关大小来检验因子分析的适用性。具体使用两种矩阵：

1）根据简单相关矩阵进行直观检验。计算出简单相关矩阵后，对各个变量之间的简单相关系数进行一般的分析观察，如果相关矩阵的大部分相关系数都小于 0.3，原始数据之间的相关关系不大，则不适合进行因子分析。相反，则适合进行因子分析。

简单相关矩阵 R 为

$$R = \begin{pmatrix} r_{11} & r_{12} & \cdots & r_{1p} \\ r_{21} & r_{22} & \cdots & r_{2p} \\ \vdots & \vdots & \vdots & \vdots \\ r_{n1} & r_{n2} & \cdots & r_{np} \end{pmatrix}$$

$$r_{ij} = \frac{cov(X_i, X_j)}{\sqrt{DX_i}\sqrt{DX_j}}$$

$$cov(X_i, X_j) = E\big((X_i, E(X_i)) \cdot (X_j, E(X_j))\big)$$

例 9-2 利用简单相关矩阵进行直观检验。

我们根据公式可计算出相关系数矩阵，计算结果见表 9-6。

表 9-6 相关系数矩阵

	V1	V2	V3	V4	V5	ZV6	ZV7	V8	ZV9	V10	V11
v1	1	0.639	0.606	0.937	0.499	−0.138	−0.008	0.202	−0.369	−0.627	0.46
v2	0.639	1	0.998	0.792	0.966	0.605	−0.318	0.556	−0.005	−0.173	0.4
v3	0.606	0.998	1	0.77	0.968	0.625	−0.339	0.563	0.005	−0.16	0.366
v4	0.937	0.792	0.77	1	0.691	0.106	−0.047	0.244	−0.194	−0.548	0.52
v5	0.499	0.966	0.968	0.691	1	0.761	−0.187	0.607	0.16	0.051	0.42
zv6	−0.138	0.605	0.625	0.106	0.761	1	−0.189	0.436	0.6	0.49	0.187
zv7	−0.008	−0.318	−0.339	−0.047	−0.187	−0.189	1	0.156	0.018	0.444	0.238
v8	0.202	0.556	0.563	0.244	0.607	0.436	0.156	1	−0.352	0.46	−0.08
zv9	−0.369	−0.005	0.005	−0.194	0.16	0.6	0.018	−0.352	1	0.288	0.33
v10	−0.627	−0.173	−0.16	−0.548	0.051	0.49	0.444	0.46	0.288	1	−0.093
v11	0.46	0.4	0.366	0.52	0.42	0.187	0.238	−0.08	0.33	−0.093	1

从矩阵中我们可以看出，大部分相关系数均大于 0.3，许多变量之间存在着高度的相关。因此该数据集是适合做因子分析的。

2）根据反映像相关矩阵进行直观检验。该检验以变量的偏相关系数矩阵作为出发点，将偏相关系数矩阵的每个元素取反，得到反映像相关矩阵 MSA。

某变量的 MSA_i 为

$$MSA_i = \frac{\sum_{j \neq i} r_{ij}^2}{\sum_{j \neq i} r_{ij}^2 + \sum_{j \neq i} a_{ij}^2}$$

r_{ij} 为简单相关系数，a_{ij} 为偏相关系数。

MSA_i 取值在 0 ~ 1 之间，越接近 1 表示变量 x_i 与其他变量的相关性越强；反之，越接近 0，相关性越弱。

若 MSA 矩阵除了对角元素较大外，其余元素均比较小，则表示适合因子分析。

偏相关系数的计算

在二元或者多元回归分析中，对于变量之间的相关关系，可用偏相关系数来表示。

在研究多个变量 X_1, X_2, X_3, $\cdots$, X_K 与 Y 之间的线性相关程度时，如果其他变量保持不变，只考虑 Y 与 X_i（$i=1$, 2, 3, $\cdots$, K）之间的关系，这种相关叫作**偏相关**。衡量偏相关程度的指标，就是偏相关系数。

例如，在三元线性回归模型中，$r_{01,2}$ 表示 x_2 保持不变时 y 与 x_1 的偏相关系数，$r_{02,1}$ 表示 x_1 保持不变时 y 与 x_2 的偏相关系数，$r_{12,0}$ 表示 y 保持不变时 x_1 与 x_2 的偏相关系数。在偏相关系数中，根据固定变量数目的多少，可分为零阶偏相关系数、一阶偏相关系数、$K-1$ 阶偏相关系数等。例如，r_{0i} 表示零阶偏相关系数（即简单相关系数），$r_{02,1}$ 称为一阶偏相关系数，$r_{01,23}$ 称为 2 阶偏相关系数，$r_{01,234}$ 称为三阶偏相关系数，以此类推。

一般地，在研究多个变量的偏相关系数时，Y 与 X_i（$i=1$，2，3，…，k）的 $k-1$ 阶偏相关系数的计算公式如下：

$$r_{0i,12,\ldots,i-1i+1,\ldots k} = \frac{r_{0i,12,\ldots,i-1i+1,\ldots k-1} - r_{0k,12,\ldots,i-1i+1,\ldots k-1} r_{ik,12,\cdots,i-1i+1,\ldots,k-1}}{\sqrt{1-r_{0k,12,\ldots,k-1}^2}\sqrt{1-r_{ik,12,\ldots,i-1i+1,\ldots,k-1}^2}}$$

其中 r_{ij} 代表变量之间的相关性，当 $i=0$，$j=1$，2，3，…，k 的时候，表示因变量 y 和解释变量 x_j 之间线性关联程度；当 i 和 j 不相等且取值都在 {1，2，…，k} 之中的时候，r_{ij} 表示解释变量之间的相关系数。

我们可利用 SPSS 软件进行偏相关系数的计算。

检验方法二：共同度 h_i^2 检验

变量共同度是指因子载荷矩阵中第 i 行元素的平方和，即

$$h_i^2 = \sum_{j=1}^{k} a_{ij} \quad i=1,2,\cdots,p$$

这里 a_{ij} 表示因子载荷矩阵中的元素。由于共同度反映的是某一变量在各因子上负荷量平方值的总和，刻画的是全部公共因子对变量 X_I 的总方差所做的贡献，共同度越接近 1，说明该变量的几乎全部原始信息都被所选取的公共因子说明了。所以变量的共同度越大，因子分析的结果越理想，也就越适合进行因子分析。

例 9-3 共同度检验。

我们根据公式，通过软件计算可得到各个变量的共同度，见表 9-7。

表 9-7　变量共同度

指标	初始变量	共同度	指标	初始变量	共同度	指标	初始变量	共同度
v1	1	0.936	v5	1	0.997	zv9	1	0.949
v2	1	0.999	zv6	1	0.991	v10	1	0.98
v3	1	0.997	zv7	1	0.947	v11	1	0.859
v4	1	0.969	v8	1	0.983			

从表 9-7 可知，在 11 个变量中，许多变量之间存在着高度相关，故适合进行因子分析。

检验方法三：KMO 检验

该检验的统计量用于比较变量之间的简单相关和偏相关系数。KMO 值介于 $0 \sim 1$，越接近 1，表明所有变量之间简单相关系数平方和远大于偏相关系数平方和，越适合因子分析。

其中，Kaiser 给出一个 KMO 检验标准：$KMO > 0.9$，非常适合；$0.8 < KMO < 0.9$，适合；$0.7 < KMO < 0.8$，一般；$0.6 < KMO < 0.7$，不太适合；$KMO < 0.5$，不适合。

KMO 的计算公式为

$$KMO = \frac{\sum\sum_{i\neq j} r_i^2{}_j}{\sum\sum_{i\neq j} r_i^2{}_j + \sum\sum_{i\neq j} a_i^2{}_j}$$

2. 提取因子

首先确定因子变量个数 k，继而提取出因子。

（1）确定因子变量个数 k

方法①：特征根平均数法

根据特征值 λ_i 确定：取特征值大于 1 的特征根。

方法②：累计贡献率法

当采用主成分法估计主因子时，根据经验，公共主因子的累计贡献率达到 80% 或 85% 以上时，公共主因子数目 k 就可以了。累计贡献率为

$$a_1 = S_1^2 / p = \lambda_1 / \sum_{i=1}^{p} \lambda_i$$

……

$$a_k = \sum_{i=1}^{k} S_i^2 / p = \sum_{i=1}^{k} \lambda_i / \sum_{i=1}^{p} \lambda_i$$

方法③：通过观察碎石图的方式确定因子变量的个数。

例 9-4　确定因子变量个数。

我们通过计算可得到各个变量的特征值和贡献率，见表 9-8。

表 9-8　特征值和贡献率

因子	初始特征值			旋转后特征值和贡献率		
	特征值	贡献率（%）	累计贡献率（%）	特征值	贡献率（%）	累计贡献率（%）
1	5.01	45.542	45.542	4.096	37.239	37.239
2	2.605	23.68	69.221	3.234	29.399	66.638
3	1.587	14.43	83.651	1.767	16.06	82.698
4	1.432	13.015	96.666	1.536	13.968	96.666
5	0.285	2.59	99.257			
6	0.051	0.467	99.724			
7	0.03	0.276	100			
8	4.92E–17	4.47E–16	100			
9	3.18E–17	2.89E–16	100			
10	−1.68E–16	−1.53E–15	100			
11	−5.09E–16	−4.63E–15	100			

通过表 9-8，根据方法①可知，特征值大于 1 的因子个数等于 4，因此可得知因子个数 k 的取值应为 4，同理，根据方法②，我们可从表中观察到前 4 个因子的特征值共占去总方差的 96.666%，因此我们也能得出与方法①同样的结论。

对于方法③，我们可通过 SPSS 软件得到对应的碎石图，如图 9-34 所示。

从图中看出，前 4 个因子的特征值均大于 1，因此 k 的取值为 4。

（2）确定因子变量——主成分分析

确定因子变量的过程是通过主成分分析来确定的。基于以主成分的特征值为标准挑选公

共因子，一般选取公共值大于 1 的变量。

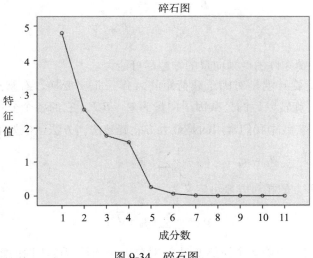

图 9-34　碎石图

3. 因子命名与解释

因子命名与解释包括如下四方面的内容。

（1）发现

a_{ij} 的绝对值可能在某一行的许多列上都有较大的取值，或 a_{ij} 的绝对值可能在某一列的许多行上都有较大的取值。

（2）表明

某个原有变量 x_i 可能同时与几个因子都有比较大的相关关系，也就是说，某个原有变量 x_i 的信息需要由若干个因子变量来共同解释；同时，虽然一个因子变量可能能够解释许多变量的信息，但它却只能解释某个变量的少部分信息，不是任何一个变量的典型代表。

（3）结论

我们可以通过某种手段使每个变量在尽可能少的因子上有比较高的载荷，即在理想状态下，让某个变量在某个因子上的载荷趋于 1，而在其他因子上的载荷趋于 0。这样，一个因子变量就能够成为某个变量的典型代表，它的实际含义也就清楚了。

（4）方法：方差最大正交旋转

方差最大正交旋转是使因子载荷矩阵中，各个因子载荷值的总方差达到最大，作为因子载荷矩阵结构简化的准则。其中，总方差最大，而不是某个因子方差极大。如果第 i 个变量在第 j 个公共因子上的载荷经过"方差极大"旋转后，其值增大或减小，意味着这个变量在另一些公共因子上的载荷要缩小或增大。所以方差极大旋转是使载荷值按照列向 0、1 两极分化，同时也包含着按照行向两极分化。

具体原理如下：

设因子载荷矩阵为

$$\boldsymbol{A} = \begin{pmatrix} a_{11} & \cdots & a_{1m} \\ \vdots & \ddots & \vdots \\ a_{p1} & \cdots & a_{pm} \end{pmatrix}$$

经过方差极大旋转后的因子载荷矩阵为

$$\boldsymbol{B} = \begin{pmatrix} b_{11} & \cdots & b_{1m} \\ \vdots & \ddots & \vdots \\ b_{p1} & \cdots & b_{pm} \end{pmatrix}$$

求法：

旋转后的因子载荷矩阵的两列向量的方差尽可能大。

对公因子做正交旋转就是对因子载荷矩阵 $\boldsymbol{A}$ 作一正交变换，右乘正交矩阵 $\boldsymbol{B}$ 使得 $\boldsymbol{AB}$ 有更加显著的意义。旋转以后的公共因子向量为 $\boldsymbol{F}^* = \boldsymbol{B}'\boldsymbol{F}$，它的各个分量 $F_1^*, \cdots, F_m^*$ 也是互不相关的公共因子。实践中我们常用的是最大方差旋转法，方法建模如下：

令 $\boldsymbol{A}^* = \boldsymbol{AB} = \left(a_{ij}^*\right)_{p \times m}$，$d_{ij} = a_{ij}^* / h_i$，$\bar{d}_j = \dfrac{1}{p} \sum_{i=1}^p d_{ij}^2$

则 $\boldsymbol{A}^*$ 的第 j 列元素平方的相对方差可定义为

$$v_j = \frac{1}{p} \sum_{i=1}^p \left(d_{ij}^2 - \bar{d}_j\right)^2$$

用 a_{ij}^* 除以 h_i 是为了消除各个原始变量 X_i 对公因子依赖程度不同的影响，选择除数 h_i 是因为 $\boldsymbol{A}^*$ 第 i 行平方和，如下：

$$h_{ij}^{*2} = \sum_{j=1}^m a_{ij}^{*2} = \left(a_{i1}^*, a_{i2}^*, \cdots, a_{im}^*\right) \begin{pmatrix} a_{i1}^* \\ \vdots \\ a_{im}^* \end{pmatrix} = \sum_{j=1}^m a_{ij}^2 = h_i^2$$

取 d_{ij}^2 是为了消除 d_{ij} 符号不同的影响。

所谓最大方差旋转法就是选择正交矩阵 $\boldsymbol{B}$，使得矩阵 $\boldsymbol{A}^*$ 所有 m 个列元素平方的相对方差之和 $v = v_1 + v_2 + \cdots + v_m$ 达到最大。

例 9-5 利用 SPSS 软件计算因子载荷矩阵以及旋转后的因子载荷矩阵。

我们可以通过 SPSS 软件进行因子分析，得到因子载荷矩阵见表 9-9。

由表 9-9 可知，挑选出的 4 个因子变量在原始变量的负荷值都不大，故不太好解释它们的含义，因此又需要进一步因子旋转以便更好地了解它们的含义。利用 SPSS 进行因子旋转之后得到表 9-10。

表 9-9　因子载荷矩阵

	成份			
	1	2	3	4
VAR00001	.788	−.570	.028	.110
VAR00002	.975	.194	.003	−.105
VAR00003	.963	.222	.004	−.135
VAR00004	.902	−.370	−.049	.133
VAR00005	.915	.394	.042	.025
VAR00006	.119	.931	−.263	−.174
VAR00007	−.220	−.100	.504	.799
VAR00008	.488	.343	.786	−.102
VAR00009	−.049	.570	−.655	.422
VAR00010	−.299	.768	.475	.287
VAR00011	.495	−.045	−.312	.719

表 9-10　因子旋转

	成份			
	1	2	3	4
VAR00001	.584	−.774	−.064	.125
VAR00002	.978	−.126	.056	−.152
VAR00003	.976	−.095	.046	−.179
VAR00004	.735	−.647	.071	.075
VAR00005	.983	.076	.150	−.041
VAR00006	.337	.761	.370	−.389
VAR00007	−.169	.044	.015	.959
VAR00008	.691	.356	−.542	.294
VAR00009	−.001	.347	.900	−.071
VAR00010	.009	.892	−.017	.438
VAR00011	.388	−.326	.667	.399

旋转后的因子系数已经明显向两极分化，有了更鲜明的实际意义。F1 中系数绝对值较

高的主要有 V2、V3、V5、ZV6 和 V8，即出院人数、日均入院人数、周转次数、平均住院日和危重病人抢救成功率。F2 中系数绝对值较高的主要有 V1、V4 和 V10，即日均诊次、病床使用率和入出院诊断符合数。F3 系数绝对值较高的主要有 ZV9，即院内感染率。F4 系数绝对值较高的主要有 ZV7，即病死率。旋转后的 F1、F2、F3 和 F4 不相关。

4. 计算因子得分

因子得分是因子变量构造的最终体现，可看作各变量值的权数总和，权数的大小表示了变量对因子的重要程度。用每个公因子的方差贡献率做权数，对每个因子进行加权，然后加总得到总因子得分，按总得分的多少进行排名。

计算方法如下：

1）将公共因子表示为变量的线性组合，得到评价对象在各个公共因子的得分。由于因子得分函数中方程的个数 m 小于变量个数 p，因此不能精确计算出因子得分，通过最小二乘法或极大似然法可以对因子得分进行估计

$$\widehat{F}_{ij} = \beta_{i0} + \beta_{i1}x_1 + \beta_{i2}x_2 + \cdots + \beta_{ij}x_j + \cdots + \beta_{ik}x_k$$

2）以各公共因子的方差贡献率占公共因子总方差贡献率的比重作为权值进行加权汇总，建立因子综合得分函数

$$Y_j = \gamma_1\widehat{F}_{1j} + \gamma_1\widehat{F}_{2j} + \cdots + \gamma_i\widehat{F}_{ij} + \cdots + \gamma_p\widehat{F}_{pj}$$

其中，Y_j 是第 j 个评价对象的综合得分，$\widehat{F}_{ij}$ 为第 j 个评价对象在第 i 个公共因子的得分，γ_i 为第 i 个公共因子方差共享率占公共因子总方差贡献率的比重。

9.4　压缩感知

9.4.1　什么是压缩感知

压缩感知使用了信号处理中的思想对数据进行维度缩减。Nyquist（奈奎斯特）采样定理（香农采样定理）指出，采样速率达到信号带宽的两倍以上时，才能由采样信号精确重建原始信号。可见，带宽是 Nyquist 采样定理对采样的本质要求。然而随着人们对信息需求量的增加，携带信息的信号带宽越来越宽，以此为基础的信号处理框架要求的采样速率和处理速度也越来越高。解决这些压力常见的方案是信号压缩。但是，信号压缩实际上是一种资源浪费，因为大量的不重要的或者只是冗余信息在压缩过程中被丢弃。从这个意义而言，得到以下结论：带宽不能本质地表达信号的信息，基于信号带宽的 Nyquist 采样机制是冗余的或者说是非信息的。基于此，研究人员提出了压缩感知（Compressive Sensing，CS），有时也叫作 Compressive Sampling。相对于传统的 Nyquist 采样定理——要求采样频率必须是信号最高频率的两倍或两倍以上（这就要求信号是带限信号，通常在采样前使用低通滤波器使信号带限），压缩感知则利用数据的冗余特性，只采集少量的样本还原原始数据。

该理论是近年来信号处理领域诞生的一种新的信号处理理论，由 D.Donoho（美国科学院院士）、E. Candes（Ridgelet，Curvelet 创始人）及华裔科学家陶哲轩（2006 年菲尔兹奖获得者）等人提出，自诞生之日起便极大地吸引了相关研究人员的关注。

压缩感知理论为信号采集技术带来了革命性的突破，它采用非自适应线性投影来保持信号的原始结构，以远低于奈奎斯特频率对信号进行采样，通过数值最优化问题准确重构出原

始信号。压缩感知理论在信号获取的同时，就对数据进行适当地压缩，而传统的信号获取和处理过程主要包括采样、压缩、传输和解压缩 4 个部分，其采样过程必须遵循奈奎斯特采样定理，这种方式采样数据量大，先采样后压缩，浪费了大量的传感时间和存储空间，相对而言，压缩感知理论针对可稀疏表示的信号，能够将数据采集和数据压缩合二为一，这使其在信号处理领域有着突出的优点和广阔的应用前景。

压缩感知的核心思想是压缩和采样合并进行，并且测量值远小于传统采样方法的数据量，突破了香农采样定理的瓶颈，使高分辨率的信号采集成为可能。压缩感知的思路就是，在采集的过程中就对数据进行了压缩，而且这种压缩能保证不失真（低失真）地恢复原始数据，这与传统的先 2 倍频率采集信号→存储→再压缩的方式不同，可以降低采集信号的存储空间和计算量。

压缩感知理论主要包括信号的稀疏表示、随机测量和重构算法三个方面。稀疏表示是应用压缩感知的先验条件，随机测量是压缩感知的关键过程，重构算法是获取结果的必要手段。

接下来我们来了解一下压缩感知的具体模型。

9.4.2 压缩感知的具体模型

1. 稀疏表示

使用压缩感知理论首先要求信号能表示为稀疏信号，如 $x=[1\,0\,0\,0\,1\,0]$，其中只有 2 个 1，可认为是稀疏的。我们将信号通过一个矩阵映射到稀疏空间，公式为

$$x = \boldsymbol{\Psi} s$$

设信号 x 为 N 维，即 $x=[x_1,\ x_2,\ x_3,\ \cdots,\ x_N]^{\mathrm{T}}$，则 $\boldsymbol{\Psi}$ 为 $N \times N$ 维稀疏表达矩阵，s 即是将 x 进行稀疏表示后的 $N \times 1$ 维向量，其中大部分元素值为 0。稀疏表示的原理就是通过线性空间映射，将信号在稀疏空间进行表示。

例如，信号

$$x = \cos(\frac{2\pi}{256}t) + \sin(\frac{2\pi}{128}t)$$

在时域是非稀疏的，但做傅里叶变换表示成频域后，只有少数几个点为非 0，如图 9-35 所示。则该信号的时域空间为非稀疏空间，频域空间为稀疏空间，$\boldsymbol{\Psi}=e^{j\omega t}$ 组成的矩阵。$\boldsymbol{\Psi}=e^{j\omega t}$ 一般为正交矩阵。

若稀疏表示后的结果 s 中只有 k 个值不为 0，则称 x 的稀疏表示为 k-Sparse。图 9-35 对 x 的频域稀疏表示就是 2-Sparse。

2. 感知测量

压缩感知的目的是在采集信号时就对数据进行压缩，业内专家们的思路集中到了数据采集上——既然要压缩，还不如就从大量的传感器中只使用其中很少的一部分传感器，采集少量的冗余度低的数据。这就是感知测量通俗的说法，用表达式表示

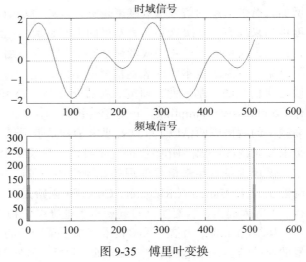

图 9-35 傅里叶变换

$$y = \boldsymbol{\Phi} x$$

将稀疏表示过程和感知测量过程综合起来。其中的 x 就是稀疏表示中的信号，$\boldsymbol{\Phi}$ 为 $M \times N$ 维的感知矩阵（M 表示测量信号的维度），y 则表示 M（M 远小于 N 才有意义）个传感器的直接测量，因此维度为 $M \times 1$，如图 9-36 所示。

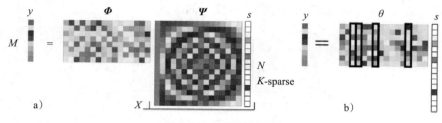

图 9-36　压缩感知图示

3. 数学描述

对于压缩感知模型，其中每个量的维度一定要了解（通过维度的变化来理解压缩感知很有效）。

$y = \boldsymbol{\theta} s$ 其中 y 为观测值，为 $M \times 1$ 维。$\boldsymbol{\theta}$ 为映射矩阵，为 $M \times N$ 维。s 为稀疏表示信号，为 $N \times 1$ 维。从感知测量中知道：M 就是测量的维度（M 远小于 N）。

压缩感知的原信号恢复问题描述为：

由已知条件：

1）测量值 $y = \boldsymbol{\theta} s + e$，其中 $\boldsymbol{\theta} = \boldsymbol{\Phi}\boldsymbol{\Psi}$ 且 $\boldsymbol{\Phi}$ 与 $\boldsymbol{\Psi}$ 不相关，其中 e 为噪声引入。

2）s 为 k-Sparse 信号（k 未知）。

求解目标：k 尽可能小地稀疏表示信号 s 及对应的 $\boldsymbol{\Psi}$。

用数学形式描述为

$\min \| s \|_0$

$s.t. \qquad y = \boldsymbol{\theta} x + e$

$s := \mathrm{argmin}_{\{s:\ y = \boldsymbol{\theta} s + e\}} \| s \|_0$

e 为随机噪声，$e \sim N(0, \delta 2)$。

上边的数学形式即要求使 s 的 0 范数（非 0 值的个数）最小，但 0 范数优化问题是很难求解的，已经证明求解 1 范数也能逼近和上面相同的效果，而求解 2 范数及其更高的范数则结果相差越来越大（有些人在研究介于 0 范数与 1 范数之间的范数求解方法）。因此可转化为 1 范数求解

$\min \| s \|_1$

$s.t. \qquad y = \boldsymbol{\theta} s + e$

由拉格朗日乘子法，上面的最优问题可转化成

$$\min_s \{ \| s \|_1 + \| y - \boldsymbol{\theta} s \|^2 \}$$

上面的最小值求解问题就可以直接通过凸优化解得到结果了。

9.5　面向神经网络的降维

9.5.1　面向神经网络的降维方法概述

神经网络方法可以把高维数据映射到低维的空间，也能把低维空间的编码映射回原始高

维空间。图 9-37 所示为神经网络方法用一个自适应的多层编码网络把高维的数据降到低维的编码，而与之相反的解码网络用低维的数据重建原始的高维数据。用任意的初始权值对编解码器进行训练，用梯度下降方法调整这些权值，使得原始数据和重构数据之间的差异最小。在训练中，反向传播首先通过解码器，然后通过编码器，梯度由反向传播误差链式法得到。在神经网络中最后一层的单元数量即为降维后的维数。

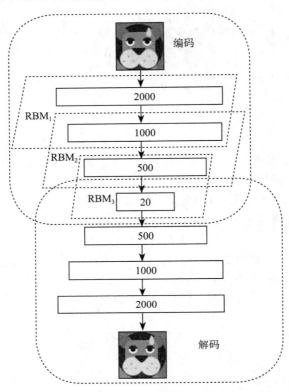

图 9-37 编码和解码

9.5.2 如何利用神经网络降维

以一个二进制向量（如图像数据）为例，它可表示为一个二层网络的"受限玻尔兹曼机"（RBM）。其中，随机的二进制像素和二进制特征检测器通过对称的权值相联系。由于像素状态都是已知的，故它们和 RBM 显层的单元相对应，图像的像素数量和显层的单元数量相等。特征检测器则和隐层的单元相对应。显层和隐层单元的联合分布（v，h）对应的能量函数为

$$E(v,h) = -\sum_{i \in pixels} b_i v_i - \sum_{j \in features} b_j h_j - \sum_{i,j} v_i h_j w_{ij} \tag{9-7}$$

其中，v_i 为像素 i 的二进制状态；h_j 为特征 j 的二进制状态；b_i 和 b_j 均为偏置；w_{ij} 为两状态之间的权值。每个训练图像根据式（9-7）对应于一个概率值，该值可以通过调整权值和偏置来提高，从而降低图像的能量。对于一个训练图像，每个特征检测器 j 的二进制状态 h_j 被置 1 的概率为 $\sigma\left(b_j + \sum_i v_i w_{ij}\right)$。其中，$\sigma(\cdot)$ 为 $\dfrac{1}{1+e^{-x}}$，当隐层单元的二进制状态完成设

置后，每个状态 v_i 以概率 $\sigma\left(b_j + \sum_i v_i w_{ij}\right)$ 置 1。生成虚构的像素状态，隐层单元再根据虚构的像素状态更新其特征状态。此时，权值的变化可表示为

$$\Delta w_{ij} = \varepsilon\left(<v_i\,h_j>_{data} - <v_i\,h_j>_{recon}\right)$$

（9-8）

其中，ε 为学习速率；$<v_i h_j>_{data}$ 为显式像素单元 i 的状态和隐式特征单元 j 的状态的关联期望值，其中显层单元状态是训练数据，隐层单元状态由显层单元状态决定；$<v_i h_j>_{recon}$ 为虚构状态所对应的关联期望值，偏置也可以通过同样的学习规则进行更新。

整个训练过程包括预训练和权值调整，在预训练阶段，学习了一层特征检测器后，第 1 层特征检测器的单元作为下一层的 RBM 的显层，成为学习下一层的特征检测器的数据。这样一层一层地学习，可以重复多次，直到初始权值较为接近理想的初始值。在逐层的预训练之后，RBM 模型就可以展开成具有相同初始权值的编码和解码网络，全局的权值调整以确定的实值概率代替随机的初始值，并用反向传播法调整网络的权值，使重构误差最小。

9.6　基于特征散列的维度缩减

9.6.1　特征散列方法概述

在大尺度多任务数据分析中，需要高速的维度缩减方法，而现存的一些特征降维的方法（如 PCA 等）本身需要大量计算，因而本小节介绍基于特征的散列方法，其目标是把原始的高维特征向量压缩成较低维特征向量，且尽量不损失原始特征的表达能力。由于只需计算一个散列函数，该方法计算量很小，且可以节约大量资源，所以比较适用于大尺度多任务数据分析。

9.6.2　特征散列算法

记散列前的特征向量为 $x \in \mathbb{R}^N$。我们要把这个原始的 N 维特征向量压缩成 M 维（$M < N$）。记 $h(n)$：$\{1, \cdots, N\} \to \{1, \cdots, M\}$ 为一个选定的均匀散列函数，而 $\xi(n)$：$\{1, \cdots, N\} \to \{-1, 1\}$ 为另一个选定的均匀散列函数。$h(n)$ 和 $\xi(n)$ 是独立选取的，它们没关系。按下面方式计算散列后的 M 维新特征向量 $\phi \in \mathbb{R}^M$ 的第 i 个元素值（ϕ 是依赖于 x 的，所以有时候也把 ϕ 写成 $\phi(x)$），即

$$\phi_i = \sum_{j\,:\,h(j)=i} \xi(j)x_j$$

可以证明，按上面的方式生成的新特征 ϕ 在概率意义下保留了原始特征空间的内积以及距离，即

$$x^T x' \approx \phi^T \phi'$$
$$\|x - x'\| \approx \|\phi - \phi'\|$$

其中，x 和 x' 为两个原始特征向量，而 ϕ 和 ϕ' 为对应的散列后的特征向量。

利用上面的散列方法把 x 转变成 ϕ 后，就可以直接把 ϕ 用于机器学习算法了。这就是利用特征散列法来降低特征数量的整个过程。需要说明的是，这里面的两个散列函数 h 和 ξ 并不要求一定是把整数散列成整数，其实它们只要能把原始特征均匀散列到新特征向量上就

行。例如在自然语言分析里，每个特征代表一个单词，那么只要保证 h 和 ξ 把单词均匀散列到 $\{1, \cdots, M\}$ 和 $\{-1, 1\}$ 就行。

例 9-6 特征散列的应用。

1）给定一段语句："美国'51区'雇员称内部有9架飞碟，曾看见灰色外星人。"我们假设权值分为 5 个级别（1～5），则这句话分词之后为："美国（4）51区（5）雇员（3）称（1）内部（2）有（1）9架（3）飞碟（5）曾（1）看见（3）灰色（4）外星人（5）"，括号里的数字代表单词在整个句子中的重要程度，数字越大越重要。

2）接下来，我们通过散列算法把每个词变成散列值。例如"美国"通过散列算法计算为 100101，"51区"通过散列算法计算为 101011。这样我们的字符串就变成了一串串数字。

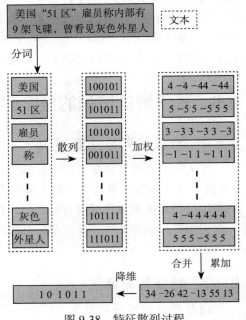

3）通过第 2 步的散列生成结果，需要按照单词的权值形成加权数字串。例如"美国"的散列值为"100101"，通过加权计算为"4 −4 −4 4 −4 4"；"51区"的散列值为"101011"，通过加权计算为"5 −5 5 −5 5 5"。

4）把上面各个单词算出来的序列值累加，变成只有一个序列串。例如"美国"的"4 −4 −4 4 −4 4"，"51区"的"5 −5 5 −5 5 5"，把每一位进行累加，"4+5 −4+−5 −4+5 4+−5 −4+5 4+5"→"9 −9 1 −1 1 9"。这里作为示例只算了两个单词的，真实计算需要把所有单词的序列串累加。

5）把第 4 步算出来的"9 −9 1 −1 1 9"变成 0 1 串，形成我们最终的散列签名。如果每一位大于 0 记为 1，小于 0 记为 0。最后算出结果为："1 0 1 0 1 1"。

整个过程如图 9-38 所示。

图 9-38 特征散列过程

9.7 基于 Lasso 算法的降维

9.7.1 Lasso 方法简介

随着基因表达序列研究、蛋白质组织学、计算生物学、文本分类、信息检索等领域出现越来越多的高维海量数据集或高维小样本数据集，对特征降维提出了更加严峻的挑战。特征选择在对维数过大的数据集进行降维时会出现两个问题：计算开销过大和过学习。由于目前大部分的特征选择算法的时间复杂度是特征维数的二次甚至更高次，同时与样本数成正比，导致在对高维海量数据集进行特征选择时所需要的计算开销过大；在面对样本数远远小于特征维数的高维小样本数据集时，进行特征选择容易出现过学习问题。从这个角度看，如何有效地对高维海量或高维小样本数据集进行特征选择，是特征选择研究迫切需要解决的问题。

特征选择应该具备如下特点：

1）可解释性，即模型中选择的特征具有科学意义。

2）稳定性。

3）尽量避免在假设检验中出现的偏差。

4）尽量控制计算的复杂度。

但传统的特征选择方法如逐步回归、最优子集选择、岭回归方法、主成分回归只能达到其中部分目标，因此，如何有效地克服这些问题以达到特征选择的目标，也就成为回归和分类研究的热点之一。

R.Tibshirani 于 1996 年在 Frank 提出的桥回归和 Bireman 提出的 Nonnegative Garrote（非负绞杀法）的启发下提出一种被称为 Lasso 的新的特征选择方法，并将其成功应用于 COX 模型的变量选择。Lasso 方法用模型系数的绝对值函数作为惩罚来压缩模型系数，使绝对值较小的系数自动压缩为 0，从而同时实现显著性变量选择和对应参数的估计。

与传统的特征选择方法相比，Lasso 方法很好地克服了在选择模型上的不足，因此该方法在回归和分类领域受到了极大的重视。很多学者对该方法的有效算法展开了深入研究。

9.7.2 Lasso 方法

Lasso 方法是一种有偏估计的方法，主要通过 1 范式惩罚回归来求得下列方程的最优解，即

$$\arg\min_{\beta}\left\{\sum_{i=1}^{n}\left(y_i-\beta_0-\sum_{j=1}^{p}x_{ij}\beta_j\right)^2\right\} \tag{9-9}$$

$$subject\ to\left\{\sum_j\ |\ _j|\leqslant s\right\} \tag{9-10}$$

其中，y_i 是响应变量；$x_i=(x_{i1},\ x_{i2},\ \cdots,\ x_{in})$ 是观察变量；β_j 为第 j 个变量的回归系数。

设 $\hat{y}=\beta_0+\sum_j\ _1x_{ij}\beta_j$，通过调整各变量的回归系数来求相应变量 y_i 与回归变量 $\hat{y}_t$ 的最小平方差和 $\sum_{i=1}^{n}\left(y_i-\hat{y}_t\right)^2$，即与实际值的最小偏差。式（9-9）表示使平方差最小的一组回归系数值。$s\geqslant 0$ 是约束值，它是对回归系数 β_j 的 1 范式惩罚，通过对回归系数添加约束条件即式（9-10），可以将与相应变量相关度较低的观察变量的回归系数置为 0，从而在特征选择时将这些回归系数为 0 的变量去除，只保留强相关的变量。s 的取值可以为 $0\sim\infty$，s 的取值比较小时，某些相关度低的变量系数就被压缩为 0，从而将这些变量删除，以达到特征选择的目的；当 s 取得足够大时，将不再具有约束作用，此时所有的属性将被选择并形成一个变量选择序列。

目前解决 Lasso 问题的一种经典算法是最小角回归算法（Least Angle Regression, LARS），该算法快速高效。LARS 寻找 1 范式正则化路径时只需 n 步（n 为变量数），这主要是由于它是一种残差拟合的过程，每次在回归残差的基础上选择新的变量，该过程是一个残差不断减小的过程。回归残差综合了类标签变量与已选变量的信息，通过这种方法可以有效找到 Lasso 中方程的最优解，即特征序列。算法伪代码如下：

输入：数据集 D

输出：与类标签关联性强的特征序列

Begin

算法开始时，先把所有的系数 β_j 设置为 0。

　　　For$1\leqslant i\leqslant n$

　　1）找到与响应变量 y 最相关的一个变量 x_j。

　　　2）把 β_j 朝着和 y 最相关的方向增大，然后沿着这个方向计算残差 r=y-$\hat{y}$，直到另一个使得 r 和 x_j 最

相关的变量 x_k 被选中为止。

3）朝着（β_j，β_k）联合的最小均方方向增大，该方向与（β_j，β_k）的残差有相等的相关系数，直到另外一个变量 x_m 出现以满足 r 和 x_m 最相关。

        End

    End

例 9-7 Lasso 算法的应用。

某复合营养液在人体内发生作用放出的热量 Y（cal/g）与 4 种化学成分 X_1、X_2、X_3、X_4 有关。现测得 13 组数据，见表 9-11。希望从中选出主要的变量，并建立 Y 关于它们的线性回归方程。

表 9-11 复合营养液的 13 组数据

序号	X_1	X_2	X_3	X_4	Y	序号	X_1	X_2	X_3	X_4	Y
1	7	26	6	60	78.5	8	1	31	22	44	72.5
2	1	29	15	52	74.3	9	2	54	18	22	93.1
3	11	56	8	20	104.3	10	21	47	4	26	115.9
4	11	31	8	47	87.6	11	1	40	23	34	83.8
5	7	52	6	33	95.9	12	11	66	9	12	113.3
6	11	55	9	22	109.2	13	10	68	8	12	109.4
7	3	71	17	6	102.7						

本例采用 R 语言的 LARS 包来求解。

1）将数据以矩阵形式读入得到响应变量 y 和观察变量 x_i。

```
> x                          > y
     X1 X2 X3 X4                   [,1]
 [1,]  7 26  6 60         [1,]  78.5
 [2,]  1 29 15 52         [2,]  74.3
 [3,] 11 56  8 20         [3,] 104.3
 [4,] 11 31  8 47         [4,]  87.6
 [5,]  7 52  6 33         [5,]  95.9
 [6,] 11 55  9 22         [6,] 109.2
 [7,]  3 71 17  6         [7,] 102.7
 [8,]  1 31 22 44         [8,]  72.5
 [9,]  2 54 18 22         [9,]  93.1
[10,] 21 47  4 26        [10,] 115.9
[11,]  1 40 23 34        [11,]  83.8
[12,] 11 66  9 12        [12,] 113.3
[13,] 10 68  8 12        [13,] 109.4
```

2）利用 LARS 包求出变量的选择次序。

```
> lar = lars(x,y,type = "lar")
>
> lar

Call:
lars(x = x, y = y, type = "lar")
R-squared: 0.982
Sequence of LAR moves:
     X4 X1 X2 X3
Var   4  1  2  3
Step  1  2  3  4
```

3）lars 函数的运行结果如图 9-39 所示，可以看出 Lasso 的变量选择依次是 X_4、X_1、X_2、X_3。

4）由 summary（lar）以及 plot（lar）的信息可以看出，在第 3 步，cp 指标（Mallows's cp）值最小，且残差 RSS 和比较小。第 3 步的结果是 X_4、X_1、X_2 变量。

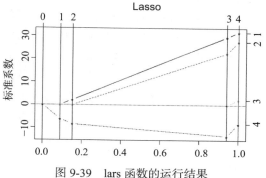

图 9-39 lars 函数的运行结果

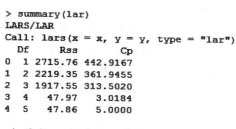

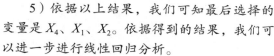

```
> summary(lar)
LARS/LAR
Call: lars(x = x, y = y, type = "lar")
    Df    Rss         Cp
0    1  2715.76  442.9167
1    2  2219.35  361.9455
2    3  1917.55  313.5020
3    4    47.97    3.0184
4    5    47.86    5.0000
```

5）依据以上结果，我们可知最后选择的变量是 X_4、X_1、X_2。依据得到的结果，我们可以进一步进行线性回归分析。

9.7.3 Lasso 算法的适用情景

Lasso 算法的特征选择可以应用复杂数据，例如几百或几千维的图，一个真实大小的生物网络等。这种算法可以运用到邻域选择方面，且通过实例比较，得知 Lasso 算法相对于以往的正向选择 MLE 和随机算法大大节省了时间。尤其当图中节点数越多时，这种算法的优越性越明显，所以在节点数较少时，我们可以利用 MLE 算法，但数据量相当大时，则 Lasso 算法是目前最好的选择。

小结

解决大数据分析问题的一个重要思路就在于减少数据量，本章介绍了采用有效选择特征等方法，通过减小描述数据的属性来达到减小数据规模的目的。

首先，本章讲述了特征工程，其目的就是获取优质特征以有效支持大数据分析。特征工程包含特征提取、特征选择、特征构建和特征学习等问题。特征变换通过变换消除原始特征之间的相关或减少冗余，从而得到更加便于数据分析的新特征；特征选择是指选择获得相应模型和算法最好性能的特征集，常用的方法有：计算每一个特征与响应变量的相关性、构建单个特征的模型、使用正则化方法选择属性、应用随机森林选择属性、训练能够对特征打分的预选模型、通过特征组合后再来选择特征、基于深度学习的选择特征。本章还介绍了对特征的重要性进行评估的方法，例如利用随机森林进行特征的重要性度量，选择重要性较高的特征。

主成分分析采取统计学的方法，找出几个综合变量来代替原来众多的变量，使这些综合变量尽可能地代表原来变量的信息，而且彼此之间互不相关。在 9.2 节还介绍了用总体的总方差度量主成分分析的结果。

因子分析是主成分分析的推广和发展，它从研究原始数据相关矩阵的内部依赖关系出发，把一些具有错综复杂关系的多个变量综合为少数几个因子，并给出原始变量与综合因子之间相关关系。因子分析的主要分析指标包括因子载荷、变量共同度、因子的方差贡献。因子分析计算有 4 个步骤：前提条件检验、提取因子、因子旋转计算和因子得分。

压缩感知利用信号处理中的思想对数据进行维度缩减，核心思想是压缩和采样合并进行，使得测量值远小于传统采样方法的数据量。压缩感知理论主要包括信号的稀疏表示、随机测量和重构算法三个方面。

神经网络方法可以把高维数据映射到低维的空间，也能把低维空间的编码映射回原始高维空间，从而可以被用于减维，并有编码和解码的功能。

特征散列方法使用散列函数，把原始的高维特征向量压缩成较低维特征向量，且尽量不损失原始特征的表达能力。该方法计算量很小，且可以节约大量资源。

Lasso 作为一种有偏估计的方法，被用来处理高维数据的特征选择问题，Lasso 主要是通过 1 范式惩罚回归来求得方程的最优解，并且 Lasso 算法特征选择可以应用复杂数据。

习题

1. 假定某家超市的 12 个商品的销售价格记录已经排序，如下所示：

   5、10、11、13、15、27、29、56、72、113、216、256

   分别用等频划分与等宽划分两种方法将其划分为三个箱。

2. （实现）从 UCI 数据集（https://archive.ics.uci.edu/ml/）中选取数据集，分别用 GBDT、随机森林、线性模型特征三种方法，对特征进行重要性评估。

3. 假定我们研究某一经济问题共涉及两个指标：产值和利税。其中产值以百万元计，利税以万元计，得原始资料矩阵如下：

$$X = \begin{pmatrix} 12.5 & 586 \\ 24 & 754 \\ 15.3 & 850 \\ 18 & 667 \\ 31.2 & 750 \end{pmatrix}$$

   利用主成分分析法（PCA）求出其主成分。

4. 根据某地区 11 年的数据（见表 9-12）回答问题。

表 9-12 题 4 用表

序号	X_1 总产值	X_2 存储量	X_3 总消费	Y 进口额	序号	X_1 总产值	X_2 存储量	X_3 总消费	Y 进口额
1	149.3	4.2	108.1	15.9	7	202.1	2.1	146.0	22.7
2	161.2	4.1	114.8	16.4	8	212.4	5.6	154.1	26.5
3	171.5	3.1	123.2	19.0	9	226.1	5.0	162.3	28.1
4	175.5	3.1	126.9	19.1	10	231.9	5.1	164.3	27.6
5	180.8	1.1	132.1	18.8	11	239.0	0.7	167.6	26.3
6	190.7	2.2	137.7	20.4					

1）计算地区总产值、存储量和总消费的相关系数矩阵。

2）求特征根及其对应的特征向量。

3）求出主成分及每个主成分的方差贡献率。

4）利用主成分方法建立 y 与 x_1、x_2、x_3 的回归方程，取两个主成分。

5）（实现）若 x_1、x_2、x_3 中有部分值有缺失，应该如何处理？请使用阿里云实现。

5. 假设某地固定资产投资率 x_1，通货膨胀率 x_2 和失业率 x_3 的相关系数矩阵为

$$R^* = \begin{pmatrix} \dfrac{1}{5} & \dfrac{1}{5} & -\dfrac{1}{5} \\ \dfrac{1}{5} & \dfrac{2}{5} & -\dfrac{2}{5} \\ -\dfrac{1}{5} & -\dfrac{2}{5} & \dfrac{1}{5} \end{pmatrix}$$

并且已知该相关矩阵的各特征根和相应的非零特征根的单位特征向量分别为：

$\lambda_1 = 0.9123$，$\lambda_2 = 0.0877$，$\lambda_3 = 0$

$\alpha_1 = (0.369, 0.657, -0.657)'$，$\alpha^2 = (0.929, -0.261, 0.261)'$

（1）求解因子分析模型。

（2）计算各变量的共同度和各公共因子的方差贡献，并解释它们的统计意义。

6. 我国对各省市综合发展情况进行调查。调查选取了6个指标：人均 GDP（元）X_1、新增固定资产（亿元）X_2、城镇居民人均年可支配收入（元）X_3、农村居民人均纯收入（元）X_4、高等学校数量（所）X_5、卫生机构数量（所）X_6。选取部分省市数据（见表 9-13）：

表 9-13　部分省市数据

地区	人均 GDP	新增资产	城镇人均	农村人均	高校数量	卫生机构
北京	10 265	30.81	6235	3223	65	4955
上海	15 204	128.93	7191	4245	45	5286
浙江	6149	41.88	6221	2966	37	8721
内蒙古	3013	54.51	2863	1208	19	4915
黑龙江	4427	48.51	3375	1766	38	7637
吉林	3703	28.65	3174	1609	43	3891
辽宁	6103	124.02	3706	1756	61	6719
宁夏	2685	7.94	3382	998	7	1028
新疆	3835	26.65	4163	1136	21	3932

（1）将上述数据标准化。

（2）建立6个指标的相关系数矩阵 R，试说明是否适合因子分析？

（3）建立因子载荷矩阵。

（4）计算因子得分。

（5）进行因子旋转并分析结果。

7. （实现）表如第6题所示，利用阿里云平台，自行选择方法进行特征选择，并对不同方法的结果进行比较。

8. Rice 大学报道了一种单像素照相机，这种相机利用由单元可以随机转动的数字微反射镜器件实现了测量矩阵 Φ，最终可以以单像素实现高分辨率的光学成像。请问此相机是应用什么原理实现的？查阅资料说明此种原理还可以有什么应用？

9. 请简述 Lasso 与普通最小二乘法和岭回归有什么不同？

10. 2016年"川普击败希拉里成功当选美国总统"是政治界的一件大事，权值如下所示：

川普（4）击败（3）希拉里（4）成功（2）当选（3）美国（5）总统（5）

自行选取合适的散列函数，将句子中的词语映射为8位二进制散列值，例如 H（川普）=01010101，根据特征散列算法，计算散列签名。请给出所选取的散列函数简要说明、每个分词的散列值、加权结果、序列值累加结果和散列签名。

第 10 章
面向大数据的数据仓库系统

显然，大数据分析的对象是"数据"，因而必须对数据进行有效管理以支撑可扩展性和高效的大数据分析，这是数据仓库系统的职责。

数据仓库系统可以看作专门为业务的统计分析建立一个数据中心，它的数据来自于联机的事务处理系统、异构的外部数据源、脱机的历史业务数据等。数据仓库技术从诞生以来就成了信息技术领域非常热门的话题之一。

数据仓库技术的提出，使得一种体系化的数据存储环境得以建立，进而将分析决策所需要的大量数据从传统的操作环境中分离出来，使分散、不一致的操作数据转换成集成、统一的信息。对于大数据分析而言，数据仓库是管理数据的一类有效系统。

面向大数据的数据仓库系统更加需要具备可扩展性和高效率，针对这两方面的需求，分布式数据仓库系统和内存数据仓库系统应运而生。本章首先介绍数据仓库的基本概念，进而介绍面向大数据的分布式数据仓库和内存数据仓库，最后以阿里云的 MaxCompute 和 Analytic DB 为案例介绍综合考虑可扩展性和效率的数据仓库系统。大数据上的数据分析算法在下一章中加以介绍，本章重点从"系统"的角度介绍面向大数据的数据仓库的不同设计思想、架构和涉及的相关技术，而并非具体地对算法进行介绍。

10.1 数据仓库概述

10.1.1 数据仓库的基本概念

美国著名信息工程学家 W. H. Inmon 把数据仓库定义为：一个面向主题的、集成的、稳定的、包含历史数据的数据集合，它用于支持管理中的决策制定过程。数据仓库有面向主题、数据集成、时间相关、稳定等性质。

"面向主题"的数据仓库要求进行数据库设计，而一些数据库设计者忽略了这一重要环节，根本没有进行正规的数据库设计。他们简单地把原有数据库或者并非专为数据仓库设计的现有决策支持系统（DSS）中的数据复制到数据仓库中。这样建立的不是良构的、可独立维护的主题数据库。在数据仓库设计过程中，数据以所代表的业务内容划分，而不是以应用划分。

"数据集成性"意味着数据仓库中的数据采用统一的格式和编码方式。在命名协议、关键字、关系、编码和翻译中的一致性问题必须通过精心的设计取得。

"与时间相关"意味着数据仓库中的数据大都与时间相关。因此，数据仓库中的数据组织方式要便于按时间段计算和提取数据。

"稳定的"是指数据仓库中的数据不进行实时更新。通常数据是以每夜、每周或每月为周期进行升级，这一升级不是简单的复制，而是要经过复杂的提取、概括、聚集和过滤等操作过程。数据一旦进入数据仓库，就不允许随便更新。

10.1.2　数据仓库的内涵

从数据仓库的基本概念及其产生背景看来，数据仓库具有以下内涵：

1）数据仓库应支持多种数据源，不仅是数据库，还应有各种数据文件、文本文件、应用程序等。

2）数据仓库中存放的应该不仅是供分析使用的数据，还应有在一定激发条件下能主动起作用的处理规则、算法甚至是过程。

3）传统的物理数据仓库方法并非唯一的选择，应根据需求的具体情况，建立虚拟数据仓库的解决方案。

4）数据仓库中的数据并不完全是原始数据的简单归并和迁移，而应该是增值和统一。因此"汇总并统一"是数据仓库的必需内涵描述。

10.1.3　数据仓库的基本组成

数据仓库既是一种结构和方法，又是一种技术。各种信息从不同信息源提取出来，然后被转换成公共的数据模型，并和仓库中已有的数据集成。当用户向数据仓库查询时，需要的信息已准备就绪，数据冲突、表达不一致等问题已经得到解决。作为一种满足管理要求的特殊数据库系统，数据仓库具体包含以下四个基本功能部分：

1）数据定义：这部分主要完成数据仓库的结构和环境的定义，包括定义数据仓库中数据库的模式、数据仓库的数据源和从数据源提取数据的一组规则或模型。

2）数据提取：这部分负责从数据源提取数据，并对获得的源数据（source data）进行必要的加工处理，使其成为数据仓库可以管理的数据格式和语义规范。

3）数据管理：这部分由一组系统服务工具组成，负责数据的分配和维护，支持数据应用。分配服务完成所获取数据的存储分布及分发到多台数据库服务器，维护服务完成数据的转储和恢复、安全性定义和检测等。另外，用户直接输入系统的数据也由该部分完成。

4）数据应用：除了一般的直接检索性使用外，这部分还应当能够完成比较常用的数据表示和分析，如图表表示、统计分析、结构分析等。对于涉及众多数据的综合性较强的分析，可以借助专业数据分析工具。在客户机/服务器体系结构下，这部分功能可以放在客户端来完成，以便充分利用客户机上丰富的数据分析软件。这部分主要包括报表生成、OLAP、数据挖掘、决策支持工具应用等方面。

补充知识：OLTP 和 OLAP

数据处理大致可以分成两大类：联机事务处理（On-Line Transaction Processing，OLTP）和联机分析处理（On-Line Analytical Processing，OLAP）。OLTP 是传统关系型数据库的主要应用，主要用于基本、日常的事务处理，例如银行交易。OLAP 是数据仓

库系统的主要应用，支持复杂的分析操作，侧重决策支持，并且提供直观易懂的查询结果。二者的区别见表 10-1。

表 10-1　OLTP 和 OLAP 的区别

	OLTP	OLAP
用户	操作人员、低层管理人员	决策人员，高级管理人员
功能	日常操作处理	分析决策
数据库设计	面向应用	面向主题
数据	当前的、最新的、细节的、二维的、分立的	历史的、聚集的、多维的、集成的、统一的
存取	读/写数十条记录	读上百万条记录
工作单位	简单的事务	复杂的查询
数据库大小	100MB ～ 100GB	100GB ～ 100TB

10.1.4　数据仓库系统的体系结构

数据仓库是存储、管理信息数据的一种组织形式，其物理实质仍是计算机存储数据的系统，只是由于使用目的的不同，其存储的数据在量和质以及前端分析工具上与传统信息系统有所不同。数据仓库系统按照功能分为以下几个模块。

1）元数据。元数据是数据仓库的核心，是关于数据的数据，是关于数据和信息资源的描述信息。它通过对数据的内容、质量、条件和其他特征进行描述和说明，帮助人们有效地定位、评论、比较、获取和使用相关数据。

2）源数据。源数据是指分布在不同的应用系统中，存储在不同平台和不同数据库中的大量数据信息，是数据仓库的物质基础。

3）数据变换工具。为了优化数据仓库的分析性能，源数据必须经过变换以最适宜的方式进入数据仓库。变换主要包括提炼和转换。数据提炼主要指数据的抽取，并从所抽取的数据中删去不需要的运行信息，检查数据的完整性和相容性等；数据转换指统一数据编码和数据结构，给数据加上时间标志，根据需要对数据集进行各种运算以及语义转换等。数据变换工具为数据库和数据仓库架起了一座桥梁，使源数据得到了增值和统一，最大限度地满足了数据仓库高层次决策分析的需要。

4）数据仓库。源数据经过变换后进入数据仓库。数据仓库以多维方式来组织数据和显示数据。属性维和时间维是数据仓库反映现实世界动态变化的基础，它们的数据组织方式是整个数据仓库系统的关键。

5）数据分析工具。数据仓库系统的目标是提供决策支持，它不仅需要一般的统计分析工具，更需要功能强大的分析和挖掘工具——数据仓库系统的重要组成部分。分析工具主要用于对数据仓库中的数据进行分析和综合；挖掘工具负责从大量的数据中发现数据的关系，找到可能忽略的信息，预测趋势和行为。

数据仓库系统的体系结构如图 10-1 所示。

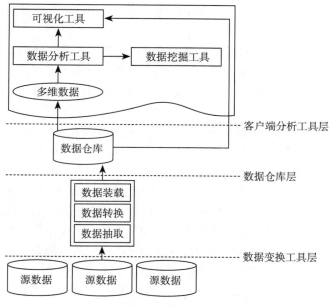

图 10-1　数据仓库系统的体系结构

10.1.5　数据仓库的建立

建立一个数据仓库需要经过以下几个处理步骤，需要注意的是，这个处理过程与 2.1 节中大数据分析模型建立的过程相比，可以看作数据分析模型建立和实现过程的具体化。

（1）确定主题

确定主题即确定数据分析或前端展现的某一方面的分析主题，例如，分析某年某月某一地区的啤酒销售情况就是一个主题。主题要体现某一方面的各分析角度（维度）和统计数值型数据（量度）。一个主题在数据仓库中即为一个数据集市，数据集市体现了某一方面的信息，多个数据集市构成了数据仓库。确定主题时要综合考虑，主题的确定必须建立在现有联机事务处理（OLTP）系统基础上，否则按此主题设计的数据仓库存储结构将成为一个空壳，缺少可存储的数据。但一味注重 OLTP 数据信息，也将导致迷失数据提取方向，偏离主题。为此，在模型设计过程中，需要在 OLTP 数据和主题之间找到一个"平衡点"，根据主题的需要完整地收集数据，这样构建的数据仓库才能满足决策和分析的需要。

（2）选择平台

在数据仓库所要解决的问题确定后，接下来就是选择合适的软件平台（包括数据库、建模工具、分析工具等）。这里有许多因素要考虑，如系统对数据量、响应时间、分析功能的要求等，一些公认的选择标准包括数据库对大数据量（TB 级）的支持能力，数据库是否支持并行操作，能否提供数据仓库的建模工具，是否支持对元数据的管理，能否提供支持大数据量的数据加载、转换、传输工具，能否提供完整的决策支持工具集以及能否满足数据仓库中各类用户的需要。

（3）建立数据仓库的模型

数据仓库的模型包括逻辑模型和数据模型。

数据仓库的逻辑模型是为解决业务需求而定义的数据仓库模型解决方案，它是指导数据仓库进行数据存放、数据组织以及如何支持应用的蓝图，用以定义需要追踪和管理的各种重要实体、属性和关系。

首先，确定建立数据仓库逻辑模型的基本方法；然后基于主题视图，把主题视图中的数据定义转到逻辑数据模型中；继而识别主题之间的关系，分解多对多的关系；最后对逻辑模型加以校验，包括利用数据库的范式理论检验逻辑数据模型的自动方法和由用户审核逻辑数据模型的人工方法。

在定义了逻辑模型之后，需要将逻辑模型具体化为数据仓库的数据模型。具体步骤为：第一步，删除非战略性数据。数据仓库模型中不需要包含逻辑数据模型中的全部数据项，需要删除某些用于操作处理的数据项。第二步，增加时间主键。数据仓库中的数据一定是时间的快照，因此必须增加时间主键。第三步，增加派生数据。对于用户经常需要分析的数据，或者为了提高性能，可以增加派生数据。第四步，加入不同级别粒度的汇总数据。数据粒度代表数据细化程度，粒度越大，数据的汇总程度越高。粒度是数据仓库设计的一个重要因素，它直接影响到驻留在数据仓库中的数据量和可以执行的查询类型。显然，粒度级别越低，支持的查询越多；反之，能支持的查询就有限。

对数据操作的效率与能得到数据的详细程度是矛盾的，通常，人们希望建成的系统既有较高的效率，又能得到所需的详细资料。实施数据仓库的一个重要原则就是不要试图包括所有详细数据，因为 90% 的分析需求是在汇总数据上进行的。试图将粒度细化到最底层，只会增加系统的开销，降低系统的性能。

数据模型包括三个重要因素，即量度、事实数据粒度和维度。在模型的设计中，这三个因素的具体确定方法如下：

1）量度。依据数据仓库的主题，考虑要分析的技术指标，诸如年销售额此类，一般为数值型数据，或者将该数据汇总，或者将该数据取最大、最小值等，这样的数据称之为量度。量度是要统计分析的指标，必须事先选择恰当。基于不同的量度可以进行复杂关键性能指标等的计算。

2）事实数据粒度。在确定了量度之后，我们要考虑到该量度的汇总情况和不同维度下量度的聚合情况。考虑到量度的聚合程度不同，可以考虑采用"最小粒度原则"，即将量度的粒度设置到最小，例如在按照时间对销售额进行汇总的情况下，目前的数据最小记录到"天"，即如果 OLTP 数据库中记录了每天的交易额，那么最好不要在数据仓库中进行按月或年汇总，而需要保持到"天"，以便后续对"天"进行分析。而且我们不必担心数据量和数据没有提前汇总带来的问题，因为在建立数据仓库 Cube 时已经将数据提前汇总了。

3）维度。维度是要分析的角度，例如，我们希望按照时间、地区或者产品进行分析，那么时间、地区、产品就是相应的维度。基于不同的维度，我们可以看到各量度的汇总情况，可以基于所有的维度进行交叉分析。这里首先要确定维度的层次（hierarchy）和级别（level）。维度的层次是指该维度的所有级别，包括各级别的属性；维度的级别是指该维度下的成员，例如当建立地区维度时我们将地区维度作为一个级别，层次为省、市、县三层。考虑到维度表要包含尽量多的信息，所以建立维度时要符合"矮胖原则"，即维度表要尽量宽，尽量包含所有的描述性信息，而不是统计性的数据信息。

（4）数据仓库数据模型优化

设计数据仓库时，性能是一项主要考虑因素。在数据仓库建成后，也需要经常对其性能进行监控，并根据需求和数据量的变更对数据仓库的数据模型进行优化，以提高性能。

　　优化数据仓库设计的主要方法包括合并不同的数据表、通过增加汇总表避免数据的动态汇总、通过冗余字段减少表连接的数量、用 ID 代码而不是描述信息作为键值、对数据表做分区等。

　　（5）数据清洗、转换和传输

　　由于业务系统所使用的软硬件平台不同，编码方法不同，在业务系统中的数据加载到数据仓库之前，必须对其进行清洗和转换，以保证数据仓库中数据的一致性。

　　在设计数据仓库的数据加载方案时，必须考虑几项要求：第一，加载方案必须能够支持访问不同的数据库和文件系统。第二，数据的清洗、转换和传输必须满足时间要求，即能够在规定的时间范围内完成。第三，支持各种转换方法，使各种转换方法可以构成一个工作流。第四，需要支持增量加载，即只把自上一次加载以来变化的数据加载到数据仓库。

　　（6）开发数据仓库的分析应用

　　建立数据仓库的最终目的是为业务部门提供决策支持能力，必须为业务部门选择合适的工具，满足其对数据仓库中的数据进行分析的要求。

　　信息部门所选择的开发工具必须能够满足用户的全部分析功能要求。数据仓库中的用户包括企业中的各个业务部门，它们的业务不同，要求的分析功能也不同。有些用户只是简单地分析报表，有些用户则要求做预测和趋势分析。该工具还需要提供灵活的表现方式，必须使分析的结果能够以直观、灵活的方式表现，支持复杂的图表。使用方式上，该工具可以是客户机/服务器方式，也可以是浏览器方式。

　　事实上，没有一种工具能够满足数据仓库的全部分析功能需求，一个完整的数据仓库系统的功能可能是由多种工具来实现的，因此必须考虑多个工具之间的接口和集成问题。对于用户来说，他们希望看到的是一致的界面。

　　（7）数据仓库的管理

　　只重视数据仓库的建立，而忽视数据仓库的管理，必然导致数据仓库项目的失败。数据仓库管理需要考虑以下几个方面：

　　1）安全性管理。数据仓库中的用户只能访问到其授权范围内的数据，即数据在传输过程中的加密策略。

　　2）数据仓库的备份和恢复。数据仓库的大小和备份的频率直接影响到备份策略。

　　3）如何保证数据仓库系统的可用性，用硬件方法还是软件方法。

　　4）数据老化。设计数据仓库中数据的存放时间周期和对过期数据的处理方法，如历史数据只保存汇总数据，当年数据保存详细记录。

　　5）元数据的管理。维护数据采集、数据管理和数据展现阶段的不同元数据。

争议：数据仓库 vs 大数据

　　数据仓库的概念出现在大数据之前，那么数据仓库和大数据之间是什么样的关系呢？这目前在学术界和产业界有一些争论，下面介绍几种不同的观点。

观点一：对立

　　这种声音主要来自于产业界⊖。这种对立观点认为数据仓库和大数据只有一个能够幸存下来。Gartner 的数据仓库管理系统的可视化分析显示，"大数据"概念将成为分析

⊖　http://www.tuicool.com/articles/i6jiye。

和数据管理与集成的"新常态"的一部分,但这一概念将在 2018 年之前变得模糊。

目前,大数据仍然是一个特定的需求,数据仓库必须解决这个需求,并演变成一个新的形式,即逻辑数据仓库。然而 Teradata Aster 的联合总裁 Tasso Argyros 表示,数据仓库的基本要求没有发生显著的变化,也没有迹象表明它会发生改变。Argyros 认为大数据只是需要更多的分析,这仅仅是公司的另一个机会。20 世纪 90 年代,IT 行业使用基础设施来捕获大量的数据。2000 年以后,重点是结构化数据及其分析。现在我们意识到有更多的数据没有被捕获和分析,这些数据可以用来改善业务和业务指标。Argyros 说道:"这就是大数据产生的背景,Teradata 看到了非结构化数据的机遇,这也是 Teradata 在 2011 年买下了 Aster Data 的原因。"

高级首席分析师 Evan Quinn 认为,如果大数据注定要消失,它也不会悄无声息淡出人们的视野,而是会伴随着数据库管理系统市场的中断。当大数据分析从批处理转向实时处理时,会伴随着一个从"最好具备"(nice-to-have)到"必须具备"(must-have)的过程,复杂分析结果的交付需要在尽可能短的时间内满足用户。

Gartner 表明,尽管有些变化改变了市场,但是在过去 20 年中,只有不到 20% 的组织愿意使用在未来五到七年才会被接受的架构。2012 年,逻辑数据仓库及其相关的仓储和分析数据管理最佳实践的出现却深刻地影响了用户。

有研究公司表示,逻辑数据仓库作为分析信息架构,它的一个替代方案是使用搜索策略、内容分析和 MapReduce 集群对数据仓库进行批量替换,并消除了集中式存储库。云部署分析数据管理的概念也得到了重视。

观点二:合而不同

这是数据仓库之父 Bill Inmon 的观点[⊖]。

在对大数据解决方案与数据仓库进行比较时,会发现大数据解决方案是一种技术,而数据仓库是一种架构,这两者非常不同。大数据解决方案就是一种存储和管理大量数据的手段;数据仓库是组织数据的一种方式,兼顾企业的信誉和完整性。当有人从数据仓库获取数据时,他就知道其他人也在使用相同的数据。数据仓库保障了数据的一致性。

技术和架构的区别就如同锤子和钉子与新墨西哥州的城镇圣塔非的区别。锤子和钉子可以用来构建许多不同的东西。你可以使用锤子和钉子建造房子、桌子、桥梁、书桌以及其他许多东西。在圣塔非,你会发现独特的建筑,有土坯,有暴露的梁,这些都是独一无二的。圣塔非有其独特的架构,这里的房屋的确是用锤子和钉子建筑而成的。

可以换一个角度来看待这个问题。

一个组织可以有一个大数据解决方案,但是可以没有数据仓库吗?是的,可以。那么一个组织可以既拥有大数据解决方案又拥有数据仓库吗?是的,也可以。那么一个组织可以有一个数据仓库却没有大数据解决方案?是的,仍然可以。

大数据解决方案和数据仓库之间没有相关性,它们是不一样的东西。

考虑到所有这一切,让我们回去检查开始的问题。如果有大数据,需要一个数据仓库吗?答案是,只要公司需要可靠、可信和可访问的数据,并且公司的每个人都可以依

⊖　http://www.b-eye-network.com/view/17017。

赖，则需要一个数据仓库。而需要数据仓库的场景和大数据未必有关系。

那么，为什么一个供应商试图告诉别人一个大数据解决方案的安装可以代替一个数据仓库呢？也许供应商不明白什么是数据仓库，或者供应商只是销售产品，并不真正关心所说的内容。但大数据解决方案不是数据仓库的替代品。

观点三：支撑

这是笔者的观点。必须承认的是，大数据的范畴很广泛，数据仓库并非其唯一的平台和工具。我们可以说出很多种大数据的新特征，但不论大数据有什么新特征，必须有一个容器才好对其进行管理。对于以结构化或者半结构化形式存在的大数据来说，数据仓库可以看作这样一个容器，为对其管理和分析提供了重要的支撑平台和工具。同时，根据大数据管理与分析的需要，数据仓库技术也在不断进化，正如本章开始时提到的，针对大数据的特征，面向可扩展性和效率的提高提出了一系列新的数据仓库系统。本章的后面部分将对这些新的数据仓库系统加以介绍，熟悉数据仓库的读者可以对比它与传统数据仓库的异同。

10.2　分布式数据仓库系统

本节将介绍几种面向大数据的分布式数据仓库系统。分布式数据仓库系统可用于提高数据仓库的可扩展性，包括基于 Hadoop 的数据仓库系统，以及基于 Spark 的数据仓库系统。

10.2.1　基于 Hadoop 的数据仓库系统

1. Hadoop 上的数据仓库系统的设计动机

数据分析所用技术大体有两种：其一，并行数据库技术可以实现很高的性能与效率；其二，基于 MapReduce 的系统有更好的扩展性、容错性，并擅长处理非结构化数据。Hadoop 上的数据仓库系统就是对两种技术的优点加以综合得到的系统，因此不仅具有并行数据库技术的高性能与高效率，也表现出良好的可扩展性、容错性以及可用性。下面介绍一个大数据分析系统所需要具备的属性：

1）高性能。高性能一直是许多商业系统区别于其他系统的一个特点，高性能系统有时候可以节约成本。

2）容错性。对于数据分析系统和转换系统来说，是不能采用相同的容错性衡量标准的。对于转换系统，容错性表现为可以从一个错误中恢复到已提交的所有修改结果的多少；对于数据分析系统，容错性表现为在有节点失败时可以继续在其他节点上运行数据分析，而无须重启系统。

3）在非平衡环境下运行的能力。随着计算节点的增加，在成百个节点上保持运算能力的平衡是一件烦琐的事。同时，由于计算节点的能力不均衡导致的短板效应而使得整个系统性能受到很大影响，这显然是不合适的。

4）可用的查询接口。通常采用 JDBC 或者 ODBC。允许用户自定义函数（UDF），在调用了 UDF 的查询中，这些查询会在节点之间自动并行。

而并行数据库技术和基于 MapReduce 的技术单独看来都难以满足上述要求，下面依次对这两类技术进行分析：

1）并行数据库管理系统（PDBMS）。PDBMS 支持标准的关系表以及 SQL，并实现了许多性能提升的技术、包括索引技术、压缩技术、缓存技术以及 I/O 共享。表格在节点上划分，并且对用户透明。PDBMS 性能上有很好的竞争力，也提供了很好的查询接口，但在容错性以及可扩展性上表现不佳。

2）MapReduce。MapReduce 的表现则和 PDBMS 互补，它有很好的容错性以及可扩展性，但它的性能以及效率方面有所损失。此外，MapReduce 编程模型是相当底层的，从而要求开发者编写管理程序并且难以重用。一般而言，基于 MapReduce 的系统都不支持 SQL，但基于 Hadoop 的 Hive 是支持的。

总体而言，性能与容错性会有一个折中，并行数据库技术将性能放在了很重要的位置，对于容错的能力考虑得不多，而 MapReduce 则正好相反。理想的情况下，我们希望系统既具备高性能，同时还具备容错性及可扩展性。

2. 基于 Hadoop 的数据仓库系统

Hadoop 是一个开源的 MapReduce 框架，经常被用来存储以及处理极大的数据集。下面介绍两种基于 Hadoop 的数据仓库系统。

（1）Hive

Hive 是基于 Hadoop 的开源数据仓库解决方案。它具有以下特点：

1）支持类 SQL 语言的查询。

2）提供数据仓库架构。

3）提供工具包使数据的 ETL 实现更加方便。

4）允许程序自定义映射以及消减操作。

Hive 是 Hadoop 上用来管理和查询结构化数据的系统，其上面的查询最终转化为 MapReduce 操作来执行。

在 Hive 中，数据的组织形式如下：

1）表。这里的表和相关数据仓库中的概念相同，每一个表都有 HDFS 对应的目录。表中的数据是序列化的，并且存储在该目录的文件中。

2）划分。每个表有一个或多个分区，决定数据在子目录中的分发，相当于表中子目录。

3）桶。桶在划分的目录下以文件的形式存储，每一个划分可以对应多个文件，并且按照表中列的散列值进行映射。

Hive 支持原始的列类型以及集合类型：数组与映射。除此之外，用户还可以通过程序定义自己的类型。

Hive 提供了一种类 SQL 的查询语言，称为 HiveQL，它支持的操作如下：

1）select、project、join、aggregate、union all 以及子查询。

2）DDL 声明，并且可以基于具体的序列化形式、划分以及列来创建表。

3）用户通过 load 以及 insert 可以从外部源数据加载以及将查询结果插入表中。

4）支持多表插入。

5）支持用户用 Java 实现的自定义的列转化以及聚集函数（UDF 与 UDAF）。

图 10-2 所示为 Hive 的基本组成以及它与 Hadoop 的交互。Hive 的主要成分如下：

1）外部接口。Hive 提供命令行式的用户接口（CLI）以及 Web 用户界面，并提供应用程序编程接口（API），例如 JDBC 和 ODBC。

2）Thrift 服务器。该服务器向客户端提供了简单的 API 以执行 QL 声明。Thrift 是一个跨语言的服务框架，也就是说，用一种语言实现的服务器可以同时支持不同语言的客户端。

3）Metastore。系统的目录，所有其他的 Hive 模块都和 Metastore 进行交互。它包含存储在 Hive 所有表中的元数据信息。在表被创建与重用时，这些元数据会被修改。Metastore 也是 Hive 区别于其他传统数据仓库方案的重要一点。具体而言，Metastore 包含下面几个部分：

❑ 数据库。表的命名空间。default 数据库是当用户没有提供表名时的默认表名。

❑ 表。表的元数据包含列的列表以及它们的类型、拥有者、存储以及序列化信息。

❑ 划分。每个划分有自己的列、SerDe 以及存储信息。这能够为 Hive 仓库支持安排改变。

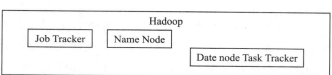

图 10-2　Hive 结构图

Metastore 的存储方案要对在线操作以及随机访问和随机更新提供优化，所以 Metastore 要么采用传统的关系数据库（Mysql、Oracle），要么是文件系统（本地、网络以及 AFS），而不能用 HDFS。

4）驱动。驱动用于管理 HiveQL 声明在编译、优化以及执行阶段的生命周期。从收到 HiveQL 声明开始，它从 Thrift 服务器或者其他接口创建一个句柄。这个句柄用来统计诸如运行时间、输出行数等统计参数。

5）编译器。当驱动接收到 HiveQL 声明时就会唤醒编译器，由编译器将这个声明翻译为一个由 MapReduce 的有向无环图（DAG）组成的计划。驱动则负责将这个 MapReduce 工作按照 DAG 的拓扑结构的顺序传给执行引擎（Hadoop）。编译器首先将 Hive 字符串转换为一个计划。对于插入声明与查询，这个计划仅仅包括一个 MapReduce 的 DAG。具体的步骤如下：

❑ 语法分析器将一个查询字符串转换为语法分析树。

❑ 语义分析器将语法分析树转换成基于块的内部查询形式。它从 Metastore 中提取输入表的信息，用这些信息来验证列名。

❑ 逻辑计划生成器将内部的查询转换为逻辑计划，这个计划由逻辑操作树组成。

❑ 优化器多次查看逻辑计划，并按照以下方式重写它。

■ 将共享一个键值的多个连接操作合并为一个多表的连接，从而形成单一的 MapReduce 工作。

■ 为连接，合并以及传统的 MapReduce 操作添加重划分操作。这个重划分操作将 Map 阶段与 Reduce 阶段标定边界。

- 较早的修剪列并且将预测更接近表的扫描操作，从而最小化在两个操作之间转换的数据量。
- 在划分的表中，将那些查询中用不到的划分删减。
- 对于抽样查询，删除无用的桶。

用户也可以通过优化器来完成下述工作：

- 通过添加部分的聚集操作来处理大基数的分组聚集操作。
- 通过重划分操作来处理不平衡的分组聚集。
- 在 Map 阶段执行连接操作而不是在 Reduce 阶段。

物理计划生成器则将逻辑的计划转换为实质可执行的计划，它由 MapReduce 的一个 DAG 组成。

图 10-3 详细描述了多个表的插入操作的查询计划。

（2）HadoopDB

HadoopDB 是一个 MapReduce 和传统关系型数据库相结合的方案，以充分利用 RDBMS 的性能和 Hadoop 的容错、分布特性，于 2009 年由 Yale 大学教授 Abadi 提出，继而商业化为 Hadapt。

设计 HadoopDB 的目的并不是取代 Hadoop，而是为基于 Hadoop 为数据专家提供便利，从而为给定的数据库以及数据分析任务选择合适的工具。高性能的数据库存储减少了数据处理的时间，尤其对于那些在结构化数据上的复杂查询过程。HadoopDB 也有好的容错性，并且可以在异质的环境下运行程序。

HadoopDB 的整体框架如图 10-4 所示。

Hadoop 主要包括两层：数据存储层或者 HDFS；数据处理层或者 MapReduce 框架。

HadoopDB 的核心是 Hadoop 框架。HadoopDB 其实是在 Hadoop 上的扩展。HadoopDB 扩展的组成如下：

1）数据库连接器。这个是 DBMS 与 TaskTacker 的接口，它主要负责与数据库连接，执行 SQL 查询，返回键值对。

2）记录本。记录本记录了关于数据库的元信息。这些信息主要包括类似于数据库地址、驱动类型的连接信息，以及类似于集群中包含的数据库、副本地址以及数据划分属性的元数据。

3）数据加载器。数据加载器主要负责在给定的划分键上重划分数据，将单个节点上的数据划分成多个更小的划分或者块，以及通过块大批量地加载单节点上的数据。它主要由两个部分组成：全局的 hasher 以及局部 hasher。

4）SMS（SQL to MapReduce to SQL）Planner。Hadoop 为数据分析师提供一个并行数据库界面，供他们处理 SQL 查询。这个也可以和 Hive 进行对比，后者通过将 HQL 转换为 MapReduce 来执行操作，如图 10-5 所示。

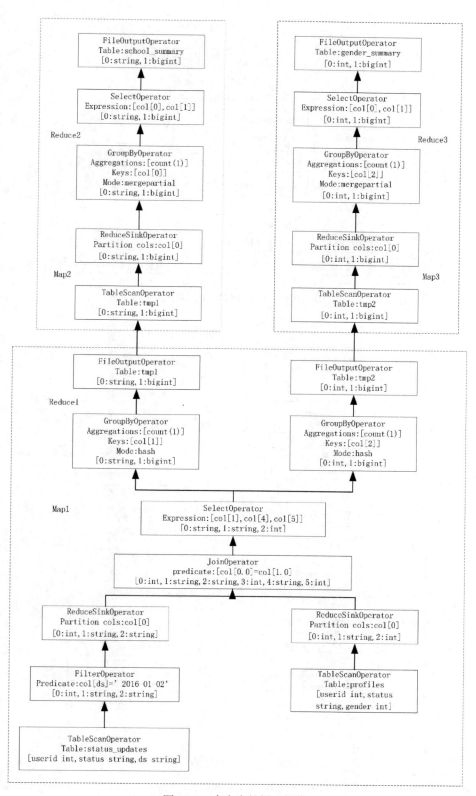

图 10-3 多个表的插入操作

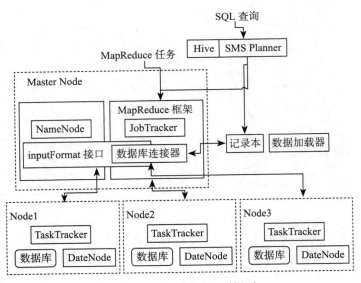

图 10-4 HadoopDB 的整体框架

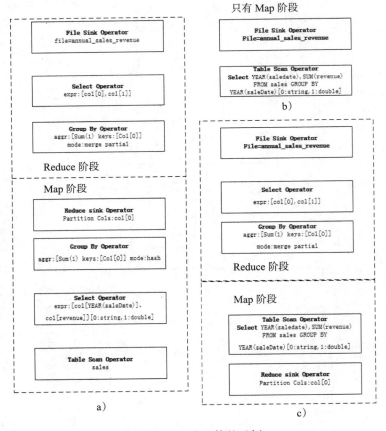

图 10-5 一个具体的示例

a）Hive 产生的 MapReduce 工作　b）SMS 产生的 MapReduce 工作，假设购买记录以年份（时间）划分　c）SMS 产生的 MapReduce 工作，假设购买记录没有划分

10.2.2　Shark：基于 Spark 的数据仓库系统

Spark 是 UC Berkeley AMP Lab 所开源的类 Hadoop MapReduce 的通用并行框架，Spark 拥有 Hadoop MapReduce 所具有的优点，但不同于 MapReduce 的是，Job 中间输出结果可以保存在内存中，从而不再需要读写 HDFS，因此 Spark 能更好地适用于数据挖掘与机器学习等需要迭代的 MapReduce 的算法。

Spark 是一种与 Hadoop 相似的开源集群计算环境，但是两者之间还存在一些不同之处，这些不同之处使 Spark 在某些工作负载上表现得更加优越，换句话说，Spark 启用了内存分布数据集，除了能够提供交互式查询外，它还可以优化迭代工作负载。

Shark 是 UC Berkeley AMP Lab 开源的一款数据仓库产品，它完全兼容 Hive 的 HQL 语法，但与 Hive 不同的是，Hive 的计算框架采用 Hadoop，而 Shark 采用 Spark。所以，Hive 是 SQL on Map-Reduce，而 Shark 是 Hive on Spark。

Shark 是使用了 SQL 查询语句和机器学习算法的数据分析系统。Shark 建立在 Spark 上，在 Spark 基础上封装了一层 SQL，产生了一个类似 Hive 的新系统。

Shark 提供优秀的 SQL 和复杂分析支持，具有较强容错性，优化了连接数据库的方式，因此运行 SQL 查询能力比 Apache Hive 快 100 倍，机器学习程序比 Hadoop 快 100 倍。

Shark 的体系结构如图 10-6 所示。

Shark 包括一个主节点和一定数量的工作节点，数据存储在外部事务数据库的元数据仓库中。

为了最大程度地保持和 Hive 的兼容性，Shark 复用了 Hive 的大部分组件，其复用的组件如下：

1）SQL 语句解析器和查询计划生成器。Shark 完全兼容 Hive 的 HQL 语法，而且使用了 Hive 的 API 来实现查询解析和查询计划生成，仅仅最后的物理计划执行阶段用 Spark 代替 Hadoop Map-Reduce。

2）元数据存储。Shark 采用和 Hive 一样的元数据信息，Hive 里创建的表用 Shark 可无缝访问。

3）SerDe。Shark 的序列化机制以及数据类型与 Hive 完全一致。

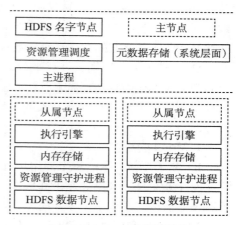

图 10-6　Shark 的体系结构

4）UDF。Shark 可重用 Hive 中的所有 UDF。通过配置 Shark 参数，Shark 可以自动在内存中缓存特定的弹性分布式数据集（Resilient Distributed Dataset，RDD），实现数据重用，进而加快特定数据集的检索。同时，Shark 通过 UDF 用户自定义函数实现特定的数据分析学习算法，使得 SQL 数据查询和运算分析能结合在一起，最大化 RDD 的重复使用。

5）Driver。Shark 在 Hive 的 CliDriver 基础上进行了一个封装，生成一个 SharkCli-Driver，这是 Shark 命令的入口。

6）Thrift 服务器。Shark 在 Hive 的 Thrift 服务器（支持 JDBC/ODBC）基础上做了一个封装，生成了一个 Shark 服务器，也提供 JDBC/ODBC 服务。

与 Hive 相比，Shark 的主要特性如下：

1）以在线服务的方式执行任务，避免任务进程的启动和销毁开销。通常，MapReduce

里的每个任务都是以启动和关闭进程的方式来运行的，而在 Shark 中，服务器运行后，所有的工作节点也随之启动，随后以常驻服务的形式不断地接收服务器发来的任务。

2）Groupby 和 Join 操作不需要 Sort 工作，当数据量内存能装下时，一边接收数据一边执行计算操作。在 Hive 中，不管任何操作在 Map 到 Reduce 的过程都需要对 Key 进行 Sort 操作。

3）对于性能要求更高的表，提供分布式 Cache 系统将表数据事先 Cache 至内存中，后续的查询将直接访问内存数据，不再需要磁盘开销。

除此之外，还有很多 Spark 的特性，如可以采用 Torrent 来广播变量和小数据，将执行计划直接传送给 Task，DAG 过程中的中间数据不需要落地到 HDFS 文件系统。

总的来说，Shark 是一个插件式的系统，在现有的 Spark 和 Hive 及 hadoop-client 之间，在这两套都可用的情况下，Shark 只要获取 Hive 的配置（还有 metastore 和 exec 等关键包）和 Spark 的路径，就能利用 Hive 和 Spark，把 HQL 解析成 RDD 的转换，把数据加载到 Spark 上运算和分析。在 SQL on Hadoop 上，Shark 有别于 Impala 和 Stringer，而这些系统各有自己的设计思路，有别于对 MR 进行优化和改进的思路，Shark 的思路更加简单明了。

10.2.3　Mesa

Mesa 是一个具备跨地域复制和近实时特性的可扩展的分析型数据仓库系统。Mesa 由谷歌公司开发，旨在为其核心业务（互联网广告）铺路。谷歌研究人员在报告中表示："Mesa 能够处理数千兆字节的数据、每秒数百万行的更新以及每天数十亿查询请求。"

Mesa 有可能为谷歌云计算平台带来新的云服务。亚马逊云平台 Web Services 就拥有一个名为 Redshift 的数据存储服务，而微软的 Azure 也能够降低云服务的价格且微软频繁发布新款云服务。因此，在与亚马逊和微软的较量中，Mesa 有助于谷歌实现更具差异化的竞争优势。

1. Mesa 的需求

1）原子更新。某一单个的用户行为可能会引起多个关系数据级别的更新，从而影响定义在某个指标集上（例如点击和成本）跨某个维度集（例如广告客户和国家）的数千张一致性视图。所以，系统不会在查询时处于一个只有部分更新生效的状态。

2）一致性和正确性。出于业务和法律的原因，该系统必须返回一致和正确的数据。即使某个查询牵涉多个数据中心，我们仍然需要提供强一致性和可重复的查询结果。

3）可用性。系统不允许出现单点故障。不会出现由于计划中或非计划中的维护或故障所造成的停机，即使出现影响整个数据中心或地域性的断电也不能造成停机。

4）近实时地更新吞吐率。系统必须支持大约每秒几百万行规模的持续更新，包括添加新数据行和对现有数据行的增量更新。这些更新必须在几分钟内对跨不同视图和数据中心的查询可见。

5）查询性能。系统必须对那些对时间延迟敏感的用户提供支持，按照超低延迟的要求为他们提供实时的客户报表，而分批提取用户需要非常高的吞吐率。总的来说，系统必须支持将 99% 的点查询的延迟控制在数百毫秒之内，并且将整体查询控制在每天获取万亿行的吞吐量。

6）可扩展性。系统规模必须可以随着数据规模和查询总量的增长而扩展。例如，它必须支持万亿行规模和 PB 级的数据。即便上述参数再出现显著增长，更新和查询的性能必须仍然得以保持。

7）在线的数据和元数据转换。为了支持新功能的启用或对现有数据粒度的变更，客户端经常需要对数据模式进行转换或对现有数据的值进行修改。这些变更必须对正常的查询和更新操作没有干扰。

2. 与类似系统的对比

Mesa 是一个高度可扩展的分析型数据仓库系统，用于存储与谷歌互联网广告业务相关的关键衡量数据。Mesa 的设计目的是满足一系列复杂而有挑战性的用户与系统需求，包括近实时的数据获取和查询、高可用性、可靠性、容错性和（大规模数据与查询量的）可扩展性。Mesa 可以应对 PB 级数据，每秒处理数百万行更新，每天抓取数万亿行以支持数十亿查询。Mesa 是跨多个数据中心异地复制的，即使整个数据中心故障，仍然能够以较低延迟返回一致和可重复的查询结果。

针对数分钟更新吞吐量、跨数据中心等严苛需求，已有的商业数据仓库系统（处理周期往往以天和周来计算）和谷歌的解决方案包括 BigTable、Megastore、Spanner 和 F1 都无法满足要求。BigTable 无法提供必要的原子性，Megastore、Spanner 和 F1 无法满足峰值更新需求。此外，谷歌自己开发的 Tenzing、Dremel，以及 Twitter 开发的 Scribe、LinkedIn 的 Avatara、Facebook 的 Hive 以及 HadoopDB 等 Web 规模数据仓库处理的都是批量负载。

比较类似 Mesa 的系统是 Stonebreaker 等开发、已被惠普收购的 Vertica，但它缺乏跨数据中心的功能。Bill Graham 在 2012 年 Hadoop Summit 的演讲中提到过，Twitter 的数据分析系统在用 Vertica，如图 10-7 所示。

可以把 Vertica 和 Hadoop 加以对比。Vertica 每秒可以访问 100 000 行数据，在数秒内完成 1 亿行数据的聚集，可用于低延迟查询和聚合以及滑动窗口数据的处理。Hadoop 处理海量数据的特点是灵活有力，对于嵌套数据结构和非结构数据表现良好，可以用于复杂函数和机器学习。

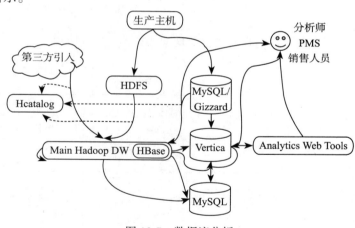

图 10-7 数据流分析

从 Vertica 的用户列表来看，Zynga、Funzio、TinyCo 等许多游戏公司以及 Etsy 等互联网新贵也是 Vertica 用户。之前极客头条推荐过，Facebook 也在用 Vertica。其他相关工作中，Thrifty 针对的数据量较小，且应用于多租户场景；Shark 是内存计算，而 MaSa 利用了闪存。

3. Mesa 的系统架构

Mesa 是使用一般的谷歌基础设施和服务构建的，包括 BigTable（元数据存储）和 Colossus（数据文件）。Mesa 可以运行在多个数据中心上，每一个数据中心运行一个单个实例。本小节首先描述实例的设计，然后讨论了底层，其中也用到了 MapReduce，所用的分布式同步协议是基于 Paxos 的。

1）controller/worker 框架的架构如图 10-8 所示。

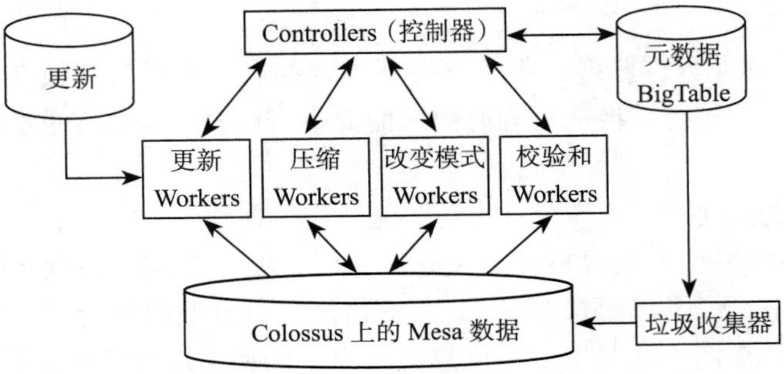

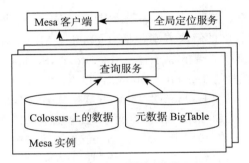

图 10-8 controller/worker 框架的架构

2）查询处理框架如图 10-9 所示。

图 10-9 查询处理框架

3）多数据中心的更新处理架构如图 10-10 所示。

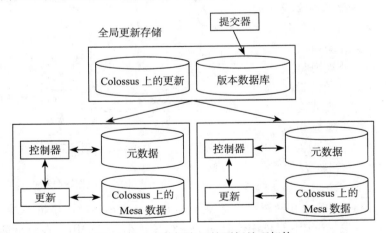

图 10-10 多数据中心的更新处理架构

　　Mesa 概念上的数据模型与传统的关系型数据库极为相似。所有的数据都存储在表中。一个表同样也可以是另一个表的物化视图。每个表拥有一个指定了其结构的模式。因为"到底有多少"是广告业务中非常普遍的一个问题，所以一个像"SUM"这样的聚合函数可以作为表定义的一部分来指定。在模式中同样也可以指定一个或多个该表的索引。

　　在 Mesa 中，最有意思的一个方面是处理更新的方式。Mesa 中存储的数据是多版本的，这使得新的更新正在处理时，Mesa 可以向用户提供前置状态的一致性数据。通常，每隔几分钟，上游系统就会执行一次数据更新的批处理。独立的各个无状态的数据提交者实例，负责对跨（Mesa 运行所在的）全部数据中心的更新操作进行协调。提交者为每个更新批处理分配一个新的版本号，并基于 Paxos 一致算法向版本数据库发布全部与该更新关联的元数据。若一个更新满足提交的条件，则意味着一个给定的更新已经被全球范围内的大量 Mesa 实例进行了合并，提交者会将该次更新的版本号声明为新的提交版本号，并将该值存储在版本数据库里。查询通常都是根据提交版本号来分发的。

因为查询通常都是根据提交版本号来分发的，所以 Mesa 不需要在更新和查询之间进行任何锁操作。更新都是由 Mesa 实例在批处理中进行异步实施的。这些属性使得 Mesa 获得了非常高的查询和更新吞吐率，同时也对数据一致性提供了保障。

谷歌提供了数个关于 Mesa 的更新和查询性能的基准测试数据。一个简单的数据源，平均每秒可以读取 30 到 60MB 的压缩数据、更新 3 百万到 6 百万个不同的行和新增 30 万个新行。在单独的一天里，Mesa 执行了大约 5 亿次查询，返回了 1.7 万亿到 3.2 万亿行，并且平均延迟是 10ms，而且 99% 的延迟低于 100ms。

10.3 内存数据仓库系统

采用分布式并行技术可以大大提高数据仓库系统的可扩展性，针对大数据的实时分析来说，效率是一个非常重要的话题。在这种情况下，内存数据仓库系统应运而生。

目前，内存计算技术在内存容量支持、硬件成本和计算性能等方面已经能够满足企业级大数据计算的需求，内存计算平台逐渐成为大数据计算新兴的高性能平台。内存数据库不仅能够提供传统数据库无法实现的实时分析处理性能，由于内存相对于磁盘能耗更低，内存数据库技术的引入还能够更好地降低数据中心总成本。同时，由于内存计算性能更高，不需要依赖存储代价极大的物化视图及索引机制，在列存储和压缩技术的支持下，内存存储比传统的磁盘存储具有更高的效率。

和内存计算与内存数据库类似，内存数据仓库指的是利用内存实现的数据仓库系统。其需要解决的关键问题主要包括性能和扩展性。在性能方面，主要是进一步提高处理效率，以满足实时处理的需要。在扩展性方面，要求系统能够处理大规模数据，对于这一点，内存数据仓库中也采用了分布式并行技术，通过中低端内存计算集群构建高性能内存数据仓库平台，降低内存数据仓库的成本并提供高可扩展的并行内存计算能力。本节介绍的两类内存数据仓库系统都是在大数据背景下诞生的，从中可以看出面向大数据的内存数据仓库需要考虑的问题和解决方案。

10.3.1 SAP HANA

HANA 是一个提供高性能的数据查询功能的软硬件结合体，用户可以直接对大量实时业务数据进行查询和分析，而不需要对业务数据进行建模、聚合等操作。

HANA 的内存数据库（SAP In-Memory Database，IMDB）是其重要组成部分，包括内存数据库服务器（In-Memory Database Server）、建模工具（studio）和客户端工具（ODBO、JDBC、ODBC、SQLDBC 等）。HANA 的计算引擎是其核心，负责解析并处理对大量数据的各类 CRUDQ 操作，支持 SQL 和 MDX 语句、SAP 和 non-SAP 数据。

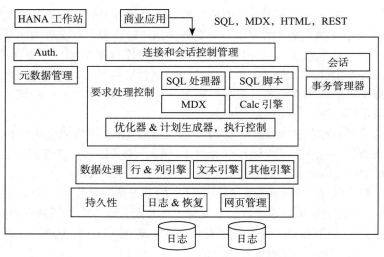

图 10-11　SAP HANA 系统架构

1. SAP HANA 简介

SAP HANA 的核心利用了创新型的内存技术来存储数据，特别适合处理数据量非常大的表格型或关系型的数据，具有前所未有的性能。

常见的数据库以行方式存储表格数据，例如，描述一个地址的所有数据都存储在内存中相互毗邻的位置。如果用户的需求只是访问一个地址，程序会运行得很快，因为所有的数据是连续存储的。然而，用户的程序需要计算有多少已储存的地址与特定的国家，城市或邮编对应，这种情况下，就可能不得不扫描整张表，选出每一行，然后检查国家或城市是否是需要的。由于所有的大容量存储设备，例如硬盘，以一种与感兴趣的数据相比很大的一整块形式访问数据，例如 512 字节的硬盘，很可能该设备读取一至多行的数据只是为了查找几个字符，比如"巴西"或是"旧金山"。业务数据表经常含有很多偶尔使用的数据字段或列，例如和其他表相关联的数据，或者控制其他字段使用的数据字段。

除了常见的行式存储架构之外，同样可以使用列式存储。SAP HANA 通过高效的列式存储方式组织表来让用户绕开读取不需要的数据。这意味着用户的程序无须等待数据库获取不需要的数据，因为列式表中的所有数据都是以相邻方式储存。因此，在地址表例子中，扫描列字段"国家"或"城市"比读取行式存储快很多。但是，如果数据库系统已经把所有数据缓存到内存或是靠近处理器的快速读取内存中，列式内存布局是否仍然可以加速访问？SAP 和位于波茨坦市的哈索－普拉特纳研究所进行的测量证明，当访问每一行数据的子集时，以列方式重新组织内存中的数据可以带来显著的速度提升。由于 SAP HANA 把数据都缓存至内存中，硬盘几乎很少使用，只是为了数据持久化而对数据库的改变进行记录。SAP HANA 为了保持数据库尽可能小的变化，采用只对原始数据库的增量变化记录的方式。数据是增加或插入一个表列而不是就地修改，这种方式提供了很多的好处，而不只是速度上的提升。由于保留了所有的旧数据，程序可以高效地在数据间"时空穿梭"，并提供随时间变化的数据的视图。现代数据库系统把数据管理和数据应用分隔至两个独立的体系结构层：数据库层和数据应用层。这种分隔方式迫使数据在被分析或是修改前，不得不从数据库"漫游"到应用层，很多时候，数据量非常大。SAP HANA 通过下放数据密集的应用逻辑到数据本来的地方（即数据库本身）来避免这种常见的瓶颈。为了在数据库中启用这种内置的应用逻辑，SAP 开发了标准 SQL 的扩展（结构化查询语言），名为 SQLScript。SQLScript 允许编程的方式在数据库层执行数据密集型业务，也允许用户扩充 SQL 语句来包含高层次的计算，从而提升了数据库的数据处理能力。

SAP HANA 从数据库概念上来说是通过利用内存数据存储提升速度，增加数据库查询的执行速度，以及提高程序开发速度。查询在 SAP HANA 数据库中可以快速、并行地执行。这意味着不再需要复杂的编程技巧，如提前计算值（物化聚集），来维护传统数据库性能，因为可以利用 IMDB 实时地查询巨大的数据集。消除了开发的复杂性，程序可以以更直接和清晰的方式创建，因此实现了更快的开发。SAP HANA 也能很好地胜任传统数据库的存储和访问，例如基于行式存储的表可供使用。这种传统和创新型技术的结合使得开发人员可以为程序选择最好的技术，并且在需要时二者可以并用。

2. SAP HANA 索引服务器体系结构

SAP HANA 索引服务器体系结构主要由以下模块组成：

1）连接和会话管理。该模块负责创建和管理会话以及连接数据库的客户端。一旦会话建立，客户端可以使用 SQL 语句与 SAP HANA 数据库进行通信。每个会话建立一组参数，维护这组参数的技术包括自动提交、当前事务隔离等。用户进行身份验证或者由 SAP HANA 数据库本身（用户名和密码登录）或委托给外部认证提供者，如 LDAP 目录。

2）请求处理和执行控制。该模块负责对客户端的请求进行分析和处理。该请求分析器分析客户端的请求，并分派给负责的组件。执行层充当一个调用不同的引擎和推送中间结果到下一执行步骤的控制器。SQL 解析器检查客户端的 SQL 语句的语法和语义并且生成逻辑执行计划。标准的 SQL 语句直接由 DB 引擎处理。在 SAP HANA 数据库中有一个名为 SQLScript 的自己的脚本语言，旨在优化和并行化。SQLScript 是 SQL 的集合的扩展。SQLScript 基于使用 SQL 查询集处理表操作。SQLScript 的动机是加载数据密集型应用程序逻辑到数据库中。

3）事务管理器。在 HANA 数据库中，每条 SQL 语句在事务的上下文范围内进行处理。新的会话被隐式分配给一个新的事务。事务管理协调数据库事务，控制事务隔离以及跟踪运行和关闭事务。当一个事务被提交或回滚，事务管理器通知有关此事件所涉及的机器，使它们能够执行必要的行动。事务管理器还与数据持久化层相关，实现原子和持久事务。

4）行存储。行存储是 SAP HANA 数据库的基于行的内存关系数据引擎。写操作从计算 / 执行层接口进行了优化，从而获得了高性能。优化读写操作因存储的分离而成为可能，存储分离指的是事务版本内存和持久化的分离。

事务版本内存中包含临时版本，即修改记录的最新版本。这是多版本并发控制（MVCC）所必需的。写操作主要是进入事务版本内存。insert 语句中也写入持久段。持久段包含可以被任何正在进行的活动事务看到的数据。数据提交在任何活动的事务之前就开始了。版本内存的容器基于提交 ID 将最新版本更改的记录从事务版本内存移动到持久段，并清除事务版本存储过时的记录版本。它可以被看作 MVCC 的垃圾收集器。

5）列存储。SAP HANA 数据库是基于列的内存关系数据引擎。它的一部分来自文本检索和提取（TREX），即 SAP NetWeaver 的搜索和分类。SAP HANA 数据库将这样成熟的技术进行了进一步发展，成为一个完整的基于列的数据存储系统。高效的数据压缩和高性能的读操作从计算 / 执行层接口进行了优化。因为存储的分离，优化读写操作是可能的。

6）内存储器。该模块包含在存储器中，旨在快速读取压缩数据。

7）增量存储。该模块可用于实现快速写操作。通过插入一个新输入到该模块来实现更新。

8）增量合并。这是一个异步过程，移动增量存储的变化到压缩的和读优化的内存。即使在合并操作的过程中仍然可进行读取和写入操作。为了满足这一要求，次级增量存储会在内部使用内存。

9）读操作。在读操作过程中数据总是从主存储器及增量存储器读取并且合并其结果集。引擎采用多版本并发控制（MVCC），以确保一致的读操作。

3. 分布式系统和高可用性

SAP HANA 应用软件支持高可用性。SAP HANA 扩展超过一个的服务器系统，并且可以去除单个故障点的可能性。因此，一个典型的横向扩展分布式集群将在一个集群中包含许多服务器实例。所以大的数据表可以分布在多个服务器上，查询可以在服务器上执行。分布式系统 SAP HANA 保证了事务的安全。

1）特征。

❑ 集群中有 N 个活动服务器或 N 个 Worker 主机。

❑ 集群中有 M 个备用服务器。

❑ 所有服务器共享文件系统。SAP HANA 中的一些实例共享相同的元数据。

❑ 每个服务器承载索引服务器和名称服务器。

❑ 只有一个活动服务器作为统计服务器主机。

❑ 在启动过程中，一台服务器被选举为活动主机。

❑ 活动主机分配卷到每个开始的索引服务器，对于冷备用服务器不分配。

❑ 高达 3 主机名称服务器可以被定义或配置。

❑ 最多 16 个节点的支持高可用性配置。

2）故障转移。

❑ 高可用性使节点的故障在一个分布式的 SAP HANA 应用中切换成为可能。故障切换使用冷备用节点，并被自动触发。因此，当一个活动服务器 X 失败时，备用服务器从共享存储读出索引，并连接到故障服务器 X 的逻辑连接。

❑ 如果 SAP HANA 系统检测到故障，出现故障的服务器上的工作被重新分配到备用主机上运行的服务。故障卷和所有包含的表被重新分配，并根据用于系统中定义的故障转移策略加载到存储器中。可以在不移动任何数据的情况下进行这种重新分配，因为服务器的所有持久性数据和日志存储在共享磁盘上。正因如此，在每一个服务器都可以访问相同的磁盘。

❑ 其他主域名服务器检测到索引服务器故障并执行故障切换。如果一个主域名服务器出现故障，另一剩余名称服务器将成为活动主服务器。

❑ 进行故障转移之前，系统等待几秒钟，以确定业务是否可以重新启动。备用节点可以接管一个失败的主节点或者从节点的工作。

10.3.2 HyPer

联机事务处理（OLTP）和联机分析处理（OLAP）对于构建数据库呈现两个不同的挑战。拥有关键任务记录的客户已经高效地将他们的数据拆分到两个独立的系统中，一个数据库用于 OLTP，所以叫作 OLTP 的数据仓库。在允许适当的交易率的同时，这种分离也有一些缺点，包括由于只是定期分期启动提取转换加载数据而造成的数据新鲜度的延迟问题，以及为了维护两个独立的信息系统而造成的过度的消耗资源。因而提出了一个高效的混合动力系统，被称之为 HyPer，它可以通过使用硬件辅助的复制机制来维持事务性数据的一致的快照来同时处理 OLTP 和 OLAP。

HyPer 是一个主内存数据仓库系统，它可以保证 OLTP 事务的 ACID 属性和相同的方法执行 OLAP 查询会话（多个查询）。同时保证虚拟内存管理（地址转换、缓存、复制更新）处理器内在支持利用率：多达 100 000 个事务每秒的空前高事务提交率，在单一的系统并行执行两个工作负载时，OLAP 的查询的响应时间也非常快。对其进行性能的分析是基于一个结合 TPC-C 和 TPC-H 的基准。

在虚拟内存的支持下，HyPer 的体系结构包含了针对多个查询会话的多个事务数据的快照。因此，对于相同的数据，OLTP 事务和 OLAP 查询这两个工作负荷互不干扰地执行。通过硬件备份实现点播（写）保存快照的一致性，可以维护 OLTP 的吞吐量和 OLAP 查询响应时间方面的高处理性能。通过操作系统中内存管理模块帮助，可以对所需要的共享页面进行检测。并发事务的工作量和 BI 查询处理使用多核架构会更加有效，但并不会引起并发干扰。因为它们是通过 VM 快照进行了隔离。

HyPer 结构的设计使得 OLTP 事务和 OLAP 查询可以互不干扰地在相同的内存驻留数据库上执行。相较于旧式的基于磁盘的存储服务器，我们省略任何特定数据库的缓存管理和页面结构。在虚拟内存中，数据保存在相当简单的、面向主存优化的数据结构当中。因此，可以利用 OS/CPU 以非常高的速度来实现地址转换，其中不存在任何额外的链接。目前，此类实验主要使用两种主要的关系数据库存储方案：在行存储方法中，可以把关系作为所有记录的数组来维护；在列存储方法中，垂直地划分成属性值的矢量关系。目前，HyPer 以列和行配置了全局的操作，但在今后的操作中，根据所述，接入模式的表的布局是可调节的。尽管虚拟内存可以显著增加物理存储器的大小，但是为了避免虚拟存储影响操作系统控制的交换的物理内存，我们需要对数据库的大小进行限制。

通过这种方式，HyPer 实现以 OLAP 为中心的系统，如 SAP 的 TREX 和 MonetDB 的查询性能，并且能够在同一系统上并行，保留了吞吐量的以 OLTP 为中心的系统，如 Oracle TimesTen 的 P*TIME 以及 VoltDB 的 H-Store。由于 OLAP 快照可以按照要求的时效性派生到新的 OLAP 会话中，我们相信，数据 HyPer 的虚拟内存快照的方法是一种很有前途的架构，可用于实时商业智能系统。虽然目前的数据 HyPer 原型是单个服务器系统，该 VM 快照机制和分布式体系结构是正交的，可以扩展横跨计算群集。快照机制也可在数据仓库配置中使用，其中该事务工作队列对应一个从一个或几个 OLTP 系统发出的连续刷新流。然后，将"数据所属"处理对应于这些更新的安装，而 OLAP 查询可以针对一致的快照并行执行。

ScyPer：HyPer 在机群上的扩展

ScyPer 的设计目的是有效利用多核并行处理技术来提高 OLAP 分析的性能，从而实现 Hyper 系统在无共享的硬件上水平扩展。ScyPer 的主要设计目标如下：

1）维持 OLTP 作为一个独立的 HyPer 服务器在吞吐量上的优势。

2）通过按需提供附加服务器（如云服务器）来提供弹性的 OLAP 吞吐量。

ScyPer 是 HyPer 系统的向外扩展的版本，能够维持单一的数据 HyPer 服务器优越的 OLTP 吞吐量，同时通过按需供应附加服务器，提供弹性的 OLAP 吞吐量。OLAP 查询在事务状态的全局事务一致的快照上执行。ScyPer 的快照机制可确保维持顺序的串行化，并进一步防止了在分布式环境中的读取。次级节点上使用基于可靠的多播重做日志传播机制。如果一个主节点出现故障，这些次级节点作为高可用性故障切换，如图 10-12 所示。

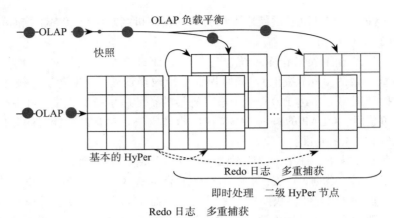

图 10-12　HyPer 在机群上的扩展

ScyPer 由两个 HyPer 类型的实例数据组成，即初级 ScyPer 和次级 ScyPer。

传入的 OLTP 在初级 HyPer 上处理，OLAP 查询横跨次级进行负载平衡（如果初级有足够资源，则在初级上进行）。这使得通过按需调配来对 OLAP 的吞吐量进行额外的二级缩放。当第二个实例启动时，它首先从持久性的存储中获取最近的完整的数据库备份，然后重放重做日志，直至达到初级的效率。次级可以达到重做日志的最快速度，这比处理原始 OLTP 工作负载更快，并且该系统在任何时候都不会满载。

主节点通常使用行存储数据布局来使得其更加适合 OLTP 处理，并且可以保持支持高效事务（TX）处理的索引。当处理 OLTP 工作负载时，在主节点组播，将 TX 的重做日志组播到特定的组播地址。对地址编码数据库分区，这样可以访问特定的分区。这使得二级特定分区配置为更加灵活的多租户模型。除了用作多播，日志可以被进一步存储到一个持久的日志当中。对于 TX，每一个 redo log 条目都有一个日志序列号（LSN）。ScyPer 使用这些 LSN 的定义在分布式系统中设置逻辑的时间。次级 ScyPer 最后利用 LSN x 重置条目的逻辑时间 x，然后依次推进相邻的 LSN 条目的逻辑时间为 $x+1$。

作为一个一般的 OLTP，其工作负载的很大一部分是只读的（即没有重做的必要），回放辅助节点上的 redo log 通常比主节点上处理原始工作代价小。此外，读操作 TX 的操作并不需要进行处理时，可以使用物理日志。次级可用资源用于处理传入的 OLAP 查询在 TX- 一致的快照。数据 HyPer 有效快照机制允许在多个快照中并行地处理 OLAP 查询。快照也可以写入永久存储器，以便用作 TX 一致起点进行恢复。此外，更快的 OLTP 处理允许创建用于高效的处理分析查询额外的索引。辅助节点既可以行存储，也可以使用列划分或混合行和列存储的数据格式来存储数据。

10.4　阿里云数据仓库简介

图 10-13 为阿里云数据仓库示意图。

阿里云最先使用 Hadoop 解决方案，并且成功地把 Hadoop 单集群规模扩展到 5000 台的规模。从 2010 年起，阿里云开始独立研发类似 Hadoop 的分布式计算平台 Maxcompute（前 ODPS），目前单集群规模过万台，并支持多集群联合计算，可以在 6 个小时内处理完 100PB

的数据量，相当于一亿部高清电影。有关 MaxCompute 平台的具体内容，将在 12.5 节进行介绍。

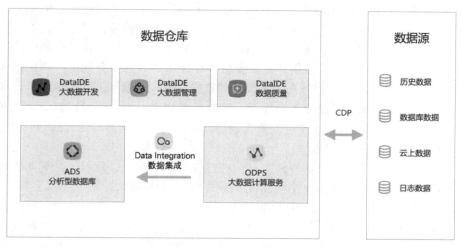

图 10-13　阿里云数据仓库示意图

分析型数据库服务 ADS（Analytic DB），是一套实时 OLAP（Realtime OLAP，RT-OLAP）系统。在数据存储模型上，采用自由灵活的关系模型存储，可以使用 SQL 进行自由灵活的计算分析，无须预先建模；而利用分布式计算技术，ADS 可以在处理百亿条甚至更高量级的数据上达到甚至超越 MOLAP 类系统的处理性能，真正实现百亿数据的毫秒级计算。ADS 是采用搜索＋数据库技术的数据高度预分布类 MPP 架构，初始成本相对比较高，但是查询速度极快，高并发。而类似的产品 Impala，采用 Dremel 数据结构的低预分布 MPP 架构，初始化成本相对较低，并发与响应速度也相对慢些。

流计算产品（前 Galaxy），可以针对大规模流动数据在不断变化运动过程中实时进行分析，其对比产品是 Storm 或者是 Spark Streaming。阿里云的 Stream SQL，通过 SQL 的方式来实现实时的流式计算，降低了使用流计算技术的使用门槛。有关阿里云流计算产品的具体内容，将在 13.4 节进行介绍。

阿里云大数据仓库集中解决了以下几个需求：

1）数据采集。数据采集是数据仓库建设中最基础的工作，负责将散落在各个数据孤岛的数据整合到统一数据仓库平台中。数据采集不只需要能够从多种不同类型的数据系统采集数据，还要考虑数据采集的效率，通过全量和增量采集相结合的手段完成采集工作。在采集的过程中，还不能对在线系统产生影响。

2）数据生产链路监控。就像工业流水线一样，数据仓库的数据加工过程是一个数据生产的有向无环图。让数据有序地按照数据模型设计的逻辑一步一步被加工出来，保障数据上下游依赖的正确性，在发现问题时能够提醒开发人员及时处理，这是一项艰苦而细致的工作，也是数据仓库建设过程中最主要的工作。

3）数据质量管理。数据质量是数据仓库的生命线，是数据仓库建设中的重中之重。在数据生产的整个链条中，需要能够根据数据特征制定不同的数据质量监控规则，随时监控数据的产出质量，并制定出相应的控制手段，确保不让有质量问题的数据影响业务的决策。

在数据仓库的建设中，需要从各种源头业务系统中把数据统一采集到数据仓库中，在统一的基础平台上对数据进行加工。在数据生产的链条中，保障数据产出的稳定性和数据产出的质量是数据仓库建设中的重要内容。

为了实现这些目标，阿里云大数据仓库十分高效地实现了如下功能：

1）大数据集成。通过稳定高效、弹性伸缩的大数据集成服务，将分散在不同物理环境下的数据统一采集到大数据计算服务中。可以实时、增量或全量的方式进行数据同步。

2）大数据计算服务。在大数据计算服务中，存储采集到的业务数据，利用服务提供的多种经典分布式计算模型，按照数据仓库设计的数据模型，对数据进行实际加工计算。

3）大数据开发。提供可视化开发界面、离线任务调度运维、快速数据集成、多人协同工作等功能，为用户提供高效、安全的离线数据开发环境，并且拥有强大的 Open APL 为数据应用开发者提供良好的再创环境。

4）大数据管理。通过大数据管理工具，进行数据资产管理、数据生命周期管理、元数据查询和管理、数据血缘查询等工作，并可以制定数据质量报警规则。

阿里云大数据仓库表现卓越，有如下优势：

1）强大的数据整合能力。不管是存量的历史数据，还是不同应用系统的数据，都可以通过数据采集工具统一采集到阿里云大数据平台中。满足用户整合不同系统数据，统一加工分析的需求。

2）多样的计算引擎。阿里云大数据平台的分布式计算服务提供多样的数据计算引擎，SQL、MR、图计算、MPI 等，满足针对不同数据类型、进行不同类型加工的需求。

3）强大的数据处理能力。阿里云大数据平台的大数据计算服务能够帮助用户针对 TB/PB 级数据进行分布式的数据加工。后台强大的计算能力支持用户做更深度、更复杂的加工。数据工程师不必因为数据的增长而操心数据计算能力，可以专注于数据价值本身的挖掘。

4）多样的数据质量保障手段。阿里云大数据平台的数据管理工具为用户提供多种数据质量保障手段，对数据采集、加工、应用的过程进行全链路的数据监控和保障，及时发现数据质量问题，不让有质量问题的数据直接流入决策层和业务人员的手中。

5）全链路的数据生产保障。在阿里云大数据平台的数据开发套件上，用户可以进行全链路的数据加工过程。整个过程由稳定的调度系统进行生产调度。生产过程中的任何问题都会被及时反馈给数据工程师，使其能够随时掌控数据生产过程，保证数据的稳定产出。

6）全方位的数据安全掌控。阿里云大数据平台提供全方位的安全管控以及多层次的存储和访问安全机制，保护用户的数据不丢失、不泄露以及不被窃取。

小结

本章从理论概念和实际系统两方面介绍了数据仓库。

10.1 节首先介绍了数据仓库的概念和内涵。数据仓库需要满足面向主题、集成化、稳定、包含历史数据等要求。数据仓库的内涵是要实现异构系统的融合，支持多种数据源；同时在一定激发条件下能主动处理规则、算法甚至是过程；结合需求，还要考虑数据仓库的虚拟化；重视数据仓库要做到数据的增值和统一。

10.1 节还介绍了数据仓库的基本组成、体系结构和建立过程。数据仓库具体包含数据定义、数据提取、数据管理和数据应用四个基本功能部分。数据仓库按照功能分为元数据、源数据、数据变换工具、数据仓库和数据分析工具等模块。数据仓库的建立流程为：确定主题、选择平台、建立数据仓库的模型、数据仓库数据模型优化、数据清洗转换和传输、开发数据仓库的分析应用和数据仓库的管理。

10.2 节讨论了面向大数据的分布式数据仓库系统，包括基于 Hadoop 的数据仓库系统 HadoopDB 和 Hive 以及基于 Spark 的数据仓库系统，并详细地讨论了它们的架构和功能特点。

10.3 节介绍了内存数据仓库系统，以 Sap HANA 和 HyPer 为例，分析了它们的核心设计等相关问题。

10.4 节则介绍了阿里云数据仓库解决的需求和优势。

习题

1. 请解释 Hive 的底层是如何与数据库交互的？

2. Hive 中有如下三个表：学生（学号，姓名，性别，年龄，专业），课程（课程号，课程名），成绩表（学号，课程号，分数），表中保存着一些数据。

   （1）简要叙述"查询选 1 号课程的学生的最高分数及学生姓名"这一查询语句的过程。

   （2）查询资料并说明 Hive 与传统关系数据库（如 MySQL）的异同。

3. 简要叙述分布式数据仓库与内存数据仓库各自的优势，并举例说明。

4. 南方某供电局，为了保证营销、生产、人资、财务等关键业务域的业务数据的数据质量，每天晚上同步业务系统数据及校验数据量超过 500GB，有 15 590 条 SQL 校验规则，使用 Oracle 数据库每次校验执行的时间超过 12 小时，校验结果实时性不够，准确性不够。对 Oracle、Hive、Shark 三种环境下运行此校验任务进行性能比较，并解释为什么会产生此种结果。

5. Mesa 系统内部的日常数据维护工作可能涉及大量读写工作，采用了 MapReduce 作业来分布式地进行这些工作。而要保证 MapReduce 作业的时间可控，又该如何避免数据倾斜？请查阅资料并给出你的方案。

6. 有人说，SAP HANA 的写入性能有限，不支持非结构化数据，不提供行和列的压缩。你是否认同这种观点？并给出你的理由。

7. Hyper、SAP HANA 等内存数据库在过去十年内涌现，尽管大量的研究工作都致力于提高集中式内存数据库系统的性能，但不容忽视的问题是：集中式内存数据库的性能受限于单台计算机有限的内存容量和处理器个数，难以满足日益增长的数据分析需求。请分析 Scper 是否克服了此缺陷。

8. 为地区气象局设计一个数据仓库。气象局大约有 1000 个观测点，散布在该地区的陆地与海洋，收集基本气象数据，包括每小时的气压、温度和降水量。所有的数据都送到中心站，那里已收集了这种数据长达十余年。你的设计应当有利于有效的查询和联机分析处理，以及有效地导出多维空间的一般天气模式。

11.1 大数据分析算法概述

本章主要对大数据的几类经典分析算法进行介绍。大数据分析算法从功能上分为聚集算法、回归算法、关联规则挖掘算法、分类算法、聚类算法等。这些算法在工程中有着很实际的应用，是大数据分析过程中强有力的工具。合理地选择算法能在保证效率的同时得到好的分析结果，更好地分析出数据中包含的知识。

1. 大数据分析算法的分类

大数据分析算法根据其对实时性的要求可以分为三类：

1）实时分析算法。这类分析算法使用实时获取的数据，响应时间约束为秒级甚至毫秒级。

2）弱实时分析算法。这类分析算法面向有用户参与分析决策的分析任务，不要求实时响应，但是也存在响应时间约束，响应时间约束从分钟到小时。

3）非实时分析算法。这类分析算法使用数据仓库中的大规模数据，响应时间约束相对宽松，可以达到天甚至月。

2. 大数据分析算法的应用实例

下面以工业大数据分析为例说明这三类算法的应用。

在工业生产过程中，一些分析任务必须实时处理，例如生产线上产品错误的实时发现和纠正、设备故障的实时监测和修理等。这些任务如果不能实时完成，轻则造成损失（如生产出残次品），重则发生严重的事故（比如设备发生故障导致停产甚至威胁人身安全），而这些任务需要使用生产线的实时数据，只有这样，使用的数据才能体现产品或者设备的当前状态。

工业企业中的一些分析任务需要和管理者交互完成，例如库存优化、配送优化等。这些任务的实时性不强，但是参与者不可能等太久，有时候这种等待也需要成本，因而需要有一定的时间约束。对于库存优化来说，库存策略无须实时制定，但是需要辅助决策者在产品或者原材料入库之前确定。产品和原材料的入库可以适当等待决策一段时间，然而这种等待需要成本，因而需要尽可能快地完成任务。生产过程中对能效的监控可以辅助管理者优化生产过程，节约能耗，这个过程无须实时给出，然而也需要有一些时间约束。有两个原因：一方面，用户在观测信息，如果反馈时间过长，会降低用户体验；另一方面，如果缺少时间约束，太长时间以后的数据对决策的参考价值变得很低。

一些工业大数据分析任务涉及长期决策，为了做出正确决策，需要尽可能全面地使用大规模历史数据。这类分析任务包括工艺优化、生产流程优化、成本优化等。这些分析的结果对于企业的生产和经营有着较重大的影响，相对于计算时间，分析的准确性更加重要，因而可以允许更长的计算时间。例如，产品加工工艺的优化可以不经常去做，但是如果做了优化的决策，其对生产效率、产品质量、生产成本等会产生较大影响，因而做这样的决策需要慎重。基于大数据分析的自动工艺优化尤其如此。一方面，工艺优化涉及加工参数、生产设备状态、产品质量等多方面的数据，显然使用的数据越全面，越易于发现未知的关联；另一方面，使用的历史数据周期越长，越易于避免片面数据的误导。使用更全面和更长周期的数据的代价就是需要处理的数据规模很大，减缓了分析的速度，但是为了得到准确的决策，付出一些分析时间的代价是值得的。

3. 大数据分析算法的设计技术

对于不同的数据规模、不同的实时性要求、具有不同固有时空复杂性的问题（例如图的连通分量的查找问题可以在线性时间内计算，而最大独立子集问题却是 NP 难问题），所用的算法设计技术是不同的。

1）随机算法。随机算法是使用了随机函数的算法，且随机函数的返回值直接或者间接地影响了算法的执行流程或执行结果。利用随机算法可以用少部分数据的分析结果实现对整体数据分析结果的估计。在大数据分析过程中，随机算法多用于实时分析，典型的随机分析算法包括 ε 算法和 (ε, δ) 算法，其中 ε 算法的误差小于 ε，(ε, δ) 算法的误差大于 ε 的概论小于 δ。

2）外存算法。外存算法指的是在算法执行过程中用到外存的算法。在很多情况下，由于内存的限制，大数据必须存储在外存中，因而对于大数据的分析一定是外存算法。而在一些情况下，大数据分析过程中的中间结果无法放到内存中，而必须有效使用外存。传统的数据库中的数据操作算法（如选择、连接等）都是外存算法。

3）并行算法。并行算法就是用多台处理机联合求解问题的算法。针对规模巨大的大数据，自然可以利用多台处理机联合处理，这就是面向大数据的并行算法。MapReduce 算法就是比较典型的数据密集型并行算法。

4）Anytime 算法。Anytime 算法在有的文献中也被称为"任意时间算法"，该算法针对输入数据、时间与其他资源的要求，给出各种性能的输出结果。通过分析给定的输入类型、给定的时间以及输出结果的质量，可以得到具有一定预计性的算法模型。根据这个模型，可以按照算法各个部分的重要性来分配时间资源，以求在最短时间内给出最优的结果。在很多情况下，由于大数据的规模很大，计算资源和时间约束不足以对数据进行精确分析，这就需要根据结果质量要求调配资源或者根据资源自适应调整结果质量。而且，在一些有用户参加的情况下，可以不断生成精度提高的分析结果给用户，当用户觉得满意时停止分析，这种场景也需要用到 Anytime 算法，比如在线聚集算法。

需要注意这些算法并非彼此孤立，例如对于实时分析的场景，当数据量很大而分析任务同时涉及大规模历史数据和实时到来的数据时（一个具体的例子是在使用监控状态的设备时，可以将监控得到的数据看作一个时间序列，通过和历史数据的序列比对来诊断设备的异常状态），需要有效结合并行算法和随机算法设计技术。

大数据分析算法涉及的知识非常丰富，其所需要的篇幅远超出了本书的容量。本章仅介绍一些经典的数据分析任务的实现算法及其适用于大规模数据的并行实现算法，其中一些基于 MapReduce 模型设计的并行算法基于阿里云进行了实现。其他算法设计技术可以参考专门的算法教材。

11.2 回归算法

在监督学习中，如果预测的变量是离散的，则称其为分类（如决策树、支持向量机等）；如果预测的变量是连续的，称其为回归。如果回归分析中只包括一个自变量和一个因变量，且二者之间的关系可用一条直线近似表示，我们称这种回归分析为一元线性回归分析；如果回归分析中包括两个或两个以上的自变量，且因变量和自变量之间是线性关系，则称这种回归分析为多元线性回归分析。对于二维空间，线性是一条直线；对于三维空间，线性是一个平面；对于多维空间，线性是一个超平面。对于回归模型的介绍见本书 3.1 节。

最小二乘法（least square method，又称最小平方法）是一种数学优化回归技术。该算法通过最小化误差的平方和来寻找数据的最佳函数匹配。最小二乘法可以用于求目标函数的最优值，也可以用于预测未知数据、曲线拟合以及解决回归问题。其他一些优化问题也可通过最小化能量或最大化熵的方法，用最小二乘法来表达。

最小二乘法的基本思想：给定数据集 D，从中获取观察值的集合 $X=\{(x_i,y_i)|i=1,2,\ldots,n\}$，对于平面中的这 n 个点，可以用无数条曲线来拟合。寻求与 n 个元素的距离的平方和最小的曲线 $y=p(x)$ 的方法即为最小二乘法，$p(x)$ 即为拟合函数（最小二乘解）。

该算法的推导过程如下：

1）设拟合函数为
$$f_m(x)=w_0+w_1x+w_2x^2+\cdots+w_mx^m=\sum_{j=0}^m w_jx^j，\ w\ 为参数。$$

2）对点 (x_i,y_i)，偏差平方为
$$l(w)=\left[y_i-\left(w_0+w_1x+w_2x^2+\cdots+w_mx^m\right)\right]^2=\left(\sum_{j=0}^m w_jx^j-y_i\right)^2$$

偏差平方和为
$$L(w)=\sum_{i=1}^n\left(\sum_{j=0}^m w_jx_i^j-y_i\right)^2$$

3）对 w_j 求偏导数并令值为 0，得
$$\frac{\partial L(w)}{\partial w_k}=0$$

$$\sum_{i=1}^n\left(\sum_{j=0}^m w_jx_i^j-y_i\right)\times x_i^k=0 \Rightarrow \sum_{i=1}^n\sum_{j=0}^m w_jx_i^j=\sum_{i=1}^n x_i^k y_i\ (k=0,1,2,\ldots,m)$$

即
$$\begin{pmatrix} n & \sum x_i & \sum x_i^2 & \cdots & \sum x_i^m \\ \sum x_i & \sum x_i^2 & \sum x_i^3 & \cdots & \sum x_i^{m+1} \\ \sum x_i^2 & \sum x_i^3 & \sum x_i^4 & & \vdots \\ \vdots & \vdots & \vdots & \ddots & \vdots \\ \sum x_i^m & \sum x_i^{m+1} & \sum x_i^{m+2} & \cdots & \sum x_i^{2m} \end{pmatrix}\begin{pmatrix} w_0 \\ w_1 \\ \vdots \\ w_m \end{pmatrix}=\begin{pmatrix} \sum y_i \\ \sum x_i y_i \\ \sum x_i^2 y_i \\ \vdots \\ \sum x_i^m y_i \end{pmatrix}$$

化简得

$$\begin{pmatrix} 1 & x_1 & \cdots & x_1^m \\ 1 & x_2 & \cdots & x_2^m \\ \vdots & \vdots & \ddots & \vdots \\ 1 & x_n & \cdots & x_n^m \end{pmatrix} \begin{pmatrix} w_0 \\ w_1 \\ \vdots \\ w_m \end{pmatrix} = \begin{pmatrix} y_1 \\ y_2 \\ \vdots \\ y_n \end{pmatrix}$$

即

$$X * W = Y, \quad W = X^{-1}Y$$

在进行线性回归计算过程中，主要通过随机梯度下降算法进行权值的计算。MapReduce
实现的线性回归伪代码如下：

算法 11-1　MapReduce 随机梯度下降实现线性回归

输入：样本数据，用户设定 MapReduce 的次数，当达到迭代次数时，算法停止。
输出：得到一组权值。
setup:
读取 alpha 变量的值。
Map:
　首先将用户输入的属性进行分割，生成权值向量数组保存每一个数据的权值，在 Mapper 读取每一个数据时，
首先进行计算，具体的计算公式是 wi = wi+(y-h(x))xi*alpha.
　根据公式更新每一个数据的权值，当 Mapper 结束时，在 cleanup 中，将权值输出到 Reduce 端。
Reduce:
　在 Reduce 中，将 Mapper 中输出的权值进行取和平均，然后输出最终权值向量。
Cleanup:
　将得到的权值进行输出。

基于阿里云实现的上述伪代码如下：

```
package com.novas.linearregression;
import java.io.IOException;
import java.util.Iterator;


import com.aliyun.odps.data.Record;
import com.aliyun.odps.data.TableInfo;
import com.aliyun.odps.Mapred.JobClient;
import com.aliyun.odps.Mapred.MapperBase;
import com.aliyun.odps.Mapred.ReducerBase;
import com.aliyun.odps.Mapred.RunningJob;
import com.aliyun.odps.Mapred.conf.JobConf;
import com.aliyun.odps.Mapred.utils.InputUtils;
import com.aliyun.odps.Mapred.utils.OutputUtils;
import com.aliyun.odps.Mapred.utils.SchemaUtils;

public class linearregression {
    //eth 是参数因子, y 是输出, xi 是输入向量 ,e 是学习率
    public static void refreshEth(double[] eth,double y,double[] xi,double e)
    {
        double h=0;
        for(int i=0;i<xi.length;i++)
        {
            h=h+eth[i]*xi[i];
        }
```

```
            System.out.println("y="+(y-h));
            for(int i=0;i<eth.length;i++)
            {
                eth[i]=eth[i]+e*(y-h)*xi[i];
            }
        }

        public static class LinearRegressionMapper extends MapperBase {

            Record key;
            Record value;
            // 表示参数数组
            double[] eth;
            double alpha;
            @Override
            public void setup(TaskContext context) throws IOException {
                key=context.createMapOutputKeyRecord();
                value=context.createMapOutputValueRecord();
                alpha=context.getJobConf().getFloat("alpha",(float) 0.001);
            }

            @Override
            public void cleanup(TaskContext context) throws IOException {
                // TODO Auto-generated method stub
                StringBuilder sb=new StringBuilder();
                int i=0;
                for( i=0;i<eth.length-1;i++)
                {
                    sb.append(eth[i]).append(",");
                }
                sb.append(eth[i]);
                key.setString(0,"0");
                value.setString(0,sb.toString());
                context.write(key,value);
            }

            @Override
            public void Map(long recordNum, Record record, TaskContext context)
throws IOException {
                System.out.println("count="+record.getColumnCount());
                double y=Double.valueOf(record.getString(0));
                String v=record.getString(1);
                String[] xarray=v.split(" ");
                double[] xi=new double[xarray.length+1];
                xi[0]=1;
                for(int i=1;i<xi.length;i++)
                {
                    xi[i]=Double.valueOf(xarray[i-1]);
                }
                if(eth==null)
                {
                    eth=new double[xarray.length+1];
                    for(int i=0;i<eth.length;i++)
                    {
                        eth[i]=1;
                    }
                }
```

```
                                refreshEth(eth,y,xi,alpha);
                    }
            }

            /**
            * A combiner class that combines Map output by sum them.
            */
            public static class LinearRegressionReducer extends ReducerBase {
                private Record result;

                    @Override
                    public void setup(TaskContext context) throws IOException {
                        result = context.createOutputRecord();
                    }

                    @Override
                    public void reduce(Record key, Iterator<Record> values, TaskContext
context) throws IOException {            while (values.hasNext()) {
                        Record val = values.next();
                        result.setString(0,val.getString(0));
                        context.write(result);
                    }
                }
            }
        }
    // 进行多次计算
                public static class ReLinearRegressionMapper extends MapperBase {

                    Record key;
                    Record value;

                    @Override
                    public void setup(TaskContext context) throws IOException {
                        key=context.createMapOutputKeyRecord();
                        value=context.createMapOutputValueRecord();
                    }

                    @Override
                    public void Map(long recordNum, Record record, TaskContext
context) throws IOException {
if(context.getInputTableInfo().getTableName().
equals("linearregression_output"))
                            {
                                key.setString(0,"0");
                                value.setString(0,record.getString(0));
                                context.write(key, value);
                            }
                            else
                            {
                                key.setString(0,"1");
                                value.setString(0,record.getString(0)+"_"+record.
getString(1));
                                context.write(key, value);
                            }
                    }
                }

            /**
```

```
        * A combiner class that combines Map output by sum them.
        */
       public static class ReLinearRegressionReducer extends ReducerBase {
           private Record result;
           // 表示参数数组
           double[] eth;
           double alpha;
           @Override
           public void setup(TaskContext context) throws IOException {
               result = context.createOutputRecord();
               alpha=context.getJobConf().getFloat("alpha",(float) 0.001);

           }

           @Override
           public void cleanup(TaskContext context) throws IOException {
               // TODO Auto-generated method stub
               StringBuilder sb=new StringBuilder();
               int i=0;
               for( i=0;i<eth.length-1;i++)
               {
                   sb.append(eth[i]).append(",");
               }
               sb.append(eth[i]);
               result.setString(0,sb.toString());
               context.write(result);                    }

           @Override
           public void reduce(Record key, Iterator<Record> values, TaskContext
   context) throws IOException {                    while (values.hasNext()) {
               System.out.println("key="+key.getString(0));
                   if(key.getString(0).equals("0"))
               {
                   String[] var=values.next().getString(0).split(",");
                   eth=new double[var.length];
                   for(int i=0;i<var.length;i++)
                   {
                       eth[i]=Double.valueOf(var[i]);
                   }
               }
               else
               {
                   while(values.hasNext())
                   {
                       Record r=values.next();
                       String[] v=r.getString(0).split("_");
                       System.out.println("v="+v);
                       String[] xarray=v[1].split(" ");
                       double[] xi=new double[xarray.length+1];
                       xi[0]=1;
                       for(int i=1;i<xi.length;i++)
                       {
                           xi[i]=Double.valueOf(xarray[i-1]);
                       }
                       refreshEth(eth,Double.valueOf(v[0]),xi,alpha);
                   }
```

```
                    }
                }
            }
        }

    public static void main(String[] args) throws Exception {

        int count=3;
        double alpha=0.001;
        JobConf job = new JobConf();
        job.setFloat("alpha",(float) alpha);
        job.setMapperClass(LinearRegressionMapper.class);
        job.setReducerClass(LinearRegressionReducer.class);
        job.setMapOutputKeySchema(SchemaUtils.fromString("key:string"));
        job.setMapOutputValueSchema(SchemaUtils.fromString("value:string"));
        InputUtils.addTable(TableInfo.builder().tableName("linearregression").
build(), job);
OutputUtils.addTable(TableInfo.builder().tableName("linearregression_output").
build(), job);

        RunningJob rj = JobClient.runJob(job);
        rj.waitForCompletion();
        int i=1;
        while(i<count)
        {
            i++;
            JobConf Rejob = new JobConf();
            Rejob.setFloat("alpha",(float) alpha);

                Rejob.setMapperClass(ReLinearRegressionMapper.class);
                Rejob.setReducerClass(ReLinearRegressionReducer.class);
                Rejob.setMapOutputKeySchema(SchemaUtils.
fromString("key:string"));
Rejob.setMapOutputValueSchema(SchemaUtils.fromString("value:string"));
InputUtils.addTable(TableInfo.builder().tableName("linearregression_output").build(),
Rejob);
InputUtils.addTable(TableInfo.builder().tableName("linearregression").build(),
Rejob);
OutputUtils.addTable(TableInfo.builder().tableName("linearregression_output").
build(), Rejob);

            rj = JobClient.runJob(Rejob);
            rj.waitForCompletion();
        }
    }
}
```

在运行过程中，首先建立表格 linearregression——输入数据存储表格。

```
Create table linearregression (y string,x string);
```

建立表格 linearregression_output——输出权值结果：

```
Create table linearregression_output (w string);
```

然后使用 jar -resources 运行，具体可参考阿里云用户手册。

11.3 关联规则挖掘算法

频繁模式是指频繁出现在数据集中的模式。频繁模式挖掘过程检索出了给定的数据集中反复出现的频繁项集。频繁模式挖掘的一个经典案例是购物篮分析，通过频繁模式挖掘，发现顾客放入购物篮中的商品之间的关联，分析顾客的购物习惯，从而得知哪些商品经常被顾客同时购买，进而制定更好的营销策略。比如，顾客购买了牛奶，有多大的可能也会购买面包？把牛奶和面包放在一起是否会增加二者的销售量？如果购买牛奶的同时购买面包的概率极大，那么，把牛奶和面包放在相隔较远的地方是否会增加两个货架之间的商品的销售量？频繁模式挖掘在许多领域中都有着很实际的应用。在医疗方面，患者患有某种疾病后，患其他一些疾病的概率可能会增大。通过挖掘患者患有几种疾病的频繁模式，有助于医生更好地为患者设计治疗方案并提供后续的预防建议。关联规则挖掘模型的具体介绍见本书3.2 节。

Apriori 算法是一种挖掘关联规则的频繁项集算法，其核心思想是通过候选集生成和情节的向下封闭检测来挖掘频繁项集。

1. Apriori 算法介绍

Apriori 算法的功能是寻找频繁项集，即满足给定的最小支持度 minsup 的项集。该算法使用了一种逐层搜索的迭代方法，给定一个候选 k 项集，只需要检查其 $k-1$ 项子集是否频繁。该搜索算法用到了项集的反向单调性，即如果一个项集是非频繁的，那么它的所有超集也是非频繁的。

该算法会对数据集进行多次遍历，其中，k 项集用于探索（$k+1$）项集。具体步骤如下：

1）扫描数据集，构建单项的集合，对所有单项的支持度计数，并收集满足最小支持度的项。找出频繁 1 项集的集合。

2）以上一次遍历所得到的频繁项集作为种子项集，构建新的候选项集，对新的候选项集的支持度进行计数，统计满足最小支持度的候选项集。该项集即为本次遍历最终确定的频繁项集。该频繁项集又作为下一次遍历的种子。

3）重复步骤 2，直到不能发现新的频繁项集。

其串行版本描述如下：

算法 11-2 Apriori 算法——使用逐层迭代的方法找出频繁项集

输入：
    D：事务数据库。
    minsup：最小支持度阈值。

输出：
    L：D 中的频繁项集。

```
(1) L1=find_frequent_1_itemsets(D);      // 找出频繁 1 项集 L1
(2) for(k=2; Lk-1 != null; k++){         // 循环、遍历; 产生候选, 并剪枝
(3)     Ck = apriori_gen( Lk-1);         // 由 L(k-1) × L(k-1) 产生新的候选 Ck
(4)     foreach 事务 t in D {
(5)         Ct = subset(Ck, t);          // 扫描事务集 D, 识别候选集 Ck 中属于 t 的所有候选
(6)         foreach c in Ct
(7)           c.count++;                 // 对候选 c 累加计数
(8)     }
(9)     Lk = {c in Ck | c.count>=minsup}
(10)}
```

```
（11）return 所有的频繁集；

Producer apriori_gen(Lk-1)
（1）foreach l1 in Lk-1
（2）    foreach l2 in Lk-1
（3）            if( (l1[1]=l2[1])&&( l1[2]=l2[2])&&…&& (l1[k-2]=l2[k-2])&&(l1
[k-1]<l2[k-1]) ) then{
（4）        c=l1 × l2;                          // 连接步，产生候选
（5）        if has_infrequent_subset(c, Lk-1 ) then // 若k-1项集中已经存在子集c，则进行剪枝
（6）            delete c;                        // 剪枝，删除非频繁候选
（7）        else add c to Ck;
（8）        }
（9）Return Ck;

Procedure has_infrequent_subset(c, Lk-1)      // 验证k-1项子集s是否属于Lk-1
（1）foreach (k-1) subset s of c
（2）    if s 不属于 Lk-1 then
（3）            return true;
（4）return false;
```

在这个算法中，apriori_gen 函数主要完成连接和剪枝两个操作。在连接部分，L_{k-1} 与 L_{k-1} 进行并运算生成潜在的候选集（步骤 1～4）。步骤 3 保证了不会生成重复的候选集。在剪枝部分，根据先验性质，即频繁项集的所有非空子集也一定是频繁的，删除具有非频繁子集的候选（步骤 5）。

2. Apriori 算法的评价和优化

Apriori 算法有如下缺点：

1）由 L_{k-1} 生成的 L_k 数量巨大。

2）验证候选频繁 k 项集，对每个候选计数时需要对整个事务数据库 D 进行扫描，非常耗时。

针对这些缺点，研究人员提出了一些优化方法：

1）基于散列的技术。项集散列到对应的桶中，压缩候选 k 项集的集合 C_k。

2）事务压缩。压缩进一步迭代扫描的事务数。

3）划分。为快速找到候选项集划分数据。

4）抽样。在给定的数据的一个子集上挖掘，选取给定数据库 D 的随机样本 S，在 S 中搜索频繁项集。

5）动态项集计数。在扫描的不同点添加候选项集。

3. 基于 MapReduce 的 Apriori 算法

该算法可以很自然地利用 MapReduce 模型并行化，其中并行可用于扫描事务集，识别候选的频繁项集过程中，共有两轮 MapReduce。

在第一轮 MapReduce 中，在 Map 阶段进行事务数据库的扫描，得到频繁 1 项集。

在 setup 阶段，获取一个全局的 counter，用来保存全局事务的个数。

然后在 Map 函数中进行特征值的分割，输出的 key 为相应的特征值，value 为对应的事务。

在 Combiner 中，因为 MapReduce 会对同一个 key 进行聚集，所以首先获取 Map 中全局的事务个数，在 Combiner 中，获取用户设置的支持度，根据 key 的个数判断是否为频繁项集。如果是频繁项集，将 key 输出到 Reduce 中，保存到本地。

相应的代码如下:

```java
public static class AprioriMapper extends MapperBase {

    Record key;
    Record value;
    Counter gCnt;

    @Override
    public void setup(TaskContext context) throws IOException {
        key = context.createMapOutputKeyRecord();
        value = context.createMapOutputValueRecord();
        gCnt = context.getCounter("apriori", "counts");
    }

    @Override
    public void Map(long recordNum, Record record, TaskContext context) throws
IOException {
        String[] var=record.getString(0).split("-");
        gCnt.increment(1);
        for (String w : var) {
            key.setString(0,w);
            value.setString(0,record.getString(0));
            context.write(key, value);
        }
    }
}

/**
* A combiner class that combines Map output by sum them.
*/
public static class AprioriCombiner extends ReducerBase {
    private Record k;
    private Record value;
    // 定义的最小支持度
    private long AllowCount;
    @Override
    public void setup(TaskContext context) throws IOException {
        k = context.createMapOutputValueRecord();
        value=context.createMapOutputValueRecord();
        long allcount=context.getCounter("apriori", "counts").getValue();
        float p=context.getJobConf().getFloat("P",(float) 0.1);
        AllowCount=(long)Math.round(allcount*p);
    }

    @Override
    public void reduce(Record key, Iterator<Record> values, TaskContext context)
throws IOException {
        long c = 0;
        while (values.hasNext()) {
        Record val = values.next();
        context.write(key, val);
        c++;
        }
        c=c/key.getString(0).split(",").length;
    if(c>=AllowCount)
```

```
            {
                k.setString(0,"0");
                value.setString(0,key.getString(0));
                context.write(k, value);
            }
        }
    }

    /**
    * A reducer class that just emits the sum of the input values.
    */
    public static class AprioriReducer extends ReducerBase {
        private Record outResult;
        @Override
        public void setup(TaskContext context) throws IOException {
            outResult=context.createOutputRecord();
        }
        @Override
        public void reduce(Record key, Iterator<Record> values, TaskContext
context) throws IOException {
            if(key.getString(0).equals("0"))
            {
                while (values.hasNext()) {
                    Record val = values.next();
                    outResult.set(0,val.getString(0));
                    context.write(outResult);
                }
            }
        }
    }
}
```

在第一轮 MapReduce 结束后，产生频繁 1 项集，产生频繁 k 项集需要频繁 k–1 项集的结果，这里涉及频繁项集的剪枝操作，对于频繁 k 项集 A 和 B，只有当 A 和 B 中至少有 k–1 项相同时，A 和 B 才可以进行合并。

在 Map 中，首先读取频繁 k–1 项集，然后进行剪枝操作，得到频繁 k 项集的候选项集。其中，Map 的输出中 key 为频繁 k 项集的候选项集，value 为相应的事务。

在 Reduce 阶段中，会根据 key 进行聚集，通过 Iterator 迭代计算出现的次数，判断是否满足最低支持度，将满足的 key 进行输出，形成新的频繁 k 项集。

对应的代码如下：

```
public static class ReAprioriMapper extends MapperBase {

    Record key;
    Record value;
    Record k;
    Record v;
    Counter gCnt;
    ArrayList<String> list=new ArrayList();
    // 判断两个频繁项集是否可以进行连接，条件为两个 k 项集如果想要连接成 k+1 项，必须有 k-1 项一样
    public String canConcact(String var1,String var2)
    {
        TreeSet<String> set=new TreeSet<String>();
        String[] var3=var1.split(",");
```

```
            for(String str:var3)
                {
                    set.add(str.trim());
                }
        String[] var4=var2.split(",");
        for(String str:var4)
                {
                    set.add(str.trim());
                }
        if(set.size()<=var3.length+1)
        {
                        return set.toString().substring(1,set.toString().length()-1);
                }
                return null;
        }
        public ArrayList<String> getAll(ArrayList<String> list)
        {
            ArrayList<String> resultlist=new ArrayList();
            TreeSet<String> set=new TreeSet<String>();
            for(int i=0;i<list.size()-1;i++)
            {
                for(int j=i+1;j<list.size();j++)
                {
                    String str=canConcact(list.get(i),list.get(j));
                    if(str!=null)
                    {
                        set.add(str);
                    }
                }
            }
            resultlist.addAll(set);
            return resultlist;
        }
        @Override
        public void setup(TaskContext context) throws IOException {
            key = context.createMapOutputKeyRecord();
            value = context.createMapOutputValueRecord();
            k = context.createMapOutputKeyRecord();
            v = context.createMapOutputValueRecord();
            gCnt = context.getCounter("apriori", "counts");
            gCnt.setValue(context.getJobConf().getLong("globalcount", 0));
        }

        @Override
        public void cleanup(TaskContext context) throws IOException {
            // TODO Auto-generated method stub
            // 将候选的频繁项写入

        if(context.getInputTableInfo().getTableName().equals("apriori_output"))
            {
                ArrayList<String> resultlist=getAll(list);
                System.out.println("new list="+resultlist);
                key.setString(0,"0");
                for(int i=0;i<resultlist.size();i++)
                {
                    value.setString(0,resultlist.get(i));
```

```java
                        context.write(key, value);
                }
            }
        }

        @Override
        public void Map(long recordNum, Record record, TaskContext context)
throws IOException {
    if(context.getInputTableInfo().getTableName().equals("apriori_output"))
            {
                list.add(record.getString(0));
                System.out.println("list="+list);
            }
            else
            {
                key.setString(0,"1");
                value.setString(0,getRecordString(record));
                context.write(key, value);
            }
        }
    }
    public static class ReAprioriReducer extends ReducerBase {
        private Record result;
        private long AllowCount;
        HashMap<String,Long> Map=new HashMap();
        public void refreshMap(String var)
        {
            for(Map.Entry<String, Long> entry:Map.entrySet())
            {
                String str=entry.getKey();
                long m=entry.getValue();
                String[] var1=str.split(",");
                boolean add=true;
                for(int i=0;i<var1.length;i++)
                {
                    if(!var.contains(var1[i].trim()))
                    {
                        add=false;
                    }
                }
                if(add)
                {
                    Map.put(str, m+1);
                }
            }
        }
        @Override
        public void setup(TaskContext context) throws IOException {
            result = context.createOutputRecord();
            long allcount=context.getJobConf().getLong("globalcount",1);

            float p=context.getJobConf().getFloat("P",(float) 0.1);
            AllowCount=(long) Math.round(allcount*p);
        }

        @Override
```

```
            public void cleanup(TaskContext context) throws IOException {
                // TODO Auto-generated method stub
                for(Map.Entry<String, Long> entry:Map.entrySet())
                {
                    if(entry.getValue()>=AllowCount)
                    {
                        result.setString(0,entry.getKey());
                        context.write(result);
                    }
                }
            }
            @Override
            public void reduce(Record key, Iterator<Record> values, TaskContext
context) throws IOException {
                System.out.println("reduce key="+key.getString(0));
                    if(key.getString(0).equals("0"))
                    {
                        while (values.hasNext()) {
                            Record val = values.next();
                            Map.put(val.getString(0),(long) 0);
                        }
                    }
                    else
                    {
                        while (values.hasNext()) {
                            Record val = values.next();
                            System.out.println(val.getString(0));
                            refreshMap(val.getString(0));
                        }
                    }
            }
        }
    public static void main(String[] args) throws Exception {

            // 表示获取频繁 3 项集
            int A=3;
        JobConf job = new JobConf();
        job.setMapperClass(AprioriMapper.class);
        job.setCombinerClass(AprioriCombiner.class);
        job.setReducerClass(AprioriReducer.class);
        job.setFloat("P",(float) 0.2);
        job.setMapOutputKeySchema(SchemaUtils.fromString("key:string"));
        job.setMapOutputValueSchema(SchemaUtils.fromString("value:string"));
            InputUtils.addTable(TableInfo.builder().tableName("apriori_input").
build(), job);
            OutputUtils.addTable(TableInfo.builder().tableName("apriori_output").
build(), job);

        RunningJob rj = JobClient.runJob(job);
        rj.waitForCompletion();
        int count=0;

        while(count<A-1 )
        {
            count++;
```

```
                    long globalcount= rj.getCounters().findCounter("apriori",
"counts").getValue();
                    System.out.println("globalcount="+globalcount);
                JobConf rejob = new JobConf();
                rejob.setLong("globalcount",globalcount);
                rejob.setMapperClass(ReAprioriMapper.class);
                rejob.setReducerClass(ReAprioriReducer.class);
                rejob.setFloat("P",(float) 0.2);
        rejob.setMapOutputKeySchema(SchemaUtils.fromString("key:string"));
        rejob.setMapOutputValueSchema(SchemaUtils.fromString("value:string"));
        InputUtils.addTable(TableInfo.builder().tableName("apriori_output").build(),
rejob);
        InputUtils.addTable(TableInfo.builder().tableName("apriori_input").build(),
rejob);
        OutputUtils.addTable(TableInfo.builder().tableName("apriori_output").build(),
rejob);

                RunningJob rerj = JobClient.runJob(rejob);
                rerj.waitForCompletion();
        }
    }
```

首先建立 apriori_input 表。

```
Create table apriori_input (col1 string);
```

建立 apriori_output 表。

```
Create table apriori_output(col1 string);
```

使用 tunnel upload 上传数据。

使用 jar -resources 运行，具体可参考阿里云用户手册。

11.4　分类算法

分类是把一个数据对象集中的对象划分为已知类别的过程，即通过学习得到一个目标函数 f，并通过 f 把数据对象集中的对象 x 映射到预先定义的类别标号 y。类别标号 y 一定是离散的，这也是分类不同于回归的关键特征。在回归过程中，预测的目标属性 y 是连续的。分类算法在大数据分析的过程中有很多应用，如性能预测、医疗诊断、定向营销等。合理地进行分类分析可以帮助用户更好地理解数据中包含的信息。

假设一家医院需要为不同的客户提供心脑血管疾病的预防方案。众所周知，有几种不同的因素影响着心脑血管疾病发生的概率，如是否抽烟、是否喝酒、工作负荷、情绪状况（是否易怒）、饮食习惯、锻炼习惯、是否有家族遗传史等。通过学习，我们得到了一个分类模型，知道了在各种因素的不同组合下，心脑血管疾病发生的概率。假设类别 A（患病风险极低）、B（患病风险低）、C（患病风险适中）、D（患病风险高）、E（患病风险极高）对应着从低到高的不同的发生概率区间。针对不同的用户，我们能通过这个模型，根据其个人特质和生活习惯等，预测他属于 A ～ E 的哪类人群，然后为其提供不同的、人性化的预防方案。分类模型在本书第 4 章中进行了详细的介绍。

11.4.1 二分类算法

11.4.1.1 线性支持向量机

1. 支持向量机的优化策略

支持向量机的训练算法的串行版本已在 4.3.1 节中介绍过，此外不再赘述，主要介绍 SVM 算法的几种优化策略：

1）"块算法"。通过某种迭代方式逐步排除非支持向量。具体做法是：选择一部分样本构成工作样本进行训练，剔除其中的非支持向量，并用训练结果对剩余样本进行检验，将不符合训练结果的样本与本次结果的支持向量合并为一个新的工作样本集，然后重新训练，直到获得最优结果。

2）把问题分解为固定样本数的子问题。工作样本集的大小固定在算法速度可容忍的范围内，迭代过程中只是将剩余样本中部分情况最糟的样本与工作样本集中的样本进行等量交换，即使支持向量的个数超过工作样本集的大小，也不改变工作样本集的规模，而只是对支持向量中的一部分进行优化。

3）SMO 算法。将工作样本集的规模减到最小，即两个样本。

4）序列优化。确定单个样本加入工作样本集后对训练结果的影响，这样出现新的样本时就可以利用原来的训练结果而不必重新开始，简化寻优过程，提高算法速度。

2. 支持向量机算法的 MapReduce 实现

支持向量机的实现算法是一个迭代算法，因而其并行版本需要规定 MapReduce 轮数或者增加收敛检测模块。

下面介绍基于多轮 MapReduce 迭代实现的 SVM 算法，其输入是用户设定的学习率 *alpha*、样本数据及用户设定的 MapReduce 轮数，输出是测试样本的预测输出。

在第 1 轮 MapReduce 中，在 setup 函数中，读取用户设定的学习率 *alpha*。在 map 函数中，首先初始化参数数组，然后对于读取的每一个样本进行判断，确定它们是否满足 $y_i(w*x_i) > 0$，如果不满足，更新权值。这里采用的是随机梯度下降算法。

在 cleanup 函数中，将权值进行写入。

在第 *k* 轮 MapReduce 中，读取上一轮 MapReduce 的权值，重复上述步骤，直至达到用户设定的 MapReduce 轮数。

其实现代码如下：

```
package com.novas.svm;
import java.io.IOException;
import java.util.Iterator;

import com.aliyun.odps.data.Record;
import com.aliyun.odps.data.TableInfo;
import com.aliyun.odps.Mapred.JobClient;
import com.aliyun.odps.Mapred.MapperBase;
import com.aliyun.odps.Mapred.ReducerBase;
import com.aliyun.odps.Mapred.RunningJob;
import com.aliyun.odps.Mapred.conf.JobConf;
import com.aliyun.odps.Mapred.utils.InputUtils;
import com.aliyun.odps.Mapred.utils.OutputUtils;
import com.aliyun.odps.Mapred.utils.SchemaUtils;
```

```java
public class svm {

    public static double getSum(double[] eth,double[] xi)
    {
        double sum=0;
        for(int i=0;i<eth.length;i++)
        {
            sum=sum+eth[i]*xi[i];
        }
        return sum;
    }
    //eth是参数因子，y是输出，xi是输入向量，e是学习率
    public static void refreshEth(double[] eth,double y,double[] xi,double e)
    {
        for(int i=0;i<eth.length;i++)
        {
            eth[i]=eth[i]+e*y*xi[i];
        }
    }
}

    public static class SVMMapper extends MapperBase {

        Record key;
        Record value;
        // 表示参数数组
        double[] eth;
        double alpha;
        @Override
        public void setup(TaskContext context) throws IOException {
            key=context.createMapOutputKeyRecord();
            value=context.createMapOutputValueRecord();
            alpha=context.getJobConf().getFloat("alpha",(float) 0.001);
        }

        @Override
        public void cleanup(TaskContext context) throws IOException {
            // TODO Auto-generated method stub
            StringBuilder sb=new StringBuilder();
            int i=0;
            for( i=0;i<eth.length-1;i++)
            {
                sb.append(eth[i]).append(",");
            }
            sb.append(eth[i]);
            key.setString(0,"0");
            value.setString(0,sb.toString());
            context.write(key,value);
        }

        @Override
        public void Map(long recordNum, Record record, TaskContext context)
throws IOException {
            double y=Double.valueOf(record.getString(0));
            String v=record.getString(1);
            String[] xarray=v.split(" ");
            double[] xi=new double[xarray.length+1];
            xi[0]=1;
```

```
                for(int i=1;i<xi.length;i++)
                {
                    xi[i]=Double.valueOf(xarray[i-1]);
                }
                // 初始化参数数组
                if(eth==null)
                {
                    eth=new double[xarray.length+1];
                    for(int i=0;i<eth.length;i++)
                    {
                        eth[i]=0;
                    }
                }
                // 不满足条件的点，更新参数
                if(y*getSum(eth,xi)<=0)
                {
                    refreshEth(eth,y,xi,alpha);
                }
            }
        }


        /**
        * A combiner class that combines Map output by sum them.
        */
        public static class SVMReducer extends ReducerBase {
            private Record result;

            @Override
            public void setup(TaskContext context) throws IOException {
                result = context.createOutputRecord();
            }

            @Override
             public void reduce(Record key, Iterator<Record> values, TaskContext
context) throws IOException {                while (values.hasNext()) {
                Record val = values.next();
                result.setString(0,val.getString(0));
                context.write(result);
            }
        }
    }
    // 进行多次计算
        public static class ReSVMMapper extends MapperBase {

            Record key;
            Record value;

            @Override
            public void setup(TaskContext context) throws IOException {
                key=context.createMapOutputKeyRecord();
                value=context.createMapOutputValueRecord();
                System.out.println("读取");
            }

            @Override
                public void Map(long recordNum, Record record, TaskContext
```

```
context) throws IOException {
                        if(context.getInputTableInfo().getTableName().equals("svm_
train_output"))
                    {
                        key.setString(0,"0");
                        value.setString(0,record.getString(0));
                        context.write(key, value);
                    }
                    else
                    {
                        key.setString(0,"1");
                        value.setString(0,record.getString(0)+"_"+record.
getString(1));
                        context.write(key, value);
                    }
                }
            }

            /**
             * A combiner class that combines Map output by sum them.
             */
            public static class ReSVMReducer extends ReducerBase {
                private Record result;
                // 表示参数数组
                double[] eth;
                double alpha;
                @Override
                public void setup(TaskContext context) throws IOException {
                    result = context.createOutputRecord();
                    alpha=context.getJobConf().getFloat("alpha",(float) 0.01);

                }

                @Override
                public void cleanup(TaskContext context) throws IOException {
                    // TODO Auto-generated method stub
                    StringBuilder sb=new StringBuilder();
                    int i=0;
                    for( i=0;i<eth.length-1;i++)
                    {
                        sb.append(eth[i]).append(",");
                    }
                    sb.append(eth[i]);
                    result.setString(0,sb.toString());
                    context.write(result);                    }

                @Override
                public void reduce(Record key, Iterator<Record> values, TaskContext
context) throws IOException {                    while (values.hasNext()) {
                        System.out.println("key="+key.getString(0));
                        if(key.getString(0).equals("0"))
                        {
                            String[] var=values.next().getString(0).split(",");
                            eth=new double[var.length];
                            for(int i=0;i<var.length;i++)
                            {
```

```
                                        eth[i]=Double.valueOf(var[i]);
                                    }
                                }
                                else
                                {
                                    while(values.hasNext())
                                    {
                                        Record r=values.next();
                                        String[] v=r.getString(0).split("_");
                                        System.out.println("v="+v);
                                        String[] xarray=v[1].split(" ");
                                        double[] xi=new double[xarray.length+1];
                                        xi[0]=1;
                                        for(int i=1;i<xi.length;i++)
                                        {
                                            xi[i]=Double.valueOf(xarray[i-1]);
                                        }
                                        refreshEth(eth,Double.valueOf(v[0]),xi,alpha);
                                    }
                                }
                            }
                        }
                    }
        // 进行预测的job
                public static class PredictSVMMapper extends MapperBase {

                    Record key;
                    Record value;

                    @Override
                    public void setup(TaskContext context) throws IOException {
                        key=context.createMapOutputKeyRecord();
                        value=context.createMapOutputValueRecord();
                    }

                    @Override
                    public void Map(long recordNum, Record record, TaskContext
context) throws IOException {
    if(context.getInputTableInfo().getTableName().equals("svm_train_output"))
                        {
                            key.setString(0,"0");
                            value.setString(0,record.getString(0));
                            context.write(key, value);
                        }
                        else
                        {
                            key.setString(0,"1");
                            value.setString(0,record.getString(0));
                            context.write(key, value);
                        }
                    }
                }

                /**
                * A combiner class that combines Map output by sum them.
```

```
        */
        public static class PredictSVMReducer extends ReducerBase {
            private Record result;
            // 表示参数数组
            double[] eth;
            double alpha;
            @Override
            public void setup(TaskContext context) throws IOException {
                result = context.createOutputRecord();
                alpha=context.getJobConf().getFloat("alpha",(float) 0.01);

            }


            @Override
            public void reduce(Record key, Iterator<Record> values,
TaskContext context) throws IOException {                    while (values.hasNext()) {
                System.out.println("key="+key.getString(0));
                if(key.getString(0).equals("0"))
                {
                    String[] var=values.next().getString(0).split(",");
                    eth=new double[var.length];
                    for(int i=0;i<var.length;i++)
                    {
                        eth[i]=Double.valueOf(var[i]);
                    }
                }
                else
                {
                    while(values.hasNext())
                    {
                        Record r=values.next();
                        String[] xarray=r.getString(0).split(" ");
                        double[] xi=new double[xarray.length+1];
                        xi[0]=1;
                        for(int i=1;i<xi.length;i++)
                        {
                            xi[i]=Double.valueOf(xarray[i-1]);
                        }
                        double h=0;
                        for(int i=0;i<xi.length;i++)
                        {
                            h=h+eth[i]*xi[i];
                        }
                        if(h>=0)
                        {
                            result.setString(0,"1");
                        }
                        else
                        {
                            result.setString(0,"-1");
                        }
                        result.setString(1,r.getString(0));
                        context.write(result);
                    }
                }
```

```
                }
            }
        }
            public static void main(String[] args) throws Exception {

            int count=3;
            double alpha=0.01;
            JobConf job = new JobConf();
            job.setFloat("alpha",(float) alpha);
            job.setMapperClass(SVMMapper.class);
            job.setReducerClass(SVMReducer.class);
            job.setMapOutputKeySchema(SchemaUtils.fromString("key:string"));
            job.setMapOutputValueSchema(SchemaUtils.fromString("value:string"));
            InputUtils.addTable(TableInfo.builder().tableName("svm_train_input").
build(), job);
                    OutputUtils.addTable(TableInfo.builder().tableName("svm_train_
output").build(), job);

            RunningJob rj = JobClient.runJob(job);
            rj.waitForCompletion();
            int i=1;
            while(i<count)
            {
                i++;
                JobConf Rejob = new JobConf();
                Rejob.setFloat("alpha",(float) alpha);

                Rejob.setMapperClass(ReSVMMapper.class);
                Rejob.setReducerClass(ReSVMReducer.class);
                Rejob.setMapOutputKeySchema(SchemaUtils.fromString("key:string"));
        Rejob.setMapOutputValueSchema(SchemaUtils.fromString("value:string"));
        InputUtils.addTable(TableInfo.builder().tableName("svm_train_output").build(),
Rejob);
        InputUtils.addTable(TableInfo.builder().tableName("svm_train_input").build(),
Rejob);
        OutputUtils.addTable(TableInfo.builder().tableName("svm_train_output").build(),
Rejob);

                rj = JobClient.runJob(Rejob);
                rj.waitForCompletion();
            }
            // 预测job
            JobConf predictjob = new JobConf();
            predictjob.setFloat("alpha",(float) alpha);
            predictjob.setMapperClass(PredictSVMMapper.class);
            predictjob.setReducerClass(PredictSVMReducer.class);
            predictjob.setMapOutputKeySchema(SchemaUtils.fromString("key:string"));
            predictjob.setMapOutputValueSchema(SchemaUtils.fromString
("value:string"));
            InputUtils.addTable(TableInfo.builder().tableName("svm_train_
output").build(), predictjob);
            InputUtils.addTable(TableInfo.builder().tableName("svm_predict_
input").build(), predictjob);
        OutputUtils.addTable(TableInfo.builder().tableName("svm_predict_output").
build(), predictjob);
```

```
        rj = JobClient.runJob(predictjob);
        rj.waitForCompletion();

    }
}
```

在运行过程中,首先建立训练输入表格(svm_train_input)。假设数据格式如下,其中第 1 列表示类别,第 2 列为样本数据:

```
0,-0.017612 14.053064
1,-1.395634 4.662541
0,-0.752157 6.538620
0,-1.322371 7.152853
Createt table svm_train_input(col1 string,col2 string);
```

然后建立训练输出表格,输出内容为权值。

```
Create table svm_train_output(col1 string);
```

建立预测表格。

```
Create table svm_predict_input(col1 string);
```

建立预测输出表格。

```
Create table svm_predict_output(col1 string,col2 string)
```

使用 jar-resources 运行,具体可参考阿里云用户手册。

11.4.1.2 逻辑回归二分类

在 4.3.2 节中我们介绍了逻辑回归,其中提到逻辑回归与多重线性回归实际上有很多相同之处,除去因变量不同这一区别,其他相差无几,都属于广义线性模型。

训练逻辑回归模型的常规步骤如下:

1)寻找 h 函数(即假设)。

2)构造 J 函数(损失函数)。

3)想办法使得 J 函数最小并求得回归参数(θ)。

1. 构造预测函数

对于线性边界的情况,其边界形式和预测函数及意义在第 4 章已经讨论过。我们仍然使用 sigmoid 函数作为预测函数,即

$$h_\theta(x) = g(\theta^T x) = \frac{1}{1 + e^{-\theta^T x}}$$

2. 构造损失函数

代价函数的定义为

$$Cost(h_\theta(x), y) = \begin{cases} -\log(h_\theta(x)), & y = 1 \\ -\log(1 - h_\theta(x)), & y = 0 \end{cases}$$

可以看出,如果预测值 $h_\theta(x)$ 为 0,而实际值 $y = 1$,代价函数会给予很大的惩罚;同理,如果预测值 $h_\theta(x)$ 为 1。而实际值 $y = 0$,代价函数会给予很大的惩罚。也就是说,误判是有很大代价的。相反,若预测值和真实值相等,代价为 0,则不给予惩罚。

损失函数定义为

$$J(\theta) = \frac{1}{m}\sum_{i=1}^{n} Cost\big(h_\theta(x_i), y_i\big) = -\frac{1}{m}\Big[\sum_{i=1}^{n} y_i \log h_\theta(x_i) + (1-y_i)\log\big(1-h_\theta(x_i)\big)\Big]$$

损失函数就是将 m 个样本的代价加和。

3. 求回归参数

在这里，我们介绍使用梯度下降法求最小值。

应用梯度下降方法，θ 更新为

$$\theta_j := \theta_j - \alpha \frac{\delta}{\delta_{\theta_j}} J(\theta)$$

下面推导 $\frac{\delta}{\delta_{\theta_j}} J(\theta)$

$$\frac{\delta}{\delta_{\theta_j}} J(\theta) = -\frac{1}{m}\left[\sum_{i=1}^{m} y_i \frac{1}{h_\theta(x_i)} \frac{\delta}{\delta_{\theta_j}} h_\theta(x_i) - (1-y_i)\frac{1}{1-h_\theta(x_i)}\frac{\delta}{\delta_{\theta_j}} h_\theta(x_i)\right]$$

$$= -\frac{1}{m}\sum_{i=1}^{m}\left[y_i \frac{1}{g(\theta^T x_i)} - (1-y_i)\frac{1}{1-g(\theta^T x_i)}\right]\frac{\delta}{\delta_{\theta_j}} g(\theta^T x_i)$$

$$= -\frac{1}{m}\sum_{i=1}^{m}\left[y_i \frac{1}{g(\theta^T x_i)} - (1-y_i)\frac{1}{1-g(\theta^T x_i)}\right]g(\theta^T x_i)\big(1-g(\theta^T x_i)\big)\frac{\delta}{\delta_{\theta_j}}\theta^T x_i$$

$$= -\frac{1}{m}\sum_{i=1}^{m}\left[y_i \frac{1}{g(\theta^T x_i)} - (1-y_i)\frac{1}{1-g(\theta^T x_i)}\right]g(\theta^T x_i)\big(1-g(\theta^T x_i)\big)x_i^j$$

$$= -\frac{1}{m}\sum_{i=1}^{m}\big(y_i - g(\theta^T x_i)\big)x_i^j$$

$$= -\frac{1}{m}\sum_{i=1}^{m}\big(h_\theta(x_i) - y_i\big)x_i^j$$

从而 θ 更新可以写成

$$\theta_j := \theta_j - \alpha \frac{1}{m}\sum_{i=1}^{m}\big(h_\theta(x_i) - y_i\big)x_i^j$$

关于逻辑回归问题中，我们接下来介绍正则化问题，因为它会影响分类结果。

4. 正则化

对于线性回归或逻辑回归的损失函数构成的模型，可能有些权值很大，有些权值很小，这就会导致过拟合（就是过分拟合了训练数据），使得模型的复杂度提高，泛化能力较差（对未知数据的预测能力较差）。过拟合问题往往源自过多的特征。特征较多时，常使用正则化方法，从而保留所有特征，但减少 θ 的大小。

正则化是结构风险最小化策略的实现，是在经验风险上加一个正则化项或惩罚项。正则化项一般是模型复杂度的单调递增函数，模型越复杂，正则化项就越大。

正则项可以取不同的形式，在回归问题中取平方损失，就是参数的 $L2$ 范数，也可以取 $L1$ 范数。取平方损失时，模型的损失函数变为

$$J(\theta) = \frac{1}{2m}\sum_{i=1}^{n}\left(h_{\theta}(x_i) - y_i\right)^2 + \lambda\sum_{j=1}^{n}\theta_j^2$$

其中，λ 是正则项系数，如果值很大，说明对模型的复杂度惩罚大，对拟合数据的损失惩罚小，这样它就不会过分拟合数据，在训练数据上的偏差较大，在未知数据上的方差较小，但是可能出现欠拟合的现象；如果 λ 的值很小，说明比较注重对训练数据的拟合，在训练数据上的偏差会小，但是可能会导致过拟合。

正则化后的梯度下降算法 θ 的更新变为

$$\theta_j := \theta_j - \alpha\frac{1}{m}\sum_{i=1}^{m}\left(h_{\theta}(x_i) - y_i\right)x_i^j - \frac{\lambda}{m}\theta_j$$

正则化后的线性回归公式为

$$\theta = \left(X^T X + \lambda\begin{pmatrix} 0 & & & & \\ & 1 & & & \\ & & 1 & & \\ & & & \ddots & \\ & & & & 1 \end{pmatrix}\right)^{-1} X^T Y$$

也有许多其他优化算法包括共轭梯度法、拟牛顿法、BFGS 方法、L-BFGS（内存受限的 BFGS 方法）等。后两者由拟牛顿法引申出来。与梯度下降算法相比，这些算法的优点有两个：第一，不需要手动选择步长；第二，通常比梯度下降算法快。但它们的缺点是更复杂。

5. 逻辑回归的 MapReduce 实现

下面介绍逻辑回归的 MapReduce 实现。在逻辑回归二分类中，主要通过 sigmoid 函数对线性回归的结果进行约束，约束到范围 0 ~ 1 中，通过随机梯度下降算法进行权值的计算。与 SVM 类似，该算法也是迭代算法，因而需要多轮 MapReduce。

其输入是用户设定的学习率 *alpha*、样本数据及用户设定的 MapReduce 轮数，当达到迭代次数时，算法停止。输出是测试样本的预测输出。

在 setup 函数中，读取 *alpha* 变量的值。在 map 函数中，对样本进行划分，得到因变量 *y* 和自变量 *x* 向量，利用随机梯度下降算法更新权值。在 cleanup 函数中，将得到的权值进行输出。

具体实现代码如下：

```
package com.novas.logisticTwo;
import java.io.IOException;
import java.util.Iterator;

import com.aliyun.odps.data.Record;
import com.aliyun.odps.data.TableInfo;
import com.aliyun.odps.Mapred.JobClient;
import com.aliyun.odps.Mapred.MapperBase;
import com.aliyun.odps.Mapred.ReducerBase;
import com.aliyun.odps.Mapred.RunningJob;
import com.aliyun.odps.Mapred.conf.JobConf;
import com.aliyun.odps.Mapred.utils.InputUtils;
import com.aliyun.odps.Mapred.utils.OutputUtils;
import com.aliyun.odps.Mapred.utils.SchemaUtils;
```

```java
public class logisticregression {
    public static double sigmoid(double src)
    {
        return 1/(1+Math.exp(-src));
    }
    //eth是参数因子, y是输出, xi是输入向量, e是学习率
    public static void refreshEth(double[] eth,double y,double[] xi,double e)
    {
        double h=0;
        for(int i=0;i<xi.length;i++)
        {
            h=h+eth[i]*xi[i];
        }
        h=sigmoid(h);
//      System.out.println("y="+(y-h));
        for(int i=0;i<eth.length;i++)
        {
            eth[i]=eth[i]+e*(y-h)*xi[i];
        }
    }
    public static class LinearRegressionMapper extends MapperBase {

            Record key;
            Record value;
            // 表示参数数组
            double[] eth;
            double alpha;
            @Override
            public void setup(TaskContext context) throws IOException {
                key=context.createMapOutputKeyRecord();
                value=context.createMapOutputValueRecord();
                alpha=context.getJobConf().getFloat("alpha",(float) 0.001);
            }

            @Override
            public void cleanup(TaskContext context) throws IOException {
                // TODO Auto-generated method stub
                StringBuilder sb=new StringBuilder();
                int i=0;
                for( i=0;i<eth.length-1;i++)
                {
                    sb.append(eth[i]).append(",");
                }
                sb.append(eth[i]);
                key.setString(0,"0");
                value.setString(0,sb.toString());
                context.write(key,value);
            }

            @Override
            public void Map(long recordNum, Record record, TaskContext context)
throws IOException {
                System.out.println("count="+record.getColumnCount());
                double y=Double.valueOf(record.getString(0));
                String v=record.getString(1);
```

```java
                String[] xarray=v.split(" ");
                double[] xi=new double[xarray.length+1];
                xi[0]=1;
                for(int i=1;i<xi.length;i++)
                {
                    xi[i]=Double.valueOf(xarray[i-1]);
                }
                if(eth==null)
                {
                    eth=new double[xarray.length+1];
                    for(int i=0;i<eth.length;i++)
                    {
                        eth[i]=1;
                    }
                }
                refreshEth(eth,y,xi,alpha);
                StringBuilder sb=new StringBuilder();
                int i=0;
                for( i=0;i<eth.length-1;i++)
                {
                    sb.append(eth[i]).append(",");
                }
                sb.append(eth[i]);
                // System.out.println(sb.toString());
            }
        }


        /**
         * A combiner class that combines Map output by sum them.
         */
        public static class LinearRegressionReducer extends ReducerBase {
            private Record result;

            @Override
            public void setup(TaskContext context) throws IOException {
                result = context.createOutputRecord();
            }

            @Override
            public void reduce(Record key, Iterator<Record> values, TaskContext
context) throws IOException {                      while (values.hasNext()) {
                Record val = values.next();
                result.setString(0,val.getString(0));
                context.write(result);
            }
        }
    }
    // 进行多次计算
        public static class ReLinearRegressionMapper extends MapperBase {

            Record key;
            Record value;

            @Override
            public void setup(TaskContext context) throws IOException {
                key=context.createMapOutputKeyRecord();
```

```
                    value=context.createMapOutputValueRecord();
                    System.out.println(" 读取 ");
            }

            @Override
                public void Map(long recordNum, Record record, TaskContext
context) throws IOException {
                    if(context.getInputTableInfo().getTableName().equals("logisticre-
gression_two_train_output"))
                    {
                        key.setString(0,"0");
                        value.setString(0,record.getString(0));
                        context.write(key, value);
                    }
                    else
                    {
                        key.setString(0,"1");
                        value.setString(0,record.getString(0)+"_"+record.
getString(1));
                        context.write(key, value);
                    }
                    /*
                    System.out.println("count="+record.getColumnCount());
                    double y=Double.valueOf(record.getString(0));
                    String v=record.getString(1);
                    String[] xarray=v.split(" ");
                    double[] xi=new double[xarray.length+1];
                    xi[0]=1;
                    for(int i=1;i<xi.length;i++)
                    {
                        xi[i]=Double.valueOf(xarray[i-1]);
                    }
                    if(eth==null)
                    {
                        eth=new double[xarray.length+1];
                        for(int i=0;i<eth.length;i++)
                        {
                            eth[i]=1;
                        }
                    }
                    refreshEth(eth,y,xi,0.001);
                    StringBuilder sb=new StringBuilder();
                    int i=0;
                    for( i=0;i<eth.length-1;i++)
                    {
                        sb.append(eth[i]).append(",");
                    }
                    sb.append(eth[i]);
                    System.out.println(sb.toString());
                    */
                }
            }

            /**
            * A combiner class that combines Map output by sum them.
            */
```

```java
public static class ReLinearRegressionReducer extends ReducerBase {
    private Record result;
    // 表示参数数组
    double[] eth;
    double alpha;
    @Override
    public void setup(TaskContext context) throws IOException {
        result = context.createOutputRecord();
        alpha=context.getJobConf().getFloat("alpha",(float) 0.01);

    }

    @Override
    public void cleanup(TaskContext context) throws IOException {
        // TODO Auto-generated method stub
        StringBuilder sb=new StringBuilder();
        int i=0;
        for( i=0;i<eth.length-1;i++)
        {
            sb.append(eth[i]).append(",");
        }
        sb.append(eth[i]);
        result.setString(0,sb.toString());
        context.write(result);                    }

    @Override
        public void reduce(Record key, Iterator<Record> values,
TaskContext context) throws IOException {                while (values.hasNext()) {
        System.out.println("key="+key.getString(0));
            if(key.getString(0).equals("0"))
        {
            String[] var=values.next().getString(0).split(",");
            eth=new double[var.length];
            for(int i=0;i<var.length;i++)
            {
                eth[i]=Double.valueOf(var[i]);
            }
        }
        else
        {
            while(values.hasNext())
            {
                Record r=values.next();
                String[] v=r.getString(0).split("_");
                System.out.println("v="+v);
                String[] xarray=v[1].split(" ");
                double[] xi=new double[xarray.length+1];
                xi[0]=1;
                for(int i=1;i<xi.length;i++)
                {
                    xi[i]=Double.valueOf(xarray[i-1]);
                }
                refreshEth(eth,Double.valueOf(v[0]),xi,alpha);
            }
        }
    }
```

```
                }
            }
    // 进行预测的 job
            public static class PredictLinearRegressionMapper extends MapperBase
{

            Record key;
            Record value;

            @Override
            public void setup(TaskContext context) throws IOException {
                key=context.createMapOutputKeyRecord();
                value=context.createMapOutputValueRecord();
                System.out.println("读取");
            }

            @Override
            public void Map(long recordNum, Record record, TaskContext
context) throws IOException {
                            if(context.getInputTableInfo().getTableName().
equals("logisticregression_two_train_output"))
                    {
                        key.setString(0,"0");
                        value.setString(0,record.getString(0));
                        context.write(key, value);
                    }
                    else
                    {
                        key.setString(0,"1");
                        value.setString(0,record.getString(0));
                        context.write(key, value);
                    }
                }
            }

            /**
            * A combiner class that combines Map output by sum them.
            */
            public static class PredictLinearRegressionReducer extends
ReducerBase {
            private Record result;
            // 表示参数数组
            double[] eth;
            double alpha;
            @Override
            public void setup(TaskContext context) throws IOException {
                result = context.createOutputRecord();
                alpha=context.getJobConf().getFloat("alpha",(float) 0.01);

            }

            @Override
            public void reduce(Record key, Iterator<Record> values,
TaskContext context) throws IOException {                     while (values.hasNext()) {
                    System.out.println("key="+key.getString(0));
                        if(key.getString(0).equals("0"))
```

```
                    {
                        String[] var=values.next().getString(0).split(",");
                        eth=new double[var.length];
                        for(int i=0;i<var.length;i++)
                        {
                            eth[i]=Double.valueOf(var[i]);
                        }
                    }
                    else
                    {
                        while(values.hasNext())
                        {
                            Record r=values.next();
                            String[] xarray=r.getString(0).split(" ");
                            double[] xi=new double[xarray.length+1];
                            xi[0]=1;
                            for(int i=1;i<xi.length;i++)
                            {
                                xi[i]=Double.valueOf(xarray[i-1]);
                            }
                            double h=0;
                            for(int i=0;i<xi.length;i++)
                            {
                                h=h+eth[i]*xi[i];
                            }
                            h=sigmoid(h);
                            if(h>=0.5)
                            {
                                result.setString(0,"1");
                            }
                            else
                            {
                                result.setString(0,"0");
                            }
                            result.setString(1,r.getString(0));
                            context.write(result);
                        }
                    }
                }
            }
        }
    }
    public static void main(String[] args) throws Exception {

        int count=3;
        double alpha=0.01;
        JobConf job = new JobConf();
        job.setFloat("alpha",(float) alpha);
        job.setMapperClass(LinearRegressionMapper.class);
        job.setReducerClass(LinearRegressionReducer.class);
        job.setMapOutputKeySchema(SchemaUtils.fromString("key:string"));
        job.setMapOutputValueSchema(SchemaUtils.fromString("value:string"));
    InputUtils.addTable(TableInfo.builder().tableName("logisticregression_two_train_
input").build(), job);
    OutputUtils.addTable(TableInfo.builder().tableName("logisticregression_two_train_
output").build(), job);
```

```
RunningJob rj = JobClient.runJob(job);
rj.waitForCompletion();
int i=1;
while(i<count)
{
    i++;
    JobConf Rejob = new JobConf();
    Rejob.setFloat("alpha",(float) alpha);

        Rejob.setMapperClass(ReLinearRegressionMapper.class);
        Rejob.setReducerClass(ReLinearRegressionReducer.class);
        Rejob.setMapOutputKeySchema(SchemaUtils.fromString("key:string"));
Rejob.setMapOutputValueSchema(SchemaUtils.fromString("value:string"));
InputUtils.addTable(TableInfo.builder().tableName("logisticregression_two_train_
output").build(), Rejob);
InputUtils.addTable(TableInfo.builder().tableName("logisticregression_two_train_
input").build(), Rejob);
OutputUtils.addTable(TableInfo.builder().tableName("logisticregression_two_train_
output").build(), Rejob);

        rj = JobClient.runJob(Rejob);
        rj.waitForCompletion();
    }
    // 预测job
    JobConf predictjob = new JobConf();
    predictjob.setFloat("alpha",(float) alpha);
    predictjob.setMapperClass(PredictLinearRegressionMapper.class);
    predictjob.setReducerClass(PredictLinearRegressionReducer.class);
    predictjob.setMapOutputKeySchema(SchemaUtils.fromString("key:string"));
    predictjob.setMapOutputValueSchema(SchemaUtils.fromString("value:string"));
InputUtils.addTable(TableInfo.builder().tableName("logisticregression_two_train_
output").build(), predictjob);
InputUtils.addTable(TableInfo.builder().tableName("logisticregression_two_
predict_input").build(), predictjob);
OutputUtils.addTable(TableInfo.builder().tableName("logisticregression_two_
predict_output").build(), predictjob);

        rj = JobClient.runJob(predictjob);
        rj.waitForCompletion();

    }
}
```

在算法运行过程中，首先建立训练输入表格（logisticregression_two_train_input），假设数据格式如下，其中第 1 列表示类别，第 2 列为样本数据。

```
0,-0.017612 14.053064
1,-1.395634 4.662541
0,-0.752157 6.538620
0,-1.322371 7.152853
Createt table logisticregression_two_train_input(col1 string,col2 string);
```

然后建立训练输出表格，输出内容为权值。

```
Create table logisticregression_two_train_output(col1 string);
```

建立预测表格。

```
Create table logisticregression_two_predict_input(col1 string);
```

建立预测输出表格。

```
Create table logisticregression_two_predict_output(col1 string,col2 string);
```

使用 jar-resources 运行，具体参考阿里云用户手册。

11.4.2　多分类算法

11.4.2.1　*k*-最近邻算法

k-最近邻算法是一种分类算法。已知一个测试对象 z，当无法判定 z 是从属于已知分类中的哪一类时，我们可以依据统计学的理论判断它所处的位置特征，衡量它周围邻居的权值，而把它归为（或分配）到权值更大的那一类。通俗地讲，该算法是指从样本集合中找出 k 个最接近测试对象的样本，再从这 k 个样本中找出居于主导的类别，将其赋给测试对象。对于该模型的具体介绍见 4.3.4 节。

1. 串行 *k*-最近邻算法介绍

已知样本集合 D，测试对象 z。该算法的具体步骤如下：

1）计算 z 和 D 中每个样本之间的距离（或相似度）。

2）确定最邻近列表：从 D 中选出子集 N，N 包含 k 个距离 z 最近的样本。

3）将最邻近列表 N 中实例数量占优的类别 L 赋给 z，即 z 属于类别 L。

算法伪代码如下：

算法 11-3　*k*-最近邻算法

输入：
　　D ——样本集合。D={x1,x2,...,xn}。
　　z ——测试对象。
　　L ——对象的类别标签集合。
　　M ——聚簇标识向量，M={ mi | i=1,2,...,n}，mi 表示 D 中第 i 个点的聚簇标识。
输出：
　　C ——z 属于的类别。
算法过程：
foreach y in D do
计算 distance(y, z)，即 y 之间的 z 的距离；
end
从样本集合 D 中选出子集 N，N 包含 k 个距离 z 最近的样本；
$$C = \arg\max_{v \in L} \sum_{y \in N} I\left(V = class\left(c_y\right)\right);$$

在这个伪代码中，$\arg\max\limits_{v \in L} \sum\limits_{y \in N} I\left(V = class\left(c_y\right)\right)$ 表示使 $\sum\limits_{y \in N} I\left(V = class\left(c_y\right)\right)$ 最大时 C_y 的值。I() 是指标函数，当值为 true 时返回 1，否则返回 0。测量距离通常会使用欧几里得 $\left(d\left(x,y\right) = \sqrt{\sum_{k=1}^{n}\left(x_k - y_k\right)^2}\right)$ 或曼哈顿距离 $\left(d\left(x,y\right) = \sqrt{\sum_{k=1}^{n}\left|x_k - y_k\right|}\right)$。

此外，还有切比雪夫距离、闵可夫斯基距离、标准化欧式距离、马氏距离、巴氏距离、余弦距离等。

2. *k*- 最近邻算法评价

k- 最近邻算法的优点为算法简单，易实现和改进；错误率低（最多不会超过最优贝叶斯错误率的两倍）；算法不需要构造显示的模型。

但是，*k*- 最近邻算法也有下述局限性：

1）关于 *k* 值选择的困难。*k* 值的选取会影响该算法的性能。如果 *k* 选得小，就只有与测试对象较近的样本才会起作用，就相当于用较小领域中的样本进行预测，预测结果会对噪声特别敏感。如果 *k* 选得过大，就可能包含太多类别的点，这时与输入实例较远（不相似）的样本也会对预测起作用，使预测发生错误。如果 $k = n$，无论测试对象是什么，它都属于在样本中出现次数最多的类，模型过于简单，忽略了样本中大量的有用信息，不足取。

2）存在样本不平衡问题。样本容量差距悬殊时，如果一个类的样本容量很大，其他类样本容量很小，就可能导致测试对象的 *k* 个邻居中大容量的样本占大多数，会影响结果的准确性。如果不同临近对象与测试对象间的距离差别较大，那么距离近的那些对象的类别对于判定结果应该作用更大，而距离较远的对象可能对判断结果造成影响。

针对这两个问题的改进策略如下：

1）针对 *k* 值选择问题，在样本充足的情况下，可以适当选择较大的 *k* 值可以提高抗噪能力。实际应用中，最佳 *k* 值的估计可以借助交叉验证法（一部分样本做训练集，一部分样本做测试集）。

2）针对样本不平衡问题的改进策略为：一方面可改进算法，对距离进行加权计算，即和测试对象距离小的邻居有较大的权值。该方法缺点是计算量较大。另一方面，当样本容量差距悬殊时，可以通过预处理，除去对分类作用不大的类。该方法适用于样本容量较大的情况。当类的样本容量较小时，采用这种方法容易产生误判。

3. *k*- 最近邻算法的 MapReduce 实现

k- 最近邻算法可以用两轮 MapReduce 实现。在第一轮 MapReduce 中，在 Map 函数中读入预测样本和已经分类好的样本，因为 *k*- 最近邻算法的本质类似于投票机制，在 Reduce 函数中，对于每一个预测样本，输出所有样本，其中 key 为预测样本，value 为所有分类好的样本。

在第二轮 MapReduce 中，在 Mapper 中，读取上一轮的输出，在 Reduce 中，计算预测样本点和已分类好的样本点之间的距离，找出最近的 *k* 个，根据投票结果选出所属类别，输出样本点和预测类别。

具体实现代码如下：

```
package com.novas.knn;
import java.io.IOException;
import java.util.ArrayList;
import java.util.Collections;
import java.util.Comparator;
import java.util.HashMap;
import java.util.Iterator;
import java.util.Map;
import java.util.Map.Entry;

import com.aliyun.odps.data.Record;
```

```java
import com.aliyun.odps.data.TableInfo;
import com.aliyun.odps.Mapred.JobClient;
import com.aliyun.odps.Mapred.MapperBase;
import com.aliyun.odps.Mapred.ReducerBase;
import com.aliyun.odps.Mapred.RunningJob;
import com.aliyun.odps.Mapred.conf.JobConf;
import com.aliyun.odps.Mapred.utils.InputUtils;
import com.aliyun.odps.Mapred.utils.OutputUtils;
import com.aliyun.odps.Mapred.utils.SchemaUtils;

public class knn {
    public static String getRecordString(Record r)
        {
            StringBuilder sb=new StringBuilder();
            int i=0;
            for( i=0;i<r.getColumnCount()-1;i++)
            {
                sb.append(r.get(i).toString()).append(",");
            }
            sb.append(r.get(i).toString());
            return sb.toString();
        }
    public static class KnnMapper extends MapperBase {

        Record key;
        Record value;
        @Override
        public void setup(TaskContext context) throws IOException {
            key = context.createMapOutputKeyRecord();
            value  = context.createMapOutputValueRecord();
        }

        @Override
            public void Map(long recordNum, Record record, TaskContext context)
throws IOException {
                //System.out.println("count="+record.getColumnCount());
                value.setString(0,getRecordString(record));

                if(context.getInputTableInfo().getTableName().equals("knn_predict_
input"))
                {
                    key.setString(0,"0");
                }
                else
                {
                    key.setString(0, "1");

                }
                context.write(key, value);
        }

    }

    /**
    * A combiner class that combines Map output by sum them.
    */
```

```java
public static class KnnReducer extends ReducerBase {
    private Record result;
    static ArrayList<String> predictlist=new ArrayList();
    @Override
    public void setup(TaskContext context) throws IOException {
        result = context.createOutputRecord();
    }

    @Override
    public void reduce(Record key, Iterator<Record> values, TaskContext context)
throws IOException {
        if(key.getString(0).equals("0"))
        {
            while(values.hasNext())
            {
                Record r=values.next();
                predictlist.add(r.getString(0));
            }
        }
        else
        {
            while(values.hasNext())
            {
                Record r=values.next();
                for(int i=0;i<predictlist.size();i++)
                {
                    result.set(0,predictlist.get(i));
                    result.set(1,r.getString(0));
                    context.write(result);
                }
            }
        }
    }
}


public static class ReKnnMapper extends MapperBase {

    Record key;
    Record value;
    @Override
    public void setup(TaskContext context) throws IOException {
        key = context.createMapOutputKeyRecord();
        value = context.createMapOutputValueRecord();
    }

    @Override
    public void Map(long recordNum, Record record, TaskContext context)
throws IOException {
        key.setString(0,record.getString(0));

        value.setString(0,record.getString(1));
        context.write(key, value);
    }

}
```

```java
/**
* A reducer class that just emits the sum of the input values.
*/
public static class ReKnnReducer extends ReducerBase {
    private Record result;
    int k;
    HashMap<String,Double> Map=new HashMap<String,Double>();
    public double getDistance(String predict,String src)
    {
        String[] var1=predict.split(",");
        String[] var2=src.split(",");
        double sum=0;
        for(int i=0;i<var2.length;i++)
        {
            double var3=Double.valueOf(var1[i]);
            double var4=Double.valueOf(var2[i]);
            sum=sum+(var3-var4)*(var3-var4);
        }
        return Math.sqrt(sum);
    }
    public void refreshMap(String key,String value)
    {
        ArrayList<Map.Entry<String, Double>> list=new ArrayList(Map.entrySet());
        Collections.sort(list, new Comparator<Map.Entry<String, Double>>()
            {
                @Override
                public int compare(Entry<String, Double> o1,
                    Entry<String, Double> o2) {
                // TODO Auto-generated method stub
                return o1.getValue().compareTo(o2.getValue());
                }

            });
        if(Map.size()<k)
        {
            Map.put(key,getDistance(key,value));
        }
        else
        {
            double distance=getDistance(key,value);
            for(int i=0;i<list.size();i++)
            {
                Map.Entry<String, Double> entry=list.get(i);
                if(distance<entry.getValue())
                {
                    Map.put(key,distance);
                    Map.remove(entry.getKey());
                    break;
                }
            }
        }
    }

    }
    // 获取投票结果
    public String getVote(HashMap<String,Double> hMap)
```

```
            {
                ArrayList<Map.Entry<String, Double>> list=new ArrayList(hMap.entrySet());
                HashMap<String,Integer> m=new HashMap();
                for(int i=0;i<list.size();i++)
                {
                    String[] var=list.get(i).getKey().split(",");
                    String key=var[var.length-1];
                    if(!m.containsKey(key))
                    {
                        m.put(key,1);
                    }
                    else
                    {
                        m.put(key,m.get(key)+1);
                    }
                }
                String category=null;
                int count=0;
                for(Map.Entry<String, Integer> entry:m.entrySet())
                {
                    if(entry.getValue()>count)
                    {
                        count=entry.getValue();
                        category=entry.getKey();
                    }
                }
                return category;
            }
            @Override
            public void setup(TaskContext context) throws IOException {
                result = context.createOutputRecord();
                k=context.getJobConf().getInt("K",5);
            }

            @Override
            public void reduce(Record key, Iterator<Record> values, TaskContext
context) throws IOException {

                Map.clear();
                while (values.hasNext()) {
                Record val = values.next();
                refreshMap(val.getString(0),key.getString(0));
                }

                result.set(0, key.get(0));
                result.set(1, getVote(Map));
                context.write(result);
            }
        }

        public static void main(String[] args) throws Exception {
            JobConf job = new JobConf();
            job.setMapperClass(KnnMapper.class);
            job.setReducerClass(KnnReducer.class);

            job.setMapOutputKeySchema(SchemaUtils.fromString("key:string"));
```

```
        job.setMapOutputValueSchema(SchemaUtils.fromString("value:string"));
            InputUtils.addTable(TableInfo.builder().tableName("knn_predict_input").
build(), job);
            InputUtils.addTable(TableInfo.builder().tableName("knn_train_input").
build(), job);
OutputUtils.addTable(TableInfo.builder().tableName("knn_predict_output").build(),
job);

        RunningJob rj = JobClient.runJob(job);
        rj.waitForCompletion();


        JobConf job1 = new JobConf();
        job1.setInt("K",2);
        job1.setMapperClass(ReKnnMapper.class);
        job1.setReducerClass(ReKnnReducer.class);

        job1.setMapOutputKeySchema(SchemaUtils.fromString("key:string"));
        job1.setMapOutputValueSchema(SchemaUtils.fromString("value:string"));
        InputUtils.addTable(TableInfo.builder().tableName("knn_predict_output").
build(), job1);
OutputUtils.addTable(TableInfo.builder().tableName("knn_predict_output").build(),
job1);

        RunningJob rj1 = JobClient.runJob(job1);
        rj1.waitForCompletion();
    }
}
```

在算法运行过程中，首先建立表。假设数据格式如下：

```
5.1,3.5,1.4,0.2,Iris-setosa
4.9,3.0,1.4,0.2,Iris-setosa
4.7,3.2,1.3,0.2,Iris-setosa
5.4,3.9,1.7,0.4,Iris-setosa
```

可见数据共有 5 列，所以建立 knn_train_input 表。

```
Create table knn_train_input(col1 string,col2 string,col3 string,col4 string,col5
string);
```

建立预测数据表格（knn_predict_input）。预测数据格式如下。

```
4.6,3.1,1.5,0.2
5.0,3.6,1.4,0.2
5.0,2.0,3.5,1.0
Create table knn_predict_input(col1 string,col2 string,col3 string,col4 string);
```

建立预测数据输出表格。

```
Create table knn_predict_output(col1 string,col2 string);
```

使用 jar-resources 运行程序，具体参考阿里云用户手册。

11.4.2.2 朴素贝叶斯

1. 朴素贝叶斯算法的串行实现

朴素贝叶斯算法的串行实现方法很直接，和 4.3.6 节中的描述大体类似，其伪代码描述如下。其中 A 是用于存放结果的集合。

算法 11-4　朴素贝叶斯分类串行算法

输入：
  X ——待分类项。X={x1,x2,...xn}。
  C ——类的集合。C={Ci | C1, C2, ..., Cm}。
  D ——数据集。
输出：
  类 Ci
计算过程：
（1）A = {};　　　　　　　　　　　　　// 判定值 P(X|Ci)P(Ci) 的集合
（2）for (i=1; i<=m; i++) {

（3）$A[i] = P(C_i) \prod_{k=1}^{n} P(x_k \mid C_i)$

（4）}
（5）找出 A 数组中元素的最大值的位置 i;
（6）return Ci;

---

2. 朴素贝叶斯分类的评价和优化

朴素贝叶斯算法的优点如下：

1）逻辑简单，易实现。

2）分类过程中时间空间开销小。

3）算法稳定。对于不同数据的特点，其分类性能差别不大，健壮性好。

4）理论上错误率最小。

但是其也有局限性：一方面，由于算法使用的假定（如类条件独立性）的不正确性，可能会造成错误率增大的结果。此外，缺乏可用的概率数据也可能导致这一结果。另一方面，当存在一个 $P(X_k \mid C_i)$ 概率值为 0 时，计算出的 $P(X \mid C_i)$ 值为 0。而事实上，可能 X 有很高的概率属于类 C_i。

针对零概率值问题，可以采取拉布拉斯估值法对其进行优化，即假定数据库 D 很大，以至于对每个计数加 1 造成的估计概率变化可用忽略不计。对每个计数都加 1，可避免概率值为 0。

3. 朴素贝叶斯算法的 MapReduce 实现

朴素贝叶斯的 MapReuce 实现很直接，首先在 Map 函数中利用本地数据计算每一个概率值，然后利用 Reduce 函数集中计算 P (X|C_i) P (C_i)。其伪代码如下。

算法 11-5　朴素贝叶斯分类的 MapReduce 算法

输入：
  X ——待分类项。X={x1,x2,...,xn}。
  C ——类的集合。C={Ci | C1, C2, ..., Cm}。
  D ——数据集。
输出：
类 Ci。
计算过程：
//Map 函数计算每一个概率值
Map (i,i) {
  for(k=1;k<=n;k++){
    temp = P(xk | Ci);
    记录为 <i, temp>;

```
    }
}
//reduce 函数计算 P(X|Ci)P(Ci)，并将结果存入数组 A
Reduce(i,List[]){ //List[] 为根据 i 找出的所有 <i,temp> 的集合
a = 1;
for(k=1; k<=n; k++){
    a*=List[k].getValue();
}
a*=P(Ci);
A[i] = a;
}
```

// 随后，找出 A 数组中元素的最大值的位置 i，最终确定待分事项 X 所属类别 Ci

11.4.2.3 决策树

决策树是一种常用的分类模型，它代表的是对象属性与对象值之间的一种映射关系。树中每个节点表示某个对象，每个分叉路径代表某个可能的属性值，每个叶节点则对应从根节点到该叶节点所经历的路径表示的对象的值。有关决策树的内容参见 4.3.3 节。

1. C 4.5 算法介绍

C 4.5 算法是一种学习决策树的基本算法。该算法的输入是一个数据集，其中所有实例都由一组属性来描述，每个实例仅属于一个类别。在给定数据集上运行 C 4.5 算法可以学习得到一个从属性值到类别的映射，进而可使用该映射取分类新的未知实例。

C 4.5 算法采用贪心（即非回溯的）思想，以自顶向下的递归分治方式构造。决策树从训练元组集和它们相关联的类标号开始构建决策树。随着树的构建，训练集递归地划分成较小的子集。

C 4.5 的工作流程如下：

1）用根节点表示一个给定的数据集。

2）从根节点开始，在每个节点上测试一个特定的属性，找出最好的分裂准则并以此作为当前节点的分类条件。把节点数据集合划分成更小的子集，并用子树表示。

3）重复步骤 2，直到子集中所覆盖的样本属于同一个类别，或某一分支覆盖的样本个数小于指定阈值时，产生叶子节点，树的生长停止。

其算法的伪代码如算法 11-6 所示。

算法 11-6　决策树 C 4.5 算法

输入：
　　D：数据集合。
　　attr_list：描述元组属性的列表。
　　Attribute_selection_method：确定最好的分裂准则的过程（分裂准则指定分裂属性、分裂点或分裂子集）。

输出：
　　一棵决策树。

计算过程：

```
（1）function generateDecisionTree(D, attr_list){
（2）    创建节点 N;
（3）    if D 为空 then
（4）        返回值为 failure 的单个节点;
（5）    if D 中的元组都在同一类中 then
（6）        返回 N 作为叶节点，以该类标记;
（7）    if attr_list 为空    then            // 没有剩余属性来进一步划分元组。这时
```

将 N 转化成树叶，并用 D 中的多数类标记它
（8）　　　　返回 N 作为叶节点，并以 D 中的多数类作标记；
（9）　　splitting_criterion = Attribute_selection_method(D,attr_list);
　　　　　　// 调用函数，找出最好的 splitting_criterion（分裂准则）
（10）　　用 splitting_criterion 标记节点 N；
（11）　　if splitting_attribute 是离散的，并且允许多路划分　then
（12）　　　　从 attr_list 中删除 splitting_attribute ；// 删除分裂属性
（13）　　for splitting_criterion 的每个输出 j {　　　　　// 划分元组并对每个分区产生子树
（14）　　　　设 Dj 是 D 中满足输出 j 的数据元组的集合；　　　// 一个分区
（15）　　　　if Dj 为空　　then　　　　　　　　　　　　// 给定的分支没有元组，即分区 Dj 为空
　　　　　　　　　　　　　　　　　　　　　　　　　　　　　此时用 D 中的多数类创建一个树叶
（16）　　　　　　加一个树叶到节点 N，标记为 D 中的多数类；
（17）　　　　else
（18）　　　　　　加一个由 generateDecisionTree(Dj, attr_list) 返回的节点到 N；
（19）　　}
（20）　　返回 N；
（21）}

2. C 4.5 算法的评价

上述 C 4.5 算法使用增益、增益率等信息论准则来对测试进行选择。增益是"执行一个测试所导致的类别分布的熵的减少量"。信息增益度量偏向具有许多输出的测试，即它倾向于选择具有大量值的属性。

在树的每一步增长中，算法会选择具有最大增益率的属性作为分裂属性，每次增长都要选择具有最符合准则的那个测试。

由于数据中的噪声点和离群点可能会导致过拟合的问题，因此，在实际构造决策树时，通常要进行剪枝。剪枝又可以分为先剪枝和后剪枝。其中先剪枝是指在构造过程中，当某个节点满足剪枝条件时，则直接停止此分支的构造。后剪枝则是先构造完成完整的决策树，再通过条件遍历树进行剪枝。

C 4.5 算法有如下优点：

1）用信息增益率而不是信息增益来对测试进行选择，避免了用信息增益选择属性时偏向选择取值较多的属性的不足。

2）支持离散和连续数据。

3）可以对不完整数据进行处理。

3. C 4.5 算法的 MapReduce 实现

C 4.5 算法的 MapReduce 实现也很直接，设初始的大数据集文件 D 被分成 m 个小数据集：D_1，D_2，…，D_i，…，D_m，其并行算法主要实现了查找最优分裂准则的功能。其算法的伪代码如算法 11-7 所示。

算法 11-7　决策树 C 4.5 算法

输入：
　　D：数据集合。
　　attr_list：描述元组属性的列表。
　　Attribute_selection_method：确定最好的分裂准则的过程（分裂准则指定分裂属性、分裂点或分裂子集）。
输出：
　　一棵决策树。
计算过程：
//Map 函数计算选取 attr_list[k] 作为分裂点的信息增益

```
Map(i, k) {                           // 设选取 attr_list[k] 作为分裂点时输出了 v 个分区
    s = 0 ;
    for(j=1; j<=v; j++) {
```
$$s+=\frac{|D_j|}{|D|}\log_2\left(\frac{|D_j|}{|D|}\right);$$
```
    }
    split_info = -s;                  // 分裂信息
    gain_ratio = gain/splitinfo(a);   //gain 为信息增益
    记录 <i, (k, gain_ratio) >;
}

//Reduce 函数针对 D 的第 i 块分区 Di, 求出了最大信息增益率
Reduce(i,List[]) {
    找出 List[] 中 gain_ratio 值最大的元组 <i, (k, gain_ratio) >;
    记录 <i, (k, gain_ratio) >;
}

// 接下来, 对数据进行汇总: 对于所有的分区, 找出最大的信息增益率
Gather(ArrayList[]) {                  //ArrayList[] 为 reduce 函数输出的元组的集合
    找出 ArrayList[] 中 gain_ratio 值最大的元组 <i, (k, gain_ratio) >;
    记录 k;                            // 即对于 D, attr_list[k] 为最优的分裂准则
}
```

11.5 聚类算法

聚类是把一个数据对象集划分为多个组或聚簇的过程。每个簇中的对象具有较高的相似性,不同组对象间的差异则较大。换言之,聚类就是将相似的对象放入同一个聚簇,将不相似的对象放入不同聚簇的过程。与分类算法不同的是,在聚类过程中,输入对象没有与之关联的类别标签,因此,聚类常归为无监督学习任务。

聚类分析在大数据分析过程起着举足轻重的作用。假设一家银行需要把该银行的所有客户划分成几个组,从策略上讲,我们想根据每组客户的共同特点开发一些特别针对每组客户的活动。因此,我们想达到这样一个目的:每个组内的客户尽可能地相似,以便对同组的用户进行统一管理,如对相似的用户发相同的服务信息、业务推广信息等。这样一来,特定的消息只发送给特定的客户,不但降低了成本,也使得消息推送更有针对性,避免了推送消息太多对用户造成的一系列烦扰。此外,在公司运营过程中,为改善项目管理,可以基于相似性对该公司的所有项目进行聚类,把项目划分成组,使得项目评估、审计及诊断等过程可以更加高效地实施。聚类模型在第 5 章中有详细描述,本节重点介绍 k-means 算法。

11.5.1 k-means 算法

1. k-means 算法简介

k-means 算法是一种聚类算法。该算法接收一个未标记的数据集 D,按照用户指定的 k 值,将数据集聚类成 k 个组。也就是说,给定 n 个数据对象的数据集 D 以及要生成的簇数 k,划分算法把数据对象组织成 k($k \leq n$)个分区。假设数据集 D 包含 n 个欧式空间中的对象。划分方法把 D 中的对象分配到 k 个簇 $C_1, C_2, ..., C_k$ 中,使得对于 $1 \leq i, j \leq k$。基于形心

的划分技术使用簇 C_i 的形心代表该簇。k-means 聚类中的形心定义为分配给该簇的对象（或点）的均值。对象 $p \in C_i$ 与该簇的代表 c_i 之差用 $dist(p,c_i)$ 度量，其中 $dist(x,y)$ 是两个点 x 和 y 之间的欧式距离。

k-means 是一个迭代算法，具体步骤如下：

1）在数据集 D 上选择 k 个随机的点作为初始的聚簇代表，即聚类中心。

2）再分数据。对于数据集 D 中的每个数据点，按照距离 k 个中心点的距离，分配到与之最近的那个聚簇中心。与同一个中心点关联的所有点聚成一类。

3）重定均值。计算每一个组的数据的中心（如算数平均值），将该组所关联的中心点移动到该均值的位置。

4）重复步骤 2 ～ 4 直至中心点不再变化。

k-means 算法的伪代码如算法 11-8 所示。

算法 11-8　k-means 算法

输入：
    D：给定数据集
    k：用户指定的划分的聚簇数
输出：
    C：聚簇中心集合
    M：聚簇成员向量
数学符号说明：
数据集：D={xi ∣ i=1,2, ..., n}。
聚簇中心集合：C = { Cj ∣ j=1,2, ..., k}，Cj 表示第 j 个聚簇均值。
聚簇标识：M={ mi ∣ i=1,2,...,n}，mi 表示 D 中第 i 个点的聚簇标识。
目标函数：

$$Cost = \sum_{i=1}^{N} \left(\arg\min_j \left\| x_i - c_j \right\|_2^2 \right)$$

计算过程：
（1）从 D 中随机挑选 k 个数据点，构成初始聚簇代表集合 C；　// 初始化聚簇代表 C
（2）repeat{
（3）foreach x in D{
　　// 再分数据，将 D 中的每个数据点重新分配至与之最近的聚簇中心
（4）　　min_dist = MAX;　　　　　　　　　　　　　// 最小距离初始化为赋最大值
（5）　　for(j=0; j<k; j++){
（6）　　　if(distance(x, C[j])<min_dist){
（7）　　　　min_dist = distance(xi, C[j]);
（8）　　　　currentClusterID = j;　　　　　　// 记录当前类别
（9）　　　}
（10）　　}
（11）　M[i] = currentClusterID;　　　　　　// 更新聚簇成员向量，重新标定 xi 的类
（12）}
（13）　for(j=1; j<=k; j++)
（14）　　更新 Cj;　　　　　　　　　　　　　// 重新计算第 j 个聚簇均值
（15）}
（16）until 数据中心不变，即目标函数收敛;

2. k-means 算法的评价与优化

k-means 算法的优点是算法复杂度与样本数量线性相关，因此对于处理大数据集合，该算法高效且可扩展性好。

但是，k-means 算法也有如下局限性：

1）需要事先确定 k 值。

2）该算法对初始聚簇中心的位置很敏感。即便是统一数据集，如果聚簇代表集合 C 初始化不同，最终获得的结果也可能会有很大差异。

3）该算法存在不稳定的问题。该算法本质上是一种面向非凸代价函数优化的向下贪婪下降求解算法，当潜在的簇形状是凸面的，且簇之间的区别较明显、簇大小相近时，聚类效果比较理想，所以有时候仅能获得局部最优解。该算法不适于发现非凸面形状的簇或大小差别很大的簇。

4）该算法对噪声和离群点敏感。因为这类对象远离大多数数据，因此被分配到一个簇时，可能扭曲均值，进而影响到其他对象到簇的分配。

5）该算法可能产生空聚簇。当 k 值较大或数据存在于高维空间时，可能出现第 j 个聚簇中心一个数据点也分不到的情况。

针对上述局限性，提出的一些优化策略如下：

1）针对 k 的确定，可以尝试不同的 k 值，多次运行算法，依据其他控制项选择合适的 k 值。

2）针对初始聚簇中心位置敏感的特点。

❑ 可以选择不同的初始聚簇中心多次运行，挑出最好的结果。

❑ 可以对收敛解进行局部搜索。

3）针对算法不稳定的问题：

❑ 可以在聚类前对数据进行缩放。

❑ 可以选择与数据集更匹配的距离度量。

❑ 可以先用 k-means 算法将数据聚类成多个组，再用单链层次聚类方法凝聚出更大的聚簇。

4）针对算法对噪声和离群点敏感的问题。

❑ 可以在预处理中移除噪声点。

❑ 可以在后处理删除小聚簇，或将接近的聚簇合成一个大聚簇。

❑ 不采用均值做参照点，而采用实际对象来代表簇。这样处理后，离群点就不会扭曲均值了。

5）针对空聚簇问题。

❑ 人为处理，如移动一些点来重新初始化该聚簇。

❑ 选择替补的聚簇中心。可以选择距离当前任何聚簇中心最远的点。这将消除对总平方和影响最大的点。

3. k-means 算法的 MapReduce 实现

k-means 的 MapReduce 实现同样也是迭代算法，用户在 main 函数中设定聚类数目 k 和误差函数 J 的值。

在第一轮 MapReduce 中，声明一个链表保存聚类中心点。在 Setup 函数中，读取 k 值。在 Map 函数中，使用前 k 个样本作为初始聚类中心点，并将其保存到链表中。对于接下来的样本，进行欧式距离计算，找出最近的聚类中心点，Map 函数输出 key 为聚类中心点，value 为对应的样本数据。在 Reduce 函数中，将聚类中心和对应的样本进行输出。

接下来，通过价值函数的值进行判断是否终止 MapReduce，在第 k 轮迭代时，在 Mapper 中，将聚类中心和样本输出，key 为聚类中心，value 为响应样本。在 Combiner 中，会根据聚类中心进行聚集，然后进行新聚类点的计算，将新聚类点写入 Reduce 中，同时，判断是否满足终止条件，当满足终止条件时，设置 counter 值为 -1。

其实现代码如下：

```
package com.novas.kmeans;



import java.io.IOException;
import java.util.ArrayList;
import java.util.HashMap;
import java.util.Iterator;

import com.aliyun.odps.data.Record;
import com.aliyun.odps.data.TableInfo;
import com.aliyun.odps.Mapred.JobClient;
import com.aliyun.odps.Mapred.MapperBase;
import com.aliyun.odps.Mapred.ReducerBase;
import com.aliyun.odps.Mapred.RunningJob;
import com.aliyun.odps.Mapred.conf.JobConf;
import com.aliyun.odps.Mapred.utils.InputUtils;
import com.aliyun.odps.Mapred.utils.OutputUtils;
import com.aliyun.odps.Mapred.utils.SchemaUtils;

public class kmeans {
    public static String getRecordString(Record r)
        {
            StringBuilder sb=new StringBuilder();
            int i=0;
            for( i=0;i<r.getColumnCount()-1;i++)
            {
                sb.append(r.get(i).toString()).append(",");
            }
            sb.append(r.get(i).toString());
            return sb.toString();
        }
    public static String getCluster(ArrayList<String> list,Record record)
        {
            double[] r=new double[record.getColumnCount()];
            for(int i=0;i<r.length;i++)
            {
                r[i]=record.getDouble(i);
            }
            double min=Double.MAX_VALUE;
            String cluster=null;
            for(int i=0;i<list.size();i++)
            {
                String[] var=list.get(i).split(",");
                double[] t=new double[var.length];
                double sum=0;
                for(int j=0;j<t.length;j++)
                {
                    t[j]=Double.parseDouble(var[j]);
                    sum=sum+(t[j]-r[j])*(t[j]-r[j]);
                }
                if(sum<min)
                {
                    min=sum;
                    cluster=list.get(i);
                }
```

```
                }
                return cluster;
            }
    public static class ClusterMapper extends MapperBase {

        Record key;
        Record value;
        // 表示聚类个数
        long k;
        // 保存聚类中心点
        ArrayList<String> clusterlist=new ArrayList<String>();
        long count=0;
        @Override
        public void setup(TaskContext context) throws IOException {
            key = context.createMapOutputKeyRecord();
            value = context.createMapOutputValueRecord();
            k=(long) context.getJobConf().getFloat("K",0);
        }

        @Override
         public void Map(long recordNum, Record record, TaskContext context) throws
IOException {

            if(count<k)
            {
                clusterlist.add(getRecordString(record));
                count++;
            }
            else
            {
                String[] var=new String[clusterlist.size()];
                clusterlist.toArray(var);
            }
                key.set(0, getCluster(clusterlist,record));
                value.set(0,getRecordString(record));
                context.write(key,value);

            }
        }

        public static class ClusterReducer extends ReducerBase {
            private Record result;
            @Override
            public void setup(TaskContext context) throws IOException {
                result = context.createOutputRecord();
            }
            @Override
            public void reduce(Record key, Iterator<Record> values, TaskContext
context) throws IOException {
                long count=0;
                while (values.hasNext()) {
                    count++;
                Record val = values.next();
                result.set(0, key.getString(0));
                result.set(1, val.getString(0));
                context.write(result);
            }
```

```
        }
    }

            public static class ReClusterMapper extends MapperBase {

                Record key;
                Record value;

                @Override
                public void setup(TaskContext context) throws IOException {
                    key = context.createMapOutputKeyRecord();
                    value = context.createMapOutputValueRecord();

                }

                @Override
                public void Map(long recordNum, Record record, TaskContext context)
throws IOException {
                        key.set(0,record.getString(0));
                        value.set(0,record.getString(1));
                        context.write(key,value);
                    }
                }

            public static class ReClusterCombiner extends ReducerBase {
                private Record comkey;
                private Record value;
                ArrayList<String> clusterlist=new ArrayList<String>();
                // 表示聚类中心点变化程度
                double J=0;
                @Override
                public void setup(TaskContext context) throws IOException {
                    comkey=context.createMapOutputKeyRecord();
                value=context.createMapOutputKeyRecord();
                }

                @Override
                public void cleanup(TaskContext context) throws IOException {
                    // TODO Auto-generated method stub
                    if(J<context.getJobConf().getFloat("J",(float) 0.5))
                    {
                        context.getCounter("J","J").setValue(-1);
                    }
                    else
                    {
                        context.getCounter("J","J").setValue(1);
                    }

                }
                @Override
                public void reduce(Record key, Iterator<Record> values, TaskContext
context) throws IOException {
                        String[] currentcluster=key.getString(0).split(",");
                        double[] newcluster=new double[currentcluster.length];

                        long count=0;
                        while (values.hasNext()) {
                            count++;
```

```
                    Record val = values.next();
                    comkey.set(0, key.getString(0));
                    value.set(0, val.getString(0));
                    String[] var=val.getString(0).split(",");
                    for(int i=0;i<var.length;i++)
                    {
                        newcluster[i]=newcluster[i]+Double.parseDouble(var[i]);
                    }
                    context.write(key,value);
                }
                    double sum=0;
                    StringBuilder sb=new StringBuilder();
                for(int i=0;i<currentcluster.length;i++)
                {
                    double var=newcluster[i]/count;
                    sb.append(var).append(",");
    sum=sum+(var-Double.parseDouble(currentcluster[i]))*(var-Double.parseDouble(curre
ntcluster[i]));
                }
                J=J+Math.sqrt(sum);
                comkey.set(0,"0");
                value.set(0, key.getString(0)+"_"+sb.toString().substring(0,sb.
toString().length()-1));
                context.write(comkey, value);
                }
            }


        public static class ReClusterReducer extends ReducerBase {
            private Record result;
            HashMap<String,String> Map=new HashMap<String,String>();

            @Override
            public void setup(TaskContext context) throws IOException {
                result = context.createOutputRecord();
            }

            @Override
            public void reduce(Record key, Iterator<Record> values, TaskContext
context) throws IOException {
                if(key.getString(0).equals("0"))
                {
                    while (values.hasNext()) {
                        Record val = values.next();
                        String[] var=val.getString(0).split("_");
                        Map.put(var[0],var[1]);
                    }
                }
                else
                {
                    while (values.hasNext()) {
                        Record val = values.next();
                        result.set(0, Map.get(key.getString(0)));
                        result.set(1, val.getString(0));

                        context.write(result);
```

```
                    }
                }
            }
        }
    public static void main(String[] args) throws Exception {
        int count=0;
            count++;
            JobConf job = new JobConf();
            job.setFloat("K",3);
            job.setFloat("J",1);
            job.setMapperClass(ClusterMapper.class);
            job.setReducerClass(ClusterReducer.class);

            job.setMapOutputKeySchema(SchemaUtils.fromString("key:string"));
            job.setMapOutputValueSchema(SchemaUtils.fromString("value:string"));
            InputUtils.addTable(TableInfo.builder().tableName("kmeans").build(),
job);

            OutputUtils.addTable(TableInfo.builder().tableName("kmeans_output").
build(), job);

            RunningJob rj = JobClient.runJob(job);
            rj.waitForCompletion();

            while(true)
            {
                JobConf rejob = new JobConf();
                rejob.setFloat("K",3);
                rejob.setFloat("J",1);
                rejob.setMapperClass(ReClusterMapper.class);
                rejob.setCombinerClass(ReClusterCombiner.class);
                rejob.setReducerClass(ReClusterReducer.class);

                rejob.setMapOutputKeySchema(SchemaUtils.fromString ("key:string"));
                rejob.setMapOutputValueSchema(SchemaUtils.fromString ("value:
string"));
    InputUtils.addTable(TableInfo.builder().tableName("kmeans_output").build(),
rejob);
    OutputUtils.addTable(TableInfo.builder().tableName("kmeans_output").build(),
rejob);
                RunningJob rerj = JobClient.runJob(rejob);
                rerj.waitForCompletion();
                if(rerj.getCounters().findCounter("J","J").getValue()==-1)
                {
                    break;
                }
            }
        }
    }
```

首先建立表格，假设数据格式如下。

```
5.1,3.5,1.4,0.2
4.9,3.0,1.4,0.2
4.7,3.2,1.3,0.2
4.6,3.1,1.5,0.2
```

可知，数据为4列，建立表格语句如下。

```
Create table kmeans (col1 string,col2 string,col3 string,col4 string);
```

建立输出表格，共有两列。

```
Create table kmeans_output(col string,col string);
```

第 1 列为聚类中心点，第二列为样本。

通过 jar-resources 运行，具体参考阿里云用户手册。

11.5.2 CLARANS 算法

CLARANS 算法（CLustering Algorithm based on RANdomized Search，基于随机选择的聚类算法）是分割方法中基于随机搜索的大型应用聚类算法。

最早提出的一些分割算法大多对小数据集合非常有效，但对大的数据集合没有良好的可伸缩性，如 PAM 算法。

CLARA 算法能处理比 PAM 算法大的数据集合。该算法不考虑整个数据集合，而是选择实际数据的一小部分作为数据的代表，其有效性取决于样本的大小。如果任何一个最佳抽样中心点不在最佳 k 个中心之中，则 CLARA 将永远不能找到数据集合的最佳聚类。同时这也是为了聚类效率所付出的代价。

CLARANS 算法是在 CLARA 算法和 PAM 算法的基础上提出来的。它利用 CLARA 算法抽取数据集合的多个样本，然后使用 PAM 算法从样本中选出中心点，最终返回最好的聚类结果。与 CLARA 算法不同，CLARANS 算法没有在任一给定的时间局限于任一样本，而是在搜索的每一步都带一定随机性地选取一个样本。此方法平衡了对样本聚类过程中的开销和有效性：一方面它改进了 CLARA 算法的聚类质量，另一方面又拓展了数据处理量的伸缩范围，具有较好的聚类效果。

CLARANS 算法的具体步骤如下：

1）初始化 mincost = MAX。

2）随机选择一个中心点 current 和一个不是当前中心点的对象 random。判断用 random 替换 current 是否能减小绝对误差（即，误差值是否小于 mincost），如果能则进行替换。

3）重复步骤 2 的随机搜索 MAX_NEIGHBOR 次。得到的中心点集合被看作一个局部最优解。

4）重复以上随机过程 NUMLOCAL 次，返回最佳局部最优解 bestnode 作为最终结果。

5）重复步骤 1 ～ 4 直至得到 k 个解。

CLARANS 算法的伪代码如算法 11-9 所示。

算法 11-9　串行 CLARANS 算法

输入：
    D：包含 n 个对象的数据集合。
    k：用户指定的划分的聚簇个数。
    NUMLOCAL：抽样次数。
    MIN_NEIGHBOR：一个节点可以与任意邻居进行比较的次数。
输出：
    局部最优解 BESTNODE。
计算过程：
从 D 中随机选择 k 个对象作为当前的聚簇中心点；
for(i=1; i<=NUMLOCAL; i++){　　// i 表示已经随机选择中心点的次数

```
        随机选择任意中心点作为当前中心点 current；
        计算总代价 S；
        j=1；                          // j 表示已经与 CURRENT 节点进行比较的邻居个数
        repeat{
            挑选 current 的一个随机的邻居 random；
            计算用 random 代替 current 的总代价 Scurrent；
            if(S>Scurrent){
                用 random 代替 current；
                S=Scurrent；
            }
            j++；
        }until j>MAX_NEIGHBOR；
        节点 current 为本次选样的最小代价节点；
        MIN_COST = S；
        BESTNODE = current；              // 局部最优解
    }
    return BESTNODEs；
```

CLARANS 算法从逻辑上分为三部分：初始化聚类中心和随机选择样本、迭代更新聚类中心以及聚类标注。它们均可进行并行化处理。算法 11-10 实现了更新聚类中心的 MapReduce 并行 CLARANS 算法。

算法 11-10　并行 CLARANS 算法

输入：
　　D：包含 n 个对象的数据集合。
　　k：用户指定的划分的聚簇个数。
　　NUMLOCAL：抽样次数。
　　MIN_NEIGHBOR：一个节点可以与任意邻居进行比较的次数。
输出：
　　局部最优解 BESTNODE。
计算过程：

```
//Map 算法实现用随机邻居代替所选中心点的代价的计算
Map(j,j){                     // 第 j 次操作
    选择 C 中任一中心点，记为 current；
    计算总代价 S；
    flag=1；
    repeat{
        选 current 的一个随机邻居 random；
        计算用 random 代替 current 的总代价 Scurrent；
        if(S>Scurrent){
                current=random；
                S=Scurrent；
            }
        flag++；
        记录为 <j,(current,S)>；
    }until flag>MAX_NEIGHBOR；
}

//Reduce 函数求得最小代价的中心点，即为更新的聚类中心
Reduce(j,List[]){            //<j,(current,S)>
    在 List 中找出代价 S 最小的 current；
    return <current,S>；//current 为更新的聚类中心
}
```

CLARANS 算法优点为：便于处理比较大的数据集合；聚类质量高；在搜索的过程中随机抽取样本，任何时候都不局限于固定样本；能够探测孤立点。

然而，CLARANS 算法也有如下的局限性：

1）该算法在搜索的每一步都随机选择一个邻接点，这无法保证每次选择的点都是最佳的。如果选择了一个不好的邻接点，就可能使搜索过程陷入局部最优解，从而错过全局最优解。

2）该算法的有效性主要取决于样本大小。如果随机选取的抽样点都不在最佳的 k 个中心之中，那么该算法将永远不能找到数据集合的最佳聚类。同时这也是为了聚类效率做付出的代价。

3）该算法对数据输入顺序敏感，且不适于聚类非凸形状的簇。

4）该算法假设所有的数据都存放在内存中，对于大型数据库而言，这个假设显然是不合理的。

小结

本章讨论了大数据背景下的回归、关联规则挖掘、分类和聚类等算法，并用阿里云的 MapReduce 给出了具体实现。11.2 节给出了使用随机梯度下降求解线性回归的算法和具体实现；11.3 节介绍了关联规则问题中的 Apriori 算法，使用逐层迭代的方法找出频繁项集；11.4 节介绍了分类算法，首先介绍了二分类问题的算法，讲述了支持向量机的优化策略和并行实现算法，以及逻辑回归算法的梯度下降推导、正则化和并行化实现等问题，然后讲解了多分类问题，包括 kNN 的串行算法、算法评价和 MapReduce 实现、朴素贝叶斯分类串行算法、评价和优化和 MapReduce 实现。11.5 节则以 k-means 算法和 CLARANS 算法为例，给出了并行化算法，分析算法性质，并给出了 MapReduce 实现。

习题

1. 为防止网络入侵，网络防火墙需要开启监控。对其分析需要哪类的分析算法？杀毒软件对磁盘内的检测分析，又需要哪类的分析算法？

2. 题目如第 3 章的习题 2 所示，表格如图 11-1 所示。

x（℃）	100	110	120	130	140	150	160	170	180	190
y（%）	45	51	54	61	66	70	74	78	85	89

图 11-1　题 1 用图

试用 MapReduce + 最小二乘法求解线性回归方程 $\hat{y} = \hat{a}x + \hat{b}$。

3. 题目如第 3 章的习题 8 所示，表格如图 11-2 所示。

（1）假定将 Apriori 算法用于上图数据集，最小支持度为 30%，利用 MapReduce 方法，求出所有频繁项集。

（2）对于该数据集，Apriori 算法的剪枝率是多少？（剪枝率定义为由于如下原因不认为是候选的项集所占的百分比：在候选项集产生时未被产生，或在候选剪枝步骤被丢掉。）

事务 ID	购买项
1	{牛奶，啤酒，尿布}
2	{面包，黄油，牛奶}
3	{牛奶，尿布，面包，黄油}
4	{啤酒，尿布}
5	{牛奶，尿布，面包，黄油}
6	{牛奶，尿布，饼干}
7	{啤酒，饼干}
8	{啤酒，饼干，尿布}
9	{面包，黄油，尿布}
10	{饼干，啤酒，尿布}

图 11-2　题 3 用图

（3）假警告率是多少？（假警告率是指经过支持度计算后被发现是非频繁的候选项集所占的百分比。）

（4）假定大型事务数据库 DB 的频繁项集已经存储。请查阅资料并讨论：如果新的事务集 ΔDB（增量地）加进，在相同的最小支持度阈值下，如何有效地挖掘（全局）关联规则？

（5）题目如 4.5 所示，若用 MapReduce 方法计算，效率是否会提高？提高多少？

（6）从 UCI 数据集（https://archive.ics.uci.edu/ml/）中选取数据集，利用 k- 最近邻算法进行分类。分别利用串行实现方法以及 MapReduce 方法输出预测表格，并进行比较。

4. 用 k-means 算法将下列点聚类为 3 个簇。

$X_1(5,10)$，$X_2(5,5)$，$X_3(11,4)$，$Y_1(8,8)$，$Y_2(10,5)$，$Y_3(9,4)$，$Z_1(4,2)$，$Z_2(7,9)$

距离函数是欧氏距离。假设初始选择 X_1、Y_1、Z_1 为每个簇的中心，

（1）求出在第一轮执行后的 3 个簇中心。

（2）求出最后的 3 个簇。

5. 对于 k-means 算法，有趣的是通过小心地选择初始簇中心，或许不仅可以加快算法的收敛速度，而且能够保证聚类的质量。k-means++ 算法是 k-means 算法的变形，它按以下方法选择初始中心。首先，它从数据对象中随机地选择一个中心。对于每个未被选为中心的每个对象 p，选择一个作为新中心。该对象以正比于 $dist(p)^2$ 的概率随机选取，其中 $dist(p)$ 到 p 到已选定的最近中心的距离。迭代过程继续，直到选出 k 个中心。解释为什么该方法不仅可以加快 k-means 算法的收敛速度，而且能够保证最终聚类结果的质量。

6. Ng 和 Han 有一研究表明，与 PAM 和 CLARA 算法相比，CLARANS 算法的聚类效果明显占优，但其时间复杂度仍为 $O(n^2)$，因此低效仍是其缺点之一。此方法便于处理比较大的数据集合，请举例说明 MapReduce 如何提高了算法效率。查阅资料并说明，与使用 R*- 树和聚集技术来改善其效率相比，各有何优缺点？怎样做代价最小？

第 12 章

大数据计算平台

本章介绍几种主流大数据计算平台及其使用案例。Hadoop 是一种重要的大数据计算平台，由于 Hadoop 已经在拙作《大数据算法》中有一定介绍，并且已经有很多书籍对其进行介绍，这里不再赘述，而选择了一种 Hadoop 的变种——HaLoop 加以介绍。其中所涉及的所有系统的安装和配置细节参见本书附录。

12.1 Spark

12.1.1 Spark 简介

Spark（http://spark.apache.org/）是 Apache 基金会开源项目，它充分整合利用了现有云计算和大数据技术，具有丰富的编程接口，支持在单机、HadoopYarn、Mesos（http://mesos.apache.org/）集群和亚马逊 EC2 云等多种平台上运行，能够访问 HDFS 文件系统和 Hbase 数据库等任意 Hadoop 支持的数据源，提供批处理、交互式、流处理等多种数据处理模式，为大数据应用提供一个统一的平台。据 Apache 官方测试，Spark 运行逻辑回归算法的计算速度是 Hadoop 的 10 ~ 100 倍。如此之高的性能提升，得益于以下关键技术。

1）**弹性分布式数据集（RDD）**。RDD 是 Spark 计算框架的核心技术。在 Spark 中，所有的数据都被抽象成 RDD。用户可将中间结果缓存在内存中，便于有效地被重用和进行并发操作，免去不必要的 I/O 开销。RDD 只能通过两种方式创建：一是读取本地或 Hadoop 分布式文件系统（HDFS）上的文件；二是由其他 RDD 转换而来，具有只读（一组 RDD 可以通过数据集操作生成另外一组 RDD，但是不能直接被改写）、弹性扩展和容错等特性。

2）**共享变量**。与 MapReduce 不同的是，Spark 提供广播（broadcast）和累加器（accumulators）两种受限的共享变量，可以像分布式内存系统那样提供全局地址空间接口，提高了数据的共享性。

3）**容错机制**。分布式共享内存系统一般通过检查点（checkpoint）和回滚（rollback）方式容错，而 RDD 通过称为"世系关系"（lineage）的机制提供高效的容错，该机制使 RDD 包含其演化过程中一系列的依赖关系，能够自动从节点失败中重构丢失的 RDD。

4）**支持有向无环图（Directed Acyclic Graph，DAG）编程框架**。由于 MapReduce 设计上的约束，Hadoop 缺少对迭代计算和 DAG 运算的支持。Spark 具有丰富、全面的数据集运算操作，除了 Map 和 Reduce 操作，还增加了过滤、抽样、分组、排序、并集、连接、分割、计数、收集、查找等 80 多种算子，并合理地划分为 Transformation（变换）和 Action（动作）两大类。利用这些算子，能够方便地建立起 RDD 的 DAG 计算模型，将所有操作优化成 DAG 图，提高计算效率和编程灵活性。

5）**流计算框架（Spark Streaming）**。流计算框架将数据流根据小时间片分解成一系列短小的批处理作业，根据业务需求对中间结果进行叠加计算或者存储到外部设备，具有高吞吐量和高效的容错处理能力。

6）**可扩展机器学习库（MLBase/MLlib）**。MLlib 包括一些常见的机器学习算法和实用程序，包括分类、回归、聚类、协同过滤、降维、特征变换及底层优化。MLbase 通过边界定义，力图将 MLbase 打造成一个机器学习平台，让一些并不深入了解机器学习的用户也能方便地使用 MLbase 来处理自己的数据，其机器学习优化器能够根据用户输入场景选择最适合的机器学习算法和相关参数。

7）**即时数据查询引擎（Spark SQL）**。Spark SQL 从 ApacheHive 表、parquet 和 JSON 格式的文件中装载和查询数据，通过 Python、Scala 和 Java 语言编程接口将结构化数据作为 RDD 进行查询，实现 SQL 查询（http://spark.apache.org/sql/）和 Spark 程序的无缝集成，使运行带有 SQL 查询的复杂分析算法更容易。同时，可以不加修改地运行 Apache Hive 数据仓库查询，支持传统 JDBC/ODBC 连接。

8）**并行图计算框架（GraphX）**。GraphX（http://spark.apache.org/graphx/）是基于 Spark 的图处理和图并行计算 API，可将一组数据同时看作集合（collection）和图（graph）两种视图，每种视图都有自己独特的操作符，利用基于 RDD 的图操作保证了操作灵活性和执行效率。

9）**采样近似计算查询引擎（BlinkDB）**。BlinkDB（http://blinkdb.org/）是一个在海量数据上运行交互式查询的大规模并行查询引擎。它通过维护一组多维样本的自适应优化框架和动态样本选择策略，允许用户通过权衡数据精度来提升查询响应时间性能，而数据会被限制在误差范围以内。在 2012 年 VLDB 会议上的一个演示中，BlinkDB 对 17TB 数据的一组查询不到 2s 即可完成，比 Hive 快 200 倍，而错误率在 2% ～ 10% 之间。

10）**分布式内存文件系统（Tachyon）**。Tachyon（http://tachyon-project.org/）是一个高容错的分布式文件系统，允许文件以内存的速度在计算机集群中进行可靠的读写和共享，以达到提高效率的目的。项目开发者提出了一种在存储层利用"世系信息"（lineage）的容错机制，克服了传统写操作中数据同步的瓶颈，在测试中比 HDFS 快 110 倍。

12.1.2 基于 Spark 的大数据分析实例

本节通过有线电视开机数据统计这一分析任务介绍基于 Spark 的大数据分析实现案例。词频统计就是统计在文档中每个词出现的次数。

1. 问题与数据描述

数据是某服务商提供的一个月的用户开机数据，记录在 Hbase 中。每条记录均包括用户的开机时间和机顶盒序列号。其数据模式如下：

RowKey	col:CA_NO	col:serial	col:time	col:event

每一行只有一个列族 col，其中我们关心的属性是开机时间 time 和机顶盒序列号 serial。其中，time 的格式为 YYYYMMDDSS，serial 为数字。

任务是统计每一天的开机用户量。并将其插入本机的 MariaDB 数据库。在这个任务中，数据超过 20 000 000 条，数据量超过 8GB。尽管这只是一个聚集操作，对于较小的数据量可以用一般的数据库通过一条 SQL 语句实现，但是由于数据量非常大，不论数据加载还是数据计算都太慢，因而需要使用 Spark 进行并行计算以提高可扩展性。

2. 系统处理与配置

为了进行处理，我们在集群上安装了 Hadoop 和 Spark。因为要连接 MariaDB 数据库，所以需要使用 mariadb-java-client-1.5.5.jar 这个 Java 的包。Spark 数据处理流程如图 12-1 所示。

图 12-1　Spark 数据处理流程

输出数据的模式是（day, count），其中 day 表示统计的日期，count 表示该日期的开机数。

3. 代码分析

Spark 程序可以用 Java、Scala 等语言实现，在这里，我们使用 Python 进行 Spark 的编程。程序包括如下两个文件：

❑ hbase_tool.py: 以 Hbase 中的数据构建 RDD。

❑ boot.py: 进行去重、累加等操作，并将结果写入 MariaDB。

hbase_tool.py 的代码如下：

```
def hbase_rdd(sc, host, table):
    conf = {"hbase.zookeeper.quorum": host, "hbase.MapReduce.inputtable": table}
    keyConv = "org.apache.spark.examples.pythonconverters.ImmutableBytesWritableT
    oStringConverter"
    valueConv = "org.apache.spark.examples.pythonconverters.HBaseResultToString-
    Converter"
    hbase_rdd = sc.newAPIHadoopRDD(
        "org.apache.hadoop.hbase.MapReduce.TableInputFormat",
        "org.apache.hadoop.hbase.io.ImmutableBytesWritable",
        "org.apache.hadoop.hbase.client.Result",
        keyConverter=keyConv,
        valueConverter=valueConv,
        conf=conf)
return hbase_rdd
```

上述代码定义了一个函数，sc 表示 Spark 运行时唯一的 sparkContext 对象，host 表示 Hbase 所在机器的 IP 地址，而 table 表示 Hbase 的表名称。我们通过 sc 的 newAPIH-adoopRDD 方法，得到一个 rdd 对象，并返回。

boot.py 的代码如下：

```
1 # -*- coding: utf-8 -*-
2 from pyspark import SparkContext
3 from pyspark.sql import SQLContext, Row
4 import hbase_tool
5 import json
6 import sys
7
8 def get_day(time):
9     return time[:8]
10
```

```
11 def first_Map(key_record):
12     record = key_record[1]
13     key =  key_record[0]
14     records = record.split("\n")
15     dicts = [json.loads(record) for record in records]
16     for d in dicts:
17         if d["qualifier"] == "time":
18             time = get_day(d["value"])
19         if d["qualifier"] == "serial":
20             cano = d["value"]
21   if time.startswith("2016"):
22         return [(time, cano)]
23   else:
24         return []
25
26
27 if __name__ == "__main__":
28   sc = SparkContext(appName="boot_count")
29   sqlContext = SQLContext(sc)
30   rdd = hbase_tool.hbase_rdd(sc, "master", "BOOT_201611")
31   rdd = rdd.flatMap(first_Map)
32   rdd = rdd.distinct()
33   rdd = rdd.MapValues(lambda v: 1)
34   rdd = rdd.reduceByKey(lambda x, y: x+y)
35   rdd = rdd.Map(lambda x: Row(day=x[0], count=x[1]))
36   schema_site = sqlContext.createDataFrame(rdd)
37   schema_site.registerTempTable("boot_count")
38   mysql_url = "jdbc:mariadb://master.cluster:3306/weiyanjie_test"
39   properties = {'user': 'root', 'driver': 'org.mariadb.jdbc.Driver'}
40   schema_site.write.jdbc(url=mysql_url, table="boot_count", mode="append",
                            properties=properties)
41
42   sc.stop()
```

运行时代码逻辑从 28 行开始，28 行之前导入了一些必要的模块，并且定义了诸如获取到天的时间的函数以及 flatMap 中需要用到的过滤数据的函数。我们从 28 行开始进行逐行讲解：第 28 行创建 SparkContext 对象。第 29 行创建 SQLContext 对象。第 30 行读取以 host 为 master，表名为 BOOT_201611，从 Hbase 中获取 RDD。第 31 行中的 rdd.flatMap（flatMap）针对 RDD 中的每行数据返回 0 到多行数据。此处用这个特性，在第 11 行定义的 frist-map 函数的帮助下，去除一些 Hbase 表中不需要的数据（表中包含了许多从 1970 年开始的数据，它们是无效的数据），在 shuffle 之前减小数据量，有利于程序的运行速度。第 32 行调用 rdd.distinct( ) 函数实现去重。第 33 和 34 行中，我们实现了累加，通过 reduceByKey 函数获得了每天的开机量。在第 35 行中，Row 函数帮助我们完成了从 rdd 中的数据到数据库中列的映射。在第 36 行中，我们利用 rdd 获得一个 dataFrame 对象。最后的第 37、38、40、41 行配置好了 jdbc 的各种属性，并且使用 dataFrame 对象的相应方法，将 RDD 中的数据写入 MariaDB。

4. 任务提交

该任务的提交命令如下：

```
spark-submit\
 --driver-class-path /home/weiyanjie/mariadb-java-client-1.5.5.jar\
 --jars
```

```
    /usr/local/spark/lib/spark-examples-1.6.1-hadoop2.6.0.jar,/home/weiyanjie/
mariadb-java-client-1.5.5.jar\
    --executor-memory 25G\
    --py-files hbase_tool.py\
    boot.py
```

在上述过程中，首先因为要连接Hbase和MariaDB，我们需要通过--driver-class-path属性和--jars属性添加两个相关依赖，然后需要通过--py-files添加需要引入的python模块。通过--executor-memory我们设定了每个节点申请使用的内存。

计算结果如图12-2所示。

```
MariaDB [weiyanjie_test]> select * from boot_count limit 5;
+----------+--------+
| day      | count  |
+----------+--------+
| 20160517 | 373805 |
| 20160509 | 376855 |
| 20160601 | 3804   |
| 20160409 | 1      |
| 20160530 | 364391 |
+----------+--------+
```

图12-2 Spark运行结果截图

12.2 Hyracks

12.2.1 Hyracks简介

Hyracks是一个以强灵活性、高可扩展性为基础的新型分区并行软件平台，用于大型无共享集群上的密集型数据计算。Hyracks允许用户将一个计算表示成一个数据运算器（operators）和连接器（connectors）的有向无环图（DAG）。运算器处理输入数据分区并产生输出数据分区，而连接器对源节点运算器的输出数据分区重新分配，产生目标运算器可用的数据分区。Hyracks有两类模型：一种是最终用户模型，为使用Hyracks运行数据流作业的用户设计；另一种是扩展模型，为了那些想为Hyracks构件库添加新的运算器或者连接器的用户设计。Hyracks和Hadoop一样都是开源的分布式系统，从Hyracks和Hadoop的对比试验来看，Hyracks在处理多次划分和排序、大量移动数据等任务上略胜一筹，从初步结果来看，Hyracks将成为下一代流行的数据密集型计算平台。

12.2.2 基于Hyracks的大数据分析实例

下面以wordcount为例介绍基于Hyracks的数据分析案例。首先我们要准备一些数据文件，在hyracks-example/hyracks-integration-tests/data文件夹中有一些可以运行wordcount的数据，当然也可以使用自己的数据。该案例的源代码如下：

```
WordCountMain.java
package org.apache.hyracks.examples.text.client;

import java.io.File;
import java.util.EnumSet;

import org.apache.hyracks.api.client.HyracksConnection;
import org.apache.hyracks.api.client.IHyracksClientConnection;
```

```
    import org.apache.hyracks.api.constraints.PartitionConstraintHelper;
    import org.apache.hyracks.api.dataflow.IConnectorDescriptor;
    import org.apache.hyracks.api.dataflow.IOperatorDescriptor;
    import org.apache.hyracks.api.dataflow.value.IBinaryComparatorFactory;
    import org.apache.hyracks.api.dataflow.value.IBinaryHashFunctionFactory;
    import org.apache.hyracks.api.dataflow.value.IBinaryHashFunctionFamily;
    import org.apache.hyracks.api.dataflow.value.ISerializerDeserializer;
    import org.apache.hyracks.api.dataflow.value.RecordDescriptor;
    import org.apache.hyracks.api.io.FileReference;
    import org.apache.hyracks.api.job.JobFlag;
    import org.apache.hyracks.api.job.JobId;
    import org.apache.hyracks.api.job.JobSpecification;
    import org.apache.hyracks.data.std.accessors.PointableBinaryComparatorFactory;
    import org.apache.hyracks.data.std.accessors.PointableBinaryHashFunctionFactory;
    import org.apache.hyracks.data.std.accessors.UTF8StringBinaryHashFunctionFamily;
    import org.apache.hyracks.data.std.primitive.UTF8StringPointable;
    import org.apache.hyracks.dataflow.common.data.marshalling.IntegerSerializerDeserializer;
    import org.apache.hyracks.dataflow.common.data.marshalling.UTF8StringSerializerDeserializer;
    import org.apache.hyracks.dataflow.common.data.normalizers.UTF8StringNormalizedKeyComputerFactory;
    import org.apache.hyracks.dataflow.common.data.partition.FieldHashPartitionComputerFactory;
    import org.apache.hyracks.dataflow.std.connectors.MToNPartitioningConnectorDescriptor;
    import org.apache.hyracks.dataflow.std.connectors.OneToOneConnectorDescriptor;
    import org.apache.hyracks.dataflow.std.file.ConstantFileSplitProvider;
    import org.apache.hyracks.dataflow.std.file.FileScanOperatorDescriptor;
    import org.apache.hyracks.dataflow.std.file.FileSplit;
    import org.apache.hyracks.dataflow.std.file.FrameFileWriterOperatorDescriptor;
    import org.apache.hyracks.dataflow.std.file.IFileSplitProvider;
    import org.apache.hyracks.dataflow.std.file.PlainFileWriterOperatorDescriptor;
    import org.apache.hyracks.dataflow.std.group.HashSpillableTableFactory;
    import org.apache.hyracks.dataflow.std.group.IFieldAggregateDescriptorFactory;
    import org.apache.hyracks.dataflow.std.group.aggregators.CountFieldAggregatorFactory;
    import org.apache.hyracks.dataflow.std.group.aggregators.FloatSumFieldAggregatorFactory;
    import org.apache.hyracks.dataflow.std.group.aggregators.IntSumFieldAggregatorFactory;
    import org.apache.hyracks.dataflow.std.group.aggregators.MultiFieldsAggregatorFactory;
    import org.apache.hyracks.dataflow.std.group.external.ExternalGroupOperatorDescriptor;
    import org.apache.hyracks.dataflow.std.group.preclustered.PreclusteredGroupOperatorDescriptor;
    import org.apache.hyracks.dataflow.std.sort.ExternalSortOperatorDescriptor;
    import org.apache.hyracks.dataflow.std.sort.InMemorySortOperatorDescriptor;
    import org.apache.hyracks.examples.text.WordTupleParserFactory;
    import org.kohsuke.args4j.CmdLineParser;
    import org.kohsuke.args4j.Option;

public class WordCountMain {
    private static class Options {
        @Option(name = "-host", usage = "Hyracks Cluster Controller Host name", required = true)
        public String host;

        @Option(name = "-port", usage = "Hyracks Cluster Controller Port (default: 1098)")
        public int port = 1098;
```

```
        @Option(name = "-infile-splits", usage = "Comma separated list of file-
splits for the input. A file-split is <node-name>:<path>", required = true)
        public String inFileSplits;

        @Option(name = "-outfile-splits", usage = "Comma separated list of file-
splits for the output", required = true)
        public String outFileSplits;

        @Option(name = "-algo", usage = "Use Hash based grouping", required =
true)
        public String algo;

        @Option(name = "-format", usage = "Specify output format: binary/text
(default: text)", required = false)
        public String format = "text";

        @Option(name = "-hashtable-size", usage = "Hash table size (default:
8191)", required = false)
        public int htSize = 8191;

        @Option(name = "-frame-limit", usage = "Memory limit in frames
(default:4)", required = false)
        public int memFrameLimit = 10;

        @Option(name = "-runtime-profiling", usage = "Indicates if runtime
profiling should be enabled. (default: false)")
        public boolean runtimeProfiling = false;

        @Option(name = "-frame-size", usage = "Hyracks frame size (default:
32768)", required = false)
        public int frameSize = 32768;
    }

    private static long fileSize = 0;

    public static void main(String[] args) throws Exception {
        Options options = new Options();
        CmdLineParser parser = new CmdLineParser(options);
        parser.parseArgument(args);

        IHyracksClientConnection hcc = new HyracksConnection(options.host,
options.port);

        JobSpecification job = createJob(parseFileSplits(options.inFileSplits),
parseFileSplits(options.outFileSplits),
                options.algo, options.htSize, options.memFrameLimit, options.format,
options.frameSize);

        long start = System.currentTimeMillis();
        JobId jobId = hcc.startJob(job,
                options.runtimeProfiling ? EnumSet.of(JobFlag.PROFILE_RUNTIME) :
EnumSet.noneOf(JobFlag.class));
        hcc.waitForCompletion(jobId);
        long end = System.currentTimeMillis();
        System.err.println(start + " " + end + " " + (end - start));
    }

    private static FileSplit[] parseFileSplits(String fileSplits) {
```

```
            String[] splits = fileSplits.split(",");
            FileSplit[] fSplits = new FileSplit[splits.length];
            for (int i = 0; i < splits.length; ++i) {
                String s = splits[i].trim();
                int idx = s.indexOf(':');
                if (idx < 0) {
                    throw new IllegalArgumentException("File split " + s + " not well
formed");
                }
                File file = new File(s.substring(idx + 1));
                fSplits[i] = new FileSplit(s.substring(0, idx), new FileReference(file));
                fileSize += file.length();
            }
            return fSplits;
        }

        private static JobSpecification createJob(FileSplit[] inSplits, FileSplit[]
outSplits, String algo, int htSize,
                int frameLimit, String format, int frameSize) {
            JobSpecification spec = new JobSpecification(frameSize);

            IFileSplitProvider splitsProvider = new ConstantFileSplitProvider(inSpli
ts);
            RecordDescriptor wordDesc = new RecordDescriptor(
                    new ISerializerDeserializer[] { new UTF8StringSerializerDeseriali
zer() });

            FileScanOperatorDescriptor wordScanner = new FileScanOperatorDescriptor(s
pec, splitsProvider,
                    new WordTupleParserFactory(), wordDesc);
            createPartitionConstraint(spec, wordScanner, inSplits);

            RecordDescriptor groupResultDesc = new RecordDescriptor(new
ISerializerDeserializer[] {
                    new UTF8StringSerializerDeserializer(), IntegerSerializerDeserializer.
INSTANCE });

            IOperatorDescriptor gBy;
            int[] keys = new int[] { 0 };
            if ("hash".equalsIgnoreCase(algo)) {
                gBy = new ExternalGroupOperatorDescriptor(spec, htSize, fileSize,
keys, frameLimit,
                    new IBinaryComparatorFactory[] { PointableBinaryComparatorFac
tory.of(UTF8StringPointable.FACTORY) },
                    new UTF8StringNormalizedKeyComputerFactory(),
                    new MultiFieldsAggregatorFactory(new IFieldAggregateDescripto
rFactory[] {
                            new IntSumFieldAggregatorFactory(1, false), new
IntSumFieldAggregatorFactory(3, false),
                            new FloatSumFieldAggregatorFactory(5, false) }),
                    new MultiFieldsAggregatorFactory(new IFieldAggregateDescripto
rFactory[] {
                            new IntSumFieldAggregatorFactory(1, false), new
IntSumFieldAggregatorFactory(2, false),
                            new FloatSumFieldAggregatorFactory(3, false) }),
                            groupResultDesc, groupResultDesc, new
HashSpillableTableFactory(
                            new IBinaryHashFunctionFamily[] { UTF8StringBinaryHas
```

```
hFunctionFamily.INSTANCE }));

                createPartitionConstraint(spec, gBy, outSplits);
                IConnectorDescriptor scanGroupConn = new MToNPartitioningConnectorDes
criptor(spec,
                                new FieldHashPartitionComputerFactory(keys, new
IBinaryHashFunctionFactory[] {
PointableBinaryHashFunctionFactory.of(UTF8StringPointable.FACTORY) }));
                spec.connect(scanGroupConn, wordScanner, 0, gBy, 0);
            } else {
                IBinaryComparatorFactory[] cfs = new IBinaryComparatorFactory[] {
PointableBinaryComparatorFactory.of(UTF8StringPointable.FACTORY) };
                IOperatorDescriptor sorter = "memsort".equalsIgnoreCase(algo)
                        ? new InMemorySortOperatorDescriptor(spec, keys, new UTF8Stri
ngNormalizedKeyComputerFactory(), cfs,
                                wordDesc)
                        : new ExternalSortOperatorDescriptor(spec, frameLimit, keys,
                                new UTF8StringNormalizedKeyComputerFactory(), cfs,
wordDesc);
                createPartitionConstraint(spec, sorter, outSplits);

                IConnectorDescriptor scanSortConn = new MToNPartitioningConnectorDesc
riptor(spec,
                                new FieldHashPartitionComputerFactory(keys, new
IBinaryHashFunctionFactory[] {
PointableBinaryHashFunctionFactory.of(UTF8StringPointable.FACTORY) }));
                spec.connect(scanSortConn, wordScanner, 0, sorter, 0);

                gBy = new PreclusteredGroupOperatorDescriptor(spec, keys,
                        new IBinaryComparatorFactory[] { PointableBinaryComparatorFac
tory.of(UTF8StringPointable.FACTORY) },
                        new MultiFieldsAggregatorFactory(
                                new IFieldAggregateDescriptorFactory[] { new CountFie
ldAggregatorFactory(true) }),
                        groupResultDesc);
                createPartitionConstraint(spec, gBy, outSplits);
                OneToOneConnectorDescriptor sortGroupConn = new OneToOneConnectorDesc
riptor(spec);
                spec.connect(sortGroupConn, sorter, 0, gBy, 0);
            }

        IFileSplitProvider outSplitProvider = new ConstantFileSplitProvider(outSp
lits);
        IOperatorDescriptor writer = "text".equalsIgnoreCase(format)
                ? new PlainFileWriterOperatorDescriptor(spec, outSplitProvider,
",")
                : new FrameFileWriterOperatorDescriptor(spec, outSplitProvider);
        createPartitionConstraint(spec, writer, outSplits);

        IConnectorDescriptor gbyPrinterConn = new OneToOneConnectorDescriptor(spec);
        spec.connect(gbyPrinterConn, gBy, 0, writer, 0);

        spec.addRoot(writer);
        return spec;
    }

    private static void createPartitionConstraint(JobSpecification spec,
IOperatorDescriptor op, FileSplit[] splits) {
```

```
        String[] parts = new String[splits.length];
        for (int i = 0; i < splits.length; ++i) {
            parts[i] = splits[i].getNodeName();
        }
        PartitionConstraintHelper.addAbsoluteLocationConstraint(spec, op, parts);
    }
}


WordCountIT.java
package org.apache.hyracks.examples.text.test;
import java.io.File;
import org.junit.Test;
import org.apache.hyracks.examples.text.client.WordCountMain;

public class WordCountIT {

@Test

public void runWordCount() throws Exception {

WordCountMain.main(new String[] { "-host", "localhost", "-infile-splits",
getInfileSplits(), "-outfile-splits",

getOutfileSplits(), "-algo", "-hash" });

}



private String getInfileSplits() {
return "NC1:" + new File("data/file1.txt").getAbsolutePath() + ",NC2:"
+ new File("data/file2.txt").getAbsolutePath();

}



private String getOutfileSplits() {

return "NC1:" + new File("target/wc1.txt").getAbsolutePath() + ",NC2:"

+ new File("target/wc2.txt").getAbsolutePath();

}

}
```

　　我们提供一个或者多个输入文件，在这个案例中，我们用 NC1 读取输入文件，用 NC2 产生输出文件，用 <df1> 和 <df2> 表示两个输入文件的绝对文件名，将输出文件存在 /tmp/output 目录下。

　　新开启一个终端窗口，运行以下脚本：

```
hyracks-examples/text-example/textclient/target/textclient-<latest version>-
binary-assembly/bin/textclient -host localhost -app text -infile-splits
"NC1:<df1>,NC1:<df2>" -outfile-splits "NC2:/tmp/output" -algo hash
```

　　（注意：一定要将 <df1> 和 <df2> 换成两个输入文件的绝对文件名！）

上面的脚本会根据两个输入文件运行 wordcount 案例，并将结果输出到"/tmp/output"目录下。

根据相关资料中的描述，Hyracks 上运行 wordcount 的效率比 Hadoop 中的 MapReduce 的 wordcount 程序要快 16 倍。Hyracks 比较适合运行 wordcount 程序，因为 wordcount 程序中也有很多划分和排序，同时它还不需要像 Hadoop 那样需要启动一轮 MapReduce 的时间。

12.3　DPark

12.3.1　DPark 简介

2008 年，豆瓣内部首先尝试采用 Hadoop 进行大数据处理，但是 Hadoop 在矩阵运算上的效果并不理想，之后开始尝试 Spark。Spark 可以更好地支持迭代计算，但有其特有的缺点——首先需要学习有一定难度的 Scala 语言，其次不能复用积累的 Python/C 代码。于是他们开始尝试实现 Python 版本的 Spark，在第七天的时候，DPark 效果已经比 Hive 快 15 倍了，直到最后取代了 Hadoop。

DPark 是一个基于 Mesos 的集群计算框架，是 Spark 的 Python 实现版本，类似于 MapReduce，但是比其更灵活，可以用 Python 非常方便地进行分布式计算，并且提供了更多的功能以便更好地进行迭代式计算。

DPark 的计算模型是基于两个中心思想的：对分布式数据集的并行计算以及一些有限的可以在计算过程中、从不同机器访问的共享变量类型。这个模型的目标是为了提供一种类似于全局地址空间编程模型（global address space programming model）的工具，例如 OpenMP，但是要求共享变量的类型必须是那些很容易在分布式系统当中实现的，当前支持的共享变量类型有只读的数据和支持一种数据修改方式的累加器（accumulators）。DPark 具有一个很重要的特性：分布式的数据集可以在多个不同的并行循环中被重复利用。这个特性将其与其他数据流形式的框架（例如 Hadoop 和 Dryad）区分开来。

DPark 虽然是 Spark 的 Python 实现版本，但是由于 Python 和 Scala 的区别和特性，它们之间仍有一些不同：

1）两者之间最重要的区别就是线程和进程的区别。Spark 使用一个线程来运行一个任务，而 DPark 使用的是进程。原因如下：在 Python 当中，由于 GIL 的存在，即使在多核机器上使用多个线程，这些线程之间也没有办法真正地实现并发执行。在现在的集群计算中，机器大多是多核的，Master 会将一个任务分配到一个计算节点的一个 CPU 中运行，以充分利用每一台计算节点，但是由于 GIL 的存在，如果使用线程来运行每一个任务，那么会导致同一个计算节点上至多只有一个线程能够被运行，大大降低了计算的速度，所以不得不采用进程来运行每一个任务，而这就导致了 cache 之后在同一个计算节点的各个任务之间共享内存变得相对复杂，并会带来一些额外的开销。我们在努力使得这一开销尽量降低。

2）支持的文件系统不同。Spark 使用了 Hadoop 框架中提供的关于文件系统的接口，所以只要 Hadoop 支持的文件系统和文件格式，Spark 都能支持。而 DPark 无法直接使用 Hadoop 的代码和接口，所以只能使用 Posix 文件系统，或者为某种文件系统参照 textFile 实现特定的接口。目前 DPark 支持所有能以 FUSE 或者类似方式访问的文件系统，包括 MFS、NFS 等类似系统，HDFS 有 FUSE 接口可以使用。DPark 特别针对 MFS 文件系统实现了一种 RDD，它可以绕过 FUSE，得到文件的分布信息，方便进行 IO 本地优化。

豆瓣内部以及豆瓣的一些友公司目前已使用了 DPark，同时也有不少 Python 爱好者选用 DPark 进行处理数据。

12.3.2 基于 DPark 的大数据分析实例

下面以 k-means 聚类为例说明 DPark 的使用。k-means 聚类方法在 11.5.1 节中有所介绍，其 DPark 代码如下：

```python
#!/usr/bin/env python
import sys, os, os.path
sys.path.insert(0, os.path.dirname(os.path.dirname(os.path.abspath(__file__))))
import random
import dpark
from vector import Vector

# 将一行数据转变为向量
def parseVector(line):
    return Vector(Map(float, line.strip().split(' ')))

# 返回距离 p 最近的中心点的 index
def closestCenter(p, centers):
    bestDist = p.squaredDist(centers[0])
    bestIndex = 0
    for i in range(1, len(centers)):
        d = p.squaredDist(centers[i])
        if d < bestDist:
            bestDist = d
            bestIndex = i
    return bestIndex


if __name__ == '__main__':
    D = 738       # 特征数
    K = 10        # 聚成 K 类
    IT = 100      # 最大迭代次数
MIN_DIST = 0.01

# 随机初始化 k 个簇中心
centers = [Vector([random.random() for j in range(D)]) for i in range(K)]

# 读取数据点
    points = dpark.textFile('kmeans_data.txt').Map(parseVector).cache()

    for it in range(IT):
        print 'iteration', it
        # 对每个数据点 p，建立映射：距离 p 最近的中心 index → (p, 1)
        # 最后一个 1 用来记录被划分到该类的点数
        MappedPoints = points.Map(lambda p:(closestCenter(p, centers), (p, 1)))

        # reduce 过程，被划分到同一类的 key 分别相加
        # s 是数据点之和，c 是点数
        # 之后的 Map 求均值，获得新的 k 个中心
        ncenters = MappedPoints.reduceByKey(
                lambda (s1,c1),(s2,c2): (s1+s2,c1+c2)
            ).Map(
```

```
                lambda (id, (sum, count)): (id, sum/count)
            ).collectAsMap()

        updated = False
        for i in ncenters:
            if centers[i].dist(ncenters[i]) > MIN_DIST:
                centers[i] = ncenters[i]
                updated = True
        if not updated:
            break
        print centers

    print 'final', centers
```

运行过程如下：

1）建立 Master 节点。在 Mesos 目录下，输入指令：

```
cd build/
sudo ./bin/mesos-master.sh -work_dir=/var/lib/mesos
```

部分结果如图 12-3 所示。

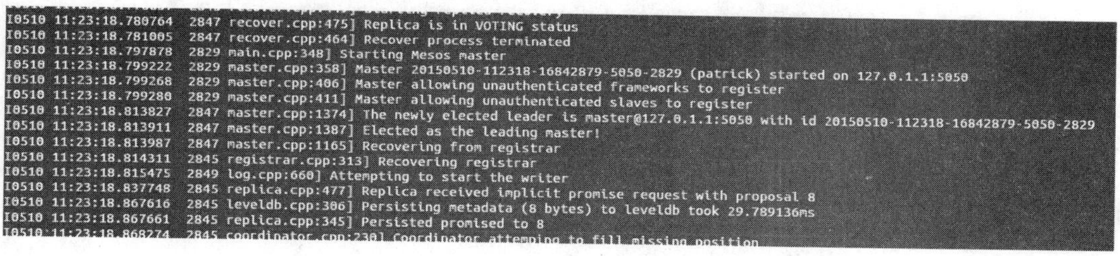

```
I0510 11:23:18.780764  2847 recover.cpp:475] Replica is in VOTING status
I0510 11:23:18.781005  2847 recover.cpp:464] Recover process terminated
I0510 11:23:18.797878  2829 main.cpp:348] Starting Mesos master
I0510 11:23:18.799222  2829 master.cpp:358] Master 20150510-112318-16842879-5050-2829 (patrick) started on 127.0.1.1:5050
I0510 11:23:18.799268  2829 master.cpp:406] Master allowing unauthenticated frameworks to register
I0510 11:23:18.799280  2829 master.cpp:411] Master allowing unauthenticated slaves to register
I0510 11:23:18.813827  2847 master.cpp:1374] The newly elected leader is master@127.0.1.1:5050 with id 20150510-112318-16842879-5050-2829
I0510 11:23:18.813911  2847 master.cpp:1387] Elected as the leading master!
I0510 11:23:18.813987  2847 master.cpp:1165] Recovering from registrar
I0510 11:23:18.814311  2845 registrar.cpp:313] Recovering registrar
I0510 11:23:18.815475  2849 log.cpp:660] Attempting to start the writer
I0510 11:23:18.837748  2845 replica.cpp:477] Replica received implicit promise request with proposal 8
I0510 11:23:18.867616  2845 leveldb.cpp:306] Persisting metadata (8 bytes) to leveldb took 29.789136ms
I0510 11:23:18.867661  2845 replica.cpp:345] Persisted promised to 8
I0510 11:23:18.868274  2845 coordinator.cpp:230] Coordinator attemping to fill missing position
```

图 12-3　建立 master 节点

从中可以看到，Mesos 分配给 Master 的地址为 127.0.1.1：5050。

2）建立 Slaver 节点。在两台机器的 Mesos 目录下，分别输入如下指令：

```
cd build/
sudo ./bin/mesos-slave.sh- -master=128.0.1.1:5050
sudo ./bin/mesos-slave.sh- -master=192.168.80.133:5050
```

结果如图 12-4 所示，可以看到，Slaver 节点添加成功。

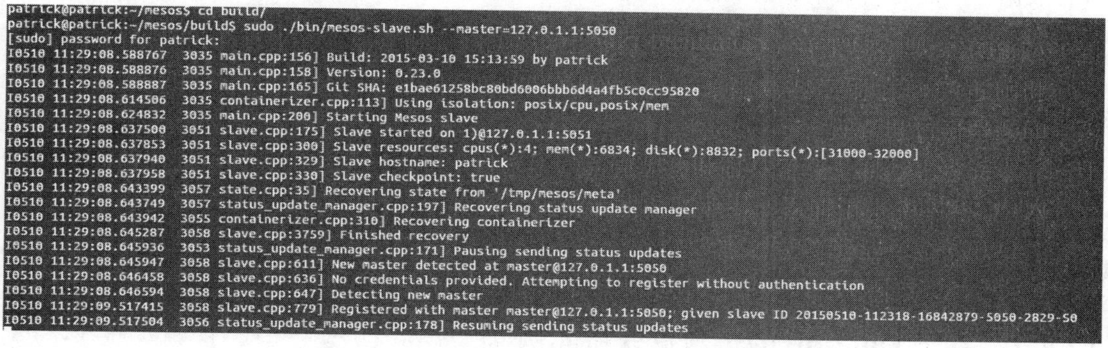

```
patrick@patrick:~/mesos$ cd build/
patrick@patrick:~/mesos/build$ sudo ./bin/mesos-slave.sh --master=127.0.1.1:5050
[sudo] password for patrick:
I0510 11:29:08.588767  3035 main.cpp:156] Build: 2015-03-10 15:13:59 by patrick
I0510 11:29:08.588876  3035 main.cpp:158] Version: 0.23.0
I0510 11:29:08.588887  3035 main.cpp:165] Git SHA: e1bae61258bc80bd6006bbb6d4a4fb5c0cc95820
I0510 11:29:08.614506  3035 containerizer.cpp:113] Using isolation: posix/cpu,posix/mem
I0510 11:29:08.624832  3035 main.cpp:200] Starting Mesos slave
I0510 11:29:08.637500  3051 slave.cpp:175] Slave started on 1)@127.0.1.1:5051
I0510 11:29:08.637853  3051 slave.cpp:300] Slave resources: cpus(*):4; mem(*):6834; disk(*):8832; ports(*):[31000-32000]
I0510 11:29:08.637940  3051 slave.cpp:329] Slave hostname: patrick
I0510 11:29:08.637958  3051 slave.cpp:330] Slave checkpoint: true
I0510 11:29:08.643399  3057 state.cpp:35] Recovering state from '/tmp/mesos/meta'
I0510 11:29:08.643749  3057 status_update_manager.cpp:197] Recovering status update manager
I0510 11:29:08.643942  3055 containerizer.cpp:310] Recovering containerizer
I0510 11:29:08.645287  3058 slave.cpp:3759] Finished recovery
I0510 11:29:08.645936  3053 status_update_manager.cpp:171] Pausing sending status updates
I0510 11:29:08.645947  3058 slave.cpp:611] New master detected at master@127.0.1.1:5050
I0510 11:29:08.646458  3058 slave.cpp:636] No credentials provided. Attempting to register without authentication
I0510 11:29:08.646594  3058 slave.cpp:647] Detecting new master
I0510 11:29:09.517415  3058 slave.cpp:779] Registered with master master@127.0.1.1:5050; given slave ID 20150510-112318-16842879-5050-2829-S0
I0510 11:29:09.517504  3056 status_update_manager.cpp:178] Resuming sending status updates
```

图 12-4　建立 slaver 节点

3）进入 Python 文件所在目录，输入指令：

```
python kmeans.py -m 128.0.1.1:5050
```

运行过程如图 12-5 所示。

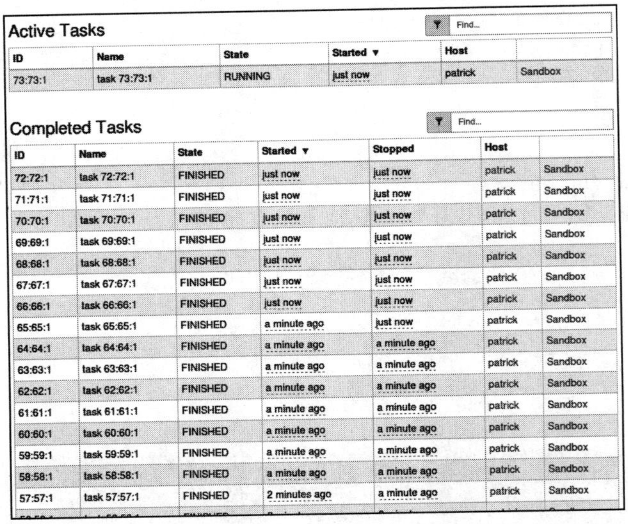

Active Tasks					
ID	Name	State	Started ▼	Host	
73:73:1	task 73:73:1	RUNNING	just now	patrick	Sandbox

Completed Tasks					
ID	Name	State	Started ▼	Stopped	Host
72:72:1	task 72:72:1	FINISHED	just now	just now	patrick	Sandbox
71:71:1	task 71:71:1	FINISHED	just now	just now	patrick	Sandbox
70:70:1	task 70:70:1	FINISHED	just now	just now	patrick	Sandbox
69:69:1	task 69:69:1	FINISHED	just now	just now	patrick	Sandbox
68:68:1	task 68:68:1	FINISHED	just now	just now	patrick	Sandbox
67:67:1	task 67:67:1	FINISHED	just now	just now	patrick	Sandbox
66:66:1	task 66:66:1	FINISHED	just now	just now	patrick	Sandbox
65:65:1	task 65:65:1	FINISHED	a minute ago	just now	patrick	Sandbox
64:64:1	task 64:64:1	FINISHED	a minute ago	a minute ago	patrick	Sandbox
63:63:1	task 63:63:1	FINISHED	a minute ago	a minute ago	patrick	Sandbox
62:62:1	task 62:62:1	FINISHED	a minute ago	a minute ago	patrick	Sandbox
61:61:1	task 61:61:1	FINISHED	a minute ago	a minute ago	patrick	Sandbox
60:60:1	task 60:60:1	FINISHED	a minute ago	a minute ago	patrick	Sandbox
59:59:1	task 59:59:1	FINISHED	a minute ago	a minute ago	patrick	Sandbox
58:58:1	task 58:58:1	FINISHED	a minute ago	a minute ago	patrick	Sandbox
57:57:1	task 57:57:1	FINISHED	2 minutes ago	a minute ago	patrick	Sandbox

图 12-5　运行结果

12.4　HaLoop

Hadoop 是一个大数据处理平台，基于 MapReduce 框架。由于当前已有很多关于 Hadoop 的教材和书籍，本书不再赘述 Hadoop 及其配置，但由于其重要性，我们将在本节介绍 Hadoop 的改进版本——HaLoop。顾名思义，HaLoop 对 Hadoop 平台上的程序中的迭代进行了优化。

12.4.1　HaLoop 简介

提出 HaLoop 是出于两方面考虑：第一，每次循环，Hadoop 都需要重新加载上一次的所有数据，即使这些数据跟上次循环结束的时候一样；第二，为了判断循环终止条件，可能还需要额外的一次 MapReduce 工作。对于 HaLoop，如果循环不变量被缓存在本地，那么就不必每次重新从 HDFS 加载数据，节省了网络带宽、I/O 开销和 CPU 资源；同时，每次在 Reducer 上缓存数据，使得不动点查询更简单。

HaLoop 允许程序员指定一个循环，从而使得，程序员不必自己手写一个循环。此外，HaLoop 自身会对该循环进行优化，比手写的循环执行效率更高。

HaLoop 可以改进像 PageRank、k-means，Descendant Query 等迭代为主的算法的执行效率。具体技术细节参考《大数据算法》一书。

12.4.2　基于 HaLoop 的大数据分析实例

下面以 PageRank 为例说明基于 HaLoop 的大数据分析过程，其实现方法和 Hadoop 相同，Hadoop 上的 PageRank 的实现算法参见《大数据算法》一书。在这一案例中，我们重用原始 PageRank 的主要部分，得到在 HaLoop 上实现的新版本。用如下方式运行代码：

```
$wget http://snap.stanford.edu/data/soc-LiveJournal1.txt.gz
$gzip -d soc-LiveJournal1.txt.gz
$export dataset_path=livejournal
$export result_path=lvjresult
$chmod 755 *.sh
$bin/hadoop dfs -put *livejournal*.txt $dataset_path
$./retest.sh
$./pagerank.sh $dataset_path $result_path <num_of_iteration> <num_of_vertices>
<num_of_reducers>
```

查看结果：

```
$bin/hadoop dfs -get $result_path/i3/part* result/
$cat result/*
```

运行原始 PageRank 比较结果：

```
$./naivepagerank.sh $dataset_path $result_path <num_of_iteration> <num_of_
vertices> <num_of_reducers>
```

注意：两次运行迭代次数都被设置为 2，这个可以根据需要进行设置。按照相关资料所述，HaLoop 比在相同机器配置和迭代次数的 Hadoop 上执行快，因为 HaLoop 对循环进行了优化。

12.5　MaxCompute

12.5.1　MaxCompute 简介

开放数据处理服务（MaxCompute）是基于飞天分布式平台，由阿里云自主研发的海量数据离线处理服务，是国内著名的大数据云服务平台。MaxCompute 以 RESTful API 的形式提供针对 PB 级别数据的、实时性要求不高的批量结构化数据存储和计算能力，主要应用于数据分析与统计、数据挖掘、商业智能等领域。MaxCompute 向用户提供完善的数据导入方案以及多种经典的分布式计算模型，能够更快速地解决用户海量数据计算问题，可有效降低企业成本，并能保障阿里金融、淘宝指数、数据魔方等阿里巴巴关键数据业务的离线处理作业都运行在 MaxCompute 上。

飞天（Apsara）是由阿里云自主研发、服务全球的超大规模通用计算机操作系统。它可以将遍布全球的百万级服务器连成一台超级计算机，以在线公共服务的方式为社会提供计算能力。它支持单集群 1 万台服务器的任务分布式部署与监控，拥有 EB 级的大数据存储和分析能力。

MaxCompute 提供了丰富的数据处理功能和灵活的编程框架，其主要的功能组件有如下几个：

1）Tunnel 服务。数据进出 MaxCompute 的唯一通道，提供高并发、高吞吐量的数据上传和下载服务。

2）SQL。基于 SQL 92 进行了本地化扩展，可用于构建大规模数据仓库和企业 BI 系统，是应用最为广泛的一类服务。

3）DAG 编程模型。类似于 Hadoop MapReduce，相对 SQL 更加灵活，但需要一定的开发工作量，适用于特定的业务场景或者自主开发新算法等。

4）Graph 编程模型。用于大数据量的图计算功能开发，如计算 PageRank。

5）XLIB。提供诸如 SVD 分解、逻辑回归、随机森林等分布式算法，可用于机器学习、数据挖掘等场景。

6）安全。管控 MaxCompute 中的所有数据对象，所有的访问都必须经过鉴权，提供了 ACL、Policy 等灵活强大的管理方式。

MaxCompute 采用抽象的作业处理框架将不同场景的各种计算任务统一在同一个平台之上，共享安全、存储、数据管理和资源调度，为来自不同用户需求的各种数据处理任务提供统一的编程接口和界面。

和阿里云的其他云计算服务一样，MaxCompute 也是采用 HTTP RESTful 服务，并提供 Java SDK、命令行工具（Command Line Tool，CLT）和上传下载工具 dship，以及阿里云官网提供统一的管理控制台界面。基于 MaxCompute 进行应用开发，最直接的是使用 Max-Compute CLT 以及 dship 等工具。如果不能满足需要，也可以考虑使用 MaxCompute SDK 或 RESTful API 等进行定制开发，如图 12-6 所示。

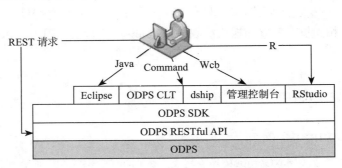

图 12-6　MaxCompute 应用开发模式

12.5.2　MaxCompute 实战案例介绍

1. 网站日志分析

我们将基于最常见的网站日志分析这一应用场景，实践如何通过 MaxCompute 来构建企业数据仓库，包括数据的导入/导出以及清洗转换。其 ETL 过程与基于传统数据库的解决方法并不完全一致，在数据传输环节并没有太多的清洗转换，这项工作是在数据加载到 MaxCompute 后，用 SQL 来完成的。将数据加载到 MaxCompute 后，可以充分利用平台的水平扩展能力，处理的数据量可以轻松扩展到 PB 级别，而且作为一个统一的平台，除构建数据仓库外，在 MaxCompute 中利用内置的功能即可进行数据挖掘和建模等工作。在实际工作中，数据采集、数仓构建和数据挖掘等都是由不同的团队来完成的，针对这一情况，Max-Compute 提供了完善的安全管理功能，可以精确地控制每个人可以访问到的数据内容（案例中为突出主要的过程，忽略了用户的授权管理）。

数据来源于网站酷壳（CoolShell.cn）上的 HTTP 访问日志数据（access.log），格式如下：

```
$remote_addr - $remote_user [$time_local] "$request"
$status $body_bytes_sent "$http_referer" "$http_user_
```

```
agent" [unknown_content]
```

建立一个典型的企业数据仓库的主要过程通常包含数据采集、数据加工和存储、数据展现等部分，如图 12-7 所示。

2. 数据采集

真实的网站日志数据中不可避免地会存

图 12-7　建立数据仓库的主要过程

在很多脏数据，可以先通过脚本对源数据做简单的处理解析，去掉无意义的信息，例如第二个字段"-"。在数据量比较大的情况下，单机处理可能成为瓶颈。这时可以将原始的数据先上传到 MaxCompute，充分利用分布式处理的优势，通过 MaxCompute SQL 对数据进行转换。

在 MaxCompute 中，大部分的数据都是以结构化的表形式存在的，因此首先要创建 MaxCompute 层源数据表。由于数据是每天导入 MaxCompute 中，所以采取分区表，以日期字符串作为分区，在 MaxCompute CLT 中执行 SQL 如下：

```
CREATE TABLE IF NOT EXISTS ods_log_tracker(
    ip STRING COMMENT 'client ip address',
    user STRING,
    time DATETIME,
    request STRING COMMENT 'HTTP request type +
requested path without args + HTTP protocol version',
    status BIGINT COMMENT 'HTTP reponse code from
server',
    size BIGINT,
    referer STRING,
    agent STRING)
COMMENT 'Log from coolshell.cn'
PARTITIONED BY(dt STRING);
```

假设当前数据是 20140301 这一天的，添加分区如下：

```
ALTER TABLE ods_log_tracker ADD IF NOT EXISTS
PARTITION (dt='20140301');
```

解析后的数据文件在"/home/admin/data/20140301/output.log"下，通过 dship 命令导入 MaxCompute 中，如下：

```
$    ./dship upload /home/admin/data/20140301/output.log
ods_log_tracker/dt='20140301' -dfp "yyyy-MM-dd HH:mm:ss"
```

3. 数据加工和存储

在 ods_log_tracker 表中，request 字段包含三个信息：HTTP 方法、请求路径和 HTTP 协议版本，如"GET /articles/4914.html HTTP/1.1"。在后续处理中，会统计方法为 GET 的请求总数，并对请求路径进行分析，因而可以把原始表的 request 字段拆解成三个字段 method、url 和 protocol。这里使用的是 MaxCompute SQL 内置的正则函数解析的字符串并生成表 dw_log_parser：

```
INSERT OVERWRITE TABLE dw_log_parser
PARTITION(dt='20140301')
```

```
SELECT ip, user, time,
    regexp_substr(request, "(^[^ ]+ )") as method,
    regexp_extract(request, "^[^ ]+ (.*) [^ ]+$") as
url,
    regexp_substr(request, "([^ ]+$)") as protocol,
    status, size, referer, agent
FROM ods_log_tracker
WHERE dt='20140301';
```

与传统的 RDBMS 相比，MaxCompute SQL 面向大数据 OLAP 应用，没有事务，也没有提供 update 和 delete 功能。在写结果表时，尽量采用 INSERT OVERWRITE 到某个分区以保证数据一致性（如果用户写错数据，只需要重写该分区，不会污染整张表）。如果采用 INSERT INTO 某张表的方式，那么在作业因各种原因出现中断时，不方便确定断点并重新调度运行。

MaxCompute SQL 提供了丰富的内置函数，极大方便了应用开发者。对于某些功能，如果 SQL 无法完成，那么可以通过实现用户自定义函数（UDF）来解决。例如希望将 ip 字段转化成数字形式，从而和另一张表关联查询，可以实现 UDF，代码如下：

```java
public final class IP2num extends UDF{
  public Long evaluate(String ip) {
    long result = 0;
    String[] ipArray = ip.split("\\.");
    for(int i=3; i>=0; i--) {
      long n = Long.parseLong(ipArray[3-i]);
      result |= n << (i*8);
    }
    return result;
  }
}
```

编译生成 JAR 包 udf_ip2num.jar，并将其作为资源上传到 MaxCompute，然后创建函数并测试，代码如下：

```
create resource jar /home/admin/odps_book/udf/udf_
ip2num.jar -f;
create function ip2num example.IP2num udf_ip2num.jar;
SELECT ip2num("182.78.19.12") AS ip FROM dual;
```

表 dual（需要用户自己创建）类似于 Oracle 中的 dual 表，包含一列和一行，经常用于查询一些伪列值（pseudo column），是 SQL 开发调试的利器。

对于较复杂的数据分析需求，还可以通过 MaxCompute DAG（类似 MapReduce）编程模型来实现。由于篇幅限制，这里不一一介绍。

4. 数据展现

应用数据集市往往是面向业务需求对数据仓库表进行查询分析，例如统计基于终端设备信息的 PV 和 UV，生成结果表 adm_user_measures。R 是一款开源的、功能强大的数据分析工具。通过 R 来绘图，展示结果报表可以有两种方式：一是通过 dship 命令将数据导出到本地，再通过 R 展现结果；二是在 R 环境中安装 RODPS Package，直接在 R 中读取表中的数据并展现。在 RStudio 中，基于小样本数据统计的 PV/UV 展现结果如图 12-8 所示。

5. 迁移到 MaxCompute

Hadoop 作为开源的大数据处理平台，已得到了广泛应用。使用 Hadoop 集群的用户可以比较轻松地迁移到 MaxCompute 中，因为 MaxCompute SQL 与 Hive SQL 语法基本一致，而 MapReduce 作业可以迁移到更加灵活的 DAG 的执行模型。数据的迁移可以通过 MaxCompute Tunnel 来完成。

数据通道服务 MaxCompute Tunnel 是 MaxCompute 与外部交互的统一数据通道，能提供高吞吐量的服务，并且能够水平进行服务能力的扩展。Tunnel 服务的 SDK 集成于 MaxCompute SDK 中。实际上，dship 也是调用 SDK 实现的客户端工具，支持本地文件的导入 / 导出。我们鼓励用户根据自己的场景需求，开发自己的工具，例如基于 SDK 开发对接其他数据源（如 RDBMS）的工具。

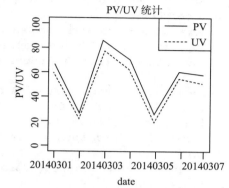

图 12-8　PV/UV 展示结果

把海量数据从 Hadoop 集群迁移到 MaxCompute 的基本思路是：实现一个 Map Only 程序，在 Hadoop 的 Mapper 中读取 Hadoop 源数据，调用 MaxCompute SDK 写到 MaxCompute 中。执行逻辑大致如图 12-9 所示。

Hadoop MapReduce 程序的执行逻辑主要包含两个阶段：一是在客户端本地执行，如参数解析和设置、预处理等，这

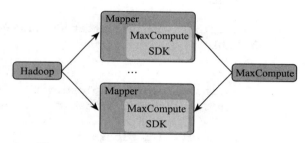

图 12-9　Hadoop 到 MaxCompute 的数据迁移

在 main 函数中完成；二是在集群上执行 Mapper，多台 Worker 分布式执行 Map 代码。在 Mapper 执行完成后，客户端有时还会做一些收尾工作，如执行状态汇总。

这里，我们在客户端本地的 main 函数中解析参数，创建 UploadSession，把 SessionID 传给 Mapper。Mapper 通过 SessionID 获取 UploadSession，实现写数据到 MaxCompute。当 Mapper 执行完成后，客户端判断执行结果状态，执行 Session 的 commit 操作，把成功上传的数据迁移到结果表中。

默认情况下，Hadoop 会自动根据文件数划分 Mapper 个数。在文件大小比较均匀时，这种方式没什么问题，然而存在大文件时，整个大文件只在一个 Mapper 中执行可能会很慢，造成性能瓶颈。这种情况下，应用程序可自行对文件进行切分。下面通过实现一个类 Hdfs2MaxCompute 来完成这个功能。其中 run 函数完成了前面提到的主要逻辑，主要代码如下（其中包括对 MaxCompute Tunnel 的使用）：

```
public int run(String[] args) throws Exception {
    try {
        parseArgument(args);
    } catch (IllegalArgumentException e) {
```

```
        printUsage(e.getMessage());
        return -1;
    }

    // create ODPS tunnel
    Account account = new AliyunAccount(odpsAccessId,
odpsAccessKey);
    Odps odps = new Odps(account);
    odps.setDefaultProject(odpsProject);
    odps.setEndpoint(odpsEndpoint);

    DataTunnel tunnel = new DataTunnel(odps);
    UploadSession upload;
    if(odpsPartition != null) {
      PartitionSpec spec = new PartitionSpec(odpsPar-
tition);
        upload = tunnel.createUploadSession(odpsProject,
odpsTable, spec);
    }
    else
    {
        upload = tunnel.createUploadSession(odpsProject,
odpsTable);
    }

    String uploadId = upload.getId();
    conf.set("tunnel.uploadid", uploadId);

    // commit all blocks
    int maps = runJob();
    Long[] success = new Long[maps];
    for (int i=0; i<maps; i++) {
      success[i] = (long)i;
    }
     System.out.println("Job finished, total tasks: "
+ maps);
    upload.commit(success);
    return 0;
  }
```

在上述代码中，首先调用函数 parseArguments 对参数进行解析（后面会给出），然后初始化 DataTunnel 和 UploadSession。创建 UploadSession 后，获取 SessionID，并将其设置到 conf 中，在集群上运行的 Mapper 类会通过该 conf 获取各个参数，然后调用 runJob 函数，其代码如下：

```
private int runJob() throws IOException,
InterruptedException, ClassNotFoundException {
    JobConf conf = new JobConf(this.conf);
    conf.setJobName("hdfs2odps");
    conf.setJarByClass(Hdfs2ODPS.class);
```

```
conf.setMapperClass(LoadMapper.class);
conf.setOutputKeyClass(Text.class);
conf.setNumReduceTasks(0);

FileInputFormat.setInputPaths(conf, this.hdfsFile);
conf.setOutputFormat(NullOutputFormat.class);
JobClient.runJob(conf);
return conf.getNumMapTasks();
}
```

runJob 函数设置 Hadoop conf，然后通过 " JobClient.runJob（conf）;" 启动 Mapper 类在集群上运行，最后调用 conf.getNumMapTasks（）获取 Task 数（即上传到 MaxCompute 的并发数）。在 Mapper 中，可以通过 " conf.getLong（" Mapred.task.partition"）" 获取 Task 编号，其值范围为 [0, NumMapTasks)。因此，在 Mapper 中可以把 Task 编号作为上传的 blockid。客户端在 Mapper 成功返回时，就完成 commit 所有的 Session。

与单机环境相比，在 MaxCompute 这样的分布式环境中进行开发，开发者在思维模式上需要有很大转变。下面分享一些实践中的注意点。

1）在分布式环境下，数据传输需要涉及不同机器的通信协作，可以说它是使用 Max-Compute 整个过程中最不稳定的环节，因为它是一个开放性问题，由于数据源的不确定，如文件格式、数据类型、中文字符编码格式、分隔符、不同系统（如 Windows 和 Linux）下换行符不同、double 类型的精度损失等，存在各种未知的情况。脏数据也是不可避免的，在解析处理时，往往是把脏数据写到另一个文件中，便于后续人工介入查看，而不是直接丢弃。在上传数据时，Tunnel 是 Append 模式写入数据，因而如果多次写入同一份数据，就会存在数据重复。为了保证数据上传的 "幂等性"，可以先删除要导入的分区再上传，这样重复上传也不会存在数据重复的问题。收集数据是一切数据处理的开始，所以必须非常严谨可靠，保证数据的正确性，否则在该环节引入的正确性问题会导致后续处理全部出错，且很难发现。

2）对于数据处理流程设计，要特别注意以下几点。

❑ 数据模型：好的数据模型可起到事半功倍的作用。

❑ 数据表的分区管理：如数据每天流入，按日期加工处理，则可以采取时间作为分区，在后续处理时可以避免全表扫描，同时也避免因误操作而污染全表数据。

❑ 数据倾斜：这是作业运行慢的一个主要原因，数据倾斜导致某台机器成为瓶颈，无法利用分布式系统的优势，主要可以从业务角度解决。

❑ 数据的产出时间：在数据处理 Pipeline 中，数据源往往是依赖上游业务生成的，上游业务的数据产出延迟很可能会影响到整个 Pipeline 结果的产出。

❑ 数据质量和监控：要有适当的监控措施，如某天发生数据抖动，要找出原因，及时发现潜在问题。

❑ 作业性能优化：优化可以给整个 Pipeline 的基线留出更多时间，而且往往消耗资源更少，节约成本。

❑ 数据生命周期管理：设置表的生命周期，可以及时删除临时中间表，否则随着业务规模扩大，数据会膨胀得很快。

此外，数据比对、A/B 测试、开发测试和生产尽可能采用两个独立的 Project。简言之，在应用开发实践中，要理解计费规则，尽可能优化存储计算开销。

12.5.3　基于 MaxCompute 的大数据分析实例

对于一些复杂的大数据分析任务，可以基于 MaxCompute 平台实现相应的大数据分析算法。本节以线性回归为例介绍基于 MaxCompute 的大数据分析算法的实现。其代码及其说明如下：

```java
package com.novas.linearregression;

import java.io.IOException;
import java.util.Iterator;
import com.aliyun.odps.data.Record;
import com.aliyun.odps.data.TableInfo;
import com.aliyun.odps.Mapred.JobClient;
import com.aliyun.odps.Mapred.MapperBase;
import com.aliyun.odps.Mapred.ReducerBase;
import com.aliyun.odps.Mapred.RunningJob;
import com.aliyun.odps.Mapred.conf.JobConf;
import com.aliyun.odps.Mapred.utils.InputUtils;
import com.aliyun.odps.Mapred.utils.OutputUtils;
import com.aliyun.odps.Mapred.utils.SchemaUtils;

public class linearregression {
    //eth是参数因子,y是输出,xi是输入向量,e是学习率
    public static void refreshEth(double[] eth,double y,double[] xi,double e)
    {
        double h=0;
        for(int i=0;i<xi.length;i++)
        {
            h=h+eth[i]*xi[i];
        }
        System.out.println("y="+(y-h));
        for(int i=0;i<eth.length;i++)
        {
            eth[i]=eth[i]+e*(y-h)*xi[i];
        }
    }
    public static class LinearRegressionMapper extends MapperBase {

        Record key;
        Record value;
        // 表示参数数组
        double[] eth;
        double alpha;
        @Override
        public void setup(TaskContext context) throws IOException {
            key=context.createMapOutputKeyRecord();
            value=context.createMapOutputValueRecord();
            alpha=context.getJobConf().getFloat("alpha",(float) 0.001);
        }

        @Override
        public void cleanup(TaskContext context) throws IOException {
            // TODO Auto-generated method stub
            StringBuilder sb=new StringBuilder();
            int i=0;
```

```
                for( i=0;i<eth.length-1;i++)
                {
                    sb.append(eth[i]).append(",");
                }
                sb.append(eth[i]);
                key.setString(0,"0");
                value.setString(0,sb.toString());
                context.write(key,value);
            }

            @Override
            public void Map(long recordNum, Record record, TaskContext context)
throws IOException {
                System.out.println("count="+record.getColumnCount());
                double y=Double.valueOf(record.getString(0));
                String v=record.getString(1);
                String[] xarray=v.split(" ");
                double[] xi=new double[xarray.length+1];
                xi[0]=1;
                for(int i=1;i<xi.length;i++)
                {
                    xi[i]=Double.valueOf(xarray[i-1]);
                }
                if(eth==null)
                {
                    eth=new double[xarray.length+1];
                    for(int i=0;i<eth.length;i++)
                    {
                        eth[i]=1;
                    }
                }
                refreshEth(eth,y,xi,alpha);
                StringBuilder sb=new StringBuilder();
                int i=0;
                for( i=0;i<eth.length-1;i++)
                {
                    sb.append(eth[i]).append(",");
                }
                sb.append(eth[i]);
                System.out.println(sb.toString());
            }
        }

        /**
        * A combiner class that combines Map output by sum them.
        */
        public static class LinearRegressionReducer extends ReducerBase {
            private Record result;

            @Override
            public void setup(TaskContext context) throws IOException {
              result = context.createOutputRecord();
            }

            @Override
            public void reduce(Record key, Iterator<Record> values, TaskContext
context) throws IOException {                while (values.hasNext()) {
                Record val = values.next();
```

```
                result.setString(0,val.getString(0));
                context.write(result);
            }
        }
    }
// 进行多次计算
        public static class ReLinearRegressionMapper extends MapperBase {

            Record key;
            Record value;

            @Override
            public void setup(TaskContext context) throws IOException {
                key=context.createMapOutputKeyRecord();
                value=context.createMapOutputValueRecord();
            }

            @Override
                public void Map(long recordNum, Record record, TaskContext
context) throws IOException {
                        if(context.getInputTableInfo().getTableName().
equals("linearregression_output"))
                    {
                        key.setString(0,"0");
                        value.setString(0,record.getString(0));
                        context.write(key, value);
                    }
                    else
                    {
                        key.setString(0,"1");
                                value.setString(0,record.getString(0)+"_"+record.
getString(1));
                        context.write(key, value);
                    }
                }
        }

        /**
        * A combiner class that combines Map output by sum them.
        */
        public static class ReLinearRegressionReducer extends ReducerBase {
            private Record result;
            // 表示参数数组
            double[] eth;
            double alpha;
            @Override
            public void setup(TaskContext context) throws IOException {
                result = context.createOutputRecord();
                alpha=context.getJobConf().getFloat("alpha",(float) 0.001);

            }

            @Override
            public void cleanup(TaskContext context) throws IOException {
                // TODO Auto-generated method stub
                StringBuilder sb=new StringBuilder();
                int i=0;
                for( i=0;i<eth.length-1;i++)
                {
```

```
                    sb.append(eth[i]).append(",");
                }
                sb.append(eth[i]);
                result.setString(0,sb.toString());
                context.write(result);                    }

            @Override
            public void reduce(Record key, Iterator<Record> values, TaskContext
context) throws IOException {                    while (values.hasNext()) {
                System.out.println("key="+key.getString(0));
                if(key.getString(0).equals("0"))
                {
                    String[] var=values.next().getString(0).split(",");
                    eth=new double[var.length];
                    for(int i=0;i<var.length;i++)
                    {
                        eth[i]=Double.valueOf(var[i]);
                    }
                }
                else
                {
                    while(values.hasNext())
                    {
                        Record r=values.next();
                        String[] v=r.getString(0).split("_");
                        System.out.println("v="+v);
                        String[] xarray=v[1].split(" ");
                        double[] xi=new double[xarray.length+1];
                        xi[0]=1;
                        for(int i=1;i<xi.length;i++)
                        {
                            xi[i]=Double.valueOf(xarray[i-1]);
                        }
                        refreshEth(eth,Double.valueOf(v[0]),xi,alpha);
                    }
                }
            }
        }
    }

    public static void main(String[] args) throws Exception {

        int count=3;
        double alpha=0.001;
        JobConf job = new JobConf();
        job.setFloat("alpha",(float) alpha);
        job.setMapperClass(LinearRegressionMapper.class);
        job.setReducerClass(LinearRegressionReducer.class);
        job.setMapOutputKeySchema(SchemaUtils.fromString("key:string"));
        job.setMapOutputValueSchema(SchemaUtils.fromString("value:string"));
        InputUtils.addTable(TableInfo.builder().tableName ("linearregression").
build(), job);
        OutputUtils.addTable(TableInfo.builder().tableName("linearregression_
output").build(), job);

        RunningJob rj = JobClient.runJob(job);
        rj.waitForCompletion();
        int i=1;
        while(i<count)
```

```
                {
                        i++;
                        JobConf Rejob = new JobConf();
                        Rejob.setFloat("alpha",(float) alpha);

                                Rejob.setMapperClass(ReLinearRegressionMapper.class);
                                Rejob.setReducerClass(ReLinearRegressionReducer.class);
                                        Rejob.setMapOutputKeySchema(SchemaUtils.
fromString("key:string"));
                                        Rejob.setMapOutputValueSchema(SchemaUtils.
fromString("value:string"));
                                                InputUtils.addTable(TableInfo.builder().
tableName("linearregression_output").build(), Rejob);
                                                InputUtils.addTable(TableInfo.builder().
tableName("linearregression").build(), Rejob);
                                                OutputUtils.addTable(TableInfo.builder().
tableName("linearregression_output").build(), Rejob);

                                rj = JobClient.runJob(Rejob);
                                rj.waitForCompletion();
                }


        }
}
```

12.5.4　MaxCompute 的现状及前景

　　阿里巴巴提出了"数据分享第一平台"的愿景，其多年来坚持投资开发 MaxCompute 平台的初衷就是希望有一天能够以安全和市场的模式，让中小互联网企业能够使用阿里巴巴最宝贵的数据。阿里内部提出，通过所有数据"存、通和用"，将不同业务数据关联起来，发挥整体作用。MaxCompute 目前正在发展中，它在规模上支持淘宝核心数据仓库，每天有 PB 级的数据流入和加工；在正确性上，支持阿里金融的小额无担保贷款业务，其对数据计算的准确性要求非常苛刻；在安全上，支持支付宝数据全部运行在 MaxCompute 平台上。由于支付宝要符合银行监管需要，对安全性要求非常高，除了支持各种授权和鉴权审查，Max-Compute 平台还支持"最小访问权限"原则，即作业不但要检查是否有权限访问数据，而且在整个执行过程中，只允许访问自己的数据，不能访问其他数据。

　　前面的案例只是展现了 MaxCompute 的冰山一角。作为阿里巴巴云计算大数据平台，MaxCompute 采用内聚式平台系统架构，各个组件紧凑内聚，除了结构化数据处理（SQL）、分布式编程模型（MapReduce）外，MaxCompute 功能模块还包含图计算模型、实时流处理和机器学习平台，如图 12-10 所示。

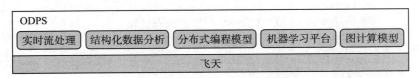

图 12-10　MaxCompute 功能模块

　　随着 MaxCompute 对外开放的不断推进和第三方数据的流入，相信会有各种创新在 MaxCompute 上生根发芽、开花结果。流数据和图数据处理平台将在下面两章介绍。

小结

本章围绕实际系统介绍了大数据计算平台，包括 Spark、Hyracks、Dpark、HaLoop 和阿里云的 MaxCompute。

Spark 充分整合利用了现有云计算和大数据技术，具有丰富的编程接口，支持多种平台上运行，能够访问 HDFS 文件系统和 Hbase 数据库等任意 Hadoop 支持的数据源，提供批处理、交互式、流处理等多种数据处理模式，为大数据应用提供了一个统一的平台。

Hyracks 灵活性很强，是以高可扩展性为基础的新型分区并行软件平台，用于大型无共享集群上的密集型数据计算，有望成为下一代流行的数据密集型计算平台。

DPark 是一个基于 Mesos 的集群计算框架，是 Spark 的 Python 实现版本，比 MapReduce 更灵活，可以用 Python 非常方便地进行分布式计算，并且提供了更多的功能以便更好地进行迭代式计算。

为了克服 Hadoop 在循环问题的弊端，HaLoop 被提出。HaLoop 自身会对迭代进行优化。

本章最后详细介绍了阿里云的 MaxCompute 系统，先介绍了系统的重要组件，然后给出了 MaxCompute 的应用实例，包括网站日志分析、数据采集、数据加工和存储、数据展现、迁移到 MaxCompute 等问题，并以线性回归为案例介绍基于 MaxCompute 的大数据分析算法的实现，最后还分析了 MaxCompute 的现状和前景。

习题

1. 某网站为统计"双十一"用户的消费情况，数据为"双十一"当天淘宝用户的消费记录。数据形式如下所示：

用户 ID	商家 ID	消费时间	消费金额

数据量太过庞大，利用 SQL 语句是否可行有效？如何利用 Spark 解决？

2. Spark 被称为"内存计算引擎"，那么它是否只能做内存计算？请举例说明。

3. 实体识别有两个困难：一是多词一义，二是一词多义。大多数算法仅解决了多词一义问题，EIF 系统同时解决了两个问题。可 EIF 系统不适宜解决数据量较大的问题。我们是否可以采用并行计算平台解决？可利用哪种平台？

4. 数据库中有如下两个表：CUSTOMER（C_CUSTKEY,C_MKTSEGMENT,…），ORDERS（O_ORDERKEY, O_CUSTKEY,…）。如何用 Hyracks 并行地执行下面的 SQL 语句：

```
Select C_MKTSEGMENT , count(O_ORDERKEY)
From CUSTOMER join ORDERS on C_CUSTKEY - O_CUSTKEY
Group by C_MKTSEGMENT
```

5. （实现）利用 Dpark，估算 Pi 的值（通过构造数据 RDD）。

6. 如何利用 HaLoop 实现 k-means 算法？与 Hadoop 相比，对 k-means 方法的处理有何优势？

7. 墨迹天气每天有超过 5 亿次的天气查询需求，这些数据储存在墨迹的 API 日志上，每天的日志量大约为 400GB。面对如此大规模的数据，可以采用什么分析工具？请简要说明分析流程。

8. Maxcompute 可以对图进行计算处理。如何利用 Maxcompute 实现单源最短距离算法？和串行计算相比效率提高了多少？

第 13 章

流式计算平台

13.1 流式计算概述

13.1.1 流式计算的定义

要进行批量计算，首先要进行数据的存储，然后再对存储的静态数据进行集中计算。Hadoop 是典型的大数据批量计算架构，由 HDFS 分布式文件系统负责静态数据的存储，并通过 MapReduce 将计算逻辑分配到各数据节点进行数据计算和价值发现。

流式计算中无法确定数据的到来时刻和到来顺序，也无法将全部数据存储起来，因此不再进行流式数据的存储，而是当流动的数据到来后在内存中直接进行数据的实时计算。

传统的数据操作流程：首先将数据采集并存储在 DBMS 中，然后通过查询和 DBMS 进行交互，最后得到用户想要的答案。

这样的过程隐含了三个前提：

1）确定速率的事件流流入系统，系统通过调度批量任务来操作静态数据，单位时间处理的数据量可以确定。

2）数据已经陈旧，当人们对数据库做查询时，里面的数据其实是过去某个时刻数据的一个快照，可能已经过期了。

3）在这样的流程中，需要用户主动发出查询，也就是说，用户是主动的，而 DBMS 系统是被动应对查询的。

但在某些时候，这三个前提都不存在：

1）不确定数据速率的事件流流入系统，系统处理能力必须与事件流量匹配，或者通过近似算法等方法优雅降级，通常称为负载分流。

2）对数据流能够做出实时响应。

3）用户是被动的，而 DBMS 系统是主动的。

正是由于有了这样的需求，传统的架构变得不合适了，于是发展出了针对流的处理技术。关于处理流式计算中的算法设计与分析问题，请参考《大数据算法》一书的第 3 章。

13.1.2 流式计算的应用

大数据流式计算的应用场景较多，包括金融银行业应用、互联网应用和物联网应用等。

从数据的产生方式上看，它们分别是被动产生、主动产生和自动产生数据；从数据规模上看，它们处理的分别是小规模、中规模和大规模的数据；从技术成熟度上看，它们分别是成熟度高、成熟度中和成熟度低的数据。

1. 金融银行业的应用

在金融银行领域的日常运营过程中，往往会产生大量数据，这些数据的时效性很强，因此这一领域是大数据流式计算最典型的应用场景之一，也是大数据流式计算最早的应用领域。在金融银行系统内部，每时每刻都有大量的往往是结构化的数据在各个系统间流动，并需要实时计算。同时，金融银行系统与其他系统之间也有着大量的数据流动，这些数据不仅有结构化数据，也有半结构化和非结构化数据。通过对这些大数据的流式计算，发现隐含于其中的内在特征，可以帮助金融银行系统进行实时决策。

在金融银行的实时监控场景中，大数据流式计算往往体现出了自身的优势：

1）风险管理。包括信用卡诈骗、保险诈骗、证券交易诈骗、程序交易等，需要实时跟踪发现。

2）营销管理。例如，根据客户信用卡消费记录，掌握客户的消费习惯和偏好，预测客户未来的消费需求，并为其推荐个性化的金融产品和服务。

3）商业智能。例如，掌握金融银行系统内部各系统的实时数据，实现对全局状态的监控和优化，并提供决策支持。

2. 互联网领域的应用

随着互联网技术的不断发展，特别是 Web 2.0 时代的到来，用户可以实时分享和提供各类数据。这不仅使得数据量大为增加，也使得数据更多地以半结构化和非结构化的形态呈现。据统计，目前互联网中 75% 的数据来源于个人，主要以图片、音频、视频数据形式存在，需要实时分析和计算这些大量、动态的数据。

在互联网领域中，大数据流式计算的典型应用场景包括：

1）搜索引擎。搜索引擎提供商往往会在反馈给客户的搜索页面中加入点击付费的广告信息。插入什么广告、在什么位置插入这些广告才能得到最佳效果，往往需要根据客户的查询偏好、浏览历史、地理位置等综合语义进行决定。而这种计算对于搜索服务器而言往往是大量的：一方面，每时每刻都会有大量客户进行搜索请求；另一方面，数据计算的时效性极低，需要保证极短的响应时间。

2）社交网站。需要实时分析用户的状态信息，及时提供最新的用户分享信息到相关的朋友，准确地推荐朋友，推荐主题，提升用户体验，并能及时发现和屏蔽各种欺骗行为。

3. 物联网领域的应用

在物联网环境中，各个传感器产生大量数据。这些数据通常包含时间、位置、环境和行为等内容，具有明显的颗粒性。由于传感器的多元化、差异化以及环境的多样化，这些数据呈现出鲜明的异构性、多样性、非结构化、有噪声、高增长率等特征。所产生的数据量之密集、实时性之强、价值密度之低是前所未有的，需要进行实时、高效的计算。

在物联网领域中，大数据流式计算的典型应用场景包括：

1）智能交通。通过传感器实时感知车辆、道路的状态，并分析和预测一定范围、一段时间内的道路流量情况，以便有效地进行分流、调度和指挥。

2）环境监控。通过传感器和移动终端对一个地区的环境综合指标进行实时监控、远程查看、智能联动、远程控制，系统地解决综合环境问题。

这些对计算系统的实时性、吞吐量、可靠性等都提出了很高的要求。本章将介绍针对流式计算的应用需求提出的流式计算平台。

13.1.3 流式计算平台的发展

MapReduce 是一个高性能的批处理分布式计算框架，用于在短时间内对海量数据进行并行分析和处理，适合处理结构化、半结构化和非结构数据。MapReduce 计算模型打开了分布式计算的另一扇大门，极大地降低了非实时分布式计算的门槛。有了 MapReduce 架构的支持，开发者只需要把注意力集中在如何使用 MapReduce 的语义来解决具体的业务逻辑上，而不用困惑于容错性、可扩展性、可靠性等一系列问题。

一时间，人们拿着 MapReduce 这把"榔头"去敲各种各样的"钉子"，自然而然地也试图用 MapReduce 计算模型来解决流计算想要解决的问题。

2011 年，在 Storm 开源之前，Facebook 发表了一篇论文：利用 HBase/Hadoop 进行实时数据处理，通过一些实时性改造，让批处理计算平台也具备实时计算的能力。

但是，这类基于 MapReduce 进行流式处理的方案有三个主要缺点，很难稳定地满足应用需求：①将输入数据分隔成固定大小的片段，再由 MapReduce 平台处理，缺点在于处理延迟与数据片段的长度、初始化处理任务的开销成正比。②小的分段会降低延迟，增加附加开销，并且分段之间的依赖管理更加复杂（例如一个分段可能需要前一个分段的信息）；反之，大的分段会增加延迟。最优的分段大小取决于具体应用。③为了支持流式处理，MapReduce 需要被改造成 Pipeline 的模式，而不是 Reduce 直接输出。考虑到效率，中间结果最好只保存在内存中等。这些改动使得原有的 MapReduce 框架的复杂度大大增加，不利于系统的维护和扩展。

用户被迫使用 MapReduce 的接口来定义流式作业，这使得用户程序的可伸缩性降低。

人们意识到，改良 MapReduce 并不能使之适用于流处理的场景，流式处理的模式决定了流式计算要和批处理使用非常不同的架构，试图搭建一个既适合流式计算又适合批处理计算的通用平台，结果可能会产生一个高度复杂的系统，并且最终系统可能对两种计算都不理想，因此必须发展出全新的架构来完成这一任务。

不过流式计算并非最近几年才开始研究，诸如金融领域等传统行业很早就已经在使用流式计算系统，比较知名的有 StreamBase、Borealis 等。针对大数据流式计算的需求，Yahoo! 的 S4（2010 年 10 月开源）、Twitter 的 Storm（2011 年 9 月 29 日）、LinkedIn 的 Samza 以及其他一些流计算系统越来越吸引了人们的注意力。国内的著名云计算提供商阿里云平台也提供了对流计算的支持。本章将介绍这些主流流计算平台的原理和使用，其中涉及的系统的安装和配置细节可以参考附录。

13.2 Storm

13.2.1 Storm 简介

Storm 是一个分布式的、容错的实时计算系统，可用于处理消息和更新数据库（流处理），在数据流上进行持续查询，并以流的形式将结果返回到客户端（持续计算），并行处理类似实时查询的热点查询。

Storm 可以方便地在一个计算机集群中编写与扩展复杂的实时计算。Storm 之于实时处理，就好比 Hadoop 之于批处理。Storm 保证每个消息都会得到处理，而且效率很高：在一个小集群中，Storm 每秒可以处理数以百万计的消息，而且可以使用任意编程语言来做开发。

Storm 令持续不断的流计算变得容易，弥补了 Hadoop 批处理所不能满足的实时要求，经常用于实时分析、在线机器学习、持续计算、分布式远程调用和 ETL 等领域。例如，在流数据处理中，Storm 可以用来处理源源不断流进来的消息，处理之后将结果写入某个存储中去。在分布式远程调用中，由于 Storm 的处理组件是分布式的，而且处理延迟极低，所以可以作为一个通用的分布式 RPC 框架来使用。

13.2.2 Storm 的结构

1. Storm 的物理架构

Storm 的物理架构如图 13-1 所示。

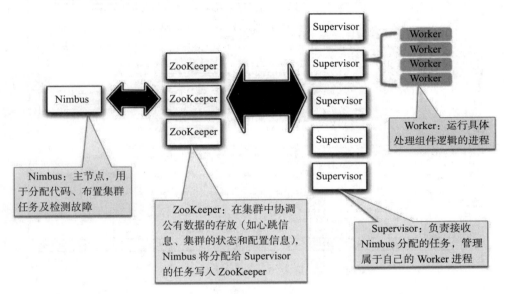

图 13-1 Storm 的物理架构

Storm 集群由一个主节点和多个工作节点组成。主节点运行一个名为 "Nimbus" 的守护进程，用于分配代码、布置集群任务及检测故障。每个工作节点都运行了一个名为 "Supervisor" 的守护进程，用于监听工作，开始并终止工作进程。两者的协调工作是由 ZooKeeper 来完成的，ZooKeeper 用于管理集群中的不同组件。

2. Storm 的逻辑架构

Storm 的逻辑架构如图 13-2 所示。

这是一个实时计算应用程序的逻辑，在 Storm 中被封装到 Topology 对象里面，称为计算拓扑。一个 Topology 是 Spout 和 Bolt 组成的图状结构，而连接 Spout 和 Bolt

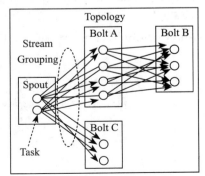

图 13-2 Storm 的逻辑架构

的则是 Stream Grouping。

Storm 中的 Topology 相当于 Hadoop 中的一个 MapReduce Job。它们的关键区别在于，一个 MapReduce Job 最终总是会结束的，然而一个 Storm 的 Topoloy 会一直运行，除非用显式的方式"杀死"它。

13.2.3　基于 Storm 的大数据分析实例

下面借实时统计 Twitter 上最流行的词语这一具体案例来说明基于 Storm 的大数据分析，即从 Twitter 流中实时、连续地读取推文，从推文中抽取出每一个单词，并统计单词的频率。文本文件如图 13-3 所示。

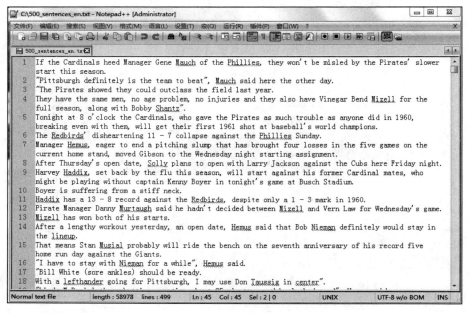

图 13-3　文本文件

Twitter 流中的推文源源不断地流入 ReadFileSpout，由 ReadFileSpout 将每条推文随机分发给下游的 WordNormalizerBolt 组件，经拆分为一个个单词后，再按 field 分组方式分发给下游的 WordCountBolt 组件，由其计数后发给 PrintWorldCountBolt 组件，PrintWorldCountBolt 负责将统计信息实时写入本地文件。如图 13-4 所示，定义 ReadFileSpout、WordNormalizerBolt、WordCountBolt、PrintWorldCountBolt 的并行度分别为 1、2、2、1。

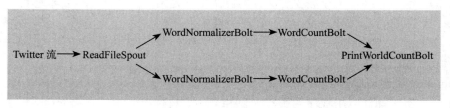

图 13-4　具体工作流程

下面给出各个类的具体实现代码。

1. ReadFileSpout 类

```java
//Topology 的数据源，从数据流里面读取数据，然后将每一个 tuple 发给下游的 Bolt
public class ReadFileSpout extends BaseRichSpout {
    private static final long serialVersionUID = 3142804203962362581L;
    private SpoutOutputCollector collector;
    FileInputStream fis;
    InputStreamReader isr;
    BufferedReader br;
    @SuppressWarnings("rawtypes")
    @Override
// 初始化，功能类似于构造函数
    public void open(Map conf, TopologyContext context,SpoutOutputCollector
collector) {
        this.collector = collector;
        String file = (String)conf.get("INPUT_PATH");
        try {
            this.fis = new FileInputStream(file);
            this.isr = new InputStreamReader(fis, MacroDef.ENCODING);
            this.br = new BufferedReader(isr);
        } catch (Exception e) {
            e.printStackTrace();
        }
    }
    @Override
    // 发射元组
    public void nextTuple() {
        String str = "";
        try {
            while ((str = this.br.readLine()) != null) {
                this.collector.emit(new Values(str));
                Thread.sleep(1000);
            }
        } catch (Exception e) {
            e.printStackTrace();
        }
    }
    @Override

// 声明 field 域，在数据流分组时会用到
    public void declareOutputFields(OutputFieldsDeclarer declarer) {
        declarer.declare(new Fields("str"));
    }
}
```

2.WordNormalizerBolt 类

```java
// 把每条推文 tuple 分解为一个个单词 tuple，然后发给下游的 Bolt
public class WordNormalizerBolt extends BaseBasicBolt {
    private static final long serialVersionUID = -829840448328629270L;
@Override
// 把 sentence tuple 转换为 word tuple，然后发射出去
    public void execute(Tuple input,BasicOutputCollector collector) {

        String sentence = input.getString(0);
        String[] words = sentence.split(" ");
```

```
            for(int i=0;i<words.length;i++){
                words[i].trim();
                collector.emit(new Values(words[i]));
            }
        }
    @Override
    public void declareOutputFields(OutputFieldsDeclarer declarer) {
        declarer.declare(new Fields("word"));
    }
}
```

3. WordCountBolt 类

```
// 单词计数
public class WordCountBolt extends BaseBasicBolt{
    private static final long serialVersionUID = 1L;
    Integer id;
    String name;
    Map<String, Integer> counters;
    @SuppressWarnings("rawtypes")
    @Override
    public void prepare(Map StormConf, TopologyContext context) {

        //this.collector = collector;
        this.counters = new HashMap<String, Integer>();
        this.name = context.getThisComponentId();
        this.id = context.getThisTaskId();
    }
    @Override
    public void execute(Tuple input,BasicOutputCollector collector) {
        String str = input.getString(0);

        if (!counters.containsKey(str)) {
            counters.put(str, 1);
        } else {
            Integer c = counters.get(str) + 1;
            counters.put(str, c);
        }

        String send_str = null;
        int count = 0;

        for (String key : counters.keySet()) {
            if (count == 0) {
                send_str = "[" + key + " : " + counters.get(key) + "]";
            } else {
                send_str = send_str + ", [" + key + " : " + counters.get(key) + "]";
            }
            count++;
        }
        send_str = "The count:" + count + " #### " + send_str;
        collector.emit(new Values(send_str));
    }
    @Override
    public void declareOutputFields(OutputFieldsDeclarer declarer) {
        declarer.declare(new Fields("send_str"));
```

```
            }
        }
```

4. PrintWorldCountBolt 类

```
// 输出统计结果，将结果打印到本地文件
public class PrintWorldCountBolt extends BaseBasicBolt {

        private static final long serialVersionUID = -4500761148548807312L;
        String filename=new String();
        @SuppressWarnings("rawtypes")
        @Override
        public void prepare(Map conf, TopologyContext context) {
            filename=(String)conf.get("OUTPUT_PATH");
        }
        @Override
        public void execute(Tuple input, BasicOutputCollector collector) {
            try(FileWriter writer=new FileWriter(new File(filename),true)){
                String mesg = input.getString(0);
                if (mesg != null)
                    // 打印数据
                    writer.write(mesg+"\r\n");
            } catch (Exception e) {
                e.printStackTrace();
            }
        }
        @Override
        public void declareOutputFields(OutputFieldsDeclarer declarer) {
            declarer.declare(new Fields("words"));
        }
    }
```

5. HelloWorldTopology 类

```
// 构造 Topology 的主类，将 Spout 和 Bolt 组织成一条流水线
public class HelloWorldTopology {
// 初始化拓扑构建器
        private static TopologyBuilder builder = new TopologyBuilder();
        public static void main(String[] args) throws InterruptedException,AlreadyAli
veException, InvalidTopologyException {
            Config config = new Config();
// 设置 Spout 及其线程数
            builder.setSpout("Random", new ReadFileSpout(), 1);
// 设置 WordNormalizerBolt 及其分组方式，下同
            builder.setBolt("Norm", new WordNormalizerBolt(), 2).shuffleGrouping
("Random");
            builder.setBolt("Count", new WordCountBolt(), 2).fieldsGrouping("Norm",
new Fields("word"));
            builder.setBolt("print", new PrintWorldCountBolt(), 1).shuffleGrouping
"Count");
            // 集群模式提交 Topology
    if (args != null && args.length > 0) {
                config.setDebug(false);
                config.setNumWorkers(2); // 设置执行 Topology 的进程数
                config.put("INPUT_PATH", args[0]); // 集群模式下，参数 args[0] 是数据源的地址
    config.put("OUTPUT_PATH", args[1]); // 参数 args[1] 保存结果的地址
```

```
                        StormSubmitter.submitTopology("FrequencyCount", config,builder.
createTopology());
                } else {// 本地模式提交 Topology
                        config.setMaxTaskParallelism(1);
                        config.put("INPUT_PATH", "c:/500_sentences_en.txt");
                        config.put("OUTPUT_PATH", "c:/result.txt");
                        LocalCluster cluster = new LocalCluster();
                        cluster.submitTopology("FrequencyCount", config,builder.create-
Topology());
                }
        }
    }
```

程序运行过程如下：

1）192.168.72.130 节点的操作。

■ 启动 ZooKeeper。

```
[hadoop-storm@master ~]$ zkServer.sh start
JMX enabled by default
Using config: /home/hadoop-storm/zookeeper-3.4.6/bin/../conf/zoo.cfg
Starting zookeeper ... STARTED
```

■ 启动 Storm 的 Nimbus 进程。

```
[hadoop-storm@master ~]$ storm nimbus > /dev/null 2>&1 &
```

■ 启动 Storm 的 UI 进程，可以在浏览器中监视 Topology。

```
[hadoop-storm@master ~]$ storm ui > /dev/null 2>&1 &
```

■ 启动 Storm 的 logviewer 进程。

```
[hadoop-storm@master ~]$ storm logviewer > /dev/null 2>&1
```

2）192.168.72.131/132 节点的操作——分别启动 Supervisor 进程。

```
[hadoop-storm@slave2 ~]$ storm supervisor > /dev/null 2>&1 &
```

3）运行 Topology。

```
[hadoop-storm@master ~]$ storm jar /home/hadoop-storm/FrequencyCount.jar storm.wordcount.HelloWor
ldTopology /home/hadoop-storm/500_sentences_en.txt /home/hadoop-storm/result.txt
```

其中各参数的含义如下：

❏ /home/hadoop-Storm/FrequencyCount.jar 是要提交的 jar 包。

❏ Storm.wordcount.HelloWorldTopology 是 Topology 的主类。

❏ /home/hadoop-Storm/500_sentences_en.txt 是 Topology 的输入数据源。

❏ /home/hadoop-Storm/result.txt 保存 Topology 的输出结果。

服务器的监视页面（http://192.168.72.130:8080/）如图 13-5 所示。

输出文件 result.txt 的部分内容如图 13-6 所示。

在实际应用中，很多 Twitter App 会实时地获取推文的热点信息，根据需求实现某些算法，比如实时监测某一特定名人的流行趋势，或者即时统计当前最受关注的热点等，这些都是 Storm 所擅长的。相较于 Hadoop 的移动计算到数据，Storm 是移动数据到计算，它的数据源是源源不断的数据流，只要集群没有故障或手动结束程序，它会一直运行，而且所有计算都是在内存中完成的，速度快、实时是它最大的特点。本节涉及的应用是最基本的 Storm 流处理框架，只需在此基础上稍加改动，即可完成各种各样的流计算应用。

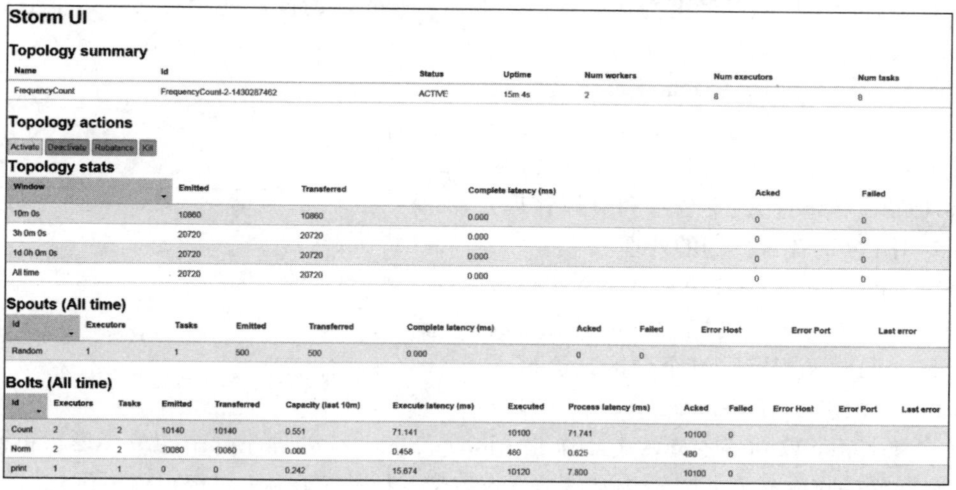

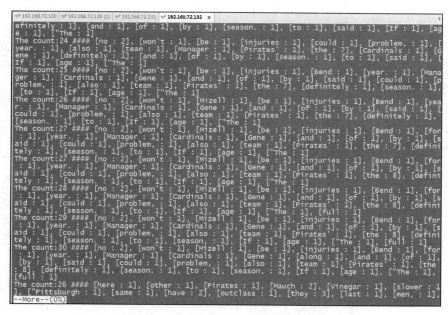

图 13-5 服务器的监视页面

图 13-6 输出文件 result.txt 的部分内容

13.3 分布式流处理系统 Samza

13.3.1 Samza 简介

Apache Smaza 是 LinkedIn 开源的一个分布式流处理器。发生在 LinkedIn 的大部分处理任务是 RPC 样式的数据处理，这种情况需要非常快速的响应。在响应延迟谱的另一端是批处理，此处大量使用了 Hadoop。Hadoop 处理和批处理通常发生在事后，经常晚几个小时。这样，在异步 RPC 处理和 Hadoop 处理之间就出现了空白。对于前者，用户正积极等待响应；而对于后者，尽管已经努力压缩，但仍然需要很长的时间才能运行完。这个空白就是 Samza 适用的地方，如图 13-7 所示。

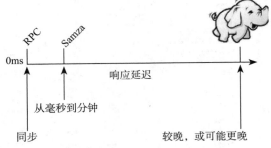

Apache Smaza 使用 Apache Kafka 作为流式数据的存储和中转，采用 Apache Hadoop YARN 来提供分布式运行环境、容错、资源隔离（CPU 和内存）、安全性和资源管理。Samza 专用于实时流式数据的处理。

图 13-7　Samza 适用的地方

分区（Partition）是 Kafka 中一个比较核心的概念。Kafka 针对每一个 Topic 都会创建多个分区，同时又规定，每个分区只能被一个 Consumer 消费。在 Samza 中，流中的数据可能会被 Kafka 放到多个分区中。作业（job）是 Samza 处理流程中的最小逻辑单元。每个 job 都需要接收输入流，同时又要输出流式数据。任务（Task）可被视为实例化后的 Job。job 启动后，会以一个或多个 Task 的形式被执行。

13.3.2　Samza 的原理

由于采用了 Kafka 和 YARN，Samza 的结构变得非常简单。从逻辑上来讲，Samza 分为三层：流式消息层（Kafka）、执行层（YRAN）和处理层（Samza API）。其中，Samza 依赖 YARN 来运行处理任务；处理任务所产生的流式数据通过 Kafka 进行持久化和流转；进程管理和任务监控、外部结构等特性则通过一系列的 Samza API 来实现，如图 13-8 和图 13-9 所示。

图 13-8　Samza 流式处理框架 1

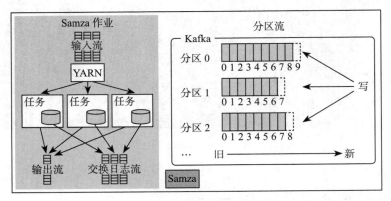

图 13-9　Samza 流式处理框架 2

1. 任务处理流程

从本质上讲，Samza 是在消息队列系统（Kafka）上更高层次的抽象，也是将流式处理机制应用在消息队列系统上的一种应用模式的实现。

Samza 的流式处理过程由 1 个或多个 job 组成，job 间的信息交互由 Kafka 实现，多个 job 串联起来就完成了流式的数据处理流程，如图 13-10 所示。

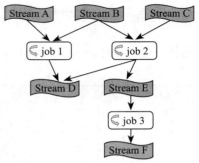

从图 13-10 可以看出，每个 job 都有自己对应的输入流和输出流，job 之间是松耦合的。这就意味着 job 和 job 之间可以不相互依赖。尤其在对下游的 job 进行添加、修改、重启时，不会影响上游的 job。

在 Samza 中，一个 job 在运行时会被实例化为一个或多个 Task。一个 job 的处理流程是一个任务从一个或多个输入流中读取数据，再输出一个或多个输出流，具体映射到 Kafka 上就是从一个或多个 Topic 读入数据，再写到 Kafka 的另一个或多个 Topic 中去。

图 13-10　Samza 流式处理流程

这种模式其实有点像 MapReduce 的过程，Stream 输入部分由 Kafka 的 Partition 决定了分区和 Task 数目，类似于一个 Map 过程，输出时间由用户 Task 指定 Topic 和分区（或者框架自动由 Key 决定分区）。这相当于一次 shuffle 的过程，下一个 job 读取新的 Stream 时，可以认为是一个 Reduce，也可以认为是下一个 Map 过程的开始。

2. 任务调度

Samza 借助于 YARN 实现资源管理和任务调度，提供了一个 YARN ApplicationMaster 和 YARN jobRunner。在需要启动一个任务时，Samza 客户端通知 YARN ResourceManager（简称 RM）要启动一个新的 job。YARN RM 通知 YARN NodeManager（简称 NM）分配资源。当 NM 分配好资源后，它会启动 Samza AM。当 Samza AM 启动完成后，它会向 YARN RM 申请一个或多个 YARN 容器来运行 Samza TaskRunner。此时 RM 和 NM 一起为 Samza TaskRunner 分配容器。当容器分配完毕后，NM 就可以启动容器来运行任务了。

3.Samza 使用的问题

尽管 Samza 有一些优点，但在使用中也有一些需要注意的问题。

（1）缺乏重复数据处理机制

Samza 目前没有提供对重复数据的处理机制，这需要使用者在应用中自己实现——在 Samza 的官方文档中，只是简单地说 Samza 对重复数据提供了不同于 Storm 的处理机制，但目前还没有实现。

（2）JVM 参数设置

目前，Samza 对于设置 Task 运行时的 JVM 参数支持得并不好，例如要调整 Task 运行时 JVM 的栈内存大小或者调整 JVM 的垃圾回收机制，只能修改 run-class.sh 中的 JAVA_OPTS 参数，而无法通过 task.opts 参数来设置。

（3）UI 功能较弱

借助于 YARN，Samza 提供了简单的 UI，能够监控集群中流程的运行状态，但对于更细粒度的状态监控（如任务实例状态、分区状态等）却没有提供，只能通过日志消息来进行跟踪，这确实不方便。

（4）社区不够活跃

Samza 目前在 Apache 处于孵化状态，主要是由来自 LinkedIn 的几位工程师在开发和维护，社区还不是很活跃。同时相关的文档也比较缺乏，大部分只是 LinkedIn 的几位工程师编写的一些介绍性的英文文章，中文文档更是少之又少。这给 Samza 的应用带来了极大的不便——遇到问题时几乎没有可以借鉴的经验可用。这个因素是技术选型时需要考虑的。

4. 与 Storm 的比较

Samza 的实现机制与 Storm 存在很多相似之处，两者都提供了分区的流模型、分布式的运行环境、流处理 API、容错机制等，但在实现细节上两者有很多不同，见表 13-1。

表 13-1　Samza 与 Storm 的比较

比较项	Storm	Samza
运行环境	只依赖 ZooKeeper	Kafka、YARN、ZooKeeper
灵活性	不如 Samza 灵活	job 可随意添加、启动或停止，很灵活
延迟	低	较低，取决于 Kafka 的吞吐能力
并行机制	多线程	每个 job 一个进程，进程中只有一个线程
资源隔离	依赖 CGGroup 实现，无法对 CPU、内存进行资源隔离	依赖 YARN，可以对 CPU、内存进行隔离，目前无法对磁盘、网络隔离
语言支持	实现语言为 Clojure 和 Java，对非 JVM 语言支持良好	实现语言为 Scala 和 Java，只支持非 JVM 语言
成熟度	比较成熟	孵化中

13.3.3　基于 Samza 的大数据分析实例

下面以实时统计维基百科上编辑信息为例展示基于 Samza 的大数据分析。

该任务主要通过执行三个 job（wikipedia-feed、wikipedia-parser 和 wikipedia-stats）来完成。整个系统执行过程如图 13-11 所示。wikipedia-feed job 读取维基百科的编辑信息，通过 Kafka 消息处理系统，生成 wikipedia-raw 流文件；wikipedia-parser job 读取该流并进行处理，提取编辑内容大小、作者等信息放入 wikipedia-edits 流文件；wikipedia-stats job 读取 wikipedia-edits 流文件中的信息，每隔十秒钟进行计数，并将结果输出到 wikipedia-stats 流文件中。可以通过查看流文件来查看项目执行的结果。

图 13-11　整个系统执行过程

首先介绍配置文件和描述系统逻辑源代码的编写。

1）首先配置 job 文件。使用 Samza 运行 run-job.sh 脚本启动 job 时，将为 class 创建一些实例（可能在多台机器上）。这些任务实例会处理输入流里的消息，而这些必要的消息在 job 的配置中进行设置。

❑ wikipedia-feed.properties 的代码如下：

```
# Job// 指定 job 名称为 wikipedia-feed
job.factory.class=org.apache.samza.job.yarn.YarnJobFactory
job.name=wikipedia-feed
# Task// 指定运行时要创建的实例和输入流
```

```
task.class=samza.examples.wikipedia.task.WikipediaFeedStreamTask
task.inputs=wikipedia.#en.wikipedia,wikipedia.#en.wiktionary,wikipedia.#en.
wikinews
# Serializers// 指定流的序列化操作
serializers.registry.json.class=org.apache.samza.serializers.JsonSerdeFactory
```

❏ wikipedia-parser.properties 的代码如下：

```
# Job// 指定 job 名称为 wikipedia-parser
job.factory.class=org.apache.samza.job.yarn.YarnJobFactory
job.name=wikipedia-parser
# Task// 指定运行时要创建的实例和输入流，处理时间间隔等信息
task.class=samza.examples.wikipedia.task.WikipediaParserStreamTask
task.inputs=kafka.wikipedia-raw
task.checkpoint.factory=org.apache.samza.checkpoint.kafka.KafkaCheckpoint-
ManagerFactory
task.checkpoint.system=kafka
task.checkpoint.replication.factor=1
# Serializers// 指定流的序列化操作
serializers.registry.json.class=org.apache.samza.serializers.JsonSerdeFactory
serializers.registry.metrics.class=org.apache.samza.serializers.Metrics-
SnapshotSerdeFactory
```

❏ wikipedia-stats.properties 的代码如下：

```
# Job// 指定 job 名称为 wikipedia-stats
job.factory.class=org.apache.samza.job.yarn.YarnJobFactory
job.name=wikipedia-stats
# Task// 指定运行时要创建的实例和输入流，处理时间间隔等信息
task.class=samza.examples.wikipedia.task.WikipediaStatsStreamTask
task.inputs=kafka.wikipedia-edits
task.window.ms=10000
task.checkpoint.factory=org.apache.samza.checkpoint.kafka.KafkaCheckpoint-
ManagerFactory
task.checkpoint.system=kafka
task.checkpoint.replication.factor=1
# Serializers
serializers.registry.json.class=org.apache.samza.serializers.JsonSerdeFactory
serializers.registry.string.class=org.apache.samza.serializers.StringSerdeFactory
serializers.registry.integer.class=org.apache.samza.serializers.IntegerSerde-
Factory
# Key-value storage// 指定流信息存储的格式
stores.wikipedia-stats.factory=org.apache.samza.storage.kv.RocksDbKeyValueStorage
EngineFactory
stores.wikipedia-stats.changelog=kafka.wikipedia-stats-changelog
stores.wikipedia-stats.key.serde=string
stores.wikipedia-stats.msg.serde=integer
```

2）job 使用自己的 Java 程序来实现一个数据流处理逻辑。wikipedia-feed、wikipedia-parser 和 wikipedia-stats 三个 job 的源代码如下。

❏ wikipediaFeedStreamTask.java 的代码如下：

```
// 主要用于将该 job 收集到的消息全部存放到 wikipedia-raw 流中
public class WikipediaFeedStreamTask implements StreamTask {
    private static final SystemStream OUTPUT_STREAM = new SystemStream("kafka",
"wikipedia-raw");
```

```
    @Override
      public void process(IncomingMessageEnvelope envelope, MessageCollector
collector, TaskCoordinator coordinator) {
        Map<String, Object> outgoingMap = WikipediaFeedEvent.toMap ((WikipediaFeed-
Event) envelope.getMessage());
        collector.send(new OutgoingMessageEnvelope(OUTPUT_STREAM, outgoingMap));
      }
    }
```

❑ wikipediaParserStreamTask.java 的代码如下：

```
// 将从读入流中获得的消息经过处理放入 wikipedia-edits topic 中
public class WikipediaParserStreamTask implements StreamTask {
     public void process(IncomingMessageEnvelope envelope, MessageCollector
collector, TaskCoordinator coordinator) {
      Map<String, Object> jsonObject = (Map<String, Object>) envelope.getMessage();
      WikipediaFeedEvent event = new WikipediaFeedEvent(jsonObject);
      try {
          Map<String, Object> parsedJsonObject = parse(event.getRawEvent());
          parsedJsonObject.put("channel", event.getChannel());
          parsedJsonObject.put("source", event.getSource());
          parsedJsonObject.put("time", event.getTime());
            collector.send(new OutgoingMessageEnvelope(new SystemStream("kafka",
"wikipedia-edits"), parsedJsonObject));
      } catch (Exception e) {
          System.err.println("Unable to parse line: " + event);
      }
    }
// 由于该 job 需要提取一些编辑有关的信息，因此 parse() 函数定义了信息提取时的对照
     public static Map<String, Object> parse(String line) {
          Pattern p = Pattern.compile("\\[\\[(.*)\\]\\]\\s(.*)\\s(.*)\\s\\*\\s(.*)
\\s\\*\\s\\(\\+?(.\\d*)\\)\\s(.*)");
      Matcher m = p.matcher(line);
      if (m.find() && m.groupCount() == 6) {
          String title = m.group(1);
          String flags = m.group(2);
          String diffUrl = m.group(3);
          String user = m.group(4);
          int byteDiff = Integer.parseInt(m.group(5));
          String summary = m.group(6);
          Map<String, Boolean> flagMap = new HashMap<String, Boolean>();
          flagMap.put("is-minor", flags.contains("M"));
          flagMap.put("is-new", flags.contains("N"));
          flagMap.put("is-unpatrolled", flags.contains("!"));
          flagMap.put("is-bot-edit", flags.contains("B"));
          flagMap.put("is-special", title.startsWith("Special:"));
          flagMap.put("is-talk", title.startsWith("Talk:"));
          Map<String, Object> root = new HashMap<String, Object>();
          root.put("title", title);
          root.put("user", user);
          root.put("unparsed-flags", flags);
          root.put("diff-bytes", byteDiff);
          root.put("diff-url", diffUrl);
          root.put("summary", summary);
          root.put("flags", flagMap);
          return root;
```

```
        } else {
            throw new IllegalArgumentException();
        }
    }
}
```

❐ wikipediaStatsStreamTask.java 的代码如下：

// 将处理所得的信息输入 wikipedia-stats 中，它的格式是 String：Integer

```
    public class WikipediaStatsStreamTask implements StreamTask, InitableTask,
WindowableTask {
        private int edits = 0;
        private int byteDiff = 0;
        private Set<String> titles = new HashSet<String>();
        private Map<String, Integer> counts = new HashMap<String, Integer>();
        private KeyValueStore<String, Integer> store;
        public void init(Config config, TaskContext context) {
            this.store = (KeyValueStore<String, Integer>) context.getStore("wikipedia-
stats");
        }
        public void process(IncomingMessageEnvelope envelope, MessageCollector
collector, TaskCoordinator coordinator) {
        Map<String, Object> edit = (Map<String, Object>) envelope.getMessage();
        Map<String, Boolean> flags = (Map<String, Boolean>) edit.get("flags");
        Integer editsAllTime = store.get("count-edits-all-time");
        if (editsAllTime == null) editsAllTime = 0;
        store.put("count-edits-all-time", editsAllTime + 1);
        edits += 1;
        titles.add((String) edit.get("title"));
        byteDiff += (Integer) edit.get("diff-bytes");

        for (Map.Entry<String, Boolean> flag : flags.entrySet()) {
            if (Boolean.TRUE.equals(flag.getValue())) {
            Integer count = counts.get(flag.getKey());
            if (count == null) {
              count = 0;
            }
            count += 1;
            counts.put(flag.getKey(), count);
            }
        }
    }
}
// 该函数负责实时显示
    public void window(MessageCollector collector, TaskCoordinator coordinator) {
        counts.put("edits", edits);
        counts.put("bytes-added", byteDiff);
        counts.put("unique-titles", titles.size());
        counts.put("edits-all-time", store.get("count-edits-all-time"));
        collector.send(new OutgoingMessageEnvelope(new SystemStream("kafka",
"wikipedia-stats"), counts));

        // 复位计数
        edits = 0;
        byteDiff = 0;
        titles = new HashSet<String>();
```

```
        counts = new HashMap<String, Integer>();
    }
}
```

系统按照如下步骤运行:

1）部署执行 wikipedia-feed job。可以通过查看 wikipedia-raw 流文件查看输出信息。

2）部署执行 wikipedia-parser job。执行情况如图 13-12 所示。

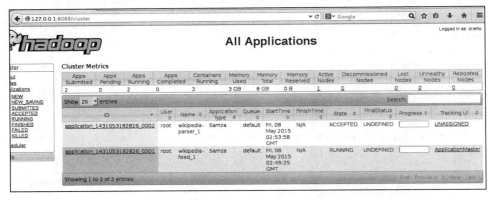

图 13-12　执行情况

可以通过查看 wikipedia-edits 流文件查看输出信息（部分内容展示），如图 13-13 所示。

图 13-13　查看输出信息

3）部署执行 wikipedia-stats job。执行后的 YARN UI 显示如图 13-14 所示。

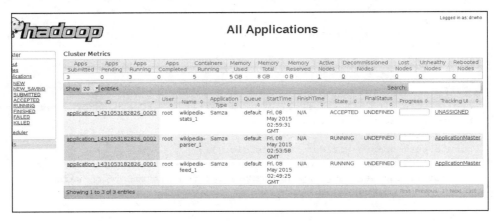

图 13-14　执行后的 YARN UI 显示

可以通过查看 wikipedia-stats 流文件查看输出信息（部分内容展示）。如图 13-15 所示，系统可以很好地运行该应用程序，并且产生了相应的输出，而且对归类的编辑信息进行了计数统计并输出。因而，总体来说，Samza 基本上就是一个使用 YARN 和 Kafka 的流式数据处理应用程序框架，自身额外提供了本地数据库保存状态信息，代码量并不大，可以更加方便地使用 Kafka 处理数据。

```
[root@localhost hello-samza]# deploy/kafka/bin/kafka-console-consumer.sh  --zook
eeper localhost:2181 --topic wikipedia-stats
{"bytes-added":-20,"edits":1,"edits-all-time":171167,"unique-titles":1}
{"is-bot-edit":142,"is-talk":154,"bytes-added":368635,"edits":1897,"edits-all-ti
me":173064,"unique-titles":1272,"is-unpatrolled":55,"is-new":94,"is-minor":383)
{"is-bot-edit":1, "is-talk":1,"bytes-added":124,"edits":11,"edits-all-time":17307
5,"unique-titles":11,"is-minor":3)
```

图 13-15　查看输出信息

13.4　Cloud Dataflow

13.4.1　Cloud Dataflow 简介

Cloud Dataflow 是 Google 云计算主推的一种技术。它是一种构建、管理和优化复杂数据流水线的方法，用于构建移动应用以及调试、追踪和监控产品级云应用。它采用了Google 内部的技术 Flume 和 MillWhell，其中 Flume 用于数据的高效并行化处理，MillWhell则用于互联网级别的带有很好容错机制的流处理。

Google 云平台的产品营销总监 Brian Goldfarb 说："Cloud Dataflow 可以用于处理批量数据和流数据。例如，在一个世界性事件（比如演讲当中的世界杯事件）中实时分析上百万Twitter 数据。流水线的一个阶段负责读取 Tweet（即用户发到 Twitter 上的信息），下一个阶段负责抽取标签，另一个阶段对 Tweet 分类（基于情感，正面、负面或者其他方面），下一个阶段负责过滤关键词等。相比之下，Map/Reduce 这个用来处理大数据的较早模型，处理这种实时数据已经力不从心，而且也很难应用到这种很长、很复杂的数据流水线上。"

Google 的新平台 Cloud Dataflow 针对批量数据和流数据提供了统一的 API，对于简单和复杂的流水线也是一样的。有了 Cloud Dataflow，开发者能够更加聚焦于数据逻辑本身，而将之前复杂的流水线优化留给 Google 云，也无须关注部署、维护和扩展其应用架构。

Cloud Dataflow 可用于 ETL、批量数据处理、流数据分析等，它可以自动地优化部署开发者代码所需要的资源。相比独立关注数据流水线的每个阶段，Cloud Dataflow 考虑了这些阶段之间的交互。为了处理好阶段之间传输的数据流，Cloud Dataflow 利用 key、滑动窗口、Map/Reduce 部分技术以及其他技术来聚合数据。

在 Cloud Dataflow 的帮助下，Google 云平台对任何应用都能给出业界最好的优化方式。开发者在大多数情况下都可以直接使用这些优化，在特殊情况下还可以使用自己定制的代码进行替换。Cloud Dataflow 简单易用，对于开发者来说，大部分情况下，他们都是在跟 API的简单部分打交道。

为了配合 Cloud Dataflow，Google 还为开发者提供了一些新工具，帮助他们更容易、更高效地工作。这些工具包括云保存、云调试、云追踪以及云监控。

1）云保存是一个简单的 API，用来保存、获取和同步云中的用户信息。信息可能包括应用数据、偏好以及其他。数据存储在 Google 的云存储 Cloud Datastore 中，可以通过现有的数据存储 API，在 Google 的 App Engine 或者 Compute Engine 中访问。

2）云调试。顾名思义，它是一个调试接口（以网页的形式呈现），用于调试基于云的应用，为开发者提供了一种全新的现代化的调试方式。

3）云追踪提供了一个非常有用的可视化工具，将调用数据库的服务所消耗的时间很好地予以呈现，使得开发者能够更好地展现和理解其应用的时间消耗分布。进一步来讲，开发者还可以比较其应用不同版本的性能。

4）云监控旨在帮助开发者找到和修复应用中的异常情况。收购了 Stackdriver 以后，云监控可以提供各类统计数据、监控界面以及应用报警，可以自定义报警，在用户受到影响之前提醒开发者，还有一系列流行的开源软件，如 Nginx、MongoDB、MySQL、Tomcat、IIS 等。比如可以用云监控来发现和调试用户在连接到 App Engine 时错误频发的情况，或者通过简单的配置来降低 Cassandra 的检索时间。

13.4.2　Cloud Dataflow 开发模型

Cloud Dataflow 开发模型用于简化大规模数据计算技术。当用 Dataflow SDK 编程时，真正在 Cloud Dataflow 的一个服务端建立了数据处理任务。这个模型让使用者关注于数据处理任务的逻辑推理部分，而不是物理实现部分。也就是说，使用者只需要知道完成的工作，而不需要知道这个工作如何实现。

模型主要包括四个概念：流水、流水数据集、转换及流水的 I/O。

1）流水是将一些外部资源作为输入数据，并将这些数据变换后作为输出。输出数据通常会写到一个外部的数据池中。输入和输出数据可以相同，也可以不同，这取决于变换步骤的操作。在 Cloud Dataflow 服务中，每个流水表示一个从开始到结束的、单独的、可能重复的任务。

2）流水数据集用来表示流水中的数据集，是能表示真正无限制大小的数据集的专业容器类。一个流水数据集可以表示定长的数据集，也可以表示持续更新数据资源的不定长数据集。在流水中，流水数据集是每个步骤中的输入和输出。

3）转换是在流水中对数据进行操作，将一个或多个流水数据集作为输入，将输入的数据放在函数中运行，再将它们作为一个流水数据集输出。转换不需要流水是严格的线性序列，环或者是其他普通的程序结构都可以，甚至可以将流水想象成图的形式。

4）流水的 I/O 用于读入和写出数据，其中，在数据读入的过程中需要将来自外部数据源的数据转换为流水可用的流水数据集，在数据写出的过程中需要将流水数据集中的数据转化为外部数据源中的数据。

13.4.3　Cloud Dataflow 的应用实例

本节通过一个简单的实例介绍 Cloud Dataflow 模型各部分的作用。该程序的作用很简单，是输入两个英文单词，通过 transform 模块将其变成大写，并输出结果。其实现代码如下：

```
package com.google.cloud.dataflow.starter;

import com.google.cloud.dataflow.sdk.Pipeline;
import com.google.cloud.dataflow.sdk.options.PipelineOptionsFactory;
```

```
import com.google.cloud.dataflow.sdk.transforms.Create;
import com.google.cloud.dataflow.sdk.transforms.DoFn;
import com.google.cloud.dataflow.sdk.transforms.ParDo;

@SuppressWarnings("serial")
public class StarterPipeline {

public static void main(String[] args) {
    Pipeline p = Pipeline.create(
        PipelineOptionsFactory.fromArgs(args).withValidation().create());

    p.apply(Create.of("Hello", "World"))
    .apply(ParDo.of(new DoFn<String, String>() {
        @Override
        public void processElement(ProcessContext c) {
        c.output(c.element().toUpperCase());
        }
    }))
    .apply(ParDo.of(new DoFn<String, Void>() {
        @Override
        public void processElement(ProcessContext c)  {
            System.out.println(c.element());
        }
    }));

    p.run();
}
}
```

运行上述代码后，结果如图 13-16 所示。

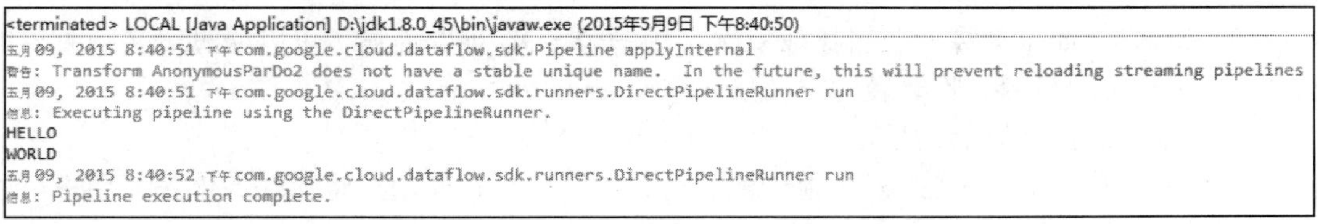

```
<terminated> LOCAL [Java Application] D:\jdk1.8.0_45\bin\javaw.exe (2015年5月9日 下午8:40:50)
五月 09, 2015 8:40:51 下午com.google.cloud.dataflow.sdk.Pipeline applyInternal
警告: Transform AnonymousParDo2 does not have a stable unique name.  In the future, this will prevent reloading streaming pipelines
五月 09, 2015 8:40:51 下午com.google.cloud.dataflow.sdk.runners.DirectPipelineRunner run
信息: Executing pipeline using the DirectPipelineRunner.
HELLO
WORLD
五月 09, 2015 8:40:52 下午com.google.cloud.dataflow.sdk.runners.DirectPipelineRunner run
信息: Pipeline execution complete.
```

图 13-16　运行结果

13.5　阿里云 StreamCompute

13.5.1　阿里云 StreamCompute 的原理

Stream SQL 是阿里云计算平台 MaxCompute 提供的一种完全托管的分布式数据流式处理服务。其底层采用先进的分布式增量计算框架，可以实现低延迟响应，以 SQL 的形式提供流式计算服务，并且完全屏蔽了流式计算中复杂的故障恢复等技术细节，极大地提高了开发效率。

该系统有如下功能特点：

1）低延时。从数据写入到计算出结果仅秒级别的延迟。

2）高可靠。底层的体系结构充分考虑了单节点失效后的故障恢复等问题，可以保证数据在处理过程中不重复、不丢失。

3）可扩展。在数据量增加时，用户可以通过简单增加 Worker 节点数量的方式进行水平扩展，可以支持每天 PB 级别的数据流量。

4）开发方便。使用标准的 SQL 描述流式计算的过程，隐藏了底层的复杂技术架构，极大地提高了开发效率。

流式数据通常会被采集到消息队列中，再由流式计算的引擎从消息队列中订阅。MaxCompute 将这种模式进行了简化，可以将表作为流式数据载体，这种表在 MaxCompute 中被称为 HubTable。用户实时上传到 HubTable 中的数据可以被流式计算引擎订阅使用，同时会被写到离线集群中供离线计算引擎使用。用户同样可以开发应用，从 HubTable 中订阅数据。因此在 Stream SQL 中，HubTable 首先是流计算引擎的数据源，其次也可以作为流式计算的输出。

13.5.2　基于 StreamCompute 的实时数据统计

在 MaxCompute 中流计算的逻辑是通过 SQL 定义的，称为 StreamJob。StreamJob 通过 SQL 引用的 HubTable 读取实时数据，并且将结果写入结果表中。此外，还可以使用维表和临时表。详细说明如下：

1）源表。Stream Job 中引用的源表是 HubTable，用户必须将数据通过 Data Hub Service 实时上传到 MaxCompute 中。

2）维表。维表中的内容在运行时会由系统加载到内部缓冲区，并且可以和流式数据进行 Join 运算。维表的定义只在该 StreamJob 中有效。用户利用维表可以从离线的表中加载数据。维表中的内容只被引用，不能在 StreamJob 中更改。在一个 StreamJob 中定义的维表数据不超过 5 个，内存不超过 3GB。

3）临时表。如果计算的逻辑比较复杂，用一个 SQL 难以描述，可以通过定义临时表的方式来简化开发的过程。临时表的定义只在该 StreamJob 中有效。

4）结果表。流计算的结果可以写入 HubTable 中。

5）作业运行。StreamJob 对象在创建后会长期运行，直到用户将该任务停止。用户可以通过命令将流计算作业暂停、恢复或者彻底删除。

下面基于这些概念介绍 StreamJob 的各类操作。

1.StreamJob 操作

1）创建 StreamJob。

通过客户端创建一个 StreamJob 的命令格式如下，StreamJob 中包括维表、临时表、结果表的声明以及通过 Stream SQL 定义的计算逻辑，其中维表、临时表及结果表的声明都是可选项。

```
1.CREATE STREAMJOB  jobname  AS
2.  ［声明维表］
3.  ［声明临时表］
4.  ［声明结果表］
5.  -- 通过 Stream SQL 定义计算逻辑
6.END STREAMJOB;
```

说明：在创建 StreamJob 之前可以通过 set 命令指定运行时的可选参数。各项参数的格式及含义见表 13-2。

表 13-2 各项参数的格式及含义

参数	value 格式	含义
odps.streamjob.start.time	yyyyMMddhhmmss	新提交的 Stream 作业从该时间点开始读取数据，默认从当天的 0 点 0 分开始
odps.streamjob.timeout	整型字符串，单位秒	一批数据的处理超时时间。如果一批数据的处理时间超过 timeout 即认为数据处理失败（即使最终处理成功了），会触发数据的重新计算。Timeout 时间设置太小导致误判处理失败的概率增大，设置太大会导致发现系统故障进行 failover 的时间变长，默认 180s
odps.streamjob.worker.num	整型字符串	指定作业使用的 worker 数目。默认通过 DataHub 的 shard 数进行计算，公式：min（max（shard num, 10），100）

用户创建 StreamJob 时必须有 CreateInstance 权限，对 StreamJob 中引用的 HubTable 必须有读权限，如果目标表是 HubTable，必须有更新数据的权限。

例如，交易的数据通过 transaction 表实时上传，可以通过以下方式创建 StreamJob 统计交易的总金额，并且将结果写入另一个 Hubtable 中。

```
1. CREATE STREAMJOB cal_trans_amt AS
2. INSERT INTO table transsum
3. SELECT SUM(amt)
4. FROM transaction;
5. END STREAMJOB;
```

2）列举 StreamJob。

命令格式如下：

```
1.list StreamJobs;
```

说明：列出当前项目下所有正在运行的 StreamJob。

例如，

```
1. list StreamJobs;
2. Name          Status        StartTime              Owner
3. MyJob1        Running       2015-04-01 13:00:00    ALIYUN$yunyuan@aliyun.com
```

3）显示 StreamJob 状态。

命令格式如下：

```
1.status StreamJob jobname;
```

说明：显示指定的 StreamJob 运行状态。

```
1.status StreamJob/jobname;
2.Status: Running
3.StartTime:2015-04-01 13:00:00
4.Components
5.Name          InputRecords   OutputRecords    FailedRecords     Latency(ms)
6.J1_MRM_M1     100            100              0                 1
```

Streamjob 级别的数据项定义如下：

❑ Status：当前 StreamJob 的状态，Running 或 Paused。

❏ StartTime：StreamJob 开始运行的时间。

Component 级别的数据项定义如下：

❏ Name：该 component 的名称。

❏ InputRecords：该作业在对应的时间窗口内处理的输入数据行数。

❏ OutputRecords：该作业在对应的时间窗口内输出的数据行数。

❏ FailedRecords：该作业在对应的时间窗口内触发异常的数据行数。

❏ Latency（s）：一条记录自 Component 的输入开始直至输出所经历的平均时间，包括等待延时。

4）暂停 StreamJob。

命令格式如下：

```
1.pause StreamJob jobname;
```

说明：将指定的 StreamJob 置为暂停状态，则作业会被挂起，不再进行计算。作业的元数据和之前的数据状态仍然保存着，可以通过 resume 命令恢复作业。

5）恢复 StreamJob。

命令格式如下：

```
1.resume StreamJob jobname;
```

说明：将已暂停的 treamjob 恢复运行。在恢复运行时，系统会读取参数，通过这种方式可以调整在恢复运行后的流计算作业参数。

6）停止 StreamJob。

命令格式如下：

```
1.delete StreamJob jobname;
```

说明：停止指定的 StreamJob，作业的元数据和之前运行的数据和状态会被删除。在停止前必须先将作业置为暂停状态以防止误操作。

2. Stream SQL 语法

Stream SQL 的语法与离线 SQL 的语法相似，但并不完全相同。很多在离线 SQL 中支持的功能在 Stream SQL 中并不支持。这里仅强调其不同之处。

1）数据类型。

Stream SQL 暂时仅支持 Big int、Double 和 String 三种类型。

2）DDL 操作。

维表在流计算任务开始时加载一次，在一个流计算任务中，维表的个数不超过 3 个，内存限制为 100MB，超出限制时抛异常。

命令格式如下：

```
1.CREATE DIM[ENSION] TABLE tablename(
2.[col_name data_type [comment];…]
3.)
4.LOCATION "URI";
```

说明：

❏ 维表支持 MaxCompute 维表，MaxCompute 维表只允许一个分区。

❑ 不支持 View 对象。

❑ URI 指定维表的来源，目前支持 MaxCompute 表，后续会扩充支持 OTS 维表。
URI 的整体格式如下：

```
1.schema://authority/path?query#fragment
```

当前支持两种格式：

```
1.ODPS://endpoint/project_name/tablename#part_key=part_value/part_key2=part_
value2…
2.----
3.Schema
```

说明：

❑ Schema 部分说明访问的目标数据类型，当前仅支持 ODPS。

❑ Userinfo 和 host（合称 authority）部分为可选项，在阿里云内网使用时可以不用写，
但是输出到外部时，需要用户明确指定连接信息。

❑ Query 参数可以用来传递其他通用参数。

例如：

```
1.定义 project A 中的表 user 为维表，将分区 ds=20150101 指定为维表。
2.CREATE DIM TABLE user
3.(
4.  Username string,
5.  Age       bigint
6.)
7. LOCATION "ODPS://127.0.0.1/PRJA/user#ds=20150101"
```

3）临时表。
命令格式如下：

```
1.CREATE TEMP TABLE tablename(
2. [col_name data_type [comment];…]
3.);
```

说明：

❑ 在 STREAMJOB 中定义的 Temp Table 语句，用于辅助计算逻辑的描述，不会产生数
据的物理存储。

❑ Temp table 只在本作业中有效，名称只在本作业可见。

❑ Temp table 描述的是 streamjob 中的流式数据，只接受 insert into 操作。

4）结果表。
命令格式如下：

```
1.CREATE RESULT TABLE tablename(
2. Col_name1 data_type [comment]
3. ,Col_name2 data_type [comment]
4.…
5.[PRIMARY KEY (col1, col2,…)]
6.)
7. LOCATION uri
8.;
```

说明：

❑ 结果表是指最终将数据输出的表，包括 HubTable 以及外部结果表两种（临时表并不能将结果输出）。

❑ 结果表默认是 MaxCompute 的 HubTable，仅支持以 insert into 的方式追加数据。

❑ 对结果表的操作类型包括 insert into 和 replace into 两种。其中，replace into 仅支持定义了 primary key 的表，replace into 一个未定义 primary key 的结果表则抛异常；相反，insert into 仅支持未定义 primary key 的表，如果 insert into 一个定义了 primary key 的结果表则抛异常。

5）DML。Stream SQL 支持的语法格式与 MaxCompute 离线 SQL 基本相同，但在部分 SQL 语句中行为略有不同：

❑ Join 操作：

■ Join 中只支持等值连接。

■ Stream SQL 中支持内连接和左连接。

■ 对维表的连接，只支持一个连接键。

❑ Select 语句中不支持 Limit 操作。

6）内建函数。Stream SQL 仅支持 MaxCompute 离线 SQL 的一部分内建函数，具体包括以下函数。

❑ 数学函数。

```
1.ABS
2.CEIL
3.EXP
4.FLOOR
5.LN
6.LOG
7.POW
8.RAND
9.ROUND
10.SQRT
```

❑ 字符串处理函数。

```
1.CHR
2.CONCAT
3.INSTR
4.LENGTH
5.MD5
6.REGEXP_EXTRACT
7.SUBSTR
8.TOLOWER
9.TOUPPER
10.TRIM
```

❑ 日期函数（StreamSQL 不支持 Datetime 类型，日期格式不一致，yyyy-mm-dd hh:mi:ss）。

```
1.FROM_UNIXTIME
2.UNIX_TIMESTAMP
```

❑ 聚合函数。

1.COUNT
2.MAX
3.MIN
4.SUM

☐ 其他函数。

1.CAST
2.COALESCE
3.CASE WHEN

13.5.3 订单统计实例

1. 背景阐述

如前文所言，流计算面对计算的数据源是实时且流式的，流数据是按照发生时间顺序地被流计算订阅和消费。且由于数据发生的持续性，数据流将长久且持续地集成进入流计算系统。显然，很多网络平台的订单符合"实时""流式"的特性，这里以订单统计为例，说明阿里云流计算平台的使用方法。

2. CSV 文件简介

逗号分隔值（Comma-Separated Values，CSV）有时也称为字符分隔值，因为分隔字符也可以不是逗号，其文件以纯文本形式存储表格数据（数字和文本）。CSV 文件由任意数量的记录组成，记录间以某种换行符分隔；每条记录由字段组成，字段间的分隔符是其他字符或字符串，最常见的是逗号或制表符。通常，所有记录都有完全相同的字段序列。CSV 文件是一种极其常见的通用数据存储文件。

事实上，我们可以把 CSV 文件视为一种退化的表格文件，它可以被记事本、Excel 等软件打开和编辑。

3. 基础流程

登录阿里云账号后，读者打开 https://stream.console.aliyun.com/developer-data 即可进行相应开发。

单击"数据开发"一栏，右击"新建任务"，在相应处输入任务名称，即可见到代码编辑框。

在编辑栏内输入以下代码：

```
--- 声明流式源表
CREATE STREAM TABLE tmall_trade_detail (
    order_num            BIGINT,
    buyer_id             BIGINT,
    seller_id            BIGINT,
    order_date           BIGINT,
    price                DOUBLE
);
--- 声明结果表
CREATE RESULT TABLE tmall_trade_state (
    order_date           STRING,
    trade_count          BIGINT,
    trade_sum            DOUBLE,
    PRIMARY KEY (order_date)
);
```

```
--- 按天聚合计算当天交易笔数、交易总金额
REPLACE INTO tmall_trade_state
    SELECT
        FROM_UNIXTIME(FLOOR(tmall_trade_detail.order_date/1000), 'yyyy-MM-dd') as
gmt_date,
        COUNT(order_num) as trade_count,
        SUM(price) as trade_sum
    FROM
        tmall_trade_detail
    GROUP BY
        FROM_UNIXTIME(FLOOR(tmall_trade_detail.order_date/1000), 'yyyy-MM-dd');
```

上述代码中使用的是 SQL 语言。这是一门高级编程语言，具有简洁凝练、简单易学等特点。有兴趣的读者可以阅读《SQL 必知必会》一书，这是一本很适合 SQL 语言入门的书籍。

代码编写完毕后应进入调试过程，单击界面上的调试按钮，会发现需要上传调试数据。我们之前已经讲解了 CSV 文件的基本知识，这里需要在本地创建一个 CSV 文件。一个示例的 CSV 文件内容如下：

```
order_num(BIGINT),buyer_id(BIGINT),seller_id(BIGINT),order_
date(BIGINT),price(DOUBLE)
1,1,4,1459860703000,100
2,1,1,1459860703000,100
3,3,1,1459860703000,233
4,1,1,1459860703000,100
5,1,3,1459860703000,100
6,1,1,1459860703000,300
```

CSV 文档可以按照如下方式建立：先建立一个 TXT 文档，输入以上内容，保存，关闭后更改其扩展名为 CSV 即可。

CSV 文件建立完毕后，我们在调试界面将其上传，然后就可以进行调试了。如果之前的步骤都没有错误，我们可以看到调试结果如图 13-17 所示。

	gmtdate	trade_count	trade_sum
1	2016-04-05	1	100.0
2	2016-04-05	2	200.0
3	2016-04-05	3	433.0
4	2016-04-05	4	533.0
5	2016-04-05	5	633.0
6	2016-04-05	6	933.0

图 13-17　调试结果

这时，我们可以认为代码是正确的，就可以将其正式上线，进行日常的数据维护工作了。

小结

针对流式问题广泛的应用背景和特殊性，本章讨论了流式计算平台，包括 Storm、Samza、Cloud Dataflow 和阿里云的 Stream Compute。

Storm 是一个分布式的、容错的实时计算系统，可用于处理消息和更新数据库，在数据流上进行持续查询，并以流的形式返回结果到客户端，并行化一个类似实时查询的热点查

询。13.2 节介绍了 Storm 的物理架构和逻辑架构，并给出了应用 Storm 实时统计 Twitter 上最流行的词语的具体案例。

Apache Smaza 使用 Apache Kafka 作为流式数据的存储和中转，采用 Apache Hadoop YARN 来提供分布式运行环境、容错、资源隔离（CPU 和内存）、安全性和资源管理，专用于实时流式数据的处理。13.3 节介绍了 Samza 的任务处理流程和任务调度方法以及 Samza 使用的相关问题，并以实时统计维基百科上更改的编辑为例展示基于 Samza 的大数据分析。

Dataflow 是 Google 云计算主推的一种技术。它是一种构建、管理和优化复杂数据流水线的方法，用于构建移动应用，调试、追踪和监控产品级云应用。13.4 节介绍了 Dataflow 的开发模型和应用案例。

本章最后详细介绍了阿里云的 Stream Compute，讲述了 Stream Compute 的原理和典型的应用场景，并介绍 MaxCompute Stream 的实时数据统计与相关函数，最后应用 Stream Compute 解决了订单统计的实际问题。

习题

1. 下列场景适合流计算还是批量计算？
   （1）对于手机 App 数据实时分析，需要实时了解手机设备的各类指标情况。
   （2）某地图软件要向用户反馈当前拥堵路段。
   （3）将大量多媒体音视频完成视频分片转码加速。
2. 有人说，以水为例，Hadoop 可以看作纯净水，一桶桶地搬；而 Storm 是用水管预先接好，然后打开水龙头，水就源源不断地流出来了。你是否同意他的说法？为什么？
3. 有一些广告作弊行为，通过恶意点击其他商家的广告，消耗商家的广告费，从而使自己的广告排在前面。如何解决这种恶意行为？是否适合利用 MapReduce 解决？若我们希望在恶意点击发生时就计算出该点击是否是作弊行为，可用什么平台进行计算？请简述计算过程。
4. 数据库可以看作全局的、共享的、可变的状态，很多开发人员在开发时已经摆脱了全局变量，但还容忍数据库作为一个全局变量存在。Samza 看起来像一个实时计算分析工具，但是它彻底地颠覆了数据库的架构。请查阅资料并说明其原因。
5. 某新闻公司想知道自己对每位用户推送新闻的推送质量。如何利用 Samza 平台进行计算？
6. 本书引用了谷歌云平台的产品营销总监 Brian Goldfarb 的一段话，其中有一句说："相比之下，Map/Reduce 这个用来处理大数据的较早模型，处理这种实时数据已经力不从心，而且也很难应用到这种很长很复杂的数据流水线上。"这说明，Dataflow 可以建立复杂的流水线，这与 Map/Reduce 相比是一个优点。请你说说，除此之外，Cloud Dataflow 还有什么优点？
7. （实现）利用阿里云 Stream Compute，实时统计并展现网站的 PV（浏览次数）和 UV（独立访客），并能够按照用户的终端类型（如 Android、iPad、iPhone、PC 等）分别统计。数据来源于某网站上的 HTTP 访问日志数据。
8. 阿里巴巴推出了一大数据平台"数加"，请查阅资料并举例说明它是如何利用 Stream Compute 的。

第 14 章
大图计算平台

14.1 大图计算框架概述

图是一种重要的数据类型，除了社交网络、交通网络等直接表示为大图形式的数据，一些机器学习方法也需要用到图计算。面对大图数据分析的需求，业内出现了许多大图管理和分析系统。本章将介绍几种具有代表性的大图分析系统的原理和使用方法。关于基于大图分析系统的算法设计，有兴趣的读者可以参考《大数据算法》一书。

14.2 GraphLab

2010 年，美国卡内基梅隆大学的 Select 实验室提出了基于 GAS 模型的 GraphLab 框架并实现了其 1.0 版本，使机器学习的流处理并行性能得到了很大的提升。2012 年，GraphLab 升级到了 2.1 版本，改进了它对自然（幂律分布）图的并行性能。2015 年年初，GraphLab 改名为 Dato，提供了名为 GraphLab Create 的 Python 开发工具包，大大降低了使用门槛。如今，GraphLab 平台已经被 Zillow、Adobe、Zynga、Pandora 等客户所使用。

14.2.1 GraphLab 的计算模型

GraphLab 将数据抽象成 Graph 结构，将算法的执行过程抽象成 Gather、Apply 及 Scatter 三个步骤。其并行的核心思想是对顶点的切分，如图 14-1 所示的例子中，需要完成对 V0 邻接顶点的求和计算，串行实现中，V0 对其所有的邻接点进行遍历，累加求和。而 GraphLab 中，将顶点 V0 进行切分，将 V0 的边关系以及对应的邻接点部署在两台处理器上，在两台机器上并行进行部分求和运算，然后通过主顶点和镜像顶点的通信完成最终的计算。

对于某个顶点，其被部署到多台机器，一台机器作为主顶点，其余机器作为镜像顶点。主顶点作为所有镜像顶点的管理者，负责给镜像顶点安排具体计算任务；镜像顶点作为该顶点在各台机器上的代理执行者，与主顶点数据的保持同步。

对于某条边，GraphLab 将其唯一部署在某一台机器上，对边关联的顶点则进行多份存储，从而解决了边数据量大的问题。

同一台机器上的所有边和节点构成本地图，每台机器上，还存储了一张本地 ID 到全局

ID 的映射表。节点是一个进程上的所有线程共享的。在并行计算过程中，各个线程分摊进程中所有顶点的 Gather、Apply 和 Scatter 的操作。

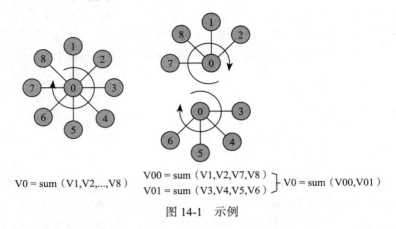

$$V0 = sum（V1,V2,...,V8）$$

$$\left.\begin{array}{l}V00 = sum（V1,V2,V7,V8）\\V01 = sum（V3,V4,V5,V6）\end{array}\right\}V0 = sum（V00,V01）$$

图 14-1　示例

每个顶点的每一轮迭代都经过 Gather、apple 和 Scatter 三个阶段，如图 14-2 所示。

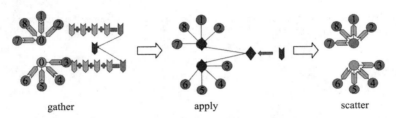

gather　　　　　　apply　　　　　　scatter

图 14-2　Gather、Apply 和 Scatter 执行模型

（1）Gather 阶段

工作顶点的边（可能是所有边，也有可能是入边或者出边）从邻接顶点和自身收集数据，记为 Gather_data_i。GraphLab 会对各个边的数据求和，记为 sum_data。这一阶段对工作顶点和边都是只读的。

（2）Apply 阶段

镜像顶点 mirror 将 Gather 计算的结果 sum_data 发送给主顶点，由主顶点汇总为 total。主顶点利用 total 和上一步的顶点数据，按照业务需求进行进一步的计算，然后更新主顶点的数据，并同步镜像顶点。在这一阶段，工作顶点可修改，边不可修改。

（3）Scatter 阶段

工作顶点更新完成之后，更新边上的数据，并通知对其有依赖的邻接顶点更新状态。在这一阶段，工作顶点只读，边上的数据可写。

在执行模型中，GraphLab 通过控制三个阶段的读写权限来达到互斥的目的。在 Gather 阶段边和顶点只读，在 Apply 阶段顶点可写，在 Scatter 阶段边可写。并行计算的同步通过主顶点和镜像顶点来实现，镜像顶点相当于每个顶点对外的一个接口人，将复杂的数据通信抽象成顶点的行为。

14.2.2　基于 GraphLab 的大图分析实例

下面以 PageRank 为例说明 GraphLab 的使用。PageRank 是拉里·佩奇和谢尔盖·布林提出的进行网络节点权值分析的算法。根据网络中不同节点之间的互引信息，计算不同节点的权值排名。Google 用 PageRank 来计算网页的重要性。

PageRank 把从 A 节点到 B 节点的链接解释为 A 节点对 B 节点的投票，根据投票来源和投票目标的等级来决定新的等级。PageRank 通过不断地对每个节点进行迭代，得到节点最新的权值排序，在下一次迭代中用新的权值去做投票。其伪代码如下：

```
计算节点 P 的 PageRank:
    acc = 0;
    For Each In-Node Q:
        acc += Q.pagerank / Q.num_out_links
    End
    P.pagerank = 0.85 * acc + 0.15
```

将这一计算过程应用于 GraphLab 模型中，可以看出，要做的事情就是将 Q.pagerank / Q.num_out_links 作为每条边 Gather 的结果。Gather 的结果之和 acc 会自动传入每个节点的 Apply 子程序中，对每个节点应用 P.pagerank = 0.85 * acc + 0.15 作为新的结果。

具体的代码如下：

```
class dynamic_pagerank_program : public graphlab::ivertex_program<graph_type,
double>, public graphlab::IS_POD_TYPE
{
private:
    // 是否要执行下一次迭代
    bool perform_scatter;

public:
    // 需要对所有入边进行处理
    edge_dir_type gather_edges(icontext_type& context, const vertex_type& vertex)
const
    {
        return graphlab::IN_EDGES;
    }

    // Gather 过程，计算每条入边的起点的 pagerank 权值
    double gather(icontext_type& context, const vertex_type& vertex, edge_type&
edge) const
    {
        return edge.source().data().pagerank / edge.source().num_out_edges();
    }

    // 更新权值
    // total 是对所有入边进行 gather 后的值进行累加
    void apply(icontext_type& context, vertex_type& vertex, const gather_type&
total)
    {
        double newval = total * 0.85 + 0.15;    // 权值更新
        double prevval = vertex.data().pagerank;
        vertex.data().pagerank = newval;
        perform_scatter = (std::fabs(prevval - newval) > 1E-3);  // 收敛性检测
    }

    // 根据收敛与否判定是否进入下一次迭代
    edge_dir_type scatter_edges(icontext_type& context, const vertex_type&
```

```
vertex) const
        {
            if (perform_scatter)
                return graphlab::OUT_EDGES;
            else
                return graphlab::NO_EDGES;
        }

    // 迭代执行之初，每个点将数据发送给它所邻接的边上
    void scatter(icontext_type& context, const vertex_type& vertex, edge_type&
edge) const
        {
            context.signal(edge.target());
        }
    };
```

14.3 Giraph

14.3.1 Giraph 简介

Apache Giraph 是一个复迭代图处理框架，内置在 Apache Hadoop 上。Giraph 原理由 Google 的图处理平台 Pregel 继承而来。

Giraph 的计算输入是一个由顶点和边组成的图形，如图 14-3 所示。例如，图的顶点可以代表人，而边代表朋友请求，每个顶点和每条边都存储一个值，因此，输入的图不仅决定了图的拓扑序列，也确定了顶点和边的初始值。

假设一个计算要求找出从一个预先确定的初始人 S 和在社交网络中的任意一个人间的距离，图中每条边 E 的值是浮点数，代表和相邻人之间的距离。顶点 V 的值也是浮点数，代表从源顶点 S 到顶点 V 的最短距离的上界。预先确定的源顶点 S 的初始值是 0，其余顶点的初始值是 ∞。图 14-3 展示了计算过程。

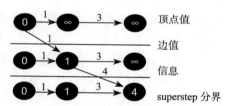

此为在 Giraph 中执行的单源点最短路径算法。输入是链式图，有三个节点和两条边；两条边的值分别是 1 和 3。这个算法从最左边的顶点开始计算。顶点的初始值分别是 0，∞，∞（第一行）。将距离上的线作为消息传递，这样就更新紧接着的下一行顶点值的更新。这个执行过程进行的三步 superstep 由直线分隔。

图 14-3 算法示例

14.3.2 Giraph 的原理

Giraph 由 Google 的图处理平台 Pregel 继承而来。Pregel 的计算过程由一系列被称为超步（superstep）的迭代（iterations）组成。在每一个超级步中，计算框架都会针对每个顶点调用用户自定义的函数，这个过程是并行的，即不是一个一个顶点的串行调用，而是同一时刻可能有多个顶点被调用。该函数描述的是一个顶点 V 在一个超步 S 中需要执行的操作。该函数可以读取前一个超步（$S-1$）中发送给 V 的消息，并发送消息给其他顶点。这些消息将会在下一个超步（$S+1$）中被接收，并且在此过程中修改顶点 V 及其出边的状态。消息通常沿着顶点的出边发送，但一个消息可能会被发送到任意已知 ID 的顶点上去。

在 Pregel 计算模型中，输入是一个有向图，该有向图的每一个顶点都有一个相应的由

String 描述的顶点标识符。每一个顶点都有一个与之对应的可修改的用户自定义值。每一条有向边都和其源顶点关联，并且拥有一个可修改的用户自定义值，同时记录了其目标顶点的标识符。

14.3.3 Giraph 的应用

一个典型的 Pregel 计算过程如下：读取输入初始化该图，当图被初始化好后，运行一系列的超步，直到整个计算结束，这些超步之间通过一些全局的同步点分隔，输出结果结束计算。

在每个超步中，顶点的计算都是并行的，每个顶点执行相同的用于表达给定算法逻辑的用户自定义函数。每个顶点可以修改其自身及其出边的状态，接收前一个超步（$S-1$）中发送给它的消息，并发送消息给其他顶点（这些消息将会在下一个超步中被接收），甚至是修改整个图的拓扑结构。边在这种计算模式中并不是核心对象，没有相应的计算运行在其上。

该算法是否能够结束取决于是否所有顶点都已经"vote"标识其自身已经达到"halt"状态了。在第 0 个超步，所有顶点都处于 active 状态，所有 active 顶点都会参与所有对应超步中的计算。顶点通过将其自身的状态设置成"halt"来表示它已经不再 active。这就表示该顶点没有进一步的计算需要执行，除非被再次被外部触发，而 Pregel 框架将不会在接下来的超步中执行该顶点，除非该顶点收到其他顶点传送的消息。如果顶点接收到消息被唤醒进入 active 状态，那么在随后的计算中该顶点必须显式地 deactive。整个计算在所有顶点都达到"inactive"状态，并且在没有消息在传送时宣告结束。这种简单的状态机如图 14-4 所示。

整个 Pregel 程序的输出是所有顶点输出的集合。通常都是一个跟输入同构的有向图，但这并不是系统的一个必要属性，因为顶点和边可以在计算的过程中进行添加和删除。比如一个聚类算法，就有可能是从一个大图

图 14-4　顶点状态机

中生成的非连通顶点组成的小集合；一个对图的挖掘算法就可能仅仅是输出了从图中挖掘出来的聚合数据等。

14.3.4 基于 Giraph 的大图分析实例

下面以单源最短路径问题为例说明 Giraph 上应用的实现方法。在该算法中，假设与顶点关联的那个值被初始化为 INF（比从源点到图中其他顶点的所有可能距离都大的一个常量）。在每个超步中，每个顶点会首先接收到来自邻居传送过来的消息，该消息包含更新过的从源顶点到该顶点的潜在的最短距离，邻居节点发送过来的已经是源顶点到它本身的当前已知的最短距离＋它到该顶点的距离了，所以该顶点接收到的已经是源顶点到它的距离了。如果这些更新里的最小值小于该顶点当前关联值，那么顶点就会更新这个值，并发送消息（该消息包含了该顶点的关联值＋每个出边的关联值）给它的邻居。在第一个超步中，只有源顶点会更新它的关联值（从 INF 改为 0），然后发送消息给它的直接邻居。接着这些邻居会更新它们的关联值，然后继续发送消息给它们的邻居，如此循环往复。当没有更新再发生时，算法结束，之后所有顶点的关联值就是从源顶点到它的最短距离，若值为 INF，则表示

该顶点不可达。如果所有的边权值都是非负的，就可以保证该过程肯定会结束。

单源最短路径算法的步骤归纳如下：

1）初始化每个顶点对应值为 INF。

2）在每一个超步中，

❑ 对每一个顶点，从邻居顶点收到信息。

❑ 若最短距离小于当前距离，则更新最短距离，并向邻居顶点发射信息。

❑ 收到信息的邻居节点更新最短距离信息，并向后序邻居节点发射信息，形成更新最短距离的波阵面。

3）若每个顶点的对应值不再发生变化，则停止迭代。

下面用一个例子说明这个过程。

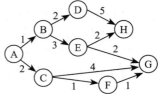

图 14-5 原图

如图 14-5 所示，A～G 是顶点的名称，数字表示相邻节点的距离。其中，A 是源点 src。

问题就是需要得到源点 src 到各个顶点的最短距离信息。

如图 14-6 所示，开始时，初始化每个顶点对应值为 INF（对应图片中顶点标号后面有字母 i），只有源顶点会更新它的关联值（从 INF 改为 0），对应的在顶点标号 A 后加上数字 0，表示到自己的距离为 0，然后发送消息给它的直接邻居 B 和 C。由于是源点 A 发出的消息，所以对应两个消息的内容为 A 到 B 和 C 的直接距离，即 1 和 2，并更新关联值为 1 和 2，如图 14-7 所示，在标号 B 和 C 后分别加上 1 和 2，表示目前 B 到 A 的最短距离为 1，C 到 A 的最短距离为 2。

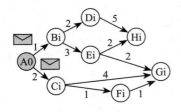

图 14-6 初始化

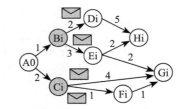

图 14-7 继续更新

同理，下一次超步时，路径继续更新。如图 14-7 所示，B 和 C 向各自的邻居发送消息，比如 C 向 G 发送"源点 A 到 C 的最短路径 2+C 到 G 的距离 4 共为 6"的消息。

如图 14-8 所示，继续更新 D、E、F、G 到源点 A 的最短距离。比如，G 的最短距离为 AC 距离 2+C 到 G 的距离 4=6，所以在标号 G 后加上数字 6，表示 G 到源点 A 的目前的最短距离为 6，当然可能存在着更短的路径，等待进一步发现。紧接着，D、E、F、G 也向各自的邻居继续发送消息。比如 H 将会收到来自 D 和 E 的消息，其中 D 的消息为"A 到 D 的最短距离为 3+D 到 H 的距离为 5"，E 的消息为"A 到 E 的最短路径为 4+E 到 H 的距离为 2"。同理 G 也会收到来自 F 的消息。收到消息后，H 和 G 开始求解最短路径，对于 H 来说，通过 D 传来的消息，可以得到 H 与 A 的潜在最短路径为 3+5=8；而从 E 传来的消息说明，H 到 A 的潜在最短路径为 4+2=6。所以，最终 H 到 A 的最短路径为 6，在标号 H 后写 6；同理，由于 G 收到了来自 F 的消息，发现 G 与 A 通过 F 的潜在最短距离为 3+1=4<6，所以更新最短距离为 4，在标号 G 后写 4。全部的最短路径更新完毕，如图 14-9 所示。

下面介绍实现的代码，在这个代码中用到的函数如下：

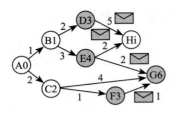

图 14-8　继续更新

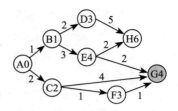

图 14-9　更新结束

❑ getValue()：返回顶点对应值（存储在顶点中的值）。

❑ getId()：返回顶点 ID。

❑ setValue()：设定顶点对应值（立即生效）。

❑ voteToHalt()：调用这个函数后，对于当前顶点 compute 函数将不再被调用。

❑ getEdges()：得到当前顶点的出边（仅可读）。

❑ compute()：Vertex 类中的虚函数，用户覆写 Vertex 类的虚函数 compute()，该函数会在每一个超步中对每一个顶点进行调用。预定义的 Vertex 类方法允许 compute() 方法查询当前顶点及其边的信息，以及发送消息到其他的顶点。compute() 方法可以通过调用 GetValue() 方法来得到当前顶点的值，或者通过调用 setValue() 方法来修改当前顶点的值，同时还可以通过由出边的迭代器提供的方法来查看修改出边对应的值。这种状态的修改是立时可见的。由于这种可见性仅限于被修改的那个顶点，所以不同顶点并发进行的数据访问是不存在竞争关系的。

```
/*
* Licensed to the Apache Software Foundation (ASF) under one
* or more contributor license agreements.  See the NOTICE file
* distributed with this work for additional information
* regarding copyright ownership.  The ASF licenses this file
* to you under the Apache License, Version 2.0 (the
* "License"); you may not use this file except in compliance
* with the License.  You may obtain a copy of the License at
*
*    http://www.apache.org/licenses/LICENSE-2.0
*
* Unless required by applicable law or agreed to in writing, software
* distributed under the License is distributed on an "AS IS" BASIS,
* WITHOUT WARRANTIES OR CONDITIONS OF ANY KIND, either express or implied.
* See the License for the specific language governing permissions and
* limitations under the License.
*/

package org.apache.giraph.examples;

import org.apache.giraph.conf.LongConfOption;
import org.apache.giraph.edge.Edge;
import org.apache.giraph.graph.Vertex;
import org.apache.hadoop.io.DoubleWritable;
import org.apache.hadoop.io.FloatWritable;
import org.apache.hadoop.io.LongWritable;
import org.apache.log4j.Logger;

/**
```

```
* Demonstrates the basic Pregel shortest paths implementation.
*/
@Algorithm(
    name = "Shortest paths",
    description = "Finds all shortest paths from a selected vertex"
)
public class SimpleShortestPathsVertex extends
    Vertex<LongWritable, DoubleWritable,
    FloatWritable, DoubleWritable> {
/** 最短路径 id */
public static final LongConfOption SOURCE_ID =
    new LongConfOption("SimpleShortestPathsVertex.sourceId", 1);
    /** Class logger */
    private static final Logger LOG =
        Logger.getLogger(SimpleShortestPathsVertex.class);


/**
    * 顶点是否是源顶点
    *
    * @如果是原定点返回 true
    */
private boolean isSource() {
    return getId().get() == SOURCE_ID.get(getConf());
}

    @Override
    public void compute(Iterable<DoubleWritable> messages) {
/* 在超步为 0 的时候，即初始情况下，将每个点的对应值初始化为最大值（不可达到）*/
    if (getSuperstep() == 0) {
    setValue(new DoubleWritable(Double.MAX_VALUE));
    }
/* 如果是源顶点则最小距离更新为 0，否则为最大值 */
    double minDist = isSource() ? 0d : Double.MAX_VALUE;
/* 得到最小更新值：messages 为邻居节点得到的距离消息，若值小于 minDist 则将其更新为消息中的最小
距离值 */
    for (DoubleWritable message : messages) {
        minDist = Math.min(minDist, message.get());
    }
/*debug 环境下输出日志 */
    if (LOG.isDebugEnabled()) {
        LOG.debug("Vertex " + getId() + " got minDist = " + minDist +
            " vertex value = " + getValue());
    }
/* 如果 minDist 小于顶点关联值则更新其为 minDist*/
    if (minDist < getValue().get()) {
        setValue(new DoubleWritable(minDist));
/* 发送顶点关联值和每一个出边关联值给每一个邻居 */
        for (Edge<LongWritable, FloatWritable> edge : getEdges()) {
            double distance = minDist + edge.getValue().get();
/*debug 环境下输出日志：当前顶点（id）发给邻居顶点（id）待更新距离 */
            if (LOG.isDebugEnabled()) {
                LOG.debug("Vertex " + getId() + " sent to " +
                    edge.getTargetVertexId() + " = " + distance);
            }
            sendMessage(edge.getTargetVertexId(), new DoubleWritable(distance));
        }
    }
```

```
    }
/* 把顶点置为 InActive 状态 */
    voteToHalt();
    }
    }
```

14.4　Neo4j

14.4.1　Neo4j 简介

Neo4j 是一个高性能的 NoSQL 图数据库，它将结构化数据存储在网络上而不是表中。Neo4j 也可以看作一个高性能的图引擎，该引擎具有成熟数据库的所有特性。程序员工作在一个面向对象的、灵活的网络结构下，而不是严格、静态的表中，但是他们可以享受到具备完全的事务特性、企业级的数据库的所有好处。Neo4j 因其嵌入式、高性能、轻量级等优势日渐受到关注。

Neo4j 提供了大规模可扩展性，在一台机器上可以处理数十亿节点 / 关系 / 属性的图，可以扩展到多台机器并行运行。相对于关系数据库来说，图数据库善于处理大量复杂、互连接、低结构化的数据，这些数据变化迅速，需要频繁的查询——在关系数据库中，这些查询会导致大量的表连接，因此会产生性能上的问题。Neo4j 重点解决了拥有大量连接的传统 RDBMS 在查询时出现的性能衰退问题。通过围绕图进行数据建模，Neo4j 会以相同的速度遍历节点与边，其遍历速度与构成图的数据量没有任何关系。此外，Neo4j 还提供了非常快的图算法、推荐系统和 OLAP 风格的分析，而这一切在目前的 RDBMS 系统中都是无法实现的。

Neo4j 是一个用 Java 实现、完全兼容 ACID 的图数据库。数据以一种针对图进行过优化的格式保存在磁盘上。Neo4j 的内核是一种极快的图引擎，具有数据库产品期望的所有特性，如恢复、两阶段提交、符合 XA 等。自 2003 年起，Neo4j 就已经被作为 24/7 的产品使用。

该项目刚刚发布了 1.0 版，是关于伸缩性和社区测试的一个主要里程碑。通过联机备份实现的高可用性和主从复制目前处于测试阶段，预计在下一版本中发布。Neo4j 既可作为无需任何管理开销的内嵌数据库使用，也可以作为单独的服务器使用。在这种使用场景下，它提供了广泛使用的 REST 接口，能够方便地集成到基于 PHP、.NET 和 JavaScript 的环境里。但本节的重点主要在于讨论 Neo4j 的直接使用。

开发者可以通过 Java-API 直接与图模型交互，这个 API 包括了非常灵活的数据结构。至于像 JRuby/Ruby、Scala、Python、Clojure 等其他语言，社区也贡献了优秀的绑定库。Neo4j 的典型数据特征如下：

1）数据结构不是必需的，甚至可以完全没有，这可以简化模式变更和延迟数据迁移。

2）可以方便针对常见的复杂领域数据集进行建模，如 CMS 里的访问控制可被建模成细粒度的访问控制表，类对象数据库的用例、TripleStores 以及其他例子。

Neo4j 典型使用的领域如语义网和 RDF、LinkedData、GIS、基因分析、社交网络数据建模、深度推荐算法以及其他领域。

甚至传统的 RDBMS 应用往往也会包含一些具有挑战性、非常适合用图来处理的数据集，如文件夹结构、产品配置、产品组装和分类、媒体元数据、金融领域的语义交易和欺诈检测等。

　　围绕内核，Neo4j 提供了一组可选的组件。其中有支持通过元模型构造图结构的 SAIL———一种 SparQL 兼容的 RDF TripleStore 实现或一组公共图算法的实现。

　　如果想将 Neo4j 作为单独的服务器运行，还可以用到 REST 包装器。这非常适合使用 LAMP 软件搭建的架构。通过 memcached、e-tag 和基于 Apache 的缓存和 Web 层，REST 甚至简化了大规模读负荷的伸缩。

14.4.2　基于 Noe4j 的大图分析实例

　　下面以用电影查询为例说明其 Neo4j 的使用方法。首先将电影信息存入数据库，然后使用 Noe4j 的 Python 库实现一个基于 Web 的电影查询功能。该应用可以实时从数据库中查询数据库中的电影信息，并将其显示在浏览器中。

　　其基本方法是建立应用与数据库之间的连接，然后从数据库中获取数据，获取查询数据后，使用 flask 将查询结果显示在 Web 界面。代码如下：

```python
#!/usr/bin/env python
from json import dumps
from flask import Flask, Response, request
from neo4jrestclient.client import GraphDatabase, Node  // 加载数据库 pythen 的 API 库
app = Flask(__name__, static_url_path='/static/')
gdb = GraphDatabase("http://localhost:7474")  // 建立与数据库的连接
@app.route("/")
def get_index():
    return app.send_static_file('index.html')


@app.route("/graph")
def get_graph():
    // 向数据库中查询结果
    query = ("MATCH (m:Movie)<-[:ACTED_IN]-(a:Person) "
            "RETURN m.title as movie, collect(a.name) as cast "
            "LIMIT {limit}")
    results = gdb.query(query,
                        params={"limit": request.args.get("limit", 100)})
    nodes = []
    rels = []
    i = 0
    for movie, cast in results:
        nodes.append({"title": movie, "label": "movie"})
        target = i
        i += 1
        for name in cast:
            actor = {"title": name, "label": "actor"}
            try:
                source = nodes.index(actor)
            except ValueError:
                nodes.append(actor)
                source = i
                i += 1
            rels.append({"source": source, "target": target})
    return Response(dumps({"nodes": nodes, "links": rels}),
```

```
                                    mimetype="application/json")

@app.route("/search")
def get_search():
    try:
        q = request.args["q"]
    except KeyError:
        return []
    else:
    // 向数据库中查询结果
        query = ("MATCH (movie:Movie) "
                 "WHERE movie.title =~ {title} "
                 "RETURN movie")
        results = gdb.query(
            query,
            returns=Node,
            params={"title": "(?i).*" + q + ".*"}
        )
    // 将结果显示在 Web 页面
        return Response(dumps([{"movie": row.properties}
                              for [row] in results]),
                        mimetype="application/json")

@app.route("/movie/<title>")
def get_movie(title):
    query = ("MATCH (movie:Movie {title:{title}}) "
             "OPTIONAL MATCH (movie)<-[r]-(person:Person) "
             "RETURN movie.title as title,"
             "collect([person.name, "
             "         head(split(lower(type(r)), '_')), r.roles]) as cast "
             "LIMIT 1")
    results = gdb.query(query, params={"title": title})
    title, cast = results[0]
    return Response(dumps({"title": title,
                           "cast": [dict(zip(("name", "job", "role"), member))
                                    for member in cast]}),
                    mimetype="application/json")

if __name__ == '__main__':
    app.run(port=8080)
```

14.5 Apache Hama

14.5.1 Apache Hama 简介

作为 Hadoop 项目中的一个子项目，BSP（BulkSynchronous Parallel）模型是 Hama 计算的核心，并且是实现了分布式的并行计算框架。这个框架可以用于矩阵计算和面向图计算以及网络计算。BSP 计算技术最大的优势是加快迭代，在解决最小路径等问题时可以快速得到可行解。同时，Hama 提供简单的编程，比如 flexible 模型、传统的消息传递模型，而且兼容很多分布式文件系统，比如 HDFS、Hbase 等。用户可以使用现有的 Hadoop 集群实现 Hama BSP。

Hama 是 Apache 中 Hadoop 的子项，所以它可以与 Apache 的 HDFS 进行完美的整合，利用 HDFS 对需要运行的任务和数据进行持久化存储，也可以使用任何文件系统和数据库进行操作。当然，我们可以相信 BSP 模型的处理计算能力是相对没有极限的。特别对于图计算来说，BSP 模型像 MapReduce 一样可以广泛使用在任何一个分布式系统中，我们可以尝试使用 Hama 框架在分布式计算中得到更多的实践，比如矩阵计算、排序计算、PageRank、BFS 等。

14.5.2 Apache Hama 的结构

Hama 主要由三部分构成：BSPMaster、GroomServer 和 Zookeeper，如图 14-10 所示。与 Hadoop 结构很相似，但 Hama 没有通信和同步机制的部分。在 Hama 集群中，需要由 HDFS 的运行环境负责持久化存储数据，BSPMaster 负责对 GroomServer 进行任务调配，GroomServer 负责对 BSPPeers 进行具体的调用，Zookeeper 负责对 Groom Server 进行失效转发。

Hama 的集群由一个 BSPMaster 和多个互不关联的 GroomServer 作为计算节点组成，HDFS 和 Zookeeper 都可以是独立的集群。启动从 BSPMaster 开始，如果是 Master，则会启动 BSPMaster 和 GroomServer 这两个进程；如果只是计算节点，则只会启动 GroomServer。启动 / 关闭脚本都是 Master 机器远程在 GroomServer 机器上执行。

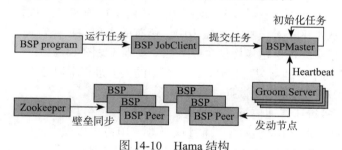

图 14-10　Hama 结构

1. BSPMaster

BSPMaster 即集群的主节点，负责集群各 GroomServer 节点的管理与作业的调度，其功能相当于 Hadoop 的 JobTracker 或 HDFS 的 NameNode。其基本作用如下：

1）维持 GroomServer 状态。

2）维护超步和集群中的计数器。

3）维护 job 的进度信息。

4）调度作业和任务分配给 GroomServer。

5）分配执行的类和配置，整个 GroomServer。

6）为用户提供集群控制接口（Web 和基于控制台）。

2. GroomServer

GroomServer 是一个进程，通过 BSPMaster 启动 BSP 任务。每一个 Groom 都有 BSPMaster 通信，可以通过 BSPMaster 获取任务和报告状态。GroomServer 在 HDFS 或者其他文件系统上运行，通常 GroomServer 与数据节点在一个物理节点上运行，以保证获得最佳性能。

3. Zookeeper

Zookeeper 用于管理 BSPPeer 的同步，用于实现壁垒同步机制。在 Zookeeper 上，进入 BSPPeer 主要有进入壁垒和离开壁垒操作，所有进入壁垒的 Peer 会在 Zookeeper 上创建一个 EPHEMERAL 的 node（/bsp/JobID/Superstep NO./TaskID），最后一个进入壁垒的 Peer 同时还会创建一个 readynode（/bsp/JobID/Superstep NO./ready），Peer 进入阻塞状态等待 Zookeeper 上所有任务的 node 都删除后退出壁垒。

14.5.3 Apache Hama 的工作原理

BSP 模型

整体同步并行模型（Bulk Synchronous Parallel，BSP）是英国计算机科学家 Viliant 在 20 世纪 80 年代提出的一种并行计算模型。BSP 模型是一种异步 MIMD-DM 模型，支持消息传递系统、块内异步并行和块间显式同步，该模型基于一个 Master 协调，所有 worker 同步（lock-step）执行，数据从输入的队列中读取。由于 BSP 模型本身的特点，使得对于程序的正确性和时间的复杂性预测成为可能。

Hama BSP 是基于大容量同步并行模型，利用分布式节点计算大量步骤。BSP 计算模型不仅是一种体系结构模型，也是设计并行程序的一种方法。BSP 程序设计准则是 bulk 同步（bulk synchrony），其独特之处在于超步概念的引入。一个 BSP 程序同时具有水平和垂直两个方面的结构。从垂直上看，一个 BSP 程序由一系列串行的超步组成，这种结构类似于一个串行程序结构。从水平上看，在一个超步中，所有的进程并行执行局部计算。通常，BSP 程序包含一系列的超步。每个超步均包含以下三个步骤（见图 14-11）：

1）本地计算。每个处理器只对存储本地内存中的数据进行本地计算。

2）进程通信。对任何非本地数据进行操作。

3）壁垒同步。等待所有通信行为的结束。

Hama 提供用户自定义函数 bsf()，通过该函数，用户可以编写自己的 BSP 程序，并且利用 BSP 程序可以控制整个程序的并行部分，这意味着 bsf 函数不仅仅是程序普通的一部分。在 2.0 版本中，完成 bsf 函数，仅仅需要达成通信接口协议，这样就可以获得更多的参数。

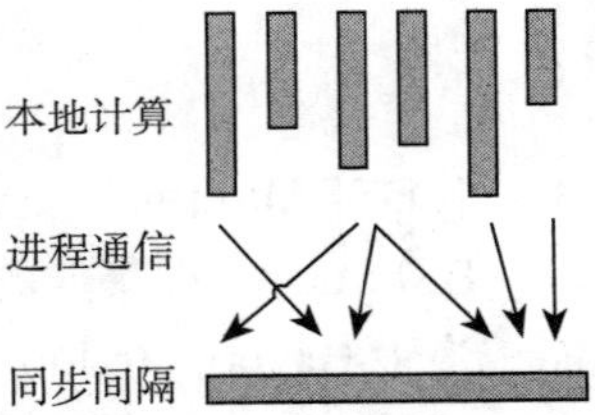

BSP 是一种跟 MapReduce 平行的一种并行计算方法，如果说 MapReduce 是把底层的数据传输和分配完全对用户屏蔽了，那么 BSP 就是一种要对底层的数据传输和分配进行手动编程规定的模式了，这一点跟 MPI（一种古老的并行模式）很像。

图 14-11 超步的三个步骤

每个计算节点进行并行计算，在进程通信的阶段进行收发，并将运行结果记录在壁垒上，等到所有计算节点运行到壁垒，所有的计算节点再继续运行。这一过程可以理解为三个步骤：发送、同步及接收。

在 bsf 函数中，用户可以使用进程通信函数通过 BSP Peer Protocol 完成多种操作，BSF 通信标准库中会提供多种通信函数。

图计算涉及大量消息传递，Hama 不完全是实时传送，消息的传输发生在 Peer 进入同步阶段后，并且对同一个目标 GroomServer 的消息进行了合并，两个物理节点之间的每一次超步其实只会发生一次传输。

14.6　MaxCompute Graph

14.6.1　MaxCompute Graph 的原理

MaxCompute Graph 是一套面向迭代的图计算处理框架。图计算作业使用图进行建模，图由点（vertex）和边（edge）组成，点和边包含权值（value），MaxCompute Graph 支持下述图编辑操作：

- ❑ 修改点或边的权值。
- ❑ 增加 / 删除点。
- ❑ 增加 / 删除边。

1. Graph 的数据结构

MaxCompute Graph 能够处理的图必须是一个由点（vertex）和边（edge）组成的有向图。由于 MaxCompute 仅提供二维表的存储结构，因此需要用户自行将图数据分解为二维表格式存储在 MaxCompute 中。在进行图计算分析时，使用自定义的 GraphLoader 将二维表数据转换为 MaxCompute Graph 引擎中的点和边。至于如何将图数据分解为二维表格式，用户可以根据各自的业务场景做决定。

2. Graph 的程序逻辑

（1）加载图

框架调用用户自定义的 GraphLoader 将输入表的记录解析为点或边。

（2）分布式化

框架调用用户自定义的 Partitioner 对点进行分片，默认的分片逻辑：方法是将一个编号为 ID 节点分配到编号为 Hash（ID）mod m 的 Worker 上，其中 Hash 是散列函数，m 是 Worker 的数量。

（3）迭代计算

一次迭代为一个超步，遍历所有非结束状态 Halted 值为 false 的点或者收到消息的点处于结束状态的点收到信息会被自动唤醒，并调用其 compute 方法。

在用户实现的 compute 方法中执行如下操作：

- ❑ 处理上一个超步发给当前点的消息 messages。
- ❑ 根据需要对图进行编辑：修改点 / 边的取值；发送消息给某些点；增加 / 删除点或边。
- ❑ 通过 Aggregator 汇总信息到全局信息。
- ❑ 设置当前点状态，结束或非结束状态。
- ❑ 迭代进行过程中，框架会将消息以异步的方式发送到对应 Worker 并在下一个超步进行处理，用户无须关心。

（4）迭代终止（满足以下任意一条）

- ❑ 所有点处于结束状态（Halted 值为 true）且没有新消息产生。
- ❑ 达到最大迭代次数。
- ❑ 某个 Aggregator 的 terminate 方法返回 true。

伪代码描述的框架如下：

```
// 1. load
for each record in input_table {
```

```
        GraphLoader.load();
}
// 2. setup
WorkerComputer.setup();
for each aggr in aggregators {
    aggr.createStartupValue();
}
for each v in vertices {
    v.setup();
}
// 3. superstep
for (step = 0; step < max; step ++) {
    for each aggr in aggregators {
        aggr.createInitialValue();
    }
    for each v in vertices {
        v.compute();
    }
}
// 4. cleanup
for each v in vertices {
    v.cleanup();
}
WorkerComputer.cleanup();
```

在其上设计算法的关键就是重载其 compute 函数，完成相应的计算任务。

14.6.2 MaxCompute Graph 的使用与配置方法

1. 准备工作

在使用 MaxCompute Graph 之前，我们必须做好如下准备工作：

❑ 到阿里云官网申请 Access ID 和 Access Key。

❑ 创建项目空间。

具体操作请参考如下步骤：

1）登录阿里云官网，如图 14-12 所示。

图 14-12　官网图片

2）单击"注册"，弹出"注册"界面，根据提示完成云账号的注册。注册成功后，使用注册成功的云账号和密码登录阿里云官网（如果您已经拥有云账号，注册步骤可以省略，直接用已有的云账号登录阿里云官网即可）。

3）登录后，单击标题栏的"AccessKeys"进入新的页面。单击"创建 Access Key"可以成功申请到 Access ID 和 Access Key。

4）创建项目空间。用户注册成功后，可以通过阿里云官网创建自己的项目空间。创建之后，用户即成为该项目的所有者。步骤如下：

❑ 用自己的云账号登录阿里云官网。
❑ 单击"管理控制台"进入相应界面（见图 14-13），然后单击"大规模计算"节点下的"大数据处理服务 ODPS"。

图 14-13 控制台界面 1

❑ 按照提示，单击"大数据处理服务 ODPS"，成功开通 MaxCompute 服务。返回控制台页面，如图 14-14 所示。

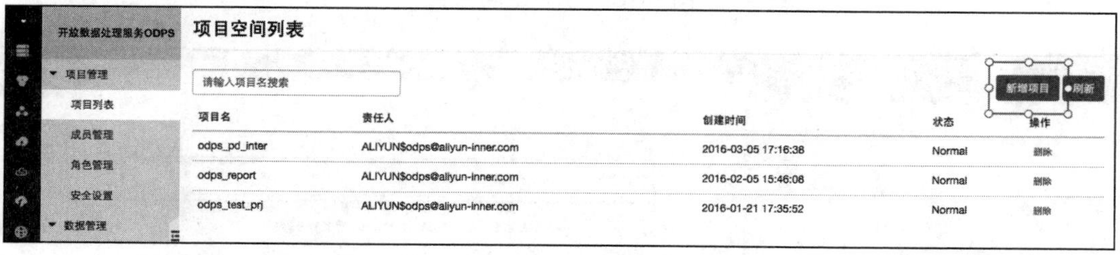

图 14-14 控制台界面 2

❑ 单击右上角的"新增项目"，出现如图 14-15 所示的界面。

2. 使用大数据平台

进入 MaxCompute 控制台，单击"创建项目"按钮，如图 14-16 所示。

填写项目名称，并单击"确定"按钮，如图 14-17 所示。

单击"确定"按钮后，即可看见项目列表，如图 14-18 所示。

进入大数据开发平台，进入"开发套件"界面，如图 14-19 所示。

进入大数据平台的"管理控制台"，填写必要信息，并单击"确认开通项目"按钮，如图 14-20 所示。

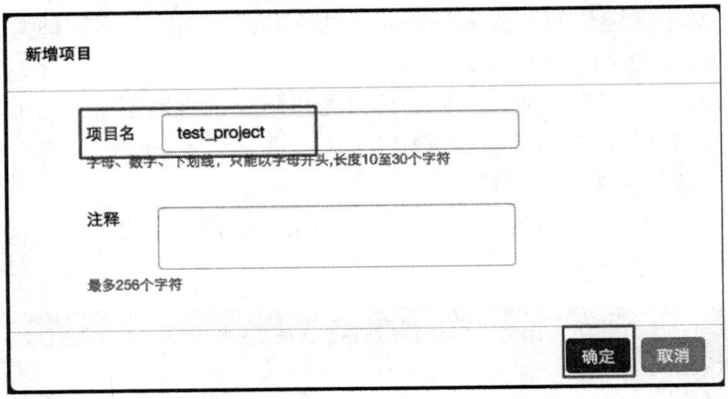

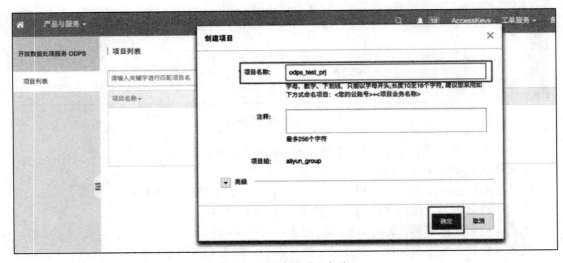

图 14-15 创建项目

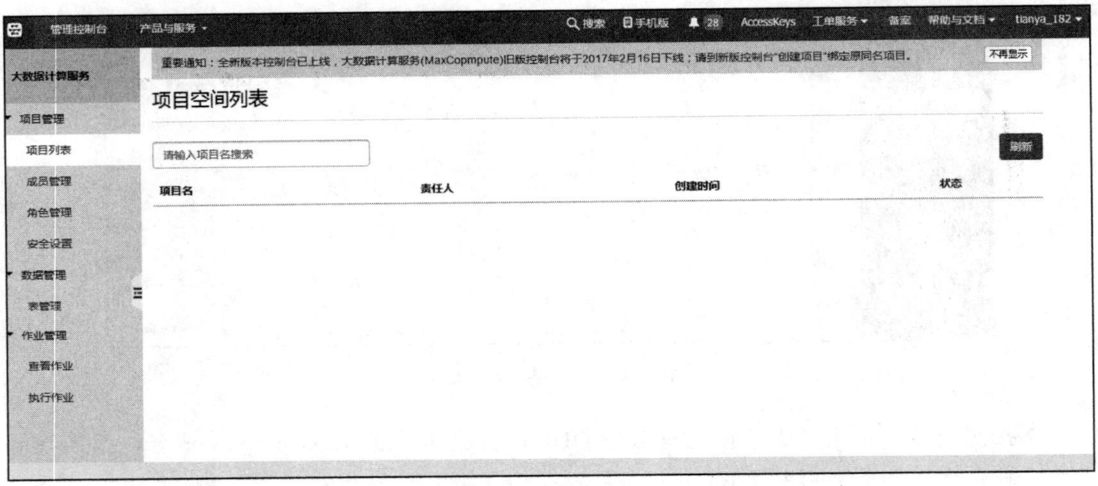

图 14-16 项目空间列表

图 14-17 填写项目名称

图 14-18 项目列表

图 14-19 "开发套件"界面

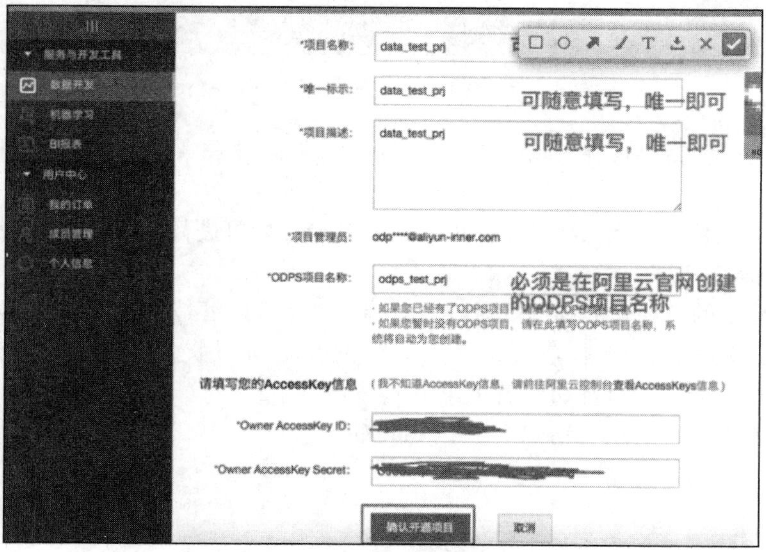

图 14-20 填写必要信息

项目创建成功。在后续使用中请注意区分"大数据平台项目名称"与"MaxCompute 项目名称",如图 14-21 所示。

图 14-21 区分名称

切换至"数据开发"界面,如图 14-22 所示。

图 14-22 完善提醒

单击"这里"进入后,添加阿里云账号的 Access ID 和 Access Key 信息,如图 14-23 所示。

绑定成功后,再次进入大数据平台的管理控制台,即可进行大数据开发工作。

3. 安装配置客户端

MaxCompute 的各项功能都可以通过客户端来访问,以下是安装客户端的示例。

首先下载 MaxCompute 客户端,并把下载包解压到一个文件夹中。由于客户端是用 Java 开发的,因此要确保计算机上有 JRE 1.6。

在解压的文件夹中可以看到如下 4 个文件夹:

❏ bin/

❏ conf/

❏ lib/

❏ plugins/

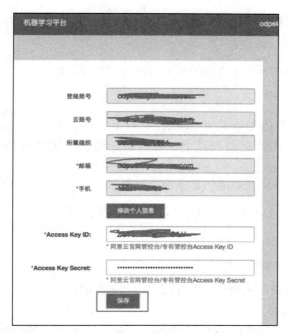

图 14-23　添加账号信息

conf 文件夹中有 odps_config.ini 文件。编辑此文件，填写相关信息：

```
1.access_id=*******************
2.access_key=********************
3.    # Accesss ID 及 Access Key 是用户的云账号信息，用户在阿里云官网上可以获取
4.project_name=my_project
5.    # 指定用户想进入的项目空间。
6.end_point=https://service.odps.aliyun.com/api
7.    # MaxCompute 服务的访问链接
8.tunnel_endpoint=https://dt.odps.aliyun.com
9.    # MaxCompute Tunnel 服务的访问链接
10log_view_host=http://logview.odps.aliyun.com
11.    # 当用户执行一个作业后，客户端会返回该作业的 LogView 地址。打开改地址将会看到作业执行的详
细信息
12.https_check=true
13.    #决定是否开启 HTTPS 访问
```

修改好配置文件后运行 bin 目录下的 ODPS（在 Linux 系统下是 ./bin/odpscmd，Windows 下运行 ./bin/odpscmd.bat），现在可以运行几个 SQL。

```
1.create table tbl1(id bigint);
2.insert overwrite table tbl1 select count(*) from tbl1;
3.select 'welcome to MaxCompute!' from tbl1;
```

4. 添加用户到项目空间
添加用户的命令如下：

```
1.ADD USER  <full_username> ;
```

假设需要添加用户到某个项目空间，该用户的云账号为 bob@aliyun.com。此时该项目

空间的所有者需要通过客户端执行如下命令：

```
1.add user bob@aliyun.com;
```

如果不确定该用户是否已经存在于此项目空间，可以通过：

```
1.LIST USERS;
```

来查看该用户是否已经存在于该项目空间下。添加用户成功后，此用户还不能即刻使用 MaxCompute，需要对用户授予一定权限，用户才能在所拥有的权限范围内操作 MaxCompute。

如果想删除某个用户，可以通过如下命令实现：

```
1.REMOVE USER <full_username> ;
```

例如：

```
1.remove user bob@aliyun.com;
```

在删除用户前，请确保该用户的所有权限已经被取消。

5. 编写 MapReduce

此处介绍在安装好 MaxCompute 客户端后，如何快速运行 MapReduce WordCount 示例程序。使用 Maven 的用户可以从 Maven 库中搜索"odps-sdk-Mapred"获取不同版本的 Java SDK。相关配置信息如下：

```
1.<dependency>
2.    <groupId>com.aliyun.odps</groupId>
3.    <artifactId>odps-sdk-Mapred</artifactId>
4.    <version>0.20.7</version>
5.</dependency>
```

1）创建输入，输出表并上传数据。命令如下：

```
1.CREATE TABLE wc_in (key STRING, value STRING);
2.CREATE TABLE wc_out (key STRING, cnt BIGINT);
3.  -- 创建输入、输出表
```

2）上传数据。

❑ 使用 tunnel 命令上传数据。命令如下：

```
1.tunnel upload kv.txt wc_in
2.  -- 上传示例数据
```

kv.txt 文件中的数据如下：

```
1.238,val_238
2.186,val_86
3.186,val_86
```

3）也可以用 SQL 语句直接插入数据，比如：

```
1.insert into table wc_in select '238', 'val_238' from (select count(*) from wc_
in) a;
```

4）编写 MapReduce 程序并编译。MaxCompute 为用户提供了便捷的 Eclipse 开发插件，方便用户快速开发 MapReduce Graph 程序，并提供了本地调试 MapReduce Graph 的功能。

用户需要先在 Eclipse 中创建一个项目工程，而后在此工程中编写 MapReduce Graph 程序。本地调试通过后，将编译好的程序（jar 包）导出并上传至 MaxCompute。

5）添加 jar 包到 project 资源（比如这里的 jar 包名为 word-count-1.0.jar）。命令如下：

```
1.add jar word-count-1.0.jar;
```

6）在 MaxCompute 客户端运行 jar 命令。命令如下：

```
1.jar -resources word-count-1.0.jar -classpath /home/resources/word-count-1.0.jar
com.taobao.jingfan.WordCount wc_in wc_out;
```

7）在 MaxCompute 客户端查看结果。命令如下：

```
1.select * from wc_out;
```

14.6.3 基于 MaxCompute Graph 的大图分析实例

下面以 *k*-means 算法为例介绍基于 MaxCompute Graph 的大图分析。MaxCompute Graph 上的 *k*-means 源代码包括以下几部分：

1）定义 KmeansVertexReader 类，加载图，将表中每一条记录解析为一个点，点标识则无关紧要。这里取传入的 recordNum 序号作为标识，点值为记录的所有列组成的 Tuple。

2）定义 KmeansVertex，compute() 方法非常简单，只是调用上下文对象的 aggregate 方法，传入当前点的取值（Tuple 类型，向量表示）。

3）定义 KmeansAggregator，这个类封装了 *k*-means 算法的主要逻辑，其中，createInitialValue 为每一轮迭代创建初始值（*k* 类中心点），若是第一轮迭代（superstep=0），该取值为初始中心点，否则取值为上一轮结束时的新中心点；aggregate 方法为每个点计算其到各个类中心的距离，并归为距离最短的类，更新该类的 sum 和 count；merge 方法合并来自各个 worker 收集的 sum 和 count；terminate 方法根据各个类的 sum 和 count 计算新的中心点，若新中心点与之前的中心点距离小于某个阈值或者迭代次数到达最大迭代次数设置，则终止迭代（返回 false），将最终的中心点写到结果表。

4）主程序（main 函数），定义 GraphJob，指定 Vertex/GraphLoader/Aggregator 等的实现，以及最大迭代次数（默认 30），并指定输入、输出表。

5）job.setRuntimePartitioning（false），对于 *k*-means 算法，加载图不需要进行点的分发，设置 RuntimePartitioning 为 false，提升加载图时的性能。

具体实现代码如下：

```
import java.io.DataInput;
import java.io.DataOutput;
import java.io.IOException;

import org.apache.log4j.Logger;

import com.aliyun.odps.io.WritableRecord;
import com.aliyun.odps.graph.Aggregator;
import com.aliyun.odps.graph.ComputeContext;
import com.aliyun.odps.graph.GraphJob;
```

```java
import com.aliyun.odps.graph.GraphLoader;
import com.aliyun.odps.graph.MutationContext;
import com.aliyun.odps.graph.Vertex;
import com.aliyun.odps.graph.WorkerContext;
import com.aliyun.odps.io.DoubleWritable;
import com.aliyun.odps.io.LongWritable;
import com.aliyun.odps.io.NullWritable;
import com.aliyun.odps.data.TableInfo;
import com.aliyun.odps.io.Text;
import com.aliyun.odps.io.Tuple;
import com.aliyun.odps.io.Writable;

public class Kmeans {
    private final static Logger LOG = Logger.getLogger(Kmeans.class);

    public static class KmeansVertex extends
        Vertex<Text, Tuple, NullWritable, NullWritable> {

    @Override
    public void compute(
        ComputeContext<Text, Tuple, NullWritable, NullWritable> context,
        Iterable<NullWritable> messages) throws IOException {
        context.aggregate(getValue());
    }

    }

    public static class KmeansVertexReader extends
        GraphLoader<Text, Tuple, NullWritable, NullWritable> {
    @Override
    public void load(LongWritable recordNum, WritableRecord record,
        MutationContext<Text, Tuple, NullWritable, NullWritable> context)
        throws IOException {
        KmeansVertex vertex = new KmeansVertex();
        vertex.setId(new Text(String.valueOf(recordNum.get())));
        vertex.setValue(new Tuple(record.getAll()));
        context.addVertexRequest(vertex);
    }

    }

    public static class KmeansAggrValue implements Writable {

        Tuple centers = new Tuple();
        Tuple sums = new Tuple();
        Tuple counts = new Tuple();

    @Override
    public void write(DataOutput out) throws IOException {
        centers.write(out);
        sums.write(out);
        counts.write(out);
    }

    @Override
    public void readFields(DataInput in) throws IOException {
```

```java
            centers = new Tuple();
            centers.readFields(in);
            sums = new Tuple();
            sums.readFields(in);
            counts = new Tuple();
            counts.readFields(in);
        }

        @Override
        public String toString() {
            return "centers " + centers.toString() + ", sums " + sums.toString()
                + ", counts " + counts.toString();
        }

    }


    public static class KmeansAggregator extends Aggregator<KmeansAggrValue> {

    @SuppressWarnings("rawtypes")
    @Override
    public KmeansAggrValue createInitialValue(WorkerContext context)
        throws IOException {
        KmeansAggrValue aggrVal = null;
        if (context.getSuperstep() == 0) {
            aggrVal = new KmeansAggrValue();
            aggrVal.centers = new Tuple();
            aggrVal.sums = new Tuple();
            aggrVal.counts = new Tuple();

        byte[] centers = context.readCacheFile("centers");
        String lines[] = new String(centers).split("\n");

        for (int i = 0; i < lines.length; i++) {
            String[] ss = lines[i].split(",");
            Tuple center = new Tuple();
            Tuple sum = new Tuple();
            for (int j = 0; j < ss.length; ++j) {
                center.append(new DoubleWritable(Double.valueOf(ss[j].trim())));
                sum.append(new DoubleWritable(0.0));
            }
            LongWritable count = new LongWritable(0);
            aggrVal.sums.append(sum);
            aggrVal.counts.append(count);
            aggrVal.centers.append(center);
        }
    } else {
            aggrVal = (KmeansAggrValue) context.getLastAggregatedValue(0);
    }

        return aggrVal;
    }

    @Override
    public void aggregate(KmeansAggrValue value, Object item) {
        int min = 0;
        double mindist = Double.MAX_VALUE;
```

```
            Tuple point = (Tuple) item;

            for (int i = 0; i < value.centers.size(); i++) {
                Tuple center = (Tuple) value.centers.get(i);
                // use Euclidean Distance, no need to calculate sqrt
                double dist = 0.0d;
                for (int j = 0; j < center.size(); j++) {
                double v = ((DoubleWritable) point.get(j)).get()
                    - ((DoubleWritable) center.get(j)).get();
                dist += v * v;
        }
                if (dist < mindist) {
                    mindist = dist;
                    min = i;
                }
        }

            // update sum and count
            Tuple sum = (Tuple) value.sums.get(min);
            for (int i = 0; i < point.size(); i++) {
                DoubleWritable s = (DoubleWritable) sum.get(i);
                s.set(s.get() + ((DoubleWritable) point.get(i)).get());
            }
            LongWritable count = (LongWritable) value.counts.get(min);
            count.set(count.get() + 1);
        }

        @Override
        public void merge(KmeansAggrValue value, KmeansAggrValue partial) {
            for (int i = 0; i < value.sums.size(); i++) {
                Tuple sum = (Tuple) value.sums.get(i);
                Tuple that = (Tuple) partial.sums.get(i);

                for (int j = 0; j < sum.size(); j++) {
                    DoubleWritable s = (DoubleWritable) sum.get(j);
                    s.set(s.get() + ((DoubleWritable) that.get(j)).get());
                }
            }

            for (int i = 0; i < value.counts.size(); i++) {
                LongWritable count = (LongWritable) value.counts.get(i);
                    count.set(count.get() + ((LongWritable) partial.counts.get(i)).
get());
            }
        }

        @SuppressWarnings("rawtypes")
        @Override
        public boolean terminate(WorkerContext context, KmeansAggrValue value)
            throws IOException {

            // compute new centers
            Tuple newCenters = new Tuple(value.sums.size());
            for (int i = 0; i < value.sums.size(); i++) {
                Tuple sum = (Tuple) value.sums.get(i);
                Tuple newCenter = new Tuple(sum.size());
```

```
            LongWritable c = (LongWritable) value.counts.get(i);
            for (int j = 0; j < sum.size(); j++) {

                DoubleWritable s = (DoubleWritable) sum.get(j);
                double val = s.get() / c.get();
                newCenter.set(j, new DoubleWritable(val));

                // reset sum for next iteration
                s.set(0.0d);
            }
            // reset count for next iteration
            c.set(0);
            newCenters.set(i, newCenter);
        }

        // update centers
        Tuple oldCenters = value.centers;
        value.centers = newCenters;

        LOG.info("old centers: " + oldCenters + ", new centers: " + newCenters);

        // compare new/old centers
        boolean converged = true;
        for (int i = 0; i < value.centers.size() && converged; i++) {
            Tuple oldCenter = (Tuple) oldCenters.get(i);
            Tuple newCenter = (Tuple) newCenters.get(i);
            double sum = 0.0d;
            for (int j = 0; j < newCenter.size(); j++) {
                double v = ((DoubleWritable) newCenter.get(j)).get()
                    - ((DoubleWritable) oldCenter.get(j)).get();
            sum += v * v;
            }
        double dist = Math.sqrt(sum);
        LOG.info("old center: " + oldCenter + ", new center: " + newCenter
            + ", dist: " + dist);
        // converge threshold for each center: 0.05
        converged = dist < 0.05d;
        }

    if (converged || context.getSuperstep() == context.getMaxIteration() - 1) {
        // converged or reach max iteration, output centers
        for (int i = 0; i < value.centers.size(); i++) {
            context.write(((Tuple) value.centers.get(i)).toArray());
        }
        // true means to terminate iteration
        return true;
    }

        // false means to continue iteration
        return false;
    }
}

private static void printUsage() {
    System.out.println("Usage: <in> <out> [Max iterations (default 30)]");
    System.exit(-1);
```

```
    }

public static void main(String[] args) throws IOException {
    if (args.length < 2)
        printUsage();

    GraphJob job = new GraphJob();

    job.setGraphLoaderClass(KmeansVertexReader.class);
    job.setRuntimePartitioning(false);
    job.setVertexClass(KmeansVertex.class);
    job.setAggregatorClass(KmeansAggregator.class);
    job.addInput(TableInfo.builder().tableName(args[0]).build());
    job.addOutput(TableInfo.builder().tableName(args[1]).build());

    // default max iteration is 30
    job.setMaxIteration(30);
    if (args.length >= 3)
      job.setMaxIteration(Integer.parseInt(args[2]));

    long start = System.currentTimeMillis();
    job.run();
    System.out.println("Job Finished in "
        + (System.currentTimeMillis() - start) / 1000.0 + " seconds");
    }
}
```

小结

本章介绍了几种具有代表性的大图分析系统的原理和使用方法，包括 GraphLab、Giraph、Neo4j、Apache Hama 和阿里云的 MaxCompute Graph。

GraphLab 将数据抽象成 Graph 结构，将算法的执行过程抽象成 Gather、Apply 和 Scatter 三个步骤，其并行的核心思想是对顶点的切分。14.2 节以 PageRank 为例说明了 GraphLab 的使用。

Apache Giraph 是一个反复迭代图形处理框架。14.3 节详细介绍了 Giraph 系统的原理、应用和大图分析实例。

Neo4j 是一个高性能的 NOSQL 图形数据库，它将结构化数据存储在网络上而不是表中。Neo4j 也可以被看作一个高性能的图引擎，该引擎具有成熟数据库的所有特性。14.4 节介绍了使用 Neo4j 解决电影查询的问题。

Hama 计算的核心是 BSP 模型，并且实现了分布式的并行计算框架，采用这个框架可以用于矩阵计算和面向图的计算与网络计算。14.5 节介绍了 hama 的结构，包括 BSPMaster、GroomServer 和 Zookeeper，并围绕 BSP 计算模型阐述了 Hama 的工作原理。

本章最后详细介绍了阿里云的 MaxCompute Graph。首先分析了 MaxCompute Graph 的原理（包括数据结构和程序逻辑），然后细致地给出了 MaxCompute Graph 的使用和配置方法，最后以 k-means 算法为例介绍基于 MaxCompute Graph 的大图分析。

习题

1. 如何用 GraphLab 实现 *k*-means 算法？所涉及的步骤分别做了什么工作？

2. 在 GraphLab 中，待计算顶点集合的 scopes 往往有重叠部分，多个更新函数同时执行时可能出现资源竞争问题。例如一个更新函数正在计算边的和，另外一个更新函数在这个时候修改了边的值，引发了数据不一致性问题。那么 GraghLab 应当如何保证顶点状态的一致性？请查阅资料并简单介绍 GraghLab 的一致性模型。

3. Giraph 在每个超步中，每个 Worker 计算本地的聚集值。超步计算完成后，把本地的聚集值发送给 Master 汇总。在 MasterCompute() 执行后，把全局的聚集值回发给所有的 Workers。当某个应用（或算法）使用了多个聚集器（aggregators），Master 要完成所有聚集器的计算。因为 Master 要接收、处理、发送大量的数据，无论是在计算方面还是网络通信层次，都会导致 Master 成为系统瓶颈。如何进行改进？

4. Pregel、HAMA、Giraph 这些并行计算框架非常类似，均将计算分成一系列的超步和迭代。它们的开发都是基于哪种模式？这种模式有何特点？

5. 图 14-24 为用户关注关系所形成的关系网络。

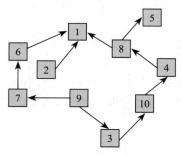

图 14-24　题 5 用图

现利用图数据库进行数据的储存，获得用户 1 的粉丝，并为用户 3 推荐好友。

6. 人大代表的组织结构是层次关系：全国人大代表是由各省市人大代表中选举出来的；各省市人大代表是由各县市各机关的人大代表选举出来的。使用 Neo4j 实现此层次结构的存储，并查询所有标签为 "地方级人大代表" 的人。

7. 用 Hama 实现 PageRank 算法，并与 MapReduce 实现 PageRank 算法进行比较，简要陈述 Hama 与 Hadoop 的区别。

8. 题目如图 14-25 所示。

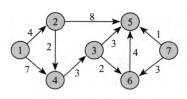

图 14-25　题 8 用图

试用 MaxCompute Graph 求解由 1 地到其他地区的最短路径。

第 15 章
社 交 网 络

社交网络即社交网络服务，源自英文 SNS（Social Network Service），本义为社会性网络服务或社会化网络服务。社交网络的含义包括硬件、软件、服务及应用，通过分析来自社交网络的大数据可以获得大量有价值的信息。

本章将介绍社交网络的基本概念及其上的大数据分析技术。首先，我们会为社交网络建模，并讨论统计学中社交网络模型的相关理论以及影响社会群体演化的因素。

15.1　为社交网络建模

本节将从社交网络的建模开始，讨论如何将社交网络转换成操作性强的模型以便于我们在其上进行研究，此外还会介绍关于社交网络的交叉学科理论。

15.1.1　社交网络概述

时下流行的社交网络有微信、QQ、知乎或其他被称为"社交网络"的应用和网站等，这类网络确实是社交网络的典型代表。每一次重要的技术革命都伴随着媒介革命，从而促使更加高效的社交网络工具出现。社交网络有如下基本特点：

1）网络包含一组实体。最易理解的情况是：这些实体是同一社交网络中的人，但是这些活动者也完全可以是其他对象。

2）这些活动者之间存在着某种关系，正是这种关系将他们连接在一起。在典型的社交网络中，这种关系可以为"好友"关系；在微博等社交媒体中，这种关系亦可以是"关注"。

15.1.2　社交图

鉴于社交网络的重要成分是实体和实体间的关系，因此自然可以用图来为社交网络建模。并非所有图都适用于表示社交网络，用于表示社交网络的图也被称作社交图（social graph）。图中的节点为社交网络中的实体，节点之间的边则表示实体之间的关系。社交图可以为有向图或无向图，例如"好友关系"并不强调方向，故为无向图。相对的，微博中的"关注"关系则为有向图。

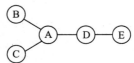

图 15-1　一个简单的社交网络模型

例 15-1　图 15-1 所示为一个简单的社交网络模型，图中有 5 个实体及其间的 4 段关系。

15.2 社交网络的结构

15.2.1 社交网络的统计学构成

例15-1是一个简单社交图。实际上，网络是可以描述自然和社会中大规模的系统。例如细胞、被化学反应联系起来形成的化学品网络、由路由器和计算机连接而组成的网络等。然而这些系统包含的信息更加丰富多样，结构也更加复杂，通常建模后会形成复杂网络。在网络理论的研究中，复杂网络是由数量巨大的节点和节点之间错综复杂的关系共同构成的网络结构。用数学的语言来说，就是一个有着足够复杂的拓扑结构特征的图。复杂网络分为随机网络、小世界网络和自相似网络。小世界网络和自相似网络都介于规则和随机网络之间。

复杂网络具有简单网络（如晶格网络、随机图）等结构所不具备的特性，而这些特性往往出现在真实世界的网络结构中。复杂网络的研究是现今科学研究中的一个热点，与现实中各类高复杂性系统（如互联网、神经网络和社交网络）的研究有密切关系。

下面介绍一些统计学中社交网络的相关研究和理论。

1. 随机图理论

随机图的"随机"体现在边的分布上。一个随机图是将给定的顶点之间随机地连上边。假设将一些纽扣散落在地上，并且不断随机地将两个纽扣之间系上一条线，这样就得到一个随机图的例子。边的产生可以依赖于不同的随机方式，这样就产生了不同的随机图模型。一个典型的模型是埃尔德什和雷尼共同研究的 ER 模型。ER 模型是指在给定 n 个顶点后，规定每两个顶点之间都以 p 概率连接（$0 \leqslant p \leqslant 1$），而且这些连接之间两两无关。这样得到的随机图一般记作 G_{np} 或 $\mathrm{ER}_n(p)$。

另一种随机图模型叫作内积模型。内积模型的机制是对每一个顶点指定一个实系数的向量，而判定两个顶点之间是否连接的概率则是其向量的内积的函数。一般来说，可以定义任意两个顶点之间相连的概率，这个概率也被称为"边概率"。定义更广泛的随机图模型的方法是定义所谓的网络概率矩阵。这个矩阵的系数就是边概率，因此详细刻画了随机图的模型。

随着边概率的不同，随机图可能会呈现不同的属性。对于最典型的 ER 模型，埃尔德什与雷尼研究了当顶点数 n 趋向于正无穷大时，ER 随机图的性质与概率 p 之间的关系。他们发现，当 p 的值越过某些门槛时，ER 随机图的性质会发生突变。ER 随机图的许多性质都是突然涌现的，比如，在 p 的值小于某个特殊值之前，随机图具有某个性质的可能性等于 0，但当 p 的值大于这个特殊值以后，随机图具有这个性质的可能性会突然变成 1。

举例来说，当概率 p 大于某个临界值 $P_C(n)$ 后，生成的随机图几乎必然是连通的（概率等于 1）。也就是说，对于散落在地上的 n 个纽扣，如果以这样的概率 p 将两个纽扣之间系上线，那么你拿起一颗纽扣就几乎能带起所有的纽扣。

2. 渗流理论

随机图理论研究中的一个重要发现是存在出现巨大节点集群的临界概率，即网络具有临界概率 P_C。当不超过 P_C 时，网络由孤立的节点集群组成，但是当超过 P_C 时，巨大节点集群将扩展到整个网络。这一现象与渗流转变现象相似，是数学和统计物理学中研究较多的一个问题。

考察一个 d 维规则网络，其中的边以概率 p 存在而以概率 $1-p$ 缺失。渗流理论研究能够从一端开始而终止于另一端的、可以渗透整个网络的通道。对于小的 p 值，只可能存在少数边，所以只可能产生少数节点相连接的小集群。但是，在临界概率（渗流阈值 P_C）下，利用边互相连接的节点的渗流集群出现了。这一集群也叫作无限集群，因为其规模随着网络增大而扩展。

3. 小世界网络

在数学、物理学和社会学中，小世界网络是一种"数学之图"的类型。在这种图中，大部分的节点不与彼此邻接，但大部分节点可以从任一其他点经少数几步就可到达。若将一个小世界网络中的点代表一个人，而连结线代表人与人认识，则这小世界网络可以反映陌生人由彼此共同认识的人而连结的小世界现象。小世界网络的典型代表包括广为人知的"六度分隔理论"以及凯文贝肯游戏与埃尔德计数等。小世界网络最显著的特征是平均路径长度一直处于较低水平。

平均路径长度也称特征路径长度，指的是一个网络中两点之间最短路径长度的平均值。从一个节点 s_j 出发，经过与它相连的节点，逐步"走"到另一个节点 s_j 所经过的路途，称为两点间的路径。其中最短的路径也称为两点间的距离，记作 $dist(i, j)$。而平均路径长度定义为

$$dist_c = \frac{2}{N(N+1)} \sum_{i \leqslant N} \sum_{j \geqslant i} dist(i, j)$$

这其中 N 是节点数目，并定义节点到自身的最短路径长度为 0。如果不计算到自身的距离，那么平均路径长度的定义就变为

$$dist_c = \frac{2}{N(N+1)} \sum_{i \leqslant N} \sum_{j > i} dist(i, j)$$

集聚系数（也称为群聚系数、集群系数）是用来描述图或网络中的顶点（节点）之间集结成团的程度的系数。具体来说，是一个点的邻接点之间相互连接的程度。例如在社交网络中，你的朋友之间相互认识的程度。一个节点 s_j 的集聚系数 $C(i)$ 等于所有与它相连的顶点相互之间所连的边的数量除以这些顶点之间可以连出的最大边数。显然，$C(i)$ 是一个介于 0 与 1 之间的数。$C(i)$ 越接近 1，表示这个节点附近的点越有"抱团"的趋势。

4. 无尺度网络

在网络理论中，无尺度网络（或称无标度网络）是带有一类特性的复杂网络，其典型特征是在网络中的大部分节点只和很少节点连接，而有极少的节点与非常多的节点连接。这种关键的节点（称为"枢纽"或"集散节点"）的存在使得无尺度网络对意外故障有强大的承受能力，在面对协同性攻击时则显得脆弱。现实中的许多网络都带有无尺度的特性，例如互联网、金融系统网络、社交网络等。

无尺度网络的度分布没有一个特定的平均值指标。在研究这个网络的度分布时，Barabási 等人发现其遵守幂律分布（也称为帕累托分布），也就是说，随机抽取一个节点，它的度 d 是自然数 k 的概率，即

$$P(d = k) \propto \frac{1}{k^\gamma}$$

也就是说，$d=k$ 的概率正比于 k 的某个幂次（一般是负的，记为 $-\gamma$）。因此 k 越大，$d=k$ 的概率就越低。然而这个概率随 k 增大而下降的"速度"是比较缓慢的——在一般的随机网

络中，下降的速度是指数性的，而在无尺度网络中只是以多项式的速度下降。

15.2.2 社交网络的群体形成

本节主要讨论社交网络中群体的形成，包括社区会员、社区成长和社区演化。从这三个方面，可以归纳出以下问题：

1）社区会员（Membership）：影响个人加入社区的结构特征是什么？

2）社区成长（Growth）：随着时间的推移，影响一个社区重大成长的结构特征是什么？

3）社区演化（Change）：在任何一个时间点，一个社区都有可能因为一个或多个目的存在。例如，在数据库里，群体往往因为额外的主题或兴趣集中在一起。这些焦点是如何随着时间改变的？这些变化与底层群体成员的变化有什么关联？

社区集成到一起的过程中会吸引新的成员，并随着时间的推移，发展成一个社会科学中心研究组织——政治运动、专业组织、宗教派别都是社区集成最基础的例子。在数字领域，由于社区和诸如"我的空间"和"博客"这样社交网络网站的成长，在线社区组织也变得越来越突出。在社交网络和社区上收集和分析大规模具有时间特征的数据引发了关于群体演化最基本的问题，即影响个体是否参加群体的结构特征是什么？哪个群体将会迅速增长？随着时间的推移群体之间是如何有重叠的？

为解决以上问题，这里使用两个大型数据源：LiveJournal（一个综合型 SNS 交友网站，有论坛、博客等功能）上的的友情链接和社区成员；DBLP（以作者为中心的学术搜索网站）上的作者合作关系和公开的会议。这两个数据库都提供了两个显示的用户定义的社区，通过研究这些社区的演变涉及的性质（如社会底层网络数据结构），可以发现个体加入社区的倾向和社区快速增长的倾向取决于底层的网络结构。例如，一个人加入社区的倾向不仅与该社区中他的朋友的数量有关，还与朋友之间如何联系有关。通过使用决策树技术可以识别这些特性和其他结构因素。图 15-3 和图 15-4 展示了这种分析的结果。而通过构建语义 Web，可以测量个体之间的社区变化，并展示这种社区运动与社区内话题的变化之间密切的关系。图 15-2 展示了基于语义分析利益冲突发现的步骤。

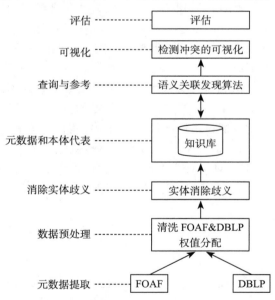

图 15-2 基于语义分析利益冲突发现的步骤

除了在个人和个人决策水平上，还可以在全局水平上思考随着时间迁移社交网络中社区增长的方式。社区可以在成员和内容上演变，这使得即使有非常丰富的数据，分析基本特征也非常具有挑战性。社区上复杂数据集的可利用度和社区的演化，可以很自然地引出对更精确理论模型的研究。将社交网络中标准扩散理论模型和在线的社区会员种类数据联系到一起是非常有趣的。其中的一类问题是：形成异步进程的精确模型，即节点可以意识到它们的邻居行为，并采取行动。另一类问题是：如果将邻居的内部连通参数化，则可能得出新的扩散模型。这类研究也会涉及一些有趣的技术，如霍夫和穆尔等研究的潜在空间模型的社交网络分析等。

15.3　基于社交网络语义分析的利益冲突发现

本节将讨论如何基于语义 Web（语义网）检测潜在利益冲突（COI），即可影响研究者工作的任何潜在偏倚。我们将主要围绕一个检测评审和科学论文作者之间潜在利益冲突关系的应用程序来展示语义 Web 在利益冲突检测领域的应用。

该程序通过在一个密集的本体上发现大量审稿人和作者之间的语义关联来检测利益冲突程度。这个本体是通过整合两个社交网络的实体和关系创造的：一个基于 FOAF（朋友的朋友）社交网络，另一个社交网络是"合著者"—— 一个底层的基于 DBLP 的作者协作关系网络。

该程序有效使用了语义 Web，其过程如图 15-2 所示，其中数据预处理和消除实体歧义的过程可参考本书第 8 章中的方法。

为了有效描述 COI，可以将其定为多级（最高级、高级、中级、低级）。级别越高，越可能构成 COI。判定方法如下：

❑ 最高级的情况是审稿人出现在作者列表中。

❑ 高级的情况是审稿人和作者有强关系（比如合作过论文）。

❑ 中级的情况是审稿人和作者通过第三方产生关系（如同一导师的学生）。

❑ 低级的情况是审稿人和作者有其他弱关系或较远的关系（比如审稿人和作者的导师有过合作）。

在具体算法中，把审稿人和作者都视为实体，根据 FOAF 中的 knows 关系和 DBLP 中的 w-author 关系来判定实体间关系的强弱。如果两人有直接关系，则 COI 为高级；如果两人虽无直接关系，但与同一人都有直接关系，则为中级；如果两人通过三级关系相关联，则为低级。

该利益冲突检测方法基于语义分析技术提供了一种以社交网络集成方法评估适应性的方式。由于语义 Web 应用程序的价值仅仅在平衡数据的隐语义和显语义之后才能体现出来，因此，通过讨论该程序，我们将得出以下三个问题：

1）语义 Web 在今天可以提供什么？

2）建立语义 Web 应用程序需要做什么？

3）在未来，语义 Web 应用程序可以改善什么？

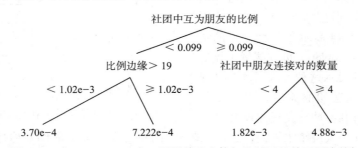

图 15-3　在 LiveJournal 中，预测单独个体加入社区的前两层决策树

由所得结果，我们现在回答上文提出的三个问题。

1）当今的社会中，语义 Web 可以提供什么？

语义 Web 是资源管理、企业整合和网络数据共享的框架，可以向人们呈现一个所有数据"无缝"式连接的网络。语义 Web 主要依赖于三大关键技术：资源描述框架（RDF）、本体语言（OWL）和可扩展标记语言（XML）。RDF 是用于向万维网表达信息的语言。RDF 可描述诸如标题、作者、版权信息、内容描述、可用性时间表等的信息。OWL 是用于定义网络本体的语言，它可以被人们或软件使用，旨在处理信息而不是显示信息。诸如 RDF 和 OWL 这样的技术提供了在语义 Web 中基本的知识代表语言。另外，查询语言、路径发现方法和子图发现技术是语义分析上存在强有力技术的有力证明。由此，通过给万维网上的文档（如标准通用标记语言下的一个应用 HTML）添加能够被计算机所理解的语义"元数据"，语义 Web 可以使整个互联网成为一个通用的信息交换媒介。元数据又称为中介数据、中继数据，是描述数据的数据，主要是描述数据属性的信息，用来支持指示存储位置、历史数据、资源查找、文件记录等功能。

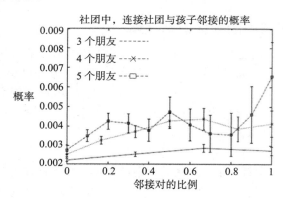

图 15-4　某个体加入某社区与该社区中该个体已存在好友的关系

2）现在建立语义 Web 应用程序需要什么？

正如解决 COI 问题时看到的那样，建立语义 Web 应用程序并不是一个简单的任务。一方面，在现阶段，这些应用程序的发展是很耗费时间的。语义 Web 推进的自动化功能越多，要付出的努力和需要的技术也就越多。实现全自动化的目标需要很多年。数据的质量和可用性是当前关键技术瓶颈。因此，诸如消除实体歧义等的工作要求具有比直接开发语义 Web 应用程序更重大的意义。即使所有构建语义 Web 应用程序的原件都一应俱全，证明其有效性也因缺乏基准而成为一项具有挑战性的工作。另一方面，由于当前的一些资源不可获得，一些应用不可能实现。例如，一些其他公开而非 FOAF 公开的应用资源是不可利用的。另外，尽管在概念上有了不错的进展，但现在对语义 Web 的实现仍处于早期阶段，因为想要实现语义 Web 的价值总是要大量消耗人力。

3）在未来，语义 Web 应用程序可以改善什么？

规范化用来描述特定领域的词汇有非常宝贵的价值，这一点可以在生物医疗领域得到印证，如国家图书馆医学的网格词汇（又称"医学主题词表"，是一个用来注释生物医疗领域出版物的网格词汇。）如上文所描述的那样，通过从非结构资源中抽取数据并进行进一步研究，基于特定领域的半结构化数据将实现半自动生成，而其中的分析技术就可用于构建语义的应用。对于图形挖掘、社交网络分析和查询半结构化数据等庞大的研究体系来说，这样的分析技术很可能将促进语义 Web 应用程序的创建。在未来，将有大量的工具用于完成如实体消歧和标注文档等的任务。

15.4 社交网络中的社区发现

本节将讨论社交网络分析中的重要问题—社区发现。在一个大型社交网络图中，检测一个集群或者群体是一个非常有趣的问题。一个"社区"被认为是一群节点，社区内节点间的交流比同一社区外的要更加频繁。我们可以定义一个社区识别操作，并期望输出一些直觉上的社区。但要识别社区是比较复杂的，这是个NP难问题。本节将介绍两种新型社区发现技术：

- □ 动态社交网络中的社区识别框架。
- □ 基于经验比对算法的网络社区组织检测。

15.4.1 动态社交网络中的社区识别框架

本节将介绍一种由 Tantipathananandh 和 Berger-Wolf 提出的随时间变化的社交网络中识别社区的算法。社区被直觉地标记为社交网络子集的"非正常密度组织"。然而，随着交互的变化，这定义是很有问题的。因为社交结构会不断改变，忽略时间会错误解读现存的和已经改变的社区结构。因此，我们介绍一种动态社区结构建模的优化算法。已经证明，找到最合理的社交结构是NP难和APX难问题。

1. 背景知识

假设时间是离散的点，而且每个离散的点中都有许多个体存在着活动，这个算法将解决如下两个基本问题：

- □ 对于某一社区，识别在 t 时刻的改变，并赋值给 $t+1$ 时刻。这个问题的后一部分可以采用动态规划的思想来解决，而前一部分有更小的搜索空间，并可以在较小的数据集上进行。
- □ 对于更大的数据集，采用一种层次的进化算法。进化算法包含两部分：框架与算法。

此外，这里要明确三个问题：

1）边——人和人之间的连接，组织结构，物理代理和超链接或者相似抽象的连接。

2）核心问题——如何识别一个社区。

以往被忽视的问题——网络随时在变化。

将社交网络看作一个无向图 $G = (V, E)$。其中 V 是代表个体集合，E 代表他们之间的连接。假设有个体集 $X = \{i_1, \cdots, i_n\}$ 和一个观察序列 $H = <P_1, \cdots, P_T>$。每一个 P_t 代表一个非空对，称为第 t 步的群个体。图15-5展示了一个5个个体的6步时间图。其中圆圈代表个体，而编号代表其ID，方形代表一个组织，个体与社区的从属关系以不同颜色来体现。

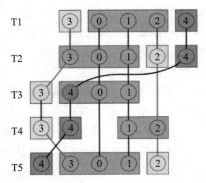

图15-5 一个5个体6步时间图样例

2. 问题的形式化

为了得到最优化的群体识别公式，我们采用了以下假设：

- □ 在每一步中，每一个组代表一个离散的社区。
- □ 在任何时候，个体可以随时间改变自己的社区，但一个个体总是也只能属于一个社区。

❑ 个体不会经常改变所属社区。

❑ 如果一个个体多次改变所属的社区，则该个体通常是属于几个社区而不是长久地属于某社区。

❑ 一个经常出现在某组中的个体代表这个社区。该个体不会经常脱离这个社区而加入其他社区。

采用上面这些假设并为行为转变赋予代价（cost），这些花费可以转化为一个图着色问题（graph coloring problem）的模型。因此，我们定义最优化问题：图 G 有一个个体向量 $v_{i,t}$，对于每一个个体而言，在任意时刻 t，$i \in X$。另外，对于每一个组 $g \in P_t^i$ 还有一个向量 $v_{g,t}$，对于每一个个体 i，和时间 $t < T-1$，我们就有一条从 $v_{i,t}$ 到 $v_{g,t}$ 的边。图 15-6 就展示了图 15-5 的模型概况，其中圈代表个体，方形代表群体向量。

为了衡量一个社区的交互质量，我们采用代价作为惩罚。我们设置了三种惩罚函数，个体、组和颜色，对应为 i-cost、g-cost 和 c-cost。

❑ i-cost。一个个体改变自己的颜色时，产生的代价为 α。也就是说，如果 $f(v_{i,t}) \neq f(v_{i,t+1})$ 那么这个代价 α 会加入整个的代价中。

❑ g-cost。组代价的产生有两个原因：①如果一个个体没有通向相同颜色的组的边，那么就给它一个代价 β_1。②如果一个个体向量有一个通向其他颜色的组，那么就给它一个代价 β_2。因此，一个个体在 t 时刻出现在不是该个体所的组时，将产生两种惩罚：未出现在所在组和出现在了其他组中。

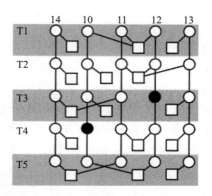

图 15-6 一个简单的图模型（黑色圆圈代表在该时刻未发现的个体）

❑ c-cost。最后，我们将代价 γ 赋值给每一个颜色，那么就得到了 i 的颜色代价：$\gamma * (|\{f(v_{i,t}): t=1 \cdots T\}|-1)^2$。

3. 寻找问题的最优颜色

前文已经提到这个问题在动态网络中是 NP 难问题。因此，对于一个更大的问题实例，采用层次的近似算法更合理。在动态规划中最重要的就是观察。给定一个固定的组颜色，所有代价在某一时刻将会被赋值给个体，即一旦这个组的颜色固定，个体的代价不依赖于同一颜色的其他个体。因此，给定一个组的颜色，最小的个体向量代价由每一个个体的最小代价组成，这些个体间是独立的。

由动态规划所有相关的潜在的优化结果，我们得到了下面的引理和推导：在时刻 t 以颜色 $x \in S$ 着色 i 个体的最小代价为

$$\Gamma(t,S,x) = G(t,x) + \min_{\substack{R \in \phi(t-1), y \in R \\ R \cup \{x\} = S}} \left(\Gamma(t-1,R,y) + I(t,x,y) + C(x,R) \right)$$

$$\Gamma(1,\{x\},x) = G(1,x)$$

其中 $G(t, x)$ 是在时间 t 以 x 着色 i 个体的 i-cost；$I(t, x, y)$ 在时间 t 和 $t-1$ 为 i 个体着色 x 和 y 的 g-cost；$C(x, R)$ 是当 R 为前面步骤使用的颜色集合时，使用颜色 x 的 c-cost。根据此递推式，可以用动态规划算法求解着色个体 i 的最小代价。但在时间 t 需维护的表的规模是指数的。

为了避免计算所有可行着色方案所需的指数时间，接下来讨论启发式的组着色问题。一旦启发算法发现了一个可行方案，就应用上述动态规划来着色所有个体。

有两种启发式策略，即匹配算法和贪心算法。匹配算法基于的观察是如果尽可能多的个体保留了上一步的颜色，则组着色是好的，因此对于时间 t 和 $t+1$ 的组 g，g'，我们加一条权值为 $|g \cap g'|$ 的边，故这两个时间组之间的关系可以用贪心算法把所有时刻的组之间的关系建模成图。对于组 g 和 g'，边 (g, g') 的权值是二者之间的相似性（如 Jaccard 相似性），则可以对此图每次选择权值最大的边合并，并设成相同颜色，这样可以用类似 Kruskil 生成最小生成树的方法实现着色。具体方法参见《A Framework for Community Identification》。

下面将展示该框架的一部分实验结果。设置 $\beta_1 = 0$，我们分别考虑了两组初始值设置：$(\alpha, \beta_2, \gamma) = (1, 1, 1)$ 和 $(\alpha, \beta_2, \gamma) = (1, 3, 1)$。直观上来看，这些设置对于个体的改变倾向于采用不同的解释：前者为临时的改变，而后者为永久的隶属关系转变。

图 15-7 展示了一个 6 个个体和两个社区的最佳着色。图 15-7a 代价设定为 *i-cost* 相对较高的 $(\alpha, \beta_2, \gamma) = (1, 1, 1)$。因此，个体不改变颜色，由一组代表的社区由一个简单的主题投票决定。特别是，其结果和通过随着时间聚合组并静态分析的结果是类似的。另一方面，对于代价设定 $(\alpha, \beta_2, \gamma) = (1, 3, 1)$，*g-cost* 相对较高。如图 15-7b 所示，个体改变他们的社区隶属来匹配其所属的组的着色结果。因此，尽管个别成员改变，组的数量保持不变。在这个特殊的实例中，采用启发式贪心求解。着色参数设定为 $(\alpha, \beta_2, \gamma) = (1, 1, 1)$ 时，使用 Jaccard 相似性度量；设定为 $(\alpha, \beta_2, \gamma) = (1, 3, 1)$ 时，使用 JacD 相似性度量。

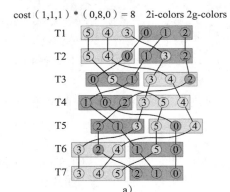
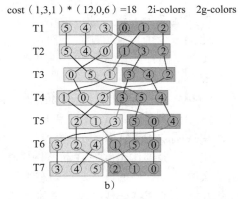

图 15-7　代价设定为 $(\alpha, \beta_1, \gamma) = (1, 0, 1, 1)$ 和 $(\alpha, \beta_1, \gamma) = (1, 0, 3, 1)$ 的最优着色结果

启发式方法的代价和最优解的代价的对比如图 15-8 所示。

最后，我们对本节内容进行总结。本节介绍了一个在一个动态社交网络中识别社区的解决方案。实际上，多个传统的社区识别方法都是这种框架的一个特例，因为此框架结合了更多的动态信息，可以回答更复杂的问题，诸如谁从哪个组织在什么时候退出或者加入。虽然这个方法可以找到好的社区，但是寻找最佳着色是 NP 难的。此框架提出的启发式算法在实践中可以找到接近最优的解决方案。

Cost	OPT	Jaccard	
		1	1/d
Assembly Line			
High i-cost	8	8	18
High g-cost	18	20	18
Dutiful Children			
High i-cost	6	6	6
High g-cost	13	13	13

图 15-8　启发式方法的代价和最优解的代价对比

15.4.2 基于经验比对算法的网络社区检测

在社区检测的实际应用中，启发式的算法和近似算法通常作为一个基本的衡量标准。例如，许多基于频谱的方法更倾向于寻找一些比较紧凑的社区，这样的代价就使它们不能很好地分开其他剩余的网络。而且，一些确定性的方法只对一些特定性的图有较好的表现。但是，在现实世界网络中，会出现许多传统算法并未考虑的复杂结构特征，比如稀疏性、度分布和较小的网络直径。而且，根据网络分析的特殊应用场景，我们更希望识别特定类型的社区。通过不同的计算方法理解一个社区的属性，可以在一个给定的网络中选择合适的图聚类方法。因此，本节将介绍一种基于经验比对算法的网络社区检测方法。该算法主要基于流和频率分布，计算多个标准的得分来划分社区。算法的主要定义如下：

设 $G = (V, E)$ 是一个无向图，其中 V 代表节点数，即 $n = |V|$，$m = |E|$。假设 S 是某社区的节点集合，$n_s = |S|$，m_s 为 S 中边的个数，即 $m_s = |\{(u, v) : u \in S, v \in S\}|$；$c_s$ 为 S 中处于边界的边的个数，即 $c_s = |\{(u, v) : u \in S, v \notin S\}|$；$d(u)$ 为节点 u 的度。而 $f(S)$ 代表社区质量，更小的 $f(S)$ 得分表示这个群体的相似度更好。

下面介绍几个评价标准：

❏ 引导（conductance）：衡量了整个边占所有外部组织的比例。

$$f(S) = \frac{c_s}{2m_s + c_s}$$

❏ 扩展（expansion）：度量每一个边的出这些社区的节点数。

$$f(S) = \frac{c_s}{n_s}$$

❏ 内部密度（internal density）：一个社区的内部边密度。

$$f(S) = 1 - \frac{m_s}{n_s(n_s - 1)/2}$$

❏ 割集率（cut ratio）：代表一个社区中可能离开这个组织的边的比例。

$$f(S) = \frac{c_s}{n_s(n - n_s)}$$

❏ 标准化的割集（normalized cut）：代表一个社区中和网络中所有点相连边的比例。

$$f(S) = \frac{c_s}{2m_s + c_s} + \frac{c_s}{2(m - m_s) + c_s}$$

❏ 平均出度的比例（maximum-ODF（Out Degree Fraction））：社区中指向社区外的边与总边数的比。

$$f(S) = \frac{1}{n_s} \sum \frac{\left|\{(u, v) : v \notin S\}\right|}{d(u)}$$

采用局域频率分布来标注那些种子节点，然后探索那些在这些种子节点周围的一些节点。对于每一个节点，计算这个社区的得分 $f(S)$，并根据这个标准来找到改点最优的匹配社区。

识别一个大规模网络中的社区是一件非常复杂的事情，通常来说，算法可以在一定规模的数据上得到很好的优化，而且每个群体得到的分数就是相对边界。但是，这里面也存在着网络算法并不是很出色的情况。另外，尽管一些相似的较小社区展示了较小的得分和较好的效果，但是对于我们经常使用的大规模网络来说，这些算法还是有一定的局限性。而实际情况就是社区裁剪边界可以作为社区分类的一个方法。考虑到网络的实际性，也可以采用近似算法来模拟这些算法。

15.5　社交网络中的关联分析

关于社交网络的分析主要都是集中在两个人之间是否存在关系这一问题。然而，在在线社交网络中，由于关系构建的代价比较低，就导致了各种关系强度混杂在一起，例如，相识和密友关系混在一起。这种情况下，用二值（0,1）关系来表示人物之间的关系就显得有些粗糙了。本节将介绍一种社交网络中评估关系强度的方法。这是一种无监督的模型，可以通过用户之间的联系和用户之间的相似度来判别用户之间的关系强度。

15.5.1　社交网络中的关系强度模型

最近在社交网络上的研究表明采用同质性（homophily）（同质性是指人们在生活背景、职业、经济水平、受教育程度、性格爱好、社会地位、价值观念、文化层次、种族传统、行为习惯等涉及人类社会生活等各个方面中存在的能彼此认同或相互吸引的东西。同质性是相似人群凝结成一个共同体的基础。）的关系模式可以提高联系结构和表现模型的准确率。然而，过去的工作都集中在二值关系连接上（是朋友或者不是）。这些二值关系只能提供一个比较粗糙的指示。由于在线社交网络上的朋友关系的认证和变化比较简单，网络中的关系有强有弱。鉴于关系较强的连接（亲密朋友）比关系较弱的连接（相识之人）表现得更为相近，一致地对待所有关系将会增加学习模型的噪声，并导致模型效果变得很差。最近的一些研究也表明加强紧密关系的作用可以提高对应模型的准确率。

幸运的是，在线社交网络包含着丰富的社交网络联系记录。系统通常保存着人们之间的底层交流，这可以用来判别两个成员的关系是亲密的朋友、同事还是仅仅相识。例如，Facebook 中，每个人有一个 Wall page，朋友可以留下信息作为他们每个人的简介。然而，一个特别的用户可能有上百个朋友，但由于资源限制，她会更倾向于和那些关系亲密的朋友进行交流。与此类似，LinkedIn 用户可以请求或者为其他用户推荐，用户同样会倾向于给那些他最熟识的人写推荐。

在本模型中，通过用户之间的交流和用户之间的相似度来判别用户之间的关系强度。以前的研究也提出了一些方法用沟通数据来识别用户直接的关系强度，但是他们仅仅是考虑了强弱两种关系。此外，过去的工作主要是集中在有监督学习方法上，需要人工标注。而本节的目标是提出一个无监督模型，来计算用户之间的关系程度。用户关系强度估计可以在推荐系统、连接预测、人物搜索等多方面产生作用。

接下来讨论一种潜在变量模型（latent variable model），该模型是在社会学的"同质性理论"的基础上提出来的。所谓"同质性理论"，就是指人们都更倾向于和那些特征相似的人进行交流。通常两个人关系越紧密，他们越相似。之前的研究已经表明同质性在社交网络中是普遍存在的。因此，在在线社交网络中，我们可以把用户简介（profile）的相似度作为关系强度的一个隐含影响。简介的属性可以包括学校、公司、他们参加的在线群组以及他们所在的地理位置等。

在这里，我们假设关系强度可以直接影响一对用户的在线互动（interactions）。由于每个用户都只有有限的资源（时间）来维护关系，所以他们更可能和那些对于他们更重要的人进行互动交流。这些互动可以是两个用户之间的浏览活动、建立联系或者贴图片等。关系越强，某个确定的交流发生的概率越大。因此，我们把关系强度作为用户之间交流的隐藏原因。关系强度确定的情况下，互动变量之间是彼此独立的。

形式上，我们把 $\boldsymbol{x}^{(i)}$ 和 $\boldsymbol{x}^{(j)}$ 表示成用户 i 和 j 的简介向量。$\boldsymbol{y}_t^{(ij)}$（其中，$t=1, 2, \cdots, m$）表示成用户 i 和 j 之间的交流，$\boldsymbol{z}^{(ij)}$ 表示 i 和 j 之间的关系强度。因此，我们可以构建出一个如图 15-9 所示的模型。

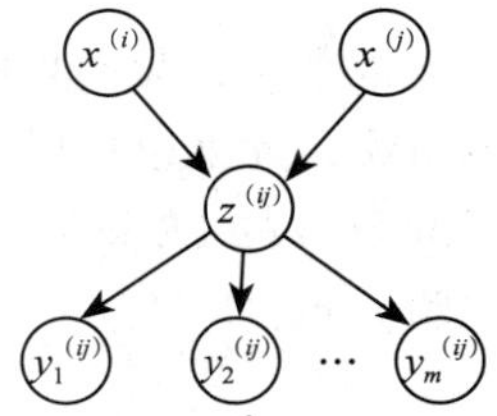

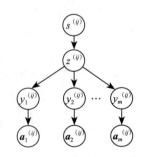

图 15-9 关系强度评估模型

图 15-9 展示了一个有向图模型，整个模型可以看作一个判别式模型和产生式模型的混合模型。上层是一个判别式模型 $P(z|x)$，下层是一个产生式模型 $P(y, z)$，那么最终模型的联合概率可以分解成下面的形式

$$P\left(z^{(ij)}, y^{(ij)} \mid x^{(i)}, x^{(j)}\right) = P\left(z^{(ij)} \mid x^{(i)}, x^{(j)}\right) \prod_{t=1}^{m} P\left(y^{(ij)} \mid z^{(ij)}\right) \tag{15-1}$$

虽然我们用关系强度变量来表示了两个人之间的相似度和他们之间的交互，但是显然这个数值是无法直接获得的。因此，z 是一个隐变量。该模型既可以预测有向的关系强度，也可以预测无向的关系强度。不失一般性，这里我们考虑有向的关系强度，也就是说，$z^{(ij)}$ 和 $z^{(ji)}$ 是不同的。（如：A 评论了 B，而 B 并没有对 A 评论。）

通常来说，含有隐变量的模型都可以根据实际情况来用一个合适的方法来进行表示。这里采用高斯分布作为给定简介相似度 $sk(\boldsymbol{x}_i, \boldsymbol{x}_j)$ 的情况下的 z 的概率分布。其中 $sk(\boldsymbol{x}_i, \boldsymbol{x}_j)$ 表示用户 i, j 在方法 k 下的相似度。那么概率分布满足下面的式子

$$P\left(z^{(ij)} \mid x^{(i)}, x^{(j)}\right) = N\left(w^T s\left(x^{(j)}, x^{(i)}\right), v\right) \tag{15-2}$$

其中，s 是 $\boldsymbol{x}^{(i)}$ 和 $\boldsymbol{x}^{(j)}$ 的相似度向量，w 向量是将要被估计的权值，v 则是高斯模型的方差（一般设置成 0.5）。于是，有向图模型可以改成图 15-10 所示的形式（把 $\boldsymbol{x}^{(i)}$, $\boldsymbol{x}^{(j)}$ 替换为相似度向量 s）。

在给定 Z 的情况下，每个 y 是独立的。为避免数据稀疏，我们忽略交互 y 的次数，如果出现交互 t，则 $y_t = 1$，否则为 $y_t = 0$。（交互 t 可以表示评论行为、浏览行为等）。

此外，为了增加模型的准确性，我们还为每个交互 t 引入了一些辅助变量 α。这些辅助变量是除了关系强度外导致交互的一些因素，例如一个人发表评论的总次数等（发表评论总次数多，导致相应交互 y_t 的概率大）。

下面将用 Logistic 函数（Logistic 函数或 Logistic 曲线是一种常见的 S 形函数。起初阶段大致是指数增长；然后随着开始变得饱和，增加变慢；最后达到成熟时增加停止。其原型为 $P(t) = \dfrac{1}{1 + x^{-t}}$，参见 4.3.2 节）来建立给定和的情况下 y 的概率分布：

图 15-10 改进的有向图模型

$$P\left(y_t^{(ij)} = 1 \mid z^{(ij)}, \alpha_t^{(ij)}\right) = \frac{1}{1 + e^{-\left(\theta_{t1}\alpha_{t1}^{(ij)} + \theta_{t2}\alpha_{t2}^{(ij)} + \cdots + \theta_{tl}\alpha_{tl}^{(ij)} + \theta_{t(l+1)}z^{(ij)}\right) + b}} \tag{15-3}$$

可以进一步表示成向量形式，如下：

$$P\left(y_t^{(ij)}=1\mid u_t^{(ij)}\right)=\frac{1}{1+\mathrm{e}^{-\left(\theta_t^T u_t^{(ij)}+b\right)}},u_t^{(ij)}=\begin{pmatrix}\alpha_t^{(ij)}\\z^{(ij)}\end{pmatrix}$$

通常来说，我们采取合适的广义线性模型并不会增加问题的复杂度（因为最优解不变）。举例来说，此处也可以用泊松回归。当然，泊松回归可能导致这个模型过拟合，所以此处增加了 w 和 θ 的 L2 正则项来控制模型的复杂度。我们也可以将 L2 的正则项视为 w 和 θ 的高斯先验分布：

$$P(w)\propto\mathrm{e}^{-\frac{\lambda_w}{2}w^T w}$$

$$P(\theta_t)\propto\mathrm{e}^{-\frac{\lambda_\theta}{2}\theta_t^T\theta_t},t=1,2,...,m$$

最后数据可以表示成 N 个用户对 $D=\{(i_1,j_1),(i_2,j_2),\cdots,(i_N,j_N)\}$。$x,y,\alpha$ 是已知的，参数 w、θ 和隐变量未知。最终的联合概率分布可以表示成下面的形式：

$$P(D\mid w,\theta)P(w,\theta)$$

$$=\prod_{(i,j)\in D}P\left(z^{(ij)}\mid x^{(i)},x^{(j)},w\right)\prod_{t=1}^m P\left(y_t^{(ij)}\mid z^{(ij)},\theta_t\right)P(w)P(\theta_t)\tag{15-4}$$

$$\propto\prod_{(i,j)\in D}\left(\mathrm{e}^{-\frac{1}{2v}(w^T m^{(ij)}-z^{(ij)})^2}\prod_{t=1}^m\frac{\mathrm{e}^{-(\theta_t^T u^{(ij)}+b)(1-y_t^{(ij)})}}{1+\mathrm{e}^{-(\theta_t^T u_t^{(ij)}+b)}}\right)*\mathrm{e}^{-\frac{\lambda_w}{2}w^T w}\prod_{t=1}^m\mathrm{e}^{-\frac{\lambda_\theta}{2}\theta_t^T\theta_t}$$

接下来就是如何求解关系强度隐变量了。我们的目的就是将上述的概率似然估计最大化，通常含有隐变量时的做法都是用 EM 算法，但是这个问题中的隐变量的期望不易直接求得。因此，这里采用的是直接将 Z 当作和 w 和 θ 一样的参数，用梯度下降法来学习最终的结果。先转化成对数似然估计如下形式：

$$L\left(z^{\left(\{(i,j)\in D\}\right)},w,\theta_t\right)=\sum_{(ij)\in D}\left(-\frac{1}{2v}\left(w^T s^{(ij)}-z^{(ij)}\right)^2+\sum_{t=1}^m\left(-\left(1-y_t^{(ij)}\right)\left(\theta_t^T u_t^{(ij)}+b\right)-\log\left(1+\mathrm{e}\right)\right)\right)$$

$$-\frac{\lambda_w}{2}w^T w-\sum_{t=1}^m\frac{\lambda_\theta}{2}\theta_t^T\theta_t+C\tag{15-5}$$

对三个参数求偏导数可得：

$$\frac{\partial L}{\partial z^{(ij)}}=\frac{1}{v}\left(w^T s^{(ij)}-z^{(ij)}\right)+\sum_{t=1}^m\left(y_t^{(ij)}-\frac{1}{1+\mathrm{e}^{-\left(\theta_t^T u_t^{(ij)}+b\right)}}\right)\theta_{t,l_t+1}\tag{15-6}$$

$$\frac{\partial L}{\partial\theta_t}=\sum_{(ij)\in'D}\left(y_t^{(ij)}-\frac{1}{1+\mathrm{e}^{-\left(\theta_t^T u_t^{(ij)}+b\right)}}\right)u_t^{(ij)}-\lambda_\theta\theta_t\tag{15-7}$$

$$\frac{\partial L}{\partial w}=\frac{1}{v}\sum_{(ij)\in D}\left(z^{(ij)}-w^T s^{(ij)}\right)s^{(ij)}-\lambda_w w\tag{15-8}$$

采用坐标上升优化方案（coordinate ascent optimization scheme）迭代更新 W、$Z^{(ij)}$ 和 θ_t 直至收敛。对 $Z^{(ij)}$ 和 θ_t，我们用牛顿迭代法（Newton-Raphson）迭代更新，二阶导数如下：

$$\frac{\partial^2 L}{\partial \left(z^{(ij)}\right)^2} = -\frac{1}{v} - \sum_{t=1}^{m} \frac{\theta_{t,l_i+1}^2 e^{-\left(\theta_t^T u_t^{(ij)}+b\right)}}{\left(1+e^{-\left(\theta_t^T u_t^{(ij)}+b\right)}\right)^2} \qquad (15\text{-}9)$$

$$\frac{\partial^2 L}{\partial \theta_t \partial \theta_t^T} = -\sum_{(ij)\in D} \frac{e^{-\left(\theta_t^T u_t^{(ij)}+b\right)}}{\left(1+e^{-\left(\theta_t^T u_t^{(ij)}+b\right)}\right)^2} u_t^{(ij)} u_t^{(ij)^T} - \lambda_\theta I \qquad (15\text{-}10)$$

对于 W，通过一般的岭回归，可得解析解

$$w^{new} = \left(\lambda_w I + S^T S\right)^{-1} S^T Z \qquad (15\text{-}11)$$

其中 $S = \left(S^{(i_1 j_1)}, S^{(i_2 j_2)}, \cdots, S^{(i_N j_N)}\right)^T$，$Z = \left(z^{(i_1 j_1)}, z^{(i_2 j_2)}, \cdots, z^{(i_N j_N)}\right)^T$。

对以上的学习算法进行总结，其过程如下：

当算法未收敛时，

1）对牛顿迭代法的每一步，从 $t=1, \cdots, m$ 按照式（15-7）和式（15-10）更新 θ_t。

2）对牛顿迭代法的每一步，对所有 $(i,j) \in D$ 按照式（15-6）和式（15-9）更新 $z^{(ij)}$。

3）按照公式（15）更新向量 w。

以上是学习阶段，也是参数估计阶段。在测试阶段，如果知道简介向量 x^i、x^j 和交互 y^j，则直接按照上述步骤计算出 z，如果只知道简介 x^i 和 x^j，则可以通过公式（15-2）的高斯模型预估两个用户的关系强度。

15.5.2　社交网络中"正向链接"与"负向链接"的预测

在网络社会关系中，人与人之间的关系涉及正向关系和负向关系，就像人与人之间的友谊一样，经常向朋友们表达同意或反对意见。在社交网络中，清楚地表述人与人之间的社会关系是必要的。但在前人的研究中，人们多是对于正向社会关系的研究，只有极少数是对于负向关系的研究。定义如下规则：正关系中 (u, v) 代表 u 认为 v 有较高的位置。负关系中 (u, v) 代表 u 认为 v 有较低的地位。

社交网络中的关系可以是积极的（如友谊关系）或消极的（如对立关系）。像这样混合的正面和负面链接出现在很多网络设置中，如研究数据集 Epinions、Slashdot 和维基百科。然而，网络中链接的属性可以通过使用归纳了多元化数据源的模型来进行高准确度的预测。本节将介绍一种基于正向和负向双重关系的模型。该模型提供了能形成推动标记网络的基本原理。同时，该模型也揭示了通过成员间关系评估成员态度的社会计算方法的应用。

1. 一个机器学习定义

给定一个有向图 $G = (V, E)$，每条边上都带有正、负标记 $s = (x, y)$。当 (x, y) 关系为正时，$s = 1$；关系为负时，$s = -1$；当两点之间无边时，$s = 0$。有时我们会忽略边的方向，因此 $\bar{s}(v, w) = 1$ 表示在 v 到 w 的边上有一个正标记，而该标记的另一方向可能为正或不存在。$\bar{s}(v, w) = -1$ 表示在 v 到 w 的边上有一个负标记，而该标记的另一方向可能为负或不存在。而 $\bar{s}(v, w) = 0$ 表示剩下的情况。此外，我们还基于度定义了一些特性，$d_{in}^+(v)$ 和 $d_{in}^-(v)$ 代表指向点 v 的正向边和负向边，$d_{out}^+(u)$ 和 $d_{out}^-(u)$ 代表由 u 指出的正向边和负向边。而 $C = (u, v)$ 代表 u、

v 的共同邻居。

我们使用一个逻辑回归分类器来合并上述特性，因此，可以得到一个逻辑回归模型，用了计算特征为 x 时，边标记为正的概率为

$$P\left(+\,|\,x\right)=\frac{1}{1+\mathrm{e}^{-\left(b_0+\sum_i^n b_i x_i\right)}}$$

其中，x 是特征向量，$b_0, b_1, \cdots, b_n$ 是以训练数据学习出的系数。

2. 平衡理论和状态理论

基于社会心理学，我们可以得到平衡理论，即朋友的朋友是朋友、朋友的敌人是敌人、敌人的朋友是敌人以及敌人的敌人是朋友。如果 w 与 (u, v) 形成一个三人组，结构平衡理论认为 (u, v, w) 应该表示成一个三角形。在该三角形中有奇数个正边，正如社会心理学原则中朋友的出现总是奇数，这里忽略边的方向，因此，得到

$$f_{balance}\left(\tau\right)=\overline{s}\left(u,w\right)+\overline{s}\left(v,w\right)$$

在状态理论中，边分为积极边和消极边，即积极边 $+(x, y)$ 代表 x 认为 y 有比自己更高的地位，而消极边 $-(x, y)$ 代表 x 认为 y 的地位比自己更低。状态理论预测，当边的方向翻转时，其状态应该翻转，即若 u 到 v 为积极，则 v 到 u 应为消极。为了确定边的方向 $f_{status}\left(\tau\right)$，我们首先确定边的状态，例如由边的信息得到 u 到 w 和 w 到 v，当我们在这一点做相应翻转时，则定义

$$f_{status}\left(\tau\right)=s\left(u,w\right)+s\left(w,v\right)$$

需要注意的是，连接理论中，平衡理论和状态理论的关系是没有预见性的。当 u 点正向指向 w，w 正向指向 v，由平衡理论，v 是 u 的朋友；由连接理论：v 处于比 u 更高的地位，因此这个理论预测了一个积极的 (u, v)。但是平衡和状态理论可能也是不同的，当 v 正指向 w，w 正指向 u，平衡结论是 v 是 u 的朋友，(u, v) 是正向的，但是，在状态上 v 比 u 低。因此，(u, v) 是消极的。

此外，平衡理论有时不支持学习模型。若 (u, w) 之间是负关系且 (w, v) 也是负关系，则应该知道 (u, v) 是正关系，这个可以用"敌人的敌人是朋友"这样的理论来解释。平衡理论有时也不支持状态理论，若 (v, w) 关系是积极的且 (w, u) 也是积极的，则会得出错误结果，即 (u, v) 也是积极的。要注意，这里两步路径的方向是从 v 到 u 而非 u 到 v。因此，相反方向的路径通常具有较低的预测能力。

最后，由平衡和状态理论及节点的度，我们给出几个简单的启发预测器：

❑ 一个平衡启发：对于每一个边 (u, v)，其参加的一些三人组将一直保持平衡理论，剩下的则不保持。通常选择能够使 (u, v) 参与大量平衡三人组的标记。

❑ 状态的启发式：定义 x 节点的状态为：$\sigma(x)=d_{in}^{+}(x)+d_{out}^{-}(x)-d_{out}^{+}(x)-d_{in}^{-}(x)$，$x$ 为每个链接的属性。如果 $\sigma(u) \leqslant (v)$，则 (u, v) 是正向的，否则就是负向的。

❑ 出度的启发式：基于边初始点 u 给定的状态预测大部分标记，即如果 $d_{out}^{+}(u) \geqslant d_{out}^{-}(x)$，则预测标记为正。

❑ 入度的启发式：基于边目标点 v 接收到的状态来预测大部分标记，即如果 $d_{in}^{+}(v) \geqslant d_{in}^{-}(v)$，标记为正。

入度启发式算法不是在所有数据集上都有良好的表现，而出度算法许多数据集上表现都

很好。

在本节，我们跨越了多个研究领域，讨论了社交网络中个体间的链接预测问题。在全局层面，有证据显示；相似的全局排名的节点本质上在全局网络中是对立的。因此，下一步我们应着手于探索具有更好性能的基本预测标志，并了解是否有更准确的方法，利用社会理论的进一步发展修正链接。当然，探究链接的局部结构与链接的全局结构也是非常有趣的一方面。

15.6 社交网络中的影响力预测

在大型社交网络中，节点会因为各种原因被其他节点影响。现有的社交网络分析工作往往侧重于宏观层面，如度分布、网络直径、聚类系数、社区、小世界效应等。然而如何从不同的角度（主题）来区分不同的社会影响？如何评估这些社会影响的强度？又该如何评估真实大型网络上的学习模型？

1. 影响力预测概述

社会学的研究表明，从不同的角度（主题）来看对应的社会影响也会有所不同。例如，在学术研究社区，大部分研究者都会受到合作者和引用者的影响。在研究社群中最重要的信息是：①共同作者网络——可以捕捉到研究社区的社交动态②他们的出版物——暗示着作者们的主体分布。更重要的是，如何混合这两方面来定量的分析社会影响。

如图 15-11 所示，左边的图是社交影响分析问题的输入：含有 7 个研究者的合著者（co-author）网络以及每位研究者的主题分布。例如，George 在 data mining 和 database 两个主题上有相同的概率。右边显示的是输出：两个社交影响图，一个关于 data mining，另一个关于 database。其中箭头暗示着影响的方向和强度。可以看到，Ada 是 data mining 的关键人物，然而 Eve 是 database 的关键人物。在这里，我们的目标是如何快速有效地获取真实大型网络的社会影响图。

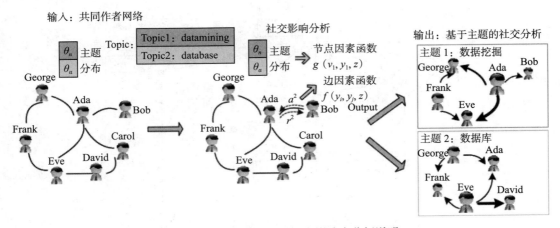

图 15-11　合著者网络的社交影响力分析说明

为了解决以上问题，本节将介绍主题相似传播（Topical Affinity Propagation，TAP）。TAP 可以利用现有的任意主题模型的结果以及网络结构来表现主题层面的影响传播。随着TAP 的提出，许多问题都可以被回答。例如，在若干主题中具有代表性的节点是哪个？怎么鉴别一个主题的专家？他们对于一个特定节点的影响又是怎样的？怎么通过强的社交关系快速连接一个特定节点？

TAP 可以利用现有的任何主题模型（主题模型（topic model）就是用于挖掘大量文档集合的主题的算法。在大数据场背景下，我们可以借助这些算法对文档集合进行归类。常见的主题模型有 PLSI、LDA 等）的结果。TAP 还可以采用已经存在的社交网络结构表现主题层面的影响传播。更形式化地来说，我们给出一个社交网络 $G = (V, E)$，以及一个在节点 V 上的主题模型，然后计算主题层面的社会影响图 $G_z = (V_z, E_z)$，其中 $1 \leqslant z \leqslant T$（$z$ 是主题）。TAP 有以下关键特性：

❒ TAP 提供的话题影响图可以精密地定量测量影响力。

❒ TAP 的影响图可以支持其他应用，如发现代表性节点或构建影响力子图。

❒ 一种基于 TAP 的高效分布式学习算法已经被开发，该算法基于 Map-Reduce 框架并能应用于真正的大型网络。

基于主题的社交影响力分析的目标是捕捉以下的信息：节点的主题分布、节点之间的相似性和网络结构。此外，该方法还必须能够扩展到一个大型网络。在本节的剩余部分，我们首先介绍一种局部因子图（TFG）模型，将所有信息统一。其次，我们将介绍 TAP 模型的学习。

2. 主题因子图模型

这个主题因子图模型（Topical Factor Graph Model，简称 TFG 模型）在一个统一的模型中将所有信息都混合起来。下面将形式化地定义 TFG 模型：一个观察变量集 $\{v_i\}_{i=1}^N$ 和隐含向量集 $\{y_i\}_{i=1}^N$，对应于输入的 N 个节点。隐含向量 $y_i \in \{1, \cdots, N\}^T$ 代表节点 v_i 受到其他节点的主题层面上的影响。取值于 $\{1, \cdots, N\}$ 的每个元素 y_i^z，代表着该节点在主题 z 上影响 v_i 的最大概率。图 15-12 展示了一个简单的 TFG 模型。每个节点 v_i 有一个主题影响向量 y_i，例如 v_i 在主题 z_1 上受到 v_2 的影响，在 z_2 上受到自己的影响。

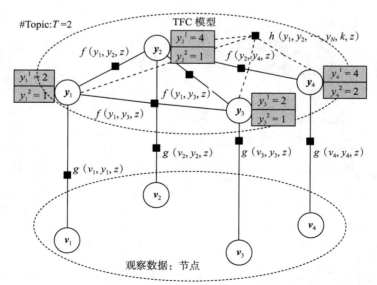

图 15-12　图形化的 TFG 模型示例

接下来定义特征函数。基本上，节点特征函数描述了局部节点信息；边特征函数描述了在图模型中节点基于边的依赖；全局特征函数描述了网络中的约束。

1）节点特征函数 $g(v_i, y_i, z)$。节点 v_i 在主题 z 的特征函数。$NB(i)$ 代表了 v_i 的邻居，$w_{ij}^z = \theta_j^z \alpha_{ij}$ 反映了 v_i 与 v_j 的话题相似性或交互强度。θ_j^z 为 j 在话题 z 的重要性，而 α_{ij} 为边 e_{ij} 的权值。例如，在合著者网络中，α_{ij} 为 v_i 与 v_j 合著的论文数，则 g 的定义如下：

$$g(v_i, y_i, z) = \begin{cases} \dfrac{w_{iy_i^z}^z}{\sum_{j \in NB(i)}\left(w_{ij}^z + w_{ji}^z\right)}, & y_i^z \neq i \\[4mm] \dfrac{\sum_{j \in NB(i)} w_{ji}^z}{\sum_{j \in NB(i)}\left(w_{ij}^z + w_{ji}^z\right)}, & y_i^z = i \end{cases}$$

2）边特征函数 $f(y_i, y_j, z)$。一个输入网络中的边在主题 z 上的特征函数。该函数为二进制函数，当且仅当 v_i 与 v_j 间有边时，该函数值为 1，否则为 0。

3）全局特征函数 $h(y_1, y_N, k, z)$。所有节点在主题 z 上的特征函数。直观上，该函数约束了模型中在"真正"的代表节点的倾向。一个主题 z 的代表节点必须在主题 z 中代表其自身及其他至少一个节点，即 $y_k^z = k$ 且 $\exists y_i^z = k, i \neq k$，则 h 的定义如下：

$$h(y_1, \cdots, y_N, k, z) = \begin{cases} 0, y_k^z = k \text{ 且 } y_i^z \neq k \text{（对于所有 } i \neq k \text{ 的情况）} \\ 1, \text{其他} \end{cases}$$

联合分布：通常我们希望模型可以最好地契合（重建）可观测数据，即利用最大似然估计来解决问题。因此，定义目标似然函数为

$$P(v, Y) = \frac{1}{Z} \prod_{k=1}^{N} \prod_{z=1}^{T} h(y_1, \cdots, y_N, k, z) \prod_{i=1}^{N} \prod_{z=1}^{T} g(v_i, y_i, z) \prod_{e_{kl} \in E} \prod_{z=1}^{T} f(y_k, y_l, z)$$

其中，v 和 Y 对应所有的观察向量和隐含变量，g 和 f 是节点和边的特征函数，而 h 是全局特征函数，z 是归一化因子。

为了训练 TFG 模型，我们可以把以上函数作为目标函数，寻找最大化目标函数的参数配置。尽管该公式的精确解很难求得，通过近似推理算法如乘积求和算法，可以推测变量 Y。然而，传统乘积求和算法不能直接应用于多个主题的影响力评估问题，因此，在这里我们介绍一种乘积求和算法的基本扩展，即典型乘积求和算法。该算法迭代更新变量节点和因子（即特征函数）节点间的消息 m 的向量。因此，定义两个更新规则，分别针对从可变节点发送到因子节点和从因子节点发送到可变节点的特定主题的消息。更新规则为

$$m_{v \to f}(y, z) = \prod_{f' \sim y \setminus m f' \to y(y,z)} \prod_{z' \neq z} \prod_{f' \sim y \setminus f^m f' \to y} (y, z')^{(\tau_{z'z})}$$

$$m_{v \to f}(y, z) = \sum_{\sim\{y\}} \left(f(Y, z) \prod_{y' \sim f \setminus y} m_{y'} \to f(y', z) \right)$$
$$+ \sum_{z \neq z \tau z'} \sum_{\sim\{y\}} \left(f(Y, z') \prod_{y' \sim f \setminus y} m_{y' \to f}(yi, zi) \right)$$

其中，$f' \sim y \setminus f$ 表示因子图中变量 y 除了因子 f 之外的邻居节点，Y 是一个特征函数 f 定义在其上的隐变量的子集。例如，特征 $f(y_i, y_j)$ 定义在边 e_{ij} 上，那么有 $Y = \{y_i, y_j\}$；$\sim\{y\}$ 表示所有 Y 中的非 y 变量。和 $\sum_{\sim\{y\}}$ 对应主题 z 上 y 的边际函数。系数 τ 代表议题之间的相关性，它可以用许多不同的方式定义。这里为简单起见，假设主题是独立的。也就是说，当

$z = z'$ 时，$\tau_{zz'} = 1$；否则 $\tau_{zz'} = 0$。下面的新学习算法也是基于这个独立的假设。

3. 新学习算法

基础算法的特点是速度太慢，每次迭代的时间复杂度是 $O(N^4 \times T)$，为此我们提出了一个相似传播算法，这个算法直接在节点之间传递信息，而不是像传统方法那样在因子图上传递信息。在算法中，首先使用对数函数把乘积的和转化为最大和。对于每条边 e_{ij}，引入两个变量集合 $\{r_{ij}^z\}_{z=1}^T$ 和 $\{\alpha_{ij}^z\}_{z=1}^T$，则新的更新规则为

$$r_{ij}^z = b_{ij}^z - \max_{k \in NB(j)} \{b_{ik}^z + a_{ik}^z\}$$

$$a_{jj}^z = \max_{k \in NB(j)} \min\{r_{kj}^z, 0\}$$

$$a_{ij}^z = \min\left(\max\{r_{jj}^z, 0\}, -\min\{r_{jj}^z, 0\} - \max_{k \in NB(j)\backslash\{j\}} \min\{r_{kj}^z, 0\}, i \in NB(j)\right)$$

其中，$NB(j)$ 表示节点 j 的相邻节点，r_{ij}^z 是从节点 i 发送至节点 j 的影响信息。a_{ij}^z 是从节点 j 发送至节点 i 的影响信息，初始为 0，和 b_{ij}^z 是归一化的特征函数的对数：

$$b_{ij}^z = \log \frac{g(v_i, y_i, z)|_{y_i^z = j}}{\sum_{k \in NB(i) \cup \{i\}} g(v_i, y_i, z)|_{y_i^z = k}}$$

从节点的 v_j 角度来看，消息 a_{ij}^z 反映了节点 v_j 认为它在话题 z 上影响了节点 v_i 的程度，而消息 r_{ij}^z 则从节点 v_i 的角度反映了节点 v_i 认为它在话题 z 上影响了节点 v_j 的程度。

最终，用一个 sigmoid 函数定义社会影响的评价函数，如下：

$$\mu_{st}^z = \frac{1}{1 + e^{-(r_{ts}^z + a_{ts}^z)}}$$

μ_{st}^z 实际反映了 $P(v, Y, z)$ 的最大值，由此可得

$$y_t^z = \arg \max_{s \in NB(t) \cup \{t\}} \mu_{st}^z$$

最终，根据 μ 和主题分布 $\{\theta_v\}$，可以简单地生成主题层的社会影响图。具体而言，对于每一个主题，首先过滤掉不相关的（概率低于预定义阈值）节点。另一种方法是为每个话题社会影响图保持固定（例如 1000）节点数（这种过滤过程也可以作为一个预处理步骤），然后，对每对节点 (v_s, v_t)，在原有的网络 G 中创建两条有向边并分配社会影响分数 μ_{st}^z 和 μ_{ts}^z，最后得到一个社会影响图 G。这个新的算法降低复杂度至 $O(M \times T)$。更重要的是，新算法可以简单地实现并行以适应更大的数据集。

15.7　基于阿里云的社团发现实例

下面通过阿里云的 MapReduce 方法来具体实现一个简单的社团发现的应用。使用 k-means 方法来具体实现对社交关系图的聚类，以发现蕴含的簇，即潜在的社团。

算法 15-1 如下所示：

算法 15-1　使用 k-means 方法来具体实现对社交关系图的聚类

输入：社交关系图，聚类个数 K

输出：K 个簇，也就是 K 个社团

1）得到每个人与其他人连接的边数，然后形成表。

2）使用步骤1中得到的表作为 k-means 输入，然后根据每个人的朋友关系数，进行聚类。

举一个简单的社交图来说明算法的输入，如图 15-13 所示，A，B…，G 表示实际的用户，那么使用算法就能得到表 15-1，并作为 k-means 算法的输入。

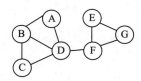

图 15-13　简单社交图关系举例

表 15-1　顶点号和邻居

顶点号	邻居	顶点号	邻居
A	B,D	E	F,G
B	A,C,D	F	D,E,G
C	B,D	G	E,F
D	A,B,C,F		

具体实现代码如下：

```
icpackage com.novas.kmeans;
import java.io.IOException;
import java.util.ArrayList;
import java.util.HashMap;
import java.util.Iterator;
import com.aliyun.odps.data.Record;
import com.aliyun.odps.data.TableInfo;
import com.aliyun.odps.Mapred.JobClient;
import com.aliyun.odps.Mapred.MapperBase;
import com.aliyun.odps.Mapred.ReducerBase;
import com.aliyun.odps.Mapred.RunningJob;
import com.aliyun.odps.Mapred.conf.JobConf;
import com.aliyun.odps.Mapred.utils.InputUtils;
import com.aliyun.odps.Mapred.utils.OutputUtils;
import com.aliyun.odps.Mapred.utils.SchemaUtils;

public class kmeans {
    public static String getRecordString(Record r)
        {
            StringBuilder sb=new StringBuilder();
            int i=0;
            for( i=0;i<r.getColumnCount()-1;i++)
            {
                sb.append(r.get(i).toString()).append(",");
            }
            sb.append(r.get(i).toString());
            return sb.toString();
        }
    public static String getCluster(ArrayList<String> list,Record record)
        {
            double[] r=new double[record.getColumnCount()];
```

```
                    for(int i=0;i<r.length;i++)
                    {
                        r[i]=record.getDouble(i);
                    }
                    double min=Double.MAX_VALUE;
                    String cluster=null;
                    for(int i=0;i<list.size();i++)
                    {
                        String[] var=list.get(i).split(",");
                        double[] t=new double[var.length];
                        double sum=0;
                        for(int j=0;j<t.length;j++)
                        {
                            t[j]=Double.parseDouble(var[j]);
                            sum=sum+(t[j]-r[j])*(t[j]-r[j]);
                        }
                        if(sum<min)
                        {
                            min=sum;
                            cluster=list.get(i);
                        }

                    }
                    return cluster;
                }
        public static class ClusterMapper extends MapperBase {

            Record key;
            Record value;
            // 表示聚类个数
            long k;
            // 保存聚类中心点
            ArrayList<String> clusterlist=new ArrayList<String>();
            long count=0;
            @Override
            public void setup(TaskContext context) throws IOException {
                key = context.createMapOutputKeyRecord();
                value = context.createMapOutputValueRecord();
                k=(long) context.getJobConf().getFloat("K",0);
            }

            @Override
             public void Map(long recordNum, Record record, TaskContext context) throws
IOException {

                if(count<k)
                {
                    clusterlist.add(getRecordString(record));
                    count++;
                }
                else
                {
                    String[] var=new String[clusterlist.size()];
                    clusterlist.toArray(var);
                }

                key.set(0, getCluster(clusterlist,record));
```

```
                        value.set(0,getRecordString(record));
                        context.write(key,value);

                }
            }

        public static class ClusterReducer extends ReducerBase {
            private Record result;
            @Override
            public void setup(TaskContext context) throws IOException {
              result = context.createOutputRecord();
            }
            @Override
            public void reduce(Record key, Iterator<Record> values, TaskContext
    context) throws IOException {
                    long count=0;
                    while (values.hasNext()) {
                        count++;
                    Record val = values.next();
                    result.set(0, key.getString(0));
                    result.set(1, val.getString(0));
                    context.write(result);
                }
            }
        }

        public static class ReClusterMapper extends MapperBase {

                Record key;
                Record value;

                @Override
                public void setup(TaskContext context) throws IOException {
                  key = context.createMapOutputKeyRecord();
                  value = context.createMapOutputValueRecord();

                }

                @Override
                public void Map(long recordNum, Record record, TaskContext context)
    throws IOException {
                        key.set(0,record.getString(0));
                        value.set(0,record.getString(1));
                        context.write(key,value);
                }
            }

                public static class ReClusterCombiner extends ReducerBase {
                    private Record comkey;
                    private Record value;
                    ArrayList<String> clusterlist=new ArrayList<String>();
                    // 表示聚类中心点变化程度
                    double J=0;
                    @Override
                    public void setup(TaskContext context) throws IOException {
                        comkey=context.createMapOutputKeyRecord();
```

```
                        value=context.createMapOutputKeyRecord();
                    }

                    @Override
                    public void cleanup(TaskContext context) throws IOException {
                        // TODO Auto-generated method stub
                        if(J<context.getJobConf().getFloat("J",(float) 0.5))
                        {
                            context.getCounter("J","J").setValue(-1);
                        }
                        else
                        {
                            context.getCounter("J","J").setValue(1);
                        }

                    }
                    @Override
                        public void reduce(Record key, Iterator<Record> values,
    TaskContext context) throws IOException {
                        String[] currentcluster=key.getString(0).split(",");
                        double[] newcluster=new double[currentcluster.length];

                        long count=0;
                        while (values.hasNext()) {
                            count++;
                        Record val = values.next();
                        comkey.set(0, key.getString(0));
                        value.set(0, val.getString(0));
                        String[] var=val.getString(0).split(",");
                        for(int i=0;i<var.length;i++)
                        {
                            newcluster[i]=newcluster[i]+Double.parseDouble(var[i]);
                        }
                        context.write(key,value);
                    }
                        double sum=0;
                        StringBuilder sb=new StringBuilder();
                    for(int i=0;i<currentcluster.length;i++)
                    {
                        double var=newcluster[i]/count;
                        sb.append(var).append(",");
                            sum=sum+(var-Double.parseDouble(currentcluster[i]))*(var-
    Double.parseDouble(currentcluster[i]));
                    }
                        J=J+Math.sqrt(sum);
                        comkey.set(0,"0");
                            value.set(0, key.getString(0)+"_"+sb.toString().
    substring(0,sb.toString().length()-1));
                        context.write(comkey, value);
                    }
                }


                public static class ReClusterReducer extends ReducerBase {
                    private Record result;
```

```
                    HashMap<String,String> Map=new HashMap<String,String>();

                    @Override
                    public void setup(TaskContext context) throws IOException {
                        result = context.createOutputRecord();
                    }

                    @Override
                    public void reduce(Record key, Iterator<Record> values,
TaskContext context) throws IOException {
                        if(key.getString(0).equals("0"))
                        {
                            while (values.hasNext()) {
                                Record val = values.next();
                                String[] var=val.getString(0).split("_");
                                Map.put(var[0],var[1]);
                            }
                        }
                        else
                        {
                            while (values.hasNext()) {
                                Record val = values.next();
                                result.set(0, Map.get(key.getString(0)));
                                result.set(1, val.getString(0));

                                context.write(result);
                            }

                        }

                    }
                }
        public static void main(String[] args) throws Exception {
            int count=0;
                count++;
                JobConf job = new JobConf();
                job.setFloat("K",3);
                job.setFloat("J",1);
                job.setMapperClass(ClusterMapper.class);
                job.setReducerClass(ClusterReducer.class);

                job.setMapOutputKeySchema(SchemaUtils.fromString("key:string"));
                job.setMapOutputValueSchema(SchemaUtils.fromString("value:string"));
                InputUtils.addTable(TableInfo.builder().tableName("kmeans").build(),
job);
                OutputUtils.addTable(TableInfo.builder().tableName("kmeans_output").
build(), job);
                RunningJob rj = JobClient.runJob(job);
                rj.waitForCompletion();

                while(true)
                {
                    JobConf rejob = new JobConf();
                    rejob.setFloat("K",3);
                    rejob.setFloat("J",1);
                    rejob.setMapperClass(ReClusterMapper.class);
```

```
                rejob.setCombinerClass(ReClusterCombiner.class);
                rejob.setReducerClass(ReClusterReducer.class);

                rejob.setMapOutputKeySchema(SchemaUtils.fromString ("key:
string"));
                rejob.setMapOutputValueSchema(SchemaUtils.fromString ("value:
string"));
    InputUtils.addTable(TableInfo.builder().tableName("kmeans_output").build(),
rejob);
    OutputUtils.addTable(TableInfo.builder().tableName("kmeans_output").build(),
rejob);
                RunningJob rerj = JobClient.runJob(rejob);
                rerj.waitForCompletion();
            if(rerj.getCounters().findCounter("J","J").getValue()==-1)
                {
                    break;
                }
            }
        }
    }
```

其中，函数 getRecordString 用来读取表中的某条记录。函数 getCluster 通过计算欧式距离来返回当前记录应该属于哪一个簇。ClusterReducer 类对每个顶点的邻接边的总数进行统计；ReClusterReducer 类进行每轮的顶点的重新分配。算法并行化的思路如算法 15-2 和算法 15-3 所示：

算法 15-2　Map 函数

```
功能：完成每个数据点到聚类中心距离的计算，及重新标定类别的工作
具体算法如下：
1.void Map (i, xi) {
2.min_dist = MAX;
3. for(j=0; j<k; j++) {
4.    if(distance(xi, C[j])<min_dist) {
5.        min_dist = distance(xi, C[j]);
6.        currentClusterID = j;
7.    }
8.        M[i] = currentClusterID;
    }
}
```

第 1 行为输入数据 <key, value> 对应数据集 D 中的第 i 个元素 x_i；第 2 行将最小距离初始化为赋最大值；第 6 行记录当前类别；第 8 行更新聚簇成员向量，重新标定 x_i 的类别。

算法 15-3　Reduce 函数

```
功能：针对类别 C[j]，求出该聚簇的新的均值，即聚簇中心
具体算法如下：
1.void reduce (j, Dj) {
2.sum=0;
3. num=count (Dj);
4.for each x in Dj{
5.    sum+=x; }
6. C[j] = sum/num;
    }
```

第 1 行中 j 为类别 ID，D_j 为根据聚簇成员向量找出的类别为 $C[j]$ 的聚簇成员的集合。第 3 行中的 *num* 表示该聚簇中包含的成员个数。

k-means 算法擅长发现球形的簇，尽管存在一些不足，但足以给读者呈现使用聚类方法发现社团的具体思路。下一章将讲述同样有用也十分有趣的推荐系统，并介绍如何用阿里云打造个性推荐系统平台。

小结

本章首先介绍了社交网络的基本概念和社交图。15.2 节介绍了社交网络的结构，包括社交网络的统计学构成和群体形成。统计学中社会网络的相关研究和理论包括随机图理论、渗流理论、小世界网络以及无尺度网络。社交网络中群体的形成问题，包括社区会员、社区成长和社区演化。15.3 节讨论如何基于语义网检测潜在利益冲突，主要围绕一个检测评审和科学论文作者之间潜在利益冲突关系的应用程序来展示语义 Web 在利益冲突检测领域的应用。15.4 节讨论社交网络分析中的社区发现问题，先介绍了动态社交网络中社区识别的框架，包括背景知识、问题公式化描述和寻找问题的最优颜色，而后给出了基于经验对比算法的网络社区检测算法。15.5 节围绕社交网络的关联分析问题，提出了社交网络中的关系强度模型，然后阐述了社交网络中的"正向链接"和"负向链接"预测问题，给出了机器学习定义，并介绍了平衡理论和状态理论。15.6 节讲解了社交网络的影响力预测问题，从而描述大型社交网络中，节点被其他节点影响的程度。15.7 节应用阿里云实现一个简单的社团发现的应用。

习题

1. 2011 年 11 月，Facebook 和米兰大学通过对 Facebook 上 7.21 亿活跃用户的数据研究发现，在 Facebook 上任意两个用户之间，平均路径不超过 5 的概率为 99.6%，平均路径数不超过 4 的概率为 92%。此次实验印证了社交网络统计学什么理论？此理论在实际生活中有什么应用？

2. 随机图与无网络图如图 15-14 所示。

   当某些节点去除时，对于图 15-14 有怎样的影响？对哪种图的影响更大？由此，对于复杂网格的鲁棒性分析，你获得什么启示？

3. 在使用社交网络的时候，人们或多或少地都收到过恶意信息。如何利用语义网识别并过滤恶意信息？

4. 假设拥有一大组微博用户的集合以及它们的资料，如何计算任意二人的关系强度？请查阅资料并说明，为

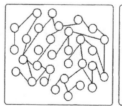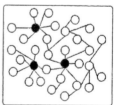

图 15-14　题 2 用图

   什么相比于其他种类的三角结构，具有三条强关系的三角结构更容易形成？

5. 社区在每个时间点都有一个小改变，在很长一段时间后就是一个彻底的变化。设式修斯船上有 $n =$ km 个人，有 m 个组。在每个时刻 t，第 i 组的成员都是由编号（$ki+t$）mod $n,\cdots,$（$ki+t+k-1$）mod n 组成。也就是说，每个时刻，每组最后一位成员都会到下一个组（第 n 组到第 1 组）。当 $n = 18$，$m = 2$ 时，请给出（α, β_2, γ）=（1, 2, 0）的最优着色结果，并简要分析。

6. 如图 15-13 所示，小红识别出 ABCD 为一个社区，小明识别出 ABCDF 为一个社区。通过计算社区质量回答谁识别的社区更好？

7. 随着网络的发展，越来越多的网民通过社交网络来发表观点和看法。在信息传播过程中，意见领袖被视为最具影响力的观点或其作者，其中正向意见领袖群代表一组用户，其观点可以引起回复者的共鸣，并且促使回复者表达相同的情感倾向。如何通过对社交网络链接的预测发现意见领袖，抽取其观点？怎样预测正向链接与负向链接？

8. 在特定的话题中，什么是代表性的节点？会发生这样的情况：A 在一个特定的话题下可以对 B 有较高的影响，但是 B 可能在另一个话题对 A 产生更高的影响。如何从多方面辨别这样的影响？

9. （实现）图 15-15 为一社交网络的抽象：利用阿里云，自行选择聚类方法，发现潜在的社团。

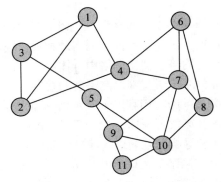

图 15-15　题 9 用图

第 16 章

推 荐 系 统

传统零售商的货架空间是稀缺资源，然而网络使零成本产品信息传播成为可能，"货架空间"从稀缺变得丰富，这时候，注意力变成了稀缺资源，从而催生了推荐系统——旨在向用户提供建议。推荐系统是大数据创造价值的重要途径。

16.1 推荐系统概述

1. 推荐系统的概念

从计算的角度，推荐系统的基本输入是用户集 X 和项目集 S，其中项目集即是待推荐物品的集合，可以是商品、音乐、用户、文章等。其基本输出是效用函数 $u: X \times S \to R$，其中 R 是评分集，它是一个完全有序集，例如 $0 \sim 5$ 星，$[0, 1]$ 的实数。对于一个用户，可以根据评分集 R 为其推荐相应的物品。

推荐系统需要解决的问题包括如何收集已知评分形成 R 矩阵、如何收集效用矩阵中的数据、如何根据已知的评分推断未知的评分、如何评估推断方法、如何衡量推荐方法的性能等。

推荐系统可以有多种实现方法，下面介绍几种常见的推荐策略。

（1）基于内容的推荐

基于内容的推荐（content-based recommendation）是信息过滤技术的延续与发展，它是建立在项目的内容信息上的推荐，而不需要依据用户对项目的评价意见，更多地需要用机器学习的方法从关于内容的特征描述的事例中得到用户的兴趣资料。在基于内容的推荐系统中，项目或对象通过相关的特征的属性来定义，系统基于用户评价对象的特征，学习用户的兴趣，考察用户资料与待预测项目的相匹配程度。用户的资料模型取决于所用的学习方法，常用的有决策树、神经网络和基于向量的表示方法等。基于内容的用户资料是需要有用户的历史数据，用户资料模型可能随着用户的偏好改变而发生变化。

基于内容推荐方法的优点如下：

1）不需要其他用户的数据，没有冷启动问题和稀疏问题。

2）能为具有特殊兴趣爱好的用户进行推荐。

3）能推荐新的或不是很流行的项目，没有新项目问题。

4）通过列出推荐项目的内容特征，可以解释为什么推荐那些项目。

5）已有比较好的技术，如关于分类学习方面的技术已相当成熟。

基于内容的推荐的缺点是要求内容能容易抽取成有意义的特征，要求特征内容有良好的结构性，并且用户的爱好必须能够用内容特征形式来表达，不能显式地得到其他用户的判断情况。

（2）协同过滤推荐

协同过滤推荐（collaborative filtering recommendation）技术是推荐系统中应用最早和最为成功的技术之一。它一般采用最近邻技术，利用用户的历史喜好信息计算用户之间的距离，然后利用目标用户的最近邻居用户对商品评价的加权评价值来预测目标用户对特定商品的喜好程度，从而根据这一喜好程度来对目标用户进行推荐。协同过滤推荐的最大优点是对推荐对象没有特殊的要求，能处理非结构化的复杂对象，如音乐、电影。

协同过滤推荐是基于这样的假设：为一用户找到他真正感兴趣的内容的好方法是首先找到与此用户有相似兴趣的其他用户，然后将他们感兴趣的内容推荐给此用户。这一基本思想非常易于理解，在日常生活中，我们往往会借助好朋友的推荐来进行一些选择。协同过滤推荐正是把这一思想运用到了电子商务推荐系统中，基于其他用户对某一内容的评价来向目标用户进行推荐。

基于协同过滤的推荐系统可以说是从用户的角度来进行相应推荐的，而且是自动的，即用户获得的推荐是系统从购买模式或浏览行为等隐式获得的，不需要用户努力地找到适合自己兴趣的推荐信息，如填写一些调查表格等。

（3）基于关联规则的推荐

基于关联规则的推荐（association rule-based recommendation）是以关联规则为基础，把已购商品作为规则头，把推荐对象作为规则体。关联规则挖掘可以发现不同商品在销售过程中的相关性，在零售业中已经得到了成功应用。管理规则就是在一个交易数据库中统计购买了商品集 X 的交易中有多大比例的交易同时购买了商品集 Y，其直观的意义就是用户在购买某些商品的同时有多大倾向去购买另外一些商品。比如很多人购买牛奶的同时会购买面包。

这种算法的第一步（关联规则的发现）最为关键且最耗时，是算法的瓶颈，但可以离线进行。此外，商品名称的同义性问题也是关联规则的一个难点。关联规则的定义和算法参见3.2节。

（4）基于效用的推荐

基于效用的推荐（utility-based Recommendation）建立在对用户使用项目的效用情况上，其核心问题是如何为每一个用户去创建一个效用函数，因此，用户资料模型很大程度上是由系统所采用的效用函数决定的。基于效用的推荐的好处是它能把非产品的属性，如提供商的可靠性（vendor reliability）和产品的可得性（product availability）等考虑到效用计算中。

（5）基于知识的推荐

基于知识的推荐（knowledge-based recommendation）在某种程度上可以看作一种推理技术，它不是建立在用户需要和偏好基础上推荐的。基于知识的推荐因它们所用的功能知识不同而有明显区别。效用知识（functional knowledge）是一种关于一个项目如何满足某一特定用户的知识，因此能解释需要和推荐的关系，所以用户资料可以是任何能支持推理的知识结构，它可以是用户已经规范化的查询，也可以是一个更详细的用户需要的表示。

2. 推荐方法的组合

由于各种推荐方法都有优缺点，所以在实际中，组合推荐（hybrid recommendation）经常被采用。研究和应用最多的是基于内容的推荐和协同过滤推荐的组合。最简单的做法就是分别用基于内容的推荐方法和协同过滤推荐方法去产生一个推荐预测结果，然后用某方法组合其结果。尽管从理论上有很多种推荐组合方法，但在某一具体问题中并不见得都有效，组合推荐一个最重要原则就是通过组合要能避免或弥补各自推荐技术的弱点。

在组合方式上，研究人员提出了 7 种组合思路：

1）加权（weight）。加权多种推荐技术结果。

2）变换（switch）。根据问题背景和实际情况或要求决定变换采用不同的推荐技术。

3）混合（mixed）。同时采用多种推荐技术给出多种推荐结果，为用户提供参考。

4）特征组合（feature combination）。组合来自不同推荐数据源的特征被另一种推荐算法所采用。

5）层叠（cascade）。先用一种推荐技术产生一种粗糙的推荐结果，再用另一种推荐技术在此推荐结果的基础上进一步做出更精确的推荐。

6）特征扩充（feature augmentation）。将一种技术产生附加的特征信息嵌入另一种推荐技术的特征输入中。

7）元级别（meta-level）。以一种推荐方法产生的模型作为另一种推荐方法的输入。

3. 推荐系统的评价

推荐系统的评价是一个较为复杂的过程，根据角度的不同，其有着各种不同的指标。这里的指标通常包括主观指标和客观指标，客观指标又包括用户相关指标和用户无关指标。

1）用户满意度。描述用户对推荐结果的满意程度，这是推荐系统最重要的指标，一般通过对用户进行问卷或者监测用户线上行为数据获得。

2）预测准确度。描述推荐系统预测用户行为的能力。一般通过离线数据集上算法给出的推荐列表和用户行为的重合率来计算。重合率越大，则准确率越高。

3）覆盖率。描述推荐系统对物品长尾的发掘能力。一般通过所有推荐物品占总物品的比例和所有物品被推荐的概率分布来计算。比例越大，概率分布越均匀，则覆盖率越大。

4）多样性。描述推荐系统中推荐结果能否覆盖用户不同的兴趣领域，一般通过推荐列表中物品两两之间的不相似性来计算。物品之间越不相似，则多样性越好。

5）新颖性。如果用户没有听说过推荐列表中的大部分物品，则说明该推荐系统的新颖性较好。可以通过推荐结果的平均流行度和对用户进行问卷来获得。

6）惊喜度。如果推荐结果和用户的历史兴趣不相似，但让用户很满意，则可以说这是一个让用户惊喜的推荐。可以定性地通过推荐结果与用户历史兴趣的相似度和用户满意度来衡量。

4. 推荐系统的应用

1）在线商城。在以淘宝为代表的在线商城中，推荐系统得到了广泛应用。当用户进入淘宝首页后，就会看到系统根据用户的的历史行为推荐了丰富的商品。目前国内大的商城系统都有自己的推荐系统和做推荐系统的研发团队。

2）个性化阅读。推荐在个性化阅读中也有广泛的应用，一个典型的例子就是豆瓣网，其根据用户对书籍的打分为用户推荐可能喜欢的书籍。

3）电影。推荐系统在电影的推荐中有着广泛的应用。国内的一些影视类网站大多都有自己的推荐系统，比如爱奇艺、优酷、土豆等。

16.2　协同过滤

16.2.1　协同过滤简介

协同过滤推荐在信息过滤和信息系统中正迅速成为一项很受欢迎的技术。与基于内容过滤直接分析内容进行推荐不同，协同过滤分析用户兴趣，在用户群中找到指定用户的相似（兴趣）用户，综合这些相似用户对某一信息的评价，形成对指定用户对此信息的喜好程度预测。

与传统文本过滤相比，协同过滤有如下优点：

1）能够过滤难以进行机器自动基于内容分析的信息，如艺术品、音乐。

2）能够基于一些复杂的，难以表达的概念（信息质量、品位）进行过滤。

3）推荐的新颖性。

正因如此，协同过滤在商业应用上也取得了不错的成绩。Amazon、CDNow 及 MovieFinder 都采用协同过滤的技术来提高服务质量。

协同过滤有如下缺点：

1）如果用户对商品的评价非常稀疏，这样基于用户评价所得到的用户间的相似性可能不准确（即稀疏性问题）。

2）随着用户和商品的增多，系统的性能会越来越低。

3）如果从来没有用户对某一商品加以评价，则这个商品就不可能被推荐（即最初评价问题）。

因此，现在的电子商务推荐系统都采用了几种技术相结合的推荐技术。后面将介绍不同的协同过滤算法。

16.2.2　面向物品的协同过滤算法

在传统的基于用户的协同过滤算法中，系统工作负载随着用户量的增加而增加。随着访问量的不算提升，需要研发新的算法来解决由用户剧增所带来的系统负载大的问题。基于物品的协同过滤算法首先通过分析用户 – 物品矩阵来定义物品间关系，然后用这个关系间接地计算出对用户的推荐。除了最近邻方法，存在不同的基于物品的推荐算法，主要用到如下技术。

1. 贝叶斯网络技术

贝叶斯网络根据训练集创建一个树模型，每个节点和边代表用户信息，模型可以线下创建，需要几小时或几天。这种方法的结果模型会很小、很快，而且预测结果和近邻方法一样准确。这种模型适用于用户偏好信息随时间变化而相对稳定的环境。

2. 聚类技术

聚类技术通过定义一组有相似偏好的用户进行预测。一旦聚类形成，可以根据组内其他用户的偏好信息对某一用户进行预测。使用这种技术做出的推荐往往不是很个性化，甚至有时会推荐出错误的结果（相对于最近邻）。

3. Horting 技术

Horting 是基于图的推荐技术，图中的顶点表示用户，顶点之间的边表示用户间的相似度，通过遍历采集节点周围的用户的信息做出推荐。此方法不同于最近邻，因为有可能遍历到还没有对物品做出评价的用户，这样考虑了最近邻算法未考虑的传递关系。

虽然这些算法被广泛使用,但仍存在基于稀疏数据集的预测、降维等问题。本节将介绍一种新的基于物品的协同过滤推荐算法,以解决上述问题。本节主要从三方面介绍,分析基于物品的预测算法,定义子模块的不同实现方式;提出物品相似度的计算公式模型,以提高基于物品的推荐系统的可扩展性;对比几种基于物品的协同过滤推荐算法和经典的基于用户的(最近邻)的算法。

和传统的基于用户的协同过滤推荐算法不同,该算法观测目标用户已经做出评价的物品集,并计算它们和目标物品 i 的相似度,然后选择最相似的 k 个物品 $\{i_1, i_2, \cdots, i_k\}$。同时,这 k 个物品的相关相似度也被计算出。一旦发现了最相似的物品,通过计算目标用户对这些相似物品评价的加权平均值,做出预测。

(1)物品相似度计算模型

首先介绍用于衡量物品相似度的模型。

1)cosine 相似性。将两个物品 i 和 j 看作两个关于用户的 m 维向量 和 ,在如图 16-1 所示的 $m \times n$ 用户评价矩阵中,i 和 j 之间的相似度基于向量的余弦定义,即

$$sim(i, j) = \cos(\vec{i}, \vec{j}) = \frac{\vec{i} \cdot \vec{j}}{\|\vec{i}\|_2 * \|\vec{j}\|_2}$$

2)基于相关系数的相似性。物品 i 和 j 的相关系数通过类似皮尔森相似性系数的公式计算,即

$$sim(i, j) = \frac{\sum_{u \in U}(R_{u,i} - \overline{R_u})(R_{u,j} - \overline{R_u})}{\sqrt{\sum_{u \in U}(R_{u,i} - \overline{R_i})^2}\sqrt{\sum_{u \in U}(R_{u,j} - \overline{R_j})^2}}$$

	对象 1	……	对象 k	……	对象 n
用户 1	R_{11}	……	R_{1k}	……	R_{1n}
……	……	……	……	……	……
……	……	……	……	……	……
用户 m	……	……	R_{mk}	……	R_{mn}

图 16-1 用户评分矩阵

为了使相关系数的计算更准确,我们必须分离用户对两个物品 i 和 j 都评价的情况,如图 16-2 所示。记 U 为同时评论物品 i 和 j 的用户集,$R_{u,i}$ 为用户 u 对物品 i 的评价,$\overline{R_i}$ 为用户对第 i 个物品打分的平均值。

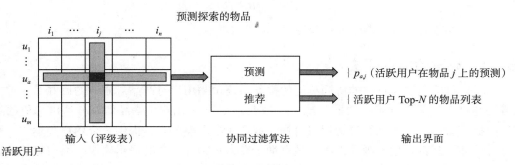

图 16-2 协同过滤处理过程

3）调整余弦相似性。基于用户和基于物品的协同过滤算法的不同在于，前者通过用户偏好矩阵的行进行计算，后者通过列进行计算。在图 16-3 中，每对物品集合涉及了不同的用户。用基本的余弦方法没有考虑不同用户评价规模的差异，此方法通过减去用户的平均评价值解决了这个问题。公式如下：

$$sim(i, j) = \frac{\sum_{u \in U}(R_{u,i} - \overline{R_u})(R_{u,j} - \overline{R_u})}{\sqrt{\sum_{u \in U}(R_{u,i} - \overline{R_u})^2} \sqrt{\sum_{u \in U}(R_{u,j} - \overline{R_u})^2}}$$

其中，$\overline{R_u}$ 是第 u 个用户对所有商品评价的平均值。

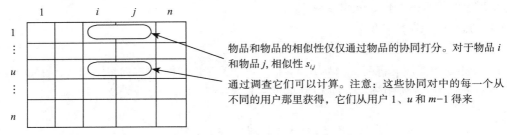

物品和物品的相似性仅仅通过物品的协同打分。对于物品 i 和物品 j，相似性 s_{ij} 通过调查它们可以计算。注意：这些协同对中的每一个从不同的用户那里获得，它们从用户 1、u 和 $m-1$ 得来

图 16-3　物品协同打分隔离及相似性计算

（2）预测计算模型

协同过滤算法重要的一步是得出预测结果，一旦基于物品相似度计算模型的方法分离出相似的物品后，下一步就是观察目标用户对不同物品的评价信息，用某种技术做出预测。具体方法有以下两种。

1）加权和。这种方法通过计算与 i 相似的物品的分数之和来计算用户 u 对物品 i 的评分预测值 $P_{u,i}$。每一个预测值乘以物品 i 和 j 的相似度 $S_{i,N}$ 描述的权值。其定义为

$$P_{u,i} = \frac{\sum_{\text{所有相似项},N}(S_{i,N} * R_{u,N})}{\sum_{\text{所有相似项},N}(|S_{i,N}|)}$$

2）回归。这种方法和加权和法类似，但不是直接用相似物品的打分值，而是使用基于回归模型得出的一个近似值。事实上，用余弦法或相关系数算出的相似距离有可能得出错误的结果——距离很远，但相似度极高。解决的基本思想是基于上一计算公式，但不用 $R_{u,N}$，而是基于线性回归模型得到的近似的 $R'_{u,N}$。如果定义目标物品 i 的向量为 R_i，和相似物品 N 的向量为 R_N，则线性回归模型为

$$\overline{R'_N} = \alpha \overline{R_i} + \beta + \varepsilon$$

其中，参数 α 和 β 由两个向量决定，ε 是模型误差。

16.2.3　改进的最近邻法

基于对过去用户 - 物品的协同过滤的推荐系统预测用户对产品或服务的偏好，一种主要的方法是基于其周围邻近点协同过滤（k- 最近邻），一个用户 - 物品偏好分值由相似的物品或用户插值获得。推荐系统分析用户对物品或产品的兴趣模式，提供符合用户兴趣的个性化建议。此外，其良好地刻画和推荐物品有助于在大量物件集合时提出建议。因为好的个性化推荐可以给用户体验增加新的维度，很多电子商务巨头已经把推荐系统作为其网站中的突出

部分。

基于邻近点的方法（也被称为 k 最近邻，k NN 法）是一种常见的协同过滤形式。为了预测未观测到的用户－物品关系，这种方法通过相似估计的或有相似购买历史记录的可能用户记录来鉴别物品。

这种方法包含三个主要部分：

1）数据规范化。

2）邻近点选择问题。

3）插值确定。

经验显示，不同的邻近点选择策略仅有较小的差距。然而，其他的两个部分（数据规范化和插值）已经被证明是体系成功的关键。针对这两个部分提出新颖的方法在不影响运行时间的情况下显著提升了 kNN 法的精度。

1. 通过移除全局影响规范化数据

尽管基于邻近法和参数法的协同过滤都是强大的预测方法，然而，有一些理由使我们认为估计所谓"全局影响"的简单模型优于这些技术。首先，也许有大量的用户和项目影响；其次，一个人也许有途径获得关于项目和用户从模型中获益的信息；最后，某些特殊评分的性质（如评分的日期）会解释评分的变化。

我们采取的策略是按顺序在一个时间点估计一个影响值（对项目的主要影响、对用户的主要影响、用户实时交互信息等）。在本策略的每一步都使用前一步骤的结果作为依赖的变量，若第一步滞后，则根据上一步的结果得出，而不是原始评估。对每一个影响值，我们的目标是评估一个给每个项目或者每个用户的参数。

（1）模式

用户和物品的参数估计方法非常类似，我们用 x_{ui} 表示对应用户 u 和物品 i 的偏好解释变量。对于用户的主要影响，x_{ui} 皆为 1。对于其他的全局影响，我们令每个用户的 x_{ui} 值减去 x_{ui} 的平均值，即 $r_{ui} = \theta_u x_{ui} + error$，同时通过充分的用户估计，使用无偏估计：$\hat{\theta}_u = \dfrac{\sum_i r_{ui} x_{ui}}{\sum_i x_{ui}^2}$，其中每一个和都超过了所有的项目。然而，对于稀疏数据，一些值 $\hat{\theta}_u$ 会基于少量的观察，得出不可靠的估值。

（2）避免过度拟合

为了避免过度拟合，我们缩减个体值 $\hat{\theta}_u$ 为一个通用值，在此可以使用贝叶斯方法，假设正确的 θ_u 为符合正态分布的一个独立随机变量，使用先前记录的平均值估计 θ_u 值，即

$$E\left(\theta_u \mid \hat{\theta}_u\right) = \frac{\tau^2 \hat{\theta}_u + \sigma_u^2 \mu}{\tau^2 + \sigma_u^2}$$

其正态分布值 σ^2 可以通过输入权值后得出，而平均值 μ 可以由 θ_u 的均值得出。

2. 邻近关系模型

在此假设全局影响已经被移除，因此无论何时我们依据一个估值都意味着是经过去除全局影响化的数据。

与所有近邻算法一样，首先的步骤是近邻的选择，此处通过一个面向项目的方法，所有的项目由 u 表示，通过使用一个相似函数 $N(i; u)$ 选择与 i 最相似的项值。

通过获得的一系列近邻 $N(i;u)$，计算其插值 $\{w_{ij} \mid j \in N(i:u)\}$ 将可以得到最佳的预测值：$r_{ui} \leftarrow \sum_{j \in N(i:u)} w_{ij} r_{uj}$。可以通过对项目 i 和其邻近点建立一个类似求最小面积问题的模型求得插值，即

$$\min \sum_{v \neq u} \left(r_{vj} - \sum_{j \in N(i:u)} w_{ij} r_{vj} \right)^2$$

基于邻近法的协同过滤也许是创建一个推荐系统最流行的方法，该方法的成功取决于插值的选择和数据的规范化。可以在不通过增加运行时间的情况下，通过使用基于邻近点的方法为预测精度带来一个实质性的提升。首先，从数据中移除了所谓的"全局影响"，使得分值的可比较性更强，因此提升了精度；其次，不像其他方法那样独立计算，而是同步计算所有的邻近点，求解一个全局优化问题，通过许多邻近点间的互动来提升精度。

通过采取以上策略，可以很好地实现以下效果：

1）一般情况下，在启动一个 kNN 方法前会规范化数据，这使得不同的等级达到一个接近的级别，更好地混合起来。

2）对传统 kNN 方法中物品（或用户）的关联通过关联系数进行启发式转化，使得从邻近点可以获得直接插值。

kNN 方法可以利用两个不同种类的信息：物品 – 物品，重点在用户如何估计相似的物品；用户 – 用户，重点在物品如何被可能用户估价。由于在一个系统中有典型的用户多于物品问题，面向用户的方法被发现更慢和精度更低。

16.2.4 集成协同过滤方法

接下来介绍两个流行的协同过滤模型的改进办法，并将这两个模型整合到了一起，取得了很好的效果。我们能够得到的主要启示就是，若要提高推荐的质量，那么必须要用到数据各个方面的信息。

下面首先提出两个协同过滤的模型，即邻近模型和潜在因素模型，由此引出一个由这两个模型集成出的模型。

1. 邻近模型

最开始，这个模型的通用方法是面向用户的方法中基于已知用户的评价估计未知的评价，然后用一种类似的面向条目的方法基于同一个用户对相似条目的评价来对未知的条目进行评价。更好的弹性和准确性使得面向条目的方法在许多情况下变得更合适，所以我们主要关注面向条目的方法。

面向条目的方法的一个核心问题就是如何衡量两个条目之间的相似度——通常用皮尔逊相关系数来衡量它。但是因为许多评价是未知的，所以一些条目只被很少一部分普通用户共同评价。皮尔逊相关系数只基于普通用户。直观上来讲，基于资深用户评价而得到的相关性系数更加令人信服。所以，一个合适的相似度度量应该考虑这些因素，为此我们选取了一个收缩的相关系数

$$S_{ij}^{def} = \frac{n_{ij}}{n_{ij} + \lambda_2} \rho_{ij}$$

其中 ρ_{ij} 代表条目 (i, j) 的皮尔森相关系数，n_{ij} 代表共同评价了 (i, j) 的用户数量。λ_2 的一个典型的取值是 100。

我们的目标是预测 r_{ui}，即用户 u 对条目 i 的未被观测到的评价。通过使用上面提到的相似度，我们定义和条目 i 最相近的被用户 u 评价过的 k 个条目。这 k 个邻居（neighbors）用 $S^k(i;u)$ 来表示，那么 $\hat{r}_{ui}$ 可由如下公式获得

$$\hat{r}_{ui} = b_{ui} + \frac{\sum_{j \in S^k(i;u)} s_{ij}(r_{uj} - b_{uj})}{\sum_{j \in S^k(i;u)} s_{ij}}$$

2. 潜在因素模型

潜在因素模型试图发现可以解释已知评价的潜在因素。例如 PLSA、神经网络、LDA（见7.2.4 节）等。这里主要关注奇异值分解（SVD）模型，它将作用于维度是用户和条目的评分矩阵上。

一个典型的 SVD 模型把每一个用户 u 用一个用户因素向量 $p_u \in \mathbb{R}^f$ 来表示，把每一个条目 i 用一个条目因素向量 $q_i \in \mathbb{R}^f$ 来表示。通过它们的一个内积来预测 $\hat{r}_{ui}$，例如 $\hat{r}_{ui} = b_{ui} + p_u^T q_i$。

3. 一个集成模型

通过分析可以得知，潜在因素模型和邻近模型有着很好的互补，所以我们用下面的公式将两个模型整合到了一起

$$\hat{r}_{ui} = \mu + b_u + b_i + q_i^T \left(p_u + |N(u)|^{-\frac{1}{2}} \sum_{j \in N(u)} y_j \right) + |R^k(i;u)|^{-\frac{1}{2}} \sum_{j \in R^k(i;u)} (r_{uj} - b_{uj})w_{ij} + |N^k(i;u)|^{-\frac{1}{2}} \sum_{j \in N^k(i;u)} c_{ij}$$

16.3 基于用户评价的推荐

随着互联网的急速普及，消费者的购物方式也因此产生了巨大的变化，同时消费者购物时留下的产品评价也成为对其他消费者非常有价值的信息。其他消费者通过之前消费者的商品回馈决定是否购买产品，而且经过研究发现，消费者通过互联网购物产生的商品回馈比零售店的商品回馈更加具有吸引力，对比零售店里由零售商提供的商品描述，互联网中的消费者反馈是由消费者群体本身提供的，同时也是从一个消费者角度出发的商品评价。尽管消费者的反馈具有较大的主观性，但由消费者提供的反馈在其他消费者购物时会被认为比卖家提供的消息更加可信赖。

互联网上迅速增长的消费者反馈数量催生了一系列有趣的数据挖掘问题。在这个领域，早期的工作由于反馈其具有感情色彩这一特性而有了积极和消极的划分，主要是通过表达感情色彩的词汇短语的出现次数来评估反馈的极性。由此出现了各种版本的词库，包括人工构造的词典、WordNet 和搜索引擎。机器学习的方法也被应用到了消费者反馈的划分问题上，目前提出的所有方法都大致能够获得相对可靠的结果，但结果中的划分依旧难以达到较高的精度，尤其是对于基于主题文件的划分。

分析结果显示，由于消费者在反馈中可能会使用混合着对多方面因素的反馈，例如对一个产品的某些方面予以赞美的同时又对某些方面感到不够满意，因此对消费者反馈的感情分类步骤将非常复杂。正是消费者反馈的这种异质性，催生了对其分类研究的进一步研究，在鉴别完产品的特性后，可以使用鉴别技术提取消费者对商品的每一项反馈。

对消费者反馈分类的研究不仅仅是鉴别消费者的评价意见，而是希望通过技术手段获取消费者各个反馈对商家商品销售的影响程度。一个商品有哪些特性是消费者非常重视的？又有哪些特性是消费者相对不那么在意的？例如对照相机而言，大多数消费者购买照相机时的主要关注点到底是电池的续航时间还是分辨率呢？接下来展开探讨。

基于用户评价的推荐主要用到以下算法：

（1）特征回归

特征模型假设已细分的商品可以由一个客观度量特征向量来表示，用户对商品的评价可以被分解为产品特征的量化数值。特征模型用来估计产品不同方面对用户效用的贡献。例如，一个户外帐篷可能具有重量（w）、容量（c）、支杆材料（p）等特性，然后这个帐篷的使用评价可以由一个函数 $u(w,c,p)$ 来表示，不同的约束都可以被应用到该函数中。经常假设该使用评价函数是单调递增的，而且是凹函数。

当前特征模型的主要缺陷在于需要人工的方式设定商品的特征和度量，在传统的特征回归中决定商品的特征和如何度量特征完全取决于个人，这很容易产生评价的偏差，而且商品的特征往往不能轻易衡量。

（2）商品特征鉴别

在商品的经济价值研究中，关于鉴别商品特征的问题，过去几年已经有了许多拓展到数据挖掘和自然语言处理方面的研究。许许多多的技术已经被用来标记消费者反馈中的语句，以鉴别某词汇是否为名词、形容词、动词等。名词和名词短语往往被作为商品特征的候选。

（3）挖掘消费者的意见

众所周知，最终目标并非鉴别商品的特性，而是理解消费者对商品的各方面意见。目前的潮流是在联合特征挖掘和感情分析去提取消费者的意见。尽管技术细节可能会有所不同，但多数情况下分为如下三个步骤：

❏ 使用特征挖掘技术去鉴别商品的特征，即通过对商品信息中的词语进行与预先设置好的词库匹配，确定商品特征。

❏ 通过实现算法去提取消费者反馈中对某商品特征的评价，即通过对评价中的一个或多个关键词语进行词性判定（积极的或者消极的），对评价进行分析。

❏ 使用已发现的信息去构建概要，即通过记录的大量信息进行学习，做出最后的总结。

1）鉴别消费者的意见。通过鉴别消费者反馈中的信息，构建商特征模型如下：

$$X=(ef_1, \cdots, ef_n)$$

其中每一个参数 ef_i 代表相应特性的性能等级。

2）结构化意见短语空间。现有的消费者反馈信息挖掘方法更多地考虑去提取商品的特征和意见作为一个简单的集合。为了使用类似特征回归的概念，我们需要使用一个函数通过消费者的反馈代表商品的要求，该函数使用一个向量空间去结构化对于特征的评价。我们在此构建两个向量空间，一个用于商品特征，另一个用于特征的评价。

基于代数解耦和评估空间，我们提出意见短语和整个顾客反馈作为反馈空间 R，定义为如下一个张量积：

$$R=F \oplus E$$

其中 F 是特征空间，E 是用户评价空间。

对此，我们标记意见短语集合 $f_i \oplus e_i$ 作为空间 R 的基，同时用 V 表示此基。

3）决定每一个权值。现在每一条反馈可以视为向量空间 R 中的一个向量，我们仅需要决定每一个权值。这里用一个标准形式的频度衡量（会低估较长反馈和计算意见短语权值的影响）：

$$W(phrase, rev, prod) = \frac{N(phrase, rev, prod) + s}{\sum_{y \in v}(N(phrase, rev, prod) + s)}$$

$N(y, r, p)$ 是意见短语 y 在商品 p 的消费者反馈 r 中的出现次数，s 是一个平滑值。在此方法中，在忽略较长反馈的影响条件下，每一条反馈意见短语权值的总和为 1。

4）商品回顾的经济模型。在本方法中，我们通过一个简单的函数来模拟商品的特征及其价格，如下：

$$\ln(D_{kt}) = a_k + \beta \ln(P_{kt}) + e_{kt}$$

其中，D_{kt} 为商品 k 在时间 t 时刻的要求，P_{kt} 为其在时间 t 时刻的价格，β 为价格弹性指数，而 a_k 为捕获商品未发现的异质性特别常量，例如不同的商品特征或者商标价值。

以上通过一种新颖的方法来挖掘消费者反馈，结合了现有的文本计量经济学技术的挖掘方法，其主要新颖点为该技术允许对消费者反馈有一个经济分析，鉴别消费者对单独商品特征进行的评价。通过使用商品要求作为目标函数，衍生出一个对意见的上下文有关的解释，同时展示了如何影响顾客的选择。

16.4 基于人的推荐

16.4.1 基于用户偏好学习的在线推荐

使用在线交友网站推荐同伴是一件艰巨的任务。交友推荐与产品推荐是完全不同的。假设有这样一个极端的场景，如果一位名人想要加入这个交友网站，那么成千上万的追求者会对他／她感兴趣。但是，如果向这么多的人推荐这位名人，那么会有诸多弊端：一方面，这位名人会被对他／她可能不感兴趣的人发来的信息所淹没；另一方面，被拒绝的追求者会因为自己的信息没有得到回复而感到沮丧。

这个例子引出了一个更深层次的挑战：如何在交友网站市场满足两端的需求？

本节建立了一个基于统计的两端交友市场框架，根据对于用户偏好的学习，增加成功匹配的概率。在这一框架中，我们根据用户间交流的信息训练引入了 LDA 用户偏好统计模型。

（1）系统提出的动机

基于统计的两端交友市场框架是为提高交友问题的匹配成功率而提出的。

（2）系统的结构

这个框架主要包含以下几个部分：

1）对两端交友问题进行建模，将其转化为一个规划问题。

2）使用 LDA 模型学习用户偏好，将建模步骤中的假设用 f 和 g 函数表示出来。

3）解决规划问题，确定推荐交友对象方案。

（3）系统各个模块的关键技术

1）建模。这一步的关键问题就是如何将实际问题转化为数学的规划问题。平衡发起者和接收者的期望是一项具有挑战的任务。若网站的操作员只在发起者和接收者同时感兴趣时才进行推荐，这个平衡就达成了。我们将这个匹配问题转化为一个两端市场匹配。

市场的两端对应系统中有两类客户（如男性与女性），其中一个匹配就是男性向女性的一个推荐（或者相反）。我们允许多点匹配，可以为一个追求者推荐多个同伴，或者把一个接受者推荐给多个追求者，但是限制一个接收者每天接收信息的数量。

V 代表网站的用户集合。δ_{sr} 表示两个用户 s 和 r $(s, r \in V)$ 是否位于市场的两端。

$$\delta_{sr} = \begin{cases} 1, & \text{如果 s 和 r 在市场的两端} \\ 0, & \text{其余情况} \end{cases}$$

x_{sr} 代表 s 被推荐给 r 的概率，如果 s 和 r 位于市场的同一端，即 $\delta_{sr} = 0$，那么 $x_{sr}=0$，否则 $0 \leqslant x_{sr} \leqslant 1$。下面的函数定义了两端市场的最优化问题：

❑ $f(s,r)$ 为 s 接收到推荐 r 时发起与 r 的交流的概率。

❑ $g(s,r)$ 为 r 回复 s 的概率。

❑ $C_S(s)$ 为 s 一天中可以发送信息的最大数量，$r \in R$。

❑ $C_R(r)$ 为 r 一天中可以接受信息的最大数量。

我们的工作主要是学习 f 和 g，展示当考虑接收者的偏好时可以取得最大的增益。C_S 和 C_R 是由网站操作员规定的。使用上述定义，得到最大优化问题是

$$\max \sum_{s \in V} \sum_{r \in V} f(s,r) g(r,s) x_{sr} \delta_{sr}$$

条件为

$$\sum_{\forall s \neq r} g(r,s) f(s,r) x_{sr} \delta_{sr} \leqslant C_R(r), \forall r$$

$$\sum_{\forall r \neq s} g(r,s) f(s,r) x_{sr} \delta_{sr} \leqslant C_S(s), \forall s$$

$$x_{sr} \in (0,1), \forall s, r$$

这样第一步建模就完成了，这时 f 和 g 还没有被表示出来。为了讨论方便，假定 $f \equiv g$。

2）使用 LDA 模型学习用户偏好。这一步中的关键技术是将 LDA 模型融入框架，学习用户偏好。本例的数据包涵 200 000 个均匀采样自 2011 年 11 月以来在某在线交友网战新注册的用户，其中包含 139 482 名男性以及 60 516 名女性，各占 69.7% 和 30.3%。对于每位用户，我们获取了他们截至 2012 年 1 月 31 日的全部来往信息。

我们选择了五个最为相关的特征：年龄、体重、收入、身高以及子女情况，然后根据用户的潜在交友偏好将用户分为 T（常数）组。为了简化分析，我们假设追求者在市场的同一侧（女性），接收者在市场的另一侧（男性）。模型利用观测到的信息交换来学习用户的交友偏好。有潜在"类型"的用户服从分布 $\vec{\theta} = (\theta_1, \ldots, \theta_T)$。$\vec{\theta}$ 的值从 Dirichlet 分布中得到

$$Dir(\vec{\theta}; a\vec{m}) = \frac{\Gamma(a)}{\prod_{t=1}^{T} \Gamma(am_t)} \prod_{t=1}^{T} \theta_t^{am_t - 1}, a > 0，\text{且} \sum_i m_i = 1。$$用 D 代表在训练数据中至少发送一次信息的用户的数量，N 代表这样的信息的总数。$\vec{z} = (z_d)_{d=1}^{D}$ 代表独立同分布于 $\vec{\theta}$ 的用户类型。与 $k_d > 0$ 个用户 d 的特征集被定义为 $\vec{w}_d = (w_{1,d}, w_{2,d}, \cdots, w_{kd,d})$。

3）似然函数。在这个模型所生成的这些数据中（被定义为 $Data = (\vec{w}_1, \ldots, \vec{w}_D)$），被观测到的信息交换的概率为

$$P\left(Data \mid \vec{z}, \Phi, \vec{\theta}\right) = \prod_{d=1}^{D} \prod_{i=1}^{k_d} P\left(w_{i,d} \mid z_d, \Phi\right)$$

$$= \prod_{t=1}^{T} \prod_{v \in V} \phi_{v|t}^{N_{vt}}$$

其中 $\phi = \{\vec{\phi}_t\}_{t=1}^{T}$。后验分布从贝叶斯规则中得到，即

$$P\left(\Phi \mid Data, \vec{z}, \theta\right) = \frac{P\left(Data \mid \vec{z}, \Phi, \vec{\theta}\right) P\left(\Phi\right) P\left(\vec{z} \mid \theta\right) P\left(\theta\right)}{P\left(Data, \vec{z}\right) p\left(\theta\right)}$$

$$= \prod_{t=1}^{T} Dir\left(\vec{\phi}_t; \left(\frac{\beta n_1 + N_{1|t}}{\beta + N_t}, \dots, \frac{\beta n_{|V|} + N_{|V||t}}{\beta + N_t}\right)\right)$$

4）通过吉布斯抽样学习用户偏好。通过最大似然估计从数据中迭代估计 $\vec{z}, \Phi, \vec{\theta}$ 的取值需要组合数，因此我们借助于吉布斯抽样估计模型的参数。

前面做了一个简单的假设，即 $f \equiv g$，然后使用 LDA 结果从数据中得到 f 或 g。使用学习到的用户混合类型以及偏好，我们现在可以为任何用户对 (s, r) 定义 f 和 g，如下：

$$f\left(s, r\right) = g\left(s, r\right) = \delta s, r \sum_{t=1}^{T} \mu_t^{(s)} \phi_{v_t|t}, \forall s, r.$$

使用上面的 LDA 模型来估计用户 d 的类型为 t 时给出信息的概率，然后用户类型 t 的偏好就被分配给这个用户了。但是对于那些没有信息交换的用户，我们可以使用他/她的档案来预测其类型。假定用户档案中的相关特征与其用户类型具有强相关性，可以使用最大似然估计来得到特征对应用户类型的概率。

3）解决规划问题。在上一步中计算出 f 和 g 后，已经可以将整个规划问题完整地表示出来了，这样对于每对 s 和 r，就可以计算出将 s 推荐给 r 的概率 x_{sr} 为多大时规划问题可以取最优解，继而可以判断应该将哪些用户推荐给目标用户。

（4）系统的应用

下面讨论的框架可以作为解决两端交友配对问题的一个现成的方案。

首先，使用人工数据测试 LDA 模型学习用户偏好的情况。结果显示，模型中 99.5% 的男性以及 99.6% 的女性被分到 4 个大的用户类型组中去，这说明即使 T 取较大的值（$T = 10$），这个模型还是可以准确识别不同用户类型的数量（4 个）。这证明 LDA 在提供很少的信息（平均每个用户 4.5 个信息）的情况下的确能够准确地识别用户类型。其次，使用学习到的偏好根据数据衡量获得的增益，对用户进行推荐。结果显示，男性追求者的成功率明显提高了（46.84%），女性追求者也有了一定的提高（16.5%）。这证明这个两端框架比传统的追求者单向推荐的方式具有更高的配对成功率。

在这一示例中，我们假设了一个基于统计的两端匹配市场框架，以此来进行交友推荐，从而证明同时考虑市场两端的偏好可以大大提高配对的成功率。这一框架还可以嵌入基于 LDA 模型的用户偏好学习算法。LDA 模型可以成功地将类似的用户分类出来并学习他们的偏好。然而，这样的推荐系统并不完备。虽然我们相信这一框架既具有实践性又具有扩展性，但是它还没有被大型系统所实现。将 LDA 替换为基于心理学方法的用户偏好及行为模型也可能有助于改进系统。

16.4.2 混合推荐系统

随着网络的流行，越来越多的人试图在在线交友网站上寻找朋友或约会对象。从大量的候选者中推荐合适的对象成了推荐系统中一个有趣且富有挑战的问题。解决这个问题有各种各样的技术，比如基于内容的推荐、协同过滤、关联规则挖掘等，然而绝大多数技术都忽略了个性化关注，它们主要考虑热点用户或频繁项集，只覆盖了一部分用户，而且不能有效的解决"冷启动"问题。

目前的推荐系统首先通过分布式的处理平台，从大量的数据中提取基本的用户属性，然后通过机器学习方法建立用户偏好模型，最后基于个性化的偏好模型为用户推荐约会对象。

当前有两种流行的推荐方法：一种是基于内容过滤，另一个是协同过滤。基于内容过滤的核心在于用户感兴趣的内容所包含的信息，然而这种方法很难应用在用户对用户的推荐系统，因为缺少用户信息和明确的用户兴趣。协同过滤是一种流行的推荐方法，旨在通过形成一个可比较的加权推荐值来发现相似的用户，并向其推荐感兴趣的商品。

在线用户–用户推荐系统不同于平常的用户–商品推荐系统。只有用户之间相互满意，一个匹配推荐才算是成功的。

大多数在线推荐系统采取基于图的协同过滤算法。如基于用户兴趣和行为，有人开发出一个基于图挖掘技术的系统，根据用户登记的参数来计算用户偏好的相似度。这个系统采取了基于图的协同过滤，而且推荐匹配必须通过将相同候选集推荐给相似主题进行人工聚集。用户交互也是推荐系统中一个重要的因素。

我们给出一个给予混合推荐系统的回归，利用匹配度、喜好度、活跃度、真诚度、流行度和狂热度来推荐合适的伙伴。这一推荐系统基于真实的约会网站，评估结果显示我们的策略是更加高效的，而且比之前赋予最近活跃的用户更高优先级的策略更加高效。

但是当面对"冷启动"问题（系统没有最新用户或商品的先验信息）时，这可能导致较低用户覆盖。随着用户数量的增长，这些模型很难即时更新，而且对新用户不敏感。由于在一个特定的环境里，推荐资源是有限的，因此我们设计的推荐系统可能带着一些个人因素。

图 16-4 阐明了混合推荐系统的总体框架，包括数据分析模块和推荐系统模块。首先，实时收集网站系统生成的日志信息并将其存储在分布式数据库存储中（例如 MySQL）。其次，通过使用分布式计算平台迅速从庞大的日志信息中更新用户的属性和状态（这将在下一阶段中使用）。最后，收集最新的用户和系统状态后，推荐模块通过一系列机器学习方法推荐约会伙伴列表给每个用户。此处采用 EPIC（可扩展和可伸缩的集成存储 / 计算平台）。它的目的是通过分离的并发编程模型和数据处理模型，有效地自动处理并行数据密集型计算。在图 16-4 中，epiC：ES2 表示弹性存储系统，是为平衡性能和利用率专门设计的服务，支持 OLTP 和 OLAP。epiC：VBS 表示虚拟块服务，专门设计用于通过利用性能和利用率，同时也支持文件系统，包括遗留系统（POSIX）和 HDFS / GFS（只读），重点在于支持不同的文件系统。

1. 数据分析模块

网站系统的前端会产生日志，记录用户的行为，如登录、查看、发送消息、搜索和要求推荐列表。数据分析模块用于实时地处理这些数据，以便在存储器或数据库中更新用户的特征和系统属性。系统属性包括有许多从系统收集的属性信息（例如在线用户数和新注册的用户的数目）以及其他许多复杂的指标。与每个用户相关联的用户特征包括许多方面，如性别、地域、年龄、收入、教育、种族、职业、宗教信仰、报名时间及上网时间。此外，还包括个性化推荐系统需要的一些高级的用户的指标。下文描述了一些重要的指标。

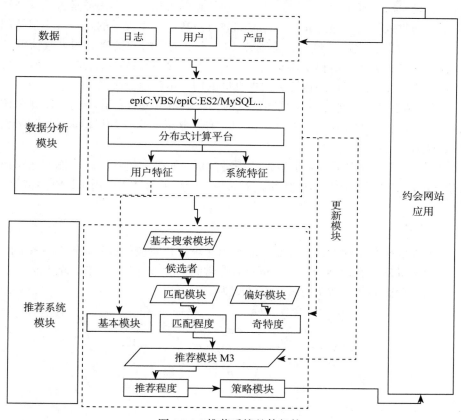

图 16-4　推荐系统整体架构

1）活跃值。一个结合用户登录、趋势、消息、评论、赞誉和一些其他行为的加权值。我们用 B 表示这些行为，用 d 表示用户活跃的天数。计算公式为

$$A_d = \sum_{b \in B} W(n_{b,d}, w_b, S_b)$$

其中，n 是行为 b 的次数，由用户进行初始化。w_b 和 S_b 表示行为 b 的权值和尺度参数。W 表示加权函数，其定义为

$$W(n, w, s) = w \cdot N(n, s)$$
$$N(n, s) = \frac{2}{1 + e^{-4n/s}} - 1$$

当 n 等于 s 时，$N(n,s)$ 等于 0.964。当 s 等于 30 获得用户的第一天活动结束后，我们总结了用户的近 30 日活动的加权求和，如下：

$$A_{30} = \sum_{d=1}^{30} A_d \cdot e^{-(d\sqrt{\ln 2}/s)2} / 30$$

其中，s 是一个衰减的参数，此处设置为 45。这个指标可以衡量用户的真实活跃度，还

可以处理欺诈。

2）安全性。安全性是一个集成了用户信息真实性以及应用程序的日常行为的复合值来评测的指标。用户信息真实性包括一致性和用户信息的可靠性，如头像是否是一个真实的人的图像，用户的收入是否与他的职业、地位和教育一致。应用程序的日常行为包括用户是否经常登录、有多少人被阻挡。最后，得到在（0,1）范围内的诚信值。如果诚信值是非常低的，用户很可能是恶意用户或很少参与约会。通过考虑推荐系统的诚意功能，我们可以有效抑制低质量的用户或恶意用户的传播，并把真诚的用户推荐给更多的人。

3）人气。结合赞誉、评论、意见和信息的接收数量的复合值，我们可以评测该用户的流行度，甚至可以找到欺诈用户或较活跃的但具有非常低的人气的机器人（例如频繁发送骚扰邮件的程序）。

4）热情。一个表示用户响应陌生人的举措的值（如打个招呼、评论你的文章或发送消息），它基于用户反馈的统计数据计算的。下面是一个简单的公式，用来计算热情值 Ent：

$$Ent = \frac{m}{N}$$

其中，N 表示采取主动的用户数量，m 表示这个用户响应的数量。但有一个问题，当 N 较小时，结果不准确。在这种情况下，将具有非常高的标准差和非常低的置信水平，可使用下界威尔逊的评分区间作为解决方法，其公式为

$$Ent = \frac{p + \frac{1}{2n}z_{1-\alpha/2}^2 - z_{1-\alpha/2}\sqrt{\frac{p(1-p)}{n} + \frac{z_{1-\alpha/2}^2}{4n^2}}}{1 + \frac{1}{n}z_{1-\alpha/2}^2}$$

其中，p 等于 m/N，是一个正数。

2. 推荐模块

推荐模块的运行过程为：首先，基本搜索模块根据用户的喜好选择候选对象；其次，提取候选人的特征，包括许多基本特征以及一些更高级的特征，如匹配程度等；再次，收集这些特征后，通过用户的评价预测模型计算各候选人的评分；最后，根据得分推荐候选人（例如，新注册的用户给予较高的优先级）。也就是说，我们先把用户特征存入数据库，然后当用户更改他们的信息或新注册用户来了之后更新这些特征，当任何特征值被修改时，更新日志服务将通知并记录变化，周期性地根据日志来更新用户特征数据库。

推荐模块由三部分组成：用户匹配模块、用户偏好模块和用户等级预测模块。

（1）用户匹配模块

在用户匹配模块中，我们会用到一系列基准，如年龄、收入和教育。为了减少人为的错误率，我们使用机器学习方法来获得一个匹配模式。训练过程为：训练样本可以通过一些基本特征，如年龄、收入、教育、民族、职业和房屋状况得到。训练样本的标签可以从反馈，例如从每个用户的好恶来获得。然后我们使用决策树以获得用户匹配模型，记为 M_1。在训练过程中，我们采用 C 4.5 决策树和基尼系数。基尼系数的定义为

$$GINI(t) = 1 - \sum_j p^2\left(\frac{j}{t}\right)$$

其中，$p\left(\dfrac{j}{t}\right)$是类别的样本数与杂质的比率。其范围为 0 至 $1-1/k$，其中 k 是类别数量。

我们采用成本复杂性剪枝算法（CART 剪枝算法），其中 α 表示错误率的增益：

$$\alpha = 1 - \frac{R(t) - R(T_t)}{|N_{Tt}| - 1}$$

N_{Tt} 是 t 节点的子节点数量。$R(t)$ 是节点 t 的错误率。如果节点 t 被剪枝，则

$$R(t) = r(t) - p(t)$$

其中 $r(t)$ 是节点 t 的误差率，$p(t)$ 为节点 t 的个数比例上的数据占所有数据的比例。如果节点 t 不会被修剪，$R(T_t)$ 表示节点 t 所有子树的错误 $cost$。在这种情况下，$R(T_t)$ 是子节点 T_t 的所有错误率的总和。此修剪算法的优点如下：

1）避免了训练数据的过度拟合。

2）较高的精度、支持率和层数较少的决策树。

3）对噪声不敏感，在面对新注册用户的冷启动问题上，匹配模式是有效的。

（2）用户偏好模块

上述用户匹配模型能够处理基本的匹配问题，但是它没有考虑用户偏好，于是我们为每一位用户建立了用户偏好模块，作为他 / 她的个人约会偏好，记作 M_2。在一定程度上，一位用户的喜好度表示他 / 她喜欢什么样的人。例如，如果用户喜欢点击教师，那么用户偏好模型会给该用户推荐一个高分的老师。

训练样本是基于个人用户的历史约会行为。模型的预测值基于用户的回应。有以下三种类型的用户回应：

1）积极反应，如发送消息，单击。

2）消极反应，如不回复消息，列入黑名单。

3）没有明确的反应（例如无点击）。

积极反应的预测值会得到更高的分数，反之亦然。使用决策树作为预测模型，以获得不熟悉用户的个性化喜好度。

训练结束后，决策树模型序列化并保存在分布式存储系统中。通过更新训练样本和预测模型，系统可以利用最新的用户行为数据提供更精确的推荐。在线约会网站有许多不同偏好的用户。用户偏好模块能动态地满足不同用户的潜在需求。这个模块使得推荐系统能准确地满足用户的显性和隐性的个人喜好。

（3）用户等级预测模块

我们引入一组基准，以提高推荐的精度，其中包括匹配度、喜好度、活跃度、真诚值、人缘和热情。此外，我们还考虑是新注册用户还是经常访问的用户。基于以上的基准，我们建立了用户等级预测模型的网上推荐系统。

在该系统中，用户等级预测模型采用逻辑回归方法建立。训练得到的模型将预测候选用户的推荐率。在逻辑回归法中，用 X_1，X_2，…，X_n 表示特征向量，n 是维数。候选用户推荐概率的形式为

$$p = \frac{1}{1 + \exp^{-\left(\beta_0 + \sum_1^n \beta_i X_i\right)}}$$

其中，$\beta_0, \beta_1, \ldots, \beta_i$ 是逻辑回归模型的回归系数。该系统使用随机梯度下降法来评估这些回归系数。系数的在线更新基于分布式计算系统，然后训练模块用于预测推荐概率。

16.5 基于标记的推荐

社交标记系统（Social Tagging Systems，STS）对帮助用户通过做标记的方式管理在线资源十分重要。标记可以被重用和分享，用来发现用户的兴趣，允许用户识别项目。这项额外的信息帮助在线系统建立更好的用户档案，并且可以用于推荐系统。这种系统被称为基于标记的推荐系统，使用分众分类法（folksonomy）来表示用户、项目、标记之间的关联。

张量模型是一种广为人知的用于表示和分析在多维数据中固有的潜在联系的方法。这种方法包含以下三个步骤：

1）建立张量，用于建模多维数据。

2）分解张量，用于得到数据中的固有潜在联系。

3）重建张量，用于挖掘张量模型维度间的潜在联系。

使用张量模型进行推荐主要包含以下两个步骤：

1）重建大尺寸张量。

2）使用重建的张量产生推荐。

下面对这两个步骤加以介绍。

（1）可扩展张量重建

这一步骤中的关键问题就是如何建立张量模型。首先要对项目推荐问题进行建模，具体如下：

$U = \{u_1, u_2, u_3, \ldots, u_{|U|}\}$ 代表用户的集合，$I = \{i_1, i_2, i_3, \ldots, i_{|I|}\}$ 代表项目的集合，$T = \{t_1, t_2, t_3, \ldots, t_{|T|}\}$ 代表标记的集合。在 STS 中，一个标记分配向量 $a(u,i,t) \in A$ 代表用户 u 对项目 i 做了标记 t。对于每个标记分配，$a(u,i,t)$ 的可能值 v_A 为 $\{0,1\}$，当 $a(u,i,t)$ 存在时 v_A 为 1，不存在时 v_A 为 0。一个标记 O_A 代表 A 中所有不重复的用户——项目组合，因为一个用户可以对一个项目标记多个值。对于 $O_{a(u,i)}$，V_{OA} 可取的值为 $\{0,1\}$，1 表示用户 u 对项目 i 做了任何标记，0 代表 u 没有对 i 做标记。v_{O_A} 用于对推荐进行排序，v_A 用于产生候选项目以及排序推荐。

建模之后，使用 TRPR（建立张量以及利用概率排序的方法）来进行推荐，TRPR 方法的步骤为：首先建立张量模型，包括从标记的分配数据 A 中建立三阶张量、使用分解方法对张量进行分解以及对分解出来的元素进行重建；其次是对候选项目进行排序用于推荐，包括从重建的张量中生成候选项目列表以及标记偏好；最后用概率方法计算用户的偏好，对列表进行排序，找出前 N 个项目作为推荐。

下面介绍建立张量模型的具体方法（建立张量、张量分解和张量重建）：

1）初始建立张量。从数据集 A 可以构建一个三阶张量 $y \in \mathbb{R}^{U \times I \times T}$，$|U|$、$|I|$、$|T|$ 分别为用户、项目和标记的数量。

2）张量分解。使用 Tucker 分解技术来获得多维张量数据间固有的潜在联系。Tucker 将三阶张量 $y \in \mathbb{R}^{U \times I \times T}$ 分解为一个核心张量 $C \in \mathbb{R}^{P \times Q \times R}$ 以及三个系数矩阵 $M^{(1)} \in \mathbb{R}^{U \times P}$、

$M^{(2)} \in \mathbb{R}^{I \times Q}$ 和 $M^{(3)} \in \mathbb{R}^{T \times R}$，公式为

$$y \approx C \times_1 M^{(1)} \times_2 M^{(2)} \times_3 M^{(3)}$$

核心张量 C 必须满足以下条件：

$$C \approx y \times_1 M^{(1)'} \times_2 M^{(2)'} \times_3 M^{(3)'}$$

3）张量重建。将核心张量与系数矩阵相乘可以得到重建的张量 $\hat{y}$。张量 $y \in \mathbb{R}^{I_1 \times I_2 \times \dots \times I_N}$ 与矩阵 $V \in \mathbb{R}^{J \times I_n}$ 的 n 模（矩阵）乘积使用 $y \times_n V$ 来表示。y 与 V 的 n 模乘积等价于 V 乘以 y 的一个矩阵变换 Y，如下：

$$B = y \times_n V \Leftrightarrow B_{(n)} V Y_{(n)}$$

由于 n 模矩阵乘法运算过程中可能导致内存溢出，重建张量对于大数据来说变得不可扩展。我们将重建过程划分为三个部分：在前两个部分中，我们分别顺次使用 1 模和 2 模乘法将核心张量 C 与前两个系数矩阵相乘（R_U，R_I），一旦得到的结果被保存起来，就清理一次内存。在第三个部分中，将最后一个系数矩阵（R_T）与前一步得到的中间张量结果（$\hat{y_2}$）相乘时，使用 3 模块乘法。这个 3 模块乘法是基于块的并行矩阵乘积操作的。重建得到的张量 $\hat{y}$ 可以在新的条目中挖掘用户、项目和标记之间的潜在联系。

以上操作实际上为扩展重建大尺寸张量提供了可行性。

（2）项目推荐

在这一步中，我们使用上一步得到的张量模型，结合概率方法进行排序以及生成推荐项目。我们使用朴素贝叶斯算法对张量建模的结果进行排序来为用户 u 生成前 n 个项目作为推荐。朴素贝叶斯算法基于之前的观测结果生成概率模型。如果将项目推荐问题作为分类问题对待，这是一种十分有效的方法。

使用重建得到的张量 $\hat{y}$，对于每个用户 u，创建两个列表：①用户 u 可能感兴趣的候选项目列表 $Z_u = \{i_1, i_2, i_3, \dots, i_r\}$，$Z_u \subseteq I$。②基于 $U_{\hat{A}}$ 最大值的标记偏好列表 $X_u = \{t_1, t_2, t_3, \dots, t_s\}$，按照降序排列，$X_u \subseteq T$。概率模型使用贝叶斯理论计算的概率 $p(Z_u | X_u)$，如下：

$$p(Z_u | X_u) = \frac{p(Z_u) p(X_u | Z_u)}{p(X_u)}$$

当计算出目标用户对项目的概率后，推荐项目列表就根据 $P_{u,i}$ 的值被降序排列了。前 N 个推荐就是一组排序的 N 项集 $TopN_u$，即目标用户 u 可能感兴趣的项目。

16.6 社交网络中的推荐

16.6.1 基于信号的社交网络推荐

近年来，社交网络已成为获取信息的最好方式之一。大量的数字信息是我们面临的核心挑战。社交推荐系统能对日常社会关注点做出相关的内容或用户的建议。基于信号模型的方法显式地将时间维度引入用户关注点的展示中。这个模型利用信号处理技术（即小波变换）来定义一种高效的基于模式的用户相似函数，基于此相似性函数可以实现推荐。实验结果表明，这种方法做出的预测优于其他一些方法。

作为最流行的社交网络平台，Twitter 可以让用户建立社交网络，一位用户可以关注另

一位用户，并从其主页上获取最新的消息。可是，传统的社交网络图没有考虑用户关系的多样性和随时间变化的特性。这里提出一种叫"信息包"的新方法，可以表示用户兴趣随时间变化的过程，即将时间维度加入用户的社交网络建模过程中。为了探索新的表示模型的可能性，我们引入了数学中用到的技术——离散小波变换。

相关的工作有很多，有人提出一种在企业社交网络方案中应用的用户推荐引擎的方法，用来汇聚不同的信息源以推测影响相似性度量的因素。另外，一份扩展的分析表明，相对于基于用户关系的算法不如基于内容的更有效，尤其是当用户的历史数据可以使用的情况下。进一步的研究提出了基于包配置的用户推荐任务的优点。但是众多的方法都没有考虑到在推荐过程中时间的变化对推荐信息的影响。可以将时间维度引入推荐系统中，并结合小波变化的方法给出预测。

（1）信号包模型思想及总体框架

算法的核心思想是将用户表示问题引入文档表示的问题，以便使用信息检索的相关技术。该模型利用信号处理技术表示信息实体的出现频率以及相关的时间利用模式，并通过一系列的信号采取合适的相似度函数来对用户兴趣建模。

在推荐的算法模型中，一个用户由一个与在伪文档中出现的概念相关的信号集合构成，进一步来讲，每一个信号由一个有序的信号元素集合组成，其中每个元素根据加权函数加权。任何一个信号含两个不同的概念信息：时间和数量。因此，包信号模型的处理单元是信号。用离散的小波变换来分析和处理这些信号。小波有很多种，这里应用 Haar，因为其易于实现并且兼容性好，这意味着它在有限时间间隔外消失。

另外，我们还定义了相似函数 f 和信号能量函数 ξ。

（2）算法中用到的定义

算法中用到的定义如下：

1）伪文档（pseudo-document）。其定义为

$$PD(u) = \{t \in T \mid user(t) = u\}$$

以上表示用户 u 的伪文档，T 表示消息的集合。

2）概念包。其定义为

$$P(u) = \{(c, w(u, c) \mid c \in C, u \in U\}$$

$w(u, c)$ 给出了用户 u 的概念 c 的权值。C 和 U 分别是概念集和用户集。

3）伪文档段。其定义为

$$PF(u, p) = \{t \in T \mid user(t) = u, date(t) \in p\}$$

这是对伪文档概念的扩展，T 和 U 的定义同上，p 是观察时期。

4）信号分量。其定义为

$$f_{u, c, p} = \omega(u, c, p)$$

它是关于用户、概念和观察时期的一个加权函数。

5）信号。其定义为

$$S_{u, c} = [f_{u, c, p1}, f_{u, c, p2}, \cdots, f_{u, c, pn}]$$

用户 u 对概念 c 的信号是一系列信号分量的有序集合。

概念 – 频率函数如下：

$$CF_{u,p,c} = \frac{f_c}{\max_{i \in c}\{f_i\}}$$

倒周期频率函数如下：

$$IPF_{c,p} = \log\left(\frac{|pf_{u,p}|}{|pf_{u,p} : c \in pf_{u,p}|}\right)$$

$$\omega(u,c,p) = IPF_{c,p} * CF_{u,p,c}$$

根据以上定义，构建如下用户模型：

$$P_u = \left\{S_{u,c} = [f_{u,c,p0}, f_{u,c,p2}, \cdots, f_{u,c,pn}] \mid c \in C\right\}$$

其中，U 和 C 分别是用户和概念的集合。这里还定义了两个相似度函数：假定用户 $u1$ 和 $u2$ 的信号为 P_{u_1} 和 P_{u_2}，相似函数为

$$f1(u_1,u_2) = \frac{\sum_{c \in C_1 \cup C_2} \xi(s_{u_1,c}) \cdot \xi(s_{u_2,c}) \cdot temp_{level}(s_{u_1,c}, s_{u_2,c})}{\sqrt{\sum_{c \in C} \xi^2(s_{u_1,c})} \cdot \sqrt{\sum_{c \in C_2} \xi^2(s_{u_2,c})}}$$

其中 templevel 是分析是否信号有相似时间使用模式的函数，其值可能为 0 或 1，0 表示模式不同，1 表示模式相同。C_1 和 C_2 是 P_{u_1} 和 P_{u_2} 中信号所关联的概念集合 $S_{u_1,c} \in P_{u_1}$，$S_{u_2,c} \in P_{u_2}$，依据此用户相似函数可以实现推荐，其用到的公式为

$$\xi(s) = \sum_{i=0}^{|s|} s[i]^2$$

$$A_l(s) = \left\{a_{l,j} \quad j = 1,\ldots,2^l\right\}$$

16.6.2　基于在线主题的社交网络推荐

Twitter 的主要优势是它能实时地告知用户社会上正在发生的事，包括自然灾害、政治事件的爆发或者最新的比赛结果。为了保证用户能即时获得消息，Twitter 提供了相关服务，即通过推送提醒消息到移动设备来主动地告知用户。

这些提醒必须是相关的、个性化的、实时的，否则这些提醒就成了令人讨厌的打扰。我们发现本地网络消息对于发现推送内容是至关重要的。Twitter 用户管理他们关注的账户，这些账户显示了他们的兴趣以及社会关系或专业关系。因此，用户关注者的一次临时的相关动作会为推荐提供丰富的信息。例如，假设我们希望做出"关注谁"的推荐给用户 A：首先检查用户 A 的关注列表（称为 B_1，B_2，$\cdots$，B_n），如果在时间间隔 τ 内，有多于 k 个用户关注了用户 C，我们就把 C 推荐给用户 A（k、τ 都是可调节参数）。这个基于用户行为（比如转发文章、设为最喜欢）的思想也应用在了推荐内容上。根据经验，我们发现这种方法能提供更多的服务：通过直观的、临时关联的动作捕获所有关注用户的"当前热点"，因此，这被个性化地定义为"用户感兴趣的组"。

这个推荐策略阐明了"社交网络中，在大量的动态图中实时地进行动机检测"这个普遍问题的一个特殊实例。社交动机在网络图中是循环的，它们被定义为有特殊配置的顶点和边。动机在生化、经济、计算机科学和社会学等方面有着重要的意义。

几乎所有的动机探测方法都是基于静态图快照并批量计算的。我们的"twist"的新奇之处在于，当动机实时的形成并触发了特定的动作时，它才被称为动机。

这如何与先前的工作关联起来呢？当然，面向流的数据库已经有了很长的历史，但是他们被设计为关联的而不适合图处理。尽管在流处理上有了一些成效，如随机游动、三角形计算、聚类回归系数等，但巨量图分析的大部分工作还是集中于批处理。

经过这样的设计，可以实现如下功能：

1）为 Twitter 设计了一个大规模的生产系统，可以实时地为上千万的移动用户提供推荐服务。

2）作为"实时地在大量的动态图中进行动机探测"这个常规问题的一个实例，在推荐服务里实现了这个算法，并且通过讨论得出，这可能是未来数据管理系统的实现方法。

（1）系统原理及实施方案

系统的原理如图 16-5 所示，假设一个有向边代表一个关注，通过下面这个例子做出用户推荐。

其中，A 代表希望为之做出推荐的用户，B 代表 A 所关注的用户，C 代表 B 所关注的用户。我们希望把合适的 C 推荐给 A。假设 $k=2$，k 表示当边 $B_2 \rightarrow C_2$ 创建时，我们将把 C_2 推荐给 A_2。换言之，我们对"菱形边"比较感兴趣。

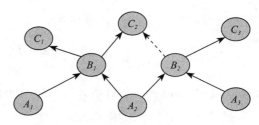

图 16-5 系统的原理

那么，这个问题的边界在哪里？Twitter 关注用户的图包含 O（10^8）个顶点和 O（10^{10}）条边。本系统必须能处理大量的动态图。我们的设计目标是在每秒新插入 O（10^4）条边的情况下，几秒之内做出推荐。我们很自然地设计了一个水平扩展的方案。

开始的时候，我们排除两个明显很朴素的方案。一个是能够对每个用户的网络阶段性地进行投票，来观察动机是否形成，然而这个方案的延迟太大。另一个方案是跟踪用户 A 的"双跳"邻居节点，粗略的计算表明，即时使用合适的数据结构（如 Bloom 过滤），这个方案也是不切实际的。

最终我们实现了一个方案，这个方案只需要标准的数据结构。为了方便解释，我们考虑如下这种情况：所有的图都在一台计算机上进行处理。把 A 到 B 的边看作静态的，并用邻接表存储它们的反转（用 S 表示这个邻接表）。给定一个 B，我们可以查询 S 得到关注 B 的所有用户 A。

假设存在大的数据源（如消息队列）能实时地产生并提供"图边"的数据流。我们把这些边看作 $B \rightarrow C$，这是图里面的动态部分。我们持久化一个数据结构 D 存储指向 C 的所有边。换言之，给定一个查询顶点 C，我们能根据时间戳轻易地取得所有指向 C 的边，用这种方法，我们存储了推荐的"新鲜度"。

（2）推荐算法

数据结构主要存储在内存里。按照这个步骤，推荐算法的实施过程过程如下：

当边 $B_2 \rightarrow C_2$ 被创建时，通过查询 D 来找到所有指向 C_2 的 B（如 B_1）。此时计算"菱形边"动机的上面一半。对 B_1、B_2，在 S 中查询它们的入边来计算交叉点，这个点就是所要做出的推荐。其中，A_1、A_2 指向 B_1，A_2、A_3 指向 B_2，交叉点是 A_2。因为 S 是静态数据结构，我们可以很容易地按 A 排序，使用高效地排序算法很容易实现。

为了在分布式计算机上实现这个设计方案，我们把 A 分区存储。这就意味着，每一个分区存储着源顶点集 S 的一个分解。因此同一个 B 可能分布在多个分区上。这样的设计保证了所有的邻接表的交点都是局部的，消除了大规模分区交互操作的复杂性，从而可以重复地在每一个分区上进行容错和提高查询吞吐量。

但是应意识到当前设计一个潜在的扩展瓶颈，即每一个分区需要存储所有的 D 数据结构（D 存储 B 和 C 的入边）。原则上任何一个 B 可以在任何一个分区上，因此每一个分区需要处理所有的"边事件"流，这会导致网络带宽和存储压力。实践中，我们没有发现网络带宽会成为问题，存储压力也可以通过以下方式来减轻：给 D 数据结构剪枝，只保留最新的边（因为设计原则就是时效性）。

当前，新的输入边被插入每个分区的数据结构 D 中，但是这些更新不会发生在 S 中（因为原则上，新的边 B->C 可以被视为 A->B）。从技术角度讲，可以把两个数据结构都更新，但 A->B 是被离线计算的，而且被定期地加载到系统中：这就允许我们利用丰富的特性来给图剪枝。实践中发现，对于关注了很多用户的用户来讲，限制每个用户可以影响的"用户数量"是更加高效的。额外的好处是限制了 S 的存储大小，节省了空间。

此系统描述了 Twitter 实时推荐系统的逻辑组件：

1）图这种很重要的数据结构的分区存储。

2）图计算的处理过程，系统以此来形成推荐建议。

当然，除了"菱形边"的推荐建议之外，图中可能还蕴藏着其他很有用的推荐信息，这些可以通过进一步的图分析来获得，而且可能会涉及其他数据结构。

再深入一些，我们可以预想这个框架的进一步发展，可能实现一个与在线图形数据库相媲美的最佳的队列系统，而这可能代表着一种完全新颖的数据管理系统的形成。

16.7 基于阿里云的个性推荐系统搭建

阿里云有十分成熟的推荐系统模块，我们只需要进行简单的环境准备和数据准备，再进行基本配置与离线计算，并且集成推荐 API，就能实现推荐引擎的基本功能。效果报表、功能优化、实时修正、监控与告警等高级功能也能更加容易地得以实现。

下面以大家十分熟悉的电影推荐系统为例，展示如何使用阿里云快速高效地打造个性推荐平台。

要设计一个电影推荐平台，需要在下面两个场景实现精准的推荐：

1）用户进入网站首页时，推荐其可能会喜欢的影视作品，而且要结合该用户的历史行为信息进行推荐。

2）当用户进入详情页面时，要根据当前页面展现的影视信息，结合用户的历史行为信息进行推荐。

这里使用众所周知的数据集 MovieLens 作为数据来源。

推荐业务是推荐引擎的基本管理单元，业务定义了算法可以使用的数据范围。在系统中，影视资料的数据（比如电影数据和电影评分行为的数据）以及用户的数据等都在推荐业务范围内。

具体实现步骤如下：

首先，进入推荐管理控制台首页，单击"新建体验业务"按钮。

在弹出的页面中，有两个主要部分：分别是"配置业务基本信息"和"配置业务依赖云资源"，如图 16-6 所示。此处可以参考阿里数加手册，如果后续步骤中提示要修改资源管理等，在手册上均有详细说明，此处不再赘述。

图 16-6　新建体验业务

填写完成并确认后，还要经过大概几分钟的环境初始化。接着，要完成业务初始化。这个过程大概需要几分钟的时间，当初始化完成后，可以在"我的推荐"页面中看到新建立的推荐场景。用户也可以自定义推荐场景，如图 16-7 所示。

图 16-7　自定义推荐场景

单击"编辑业务"按钮，可以查看业务的原始数据内容，如图 16-8 所示。

这里使用阿里直接可用的数据表。你也可以自己定义表，并且上传数据（自定义表命名和格式有相关的要求，详见阿里云推荐系统文档）。

下面到了重要的推荐场景设置环节。一个推荐业务可以包括多个推荐场景，而每个场景都可以看作网站中个性化推荐的功能模块。

场景包含一个或多个算法流程，每个算法流程代表一种推荐物品的逻辑。创建完推荐业务后，会自动生成两个推荐场景——"详情页推荐"和"首页推荐"。

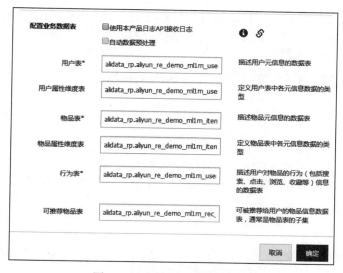

图 16-8　业务的原始数据内容

然后，发布开发测试环境中的算法流程到线上的生产环境，如图 16-9 所示。

图 16-9　发布算法流程到线上的生产环境

紧接着勾选所有的算法流程，然后单击"下一步"按钮。再设置流量占比，最后在"编辑推荐场景"界面，可以看到发布的算法流程，单击"完成"按钮。就可以在"我的推荐"里看到完成的信息了，如图 16-10 所示。

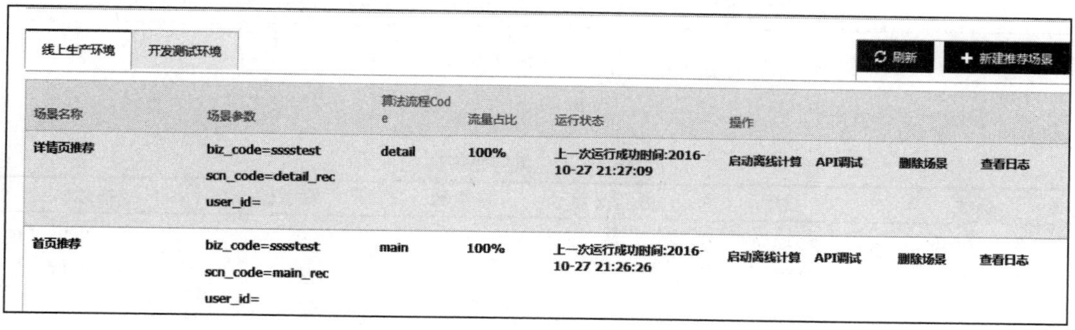

图 16-10　线上生成环境

至此，配置成功。下面以"首页推荐"的场景为例，单击"启动离线计算"按钮，此时，若提示"预处理未完成"，就需要单击"请执行数据预处理"按钮。

接下来进行 API 调试。

我们可以通过 API 调用来访问离线计算的结果，得到针对用户的个性化推荐列表，如图 16-11 所示。

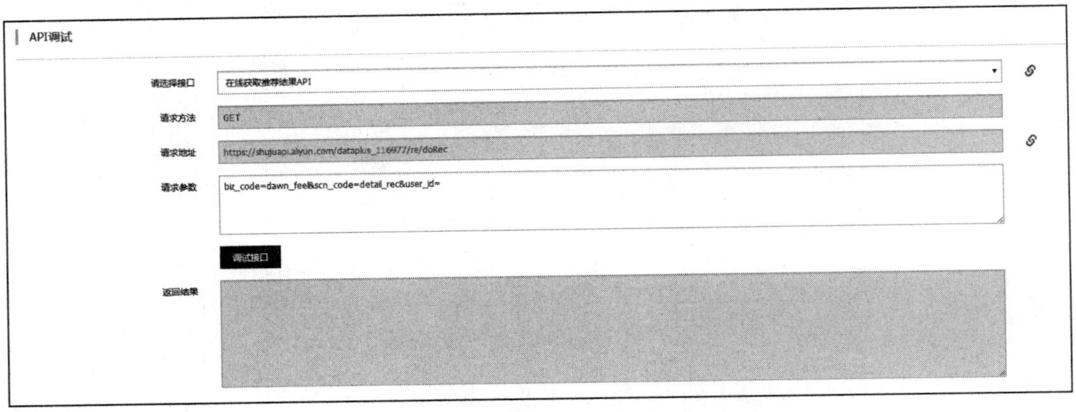

图 16-11　API 调试界面

通过修改请求参数，我们就能模仿一个实际的客户端，并且得到返回的推荐结果。比如，现在有一个 user_id 为 1 的用户要获得推荐，这个场景就是首页推荐场景。

一个用户在首页，单击"推荐"按钮，就获得了有针对性的电影推荐列表。具体调试如图 16-12 所示。

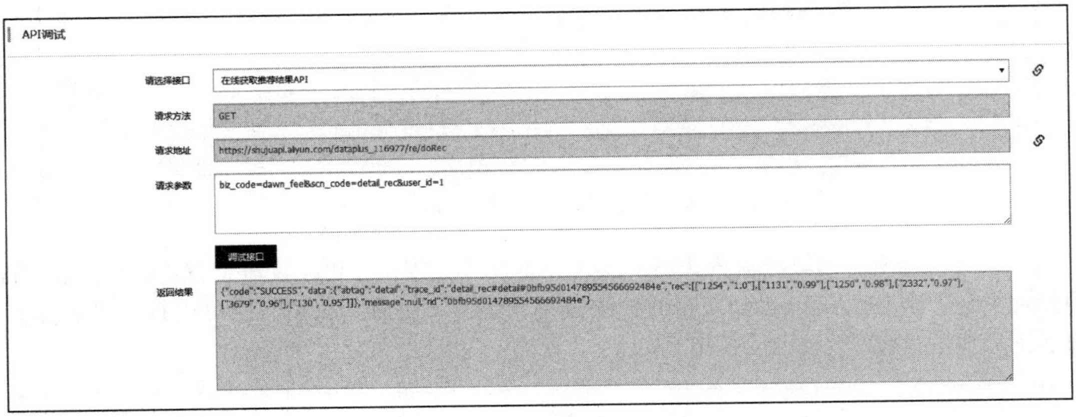

图 16-12　API 调试具体过程

具体参数见表 16-1。

表 16-1　具体参数

参数	类型	是否必填	实例	默认值	描述
biz_code	string	是	"biz"	null	业务 code
scn_code	string	是	"scn"	null	场景 code
user_id	string	是	"u1"	null	用户 ID
item_id	string	是	"u1"	null	物品 ID

返回结果的格式见表 16-2。

表 16-2 返回结果的格式

参数	类型	实例	描述
trace_id	string	"277f255555a1e4ff124bdacc528b815d"	系统自动分配的任务 id
Rec	JSONArray	{}	推荐列表，已排序
Abtag	string	"p1"	ABtest 标签，即 path_code

在上面的调试返回结果中，我们得到了推荐给该用户的 json 列表为 rec":[["592", "1.0"], ["1251", "1.0"], ["1131", "0.98"], ["3676", "0.96"], ["1242", "0.94"], ["497", "0.92"]]。

列表对应着一组电影 item_id 和相应的兴趣评分。比如 ["592", "1.0"] 表示 item_id 为 592 的电影的兴趣评分为 1。

以上的内容就是首页推荐的全部流程。

现在假设一个具体的情景，用户点击一个感兴趣的电影，进入电影详情界面。若想获得更多的推荐信息，这就是详情页推荐要完成的功能。

同理，可以调试对应的 API，如图 16-13 所示。

当 user_id 为 1 的用户正在 item_id=1377 的电影界面时，想获取推荐，于是返回了详情页推荐结果。效果如图 16-13 所示。

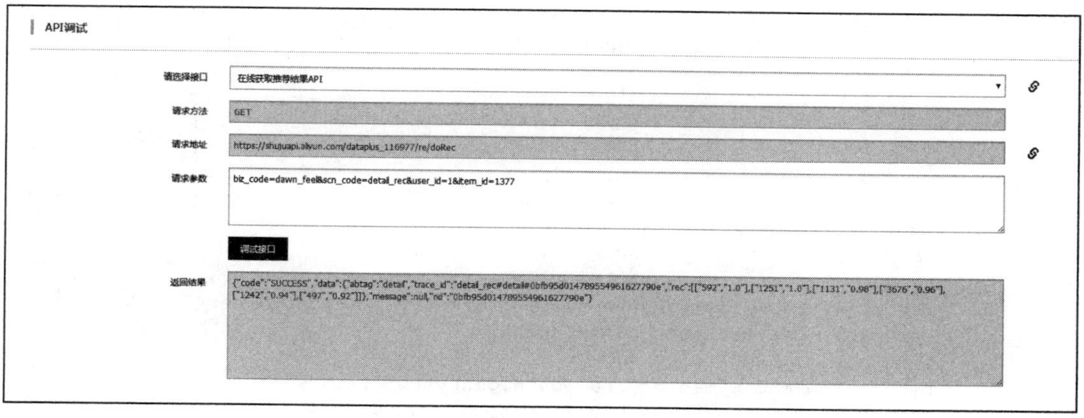

图 16-13 调试相应 API

至此，我们成功地进行了首页推荐和详情页推荐的 API 调试过程。

有了 API 和数据集，我们就可以打造一款电影推荐系统。

这里使用 Java 进行网站开发。首先在 Java 环境中测试 API。具体可参考下面代码：

```java
import java.io.BufferedReader;
import java.io.IOException;
import java.io.InputStreamReader;
import java.io.PrintWriter;
import java.net.URL;
import java.net.URLConnection;
import java.security.MessageDigest;
import java.text.SimpleDateFormat;
import java.util.ArrayList;
import java.util.Date;
import java.util.Iterator;
```

```java
import java.util.Locale;
import javax.crypto.spec.SecretKeySpec;
import net.sf.json.JSONObject;
import se.akerfeldt.com.google.gson.Gson;
import net.sf.json.JSONArray;
import sun.misc.BASE64Encoder;
import javax.crypto.Mac;
import java.net.HttpURLConnection;
@SuppressWarnings("restriction")
public class AESDecode {
    /*
     * 计算 MD5+BASE64
     */
    public static String MD5Base64(String s) {
        if (s == null)
            return null;
String encodeStr = "";
byte[] utfBytes = s.getBytes();
MessageDigest mdTemp;
try {
    mdTemp = MessageDigest.getInstance("MD5");
    mdTemp.update(utfBytes);
    byte[] md5Bytes = mdTemp.digest();
    BASE64Encoder b64Encoder = new BASE64Encoder();
    encodeStr = b64Encoder.encode(md5Bytes);
} catch (Exception e) {
    throw new Error("Failed to generate MD5 : " + e.getMessage());
}
return encodeStr;
}
/*
* 计算 HMAC-SHA1
*/
public static String HMACSha1(String data, String key) {
    String result;
    try {
        SecretKeySpec signingKey = new SecretKeySpec(key.getBytes(), "HmacSHA1");
        Mac mac = Mac.getInstance("HmacSHA1");
        mac.init(signingKey);
        byte[] rawHmac = mac.doFinal(data.getBytes());
        result = (new BASE64Encoder()).encode(rawHmac);
    } catch (Exception e) {
        throw new Error("Failed to generate HMAC : " + e.getMessage());
    }
    return result;
}
/*
* 等同于 javaScript 中的 new Date().toUTCString();
*/
public static String toGMTString(Date date) {
    SimpleDateFormat df = new SimpleDateFormat("E, dd MMM yyyy HH:mm:ss z", Locale.UK);
    df.setTimeZone(new java.util.SimpleTimeZone(0, "GMT"));
    return df.format(date);
}
/*
* 发送 POST 请求
*/
public static String sendPost(String url, String body, String ak_id, String ak_secret) throws Exception {
```

```
        PrintWriter out = null;
        BufferedReader in = null;
        String result = "";
        int statusCode = 200;
        try {
            URL realUrl = new URL(url);
            /*
             * http header 参数
             */
            String method = "POST";
            String accept = "json";
            String content_type = "application/json";
            String path = realUrl.getFile();
            String date = toGMTString(new Date());
            // 1. 对 body 做 MD5+BASE64 加密
            String bodyMd5 = MD5Base64(body);
              String stringToSign = method + "\n" + accept + "\n" + bodyMd5 + "\n" +
content_type + "\n" + date + "\n"
                  + path;
            // 2. 计算 HMAC-SHA1
            String signature = HMACSha1(stringToSign, ak_secret);
            // 3. 得到 authorization header
            String authHeader = "Dataplus " + ak_id + ":" + signature;
            // 打开和 URL 之间的连接
            URLConnection conn = realUrl.openConnection();
            // 设置通用的请求属性
            conn.setRequestProperty("accept", accept);
            conn.setRequestProperty("content-type", content_type);
            conn.setRequestProperty("date", date);
            conn.setRequestProperty("Authorization", authHeader);
            // 发送 POST 请求必须设置如下两行
            conn.setDoOutput(true);
            conn.setDoInput(true);
            // 获取 URLConnection 对象对应的输出流
            out = new PrintWriter(conn.getOutputStream());
            // 发送请求参数
            out.print(body);
            // flush 输出流的缓冲
            out.flush();
            // 定义 BufferedReader 输入流来读取 URL 的响应
            statusCode = ((HttpURLConnection)conn).getResponseCode();
            if(statusCode != 200) {
                in = new BufferedReader(new InputStreamReader(((HttpURLConnection)conn).
getErrorStream()));
            } else {
                in = new BufferedReader(new InputStreamReader(conn.getInputStream()));
            }
            String line;
            while ((line = in.readLine()) != null) {
                result += line;
            }
        } catch (Exception e) {
            e.printStackTrace();
        } finally {
            try {
                if (out != null) {
                    out.close();
                }
                if (in != null) {
                    in.close();
```

```
                }
            } catch (IOException ex) {
                ex.printStackTrace();
            }
        }
        if (statusCode != 200) {
            throw new IOException("\nHttp StatusCode: "+ statusCode + "\nErrorMessage: "
+ result);
        }
        return result;
    }
    /*
     * GET 请求
     */
    public static String sendGet(String url, String ak_id, String ak_secret) throws
Exception {
        String result = "";
        BufferedReader in = null;
        int statusCode = 200;
        try {
            URL realUrl = new URL(url);
            /*
             * http header 参数
             */
            String method = "GET";
            String accept = "json";
            String content_type = "application/json";
            String path = realUrl.getFile();
            String date = toGMTString(new Date());
            // 1. 对 body 做 MD5+BASE64 加密
            // String bodyMd5 = MD5Base64(body);
            String stringToSign = method + "\n" + accept + "\n" + "" + "\n" +
content_type + "\n" + date + "\n" + path;
            // 2. 计算 HMAC-SHA1
            String signature = HMACSha1(stringToSign, ak_secret);
            // 3. 得到 authorization header
            String authHeader = "Dataplus " + ak_id + ":" + signature;
            // 打开和 URL 之间的连接
            URLConnection connection = realUrl.openConnection();
            // 设置通用的请求属性
            connection.setRequestProperty("accept", accept);
            connection.setRequestProperty("content-type", content_type);
            connection.setRequestProperty("date", date);
            connection.setRequestProperty("Authorization", authHeader);
            connection.setRequestProperty("Connection", "keep-alive");
            // 建立实际的连接
            connection.connect();
            // 定义 BufferedReader 输入流来读取 URL 的响应
            statusCode = ((HttpURLConnection)connection).getResponseCode();
            if(statusCode != 200) {
                in = new BufferedReader(new InputStreamReader(((HttpURLConnection)
connection).getErrorStream()));
            } else {
                in = new BufferedReader(new InputStreamReader(connection.getInput-
Stream()));
            }
            String line;
            while ((line = in.readLine()) != null) {
                result += line;
            }
```

```
        } catch (Exception e) {
            e.printStackTrace();
        } finally {
            try {
                if (in != null) {
                    in.close();
                }
            } catch (Exception e) {
                e.printStackTrace();
            }
        }
        if (statusCode != 200) {
            throw new IOException("\nHttp StatusCode: "+ statusCode + "\nErrorMessage:
" + result);
        }
            return result;
        }
        public static void main(String[] args) throws Exception {
            // 发送 GET 请求

        String get1="biz_code=dawn_feel&scn_code=detail_rec&user_id=3&item_id=1";
        String ak_id1 = "a***************v";     // 用户 ak
        String ak_secret1 = "R************pz"; // 用户 ak_secret
    //String url1 = //"https://shujuapi.aliyun.com/org_code/service_code/api_
name?param1=xxx&param2=xxx";
            String url1 = "https://shujuapi.aliyun.com/dataplus_116977/re/doRec?";
            url1+=get1;
            String jsonresponse = sendGet(url1, ak_id1, ak_secret1);
            System.out.println("response body:" + jsonresponse);
                }
```

重点关注最后的黑体部分：

```
String ak_id1 = "a***************v";     // 用户 ak
String ak_secret1 = "R************pz"; // 用户 ak_secret
```

这对应着账号和密码，请务必改成用户自己的相应信息，这样 API 才能确认用户身份。

```
String get1="biz_code=dawn_feel&scn_code=detail_rec&user_id=3&item_id=1";
String url1 = "https://shujuapi.aliyun.com/dataplus_116977/re/doRec?";
```

这两句在模仿用户的实际请求，表示 user_id 为 3 的用户正在 item_id 为 1 的电影的界面时发送的 get 请求。url1 对应其请求地址，如图 16-14 所示。

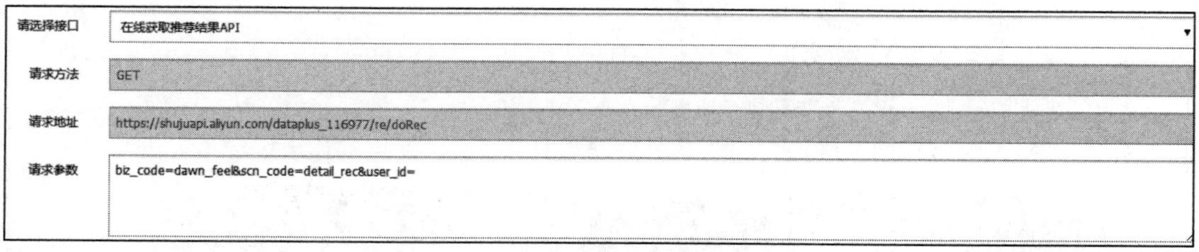

图 16-14　接口调试

需要注意的是这里的 url 务必改成用户自己的 url，其中 biz_code 和 scn_code 的具体内容可参见用户自己的 API 调试窗口。

在 main 函数里调用 post 请求的方法和 get 十分类似，此处不再赘述。

最后，Java 控制台会输出：

```
Responsebody:{"code":"SUCCESS","data":{"abtag":"detail","trace_id":"detail_rec#de
tail#0b83dcaa14789540496592309e","rec":[["1251","1.0"],["3114","1.0"], ["1242","0.98"],
["1254","0.96"],["1250","0.94"],["1131","0.92"]]},"message":null,"rid":"0b83dcaa14789
540496592309e"}
```

至此，我们成功地在 Java 环境中使用了 API，只需在自己的网站中调用这个 API，就可以实现电影推荐系统了。

一个简单的设计思路如下（性能不够好，但是可供参考）：

用户登录后的推荐有两种情况：

1）首页推荐。比如用户刚刚登录，我们只利用 user_id 调用 API。

2）详情页推荐。用户在 item_id=x（x 是一个具体的电影 item_id, 比如 1,2,3 等）的电影界面，我们利用 user_id 和 item_id 调用 API。

得到了 API 的返回结果以后，我们可以利用 json 解析等方法，提取出推荐的电影 item_id 和评分，这时只需要利用 item_id 从网站数据库中提取对应电影的所有信息，然后加上对应的评分就能实现全部的推荐功能。

具体网站搭建细节不再给出，实现效果如下：

首页推荐效果如图 16-15 所示。

图 16-15　首页推荐效果

详情页推荐如图 16-16 所示。

图 16-16　详情页推荐

下面讨论一些更复杂的问题：

（1）算法管理

打开推荐系统的"算法管理"界面，如图 16-17 所示。

算法Code	算法介绍	算法类型	算法来源	算法状态	操作
svdpp	融合显式反馈和隐式反馈的矩阵分解算法	离线推荐算法	系统预设	审核通过	查看
tag_urf_01	user标签原始特征提取	离线推荐算法	系统预设	审核通过	查看
tfidf_irf_01	item tfidf原始特征提取，基于keywords，properties，分词后的description	离线推荐算法	系统预设	审核通过	查看
ig_sm_01	基于兴趣图谱的评分矩阵构造，需要行为集中有consume行为。	离线推荐算法	系统预设	审核通过	查看
ig_sm_02	基于兴趣图谱的评分矩阵构造，支持的行为类型包括：view，click（推荐点击），click可以认为是等同于view，click的直接结果是view），search_click（搜索点击），read（阅读），consume（消费，你业务特性决定，如果没有consume你也可以将喜爱行为定义为consume），collect（收藏）	离线推荐算法	系统预设	审核通过	查看
crs_02	item_item相似度计算（symmetric_feature）	离线推荐算法	系统预设	审核通过	查看
crs_03	user_item相似度计算	离线推荐算法	系统预设	审核通过	查看
st_cb_01	基于简单排序的item推荐列表融合，支持在产生推荐列表时item对应的rec_item_info.item_info的若干属性	离线推荐算法	系统预设	审核通过	查看
st_cb_02	基于简单排序的user推荐列表融合，支持在产生推荐列表时item对应的rec_item_info.item_info的若干属性	离线推荐算法	系统预设	审核通过	查看
crs_04	基于user-item 评分item候选集生成	离线推荐算法	系统预设	审核通过	查看

图 16-17　"算法管理"界面

系统自带许多算法，通过编辑流程还能够实现更复杂的算法，如图 16-18 和图 16-19 所示。

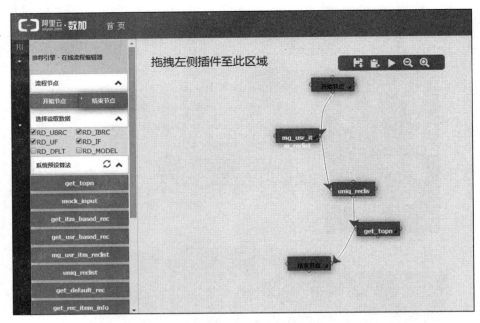

图 16-18　编辑界面 1

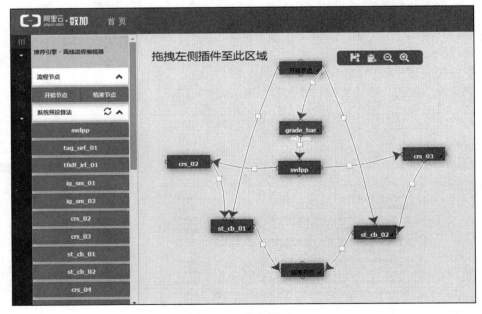

图 16-19　编辑界面 2

从上面的例子可以看出，阿里云给予推荐系统充分的技术支持，有着很好的集成业务和运营积累，并能够给出针对行业的算法模板。

（2）更多 API 调用及功能实现

以上我们只使用了两个场景的 get 方法。要实现一个功能强大的推荐系统，有时还需要用到 API 调用。

API 很重要的功能是数据更新和实时行为日志上传。阿里云已经提供了多种语言的相关

API（包括 Java、PHP、Python 等），账号密码的配置与上文的说明类似，通过简单的代码复用即可快速实现，相关信息可以参考推荐系统文档。

小结

推荐系统内容十分丰富，用途也十分广泛。

16.1 节概述了推荐系统中几种常见的推荐策略，包括基于内容推荐、协同过滤推荐、基于关联规则推荐、基于效用推荐、基于知识推荐以及推荐方法的组合。推荐系统的评价包括用户满意度、预测准确度、覆盖率、多样性、新颖性和惊喜度。推荐系统的常见应用包括在线商城、个性化阅读和电影推荐。

协同过滤分析用户兴趣，在用户群中找到指定用户的相似（兴趣）用户，综合这些相似用户对某一信息的评价，形成系统对该指定用户对此信息的喜好程度预测。在面向物品的协同过滤算法中，存在不同的基于物品的推荐算法，主要包括贝叶斯网络技术、聚类技术和 Horting 技术。衡量物品相似度的度量有余弦相似性、基于相关系数的相似性和调整的余弦相似性。协同过滤的预测模型中包括加权和与回归两种算法。基于邻近点的方法是一种常见的协同过滤形式，数据规范化和插值是邻近点算法的关键。16.2 节最后提出两个协同过滤的前置模型——邻近模型和潜在因素模型，并由此引出一个由这两个模型集成出的模型。

16.3 节介绍了基于用户评价的推荐，结合了现有的文本计量经济学技术的挖掘方法，允许对顾客回馈有一个经济察觉分析，鉴别顾客对单独商品特性、极性等进行的评估，通过带有感情色彩的词汇短语出现次数来评估反馈的极性。主要流程为：鉴别顾客意见、结构化意见短语空间、决定每一个权值以及建立商品回顾的经济模型。

16.4 节先讲解了基于用户偏好学习的在线推荐，并分析了系统的架构、关键技术和应用。在混合推荐系统中，推荐模块由用户匹配模块、用户偏好模块和用户等级预测模块三部分组成。

16.5 节介绍的社交标记系统对帮助用户通过做标记的方式管理在线资源十分重要。标记可以被重用和分享，用来发现用户的兴趣，允许用户识别项目。这项额外的信息可以用于推荐系统。此外，16.5 节还给出了应用张量模型进行推荐的具体操作。

16.6 节介绍了社交网络中的推荐，包括基于信号的社交网络推荐和基于在线主题的社交网络推荐，并介绍了相关模型、框架和算法。

16.7 节应用阿里云设计了一个电影推荐平台。

习题

1. 表 16-3 是 5 位学生对乐队对歌手的评价：

学生姓名	Kacey Musgraves	Imagine Dragons	Daft Punk	Lorde	Fall out boy
David		3	5	4	1
Matt		3	4	4	1
Ben	4	3		3	1
Chris	4	4	4	3	1
Torri	5	4	5		3

（1）利用修正后的余弦相似度，计算 Daft Punk 和 Lorde 的相似度。

（2）预测一下 David 对 Kacey Musgraves 的打分。

2. 美国明尼苏达州大学的 GroupLens 项目研究组提供了 GroupLens（http：//www.groupLens.org）数据集，记录了 943 个用户对 1682 部电影的评分，有 10 万条电影评分记录，评分为 1～5，评分越高越满意。请分别以余弦相似性、相关系数、邻近模型与潜在因素模型的集成模型对此数据集分析，得到分析结果，并分析集成协同过滤的优缺点。

3. 小红是一个喜欢自拍的女生，她想为自己换一个新的手机，相比于其他功能，她更关注于手机的相机效果。如何根据淘宝网上手机相机的用户评价为小红推荐手机？

4. 小明的有些大学同学与高中同学并不相识，但他们有共同的爱好和话题，若二人认识，可能一拍即合，创造很多新的价值。生活中还有很多这样的例子。如何根据用户的偏好进行社交网络二级人脉的推荐呢？

5. 你认为相比于其他推荐系统，本章中利用匹配度、喜好度、活跃度、真诚度、流行度、狂热度来推荐合适伙伴的混合推荐系统有什么优势？对于大规模数据量计算，是否会产生瓶颈？

6. 豆瓣让用户在给书做评价时，会让用户给图书打标签。在每本书的页面上，它也会给出这本书上用户最常打的标签。如何根据这些标签为用户进行个性化推荐？并不是所有的标签都能反应用户的兴趣，对于此类标签，如何进行标签清理？

7. 请查阅资料并简要说明，微博是怎样引入时间维度进行推荐的？

8. 小红想学化妆，在某社交网络上浏览了很多化妆的视频，若想为她推荐美妆博主，怎样基于此主题进行推荐？

9.（实现）利用阿里云设计一个简单的手机游戏推荐系统。

参 考 文 献

[1]　吴喜之. 复杂数据统计方法 [M]. 北京：中国人民大学出版社，2012.

[2]　T W Anderson. 多元统计分析导论 [M]. 张润楚，程轶，译. 北京：人民邮电出版社，2010.

[3]　Richard O Duda, Peter E Hart, David G Stork. Pattern Classification[M].Hoboken：John Wiley & Sons, 2001.

[4]　Tianqi Chen, Carlos Guestrin. XGBoost: A Scalable Tree Boosting System[C]. KDD, 2016: 785-794.

[5]　何晓群，刘文卿. 应用回归分析 [M]. 北京：中国人民大学出版社，2015.

[6]　Samprit Chatterjee, Ali S Hadi. Regression Analysis by Example[M]. Hoboken：John Wiley & Sons, 2013.

[7]　王宏志. 大数据算法 [M]. 北京：机械工业出版社，2015.

[8]　Wenfei Fan, Floris Geerts. Foundations of Data Quality Management[M]. NewYork:Morgan & Claypool Publishers, 2012.

[9]　李建中，王宏志. 大数据可用性的研究进展 [J]. 软件学报，2016，27（7）.

[10]　Zeyu Li, Hongzhi Wang, Wei Shao, Jianzhong Li, Hong Gao. Repairing Data through Regular Expressions[R]. PVLDB,2016,9（5）：432-443.

[11]　Hongzhi Wang. Innovative Techniques and Applications of Entity Resolution[J]. Register, 2014, 49（2）:1120.

[12]　Lingli Li, Jianzhong Li, Hong Gao. Rule-Based Method for Entity Resolution[J]. IEEE Transactions on Knowledge& Data Engineering,2015 27（1）：250-263.

[13]　李航. 统计学习方法 [M]. 北京：清华大学出版社，2012.

[14]　莫特瓦尼，拉格哈文. 随机算法 [M]. 孙广中，黄宇，李世胜，译. 北京：高等教育出版社，2008.

[15]　加西亚·莫利纳. 数据库系统实现 [M]. 杨冬青，吴愈青，包小源，等译. 北京：机械工业出版社，2010.

[16]　陈正，张钹. 实时环境下的问题求解 [J]. 软件学报,1999,10（1）:49-56.

[17]　Joseph M Hellerstein, Peter J Haas, Helen J Wang. Online Aggregation[C]. SIGMOD, 1997.

[18]　Vinayak R Borkar, Michael J Carey, Raman Grover, Nicola Onose, Rares Vernica. Hyracks: A flexible and extensible foundation for data-intensive computing[R]. ICDE, 2011 1151-1162.

[19]　Yingyi Bu, Bill Howe, Magdalena Balazinska, Michael D Ernst. The HaLoop approach to large-scale iterative data analysis[R]. VLDB Journal, 2012, 21（2）：169-190.

[20]　Yi Wang, Hongjie Bai, Matt Stanton, et al. PLDA: Parallel Latent Dirichlet Allocation for Large-Scale Applications[C]. AAIM, 2009: 301-314.

[21]　张延松，王珊，周烜. 内存数据仓库集群技术研究 [J]. 华东师范大学学报：自然科学版，2014（5）：117-132.

[22]　R Albert. Statistical Mechanics of Complex Networks[J], Reviews of Modern Physics. 2002（74）：47-97.

[23] L Backstrom, H Dan, J Kleinberg, et al. Group Formation in Large Social Networks: Membership, Growth and Evolution[C]. KDD, 2006:44-54.

[24] B Aleman-Meza, M Nagarajan, C Ramakrishnan, et al. Semantic Analytics on Social Networks: Experiences in Addressing the Problem of Conflict of Interest Detection[C]. WWW, 2006, 2（1）:407-416.

[25] Y Matsuo, J Mori, M Hamasaki. POLYPHONET: An Advanced Social Network Extraction System from the Web[C] .WWW, 2006, 5（4）:397-406.

[26] L Backstrom, C Dwork,J Kleinberg. Wherefore Art Thou R3579X? : Anonymized Social Networks, Hidden Patterns and Structural Steganography[C]. WWW,2007, 54（12）:181-190.

[27] C Tantipathananandh, T Berger-Wolf, D Kempe, et al. A Framework For Community Identification in Dynamic Social Networks[C]. ACM KDD, 2007:717-726.

[28] Jure Leskovec, Daniel Huttenlocher, Jon Kleinberg. Predicting Positive and Negative Links in Online Social Networks[J]. Computer Science, 2010:641-650.

[29] J Leskovec, K J Lang, M Mahoney. Empirical Comparison of Algorithms for Network Community Detection[C]. WWW, 2010.

[30] Anagnostopoulos, R Kumar, M Mahdian. Influence and correlation in social networks[DB]. KDD, 2008.

[31] J Tang, J Sun, C Wang, Z Yang. Social influence analysis in large-scale networks[DB]. KDD, 2009.

[32] R Xiang,J Neville,M Rogati. Modeling relationship strength in online social networks[C]. WWW, 2010.

[33] Kaiyu Feng, Gao Cong, Sourav Bhowmick, et al.Search of Influential Event Organizers in Online Social Networks[C]. SIGMOD, 2014.

[34] N Archak, A Ghose, P G Ipeirotis. Deriving the pricing power of product features by mining consumer reviews[J]. Working Papers, 2007, 57（8）:1485-1509.

[35] K Tu, B Ribeiro, D Jensen,et al.Online Dating Recommendations: Matching Markets and Learning Preferences[C]. WWW,2014.

[36] C Da, F Qian, W Jiang, et al. A Personalized Recommendation System for NetEase Dating Site[J]. Proceedings of the Vldb Endowment, 2014,7（13）:1760-1765.

[37] N Ifada, R Nayak.Tensor-based Item Recommendation using Probabilistic Randing in Social Tagging Systems[C].WWW, 2014: 805-810.

[38] Solr, E Lacic, et al. Towards a Scalable Social Recommender Engine for Online Marketplaces: The case of Apache[C].WWW, 2014.

[39] G Arru, D Feltoni Gurini, F Gasparetti,et al.Signal-Based User Recommendation on Twitter[C]. WWW,2013:941-944.

[40] R M Bell, Y Koren .Scalable Collaborative Filtering with Jointly Derived Neighborhood Interpolation Weights[C]. IEEE International Conference on Data Mining, 2007:43-52.

[41] Y Koren .Factorization Meets the Neighborhood: a Multifaceted Collaborative Filtering Model[DB]. ACM SIGKDD International Conference on Knowledge, 2008:426-434.

[42] Badrul Sarwar, George Karypis, Joseph Konstan, et al. Item-based Collaborative Filtering Recommendation Algorithms[C]. WWW, 2010.

[43] Qinyuan Feng, Yan Lindsay Sun, Ling Liu, et al.Voting Systems with Trust Mechanisms in Cyberspace: Vulnerabilities and Defenses[J]. IEEE Transactions on Knowledge and Data Engineering, 2011, 22（12）:1766-1780.

[44] Pankaj Gupta, Venu Satuluri, Ajeet Grewal, et al. Real-Time Twitter Recommendation: Online Motif

Detection in Large Dynamic Graphs[R]. VLDB, 2014:1379-1380.

[45]   A Pavlo, E Paulson, A Rasin, et al. A Comparison Of Approaches To Large-Scale Data Analysis[R]. SIGMOD, 2009.

[46]   A Abouzeid, K Bajda-Pawlikowski, D Abadi, et al. HadoopDB: An Architectural Hybrid Of MapReduce and DBms Technologies For Analytical Workloads[J]. Proceedings of the Vldb Enodwment,2009, 2（1）:922-933.

[47]   A Thusoo, JS Sarma, N Jain, et al. Hive: A Warehousing Solution Over A MapReduce Framework[J]. Proceedings of the Vldb Endowment, 2009, 2（2）:1626-1629.

[48]   R Xin, S Reynold, Rosen, et al. Shark: SQL And Rich Analytics At Scale[J]. Computer Science, 2012:13-24.

[49]   A Kemper, T Neumann, et al. HyPER: A Hybrid OLTP & OLAP Main Memory Database System Based On Virtual Memory Snapshots[J], ICDE, 2011:195-206.

[50]   V Sikka, F Rber, W Lehner, et al. Efficient Transaction Processing In SAP HANA Database: The End Of A Column Store Myth[R]. SIGMOD, 2012:731-742.

[51]   J Lee, M Muehle, N May, et al. High-Performance Transaction Processing In SAP HANA[J].ICDE Bulletin, 2013.

[52]   J Dittrich, et al. Towards A One-Size Fits All DB Architecture[J].CIDR, 2011:195-198.

[53]   M Grund, J Krüger, H Plattner, et al. HYRISE: A Main Memory Hybrid Storage Engine[DB]. Bulletin of the Technical Committee on Data Engineering, 2010, 4（1）:105-116.

[54]   T Mühlbauer, W Rödiger, A Reiser, et al. ScyPer: Elastic OLAP Throughput On Transactional Data[C]. DanaC, 2013.

[55]   Ashish Gupta, Fan Yang, Jason Govig,et al. Mesa: Geo-Replicated, Near Real-Time, Scalable Data Warehousing[C]. VLDB 2014, 7（12）:1259 - 1270.

[56]   Ying Yan, L J Chen, Zheng Zhang. Error-bounded Sampling for Analytics on Big Sparse Data[J]. Proceedings of the Vldb Endowment, 2014, 7（13）:1508-1519.

[57]   K Weinberger, A Dasgupta, J Attenberg, et al. Feature Hashing for Large Scale Multitask Learning[J]. International Conference on Machine Learning, 2009:1113-1120.

[58]   N Meinshausen, P Bühlmann. High dimensional graphs and variable selection with the Lasso[J]. Annals of Statistics, 2006, 34（3）:1436-1462.

[59]   G E Hinton, R R Salakhutdinov. A Reducing the Dimensionality of Data with Neural Networks[J]. Science, 2006, 313（5786）: 504.

[60]   J Langford, L Li, T Zhang. Sparse Online Learning via Truncated Gradient[J].Journal of Machine Learning Research, 2009, 10（2）:777-801.

[61]   R H Byrd, P Lu, J Nocedal, et al. A Limited Memory Algorithm for Bound Constrained Optimization[J]. Siam Journal on Scientific Computing,1995, 16（5）: 1190–1208.

[62]   Mordecai Avrie. Nonlinear Programming: Analysis and Methods[M].NewYork:Dover Publishing, 2003.

[63]   Pang-Ning Tan, Michael Steinbach, Vipin Kumar. 数据挖掘导论 [M]. 范明，范宏建，译 . 北京：人民邮电出版社，2011.

[64]   陈晓龙、施庆生、邓晓卫 . 概率论与数理统计 [M]. 南京：东南大学出版社，2011.

[65]   Christopher D.Manning、Prabhakar Raghhavan、Hinrich Schütze. 信息检索导论 [M]. 王斌，译 . 北京：人民邮电出版社，2010.

推荐阅读

大数据算法

书号：978-7-111-50849-6 作者：王宏志 定价：49.00元

本书是国内第一本系统介绍大数据算法设计与分析技术的教材，内容丰富，结构合理，旨在讲述和解决大数据处理和应用中相关算法设计与分析的理论和方法，培养读者设计、分析与应用算法解决大数据问题的能力。本书涵盖大数据领域目前常用的算法设计思想，包括I/O敏感算法、并行算法和随机化算法，以及几个大数据比较热门的专题。不仅适合大数据方向的本科生和研究生使用，也适合作为从事大数据研究的学生、教师、科研人员及工程技术人员的参考读物。

本书特点：

◎本书总结了大数据算法设计与分析的新技术和新理念，梳理了当前大数据相关应用中所需要的算法设计与分析的方法。书中的部分内容代表了学术界最新的前沿技术，首次出现在国内外的教科书上。

◎针对大数据算法设计与分析中的主要方法，本书通过介绍原理、举例说明、算法分析等多个角度进行阐述，清晰地讲解算法设计方法，严谨地分析和证明算法的特性，有利于培养读者独立设计与分析大数据算法的能力。